鄂尔多斯盆地煤炭开采水害及其生态环境效应

李文平 等 著

国家重点基础研究发展计划（973 计划）项目课题（2015CB251601）
国家自然科学基金重点项目（41430643，41931284）
中央高校基本科研业务费专项资金资助项目（2017XKZD07）　资助出版
国家自然科学基金项目（41602309，41772302，42007240）
江苏高校优势学科建设工程资助项目

科学出版社

北　京

内容简介

本书以"采动工程地质环境演化与灾变"理论为指导，选取鄂尔多斯盆地典型矿区为靶区，以煤炭开采水害防治、水资源和生态环境保护为目的，建立了矿区生态地质环境类型划分方法，构建了生态–水–煤系地质结构组成模型，阐明了区域类型分布特征；系统研究了我国西北 N_2 红土工程地质属性及其区域性质差异、受采动影响工程地质属性变化及隔水性再造特征；发现了侏罗系煤层覆岩整体状结构是造成煤层开采导水裂隙带发育高度异常的本质属性，揭示了导水裂隙带动态发育特征规律，建立了导水裂隙带高度预计公式；划分了鄂尔多斯盆地侏罗系煤层开采四种顶板水害模式，阐明了不同模式的水害形成条件、特征和过程机理，提出了新的水害评价和预测方法，建立了分类防治技术体系；基于水害防治和水资源、生态环境保护一体化理念，创建了煤炭开采对水资源及生态环境扰动破坏的四种环境工程地质模式，结合浅表层水资源分布，首次提出了"保水采煤矿井等级类型"及其确定方法，以及相对应的水资源及生态环境保护地质工程技术。

本书可供工程地质与灾害地质、水文地质、采矿工程等领域的科研人员、技术人员、高校教师、研究生和大中专院校学生参考。

审图号：GS 京（2022）0266 号

图书在版编目（CIP）数据

鄂尔多斯盆地煤炭开采水害及其生态环境效应／李文平等著 . —北京：科学出版社，2022.9
ISBN 978-7-03-073228-6

Ⅰ. ①鄂… Ⅱ. ①李… Ⅲ. ①鄂尔多斯盆地–煤矿开采–矿山防水–研究 Ⅳ. ①TD745

中国版本图书馆 CIP 数据核字（2022）第 178542 号

责任编辑：韩　鹏　崔　妍　张梦雪／责任校对：何艳萍
责任印制：吴兆东／封面设计：图阅盛世

斜 学 出 版 社 出版
北京东黄城根北街 16 号
邮政编码：100717
http://www.sciencep.com

北京捷迅佳彩印刷有限公司 印刷
科学出版社发行　各地新华书店经销

*

2022 年 9 月第 一 版　开本：787×1092　1/16
2022 年 9 月第一次印刷　印张：35 3/4
字数：846 000
定价：498.00 元
（如有印装质量问题，我社负责调换）

本书主要作者

李文平　王启庆　乔　伟　李小琴

杨　志　贺江辉　刘士亮　李　涛

陈　伟　刘　瑜　王振康　陈维池

序　　一

黄河流域是我国重要的经济地带，也是我国重要的生态屏障。地处黄河中游的鄂尔多斯盆地是我国煤炭储量最大而且煤种齐全、煤质优良的特大型区域性煤盆地。区内现有陕北、神东、宁东和黄陇等7个国家大型煤炭基地，是我国目前煤炭开发规模最大的地区，煤炭产量超过全国总产量的50%，预计未来十年内，鄂尔多斯盆地煤炭产能还有进一步加大趋势；鄂尔多斯盆地煤炭资源的开发，对保障我国能源安全可持续发展具有重大战略意义。

"黄河流域生态保护和高质量发展"是重大国家战略。鄂尔多斯盆地地处黄河流域中游，有世界上最大的黄土高原和我国沙漠化治理的关键带毛乌素沙漠（沙地），是我国生态环境最脆弱的地区之一。近二十年来，鄂尔多斯盆地区域性煤炭高强度开采实践表明，煤炭开采不仅产生井下突水、冒顶、冲击地压等灾害，威胁井下安全；同时，区域性采矿会严重扰动地表浅部地质环境，产生潜水位下降、浅表层水资源枯竭、采动地表沉陷、地裂缝、斜坡崩滑等地表灾害，导致区域沙漠化、水土流失加剧等生态地质环境问题。开展鄂尔多斯盆地煤炭开采水害及其生态环境效应研究，意义重大。

中国矿业大学李文平教授长期从事矿山工程地质和水文地质研究，探索提出了"采动工程地质环境演化与灾变"理论，并致力于解决重大工程技术问题，为煤炭行业绿色安全生产、减灾防灾科技进步做出了突出贡献。他带领的团队开展鄂尔多斯盆地煤炭开采水害及其生态环境效应研究已有二十余年，先后获得两项国家自然科学基金重点项目、国家重点基础研究发展计划（973 计划）项目课题、中央高校基本科研业务费专项等十项国家级项目，以及二十余项工程科技项目的资助。他们以这些项目为依托，开展了大量的调查、勘探、监测、试验、模拟和分析计算，经过持续探索研究和工程实践，综合揭示了鄂尔多斯盆地煤炭采动–地质环境扰动–井下水害–地表环境灾害的形成过程机理，建立了矿井水害及其链生环境灾害模式基本分类和防治技术体系。研究不但为满足黄河流域生态保护和高质量发展需求，同时也为把我国矿山工程地质和水文地质学科发展推到国际前沿贡献了力量。该书即是这些研究成果的综合集成。

该书是一部关于煤炭开采水害及其生态环境效应的综合专著，既有理论总结概括，又是实践应用的指南，内容综合丰富，包含大量宝贵的科学实验数据、创新的学术观点和新颖的研究方法。该书贯穿以"采动工程地质环境演化与灾变"理论为指导，以矿区煤炭开采水害防治、水资源和生态环境保护为目的，建立了鄂尔多斯盆地矿区生态地质环境类型划分方法，构建了生态–水–煤系地质结构组成模型，阐明了区域类型分布特征；系统研究了我国西北 N_2 红土工程地质属性及其区域性质差异、受采动影响工程地质属性变化及隔水性再造特征，首次提出隔水层再造理论观点，对认识西北地区采矿等人类工程活动对生态环境破坏及自然修复具有重要意义；提出了侏罗系煤层覆岩整体状结构是造成导水裂隙带发育高度与现行相关规范不同、异常的本质属性，研发了煤层开采导水裂隙带动态发育原位监测技术，揭示了侏罗系煤层开采基岩–土层（黄土、N_2 红土）复合导水裂隙带发育特征规律，建立了土层对导高发育影响的理论模型和高度预算公式；概括总结了鄂尔多斯盆地煤层开采四种顶板水害类型，提出西部走向超长工作面分段涌水量预计方法，建立了不同水害类型及分类防治技术体系；基于水害防治和水资源、生态环境保护一体化理念，提出了煤炭开采对水资源及生态环境扰动破坏的四种环境工程地质模式，并结合浅表层水资源分布，首次提出"保水采煤矿井等级类型"及其确定方法，以及相对应的水资源及生态环境保护地质工程技术。这些成果，已应用到鄂尔多斯盆地二十余对大型矿井的煤炭开采实践，并将指导西部其他矿区的建设和生产。不言而喻，这为我国矿山绿色开采、减灾防灾做出了重要贡献。

我与李文平教授相识已 20 多年，并一直在关注着他的科学研究和事业发展。他带领的中国矿业大学工程地质环境与灾害研究团队是一支活跃在我国工程地质和地质灾害界的优秀团队，是一支现场工作认真扎实、充满活力和富有开拓创新精神的团队，我为他们取得的成绩感到高兴和欣慰，并期待这支团队发展潜力能得到更好的激发，为我国矿山工程地质和水文地质学科的进步、为煤炭行业安全、绿色、低碳发展做出更大的贡献。

以此为序，祝贺研究成果专著出版。

中国工程院院士

2021 年 10 月于北京

序 二

　　煤炭和水是人类生存和经济发展的重要资源。我国煤炭资源和水资源总体呈"有煤的地方缺水，有水的地方缺煤"的逆向分布特征。同时，我国煤矿床充水条件极为复杂，大部分矿区面临水害威胁、水资源紧缺与生态环境恶化等问题，特别是西北地区"富煤、缺水、生态环境脆弱"最为典型。西北地区煤炭资源量约占全国70%，而水资源仅占全国的3.9%左右，部分区域极度缺水。当前，西北地区已成为我国煤炭能源供给的主产区，随着煤炭开发区域的增大和开采深度的不断增加，矿井水害威胁、生态环境恶化呈双重增加趋势，煤炭开采与生态环境环保、水资源之间的矛盾和冲突更加凸显。西北地区如何做到煤炭安全开发和生态环境保护并重，实现绿色、科学开采，关系到国家能源安全和生态安全。

　　煤炭开采涌突水及其链生环境演变过程是典型的水文地质工程地质问题，涉及的核心科学技术问题包括区域含隔水层空间赋存结构、采动覆岩结构与隔水层稳定性时空演变规律、采动浅表层水-生态环境变化过程机理等。自20世纪60年代以来，我国针对矿井顶板涌突水开展了大量研究，在煤炭开采地质条件探查、水害机理及防治技术方法方面取得了大量成果，为我国煤矿安全开采做出了巨大贡献；水体下采煤水害防治理论、技术及工程实践水平等方面已居世界前列。然而，由于全国各地矿井突水地质条件差异性、采动工程地质环境动态变化的复杂性和不确定性等，特别是针对西部侏罗系煤层开采水害研究相对较晚，以及生态文明建设国家战略实施对矿区生态环境保护的高要求，针对我国西北煤炭开采水害及其生态环境效应方面仍需开展深入系统研究。

　　该书是一部关于煤炭开采水害及其生态环境效应研究的专著。选取鄂尔多斯盆地典型矿区为靶区，贯穿以"采动工程地质环境演化与灾变"理论为指导，取得的主要创新性成果可从四个方面概括：在天然地质条件分析方面，建立了以矿区水资源和生态环境保护为目的的生态地质环境类型划分方法，构建了生态-水-煤系地质结构组成模型，阐明了区域类型分布特征；在采动覆岩破坏特征和隔水层稳定性方面，系统研究了我国西北上新世红土工程地质属性及其区域性质差异、受采动影响工程地质属性变化，首次提出隔水层再造理论观点，发现了侏罗系煤层覆岩整体状结构是造成煤层开采导水裂隙带发育高度异常的本质属性，揭示了导水裂隙带动态发育特征规律，建立了侏罗系煤层开采导水裂隙带高度预计公式；在水害机理及防治技术方面，划分了鄂尔多斯盆地侏罗系煤层开采四种顶板水害模式，阐明了不同模式的水害形成条件、特征和过程机理，提出了新的水害评价和预测方法，建立了分类防治技术体系；在矿区水资源及生态环境保护方面，创建了煤炭开采对水资源及生态环境扰动破坏的四种环境工程地质模式，结合浅表层水资源分布，首次提出了"保水采煤矿井等级类型"及其确定方法，以及相对应的水资源及生态环境保护地质工程技术。

　　李文平教授带领的学术团队长期致力于我国矿山工程地质和水文地质研究，在矿山工程地质条件（环境属性）采动变化过程机理、采动覆岩离层水害机理和防控技术、保水采煤环境工程地质模式及监测预警、深部矿井地质灾害防控技术等方面，取得了创新性研究成果。希望他们继续努力，为我国矿山绿色安全生产做出更大的贡献。很高兴应邀为该书作序，我相信该书的出版，必将对我国西北地区煤炭开采地质灾害防治和生态环境保护提供重要的科学技术支撑。

中国工程院院士

2021 年 10 月于北京

序　三

　　受"缺油、少气、相对富煤"能源资源禀赋特点制约，煤炭一直是我国能源安全的基础保障，煤炭的主体能源地位短期内难以发生改变。鄂尔多斯盆地是中国煤炭资源最富集的地区，晚古生代石炭纪、二叠纪和中生代三叠纪、侏罗纪含煤层系在盆地内均有展布。盆地内埋深小于 2000m 的煤炭资源总量为 19765 亿 t，其中埋深小于 1000m 的煤炭资源为 6561.23 亿 t。目前煤炭年产量已超过 20 亿 t，是中国最重要的能源生产基地。盆地地处黄河中游，水资源总体短缺和生态环境脆弱，严重制约着煤炭工业的可持续发展。区域性煤系资源开采，地下大范围的持续采矿活动，导致区域地质结构、地应力场、地下水循环等发生变化，不仅引发井下突水等安全事故，还会严重扰动地表生态地质环境，对人类的生产、生活和环境安全造成了重大影响。在保障国家大型煤炭能源基地高效安全持续供给前提下，最大限度地降低煤系资源开发活动对自然环境造成的影响，预防和减少煤炭开采井下安全事故和地表生态环境损害，是西北地区煤炭资源开发面临的重大科学和技术难题。

　　多年来，国内地质、采矿界针对西北侏罗纪煤田开发水资源保护相关科学问题开展了大量研究，为西北煤炭开采水资源保护提供了有力的科学技术支撑。然而，随着煤炭开采深度的增加，西北干旱地区煤炭开采水害问题亦日益突出，如何综合考虑水害防治及生态环境保护的双重目标，仍有一些重大科学技术问题亟待深入研究和实践。近期，中共中央、国务院印发的《黄河流域生态保护和高质量发展规划纲要》亦已公布，规划中明确指出"到 2030 年，黄河流域……生态环境质量明显改善，国家粮食和能源基地地位持续巩固""到 2035 年，黄河流域生态保护和高质量发展取得重大战略成果……到本世纪中叶，黄河流域物质文明、政治文明、精神文明、社会文明、生态文明水平大幅提升，在我国建成富强民主文明和谐美丽的社会主义现代化强国中发挥重要支撑作用"。这对黄河中游生态脆弱矿区煤炭能源资源安全开采和生态环境保护提出了更高要求。

　　《鄂尔多斯盆地煤炭开采水害及其生态环境效应》的出版是十分及时和必要的。该书作者李文平教授带领的学术团队通过长期科学研究和工程实践，针对鄂尔多斯盆地煤炭开采水害及其生态环境效应，在进行大量的现场调查、原位试验与监测、室内试验测试、物理和数值模拟、理论分析计算等工作的基础上，建立了矿区生态地质环境类型划分方法，系统研究了我国西北 N_2 红土受采动影响工程地质属性变化及隔水性再造特征，揭示了侏罗系煤层开采导水裂隙带动态发育特征规律，建立了导水裂隙带高度预计公式，划分了鄂尔多斯盆地侏罗系煤层开采四种顶板水害模式，建立了不同模式下的水害防治技术体系，创建了煤炭开采对水资源及生态环境扰动破坏的四种环境工程地质模式，深化提出了"保水采煤矿井等级类型"及其确定方法。这一系列成果在理论和技术上有重要的创新和进展，工程实践中已在多个矿井（区）应用示范。相信该书的出版定会进一步推动矿山地质灾害和生态环境保护领域的理论和应用研究。

很高兴为该书作序，以此祝贺研究成果专著出版。希望李文平教授团队以此为新的起点，继续发扬探索、求实、创新的科学精神，期待他们为矿山安全开采和生态地质环境保护做出更大贡献！我很乐意将此书推荐给地质、采矿界的科技工作者。

中国工程院院士　王双明

2021 年 10 月于西安

前　言

区域性群矿高强度煤炭开采，是典型的大型人类工程活动，其对地质环境产生强烈扰动直至灾变，导致矿井井下突水、井巷和采场围岩失稳、岩爆和冲击地压等静、动力地质灾害，严重威胁井下安全生产；同时，对地表生态地质环境产生不同程度的扰动和破坏，引发浅表层水位下降和水资源枯竭、地表塌陷和地裂缝、崩塌和滑坡等生态地质环境灾害。笔者在三十多年的煤矿工程地质与灾害地质研究和实践中，逐渐领悟和认识到煤矿工程地质学的核心，就是要认识煤炭采动—地质环境扰动—工程地质环境属性（条件）变化过程及灾变机理——灾害预警与防控，即"采动工程地质环境演化与灾变"，这是煤矿工程地质学的基本理论；并以此来指导煤矿工程（环境）地质条件勘查、问题预测评价及灾害防治。

突水是煤矿的主要地质灾害，是典型的"采动工程地质环境演化与灾变"过程。以往的研究（如东部矿区）重在以井下防灾、保障安全生产为主要目的，很少关注突水产生的链生浅表层生态环境效应。鄂尔多斯盆地地处黄河中游，是我国最大的整装煤盆地（王双明等，1996），预计埋深 2km 以浅煤炭储量 2×10^{12}t；目前有陕北、神东、宁东、黄陇等国家级大型煤炭能源生产基地，主采侏罗系煤层，年产煤炭 20 多亿吨，超过全国总产量的 50%。煤炭是我国的主体能源，随着东部煤炭资源逐渐枯竭，鄂尔多斯盆地将是保障我国煤炭能源持续供给、不可替代的最大产能区（彭苏萍等，2015）。近 20 年来的开采实践表明，鄂尔多斯盆地煤炭开采大型、特大型涌突水矿井不断出现（如陕北某矿持续 10 年排水 3000m³/h 以上，最大 5317.5m³/h，为国内之最），不仅对井下安全造成严重威胁，同时造成区域性水位下降、浅表层水资源枯竭，对本就脆弱的区域生态环境产生重大影响，严重威胁黄河流域生态环境安全。研究鄂尔多斯盆地侏罗系煤层开采水害及其生态环境效应，实施有效的防控技术措施，是新时代"黄河流域生态保护和高质量发展"国家重大战略实施的需要，对黄河流域中游区域经济和社会的可持续发展意义重大。

鄂尔多斯盆地是多期成煤盆地叠合改造形成的构造盆地（王双明，2017）。侏罗纪含煤岩系形成于印支—燕山转换过程期，成煤区位于围绕大型湖呈环带状分布的河-湖沉积作用区域。燕山及以后的构造运动控制了含煤岩系的形变方式和煤炭资源赋存状态，盆地西部边缘为近南北向的逆冲推覆构造，东部隆起，导致侏罗纪含煤岩系大面积剥蚀；南部和北部边缘相继发生先抬升后断陷，形成银川-河套断陷和汾渭断陷，构成盆地侏罗系煤岩系的南北边界。鄂尔多斯盆地构造演化决定了侏罗系煤岩层赋存现状特征，盆地东部的榆神府矿区、东胜矿区东南部等，煤层埋藏较浅，为第四纪风积沙、黄土和新近系红土覆盖；盆地腹部、南部和西北部的东胜矿区西部、永陇矿区、宁东矿区等区域侏罗系煤岩层埋藏深，之上为巨厚白垩系砂岩层覆盖，再上为黄土或风积沙；在盆地南部山区和盆地腹部一些区域，白垩系砂岩层直接出露地表。

鄂尔多斯盆地主体地貌由北部的沙漠高原和南部的黄土高原构成，地势总体由西北向东南降低。沙漠高原上分布着库布齐沙漠和毛乌素沙地以及剥蚀丘陵，黄土高原地区沟壑纵横、切割强烈、地形支离破碎；盆地周边为山地和断陷盆地，如阴山、贺兰山、六盘山、吕梁山，三个新生代断陷盆地即渭河盆地、河套盆地和银川盆地。以环县–靖边–榆林–河曲沿线为界，西北部为干旱–半干旱气候区，东南部为半干旱–半湿润区。黄土高原和北部的沙漠戈壁地区，天然条件下水资源总体短缺且分布不均匀，生态环境脆弱，沙漠化、水土流失是最主要的生态环境问题。特别是近 20 年来，随着鄂尔多斯盆地煤炭资源开采规模逐渐扩大，地质灾害和生态环境问题日益凸显，其中最大的问题是煤炭开采涌突水及链生生态环境问题。侏罗系煤层开采诱发大型涌突水，严重威胁井下安全生产，同时造成区域性水位下降、浅表层水资源枯竭，对本就脆弱的区域生态环境产生重大影响，导致土地沙化加剧甚至灾变，严重威胁黄河流域生态环境安全。

鄂尔多斯盆地侏罗系煤层开采水害及其生态环境效应涉及的核心科学技术问题是侏罗系煤炭开采覆岩变形破坏涌突水机理及水害防治、涌突水引发浅表层水–生态环境变化过程机理及控制。对于煤层开采顶板涌突水，我国开展了 60 多年的研究，早期主要是东部矿区巨厚松散含水层、淮河等地表水体下采煤水害防治研究。刘天泉院士等最早提出了煤层开采覆岩"三带"理论，为顶板水害分析提供了理论基础；武强院士等提出了"三图双预测"顶板水评价理论方法，为顶板水害系统评价和防治提供了理论和技术支撑。以东部两淮（淮南、淮北）矿区、鲁西南矿区等长期煤炭开采实践经验为主，特别是经过大量导水裂隙带发育高度实测、不同地质条件、不同采煤方法等开采实际经验总结，建立了煤层开采导水裂隙带发育高度预算公式、保护层厚度确定方法，以此作为水体下开采防水煤岩柱留设的依据；《建筑物、水体、铁路及主要井巷煤柱留设与压煤开采规范》（简称"三下"采煤规范）、《煤矿防治水细则》（2018 年）[《煤矿防治水工作条例》（1986 年）、《煤矿防治水规定》（2009 年）]是顶板水防治理论和长期生产实践的总结。我国水体下采煤水害防治理论、技术及工程实践水平居国际前列。

自 20 世纪末、21 世纪初以来，随着我国煤炭战略西移，特别是鄂尔多斯盆地侏罗系煤炭开采规模逐渐扩大，二十多年来的生产实践表明，沿用东部石炭–二叠系煤炭开采顶板水害防治理论和技术，解决侏罗系煤炭开采水害问题，存在重要差异和不足。主要表现在：①导水裂隙带发育高度存在明显差异，普遍较目前规程经验公式预计值大；②按目前规范留设的防水煤岩柱保护层厚度，不适用侏罗系煤层开采顶板水防治，明显偏小；③西北侏罗系煤炭开采不能只考虑井下水害，应综合考虑水害防治及生态环境保护的双重目标；④西部大多为超长工作面开采，应研究采动导水裂隙、保护层渗透性变化的时间效应，涌水过程及生态水位的时间变化；⑤西部黄土、红土为浅表层水的关键隔水层，且具有特殊的区域工程地质性质，缺乏采动影响黄土、红土工程地质性质变化及其对涌突水和生态环境影响的系统研究；⑥巨厚白垩系覆盖下的煤层开采，离层水害机理及防治具有新的挑战性。

20 世纪末，李文平教授作为主要研究成员，参加了原煤炭工业部"九五"重点科技攻关项目"我国西部侏罗纪煤田（榆神府矿区）保水采煤与地质环境综合研究"，从此开始了鄂尔多斯盆地及西北其他地区侏罗系煤炭开采水害及生态环境效应研究。20 多年来，带领团队先后完成现场工程技术项目二十余项；承担相关国家级科研项目近十项，包括：

国家自然科学基金重点项目"侏罗系煤层上覆 N_2 红土采动破坏突水机理及防控研究"、"鄂尔多斯盆地巨厚白垩系水体采动受损机理及防控研究",国家重点基础研究发展计划(973 计划)项目课题"西北生态–水–煤系地质结构及环境工程地质模式",中央高校基本科研业务费专项资金资助——学科前沿科学研究专项重点项目"鄂尔多斯煤田开发工程地质基础研究",国家自然科学基金项目"覆岩离层水涌突模式与机理研究"、"侏罗–白垩系覆岩采动主控裂隙演化及突水机理"、"黄土沟壑径流下浅埋煤层采动突水机理研究"、"采动受损离石黄土自然修复结构–渗透性变化机理研究"、"鄂尔多斯盆地风沙滩地区煤层采动下生态水位恢复机理研究"等。

本研究工作的总体目标是以服务国家经济建设可持续发展和防灾减灾为宗旨,结合西北区域经济社会现状和发展规划,在前期工作基础上,继续在西北矿区,重点是鄂尔多斯盆地典型区域进行地质及生态环境现状条件、生态–水–煤系地质结构勘探测试,关键岩土层采动影响工程地质性质原位和室内试验测试,侏罗系煤层覆岩结构及其与东部石炭–二叠系差异性研究,侏罗系煤层开采基岩–土层复合导水裂隙带动态、静态发育特征原位测试及数值物理模拟;研究考虑水害防治和生态环境保护的侏罗系煤岩–土层复合保护层厚度确定方法;进行超长工作面煤层开采过程涌水量预计、生态水位原位监测及预警;研究巨厚白垩系覆盖煤层开采离层水害机理及防控技术;建立以水害防治及生态环境保护为目的的环境工程地质模式及西部保水采煤矿井等级划分方法等。深化"采动工程地质环境演化与灾变"煤矿工程地质学理论,完善"水害防治和保水采煤"技术体系;实现为政府防治煤炭开采地质灾害和环境保护提供基础技术支撑,推动我国煤矿工程地质学科水平整体发展。

本书是上述系统研究的成果总结,取得的学术成果主要包括以下十个方面:

(1) 以矿区水资源和生态环境保护为目的,将鄂尔多斯盆地生态地质环境类划分为地表径流黄土沟壑型、地表沟谷河流绿洲型、潜水沙漠滩地绿洲型、沙漠岩漠型等主要类型;以榆神府矿区为重点,选取地表高程、地形坡度、地貌类型、地表水资源分布、岩性分布和植被生态发育状况六个指标,建立了生态地质环境类型划分方法,给出了类型区划结果;揭示了植被发育空间分布与生态地质环境类型的关系特征。

(2) 以榆神府矿区为重点,阐明了主要地表水和地下水类型,含隔水层结构;建立三维水文地质模型,模拟分析了区域水循环过程特征,给出了与地表生态环境关系密切的浅表层水资源赋存分布结果;构建了区域生态–水–煤系地组成结构模型。

(3) 系统研究给出了我国西北 N_2 红土工程地质属性及其区域性质差异、受采动影响工程地质性质变化特征;揭示了不同采动受损破裂 N_2 红土水土相互作用、采后应力恢复蠕变结构渗透性变化特征规律,建立了蠕变–结构–渗透性变化模型;首次提出隔水层再造理论观点,对认识西北地区采矿等人类工程活动对生态环境破坏及自然修复具有重要意义。

(4) 发现侏罗系煤层覆岩整体状结构是造成导水裂隙带发育高度异常的本质属性,建立了侏罗系煤层开采导水裂隙带发育高度的理论预计公式和经验公式;采用分布式光纤等原位监测方法,监测了煤层开采导水裂隙带动态发育过程特征,首次揭示了侏罗系煤层开采基岩–土层(黄土、N_2 红土)复合导水裂隙带发育特征规律,建立了土层对导高发育影响的理论模型和高度预计公式；划分了鄂尔多斯盆地煤层开采顶板水害模式类型。

（5）勘探测试黄土沟壑径流区采动水害形成条件，建立了突水溃砂模型，揭示了突水溃砂过程特征规律；首次划分了沟壑径流下采动水害类型及其确定指标、原则，建立了水害防治技术体系并得到了应用示范；提出采空区储水评价方法。

（6）勘探测试典型沙漠滩地区煤炭开采水害形成条件，揭示不同采厚（分层开采5m、一次采全高8m及综放开采11m）条件下煤层覆岩-土-含水层扰动破坏过程特征机理，首次建立超长工作面开采过程涌水量和砂层潜水渗漏量预计方法，形成了水害防治关键技术及应用示范；建立了砂层潜水采动漏失、水位变化监测预警方法，并得到了成功应用。

（7）研究了侏罗系煤层顶板厚砂岩水害形成条件；建立了顶板砂岩富水性多元预测评价模型；提出了基于工作面采前探放水资料、结合物探等勘探资料，精细划分了工作面顶板砂岩充水含水层水文地质参数；建立了分段涌水量预计方法；形成了侏罗系煤层大埋深、高承压顶板砂岩水害防治技术体系及实施应用示范。

（8）研究了巨厚白垩系覆盖侏罗系煤层开采离层水害的形成条件，建立了离层及离层水形成工程地质模型，首次提出离层动态发育三角形离层域阶梯组合梁理论模型，揭示了离层发育、破断演化过程机理，给出了煤层开采过程离层发育位置判别、离层水平破断距预计公式；提出了离层突水危险性预测评价方法，建立了离层水地面直通式导流孔等防治技术方法，并得到了推广应用。

（9）研究了沙漠滩地区潜水位与生态环境的关系，发现不同生态地质环境区增强型植被指数（EVI）分布特征差异性，建立了EVI与地下水位埋深关系模型；研究了沙漠滩地区潜水受煤炭开采扰动的影响过程，建立了采动沉降砂层潜水变化预计理论模型，土层采动破坏砂层潜水漏失、水位变化监测预警系统。

（10）基于水害防治、水资源和生态环境保护一体化理念，提出了煤炭开采对水及生态环境扰动破坏的四种环境工程地质模式，即环境灾变型、环境渐变恶化型、环境渐变恢复型、环境友好型，建立了环境工程地质模式划分原则和方法，给出了榆神府矿区模式类型区划结果；基于环境工程地质模式与浅表层水资源分布相结合，首次提出保水采煤矿井等级类型及其确定方法，以及相对应的水资源及生态环境保护地质工程技术；已在多个矿井（区）应用示范。

本成果是各有关方面大力支持的结果。首先要感谢中国煤炭地质总局已故的叶贵钧教授，邀请我们参加煤炭工业部"九五"重大科技项目，开启西部煤炭开采工程地质灾害及环境保护相关研究！感谢国家自然科学基金委员会地球科学部姚玉鹏副主任、刘羽处长、熊巨华处长，科技部基础研究管理中心闫金定处长等，对研究工作的大力支持！衷心感谢彭苏萍、武强、王双明、彭建兵、袁亮、王国法院士等对该工作的长期关注、支持和指导！感谢山东能源集团李伟董事长、兖州矿业集团公司孟祥军总工程师、安满林副总工程师、兖州煤业股份有限公司王春耀总工程师、官云章副总工程师、张连贵副总工程师、兖矿集团陕西未来能源化工有限公司金鸡滩煤矿岳宁矿长、李申龙总工程师、兖州煤业鄂尔多斯能化有限公司李伟清董事长、程小芝副总经理、王保齐总工程师、徐建国副总工程师、兖矿新疆能化有限公司王绪友董事长、刘心广总经理、姜亦武总工程师等的支持；感谢陕西煤业化工集团有限责任公司尚建选总工程师，陕西煤业化工技术研究院有限责任公司王苏健副院长、李涛高级工程师，陕西陕煤陕北矿业有限公司吴群英董事长、迟宝锁总工程师、王宏科部长等对神南矿区工作的大力支持！感谢陕西省煤田地质集团有限公司姚建明副总经理和段中会总工程师、陕西省煤田地质局一八五队蒋泽泉队长等的支持！感谢皖北煤电集团有限责任公司的吴玉华总工程师、段中稳副总工程师等的支持；感谢中国矿业大学张东升教授和浦海教授、新疆大学吕光辉教授等对973项目课题的支持！

　　除了本书列出的参加编写成员外，参加本研究并做出贡献的还有已毕业和目前在读的研究生。博士生朱厅恩、杨玉茹、胡彦博，硕士生常金源、尚荣、王丹志、邢茂林、杨东东、周丹坤、伍艳丽、裴亚兵、郭启琛、颜士顺、雍极、王守玉、谢朋、刘少伟、代松、田野、阴静慧、薛森、李鸾飞、陆秋妤、范开放、赵东良、雷利剑、江传文、田辉等。

　　本书各章执笔分工如下：第一章由李小琴执笔；第二章由杨志执笔；第三章、第四章由王启庆执笔；第五章由李文平、刘瑜和王振康执笔；第六章由王启庆、陈伟和李涛执笔；第七章由杨志、王启庆、刘士亮和刘瑜执笔；第八章由贺江辉执笔；第九章由乔伟、贺江辉执笔；第十章由杨志、王启庆、李涛和陈维池执笔；第十一章由刘士亮执笔；全书由李文平统稿并定稿。

目　　录

第一章 研究区概况

鄂尔多斯盆地煤炭资源丰富，现有陕北、神东、宁东、黄陇等国家级大型煤炭能源生产基地，主采侏罗系煤层，年产煤炭二十多亿吨，超过全国总产量的50%。近20年来的开采实践表明，鄂尔多斯盆地煤炭开采大型、特大型涌突水矿井不断出现，不仅对井下安全造成严重威胁，同时也造成了区域性的水位下降、浅表层水资源枯竭，对本就脆弱的区域生态环境产生了重大的影响，严重威胁着生态环境安全。以鄂尔多斯盆地侏罗系煤层开采水害及其生态环境效应为研究目标，以突水这一典型的"采动工程地质环境演化与灾变"过程为主线，选择盆地内具有代表性的三个矿区——榆神府矿区、东胜矿区和永陇矿区为靶区，开展相关研究。

本章简要介绍鄂尔多斯盆地及三个代表性矿区（榆神府矿区、东胜矿区和永陇矿区）的自然地理概况、地层及地质构造、煤层分布及开发现状。

第一节 自然地理概况

一、位置与范围

（一）鄂尔多斯盆地位置与范围

鄂尔多斯盆地位于我国中西部，华北克拉通西南，是在华北地台基础上发展演化形成的，是由中新生代盆地叠加在古生代盆地之上的复合盆地，在晚侏罗世—早白垩世彻底与华北盆地分离，成为独立的盆地。盆地周边分布着一系列的山脉，山脉海拔一般在2000m左右。盆地内部相对较低，一般海拔为800~1400m。鄂尔多斯盆地是我国大型的综合性能源盆地，沉积地层中赋存着极其丰富的煤、煤层气、石油、常规与非常规天然气等矿产资源，地跨陕西、山西、内蒙古、宁夏、甘肃五个省区。从地理位置上来讲，范围包括34°00′N~41°20′N，105°30′E~111°30′E，东起吕梁山脉，西抵桌子山、贺兰山、六盘山一线，南到秦岭北坡，北至阴山南麓，面积达$40×10^4km^2$。盆地内部大致以长城为界，北部为干旱沙漠、草原区，著名的有毛乌素沙漠、库布齐沙漠等；南部为半干旱黄土高原区，黄土广布，地形复杂。盆地外围邻近几大冲积平原，即西边的银川平原、南边的渭河平原和北边的河套平原，地势平坦，交通便利（图1.1）。

本研究选择的三个代表矿区——榆神府矿区、东胜矿区和永陇矿区，在鄂尔多斯盆地中的位置概述如下（图1.2）。

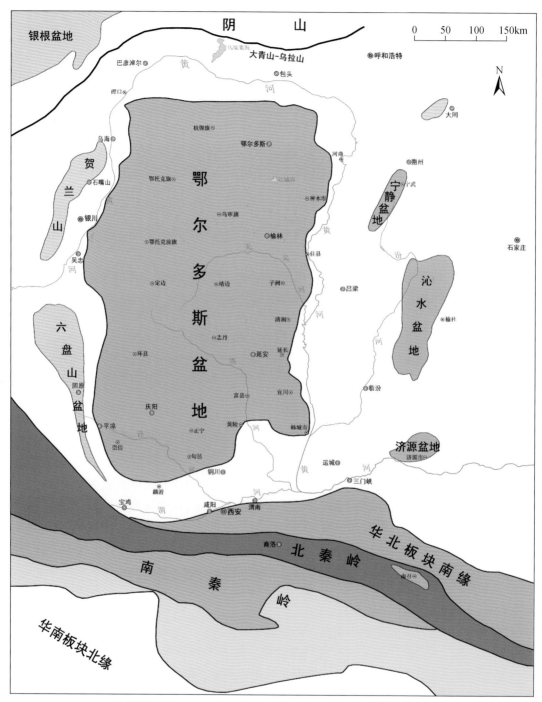

图 1.1　鄂尔多斯盆地位置图

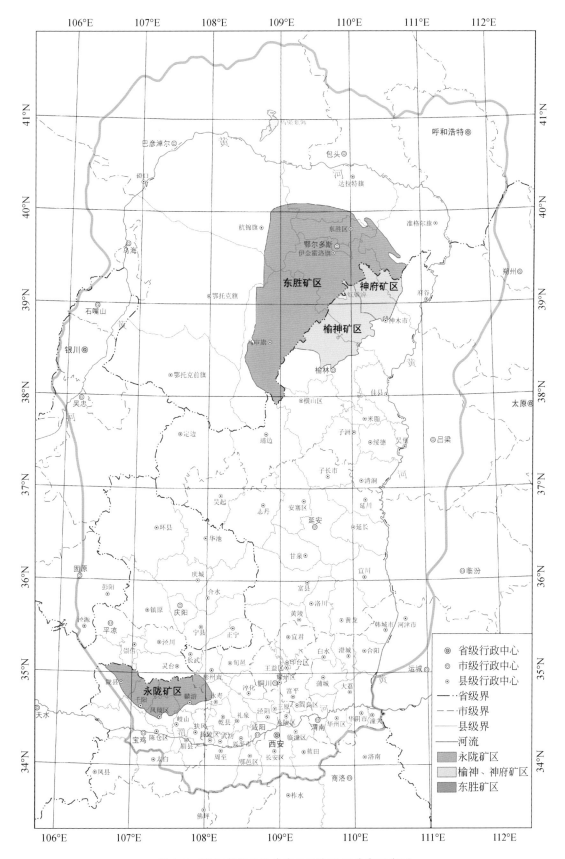

图 1.2　鄂尔多斯盆地代表性研究矿区分布示意图

榆神府矿区是榆神矿区与神府矿区的合称，位于鄂尔多斯盆地东部，毛乌素沙漠东南缘与黄土高原北部的接壤地带，是陕北与神东煤炭基地的核心开采区。

东胜矿区位于鄂尔多斯盆地北部，内蒙古自治区鄂尔多斯市南部地区，伊金霍洛旗与乌审旗境内，是我国第一个亿吨煤炭生产基地——神东煤炭基地的组成部分之一，与榆神府矿区相邻。

永陇矿区位于盆地南缘，在陕西省宝鸡市、咸阳市的北部，横跨麟游、凤翔、千阳、陇县、彬县、永寿六县，是国家规划的 14 个煤炭基地中黄陇煤炭基地的主力矿井区。

后面将分别按矿区进行较详细介绍。

(二) 代表性矿区位置与范围

1. 榆神府矿区

榆神府矿区位于陕西省榆林市北部，隶属于榆林市榆阳区和神木县管辖，交通便捷，煤炭开发及外运条件良好。

榆神府矿区由榆神矿区和神府矿区组成，包括榆神矿区二期、三期、四期规划区全部矿区和一期规划区大面积区域，以及神府矿区西部大部分矿区，总面积约 6334km^2（其中榆神矿区面积为 5121km^2，神府矿区面积为 1213km^2）。榆神府矿区呈不规则的多边形，南北最长处约 106km，东西最宽处约 97km，矿区位置如图 1.3 所示。

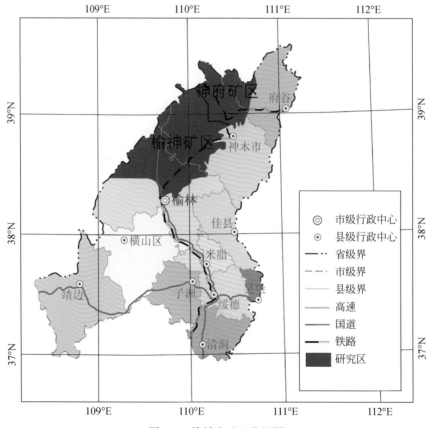

图 1.3 榆神府矿区位置图

2. 东胜矿区

东胜矿区位于内蒙古自治区鄂尔多斯的伊金霍洛旗南部和乌审旗境内，与陕西省境内的神府矿区共同组成著名的神东煤炭基地。本书中所指的东胜矿区从行政区划而言，包括鄂尔多斯的伊金霍洛旗，以及位于乌审旗境内的部分。矿区（含乌审旗境内部分）东西长 60～110km，南北宽 40～170km，总面积为 14810km²，108°40′E～110°48′E，37°54′N～40°08′N。有 10 个可采煤层，厚度为 2～7m，倾角为 1°～8°，埋藏较浅。

3. 永陇矿区

永陇矿区为黄陇侏罗纪煤田的主力矿区之一，地处陕西省陇东黄土高原南部边缘地带，位于宝鸡市、咸阳市北部，横跨麟游、凤翔、千阳、陇县、彬县、永寿六县，北以陕甘省界为界，东、南以侏罗纪煤系地层底部岩层边界线为界，西以奥陶纪灰岩及关山-草碧大断层为界。永陇矿区主采煤层为 3 煤，煤厚 0～27.75m，东厚西薄。永陇矿区呈不规则的长条形，东西长 140km，南北宽 30km，总面积 3601km²，106°36′E～108°07′E，34°36′N～35°18′N，矿区位置如图 1.4 所示。

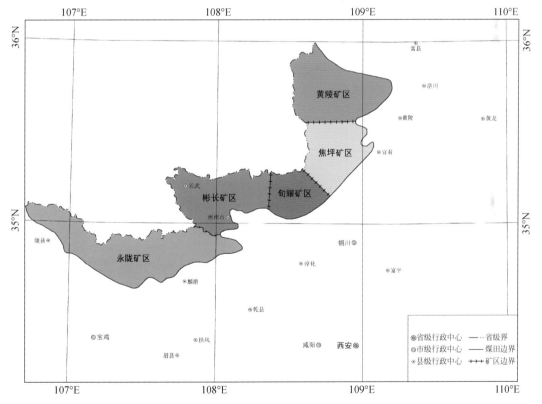

图 1.4　永陇矿区位置图

二、地形地貌

(一) 区域地形地貌

鄂尔多斯盆地位于我国西北地区东部,处于中国地形三大阶梯的第二阶梯之上。盆地四周被山地环绕,南为秦岭,北是阴山,东为吕梁山,西是贺兰山-六盘山,地势总体由西北向东南降低,局部地区起伏较大。区内地貌总体可划分为山地、断陷盆地、沙漠高原和黄土高原四大地貌类型 (图1.5);大致以中部的白于山地表分水岭(海拔1500~1800m)为界,盆地南、北部表现出截然不同的地貌景观(图1.6)。

北部沙漠高原是盆地内最主要的地貌单元之一,面积为$9.82\times10^4 km^2$,包括库布齐沙漠、毛乌素沙漠、乌兰布和沙漠及西部边缘地带,同时还包括展布于上述地貌单元之间的剥蚀基岩丘陵台地;其西北部以流动沙丘为主,东南部以固定-半固定沙丘为主。海拔为1100~1500m,地形起伏相对较小,相对高差为30~80m。

南部黄土高原是盆地内最大的地貌单元,面积达$14.45\times10^4 km^2$;环县—吴旗以北,以黄土梁峁地貌为主,南部主要为塬和残塬。黄土高原地区沟壑纵横、切割强烈、地形支离破碎,海拔为1000~1700m,黄土覆盖厚度多为100~300m。

断陷盆地包括银川平原、河套平原、土默特平原区和关中平原等,面积为$5.08 km^2$。银川平原和河套平原呈串珠状将黄河谷地沟通,海拔为1000~1200m;南部渭河盆地呈西窄东宽的喇叭状,海拔仅400~700m。

鄂尔多斯盆地四周的山地面积为$7.58\times10^4 km^2$;盆地内部的山地包括渭北北山、黄龙山,其中黄龙山则为低中山宽谷山地,面积较小,为$0.89\times10^4 km^2$。

(二) 代表性矿区地形地貌

1. 榆神府矿区

榆神府矿区位于毛乌素沙漠东南缘与陕北黄土高原北部的接壤地带,总体地势西北高、东南低,共存在风沙滩地区、黄土梁峁区和河谷阶地区三种地貌单元。

风沙滩地区是毛乌素沙漠的组成部分,又可以划分为沙漠区和滩地区。沙漠区主要分布于较大滩地以外的地区,该区地形波状起伏,堆积沙层厚度变化较大,相对高差为1~15m,迎风坡较缓,背风坡较陡,区内植被以沙蒿、沙柳和沙打旺等耐旱植物为主。滩地区四周一般被沙丘包围,分布规模大小不一,一般宽度为1~2km,长度为几千米至十几千米,展布方向规律性差,形状不规则,以条带状居多。该区地势低洼,地形较为平坦,多为农作物种植区,有小面积的低洼草滩和杨树、柳树等杂木林。黄土梁峁区主要分布于研究区的东部,又可细分为黄土梁、峁、塬三种亚地貌,该区整体地形较为破碎,植被稀少,水土流失严重,暴雨或连阴雨天气极易发生崩塌、滑坡等地质灾害。河谷地貌占研究区面积相对较小,主要分布于榆溪河、秃尾河和窟野河及其支流沟谷内,地处黄土沟壑的河谷区,沟床较窄,冲沟深切,谷底堆积物多由冲洪积、坡积沙土和少量碎石组成。地处沙漠滩地的河谷区,河谷普遍宽浅,河床坡降较小,河床、滩地较为平坦,冲积层多为粉细砂。

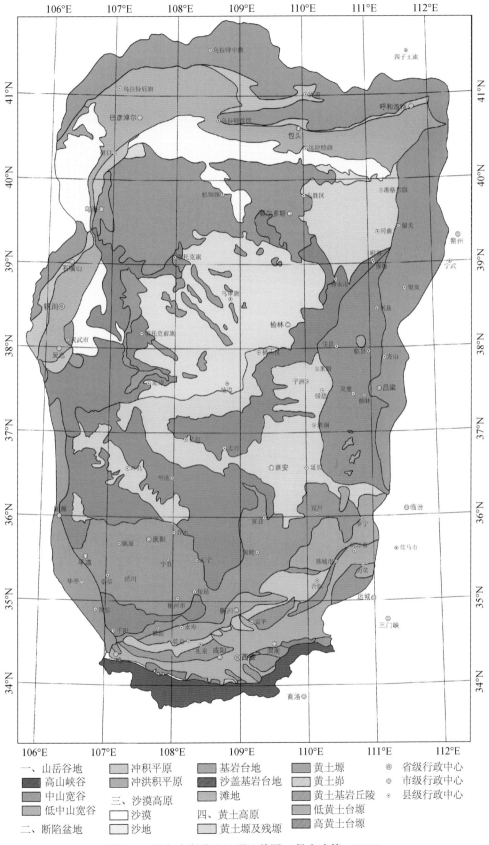

图 1.5　鄂尔多斯盆地地形地貌图（侯光才等，2008）

一、山岳谷地
■ 高山峡谷
中山宽谷
低中山宽谷
二、断陷盆地

冲积平原
冲洪积平原
三、沙漠高原
沙漠
沙地

基岩台地
沙盖基岩台地
滩地
四、黄土高原
黄土塬及残塬

黄土塬
黄土峁
黄土基岩丘陵
低黄土台塬
高黄土台塬

◎ 省级行政中心
◎ 市级行政中心
◦ 县级行政中心

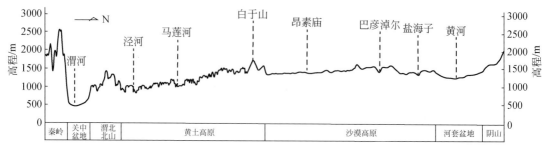

图 1.6　鄂尔多斯盆地南、北地势剖面图（侯光才等，2008）

2. 东胜矿区

东胜矿区地处鄂尔多斯盆地毛乌素沙漠的过渡地带，区域地层发育受鄂尔多斯盆地成因的影响。鄂尔多斯盆地为中生代大型内陆盆地，发育时限为中晚三叠世—早白垩世，叠加于早中三叠世不同时代的大华北克拉通盆地之上。该地区除上奥陶统、志留系、泥盆系和下石炭统缺失外，显生宙地层发育较为齐全。整个盆地白垩纪地层分布广泛，全系陆相沉积。大部分地区被第四系松散风积沙覆盖，基岩露头很少，只在部分沟谷中零星分布。东胜矿区大地构造属于华北地台鄂尔多斯台向斜，东胜隆起的东南部。区内地质构造简单，煤层赋存稳定，属近水平煤层，总体以单斜构造为主，发育宽缓波状褶曲，地层倾角平缓，一般为 3° ~ 5°，断裂构造不发育，只有小落差的断层。

东胜矿区地形总体上西北高、东南低，海拔一般为 1100 ~ 1850m，其地貌形态中部为黄土梁峁丘陵区，沟壑纵横，地形支离破碎，南部和北部为风沙地，沙丘连绵，地形波状起伏，矿区水文地质条件各地差异甚大，风沙区有许多大泉出露，梁峁区泉水少，水量小，乌兰木伦河、秃尾河、考考乌素沟等均起源于萨拉乌苏组泉水。矿区东部黄丘区地形破碎，但基岩裂隙发育，有利于地下水储存，矿区西部的风积沙区，表层风积沙不含水，但透水性极强，对地下水的补给非常有利。根据地勘资料，该矿区水文地质条件属于简单类型。矿区内主要含水层包括孔隙潜水含水层、碎屑岩类孔隙-裂隙含水层和烧变岩孔隙-裂隙含水层。其中第四系上更新统萨拉乌苏组含水层和烧变岩含水层组资源量相对丰富，是当地居民与工农业用水的主要水源。但两含水层均位于浅部主采煤层附近，萨拉乌苏组覆盖在主采煤层上部，与下部可采煤层间距仅 30 ~ 50m。在煤炭开采过程中，受采动导水裂隙的影响，一方面会在一定程度上破坏上覆含水层，使含水层水位下降，甚至被全部疏干；另一方面在地表水体或地下水沿采动裂隙进入矿井后，又产生矿井水害，对矿井生产安全造成不良影响。

3. 永陇矿区

永陇矿区地形总体趋势是西南部高、东北部低，地貌以黄土塬为主，受构造抬升及气候影响，地表风化、剥蚀、冲刷、切割作用强烈，形成了密集的树枝状水系和形态各异的塬、梁、峁、坡、沟等复杂地貌，使得地形起伏变化剧烈，在沟谷中多有基岩出露，其余均为第四系、新近系松散层覆盖。

三、气候及水文

（一）鄂尔多斯盆地气候与水文

1. 气候

鄂尔多斯盆地深居内陆腹地，地形闭塞，远离海洋，属欧北大陆东部温带大陆性季风气候带，降水少、蒸发强烈，气温和降水量季节性变化大。依据气候的地带性和地区性差异，将全区划分为两个能带、四个类型区（图1.7）。大致以环县靖边榆林河曲沿线为界，西北部为中温带干旱-半干旱气候带，东南部为暖温带半干旱-半湿润区带。其中，包头-定边一线的西北地区为中温带干旱区，多年平均降水量为24.12mm，蒸发量为268.9mm；包头-定边一线东南和临县-靖边-固原一线西北为中温带半干旱区，多年平均降水量为373.6mm，蒸发量为2047.7mm；陕北、陇东北部、宁南东南部和山西吕梁山西麓为暖温带半干旱区，多年平均降水量为502.46mm，蒸发量为1542.37mm；秦岭北坡、渭河盆地、六盘山及子午岭地区为暖温带半湿润区，多年平均降水量为554.1mm，蒸发量为1387.91mm。

2. 水文

河流是各自然地理条件综合影响的产物，有着明显的地区性特征。河流和地形地势、气候等因素都有着密切的关系，降水对河流的影响很大。鄂尔多斯盆地除沙漠高原中部的内流区外，均属黄河水系（图1.7）。黄河呈"几"字形在青铜峡附近流入本区，先向北纳入清水河、苦水河、都思兔河；再在磴口折向东，形成宽广的河套平原，并纳入季节性的摩林河以及源自东胜梁的毛不拉沟、卜尔嘎斯太沟、黑赖沟、西柳沟、罕台川、哈什拉川等支沟；然后由托克托至龙门，黄河流经晋陕峡谷段，纳入众多的一级支流；最后，龙门以下，黄河进入汾渭断陷盆地，河床平缓开阔，先后汇合汾河、渭河等黄河的大支流后，由潼关向东流出区外。

黄河及其主要支流总体上是鄂尔多斯盆地地下水的最终排泄基准面。在不同河段，河水与地下水的补排关系比较复杂。在银北和后套平原，黄河是一岸补给地下水，另一岸可能存在鄂尔多斯高原地下水的汇入；在银南和前套平原，两岸地下水均向黄河排泄，丰水期河水也可补给地下水；银川平原及河套平原灌区历来引黄河水灌溉，使大量灌溉回归水入渗转化为地下水，灌溉水对地下水的补给比例分别达到80%和60%。晋陕峡谷段，黄河主要接受两岸地下水（主要为岩溶地下水）补给，局部地段黄河水也可补给岩溶地下水，如河曲和禹门口等河段，河水（包括水库水）对岩溶地下水有明显的补给作用，傍河水源地的可采资源量中河水补给占较大比例。晋陕峡谷段属黄土高原区，因土质疏松、植被稀少，水土流失严重，是黄河的主要沙源区。在黄河携带的 16×10^8 t 泥沙中，90%来自本区，其中80%以上的沙量多集中在黄河的汛期。

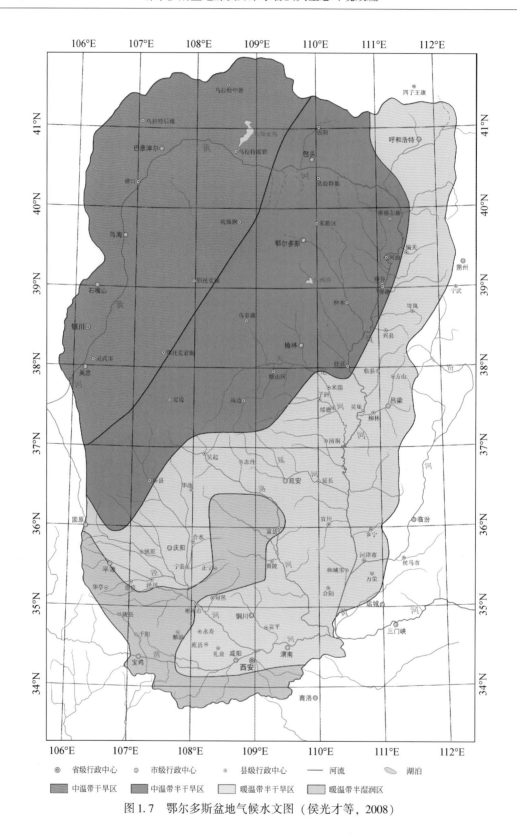

图 1.7　鄂尔多斯盆地气候水文图（侯光才等，2008）

（二）代表性矿区气象及水文

1. 榆神府矿区

1）气象

榆神府矿区地处中纬度中温带，属于典型的干旱–半干旱大陆性季风气候。春季干旱，易出现寒潮大风；夏季炎热，降雨集中，且会产生冰雹天气；秋季凉爽湿润，冷热多变，降温迅速；冬季受干燥而寒冷的变性极地大陆性气团控制，形成低温、寒冷、降水稀少的气候特点。总体来看，研究区内气候存在明显的地域差异，降水东南多、西北少，年内和年际变化均较大，年内降水多集中在7月、8月、9月三个月，约占全年降水量的三分之二；年际变化体现在丰水年，最大降水量为819.1mm，枯水年最小降水量为108.6mm，相差710.5mm。蒸发则西北相对强烈，多年平均蒸发量1712.0mm，并且研究区西北部气温日差和年差均比东南部大。研究区多年平均相对湿度为56%，最大冻土深度曾达146cm。

2）地表水系

榆神府矿区地表水系自东向西分别为黄河一级支流窟野河、秃尾河和黄河二级支流榆溪河，均为黄河外流水系，还有红碱淖、常家沟水库和河口水库等湖泊和水库。具体内容详见第三章。

2. 东胜矿区

1）气象

东胜矿区属典型的大陆性季风气候，生态环境极度脆弱。区内不少地区气候干燥，年降水量平均为194.7~531.6mm，年蒸发量为2297.4~2838.7mm，蒸发量是降水量的5倍左右。降水多集中于7月、8月、9月三个月，占全年降水量的70%左右，有时降水强度大，东部地区易造成山洪，西部地区易造成内涝，其他月份降水很少，干旱严重。冬长夏短，四季分明，受地理环境影响，气象要素变幅大，年均温度为7.3℃。东部地区年平均气温为5.5℃，西部地区年平均气温为5.2℃，年日照为3100~3200h。无霜期较短，东部一般为135天，西部一般为116天。全年多盛行西风及北偏西风，年平均风速为3.6m/s，最大风速可达22m/s。综上所述，东胜矿区气候的主要特征为干旱、少雨、多风，是造成矿区生态环境脆弱的主要原因。

2）地表水系

井田水系均属乌兰木伦河流域，为常年性地表径流。其水量受大气降水控制，夏秋季大，冬春季小。由水利部黄河水利委员会所设的王道恒塔水文站历年观测结果可知，该河最大流量为9760m³/s（1976年8月2日），平水期流量一般为3.13m³/s（1986年9月7日）。该河水自北向南流经陕西省，汇入窟野河后注入黄河。井田内湾兔沟为乌兰木伦河支流，由西向东流经井田中部，在井田西南部汇入乌兰木伦河，为季节性溪流，流量随季节而变化，雨季较大，冬季锐减甚至干涸。

3. 永陇矿区

1）气象

永陇矿区地处陇东黄土高原南部边缘地带，属温带半湿–湿润季风气候区。气象站气象观测资料显示,该区曾在 1966 年 6 月 19 日出现了极端最高气温气候,最高温度达 40℃,在 1977 年 1 月 31 日出现了极端最低气温-22.5℃,年平均气温为 11℃,年平均温差为 31.71℃。平均年降水量为 561.33mm,每年 7~9 月为雨季,降水量为 333.6mm;年平均蒸发量大于 900mm,每年 10 月结冰,次年 3 月解冻,年最大冻土层厚度为 58~89cm,无霜期为 179~232 天,风向多为西北风,最大风速为 12.7m/s（3~5 月）。

2）地表水系

区内水系发育,泾河经过矿区自北向南流动,支流发育。泾河及其支流的流量随季节变化很大,一般在 7~9 月流量最大,冬季流量最小。

第二节　地层及地质构造

一、地层岩性

（一）区域地层岩性

鄂尔多斯盆地属华北地层大区之下的鄂尔多斯地层分区,出露有第四系和新近系、古近系、白垩系、侏罗系、三叠系、二叠系、石炭系、奥陶系、寒武系地层,鉴于本书研究内容,后续主要介绍三叠纪以来的地层。

1. 三叠系

三叠系为一套内陆河流、湖泊、沼泽相碎屑岩建造,与二叠系连续过渡。大面积出露在盆地东部黄河沿岸沟谷中,北部、西部、南部也有零星出露,在盆地内的钻孔中皆可钻遇。自下而上分为刘家沟组（T_1l）、和尚沟组（T_1h）、二马营组（T_2e）、铜川组（T_2t）、延长组（T_3y）和瓦窑堡组（T_3w）。下统以砾岩、砂岩、粉砂岩和粉砂质泥岩组成完整的沉积旋回;中统以粗-中细粒长石砂岩、砂质泥岩、粉砂岩为主,上部夹页岩、碳质页岩、油页岩;上统以砂岩为主夹泥岩,上部泥岩砂岩互层夹煤层及煤线。其中延长组和瓦窑堡组是盆地主要的石油产层及重要的含煤层位。

2. 侏罗系

侏罗系为一套河湖相碎屑岩夹煤层沉积,地表主要出露于东部,全盆地地下皆有发育,平行不整合覆于三叠系之上。由下至上分为富县组（J_1f）、延安组（J_2y）、直罗组（J_2z）、安定组（J_2a）和芬芳河组（J_3f）。早期沉积了一套泥岩夹砂岩及少量泥灰岩和砂岩、砾岩及泥岩、油页岩夹薄煤层的河流-河沼相沉积;中期为砂岩、含砾砂岩及砂岩、页岩与泥岩不等厚互层,夹煤层或煤线,顶部为油页岩、页岩及钙质粉砂岩和泥灰岩的河流-湖沼相沉积组合;晚期仅在西缘桌子山东麓和西南部等地零星出露山麓相的砂砾岩堆积。

侏罗系是本区石油、煤炭和砂岩型铀矿等能源矿产的重要产层,其中在盆地北部形成的侏罗系煤田被誉为世界七大煤田之一。

3. 白垩系

白垩纪初期，盆地东缘上升为山、南缘及西缘也再度上升，形成封闭统一的盆地，沉积了厚度较大的下白垩统志丹群陆相碎屑岩。而稍晚期，在盆地西缘的六盘山群则为一小型断陷盆地沉积，二者分属不同性质盆地的沉积产物。

1）志丹群

志丹群构成了鄂尔多斯白垩系的主体，主要分布于盆地北部及中西部的伊盟隆起、伊陕斜坡和天环凹陷等构造部位。地表在北部伊盟隆起有大面积出露，其南至白于山北麓为毛乌素沙漠覆盖，仅有小片出露于地形较高处，白于山以南主要呈树枝状出露于各沟谷中。

志丹群构成了西拗东翘的箕状不对称向斜，自下向上可划分为宜君组（K_1y）、洛河组（K_1l）、环河组（K_1h）、罗汉洞组（K_1lh）和泾川组（K_1jc）5个岩石地层单位。

（1）宜君组

宜君组亦称宜君砾岩，主要出露在盆地南部的千阳、彬县、旬邑一带，东缘的安塞、宜君、甘泉、黄陵、耀州区等地也有零星出露，盆地北部缺失；其分布具有局限性，且大部分地区与洛河组呈连续过渡。

宜君组为一套近源山前洪冲积物，厚度为0~302m，主要为杂色砾岩、砂砾夹砂岩透镜体及少量泥岩薄层。多呈扇状、楔状、丘状、透镜状产出，从边缘向盆内迅速变薄、尖灭或过渡为洛河组砂岩。另外在西缘逆冲带的灵武附近有大面积分布。宜君组在区域上与下伏侏罗系安定组、直罗组、芬芳河组多呈微角度不整合或平行不整合接触。在盆地南缘和西南缘，呈高角度不整合于侏罗系不同层位之上。盆地西缘逆冲带宁夏灵武碎石井–侯家河一带直接不整合在三叠系之上。砾石成分主要为灰岩、花岗岩及硅质岩和少量砂岩，分选较差，砾径为2~30cm，一般为5~6cm；磨圆较好，次棱角–次圆状，以次圆状为主，个别砾石略具定向排列，硅钙质胶结。

（2）洛河组

洛河组亦称洛河砂岩，主要出露于盆地南部千阳–彬县–旬邑–宜君一线和盆地东缘黄陵–志丹–榆林–鄂尔多斯市一带，地下分布稳定，钻孔中均可见及。盆地南部洛河组与宜君组连续沉积整合过渡，其他地方平行不整合于侏罗系之上，其北东部还超覆于三叠系和二叠系不同层位之上。厚度东薄西厚，一般变化为250~350m，盆地西缘麻黄山–洪德城–三岔镇一带厚度最大，一般大于400m，钻孔揭露最大厚度分别为844.5m和855m；南部宁县附近B10井厚481m；盆地边缘彬县一带厚241.8m，千阳草碧沟厚130m，其他地方厚度仅数十米至近百米。

洛河组为一套近源冲积扇–辫状河–沙漠相沉积组合，地下大致以伊金霍洛旗–乌审旗–盐池–洪德城–环县–泾川–长武一线以东的沙漠相沉积为主体；盆地北部、西部边缘和南缘以及东南缘的宜君–直罗镇附近、东北缘的岔河镇–尔林兔镇–鄂尔多斯市南一带则以河流相沉积为主。

洛河组沙漠相沉积约占同期沉积的2/3，厚度一般在200~300m，其沉积中心厚度普遍大于400m。以风成沙丘砂岩夹丘间细粉砂岩、泥质岩组合为主。沙丘砂岩是洛河组沙漠沉积主体，以砖红色、棕红色、紫红色块状中、细粒长石石英砂岩、长石砂岩为主，少量含砾砂岩、粗砂岩、粉细砂岩，以发育巨型交错层理、板状层理为特征。岩石结构成熟度和成分成熟度较高，结构疏松，孔隙发育且连通性好。丘间细粉砂岩、泥质岩分布局限，厚度较小，且不连续。砂岩占地层比例高（90%以上）、延伸稳定、规模巨大、结构疏松，是盆地最主要的含水层之一。

冲积扇及辫状河沉积是洛河组的另一主要物质。盆地北部在该组底部常见由杂色砾岩、砂砾岩、含砾砂岩及砂岩组成的冲积扇沉积，其厚度为 64～170m，砾石大小混杂，其中不乏大于50cm的漂砾，磨圆较差，泥砂质充填，基底式胶结。辫状河沉积在盆地北部和西部边缘广泛分布，以岩屑长石砂岩、长石砂岩、长石石英砂岩及含砾砂岩为主，夹粉砂质泥岩、泥质粉砂岩和泥岩薄层，局部含石膏。砂岩多具不等粒结构，分选、磨圆中等-较差，为厚度不等的透镜状产出。

（3）环河组

环河组与洛河组整合接触。在北部内蒙古境内成片出露，东南部则呈树枝状出露于沟谷底部。分布范围较洛河组向西收缩，东界在伊金霍洛旗-靖边县-志丹县一线以西。厚度一般在 200～600m，最大厚度仍位于天环向斜核部一带，东部边缘厚度为 0～100m。地表露头和地下钻孔揭示，环河组南北岩性、岩相差异明显，大致沿白于山以北盐池-靖边为界，北部以河流相沉积为主，偶见湖相沉积；南部则为三角洲、湖泊及少量河流相沉积。

盆地北缘及西缘，环河组底部常见厚度不大的冲积扇相砾岩、含砾中粗粒砂岩，砾径粗大向上变细，分选差，砾石成分为石英岩、片麻状花岗岩等。但盆地北部大部地区以辫状河、曲流河沉积为主；岩性以紫灰色、棕红色、青灰色岩屑长石砂岩、长石砂岩、砂砾岩、含砾砂岩为主，夹棕红色泥岩、泥质粉砂岩等，钙泥质接触式孔隙式胶结，发育多个粗-细的沉积旋回。平面上盆地北部自西向东、自北而南粒度具有由粗变细的趋势。

盆地南部以湖相沉积占主导地位，岩性与北部有明显差异，主要由青灰色-灰色中-细粒砂岩、粉砂岩、泥岩及少量膏盐层的细粒物质组成。含水介质主要为三角洲水上、水下分流河道砂体，其单个砂体厚度具北厚南薄、西厚东薄的特点。统计表明，由北向南从河流沉积至湖泊沉积中心，砂层累计厚度逐渐减小，由北部占地层厚度的70%向南东递减为43%。

（4）罗汉洞组

罗汉洞组地表呈"厂"字形出露于鄂尔多斯市-鄂托克旗以北、定边-环县-庆阳-长武以西的盆地边缘。在伊盟隆起和桌子山地区及盆地西缘南北向"古脊梁"等处，分别不整合超覆于奥陶系—三叠系、侏罗系直罗组和安定组之上，整合于上覆泾川组之下，其他地方与下伏环河组整合或冲刷侵蚀接触。罗汉洞组出露厚度变化较大，盆地北部伊克乌素一带最厚可达350m以上，西部鄂托克前旗镇原-泾川一带最厚超过250m，其他地区一般在 0～150m。

罗汉洞组是继环河组河湖相沉积之后，鄂尔多斯盆地复又抬升，且气候逐渐转为干旱，形成以河流、沙漠相为主，局部见有火山溢流玄武岩夹层的沉积组合。该组在盆地北缘主要为冲积扇-辫状河相，岩性由棕红色、姜黄色砂岩、含砾砂岩、砾岩夹透镜状泥岩、砂质泥岩组成；在盆地南部西侧近边缘主要为辫状河相-沙漠沙丘亚相，岩性主要为棕红色、紫红色不等粒、中粒、中细粒岩屑长石砂岩、钙质细砂岩、长石石英砂岩夹紫红色泥岩、粉细砂岩薄层。

（5）泾川组

泾川组主要分布于盆地北部伊克乌素–杭锦旗一线以北及西部布隆庙–盐池–环县–泾川一线以西的盆缘地区，呈南北向条带状断续出露，与罗汉洞组连续过渡。北部最大厚度在300m以上，西南部泾川–镇原一带最大厚度在200m左右，形成南北两个沉积中心，其他地区厚度在几十米至百余米。岩性南北差异明显，粒度北粗南细，颜色北部鲜艳、南部暗淡。

盆地北部伊克乌素–杭锦旗一线以北该组下部为典型的山麓洪冲积相和辫状河沉积，岩性为黄绿色、灰绿色砾岩夹灰白色、棕红色、灰黄色灰质砂岩；上部为土红色、黄绿色中细砂岩、含砾粗砂岩与砾岩互层，富含钙质结核；盆地北部大多被新生界覆盖，仅见零星出露。从钻井资料看，地层从南往北增厚。盆地北部西缘鄂托克旗布隆庙、鄂托克前旗西部大庙、北大池一带为湖泊相沉积，岩性为蓝灰色、灰绿色、棕灰色及砖红色中薄层状泥岩，夹灰绿色、黄灰色钙质细砂岩和泥灰岩，局部夹薄层状假鲕状灰岩透镜体。由此向南至盐池县哈巴湖相变为铁钙质胶结的泥岩、粉细砂岩、中粒长石砂岩和岩屑长石砂岩互层沉积。陇东地区主要为湖泊相和曲流河相沉积，岩性为暗紫色、浅灰色砂质泥岩与泥质粉砂岩互层，中部夹浅灰色泥灰岩、白云质泥岩和浅灰色、浅黄色砂岩。产鱼、介形类和植物化石。与下伏罗汉洞组为连续沉积。

2）六盘山群

六盘山群主要分布于盆地西南缘六盘山东麓陇县和平凉地区，呈北西–南东向条带状展布，不整合于侏罗系及更老地层之上，其上被古近系—新近系（E–N）、第四系（Q）覆盖。主要是一套紫红色–灰绿色的山麓相、河流相和湖泊相碎屑岩沉积建造。自下而上分为三桥组（K_1s）、和尚铺组（K_1hs）、李洼峡组（K_1lw）、马东山组（K_1m）和乃家河组（K_1n），各组之间均为整合接触。

（1）三桥组

三桥组分布于宁夏西吉、固原、同心、泾源等县和甘肃的崆峒山、关山、华亭、庄浪县以及陕西的陇县三桥等地，不整合覆于二叠系及更老地层之上。岩性为山麓堆积的浅棕黄色–灰紫色块状砾岩，局部夹透镜状砂岩。砾石成分复杂，随地而异，多呈棱角–次棱角状、杂乱排列，钙质胶结；厚度变化大。由下而上粒度变细，横向上由东南向北西粒度变细、厚度减薄。三桥组在局部地段砾石以灰岩为主且为钙质胶结，利于溶蚀，形成溶隙、溶洞，赋水性较强，形成岩溶含水岩组。

（2）和尚铺组

和尚铺组分布于宁夏同心、固原和甘肃华亭、庄浪县及陕西陇县、于阳一带。岩性为滨湖相紫红、棕红、棕紫色砂砾岩、砂岩、泥岩等，夹少量灰白色粗–细粒长石石英砂岩、褐色页岩。

（3）李洼峡组

李洼峡组分布于宁夏固原、西吉、彭阳、同心县及甘肃华亭、陕西陇县等地。岩性为一套以紫色为主，夹灰绿色、灰白色、灰黄色砂岩、泥岩、泥灰岩、灰岩及薄层石英砂岩的湖相沉积，下部见砾岩。与和尚铺组连续过渡。

（4）马东山组

马东山组分布于宁夏固原、同心和甘肃华亭等地。岩性以湖相沉积的蓝灰色、灰绿色、灰黄色薄-中层钙质泥岩、页岩、泥灰岩为主，夹鲕状灰岩、隐晶灰岩，局部夹油页岩，连续沉积在李洼峡组之上。厚度由南向北减薄。

（5）乃家河组

乃家河组仅分布于宁夏固原、同心等地。岩性为蓝灰色、灰绿色和紫红色砂岩、泥岩、泥灰岩、灰岩夹石膏层，上部常夹紫红色砂岩、泥岩等。整合在马东山组之上。

4. 古近系—新近系

该系地层广泛出露于鄂尔多斯盆地的中西部，并在盆地其他地段呈零星分布。底部不整合于白垩系及更老地层之上，顶部被第四系覆盖。包括渐新统清水营组、中新统红柳沟组、上新统保德组和静乐组，缺失古新统、始新统。

（1）渐新统（E_3）：清水营组分布于盆地西部内蒙古桌子山地区和宁夏灵武、盐池至牛首山，大、小罗山以东，岩性为褐红色、砖红色泥岩、粉砂岩夹灰绿色砂岩、泥岩及石膏层，局部夹灰白色石英砂岩、砂质泥岩、泥灰岩。

（2）中新统（N_1）：红柳沟组分布于内蒙古桌子山地区和宁夏牛首山、同心县八泉、固原寺口子等地。平行不整合于清水营组之上。岩性为橘红色、橘黄色黏土质砂土、黏土夹灰白色长石石英砂岩、砂砾岩透镜体及浅灰色泥灰岩。

（3）上新统（N_2）：呈残片状分布在鄂尔多斯盆地黄土高原区和河套盆地的边缘及地下钻孔中，东部称保德组（N_2b）和静乐组（N_2j）。保德组为洪积、冲洪积、湖积的棕红色，棕黄色砂砾石层黏土、亚黏土、层状钙质结核，夹灰绿色黏土、泥灰岩，厚 0~175m。静乐组为河、湖相沉积的红色为主，灰绿色次之的黏土夹砂砾石透镜体和泥灰岩及钙质结核，厚 0~25m。

5. 第四系

第四系按成因类型分为洪积层、风积黄土层、冲湖积层、冲洪积层、冲积层、风积沙层等。

（1）洪积层：下更新统和中更新统及全新统均有发育。主要分布在阴山冲积平原、贺兰山、六盘山等山麓或阶地上，其次在大小沟谷和山前冲洪积扇中亦有少量分布。岩性为灰色或杂色砾岩、砂砾岩、砾卵石，夹砂、砂砾及黏质砂土或透镜体，厚度为 0~130m。

（2）风积黄土层：包括下更新统午城组（Q_1w）、中更新统离石组（Q_2l）及上更新统马兰组（Q_3m），构成塬、峁、梁地貌的基、中、顶三部分。主要分布在盆地的西、南、东部，其他地区亦有零星分布。

午城组下部为淡肉红色土状亚黏土（石质黄土），夹数层至数十层浅棕红色古土壤；上部为浅肉红色石质黄土层，夹 10~20 层钙质结核，厚 0~84m。离石组为灰黄-浅褐黄色粉砂质黄土，上夹数层褐红色古土壤，下夹灰白色钙质结核层，柱状节理发育，厚度为 0~235m。马兰组为浅黄色-褐黄色粉砂质黄土和钙质结核，厚 0~70m。

（3）冲湖积层：包括上更新统萨拉乌苏组（Q_3s）、全新统冲湖积层（Q_4^{al+l}）。

萨拉乌苏组主要分布在盆地中东部和南部，为河湖相及风积相沉积。岩性底部为

1~2m的黑灰色泥炭、泥砂层；中部为浅棕黄色细粉砂土、粉砂、砂质黏土及中粗砂互层；上部为浅灰色黏土质含钙质粉砂层，厚0~166m。属第四系主要含水层。

全新统冲湖积层主要分布在黄河两岸和银吴盆地、卫宁盆地、清水河谷、苦水河谷中，以及其他较大支流内。属湖沼河流向河流泛流相的过渡沉积。由灰黄色–灰黑色细砂、粉砂、黏土、淤泥组成，或呈互层产出，厚1~30m。

（4）冲洪积层（Q_4^{al+pl}）：主要见于各地山前扇形平原和冲、洪积扇，以及各大河流和一、二级阶地中。为土黄色含卵砂砾石、含砾中粗砂，夹薄层黏砂土。具水平及交错层理。

（5）冲积层（Q_4^{al}）：分布于各大冲沟和河漫滩及各级基座阶地之上。包括具水平层理的灰黄色、灰绿色次生黄土和其他冲积砂土，底部夹砾石透镜体和钙质结核及黄土块、泥球。厚1~5m。

（6）风积沙层（Q_4^{eol}）：主要分布在盆地北部及边缘，构成库布齐和毛乌素及乌兰布和沙漠，其他地段均为零星分布。以浅黄色细砂为主，中、粉砂次之。厚0~150m。

（二）代表性矿区地层岩性

1. 榆神府矿区

榆神府矿区大部分地表被风积沙覆盖，局部有萨拉乌苏组砂层、第四系黄土及新近系红土出露，侏罗系基岩在榆溪河、秃尾河和窟野河的河谷两侧零星出露。研究区内地层由老至新依次为：上三叠统永坪组（T_3y）；下侏罗统富县组（J_1f）；中侏罗统延安组（J_2y）、直罗组（J_2z）、安定组（J_2a）；下白垩统洛河组（K_1l）；新近系上新统保德组（N_2b）；第四系中更新统离石组（Q_2l）；第四系上更新统萨拉乌苏组（Q_3s）、第四系全新统风积沙层（Q_4^{eol}）和冲积层（Q_4^{al}）。矿区地层分布情况如表1.1所示。

表1.1 榆神府矿区地层分布情况表

地层			岩性特征	厚度/m
系	统	组		
第四系	全新统	风积沙层（Q_4^{eol}）冲积层（Q_4^{al}）	以现代风积沙为主，冲积层次之	0~149.60
	上更新统	萨拉乌苏组（Q_3s）	上部为灰黄色、灰色粉细砂及亚砂土，具层状构造。顶部有古土壤，下部为浅灰、黑褐色亚砂土夹砂质亚黏土。底部有砾石，含螺及脊椎化石	0~166.00
	中更新统	离石组（Q_2l）	浅棕黄色、褐黄色亚黏土及亚砂土，夹粉土质砂层，薄层褐色古土壤层及钙质结核层，底部具有砾石层	0~154.00
新近系	上新统	保德组（N_2b）	棕红色黏土及亚黏土，含不规则钙质结核，底部局部有浅红色灰黄色砾岩。含三趾马化石及其他动物骨骼化石	0~175.00

地层			岩性特征	厚度/m
系	统	组		
白垩系	下统	洛河组（K_1l）	紫红色、棕红色巨厚层状中粗粒石英长石砂岩，胶结疏松，巨型板斜层理发育，底部有几米至几十米厚的砾岩层，成分为石英岩、硅质岩、硅灰岩及片岩等	0～336.87
侏罗系	中统	安定组（J_2a）	上部以紫红色、暗紫色泥岩及紫杂色砂质泥岩为主，与粉砂岩及细砂岩互层，含叶肢介、介形虫及鱼化石，下部以紫红色中至粗粒长石砂岩为主，夹砂质泥岩	0～297.87
		直罗组（J_2z）	上旋回：其上部以紫杂色、灰绿色泥岩、砂质泥岩为主，夹灰绿色、灰白色中厚层状长石石英砂岩，下部灰绿色、灰黄绿色细中粒砂岩与粉砂岩互层；下旋回：上部灰绿色、蓝灰色粉砂岩与细砂岩互层，下部为灰白色中-粗粒长石砂岩，夹灰绿色砂质泥岩，底部局部为含砾粗砂岩	0～237.01
		延安组（J_2y）	以灰白色、浅灰色中细粒长石砂岩、岩屑长石砂岩及钙质砂岩为主，次为灰色至灰黑色粉砂岩、砂质泥岩、泥岩及煤层，碳质泥岩，局部地段夹有透镜状泥灰岩，枕状或球状菱铁矿结核及菱铁质砂岩、蒙脱质黏土岩。含可采煤层7～8层，主要可采煤层4层。总厚最大达24.72m，单层最大厚度12m，一般为中厚煤层。动物化石常见的有双壳纲，以费尔干蚌-延安蚌为主的动物组合	0～329.69
	下统	富县组（J_1f）	上亚旋回：下部及中部为巨厚层状灰白色粗粒长石石英砂岩，含砾粗粒砂岩。顶部为灰绿色、紫色粉砂岩、砂质泥岩，含植物化石及叶肢介化石。下亚旋回：下部主要为粗粒石英砂岩、含砾粗粒石英砂岩，上部为绿灰色、褐灰色、紫杂色粉砂岩，砂质泥岩	0～147.86
三叠系	上统	永坪组（T_3y）	灰白色、灰绿色巨厚层状细中粒长石石英砂岩，含大量绿泥石，局部含石英砾、灰绿色泥质包体及黄铁矿结核	80～200

1）上三叠统永坪组

该组地层遍布全区，与下伏二叠系呈整合接触，地层顶面遭受剥蚀，起伏不平，其厚度一般为80～200m。岩性为灰白色、灰绿色巨厚层状细中粒长石石英砂岩，含大量绿泥石，局部含石英砾、灰绿色泥质包体及黄铁矿结核，分选性及磨圆度中等，发育大型板状交错层理、槽状交错层理、楔状交错层理，亦有块状层理、波状层理。

2）下侏罗统富县组

本组地层是陕北侏罗纪煤田含煤岩系的沉积基底，分布于矿区西北部的小壕兔和小保当一带，未出露。与下伏永坪组呈假整合接触，厚度变化较大，为0～147.86m。该组为河流相与湖泊相沉积，上部为灰绿色、紫色粉砂岩、砂质泥岩，下部主要为粗粒石英砂岩、含砾粗粒石英砂岩，夹有石英细砾岩，其次为中粒、细粒长石石英砂岩，磨圆中等，分选差。

3）中侏罗统延安组

该组地层为榆神府矿区的含煤地层，受直罗河冲刷或新生界剥蚀，该地层在秃尾河和窟野河沿岸一带沟谷中有不同程度出露，在大白堡附近的沟谷内，被剥蚀殆尽。厚度为0~329.69m，受基底格局的制约及新生界剥蚀影响，显示出由东向西、由北向南逐渐变厚的特点。其岩性以灰白色至浅灰白色粗、中、细粒长石石英砂岩、岩屑长石砂岩及钙质砂岩为主。

4）中侏罗统直罗组

本组地层在研究区中西部广泛分布，零星出露于神南矿区内的考考乌素沟、肯铁令河和小侯家母河沟的梁峁边缘，在研究区东部被新生界地层剥蚀殆尽。该组地层厚度变化较大，为0~237.01m，总变化趋势由西向东逐渐变薄，直至殆尽，与下伏煤系地层呈平行不整合接触，为一套半干旱条件下的河流体系沉积。包括上、下两旋回，上旋回上部以紫杂色、灰绿色泥岩、砂质泥岩为主，夹灰绿色、灰白色中厚层状长石石英砂岩，下部为灰绿色、灰黄绿色细中粒砂岩与粉砂岩互层；下旋回上部灰绿色、蓝灰色粉砂岩与细砂岩互层，下部为灰白色中-粗粒长石砂岩，夹灰绿色砂质泥岩，底部局部为含砾粗砂岩。

5）中侏罗统安定组

本组地层分布于研究区的中西部大部分地区，零星出露于秃尾河和窟野河河谷两侧，其余地段受新生界剥蚀缺失。该组地层厚度为0~297.87m，总体变化趋势为北部、西部较厚，向东逐渐变薄，直至殆尽。岩性以灰白色、浅灰色中细粒长石砂岩、岩屑长石砂岩及钙质砂岩为主，次为灰色至灰黑色粉砂岩、砂质泥岩、泥岩及煤层、碳质泥岩，局部地段夹有透镜状泥灰岩，见枕状或球状菱铁矿结核及菱铁质砂岩、蒙脱质黏土岩。含可采煤层7~8层，主要可采煤层有4层。总厚最大达24.72m，单层最大厚度为12m，一般为中厚煤层。动物化石常见的有双壳纲，可见以费尔干蚌-延安蚌为主的动物组合。砂岩分选差，磨圆呈棱角状，胶结较松散，具斑状构造及瘤状突起。与下伏直罗组地层呈整合接触。

6）下白垩统洛河组

该组地层与下伏安定组地层呈平行不整合接触，厚度变化较大，为0~336.87m，西部较厚，向东受新生界剥蚀逐渐变薄，直至殆尽。岩性为紫红色、棕红色巨厚层状中粗粒石英长石砂岩。分选好，磨圆较差呈次棱角状至次圆状，胶结疏松，固结较差，具大型交错层理。

7）新近系上新统保德组

本组地层多呈片状、带状分布，多出露于秃尾河和窟野河的各支沟上游，受第四系沉积初期冲蚀影响，厚度变化较大，为0~175.00m，与下伏地层呈不整合接触。岩性主要为棕红色黏土及亚黏土，含不规则钙质结核，部分呈层状。底部偶见砾石薄层，砾石成分多为石英砂岩、砾岩等，钙质胶结，坚硬致密。

8）第四系中更新统离石组

本组地层广泛分布于研究区东部的黄土梁峁地貌，厚度变化大，为0~154.00m，与下伏地层呈不整合接触。岩性以浅棕黄色、褐黄色亚黏土、亚砂土为主，夹多层古土壤层和 2 ~ 5m 的粉砂土层，下部含分散状大小不等的钙质结核，具垂直节理。

9）第四系上更新统萨拉乌苏组

本组地层主要分布于研究区中西部的沙漠滩地区，表层大都被风积沙所覆盖，滩地中部较厚，向四周逐渐变薄，厚度变化较大，为 0 ~ 166.00m。与下伏地层呈不整合接触。地层上部为灰黄色、灰色粉细砂及亚砂土，具层状构造。顶部有古土壤，下部为浅灰色、黑褐色亚砂土夹砂质亚黏土。底部有砾石，含螺及脊椎化石。

10）第四系全新统风积沙层和冲积层

风积沙层（Q_4^{eol}）：研究区内广泛分布，以固定沙丘、半固定沙丘和流动沙丘形式覆盖于其他地层之上。岩性主要为浅黄色、褐黄色细砂、粉砂，质地均一，分选性中等，磨圆度较差，厚度为 0 ~ 149.60m。

冲积层（Q_4^{al}）：主要分布于研究区内各河流河谷中，岩性以灰黄色、灰褐色细砂、粉砂、亚砂土和亚黏土为主，含少量腐殖土，底部多数含有砾石层，分选性差，磨圆度差，厚度为 0 ~ 27.30m。

2. 东胜矿区

东胜矿区与煤炭资源开发利用相关的地层由老至新有上三叠统延长组（T_3y），下侏罗统富县组（J_1f），中侏罗统延安组（J_2y）、直罗组（J_2z）及安定组（J_2a），下白垩统志丹群（K_1zh），新近系上新统（N_2），第四系中更新统离石组（Q_2l）、第四系上更新统萨拉乌苏组（Q_3s）和第四系全新统（Q_4）。矿区地层分布情况如表 1.2 所示。

表 1.2   东胜矿区地层分布情况表

地层			岩性特征	厚度/m
系	统	群/组/段		
第四系	全新统	（Q_4）	湖泊相、冲洪积相、河流相、残积相和风积相沉积	0 ~ 90
	上更新统	萨拉乌苏组（Q_3s）	黄色、灰绿色、灰黄色粉细砂，夹含钙质结核的黄土状砂黏土和黏砂土，具水平层理和交错层理。砂层中含古人类化石、旧石器及哺乳类动物化石	0 ~ 130
	中更新统	离石组（Q_2l）	浅棕黄色、褐黄色亚黏土及亚砂土，夹薄层粉砂质砂土和零星的褐色古壤层及钙质结核层。柱状节理发育，局部见底砾岩	0 ~ 70
新近系	上新统（N_2）		深红色、棕红色砂质泥岩和泥岩，底部有 0.3 ~ 2mm 的砾岩，含钙质结核，呈疏松、半固结状	0 ~ 40
白垩系	下统	志丹群（K_1zh）	上部为灰色、灰紫色、灰黄色、紫红色泥岩、粉砂岩细砂岩、砂砾岩夹层，夹薄层泥岩；发育交错层理。下部为浅灰色、灰绿色、棕色、灰紫色各粒级砂岩细砾岩与泥岩、粉砂岩、砂质泥岩互层；发育斜层理和风成交错层理	0 ~ 600

地层				岩性特征	厚度/m
系	统	群/组/段			
侏罗系	中统	安定组（J₂a）		暗紫红色、灰绿色、黄褐色砂质泥岩夹灰绿色、杂色砂岩，含钙质结核	0～260
		直罗组（J₂z）	二段	灰绿色砂质泥岩，灰紫色、暗紫色泥岩与灰绿色、黄绿色粉砂岩，细、中粒长石砂岩互层发育，局部底段发育底砾岩	0～158.4
			一段	灰绿色、黄绿色、灰白色、青灰色（含砾）中-粗长石砂岩	0～130.7
		延安组（J₂y）	三段	灰白色（含砾）粗、中、细粒砂岩夹深灰色粉砂岩、砂质泥岩、泥岩及2煤组	0～157.5
			二段	深灰色、灰黑色砂质泥岩、泥岩，夹透镜状灰白色中细粒砂岩和煤层为主，富含大量不完整的植物化石碎片，含3煤组和4煤组	0～190.1
			一段	下部为灰白色、黄灰色（含砾）中粗粒石英砂岩、细粒砂岩，分选性好；上部由深灰色砂质泥岩、粉砂岩及灰白色细粒砂岩、粉砂岩、泥岩组成，夹5、6号等煤组	0～183.5
	下统	富县组（J₂f）		杂色、紫红色砾岩，灰白色含砾长石石英砂岩，灰绿色、紫色粉砂岩及泥岩	0～130
三叠系	上统	延长组（T₃y）		灰绿色、灰黄绿色厚层状中细粒砂岩，局部含砾，夹深灰绿色页岩及煤线，发育大型板状、槽状交错层理	0～312

1）上三叠统延长组

该组为延安组煤系地层的沉积基底，由一套灰绿色、灰黄绿色厚层状中细粒砂岩组成，局部含砾，夹深灰绿色页岩及煤线。砂岩成分以石英、长石为主，含有暗色矿物。磨圆度为次棱角状，分选较差，泥质填隙，普遍发育大型板状交错层理和槽状交错层理，是曲流河沉积。厚度为0～312m。

2）下侏罗统富县组

富县组平行不整合于延长组之上，其上与延安组含煤地层呈平行整合接触，未出露，厚度为0～130m。富县组为一较完整的河、湖相沉积。由杂色、紫红色砾岩，灰白色含砾长石石英砂岩，灰绿色、紫色粉砂岩及泥岩组成。

3）中侏罗统延安组

延安组位于富县组之上或超覆于延长组之上，由深灰色、浅灰色、灰白色各粒级砂岩，灰色、深灰色砂质泥岩、泥岩和煤层组成的陆相含煤碎屑岩建造河流-湖泊沉积。是研究区主要含煤地层，厚度为0～373m。该组在垂向上三分结构明显，即上部、下部岩性粗，赋存的煤层厚而稳定性差；中部岩性细，赋存的煤层较薄。据此分为三段：延安组一段（J_2y^1）、延安组二段（J_2y^2）和延安组三段（J_2y^3）。

延安组一段：位于延安组下部，从延安组底界至 5^{-1} 煤层顶板，厚度为 0～183.5m。下部为灰白色、黄灰色（含砾）中粗粒石英砂岩、细粒砂岩，分选性好（习称"宝塔山砂岩段"），与中−上三叠统呈平行不整合接触。上部由深灰色砂质泥岩、粉砂岩及灰白色细粒砂岩、粉砂岩组成，砂岩碎屑成分以石英为主，分选性好，具平行层理；砂质泥岩、泥岩等具水平纹理。

延安组二段：位于延安组中部，从 5^{-1} 煤层顶板至 3^{-1} 煤层顶板砂岩，厚 0～190.1m。岩石组合以深灰色、灰黑色砂质泥岩、泥岩，夹透镜状灰白色中细粒砂岩（习称"裴庄砂岩"）和煤层为主，富含大量不完整的植物化石碎片。其中，砂岩成分以石英为主，长石次之，岩屑较少。含 3 煤组和 4 煤组。

延安组三段：位于延安组上部，从 3^{-1} 煤层顶板砂岩至延安组顶界，厚 0～157.5m。岩石组合由灰白色（含砾）粗、中、细粒砂岩夹深灰色粉砂岩、砂质泥岩、泥岩及 2 煤组，受风化剥蚀程度不同而厚度变化较大，部分发育页岩。该岩段上部为灰白略带黄色中细粒长石砂岩（俗称"真武洞砂岩"）。

4）中侏罗统直罗组

该组为研究区内含煤地层的上覆地层，地表无出露，厚度为 0～280m。直罗组属半干旱条件下的河流−湖泊−三角洲碎屑岩沉积，平行不整合于延安组之上。由蓝灰色、灰绿色、黄绿色块状长石砂岩与杂色泥岩、泥质粉砂岩及煤线组成。该组从下到上构成两个完整的沉积（韵律）旋回，即直罗组下部以深色粗碎屑岩为主；上部以杂色细碎屑岩为主，据此该组划分为直罗组一段（J_2z^1）、直罗组二段（J_2z^2）。

直罗组一段：位于直罗组下部，顶界至（含砾）粗砂岩底界，平行不整合于延安组之上，厚度为 0～130.7m，变化较大。发育灰绿色、黄绿色、灰白色、青灰色（含砾）中−粗长石砂岩（俗称"七里镇砂岩"），局部地段含炭屑，局部夹粉砂岩、砂质泥岩组成。

直罗组二段：位于直罗组上部，从中砂岩（极少发育粗砂岩）底界至直罗组顶界面，厚度为 0～158.4m。岩性由灰绿色砂质泥岩，灰紫色、暗紫色泥岩与灰绿色、黄绿色粉砂岩、细、中粒长石砂岩（俗称"高桥砂岩"）互层组成，局部地段底部发育底砾岩，与直罗组一段呈整合接触。

5）中侏罗统安定组

该组连续沉积于直罗组之上，地表无出露，厚度为 0～260m。安定组是半干旱条件下的河流体系沉积物。由暗紫红色、灰绿色、黄褐色砂质泥岩夹灰绿色、杂色砂岩组成，含钙质结核。

6）下白垩统志丹群

志丹群局部地段有出露，角度不整合于安定组之上。露头处为残留厚度，多被第四系风积沙覆盖。厚度为 0～600m。地层上部为灰色、灰紫色、灰黄色、紫红色泥岩、粉砂岩细砂岩、砂砾岩互层，夹薄层泥灰岩；发育交错层理。下部为浅灰色、灰绿色、棕红色、灰紫色各粒级砂岩细砾岩与泥岩、粉砂岩、砂质泥岩互层；发育斜层理和风成交错层理。岩石成分以石英、长石为主，分选及磨圆度较差，泥质及钙质胶结，大型槽状、板状交错层理极发育，同时发育平行层理，局部夹薄层泥质粉砂岩和石膏薄层，该层岩性分布较稳定。

7）新近系上新统

上新统零星分布于研究区中部的局部梁峁，厚度一般为 0~40m。主要由深红色、棕红色砂质泥岩和泥岩组成，含钙质结核，底部有 0.3~2mm 的砾岩，呈疏松、半固结状。

8）第四系中更新统离石组

该组零星分布，岩性为浅棕黄色、褐黄色亚黏土及亚砂土，夹薄层粉土质砂土和零星的褐色古壤层及钙质结核层。柱状节理发育，局部见底砾岩。

9）第四系上更新统萨拉乌苏组

该组主要见于地表晚更新世早期形成的河湖相冲积平原内，多见沙漠滩地和沙丘间洼地，厚度为 0~130m。由黄色、灰绿色、灰黄色粉细砂，夹含钙质结核的黄土状砂黏土和黏砂土，具水平层理和交错层理。砂层中含古人类化石、旧石器及哺乳类动物化石。

10）第四系全新统

研究区内风积沙层（Q_4^{eol}）广泛分布，以沙和亚砂土为主，呈灰黄色、黄褐色，中细粒结构，松散状，见半月形或波状砂丘，与下伏地层呈不整合接触。湖积物（Q_4^l）主要分布在湖盆及较大的积水凹地中。主要由淤泥、各种粒级的砂组成。厚度为 0~90m。

3. 永陇矿区

永陇矿区与煤炭资源有关的地层由老至新有中三叠统铜川组（T_2t）、下侏罗统富县组（J_1f）、中侏罗统延安组（J_2y）、直罗组（J_2z）、安定组（J_2a）、下白垩统宜君组（K_1y）、洛河组（K_1l）、下白垩统环河组（K_1h）、罗汉洞组（K_1lh）、新近系（N）及第四系（Q）。矿区地层分布情况如表1.3所示。

表 1.3　永陇矿区地层分布情况表

地层			岩性描述	厚度/m
系	统	组		
第四系	全新统（Q_4）		亚黏土、砂和砂砾石层	0~26.07
	中上更新统（Q_{2+3}）		浅棕黄色亚黏土及淡黄色砂质黏土，中下部夹有较密集的棕红色古土壤层	0~280
新近系（N）			底部为不稳定的底砾岩，下部为棕红色黏土或砂质亚黏土，含三趾马化石，夹数层钙质结核层；上部为浅棕红色黏土或砂质黏土，具铁质薄膜，含动物化石	0~100
白垩系	下统	罗汉洞组（K_1lh）	底部为黄绿色细砾岩；下部为紫色、灰褐色含砾粗砂岩、细-中粒砂岩；上部为紫褐色细砂岩与同色砂质泥岩互层	0~44
		环河组（K_1h）	紫红色、紫灰色、灰绿色砂质泥岩，以泥岩为主，夹粉-细砂岩	0~279.07
		洛河组（K_1l）	浅紫色、紫色及棕红色的中-细砂岩为主，夹同色的砂砾岩及砾岩层	0~600
		宜君组（K_1y）	灰紫色-紫红色巨厚层状粗砾岩夹砂砾岩及粗砂岩薄层或透镜体	0~176.63

续表

地层			岩性描述	厚度/m
系	统	组		
侏罗系	中统	安定组 (J₂a)	下部为暗紫红色砂质泥岩,夹灰绿色细−粗粒砂岩,底部为一层厚度较大的灰紫色含砾粗砂岩及细砾岩;上部为紫红色泥岩、砂质泥岩,夹中−粗粒砂岩及粉红色钙质泥岩,富含钙质结核	0~154.26
		直罗组 (J₂z)	下段为灰绿色为主的泥质中−粗粒砂岩夹砂质泥岩、粉细砂岩。上段为灰绿色为主的砂质泥岩、泥质粉砂岩夹细−中粒砂岩,常见杂色泥岩夹层,偶见泥质灰岩薄层,顶部较细,颜色较深	0~190.50
		延安组 (J₂y)	下部为黑色、深灰色泥岩、页岩与厚煤层,底部发育不稳定砂岩;中部为灰色泥岩、砂质泥岩、粉砂岩与灰白色中、粗砂岩夹碳质泥岩及薄煤层;上部为砂岩、泥岩	0~153.22
	下统	富县组 (J₁f)	杂色花斑状铝土质泥岩夹粉、细砂岩,含菱铁质鲕粒,底部多含有角砾	0~38.05
三叠系	中统	铜川组 (T₂t)	中下部为灰绿色−黄绿色巨厚层状细−中粒长石砂岩,夹同色与紫红色泥岩、粉砂岩,含新芦木化石;上部为灰绿色中厚层状细粒长石砂岩与灰绿色粉砂岩、灰色泥岩、砂质泥岩互层夹煤线	>700

1)中三叠统铜川组

该组地层岩性中下部为灰绿色−黄绿色巨厚层状细−中粒长石砂岩,夹同色与紫红色泥岩、粉砂岩,含新芦木化石;上部为灰绿色中厚层状细粒长石砂岩与灰绿色粉砂岩、灰色泥岩、砂质泥岩互层夹煤线。据研究区钻孔揭露厚度大于700m,为一套滨湖、浅湖相及三角洲前缘相沉积建造。

2)下侏罗统富县组

该组岩性多为杂色花斑状铝土质泥岩夹铝土质粉、细砂岩,含菱铁质鲕粒。底部常见砾岩,砾石成分多为三叠系砂岩及泥岩碎块。与下伏三叠系呈平行不整合接触。

3)中侏罗统延安组

延安组属含煤地层,地层出露较少。岩性为灰色−深灰色细粒砂岩、粉砂岩、砂质泥岩及泥岩与灰白色的中粗粒砂岩互层,中夹碳质泥岩及煤层。底部为浅灰色铝质泥岩或铝质粉砂岩,局部夹细粒砂岩;下部为黑色、深灰色泥岩、页岩,局部为碳质泥岩和3煤层(组)。泥岩水平及波状层理发育,靠近煤层处见植物茎叶化石或植物化石碎片。中部通常较厚,为深灰色泥岩、砂质泥岩、粉砂岩与中−粗粒砂岩,旋回较为明显,夹碳质泥岩及2号煤层(组);上部为灰色、深灰色泥岩、粉砂岩夹灰白色细粒砂岩薄层,偶见碳质泥岩,通常不含煤;顶部为紫杂色团块状含铝质泥岩,风化明显,易碎,为成煤环境结束的明确标志。

本组与下伏富县组呈平行不整合接触，或超覆于三叠系之上，南部、西部边缘多为角度不整合，为一套河流–湖泊相沉积。

4）中侏罗统直罗组

直罗组依据岩性、岩相旋回分为上下两段。下段：含泥质成分的中–粗粒砂岩，夹砂质泥岩、粉细砂岩，胶结性差。颜色以灰绿色为主，偶夹灰白色，多带黄绿色，底部为一层灰白色的含砾中粗粒砂岩（或细砾岩），多见黄铁矿结核附着，胶结性为本段最好，特征显著，比较稳定，通常作为划分直罗组与延安组界限的标志层。上段：砂质泥岩、泥质粉砂岩夹细–中粒砂岩。颜色以灰绿色为主，常见杂色泥岩夹层，松散，偶见泥质灰岩薄层，顶部较细，颜色较深。

本组为一套干旱–半干旱气候条件下的河流–湖泊相碎屑岩沉积，与下伏延安组呈平行不整合接触或超覆于三叠系之上。

5）中侏罗统安定组

安定组下部为暗紫红色砂质泥岩，夹灰绿色的细–粗粒砂岩，底部为厚度较大的层状灰紫色含砾粗砂岩及细砾岩，通常作为划分安定组与直罗组界限的标志层；上部为紫红色泥岩、砂质泥岩，易碎裂，夹中–粗粒砂岩及粉红色钙质泥岩，富含钙质结核。本组岩性成分成熟度最差。泥质岩含石英细小砾石及岩屑，砂质岩成分杂，以含肉红色长石为特点，是快速堆积为主的产物，为内陆半干旱气候条件下的洪积相及河流相沉积。本组与直罗组呈平行不整合接触或超覆于三叠系之上。

6）下白垩统宜君组

宜君组岩性以灰紫色–紫红色粗砾岩为主，厚层状，局部夹砂砾岩及粗砂岩薄层或透镜体。砾石成分以花岗岩为主，变质岩次之，另见少量的石英岩及零星的石灰岩。砾径较大，一般为3～9cm，最大50cm以上，分选差，次圆状，钙质胶结为主，坚硬。

本组陇东地区西缘为辫状河沉积，往东为沙漠相沙丘、丘间及沙漠湖亚相沉积。厚度不稳定，横向上，岩性与厚度变化较大，与安定组呈平行不整合接触。

7）下白垩统洛河组

洛河组岩性为浅紫色、紫色及棕红色的中–细砂岩为主，夹同色的砂砾岩及砾岩层。砂岩成分为石英、长石，分选较好，胶结疏松，局部可见垂直裂隙。具板状层理及大型交错层理夹暗棕红色泥岩薄层（块状层理，手摸细腻），偶见褐黄色与淡黄色砂岩。砾岩为巨厚层状粗砾岩。砾石成分与宜君砾岩相同，分选极差，砾径较大，一般为3～12cm，以次圆状为主，局部见次棱角–棱角状。砾石多见砂泥质充填，多呈紫红色，胶结疏松。

本组为干旱氧化环境下的平原河流相沉积。由西到东，厚度减小。由东往西，由南而北岩性变化大，一般向北向西，砾岩减少，向东向南，砾岩增多。地表呈峡谷或陡坎。本组与宜君组整合接触。

8）下白垩统环河组

该组岩性以紫红色、紫灰色与灰绿色砂质泥岩、泥岩为主，易碎成块状，多处夹粉-细砂岩，局部地段夹有巨厚层状中-粗粒砂岩。泥质岩具水平层理、块状层理及变形层理，局部见龟裂纹，裂隙可见石膏薄层充填，其为干旱环境下的湖泊相夹河相沉积，由于受后期的剥蚀，本组厚度不稳定从几米到几十米。下与洛河组平行不整合接触。

9）下白垩统罗汉洞组

岩性下部为紫色与灰褐色含砾粗砂岩、含砾细-中粒砂岩，底部为黄绿色细砾岩，上部为紫褐色细砂岩与同色砂质泥岩互层，砂岩钙质胶结，分选差。

10）新近系

矿区缺失古近系，新近系（N）全区广泛出露。岩性为浅棕红色亚黏土、粉砂质黏土，含钙质结核及石英小砾石、夹多层钙质结核层，底部有厚度不稳定的底砾岩沉积。下与各组呈不整合接触。

11）第四系

矿区内缺失古新统、始新统、渐新统沉积。

中上更新统分布广泛，岩性为浅棕黄色亚黏土及淡黄色砂质黏土，中下部夹有较密集的棕红色古土壤层。研究区内一般顺山势南薄北厚，西薄东厚。南北向梁峁两侧，西薄东厚为其分布最大特点。

全新统为河流一级阶地、河漫滩冲积层及沟谷坡积层堆积物。岩性主要为亚黏土、砂和砂砾石层。

二、地质构造

（一）区域地质构造

鄂尔多斯盆地位于华北地台西部，为一走向南北、东缓西倾的中生代不对称向斜盆地，其四周分别被阴山、秦岭、贺兰山-六盘山、吕梁山等山系围限。盆地边界为断裂构成，北界为黄河断裂（磴口-托克托断裂带），西部为桌子山-平凉断裂带，南部为渭河盆地北缘断裂，东部为离石断裂。鄂尔多斯盆地与山系之间发育有河套盆地（北缘）、银川地堑（西缘）、渭河地堑（南缘）和山西地堑（东缘）。

鄂尔多斯盆地是在古生代华北克拉通基础上发育起来的中生代沉积盆地。其形成演化虽然经历了早古生代华北陆表海、晚古生代华北滨浅海、中生代内陆湖盆和新生代周缘断陷等多旋回演化阶段，但是就其下伏的前中生代沉积层序而言，其主体仍属于板块构造体制下华北克拉通的重要组成部分。它真正作为独立沉积盆地的形成演化，则主要发生在中、新生代的板内动力学演化阶段。盆地建造过程主要发生在中生代的晚三叠世—早白垩世，并经历了多旋回内拗陷及其相关的盆地西缘多期次逆冲推覆、前渊沉降、盆地东部的抬升翘倾和沉积范围由东向西的不断退缩。

燕山运动以来鄂尔多斯盆地的构造格局发生着巨大的变化，周缘断裂发育，盆地边缘逐渐隆起，中部表现为拗陷盆地。运用板块构造与断块构造学说相结合的方法将鄂尔多斯盆地划分为中朝大陆板块、秦祁褶皱带和兴蒙褶皱带3个一级构造单元；中朝大陆板块内又划分出鄂尔多斯、阿拉善、阴山、山西和豫皖5个二级构造单元。

如图1.8所示，根据鄂尔多斯盆地断块内的断裂分布将鄂尔多斯陆块划分为伊盟隆起、渭北断褶带、晋西挠褶带、伊陕斜坡、天环拗陷及西缘逆冲带6个一级构造单元。

（二）代表性矿区地质构造

1. 榆神府矿区

榆神府矿区属于陕北侏罗纪煤田的一部分，位于陕北侏罗纪煤田的西北部。区内构造简单，远离周边断裂带，属鄂尔多斯盆地内构造相对稳定区，仅存在一些宽缓的波状起伏，且在成煤期后地壳发生大规模上升形成一系列假整合面。煤田基底为坚固的前震旦系结晶岩系，主要存在三条构造带，分别为保德-吴旗NE向构造带、吴堡-靖边EW向构造带和榆林西-神木西NE向构造带。该区地层为一个总体向北西缓倾的大单斜层，倾角1°左右，未发现大断层，仅存在一些小规模的断层，无岩浆活动，榆神府矿区在陕北构造体系中的位置关系如图1.9所示。

2. 东胜矿区

鄂尔多斯台向斜总的构造轮廓表现为一极其平缓、开阔的大向斜，该台向斜北起阴山山脉，南至秦岭，东起吕梁山，西止贺兰山、六盘山。此台向斜并不对称，轴部偏于西侧，而中部地层倾角平缓，在台向斜边缘有一些穹窿及短轴背斜连续出露。东胜矿区即位于该台向斜北部隆起东部。全矿区基本表现为一单斜构造，北部岩层产状走向近东西、倾向北，倾角为1°~2°，局部地段为3°~5°，至西部塔拉沟一带，砂岩产状逐渐加大，一般为5°~8°，局部地段达到10°以上；向南部产状逐渐改变，至敖包梁附近走向渐转向SE140°—NW320°，过暖水镇向南基本上近于南北走向，倾角仍为1°~2°。该向斜地层连续，未发现大型褶皱，仅发现一些宽缓的波状起伏，只有一些小型断层，断距小于18m，倾角为60°~80°。

区内总的来说地质构造简单，以单斜构造为主，断层发育较少。

3. 永陇矿区

永陇矿区范围上呈东西向展布，中部地区向南突出。矿区总体构造为一倾向北西的单斜构造，地层倾角10°以下。矿区构造以褶皱构造为主，断层次之，褶皱全区分布，断层仅在西南部地区有发现，如图1.10所示。区内断层主要分布在西南部地区，走向NNW向到NWW向，区内大小断层有12条之多。褶皱构造东部地区走向NEE向，背向斜相间分布，西部地区褶皱呈NW向展布。

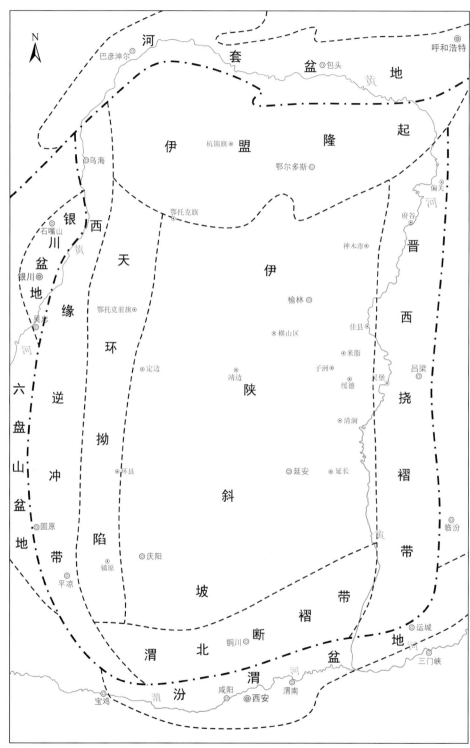

图 1.8　鄂尔多斯盆地区域地质构造区划图（侯光才等，2008；郭顺等，2021）

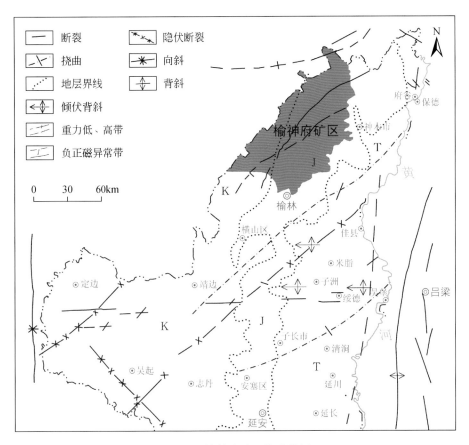

图 1.9 榆神府矿区构造简图

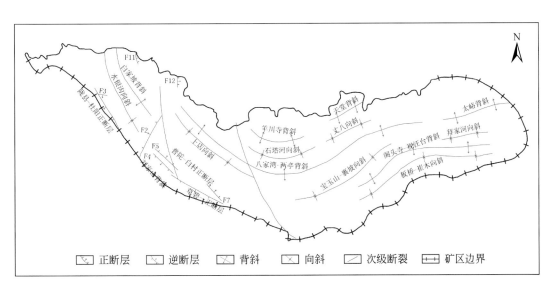

图 1.10 永陇矿区构造简图

第三节 煤层分布及开发现状

一、煤层

（一）鄂尔多斯盆地侏罗系煤层发育情况

鄂尔多斯盆地自下而上有石炭–二叠系、三叠系和侏罗系三套含煤地层。结合本书研究内容，本节主要介绍侏罗系煤层情况。

鄂尔多斯盆地的早、中侏罗世含煤地层可分为上、下两部分。下部为富县组，分布范围局限于盆地东部及东北部，仅含薄煤层；上部为延安组，是主要含煤层位。底部以灰白色砂岩为主，向上为具韵律结构的碎屑含煤沉积，煤层在剖面中均匀分布。盆地内各地含煤性差别很大。北部榆林、神木、东胜一带含可采煤层为 6 ~ 7 层，总厚度达 20m 以上；盆地西部和西南部是另一个富煤区段，分属陕西、甘肃、宁夏等省区，煤层总厚度达 20m。结合 3 个代表性矿区的含煤地层特征，下面重点介绍延安组煤层的发育情况。

鄂尔多斯盆地不同位置延安组煤层发育情况有所差别，延安组现今残存状况也不同。此外，不同区域煤层由于勘查单位、勘查时期的差异，煤层编号较乱；将盆地内延安组各煤田、矿区的煤层编号以岩石地层单位为主要参考依据进行煤层对比，可将不同矿区同一岩性段煤层归于同一煤层组，再按照煤层在该组内发育的位置及煤层厚度等特征进行归位，便于对整个盆地内煤层发育情况的对比分析（杜芳鹏，2019）。

延安组一段，是延安组煤层发育的主要层位之一，是全盆地内可采煤层发育最为广泛的煤层组（即 5 煤组）。盆地南部黄陇侏罗纪煤田可采煤层主要发育在该层位，最厚超过 20m，包括彬长矿区主采煤层 4 煤组，永陇矿区主采煤层 3 煤组，旬耀矿区主采 4^{-2} 煤以及黄陵矿区主采煤层 2 煤组；与之相邻的陇东煤田宁正矿区、灵台矿区主要可采煤层 8 煤组也均位于延安组一段。陕北侏罗纪煤田神府矿区、榆神矿区主要可采煤层之一的 5^{-2} 煤层以及宁东煤田主要可采煤层之一的 18 煤均位于该岩性段。

延安组二段（即 4 煤组）煤层发育较多，但不可采煤层和局部可采煤层居多。盆地南部普遍发育局部可采煤层，西部北部宁东煤田发育较多煤层，但未发育主要可采煤层。盆地北部神府、榆神及东胜矿区该段发育较大范围可采煤层，大同矿区该段也发育主要可采煤层 10 煤和 11 煤。

延安组三段（即 3 煤组）在盆地南部煤层发育较少，盆地北部宁东煤田鸳鸯湖矿区主要可采煤层之 6 煤，陕北侏罗纪煤田神府矿区和榆神矿区主要可采煤层之 3^{-1} 煤层、大同矿区 7 煤均分布在该段顶部。

延安组四段（即 2 煤组）在盆地南部大范围缺失，在盆地北部煤层广泛发育，陕北侏罗纪煤田榆横矿区 3 煤，神府矿区 2^{-2} 煤层均为主要可采的厚煤层。

延安组五段（即 1 煤组）在盆地南部缺失，盆底北部残存状况存在一定差异，宁东煤田主要可采煤层 2 煤及东胜煤田主要可采煤层 2^{-3}煤层均发育在该段。陕北侏罗纪煤田该段局部发育可采煤层 1^{-2}煤层。

为便于与后面煤层编号对应，各代表性矿区的煤层仍按照其原来编号进行介绍。

(二) 代表性矿区主采煤层

1. 榆神府矿区

榆神府矿区内含煤地层为中侏罗统延安组，自上而下分为 5 个含煤段，每段含 1 个煤组，编号为 1 ~ 5 煤组，所含煤层依次为 1^{-2}、2^{-2}、3^{-1}、4$^{-2上}$、4^{-2}、4^{-3}、4^{-4}、5^{-2}、5$^{-2下}$、5^{-3}、5^{-4}煤层，其中 2^{-2}、3^{-1}、4^{-2}、4^{-3}、4^{-4}、5^{-2}煤层为可采煤层，1^{-2}、4$^{-2上}$、5$^{-2下}$、5^{-3}、5^{-4}煤层为不可采煤层。各主采煤层分布特征如下。

2^{-2}煤层：该煤层位于延安组第四段顶部，为中厚-厚煤层，层位稳定，厚度变化小，结构简单，主要分布于柠条塔井田，红柳林井田西部，张家峁井田和红柳林井田东部大部分面积自燃或被剥蚀，煤层自东向西、由南向北逐渐变薄，厚度为 0.70 ~ 9.46m，平均厚度为 6.01m，埋深为 0 ~ 247.01m，底板标高为 1088 ~ 1170m。

3^{-1}煤层：位于延安组第三段顶部，上面距 2^{-2}煤层的间距为 24.68 ~ 30.95m，平均为 28.33m，为中厚煤层，层位稳定，厚度变化小、结构简单。煤层厚度为 0.20 ~ 3.25m，平均厚度为 2.70m，埋深为 0 ~ 287.54m，底板标高为 1049 ~ 1135m。

4^{-2}煤层：位于延安组第二段顶部，上面距 3^{-1}煤层的间距为 33.85 ~ 60.20m，一般为 38.0 ~ 44.0m，平均为 42.48m，煤层分布区内层位稳定，厚度变化小，厚度为 0.10 ~ 4.65m，平均厚度为 3.07m，埋深为 90.70 ~ 331.39m，底板标高为 993 ~ 1075m。

4^{-3}煤层：位于延安组第二段中上部，上面距 4^{-2}煤层的间距为 7.20 ~ 26.74m，一般为 15.0 ~ 23.0m，平均为 18.7m。煤层层位稳定，厚度变化不大，厚 0.90 ~ 1.66m，平均为 1.29m，埋深为 0 ~ 343.71m，底板标高为 990 ~ 1110m。

4^{-4}煤层：位于延安组第二段中下部，上面距 4^{-3}煤层的间距为 9.40 ~ 22.15m，一般为 11.0 ~ 15.0m，平均为 13.29m。煤层厚度变化小，层位稳定，厚 0.80 ~ 1.13m，平均厚度为 0.99m，埋深为 49.60 ~ 331.39m，底板标高为 993 ~ 1118m。

5^{-2}煤层：位于延安组第一段顶部，上面距 4^{-4}煤层的间距为 16.83 ~ 43.25m，一般为 30 ~ 38m，平均为 33.15m。煤层厚度为 1.15 ~ 9.30m，平均厚度为 5.87m。结构简单，煤层埋深为 151.29 ~ 379.31m，底板标高为 932 ~ 1020m。

2. 东胜矿区

东胜矿区煤层地质构造简单，倾角平缓，一般为 1° ~ 3°，属近水平煤层。煤层赋存稳定，主要可采煤层平均厚度为 4 ~ 6m，煤层硬度大（$f \geqslant 3$），韧性高（韧性系数达 8），具有埋藏浅（30 ~ 230m）、易开采的优势，适合建设特大型高产高效现代化矿井。

矿区中心区位于鄂尔多斯大型聚煤盆地的东北部，主要含煤地层延安组发育广泛，含煤丰富，一般按含煤沉积层序和旋回结构将延安组分为 5 段，区内地质构造简单，全区总体以单斜构造为主，断层发育较少，如大柳塔井田，断层较发育，断层落差最大可达 30m 以上，主要可采煤层包括 1^{-2}煤层、2^{-2}煤层、3^{-1}煤层、4^{-2}煤层和 5^{-2}煤层。煤层埋藏浅，

1^{-2}煤层与 5^{-2}煤层间距大致为 170m，平均地表以下 70m 左右即可见到煤层，在矿区西部边界埋藏深处，1^{-2}煤层距地表也仅 150m 左右。

　　1^{-2}煤层厚度为 3.0 ~ 6.9m，平均为 5.3m，煤层为近水平煤层，煤层直接顶为泥岩、粉砂岩，泥质胶结。老顶以粉砂岩为主，煤层顶板中等稳定。煤层直接底多为泥岩、砂质泥岩；老底为粉砂岩、中砂岩。直接底遇水后易泥化，强度大幅度降低。

　　2^{-2}煤层厚度为 3.9 ~ 4.5m，平均为 4.3m。煤层直接顶为粉、细砂岩，岩性以泥岩和砂质泥岩为主，老顶以中砂岩为主，煤层顶板中等稳定。煤层直接底多为泥岩、砂质泥岩；老底为粉、细砂岩。煤层及顶板裂隙中含裂隙水。

　　3. 永陇矿区

　　永陇矿区只发育延安组下部三段，即延安组一段、二段和三段。延安组各段含煤地层的岩性、岩相、旋回结构和含煤性基本相同，延安组一段和二段为其主要含煤地层，延安组三段受到后期的冲刷剥蚀作用，残留地层已无可采煤层存留，自下而上依次为 3 号煤层、2 号煤层、1 号煤层。

　　3 号煤层：底部为灰色-灰褐色铝土质泥岩或铝土质粉砂岩，呈团块状，成分以水云母、高岭石为主，含褐铁矿与菱铁矿质鲕粒，局部见植物根系化石；中上部为厚煤层（3 号煤组），是区内主要可采煤层；顶部为灰色-深灰色砂质泥岩、泥岩、局部夹细-中砂岩薄层，具水平层理、波状层理，含植物茎叶化石。该段在煤系地层沉积初期，由高位泥炭沼泽向低位沼泽演变，成煤物质供给与盆地下沉速度比较稳定，形成巨厚煤层。丈八井田、郭家河井田东部和韩家井田、崔木井田西部为古河道区，据钻孔揭露岩性多为粗碎屑岩，上部为灰色-深灰色泥岩、砂质泥岩夹粉、细砂岩及煤线，下部为中粗粒砂岩及含砾粗砂岩，横向上与左右两侧井田的铝土质泥岩、厚煤层同期异相沉积。后期由于盆地沉降速度加快，沉积物质以粗碎屑、泥质为主，结束了成煤过程。研究区资料显示，该段沉积范围广，除了一些古高地之外，其余地段基本都有沉积；该段的地层厚度不同区域情况不同：其中韩家井田的地层厚度为 0 ~ 37.50m，平均厚度为 15.83m；崔木井田地层厚度为 0 ~ 46.20m，平均厚度为 25.16m；丈八井田地层厚度为 0 ~ 58.13m，平均厚度为 24.41m；郭家河井田地层厚度为 0 ~ 44.44m，平均厚度为 22.12m；园子沟井田地层厚度为 0 ~ 45.10m，平均厚度为 17.88m。

　　2 号煤层：岩性为灰色-深灰色泥岩、砂质泥岩、粉砂岩与细-粗粒砂岩互层，夹碳质泥岩及煤层（2 号煤组）；底部通常为厚层状灰白色中-粗粒砂岩。该段为一个完整的中级旋回，包括 1 ~ 3 个次级小旋回，旋回的底部通常为中-粗粒砂岩，厚层状，上部多为粉砂岩、砂质泥岩及泥岩，局部地段发育碳质泥岩与煤层。研究区钻孔资料显示，该段砂质岩最高含量可达 60% 以上。该段岩性、岩相变化较大，中-粗粒砂岩色浅粒粗，成分为石英、长石和岩屑，分选较差，含石英砾石、泥砾，泥质胶结为主，局部为钙质胶结，坚硬，具大型-小型板状交错层理，局部含植物炭化茎秆印痕及镜煤条带，厚度各区域不稳定。古河道的侧向迁移致使区域内横向变化较大，为河床相沉积。粉、细砂岩均为浅灰色，分选中等，泥质胶结，具小型斜层理、缓波状层理、波状层理与脉状层理，其中以缓波状层理为主要特征，含植物化石碎片、碎屑，局部可见植物枝叶完整化石，为河漫相沉积。泥岩呈灰色-深灰色，具水平纹理，含植物化石，为河漫及局部泥炭沼泽相沉积。受后期冲刷剥蚀的影响，本段沉积范围明显小于第一段，且大部分区域保存厚度不全。韩家井田地层厚度为 0~48.83m，平均厚度为 14.55m；崔木井田地层厚度为 0~52.44m，平均厚度为 28.84m；丈八井田地层厚度为 0~85.89m，平均厚度为 33.11m，一般为 10~40m；郭家河井田地层厚度为 0~47.89m，平均厚度为 24.48m；园子沟井田地层厚度为 2.30~74.25m，平均厚度为 36.17m。

1 号煤层：该段岩性为灰白色中–粗粒砂岩与灰色粉、细砂岩夹砂质泥岩，顶部出现紫杂色泥岩，易破碎。第三段岩性通常为 1~2 个次级小旋回，与延安组一段相比，二段岩层底部多为中粒砂岩，砂岩中石英含量减少，长石与岩屑的含量增大，成熟度变差，泥岩、粉砂岩中出现铝土质成分，顶部氧化环境下的紫杂色泥岩沉积标志着成煤环境的结束。受后期强烈的剥蚀，本段沉积范围及残留厚度均较小，研究区资料显示：丈八井田仅在井田南部个别钻孔钻遇，厚度可达 10~20m；郭家河井田残留厚度为 0~25.78m，平均厚度为 18.85m；崔木井田残留厚度仅见于井田西北及中部部分钻孔；韩家井田、园子沟井田局部可见。

二、规划布局及开发现状

鄂尔多斯盆地是我国最大的整装煤盆地，预计埋深 2km 以浅煤炭储量 2×10^{12}t；目前有陕北、神东、宁东、黄陇等国家级大型煤炭能源生产基地，年产煤炭二十多亿吨，超过全国总产量的 50%。

(一) 榆神府矿区

榆神府矿区煤炭资源丰富，开采条件简单，被规划为陕北煤炭基地的核心建设区，区内的大小煤矿、井田及勘查区高达 100 多个。榆神府矿区是陕北侏罗系煤田中最大的煤炭基地，区内煤炭储量为 5.75×10^{10}t，主采煤层为 2^{-2} 煤层、3^{-1} 煤层、4^{-2} 煤层、5^{-1} 煤层、5^{-3} 煤层，包括榆神矿区（含四个规划区）和神府矿区（图 1.11）。其中榆神矿区一期、二期、三期规划区和神府矿区已经国家批复，目前榆神四期规划区地质资料已编制完成并经陕西省国土资源厅审查。

下面分别对各规划区的煤炭资源开发和勘探情况进行简述。

榆神矿区一期规划区：位于研究区的南部，面积约为 873km²。目前，大保当和孟西湾等井田均处于详细勘察阶段，曹家滩煤矿、榆树湾煤矿、杭来湾煤矿和金鸡滩煤矿等国有大型煤矿均已投产。

榆神矿区二期规划区：位于研究区的东部，面积约为 1098km²。目前，该规划区内的大型煤矿为锦界煤矿、凉水井煤矿、香水河煤矿和河兴梁井田，均已投产。

榆神矿区三期规划区：位于研究区的中部，面积约为 864km²。目前，该规划区处于勘查规划阶段，初步划分为小保当一号井田、小保当二号井田、郭家湾井田、小壕兔二号井田等，均处于详细勘查阶段。

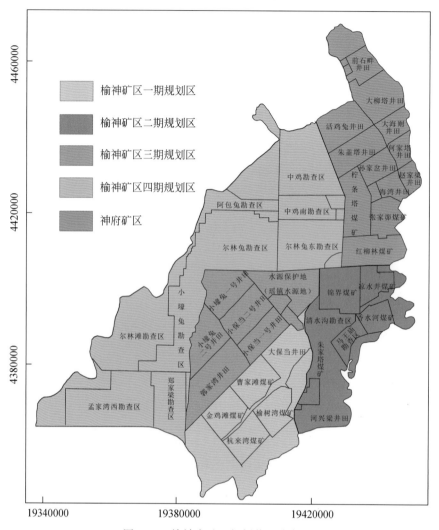

图 1.11　榆神府矿区规划井田分布图

榆神矿区四期规划区：位于研究区的整个西北区域，面积约为 2325km²。该规划区处于勘查规划阶段，初步划分为尔林兔、尔林兔东、中鸡、中鸡南、小壕兔、尔林滩、孟家湾西、郑家梁和阿包兔等勘查区。

神府矿区：位于研究区的东北部，面积约为 1174km²。目前，大柳塔井田、柠条塔煤矿、大海则井田、何家塔井田、朱盖塔井田、海湾井田等国有大型煤矿均已投产。

总体来看，榆神矿区一期、二期和神府矿区的大部分井田正在进行大规模的煤炭资源开发，少部分井田仍处于勘察阶段；榆神矿区三期、四期规划区均处于勘察阶段；部分规划（生产）矿井见表 1.4。

表 1.4　榆神府矿区部分规划（生产）矿井一览表

矿井名称	面积/km²	矿井名称	面积/km²	矿井名称	面积/km²
红柳林煤矿	152.00	金鸡滩煤矿	99.89	郭家湾井田	198.45
柠条塔煤矿	136.00	杭来湾煤矿	94.08	小保当一号井田	104.12
张家峁煤矿	135.00	曹家滩煤矿	102.83	小保当二号井田	121.03
海湾井田	46.77	榆树湾煤矿	92.22	孟家湾西勘查区	313.14
孙家岔井田	66.83	大保当井田	116.61	尔林滩勘查区	403.32
朱盖塔井田	133.20	西湾井田	66.27	小壕兔勘查区	245.57
活鸡兔井田	60.00	凉水井煤矿	73.49	郑家梁勘查区	153.21
赵家梁井田	38.28	锦界煤矿	139.41	中鸡勘查区	278.64
何家塔井田	42.80	马王庙勘查区	54.47	中鸡南勘查区	101.77
大海则井田	58.97	香水河煤矿	64.43	阿包兔勘查区	84.04
大柳塔井田	143.52	小壕兔一号井田	128.78	尔林兔勘查区	368.71
前石畔井田	86.49	小壕兔二号井田	121.22	尔林兔东勘查区	231.81

（二）东胜矿区

东胜矿区由于开采煤层赋存较好，特别适合大规模机械化开采。经过近 20 年的探索与实践，突破传统的长臂式综采工艺与配套装备局限性，创新形成了安全、高效、高回收率的煤炭现代开采工艺，即以国际一流的采煤机、国产大采高液压支架和超长距离运输系统等为支撑的超大工作面（工作面长度超过 300m，最大推进距离超过 6000m）开采。目前，已经形成了千万吨矿井群生产格局，产能达到 2×10^8 t。

东胜矿区是以神东煤炭集团为开发主体，拥有生产矿井多座，包括位于内蒙古鄂尔多斯境内的补连塔矿、上湾矿、乌兰木伦矿、布尔台矿、柳塔矿、寸草塔矿、寸草塔二矿、万利一矿、黄玉川矿、转龙湾矿、石拉乌素矿及神山矿，以及乌审旗境内的营盘壕、纳林河一号、纳林河二号等矿井。考虑到后面涉及的本矿区内主要研究矿井（石拉乌素矿、营盘壕矿），图 1.12 仅列出乌审旗及周边地区的矿井及规划井田分布情况。

（三）永陇矿区

据陕西省国土管理部门批准，永陇矿区由东向西划分为碾子沟预查区、碾子沟煤矿整合区、麟游东部预查区、老爷岭东部预查区、老爷岭东预查区、千阳预查区、老爷岭预查区、陇县东部预查区、戚家坡煤矿整合区、唐家庄勘查区、李家河勘查区。目前拥有生产矿井 6 个，分别是韩家井田、崔木井田、丈八井田、郭家河井田、招贤井田、园子沟井田（图 1.13）。

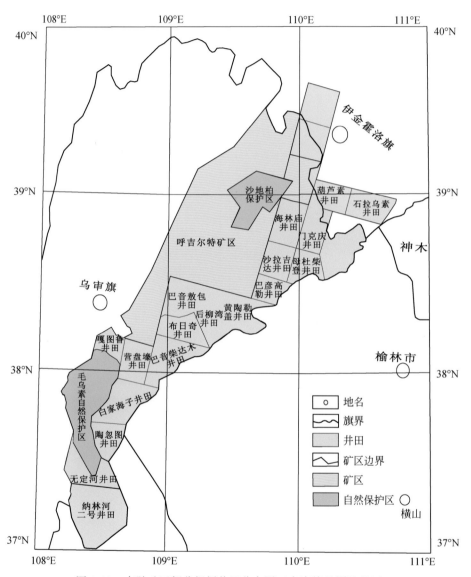

图 1.12　东胜矿区部分规划井田分布图（乌审旗及周边地区）

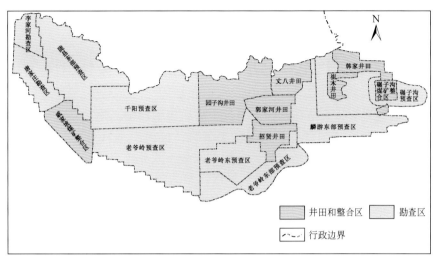

图 1.13　永陇矿区规划井田分布图

第二章 生态地质环境类型及植被分布

鄂尔多斯盆地北部，为毛乌素沙漠与黄土高原接壤地带，是黄河流域生态环境最为脆弱的地区。区内地形地貌具有较明显的差异性，同时生态环境也具有明显的空间差异，主要表现在植被分布的水平分带，其类型较多，差异较大。区内水资源的分布也极不均匀，加之研究区处于干旱-半干旱气候区，且大气降水多以集中的、大到暴雨的形式降落至地表，日夜温差相对较大等恶劣的条件，以及工农业生产发展、社会经济建设等人为破坏，导致区域内生态环境脆弱，地质条件复杂，矿区内的生态地质环境也呈现出明显的分区现象。

本章以鄂尔多斯盆地北部的榆神矿区为例，选取地表高程、地形坡度、地貌类型、地表水资源分布、岩性分布和植被生态六个指标，建立生态地质环境类型划分方法，并对榆神矿区进行类型区划；揭示了植被发育空间分布与生态地质环境类型的关系特征。

第一节 主要植被类型及生态意义

一、主要植被类型

干旱-半干旱地区特殊的气候环境条件对地表植被物种的多样性以及植被赋存总量来说都是严峻的考验，近年来，榆神矿区人口增加、社会经济建设快速发展、滥垦土地以及煤炭资源的大规模开发利用，使得区域内地下水位下降，对矿区地表植被的生长发育产生了严重的威胁（朱丽等，2017）。榆神矿区植被可以分为乔木、灌丛、禾草三个大类（钱者东等，2011），主要包括樟子松 *Pinus sylvestris* var. *mongolica*、旱柳 *Salix matsudana*、小叶杨 *Populus simonii*、榆树 *Ulmus pumila*、北沙柳 *Salix psammophila*、小叶锦鸡儿（柠条）*Caragana microphylla*、羊柴 *Hedysarum laeve*、沙蒿 *Artemisia desertorum*、沙棘 *Hippophae rhamnoides*、乌柳 *Salix cheilophila*、大针茅 *Stipa grandis*、沙蓬 *Agriophyllum squarrosum*、山苦荬 *Ixeris chirensis*、猪毛菜 *Salsola collina*、沙打旺 *Astragalus adsurgens*、狗尾草 *Setaria viridis*、芨芨草 *Neotrinia Splendid*、碱茅 *Puccinellia distans*、冰草 *Agropyron cristatum*、盐爪爪 *Kalidium foliatum* 等，如图 2.1 所示，这些植被在改善地表植被生态环境和遏制区域荒漠化进程中发挥了积极作用（王静等，2002）。

(a) 樟子松

(b) 旱柳

(c) 小叶杨

(d) 小叶锦鸡儿(柠条)

(e)沙蒿

(f)沙蓬

(g)沙棘

(h)沙打旺

 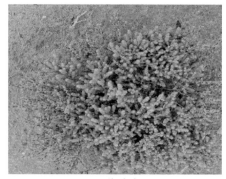

(i) 芨芨草　　　　　　　　　　　　(j) 盐爪爪

图 2.1　研究区主要植被种类

二、生态意义

干旱–半干旱沙漠地区植被根系十分发达,深深扎入表层松散沙土中,对防止风蚀表土和固定流沙等方面具有重要作用(唐伟,2012)。植被地表上部枝叶接连成片,光合作用明显,减少太阳对地表的直射,降低由于表层松散沙土温度升高而导致的水分蒸发(赵威等,2016),同时也可以有效地减少降雨对地表的冲击,降低水土流失概率,促进大气降水入渗,对保护水源、涵养土壤水分起到积极作用。

植被可以为沙漠动物群提供必要的食物来源和有效的庇护场所,还可以积极参加荒漠生态系统的能量转化和物质循环(范贤儒,1985)。然而,随着煤炭资源的大范围、高强度开发,地下采煤引起地下水沿岩层裂隙向地下采空区渗流,导致研究区地下水位不可避免地开始下降(秦坤等,2015)。对于地下水依赖型植被,植被根系长度不同,不同类型的植被对地下水位变化的响应也是各有差异的,当地下水埋深高于或等于植被根系深度时,植被能够很好地生长。当地下水位低于植被根系深度,但高于土壤包气带水最大高度时,植被仍能够正常地生长。然而,当地下水位比土壤包气带水的最大高度还要低时,植被根系无法从土壤中汲取水分,植被会出现衰败甚至死亡,如图 2.2 所示(黄金廷等,2011)。植被对于稳定沙土、保护水源、减少土壤水分蒸发具有重要意义,一旦地表植被减少或死亡必将严重恶化研究区脆弱的植被生态环境,加速区域沙漠化进程(孟杰等,2011)。

图2.2　研究区煤矿开采引起的地下水位下降和植被生长衰败

第二节　生态地质环境类型及区划

一、生态地质环境类型

　　研究区跨度大，且地跨毛乌素沙漠与黄土高原，矿区内的地表高程、地形坡度、地貌类型、地表水资源分布、岩性分布和植被生态等特征在空间分布上具有明显不同，导致榆神矿区的生态地质环境在空间上的差异性，造就了这一区域不同的生态地质环境类型（Yang et al.，2018），为此将生态地质环境划分为三种类型：①地表径流黄土沟壑型；②地表水沟谷河流绿洲型；③潜水沙漠滩地绿洲型。

（一）地表径流黄土沟壑型

　　地表径流黄土沟壑型，如图2.3所示，地貌格局以其大面积的黄土裸露伴有少量保德红土出露、地形梯度大、纵向节理丰富、黄土易侵蚀等为特点（李永红等，2016），少部分区域有风积沙覆盖。这一生态地质环境中浅表层水资源十分稀缺，每年7~9月雨季的地表径流是该类型下最重要的地表水源且不易赋存，除雨季的其余时间基本无明显的地表

图 2.3　地表径流黄土沟壑型

水，地表水系的径流量汛期远大于枯水期。地下水资源主要是风化基岩含水层中赋存的水资源，但水量有限，直罗组（J_2z）承压含水层中拥有丰富的水资源，但一般不易被利用。离石黄土层中含有少量潜水，但埋深一般比较大，土壤含水以结合水为主，但涵养水分能力较强，地表植被难以吸收和利用地下潜水。地表植被类型贫乏，主要是低矮耐旱的草本类植物和少量灌木，地表植被发育虽较为繁盛，植被覆盖度高，但植被多样性低，这一区域内仅存有少量旱田，居民点分布也比较稀疏。

在这种生态地质环境类型中，开采地下煤炭资源后，引发地表开裂，地形更加破碎，由于地形地质条件的恶劣，加之在每年雨季期间研究区降雨多集中在 7 月、8 月、9 月三个月，并以暴雨的形式降落，对地表冲击力强劲，地表植被覆盖虽高，但植被低矮难以缓冲雨滴对地表的冲击（何永彬和徐娟，2018），因此，暴雨或连阴雨天气水土流失严重，易发生崩塌、滑坡等地质灾害（彭建兵等，2016，2020）。由于地表植被以耐旱的草本植物和少量灌木为主，植被类型贫乏，其生长发育主要依赖空气中的水分，地表植被对煤炭资源开发活动的响应相对较弱，其植被生态质量较差，不会发生严重的退化。浅埋煤层开采引起的裂隙发育至地表形成良好的大气降雨入渗通道（黄庆享等，2019），大气降水入渗土层后有利于土层涵养水分，对地表植被的生长起到促进作用（张光辉等，2007），如图 2.4 所示。这一生态地质环境下煤炭资源开采引发的主要问题是地形和地貌的破坏，而不是植被生态的衰退。因此，有必要通过科学的措施恢复受损的煤矿区地貌，加强对破坏土地的整治。

(a) 2009年7月2日　　　　　　　　　　　(b) 2010年8月16日

图 2.4　地表径流黄土沟壑型下浅埋煤层开采引起的地表植被发育变化

（二）地表水沟谷河流绿洲型

地表水沟谷河流绿洲型，如图2.5所示，地貌类型以河流阶地为主。当该生态地质环境类型穿越潜水沙漠滩地绿洲区时，低漫滩较为发育，但连续性差，一级阶地不明显，河床坡降小，河床、滩地以平坦地势为主，冲积层多为粉细砂。当该生态地质环境类型穿越地表径流黄土沟壑区时，河谷两侧有大量的基岩出露，且有边坡陡峭、河谷深切、沟壑发育、水网纵横的特点，河谷底部沉积物主要由冲积物、坡积土和少量碎屑组成，厚度由上游至下游渐趋增厚，由于地表径流冲刷，依旧存在土壤侵蚀的问题（温永福等，2017）。地表水多以河谷流水和泉水为主，地下水主要由萨拉乌苏组含水层潜水、烧变岩潜水、基岩风化带裂隙水和第四系冲积水组成，水资源丰富（崔邦军等，2011）。沿着沟谷河流两岸边生长着许多高大乔木，如小叶杨、榆树等高大乔木，同时草本植物和灌木也十分丰富。相比于其他两种生态地质环境类型，地表水沟谷河流绿洲型植被种类是最为丰富的，植被生态环境较好。由于这一类型生态地质环境好，居民点也主要分布在该区域，同时分布有大面积的农田。

图2.5 地表水沟谷河流绿洲型

植被生态发育对潜水埋深变化最敏感，因为这一生态地质环境区域生长着大量的高大乔木。研究发现，这些高大乔木最佳生长的潜水位埋藏深度范围为1.5~3m。地下煤炭资源的开采，容易引起河水水位下降，使流量减少。当水位埋深大于5m时，土壤上部干燥，潜水蒸发停止（贾瑞亮等，2016），乔木树根难以吸收深层地下水，地表植被的生态退化不可避免，如图2.6所示。植被生态一旦退化，就难以恢复，即便能够恢复，成本也将非常高，甚至远远超过煤炭开采的经济效益。因此，地表水沟谷河流绿洲型对煤炭开采活动响应最为敏感，不宜进行煤炭资源开采或进行低强度煤炭开采，从而使脆弱的生态地质环境得到保护。

（三）潜水沙漠滩地绿洲型

潜水沙漠滩地绿洲型，如图2.7所示，这一生态地质环境类型地表普遍被风积沙和萨拉乌苏组砂层所覆盖，零星区域有离石黄土出露。地貌形态上主要包括起伏的固定沙丘、半固定沙丘呈波状起伏以及一些低洼湿地，这些低洼湿地具有形状不规则、尺度大小不一、相对平坦的特点。这一类型下蕴藏的地表水资源及浅层地下水资源十分丰富，地表水

图 2.6　地表水沟谷河流绿洲型下浅埋煤层开采引起的地表植被发育变化

主要由沙漠湖泊、海子和浅滩湿地水资源组成（马雄德等，2015b），地下水资源主要储存在萨拉乌苏组潜水含水层中，埋藏深度相对较浅，易于被利用，因此砂层潜水对当地植被生态环境和日常生产生活起着重要的作用。地表植被类型以小型灌木类植物（如沙柳、沙棘、沙蓬、羊柴、柠条、羊茅、小叶锦鸡儿、青蒿、芨芨草等旱生植物）为主，但依旧存在大片的裸地，然而在地表水资源丰富的沙漠小湖泊、海子和浅水湿地周围，还分布着芦苇、水草等水生植物及少量高大乔木，植被覆盖度高，植被种类丰富。当潜水位埋深过大时，植被生长发育消极，植被生长发育主要依赖气候条件，植被覆盖度相对较低，低洼湿地植被生长茂盛，但总体上这一生态地质环境下植被覆盖度相对较低。

图 2.7　潜水沙漠滩地绿洲型

　　潜水沙漠滩地绿洲型中萨拉乌苏组潜水含水层水资源对荒漠植被生态起着至关重要的作用，这对于有效地抑制土地沙漠化是十分珍贵的。通常是在强烈煤炭开采活动之后，煤层顶板上覆岩层变形破坏形成的裂隙对萨拉乌苏组潜水含水层底部离石黄土和新近系上新统保德组红土共同组成的研究区的黏土隔水层造成破坏，将会导致大量萨拉乌苏组潜水向采空区渗漏，生态潜水位埋深必然下降（彭捷等，2018）。地下水位的降低最终导致地表植被的破坏，尤其是低洼浅层湿地中的水生植物，对于煤炭资源开发活动引起潜水位的下降反应的响应明显，水生植物的逐渐死亡导致植被生态环境恶化，植被类型将逐渐从水生植被向旱生植被转化（封建民等，2014；马雄德等，2015b）。同时，采煤活动会引起地表沉陷，也会导致塌陷区积水，不利于地表原有旱生植被的生长发育，旱生植被逐渐向水生植被转化，如图 2.8 所示。因此，在该类型下，煤炭资源的开采势必会导致其生态地质环境质量降低，我们有必要选择合适的开采方法，控制开采强度，尽可能避免对原有水文地质条件的破坏，抑制沙漠化过程。

(a) 地表植被干枯死亡　　　　　　　　　　　　(b) 地表塌陷区积水

图 2.8　潜水沙漠滩地绿洲型下浅埋煤层开采引起的地表植被发育变化

综上所述，生态地质环境类型的差异性主要体现在生态地质环境问题和植被生态的空间分布差异性上。植被生态和生态地质环境问题的空间差异性与研究区内水文地质条件有着密切关系，而煤炭资源的大规模开采严重破坏了原有的水文地质条件，导致了潜水位的下降，加剧了生态环境恶化，进而影响着生态地质环境的空间差异性。

二、区划方法

综合前面对三种不同生态地质环境类型特征的描述，本节主要讨论利用 ArcGIS 和 MATLAB 软件对榆神矿区生态地质环境类型进行区划研究，使之更为直观形象地表现出研究区范围内这三种生态地质环境类型分布情况（杨志，2019）。

（一）主控指标

由前述可知，研究区生态地质环境类型主要由地质环境条件、生态环境条件和气候环境条件三部分共同决定，但考虑到研究区基本处于同一气象环境条件下，所以进行区划时不考虑这一部分因素的影响，并且考虑到指标信息的准确性和科学性，最终选用以下六个主控指标：地表高程、地形坡度、地貌类型、河网水系、地表岩性和植被生态发育状况。

1. 地表高程

不同地表高程的气候水文条件不同，同时其空间格局受到光、热、人口分布等自然因素与社会经济活动因素的影响也有所不同，尤其是海拔变异越大，自然要素组成垂直分异性更加明显，导致植被生长发育在高程梯度上存在明显的垂直分布差异，因此，不同地表高程下植被的生长发育状况也有所不同（张运刚等，2010；魏伟等，2012）。

本书基于分辨率为 30m 的数字高程模型（digital elevation model）数据，利用 ArcGIS 空间分析功能，提取研究区的高程数据，如图 2.9 所示。区内总地势西北高、东南低，最高海拔出现在矿区北部，为1393m，最低处在矿区东部秃尾河的河谷地带，标高为986m，最大相对高差407m。

结合图2.10分析可知，矿区内高程值较大的区域为榆溪河流域与秃尾河流域，秃尾河流域与窟野河流域分水岭，蒸发强烈，土壤含水率较相邻区偏低，且该区域潜水埋深较大，不利于植被生长。

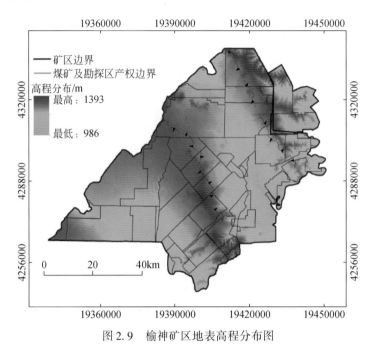

图2.9 榆神矿区地表高程分布图

图2.10 榆神矿区地表水系及流域划分图

2. 地形坡度

坡度是指局部地表坡面的倾斜程度，首先，对地表径流的积聚有巨大影响，坡度的大小直接影响着地表径流流动与能量转换的规模与强度（冷佩等，2010），其次，坡度还影响土壤的侵蚀程度，坡度越大，雨滴对地面的击溅力增强以及径流的冲刷力加大。坡度不仅影响着土壤受侵蚀的程度，而且还影响着土壤侵蚀的方式，随着坡度的增大，土壤侵蚀将由面蚀逐渐向沟蚀→崩岗→滑坡、崩塌方向发展（陈明华和黄炎和，1995）。因此，坡度是制约植被生产力空间布局的重要影响因素，研究区坡度分布如图2.11所示。

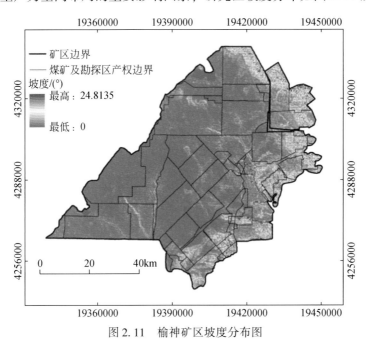

图 2.11 榆神矿区坡度分布图

3. 地貌类型

植物生长在很大程度上受地形地貌因素的影响（Bellingham and Tanner，2000；Han et al.，2012），主要表现为对潜水含水层分布和环境地质问题两方面的影响。地貌形态对潜水的埋深、流场产生一定影响，不同地貌形态其地下潜水面分布形态和埋深不同（赵伟，2011；裴亚兵，2017），而植被类型、植物长势和植被指数均和潜水埋深有较大关系（江东等，2001），不同植物类型从不同水位汲取水分的能力不同，草本植物根系不发育，需要依附埋深较浅的地下水才能存活，乔木的根系最为发达，个别植物的主根系大于6m，加上一定的潜水浸润面，可以汲取埋深较大的潜水。同时，地形地貌的不同也会导致光照、土壤养分等微生物条件出现显著的差异（叶瑶等，2015），其中土壤养分的可利用性是决定植物群落物种组成和群落多样性的主要环境因子（王凤娟和丁福波，2015）。相反，植物又通过养分循环的反馈对土壤养分的可利用性产生影响（王琦等，2014），研究区地貌分布状况，如图2.12所示。

4. 河网水系

西北干旱–半干旱地区降水严重不足，植被（尤其是高大乔木）的生长主要依靠地表

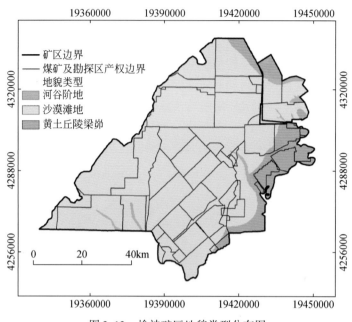

图 2.12　榆神矿区地貌类型分布图

河流和地下水，当河流流量较大时，土壤含水量较大，供给植被的水分较充分；当流量小时，土壤中能够得到的河流补给水量少，土壤含水量低，地表植被能够汲取的水分就相对较少（高阳等，2006）。研究发现，植被生长发育状态从河谷、河谷阶地、沙地、沙丘逐渐恶化（金晓媚等，2013）。河流与地下水在水质和水量之间存在交换，尤其是潜水位对地表植被生长直接产生影响，植被多样性、植被生物量和地下水位之间并非简单的线性关系。对于植被多样性和植被生物量，总有一个最佳的地下水位，当水位值高于或低于最佳水位时将导致植被多样性和生物量的衰退（朱丽等，2017）。如图 2.13 所示，在河沟水网的影响区域，植被类型以高大乔木为主，且植被覆盖度也是最佳的，随着与河网水系之间距离的增加，土壤能得到河流水系的补给逐渐减少，植被生态发育状况逐渐变差。

5. 地表岩性

地表岩性是承载生态环境的物质基础，对其影响较为直接，不同的岩性可以组成不同的地质结构，进而可以形成不同的地下水赋存条件（顾大钊和张建民，2012），决定其特定的植被类型，形成不同的生态地质环境，如图 2.14 所示。

矿区内砂层大范围连续分布，地表风积沙层（Q_4^{eol}）、萨拉乌苏组（$Q_3 s$）砂层和下伏隔水土层，研究区的东部大量离石黄土（$Q_2 l$）出露，研究区内有少量的冲积层（Q_4^{al}）沿河流沟谷分布，在全区高程较低的榆溪河、秃尾河和窟野河地带，由于河谷深切，有少量的侏罗系基岩（$J_2 a$、$J_2 y$）出露，详见表 2.1。

表 2.1　榆神矿区地层出露面积统计表

地层	Q_4^{eol}	Q_4^{al}	$Q_3 s$	$Q_2 l$	$N_2 b$	$K_1 l$	$J_2 a$	$J_2 y$
所占面积比例/%	80.88	2.36	7.87	5.23	1.57	0.10	0.19	1.81

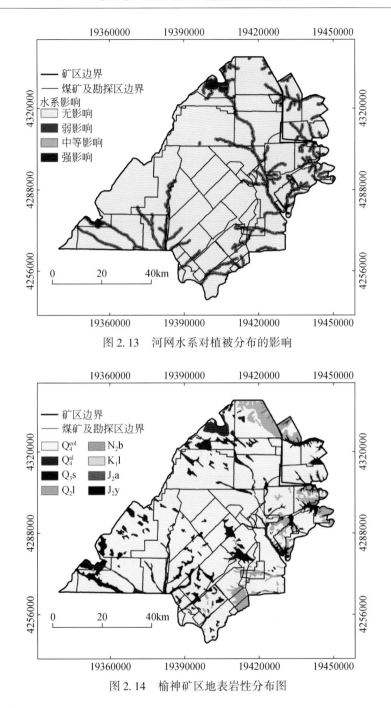

图 2.13　河网水系对植被分布的影响

图 2.14　榆神矿区地表岩性分布图

6. 植被生态

植被生态是生态环境质量指标的一个重要体现，能为生态地质环境的研究提供重要的基础数据（邹卓阳等，2010）。归一化植被指数（normalized difference vegetation index，NDVI）对植被的生长状况和变化情况非常敏感，在一定程度上可以代表植被的生长变化，可以反映植被在生长过程中吸收的有效光合作用、绿色植被叶面积、叶绿素密度以及植被的蒸发速率等参数（Defries et al., 1995），并能消除太阳高度角、卫星观测角和其他与大气条件有关因素所带来的误差（张月等，2015）。在对于植被覆盖变化的研究中，NDVI能很好地反映植被覆盖情况、植物生长量情况以及生态系统中各种参数的变化（Beatriz and Maria, 2009）。NDVI时间序列可由多时相的遥感数据生成，能够实现植被的年际和年内变化监测，从时间、空间两个尺度上反映该地区生态环境变化（Detsch et al., 2016）。因此，选择NDVI作为反映榆神矿区植被生长发育变化监测的植被指数。

目前，美国NASA的陆地卫星Landsat/TM（云影，2013）、美国国家海洋大气局的第三代实用气象观测卫星NOAA/AVHRR（兆千，1987）及美国NASA的地球观测系统计划中EOS/MODIS（刘闯和葛成辉，2000）等诸多卫星传感器都能提供NDVI数据。所选用的MODIS数据产品是美国国家航空航天局发布的MODIS数据产品，MODIS所提供数据产品根据合成时间分为16天和32天时间分辨率两种，空间分辨率分有250m、500m、1000m三种。MODIS共有36个波段，波长范围为0.405~14.385μm，扫描宽度为2330km。

MODIS生产的两种植被指数产品：内容为栅格的归一化植被指数和增强型植被指数（NDVI/EVI），是陆地3级标准数据产品，广泛应用于较大尺度干旱−半干旱区域的土地覆盖变化监测。本研究选取的是2008~2017年这十年间每年8月的、空间分辨率为250m、时间分辨率是16天的MOD13Q1 NDVI/EVI数据产品（https://ladsweb. modaps. eosdis. nasa. gov/［2022.7.7］）。因为每年8月是该地区植被生长最为旺盛的时间，且此产品已经经过大气、气溶胶、臭氧吸收校正及去云等预处理。

作为用户，还需对MODIS NDVI/EVI产品进行如下处理，利用MODIS重投影工具（modis reprojection tool）在ENVI中进行重投影的批处理，之后将该数据按照坐标系统进行坐标转换，然后利用研究区的矢量边界在ArcGIS中裁剪出本研究区的NDVI数据，利用栅格计算器，进行平均化处理，得到了2008~2017年这十年间8月的平均NDVI空间分布图，如图2.15所示。

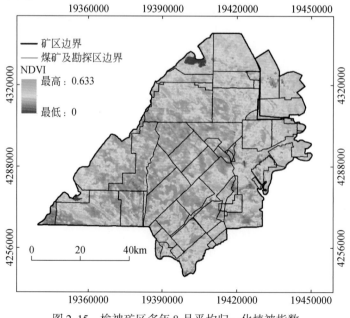

图2.15　榆神矿区多年8月平均归一化植被指数

（二）评价与区划方法

在分析研究区生态地质环境特征及其主控指标的基础上，利用模糊德尔菲层次分析法确定各指标的权重，采用加权模糊 C 均值聚类法（weighted fuzzy c-means，WFCM）对研究区生态地质环境类型进行聚类区划。

1. 模糊德尔菲层次分析法

模糊德尔菲层次分析法（FDAHP）（冯俊文，2006；Hayaty et al.，2014）是将模糊数学评价方法（Tseng et al.，2009；冯少杰等，2009）、层次分析法（AHP）（Saaty，2000；Sambasivan and Fei，2008）和德尔菲群体决策方法（Hsu et al.，2010；Kharat et al.，2016）有机结合起来的一种模糊群体决策方法，其基本步骤如下。

（1）建立基于层次分析法的层次结构模型，假设有 m 个要考虑的评价指标，目的就是要确定这 m 个评价指标关于决策准则的权重。

（2）建立比较判断矩阵，通过传统德尔菲法，确定出第 k 个专家在某一准则下对其下属层次中第 i 和 j 两个因素之间的相对重要程度的判断为 $B_{ij\cdot k}$，形成第 k 个专家的两两比较判断矩阵 $B(k)=[B_{ij\cdot k}]$。

（3）建立群体的模糊判断矩阵，采用三角模糊数来整合专家的意见，以求在决策者主观意见的基础上建立一个较为客观的模糊群体判断矩阵，用三角模糊数表示的群体的两两判断矩阵如式（2.1）所示：

$$B_{ij}=[\alpha_{ij},\beta_{ij},\gamma_{ij}] \tag{2.1}$$

式中，B_{ij} 为三角模糊数，由 α_{ij}、β_{ij}、γ_{ij} 三个元素组成，且满足 $\alpha_{ij}\leqslant\beta_{ij}\leqslant\gamma_{ij}$。另外 α_{ij}、β_{ij}、γ_{ij} 的数值要满足 α_{ij}、β_{ij}、$\gamma_{ij}\in[1/9,1]\cup[1,9]$。

α_{ij}、β_{ij}、γ_{ij} 由式（2.2）、式（2.3）、式（2.4）确定：

$$\alpha_{ij}=\min(B_{ij\cdot k}),k=1,2,\cdots,n \tag{2.2}$$

$$\beta_{ij}=\mathrm{geomean}(B_{ij\cdot k}),k=1,2,\cdots,n \tag{2.3}$$

$$\gamma_{ij}=\max(B_{ij\cdot k}),k=1,2,\cdots,n \tag{2.4}$$

式中，n 为评分专家总数；$B_{ij\cdot k}$ 为第 k 个专家对 i 和 j 两个因素相对重要程度判断；$\min(B_{ij\cdot k})$ 为所有专家评分结果的最小值；$\max(B_{ij\cdot k})$ 为所有专家评分结果的最大值；$\mathrm{geomean}(B_{ij\cdot k})$ 为所有专家评分结果的几何平均数。

几何平均数的计算方法如式（2.5）所示：

$$\mathrm{geomean}(a_1,a_2,\cdots,a_n)=(a_1\times a_2\times\cdots\times a_n)^{\frac{1}{n}} \tag{2.5}$$

（4）确定群体模糊权重向量，基于群体模糊判断矩阵 B_{ij}，用几何平均法确定相应的模糊权重向量，具体如下：

对于任意评价指标 $i(i=1,2,\cdots,m)$ 计算向量 r_i，按式（2.6）计算：

$$r_i=(B_{i1}\otimes B_{i2}\otimes\cdots\otimes B_{im})^{\frac{1}{m}} \tag{2.6}$$

式中，$\otimes$ 为三角模糊数的乘法运算关系。

进一步计算群体模糊权重向量 w_i，按式 (2.7) 计算：

$$w_i = r_i \otimes (r_1 \oplus r_2 \oplus \cdots \oplus r_m)^{-1} \qquad (2.7)$$

式中，$\oplus$ 为三角模糊数的加法运算关系。

对于上述所需要用到的三角模糊数运算关系为假设 $a = [a_1, a_2, a_3]$ 和 $b = [b_1, b_2, b_3]$ 为 2 个正三角模糊数，根据三角模糊数理论，有式 (2.8)、式 (2.9)、式 (2.10) 的运算关系：

$$a \oplus b = [a_1 + b_1, a_2 + b_2, a_3 + b_3] \qquad (2.8)$$

$$a \otimes b = [a_1 \times b_1, a_2 \times b_2, a_3 \times b_3] \qquad (2.9)$$

$$a^{-1} = \left[\frac{1}{a_3}, \frac{1}{a_2}, \frac{1}{a_1} \right] \qquad (2.10)$$

（5）权重决策分析，对于计算得到的各指标的模糊权重向量 w_i：

$$w_i = (w_i^L, w_i^M, w_i^U) \qquad (2.11)$$

式中：w_i^L、w_i^M、w_i^U 分别为模糊权重向量 w_i 的 3 个组成元素中的最小值、中间值和最大值。

计算各主控指标的相对权重值 W_i 按式 (2.12) 计算，归一化权重向量为 W（蔡海兵和程桦，2012），计算如式 (2.13)：

$$W_i = \frac{\sqrt[3]{w_i^L \times w_i^M \times w_i^U}}{\sum_i \sqrt[3]{w_i^L \times w_i^M \times w_i^U}} \qquad (2.12)$$

$$W = [\, W_1 \quad W_2 \quad \cdots \quad W_i \,] \qquad (2.13)$$

由于从行为决策的观点，FDAHP 方法允许决策者做出非理性的判断，所以不需要对判断矩阵进行一致性检查。

2. 层次结构模型

通过对上述生态地质环境主控指标的分析，本次研究的目标层就是生态地质环境类型，指标层包括植被生态、地表高程、地形坡度、地表岩性、地貌类型和河网水系，由此建立生态地质环境类型区划层次结构模型，如图 2.16 所示。

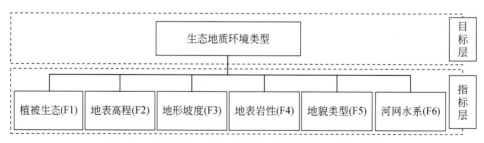

图 2.16　榆神矿区生态地质环境类型区划层次结构模型

3. 基于德尔菲专家调查的评分法

德尔菲专家调查法本质是一种反馈匿名函询法（常鑫，2018；Kaufmann，2016），在前面分析的生态地质环境主要控制因素的基础上，采用德尔菲专家调查法，征集和咨询各领域现场专家及科学研究者的意见，采用 1~9 标度法（Saaty，2000），评价一个主控指标对生态地质环境的相对重要程度的大小，给出每个主控指标的量化分值为其后的综合分析奠定基础，如表 2.2 所示。

表 2.2　榆神矿区内生态地质环境各主控指标相对重要程度评分表

专家	主控指标					
	F1	F2	F3	F4	F5	F6
专家 1（P1）	3	1	5	8	7	3
专家 2（P2）	3	2	6	9	8	4
专家 3（P3）	3	1	7	8	7	2
专家 4（P4）	4	1	7	7	8	3
专家 5（P5）	3	1	5	8	7	3
专家 6（P6）	4	1	6	8	7	2

4. 指标权重分析

（1）根据式（2.14）建立综合主观和客观评价的两两比较判断矩阵（邱梅等，2016）：

$$A = \begin{bmatrix} 1 & a_{12} & a_{13} & a_{14} & a_{15} & a_{16} \\ 1/a_{12} & 1 & a_{23} & a_{24} & a_{25} & a_{26} \\ 1/a_{13} & 1/a_{23} & 1 & a_{34} & a_{35} & a_{36} \\ 1/a_{14} & 1/a_{24} & 1/a_{34} & 1 & a_{45} & a_{46} \\ 1/a_{15} & 1/a_{25} & 1/a_{35} & 1/a_{45} & 1 & a_{56} \\ 1/a_{16} & 1/a_{26} & 1/a_{36} & 1/a_{46} & 1/a_{56} & 1 \end{bmatrix} \tag{2.14}$$

其中，对于 a_{ij} 的计算按照式（2.15）进行计算：

$$a_{ij} = C_i / C_j \tag{2.15}$$

式中，a_{ij} 为因素 F_i 相对于因素 F_j 重要程度的判断；C_i 为某位专家对因素 F_i 相对于目标层重要程度的评分；C_j 为某位专家对因素 F_j 相对于目标层重要程度的评分。

根据前面收集的 6 位专家对主控指标相对于目标层重要程度进行评价，可以建立 6 个两两比较判断矩阵：

$$A_{P1} = \begin{bmatrix} 1.000 & 3.000 & 0.600 & 0.375 & 0.429 & 1.000 \\ 0.333 & 1.000 & 0.200 & 0.125 & 0.143 & 0.333 \\ 1.667 & 5.000 & 1.000 & 0.625 & 0.714 & 1.667 \\ 2.667 & 8.000 & 1.600 & 1.000 & 1.143 & 2.667 \\ 2.333 & 7.000 & 1.400 & 0.875 & 1.000 & 2.333 \\ 1.000 & 3.000 & 0.600 & 0.375 & 0.429 & 1.000 \end{bmatrix} \tag{2.16}$$

$$A_{P2} = \begin{bmatrix} 1.000 & 1.500 & 0.500 & 0.333 & 0.375 & 0.750 \\ 0.667 & 1.000 & 0.333 & 0.222 & 0.250 & 0.500 \\ 2.000 & 3.000 & 1.000 & 0.667 & 0.750 & 1.500 \\ 3.000 & 4.500 & 1.500 & 1.000 & 1.125 & 2.250 \\ 2.667 & 4.000 & 1.333 & 0.889 & 1.000 & 2.000 \\ 1.333 & 2.000 & 0.667 & 0.444 & 0.500 & 1.000 \end{bmatrix} \quad (2.17)$$

$$A_{P3} = \begin{bmatrix} 1.000 & 3.000 & 0.429 & 0.375 & 0.429 & 1.500 \\ 0.333 & 1.000 & 0.143 & 0.125 & 0.143 & 0.500 \\ 2.333 & 7.000 & 1.000 & 0.875 & 1.000 & 3.500 \\ 2.667 & 8.000 & 1.143 & 1.000 & 1.143 & 4.000 \\ 2.333 & 7.000 & 1.000 & 0.875 & 1.000 & 3.500 \\ 0.667 & 2.000 & 0.286 & 0.250 & 0.286 & 1.000 \end{bmatrix} \quad (2.18)$$

$$A_{P4} = \begin{bmatrix} 1.000 & 4.000 & 0.571 & 0.571 & 0.500 & 1.333 \\ 0.250 & 1.000 & 0.143 & 0.143 & 0.125 & 0.333 \\ 1.750 & 7.000 & 1.000 & 1.000 & 0.875 & 2.333 \\ 1.750 & 7.000 & 1.000 & 1.000 & 0.875 & 2.333 \\ 2.000 & 8.000 & 1.143 & 1.143 & 1.000 & 2.667 \\ 0.750 & 3.000 & 0.429 & 0.429 & 0.375 & 1.000 \end{bmatrix} \quad (2.19)$$

$$A_{P5} = \begin{bmatrix} 1.000 & 3.000 & 0.600 & 0.375 & 0.429 & 1.000 \\ 0.333 & 1.000 & 0.200 & 0.125 & 0.143 & 0.333 \\ 1.667 & 5.000 & 1.000 & 0.625 & 0.714 & 1.667 \\ 2.667 & 8.000 & 1.600 & 1.000 & 1.143 & 2.667 \\ 2.333 & 7.000 & 1.400 & 0.875 & 1.000 & 2.333 \\ 1.000 & 3.000 & 0.600 & 0.375 & 0.429 & 1.000 \end{bmatrix} \quad (2.20)$$

$$A_{P6} = \begin{bmatrix} 1.000 & 4.000 & 0.667 & 0.500 & 0.571 & 2.000 \\ 0.250 & 1.000 & 0.167 & 0.125 & 0.143 & 0.500 \\ 1.500 & 6.000 & 1.000 & 0.750 & 0.857 & 3.000 \\ 2.000 & 8.000 & 1.333 & 1.000 & 1.143 & 4.000 \\ 1.750 & 7.000 & 1.167 & 0.875 & 1.000 & 3.500 \\ 0.500 & 2.000 & 0.333 & 0.250 & 0.286 & 1.000 \end{bmatrix} \quad (2.21)$$

（2）建立群体的模糊判断矩阵，构造专家组群体的两两模糊判断矩阵如式（2.22）所示：

$$B_{ij} = [\alpha_{ij}, \beta_{ij}, \gamma_{ij}] = [B_1 \quad B_2 \quad B_3 \quad B_4 \quad B_5 \quad B_6] \quad (2.22)$$

其中，B_1、B_2、B_3、B_4、B_5 和 B_6 的计算分别按照式（2.23）~式（2.28）计算。

$$B_1 = \begin{bmatrix} 1 & 1 & 1 \\ 1/\gamma_{12} & 1/\beta_{12} & 1/\alpha_{12} \\ 1/\gamma_{13} & 1/\beta_{13} & 1/\alpha_{13} \\ 1/\gamma_{14} & 1/\beta_{14} & 1/\alpha_{14} \\ 1/\gamma_{15} & 1/\beta_{15} & 1/\alpha_{15} \\ 1/\gamma_{16} & 1/\beta_{16} & 1/\alpha_{16} \end{bmatrix} = \begin{bmatrix} 1.000 & 1.000 & 1.000 \\ 0.250 & 0.340 & 0.667 \\ 1.500 & 1.800 & 2.333 \\ 1.750 & 2.416 & 3.000 \\ 1.750 & 2.216 & 2.667 \\ 0.500 & 0.833 & 1.333 \end{bmatrix} \tag{2.23}$$

$$B_2 = \begin{bmatrix} \alpha_{12} & \beta_{12} & \gamma_{12} \\ 1 & 1 & 1 \\ 1/\gamma_{23} & 1/\beta_{23} & 1/\alpha_{23} \\ 1/\gamma_{24} & 1/\beta_{24} & 1/\alpha_{24} \\ 1/\gamma_{25} & 1/\beta_{25} & 1/\alpha_{25} \\ 1/\gamma_{26} & 1/\beta_{26} & 1/\alpha_{26} \end{bmatrix} = \begin{bmatrix} 1.500 & 2.942 & 4.000 \\ 1.000 & 1.000 & 1.000 \\ 3.000 & 5.295 & 7.000 \\ 4.500 & 7.109 & 8.000 \\ 4.000 & 6.520 & 8.000 \\ 2.000 & 2.449 & 3.000 \end{bmatrix} \tag{2.24}$$

$$B_3 = \begin{bmatrix} \alpha_{13} & \beta_{13} & \gamma_{13} \\ \alpha_{23} & \beta_{23} & \gamma_{23} \\ 1 & 1 & 1 \\ 1/\gamma_{34} & 1/\beta_{34} & 1/\alpha_{34} \\ 1/\gamma_{35} & 1/\beta_{35} & 1/\alpha_{35} \\ 1/\gamma_{36} & 1/\beta_{36} & 1/\alpha_{36} \end{bmatrix} = \begin{bmatrix} 0.429 & 0.556 & 0.667 \\ 0.333 & 0.414 & 0.571 \\ 1.000 & 1.000 & 1.000 \\ 1.000 & 1.342 & 1.600 \\ 1.000 & 1.231 & 1.400 \\ 0.286 & 0.463 & 0.667 \end{bmatrix} \tag{2.25}$$

$$B_4 = \begin{bmatrix} \alpha_{14} & \beta_{14} & \gamma_{14} \\ \alpha_{24} & \beta_{24} & \gamma_{24} \\ \alpha_{34} & \beta_{34} & \gamma_{34} \\ 1 & 1 & 1 \\ 1/\gamma_{45} & 1/\beta_{45} & 1/\alpha_{45} \\ 1/\gamma_{46} & 1/\beta_{46} & 1/\alpha_{46} \end{bmatrix} = \begin{bmatrix} 0.375 & 0.451 & 0.571 \\ 0.750 & 1.201 & 2.000 \\ 0.143 & 0.189 & 0.333 \\ 1.000 & 1.000 & 1.000 \\ 0.875 & 0.917 & 1.143 \\ 0.250 & 0.345 & 0.444 \end{bmatrix} \tag{2.26}$$

$$B_5 = \begin{bmatrix} \alpha_{15} & \beta_{15} & \gamma_{15} \\ \alpha_{25} & \beta_{25} & \gamma_{25} \\ \alpha_{35} & \beta_{35} & \gamma_{35} \\ \alpha_{45} & \beta_{45} & \gamma_{45} \\ 1 & 1 & 1 \\ 1/\gamma_{56} & 1/\beta_{56} & 1/\alpha_{56} \end{bmatrix} = \begin{bmatrix} 0.125 & 0.141 & 0.222 \\ 0.125 & 0.153 & 0.250 \\ 0.333 & 0.408 & 0.500 \\ 0.625 & 0.745 & 1.000 \\ 1.000 & 1.000 & 1.000 \\ 0.286 & 0.376 & 0.500 \end{bmatrix} \tag{2.27}$$

$$
B_6 = \begin{bmatrix} \alpha_{16} & \beta_{16} & \gamma_{16} \\ \alpha_{26} & \beta_{26} & \gamma_{26} \\ \alpha_{36} & \beta_{36} & \gamma_{36} \\ \alpha_{46} & \beta_{46} & \gamma_{46} \\ \alpha_{56} & \beta_{56} & \gamma_{56} \\ 1 & 1 & 1 \end{bmatrix} = \begin{bmatrix} 0.714 & 0.812 & 1.000 \\ 1.500 & 2.162 & 3.500 \\ 0.875 & 1.090 & 1.143 \\ 2.250 & 2.902 & 4.000 \\ 2.000 & 2.662 & 3.500 \\ 1.000 & 1.000 & 1.000 \end{bmatrix} \tag{2.28}
$$

其中，三个元素 α_{ij}、β_{ij}、γ_{ij} 分别如式（2.29）~式（2.31）所示：

$$
\alpha_{ij} = \begin{bmatrix} 1.000 & 1.500 & 0.429 & 0.375 & 0.125 & 0.714 \\ 0.250 & 1.000 & 0.333 & 0.750 & 0.125 & 1.500 \\ 1.500 & 3.000 & 1.000 & 0.143 & 0.333 & 0.875 \\ 1.750 & 4.500 & 1.000 & 1.000 & 0.625 & 2.250 \\ 1.750 & 4.000 & 1.000 & 0.875 & 1.000 & 2.000 \\ 0.500 & 2.000 & 0.286 & 0.250 & 0.286 & 1.000 \end{bmatrix} \tag{2.29}
$$

$$
\beta_{ij} = \begin{bmatrix} 1.000 & 2.942 & 0.556 & 0.451 & 0.141 & 0.812 \\ 0.340 & 1.000 & 0.414 & 1.201 & 0.153 & 2.162 \\ 1.800 & 5.295 & 1.000 & 0.189 & 0.408 & 1.090 \\ 2.416 & 7.109 & 1.342 & 1.000 & 0.745 & 2.902 \\ 2.216 & 6.520 & 1.231 & 0.917 & 1.000 & 2.662 \\ 0.833 & 2.449 & 0.463 & 0.345 & 0.376 & 1.000 \end{bmatrix} \tag{2.30}
$$

$$
\gamma_{ij} = \begin{bmatrix} 1.000 & 4.000 & 0.667 & 0.571 & 0.222 & 1.000 \\ 0.667 & 1.000 & 0.571 & 2.000 & 0.250 & 3.500 \\ 2.333 & 7.000 & 1.000 & 0.333 & 0.500 & 1.143 \\ 3.000 & 8.000 & 1.600 & 1.000 & 1.000 & 4.000 \\ 2.667 & 8.000 & 1.400 & 1.143 & 1.000 & 3.500 \\ 1.333 & 3.000 & 0.667 & 0.444 & 0.500 & 1.000 \end{bmatrix} \tag{2.31}
$$

主控指标 i（$i=1$，2，…，6）分别代表植被生态、地表高程、地形坡度、地表岩性、地貌类型以及河网水系。由式（2.6）计算向量 r_i 分别为式（2.32）~式（2.37）：

$$
r_1 = \begin{bmatrix} 0.527 & 0.662 & 0.835 \end{bmatrix} \tag{2.32}
$$

$$
r_2 = \begin{bmatrix} 0.477 & 0.619 & 0.935 \end{bmatrix} \tag{2.33}
$$

$$
r_3 = \begin{bmatrix} 0.757 & 0.964 & 1.208 \end{bmatrix} \tag{2.34}
$$

$$
r_4 = \begin{bmatrix} 1.493 & 1.918 & 2.314 \end{bmatrix} \tag{2.35}
$$

$$
r_5 = \begin{bmatrix} 1.518 & 1.875 & 2.219 \end{bmatrix} \tag{2.36}
$$

$$
r_6 = \begin{bmatrix} 0.523 & 0.704 & 0.916 \end{bmatrix} \tag{2.37}
$$

由式（2.7）进一步计算群体模糊权重向量 w_i 分别为式（2.38）~式（2.43）：

$$
w_1 = \begin{bmatrix} 0.063 & 0.098 & 0.158 \end{bmatrix} \tag{2.38}
$$

$$
w_2 = \begin{bmatrix} 0.057 & 0.092 & 0.177 \end{bmatrix} \tag{2.39}
$$

$$
w_3 = \begin{bmatrix} 0.090 & 0.143 & 0.228 \end{bmatrix} \tag{2.40}
$$

$$w_4 = \begin{bmatrix} 0.177 & 0.285 & 0.437 \end{bmatrix} \tag{2.41}$$

$$w_5 = \begin{bmatrix} 0.180 & 0.278 & 0.419 \end{bmatrix} \tag{2.42}$$

$$w_6 = \begin{bmatrix} 0.062 & 0.104 & 0.173 \end{bmatrix} \tag{2.43}$$

采用几何平均法计算各评价指标的相对权重值，然后进行归一化处理，即可得决策权重，如表 2.3 所示。

表 2.3 主控指标权重系数

主控指标	植被生态（W_1）	地表高程（W_2）	地形坡度（W_3）	地表岩性（W_4）	地貌类型（W_5）	河网水系（W_6）
权重	0.099	0.097	0.143	0.281	0.276	0.104

归一化权重向量 W 如式（2.44）所示：

$$W = \begin{bmatrix} 0.099 & 0.097 & 0.143 & 0.281 & 0.276 & 0.104 \end{bmatrix} \tag{2.44}$$

5. 模糊 C 均值聚类算法及加权改进

模糊 C 均值聚类算法（FCM）最早是由 Bezdek（1981）提出的，模糊 C 均值聚类算法就是将模糊理论融入聚类分析当中，采用模糊划分，它的数据点对于簇类的隶属度并非只能取 0 或者 1，而是可以取 0~1 之间的任何数值，从而使得一个元素不是硬性的隶属于模糊集合。该算法在计算过程中引入了模糊控制参数 $m \in [1, \infty)$，而 m 的大小直接影响聚类效果。

模糊 C 均值聚类算法对隶属度进行改进，每个数据点对各个簇类的隶属度 $u \in [0, 1]$，隶属度之和为 1，性质如式（2.45）所示：

$$\sum_{i=1}^{c} u_{ij} = 1 \quad \forall j = 1, \cdots, n \tag{2.45}$$

聚类准则目标函数引入了模糊控制参数，形式如式（2.46）所示：

$$J_{\mathrm{FCM}} = \sum_{i=1}^{c} \sum_{j=1}^{n} u_{ij}^m \| x_j - c_i \|^2 = \sum_{i=1}^{c} \sum_{j=1}^{n} u_{ij}^m d_{ij}^2 \tag{2.46}$$

式中，u_{ij} 为第 j 个数据点归于 G_i 簇类的隶属度；c_i 为相应的模糊向量集的聚类中心；d_{ij} 为第 i 个聚类中心与第 j 个数据点的欧式距离，$d_{ij} = \| x_j - c_i \|$。

利用拉格朗日乘数法求解，构造新的目标函数如式（2.47）所示：

$$\bar{J}(U, c_1, \cdots, c_c, \lambda_1, \cdots, \lambda_n) = J(U, c_1, \cdots, c_c) + \sum_{j=1}^{n} \lambda_j \left(\sum_{i=1}^{c} u_{ij} - 1 \right)$$

$$= \sum_{i=1}^{c} \sum_{j=1}^{n} u_{ij}^m d_{ij}^2 + \sum_{j=1}^{n} \lambda_j \left(\sum_{i=1}^{c} u_{ij} - 1 \right) \tag{2.47}$$

式中，λ_j 为公式的 n 个约束式的拉格朗日乘数。

其中，式（2.46）最小的必要条件应满足式（2.48）和式（2.49）：

$$c_i = \frac{\sum_{j=1}^{n} u_{ij}^m x_j}{\sum_{j=1}^{n} u_{ij}^m} \tag{2.48}$$

$$u_{ij} = \begin{cases} \dfrac{1}{\sum\limits_{k=1}^{c}\left(\dfrac{d_{ij}}{d_{kj}}\right)^{2/(m-1)}} & d_{kj} > 0\,(1 \leqslant j \leqslant c) \\ 1 & d_{ij} = 0\,(1 \leqslant j \leqslant c) \\ 0 & \exists j, j \neq i, d_{kj} = 0 \end{cases} \tag{2.49}$$

模糊 C 均值聚类算法中，对于一个数据点对某一簇类的归属是按照隶属度最大原则来确定的，对于哪一簇类的隶属度最大，就归属于该簇类，表达式如式（2.50）所示：

$$k = \underset{i=1,\cdots,c}{\arg\max}\, u_{ij} \tag{2.50}$$

模糊 C 均值聚类算法改进过程如下：

（1）首先对样本数据点和聚类中心之间的欧式距离 d_{ij} 乘以相应的权重加以修正，形成如下的属性加权欧式距离 $d_{w\text{-}ij}$，如式（2.51）所示：

$$d_{w\text{-}ij} = d \parallel x_j - c_i \parallel_w = \left[\,(x_j - c_i)^{\mathrm{T}} W^2 (x_j - c_i)\,\right]^{\frac{1}{2}} \tag{2.51}$$

（2）前面利用 FDAHP 方法计算的权重向量为 W，则该向量元素需满足式（2.52）：

$$\begin{cases} W_i \geqslant 0,\,(i = 1, 2, \cdots, n) \\ \sum\limits_{i=1}^{n} W_i = 1 \end{cases} \tag{2.52}$$

新的加权目标函数，如式（2.53）：

$$J_{\mathrm{WFCM}} = \sum_{i=1}^{c}\sum_{j=1}^{n} u_{ij}^{m} \parallel x_j - c_i \parallel_w^2 = \sum_{i=1}^{c}\sum_{j=1}^{n} u_{ij}^{m} d_{w\text{-}ij}^2 \tag{2.53}$$

（3）利用拉格朗日乘数法求解，构造新的拉格朗日函数，如式（2.54）所示：

$$\begin{aligned} J(U, P, \lambda_1, \cdots, \lambda_n) &= J_{\mathrm{WFCM}}(U, P) + \sum_{j=1}^{n} \lambda_j \left(\sum_{i=1}^{c} u_{ij} - 1\right) \\ &= \sum_{i=1}^{c}\sum_{j=1}^{n} u_{ij}^{m} d_{w\text{-}ij}^2 + \sum_{j=1}^{n} \lambda_j \left(\sum_{i=1}^{c} u_{ij} - 1\right) \end{aligned} \tag{2.54}$$

结合约束条件，对输入的参量求偏导求解，求得使目标函数式（2.53）取得最小值的必要条件如式（2.55）和式（2.56）所示：

$$c_{w\text{-}i} = \frac{\sum\limits_{j=1}^{n} u_{w\text{-}ij}^{m} x_j}{\sum\limits_{j=1}^{n} u_{w\text{-}ij}^{m}} \tag{2.55}$$

$$u_{w\text{-}ij} = \begin{cases} \dfrac{1}{\sum\limits_{k=1}^{c}\left(\dfrac{d_{w\text{-}ij}}{d_{w\text{-}kj}}\right)^{2/(m-1)}} & d_{w\text{-}kj} > 0\,(1 \leqslant j \leqslant c) \\ 1 & d_{ij} = 0\,(1 \leqslant j \leqslant c) \\ 0 & \exists j, j \neq i, d_{w\text{-}kj} = 0 \end{cases} \tag{2.56}$$

三、区划结果与验证

对研究区天然生态地质环境类型进行区划所采用的加权模糊 C 均值聚类算法是基于 MATLAB 软件计算平台实现，MATLAB 和 ArcGIS 可以实现交互操作，在 ArcGIS 环境中对原始数据进行处理，在 MATLAB 中编写相应的数据处理函数，从而对预先准备好的数据进行聚类计算，然后输出为 ArcGIS 可识别格式，在 ArcGIS 中对分区结果进行统计分析。利用 ArcGIS 将原始数据转换成浮点格式数据（.flt），再利用 MATLAB 进行读取，完成对每个主控指标的归一化，在 MATLAB 中设置了聚类数、模糊参数、终止迭代次数和误差值等参数，然后进行 MATLAB 聚类分析计算，然后输出 ArcGIS 能够读取格式的聚类计算结果，如图 2.17 所示。

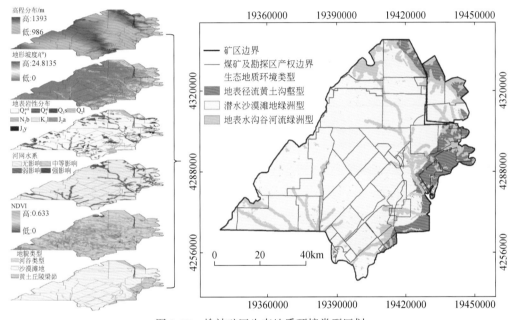

图 2.17　榆神矿区生态地质环境类型区划

整个研究区三种生态地质环境类型所占比例，如图 2.18 所示，其中地表径流黄土沟壑型约占研究区总面积的 5.94%，约 306.75km²，该类型主要分布于研究区东部的黄土沟壑地貌区。地表水沟谷河流绿洲型约占研究区总面积 16.09%，约 831.16km²，该类型主要分布于矿区内的主要河流沿岸区域。潜水沙漠滩地绿洲型占研究区 77.97%，面积约 4026.78km²，该类型是研究区最主要的生态地质环境类型，所占面积最为广大，同时也是生态环境最为脆弱的区域。

红柳林煤矿地表生态地质环境为三种类型所共存，其中潜水沙漠滩地绿洲型几乎遍布全区，地表水沟谷河流绿洲型主要沿常年性地表径流芦草沟和塔沟分布，地表径流黄土沟壑型则在肯铁令沟附近大面积分布，如图 2.19 所示。

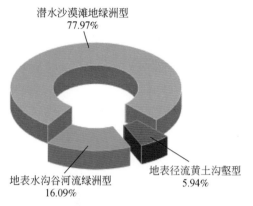

图 2.18 榆神矿区不同生态地质环境类型占比

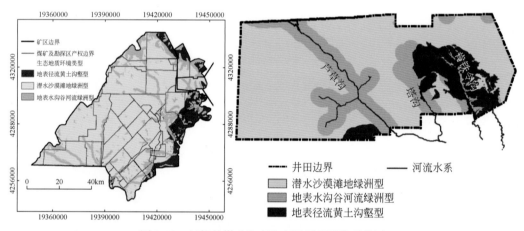

图 2.19 红柳林煤矿地表生态地质环境类型分区

经过对实地的地质环境和生态环境研究，其中包含了水资源的类型、分布、岩性、植被覆盖度和耕地的实际情况。结果表明，潜水沙漠滩地绿洲型占红柳林煤矿井田面积的84%，如图 2.20 所示。

图 2.20 红柳林井田潜水沙漠滩地绿洲型生态发育状况

肯铁令沟地形起伏大，黄土大量出露，土壤含水量低，无明显地表水，水土流失严重，植被以耐旱的灌草为主，植被类型单一，只有一小部分农田存在于沟壑底部或缓坡，且为耐旱农作物，生长状况不佳，如图 2.21 所示。因此，符合地表径流黄土沟壑型特征。

图 2.21 肯铁令沟地表植被生态发育状况

塔沟内植被生长旺盛，植被覆盖率极高，植被类型以乔木为主，草本植物和灌木生长比较旺盛，植被类型较为丰富，如图 2.22 所示。由于河流侵蚀，延安组基岩出现在河谷两侧，总之是符合地表水沟谷河流绿洲型生态地质环境特征的。

图 2.22 塔沟内地表植被生态发育情况

第三节 植被分布及变化特征

研究区所在区域属于欧亚大陆中温带大陆性季风气候区，干旱少雨、蒸发强烈，由于处于毛乌素沙漠边缘地带，土地沙漠化状况较为显著，地表以固定、半固定沙丘为主，同时兼具纵横黄土沟壑，植被覆盖状况总体较低，生态环境十分脆弱。受地貌、岩性分布、地下水等多种环境要素的影响，研究区形成了不同的生态地质环境类型及其相应的植被空间分布特征。

一、植被指数的遥感数据

（一）归一化植被指数

植被是连接土壤、大气和水分等土地覆盖要素的自然"纽带"，其动态变化在某种程度上代表着土地覆盖的动态变化。植被指数作为反映地表植被信息的最重要信息源，已被广泛用来定性和定量评价植被覆盖及其生长活力。遥感图像上的植被信息，主要通过绿色植物叶面和植被冠层的光谱特性及其差异、变化来反映。归一化植被指数对地表植被的生长态势和生长数量十分敏感，该指标因为灵敏度高，故在植被检测中占有至关重要的地位，计算如式（2.57）所示：

$$NDVI = \frac{\rho_{NIR} - \rho_R}{\rho_{NIR} + \rho_R} \tag{2.57}$$

式中，ρ_{NIR} 为近红外波段的反射率；ρ_R 为红光波段的反射率。

NDVI 值可以消除部分与太阳高度角、卫星观测角、地形等辐照度条件变化的影响，且便于区分几种主要的陆地覆盖类型。NDVI 取值区间为 [−1, 1]，一般情况下，NDVI 值为负值或者近于 0 时，代表无植被的水体或裸地，NDVI 值为正值代表有植被覆盖，且 NDVI 值越大植被覆盖度越高。因此长时间序列的 NDVI 数据，可以监测植被覆盖变化。

（二）NDVI 数据源

1. Landsat-8 OLI 数据

1972 年美国第一颗陆地卫星（Landsat-1）发射升空，Landsat 系列卫星成功地向地面输送了大量的、高质量的地球表面观测数据，随着 Landsat-5 卫星于 2011 年正式退役，1999 年发射的 Landsat-7 卫星成为在轨运行的唯一一颗 Landsat 卫星。而由于 Landsat-7 卫星在 2003 年扫描行矫正器（SLC）发生故障，目前只能得到有缺损的图像数据。美国地质调查局（United States Geological Survey，USGS）及美国国家航空航天局（National Aeronautics and Space Administration，NASA）于 2013 年 2 月 11 日发射了"陆地卫星数据连续性任务"卫星（Landsat Data Continuity Mission 卫星，发射后更名为 Landsat-8）。Landsat-8 上携带有两个主要载荷：运营性陆地成像仪（operational land imager，OLI）和热红外传感器（thermal infrared sensor，TIS）。通过美国地质调查局的数据分发网站 https://glovis. usgs. gov[2021. 8. 4] 和 https://earthexplorer. usgs. gov[2021. 8. 4] 向全球用户提供免费下载服务。Landsat-8 为资源、水、森林、环境和城市规划提供可靠数据，其各波段特征如表 2.4 所示。

本研究选用的影像为 2014 年 7 月和 9 月 Landsat-8 卫星遥感数据，根据研究区范围，选用两幅数据经图像镶嵌而成，卫星过境采集数据时，研究区天气晴朗，天空没有覆盖大面积的云层，因而两幅图全图云量较低，成像质量高，图像清晰，分辨率均为 30m，满足研究需求，选用的遥感影像相关参数，如表 2.5 所示。

表 2.4　Landsat-8 各波段特征

波段	波段名称	波谱范围/μm	数据用途	分辨率/m
1	New Deep Blue	0.433~0.453	海岸区气溶胶	30
2	Blue	0.450~0.515	水体穿透，分辨土壤及植被	30（TM 传统波段）
3	Green	0.525~0.600	评价植物的生长状况，区分林型、树种等	
4	Red	0.630~0.680	观测地貌、岩性、土壤、植被、水中泥沙等	
5	NIR	0.845~0.885	为植物通用波段，多用于植物长势测量、水域测量等	
6	SWIR2	1.56~1.66	用于土壤湿度、植物含水量测量，区分云与雪等	
7	SWIR3	2.1~2.3	多用于区分岩石类型、探测矿物等	
8	PAN	0.500~0.680	图像锐化	15
9	SWIR	1.360~1.390	卷云测定	30
10	TIR	10.3~11.3	地表温度	100
11	TIR	11.5~12.5	地表温度	100

表 2.5　Landsat-8 卫星遥感影像相关参数

传感器	接收时间	条带号	行编号	中心经度/(°)	中心纬度/(°)	平均高程/m
OLI_TIRS	2014 年 7 月 30 日	127	34	110.10	38.93	1237.53
OLI_TIRS	2014 年 9 月 7 日	128	34	108.55	38.93	1339.18

　　当对地表物体进行遥感定量化分析时，一般常使用的数据为反射率值和辐射亮度值等物理量，而遥感图像则使用数字量化值（DN）记录这些信息，故在使用过程中需要通过辐射定标使数字量化值转化成这些物理量，研究区遥感影像辐射定标前后的植被波谱曲线如图 2.23 和图 2.24 所示。

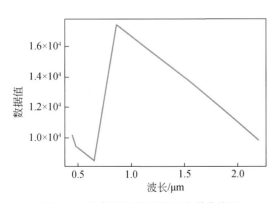
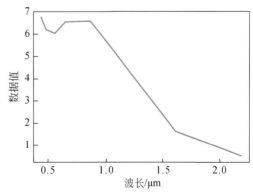

图 2.23　辐射定标前植被的波谱曲线图　　　图 2.24　辐射定标后植被的波谱曲线图

　　首先用 ENVI 无缝镶嵌工具对两幅遥感影像进行拼接，然后对其进行辐射定标，转换所使用的数学关系如式（2.58）所示：

$$L_\lambda = M_L \times DN + A_L \qquad (2.58)$$

式中，L_λ 为辐射亮度值，$W/(cm^2 \cdot \mu m \cdot s)$；$M_L$ 为传感器增益值；A_L 为传感器补偿值。

该过程主要通过 ENVI 软件中的通用定标工具（radiometric calibration）来实现。之后运用大气校正模块中的大气校正工具 FLAASH（fast line-of-sight atmospheric analysis of spectral hypercubes）对辐射定标后的图像进行大气校正，经过大气校正后的图像可以较真实地反演地表各种地物的反射率。它不仅能消除空气中气溶胶和大颗粒漂浮物对光线的反射、折射，而且可以消除二氧化碳、氧气等气体对地物反射的影响，因此，需要设置输入的 FLAASH 参数较多，参数设置如图 2.25 所示。

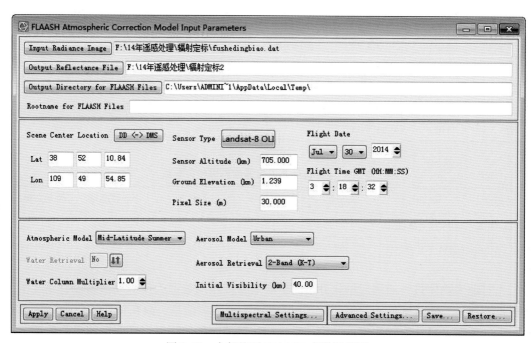

图 2.25 大气校正 FLAASH 参数设置图

2. MODIS 数据

1999 年 2 月 18 日，美国成功地发射了地球观测系统（EOS）的第一颗先进的极地轨道环境遥感卫星 Terra。它的主要目标是实现从单系列极轨空间平台上对太阳辐射、大气、海洋和陆地进行综合观测，获取有关海洋、陆地、冰雪圈和太阳动力系统等信息，进行土地利用和土地覆盖研究、气候季节和年际变化研究、自然灾害监测和分析研究、长期气候变率的变化以及大气臭氧变化研究等，进而实现对大气和地球环境变化的长期观测和研究的总体（战略）目标。2002 年 5 月 4 日成功发射 Aqua 卫星后，每天可以接收两颗卫星的资料。搭载在 Terra 和 Aqua 两颗卫星上的中分辨率成像光谱仪（moderate-resolution imaging spectroradiometer，MODIS）是美国地球观测系统计划中用于观测全球生物和物理过程的重要仪器。它具有 36 个中等分辨率水平（$0.25 \sim 1\mu m$）的光谱波段，每 $1 \sim 2$ 天对地球表面观测一次。获取陆地和海洋温度、初级生产率、陆地表面覆盖、云、气溶胶、水汽和火情等目标的图像，其各波段特征如表 2.6 所示。

表 2.6 MODIS 数据的各波段特征

波段	波谱范围/nm	信噪比	主要用途	分辨率/m
1	620～670	128	陆地/云边界	250
2	841～876	201		
3	459～479	243	陆地/云特性	500
4	545～565	228		
5	1230～1250	74		
6	1628～1652	275		
7	2105～2155	110		
8	405～420	880	海洋颜色/浮游植物/生物化学	1000
9	438～480	838		
10	483～493	802		
11	526～536	754		
12	546～556	750		
13	662～672	910		
14	673～683	1087		
15	743～753	586		
16	862～877	516		
17	890～920	167	大气/水蒸气	
18	931～941	57		
19	915～965	250		
20	3.660～3.840	0.05	地表/云温度	
21	3.929～3.989	2		
22	3.929～3.989	0.07		
23	4.020～4.080	0.07	大气温度	
24	4.433～4.498	0.25		
25	4.482～4.549	0.25	卷云	
26	1360～1390	150		
27	6.535～6.895	0.25	水蒸气	
28	7.175～7.475	0.25		
29	8.400～8.700	0.25	臭氧	
30	9.580～9.880	0.25		
31	10.780～11.280	0.05	地表/云温度	
32	11.770～12.270	0.05		
33	13.185～13.485	0.25	云顶高度	
34	13.485～13.785	0.25		
35	13.785～14.085	0.25		
36	14.085～14.385	0.35		

本次研究所选用的数据为 MODIS 陆地标准产品 MOD13Q1，其空间分辨率为 250m，时间分辨率是 16 天的 NDVI/EVI 数据产品（https://ladsweb. modaps. eosdis. nasa. gov/ ［2021.8.4］），并且此产品已经过大气、气溶胶、臭氧吸收校正及去云等预处理。

本书中，Landsat-8 数据（分辨率为 30m）用于高精度空间分析，但是该类遥感图像没有长时间序列的数据集，不能用于长时间序列数据分析，因而采用 2008 ~ 2017 年这十年间的 MODIS 陆地标准数据产品 MOD13Q1 替代。

二、植被发育空间分布特征

（一）植被指数空间分布特征

利用 NDVI 划分植被类型是既科学又方便易行的方法。基于 2014 年 7 月与 9 月的 Landsat-8 NDVI 遥感影像，参考以往学者的研究方法，列举出了不同分区的典型植被种类，如表 2.7 所示，并利用 NDVI 对不同植被类型进行划分，如图 2.26 所示。

表 2.7　研究区主要植被覆盖类型分区

NDVI	<0.01	0.01 ~ 0.15	0.15 ~ 0.30	0.30 ~ 0.40	>0.40
地貌类型	水体	极低密度灌草丛、裸地及建筑地	低密度灌草丛	草地、高密度灌草丛	农田、河岸带及灌木乔木林
植被种类	浅滩区主要为芦苇、冰草	沙蒿、沙打旺、柠条、芨芨草和沙柳等草本植被			玉米、旱柳、小叶杨和榆树等

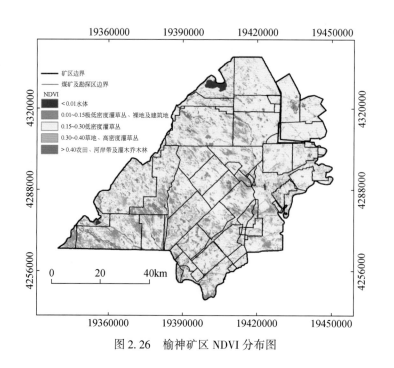

图 2.26　榆神矿区 NDVI 分布图

通过统计研究区地表不同植被覆盖分区面积比例，如图 2.27 所示，可得研究区中大部分区域为低密度灌草丛所覆盖，占研究区总面积约 71.310%，广泛遍布全区，主要植被类型为沙蒿、沙柳、柠条和芨芨草等，极低密度灌草丛、裸地及建筑地占研究区总面积约为 17.390%，主要分布于研究区的中部及南部区域，且主要分布于潜水沙漠滩地绿洲生态地质环境。水体、草地、高密度灌草丛和农田、河岸带及灌木乔木林所占面积比例较小，水体仅在研究区零星分布，北部红碱淖所占面积最大，农田、河岸带及灌木乔木林多沿河谷地带呈条状分布多分布于地表水沟谷河流绿洲型生态地质环境。草地、高密度灌草丛多分布于研究区东部，这一区域多为地表径流黄土沟壑型生态地质环境，与研究区实际情况相符合。

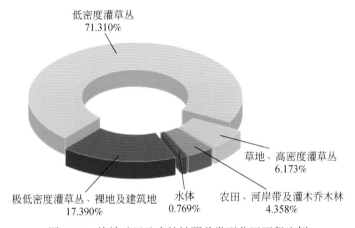

图 2.27 榆神矿区地表植被覆盖类型分区面积比例

结合研究区划分的三种生态地质环境类型，对不同生态地质环境类型下的 NDVI 值进行统计。NDVI 在三种不同生态地质环境类型中表现出一定的随机性，图 2.28 中 NDVI 值小于 0 的数据归于 0～0.01 统计，其统计特征相似，但各有差异，均不符合标准正态分布，比较符合偏正态分布。

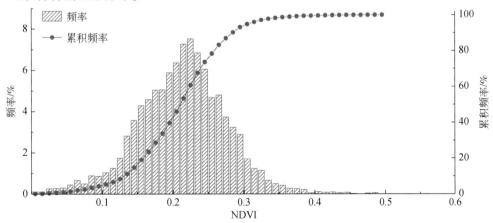

图 2.28 地表径流黄土沟壑型 NDVI 频率及累积频率分布图

如图 2.28 所示，在地表径流黄土沟壑型生态地质环境中，NDVI 在 -0.206 ~ 0.483 变化，其频率峰值处于 0.22 ~ 0.23，约占 7.52%，且具有明显的拖尾现象。NDVI 值小于 0.15 数据点约占这一类型中的 19.09%，处于 0.15 ~ 0.3 的数据点约占这一类型中的 75.63%，大于 0.3 的数据点仅约占这一类型中的 5.28%，说明地表径流黄土沟壑生态地质环境中，低密度灌草丛约占地表植被分布类型的四分之三，极低密度灌草丛、裸地及建筑地这样植被生态发育较差区域约占该类型的五分之一，仅少量区域内地表植被发育良好，且以草地、高密度灌草丛为植被发育良好区域的主要类型，仅有极少量的灌乔木林地。

如图 2.29 所示，在地表水沟谷河流绿洲型生态地质环境中，NDVI 在 -0.019 ~ 0.577 变化，其频率峰值处于 0.21 ~ 0.22，约占 6.01%，且具有明显的拖尾现象。NDVI 值小于 0.15 数据点约占这一类型中的 10.91%，处于 0.15 ~ 0.3 的数据点约占这一类型中的 64.87%，大于 0.3 的数据点约占这一类型中的 24.22%，说明地表水沟谷河流绿洲型生态地质环境中，地表植被以低密度的灌草丛为主体，同时兼具有约四分之一的灌乔木林地及少量的草地、高密度灌丛的植被生态良好发育区域，且植被类型丰富，极低密度灌草丛、裸地及建筑地等植被生态发育较差区域只占该类型很小比例。

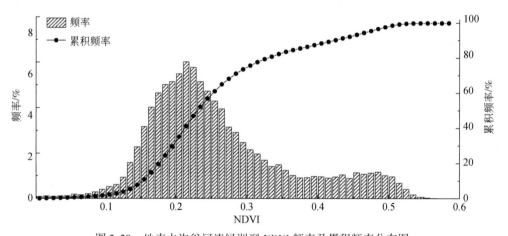

图 2.29　地表水沟谷河流绿洲型 NDVI 频率及累积频率分布图

如图 2.30 所示，在潜水沙漠滩地绿洲型生态地质环境中，NDVI 值在 -0.085 ~ 0.521 变化，其频率峰值处于 0.17 ~ 0.18，约占 8.74%，且具有明显的拖尾现象。NDVI 值小于 0.15 数据点约占这一类型中的 19.15%，处于 0.15 ~ 0.3 的数据点约占这一类型中的 71.89%，大于 0.3 的数据点约占这一类型中的 8.96%，说明潜水沙漠滩地绿洲型生态地质环境中，地表植被以低密度的灌草丛为主体，同时极低密度灌草丛、裸地及建筑地等植被生态发育较差区域约占该类型五分之一；草地、高密度灌草丛及灌乔木林地植被生态发育良好区域约占十分之一，所占比例优于地表径流黄土沟壑型，但相比于地表水沟谷河流绿洲型具有较大的差距。

（二）植被覆盖度空间分布特征

植被发育的分布特征还可以进一步用植被覆盖度（fractional vegetation coverage，FVC）

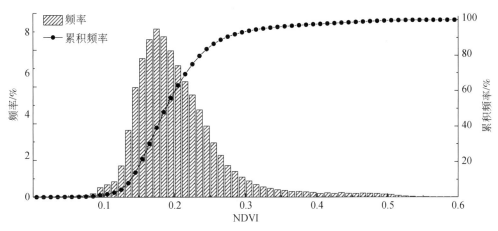

图 2.30　潜水沙漠滩地绿洲型 NDVI 频率及累积频率分布图

来分析。植被覆盖度是植被的枝、茎、叶垂直向下的投影面积占统计区域总面积的百分比，是刻画地面植被覆盖的一个重要参数，广泛应用于监测不同尺度的地表植被覆盖情况。该指标的计算常常基于植被指数，在众多植被指数中，NDVI 准确度高，与植被覆盖度有极大的相关性，且基于遥感图像的获取较为方便，被广泛使用，故常被选为最佳植被指数进行植被覆盖度的反演。进行大面积区域植被覆盖度的估算时，常常采用基于线性关系的方法，如式（2.59）所示：

$$FVC = \frac{NDVI - NDVI_{soil}}{NDVI_{Veg} - NDVI_{soil}} \tag{2.59}$$

式中，$NDVI_{soil}$ 为完全裸土或无植被覆盖区域像元的 NDVI 值；$NDVI_{Veg}$ 为完全被植被覆盖的像元的 NDVI 值。

利用式（2.59）进行植被覆盖度计算的关键是确定参数 $NDVI_{soil}$ 和 $NDVI_{Veg}$。对于绝大部分的裸地，理论上 $NDVI_{soil}$ 应接近于 0，并且不易改变，但由于受到空气湿度的影响，地表湿度条件也会随之发生变化。另外，地表土壤类型、地表湿度、土壤颜色、粗糙程度等条件也不尽相同，其值也会随着时间变化。$NDVI_{soil}$ 的演变范围一般在 $-0.1 \sim 0.2$。$NDVI_{Veg}$ 代表全植被覆盖像元的最高值。然而由于植被类型的不同，植被覆盖度会随时间发生季节性变化，$NDVI_{Veg}$ 也会随着时间和空间分布的变化而发生变化。因此，在计算植被覆盖度时，$NDVI_{soil}$ 和 $NDVI_{Veg}$ 的大小也不是唯一的。在实际应用中，植被覆盖类型随土地利用类型而演变。对于相同的土地利用类型，地表植被类型近似相同，其值也相近；而对于特定的土壤类型，其值也应该是一定的。故选取研究区内 $NDVI_{min}$ 和 $NDVI_{max}$ 分别代表 $NDVI_{soil}$ 和 $NDVI_{Veg}$，计算式如（2.60）所示：

$$FVC = \frac{NDVI - NDVI_{min}}{NDVI_{max} - NDVI_{min}} \tag{2.60}$$

式中，NDVI 为归一化植被指数。由于图像噪声的影响，$NDVI_{min}$ 和 $NDVI_{max}$ 不能直接被通过灰度图统计出来的最小和最大值所代替。在 Erdas 软件中打开研究区 2014 年 NDVI 图像，打开 Raster 菜单中的 Table 子菜单，点击 Show Attributes，得到 NDVI 分布统计表，如图 2.31 所示。

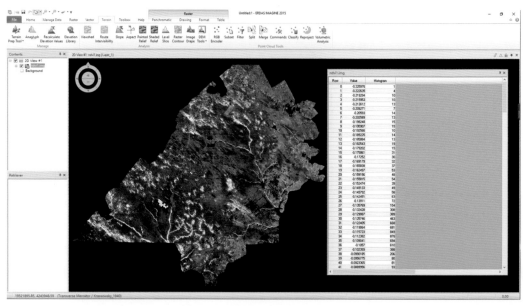

图 2.31　榆神矿区 NDVI 统计图

将所统计的 NDVI 分布数据导出到 Excel 表中进行计算，得到 2014 年研究区 NDVI 值累积概率分布结果，如表 2.8 所示。

表 2.8　榆神矿区 2014 年 NDVI 值累积概率分布表

NDVI	像元个数	累积像元个数	概率/%	累积概率/%
−0.22598	1	1	0.0000690963	0.0000690963
−0.22264	4	5	0.000276385	0.000345481
……	……	……	……	……
0.104781	3370	46604	0.23285445	3.220162846
0.108122	3741	50345	0.258489168	3.478652015
0.111463	4438	54783	0.306649273	3.785301287
0.114804	5405	60188	0.373465372	4.158766659
0.118145	6941	67129	0.479597252	4.638363911
0.121486（min）	9199	76328	0.635616643	5.273980554
0.124827	11836	88164	0.817823523	6.091804076
0.128168	14847	103011	1.02587241	7.117676486
0.131509	18053	121064	1.24739507	8.365071556
0.13485	21132	142196	1.460142504	9.82521406
0.138191	23930	166126	1.653473884	11.47868794
……	……	……	……	……
0.355355	2491	1358341	0.172118823	93.85630462

续表

NDVI	像元个数	累积像元个数	概率/%	累积概率/%
0.358696	2283	1360624	0.157746798	94.01405142
0.362037	2326	1362950	0.160717938	94.17476936
0.365378	2186	1365136	0.151044459	94.32581382
0.368719	2140	1367276	0.147866031	94.47367985
0.37206	2097	1369373	0.144894891	94.61857474
0.375401	2081	1371454	0.14378935	94.76236409
0.378742	2004	1373458	0.138468937	94.90083302
0.382083（max）	1996	1375454	0.137916167	95.03874919
0.385424	1910	1377364	0.131973887	95.17072308
0.388765	1890	1379254	0.130591962	95.30131504
0.392106	1871	1381125	0.129279132	95.43059417
0.395447	1857	1382982	0.128311785	95.55890596
0.398788	1865	1384847	0.128864555	95.68777051
0.402129	1886	1386733	0.130315577	95.81808609
0.40547	1833	1388566	0.126653474	95.94473956
0.408811	1822	1390388	0.125893415	96.07063298
……	……	……	……	……
0.622633	4	1447254	0.000276385	99.99986181
0.625974	2	1447256	0.000138193	100

一般情况下，分别取 NDVI 图像值累积概率为 5% 和 95% 的数值赋值给 $NDVI_{min}$ 和 $NDVI_{max}$。根据表 2.8 所示，寻找累积概率在 5% 和 95% 附近的 NDVI，作为 $NDVI_{min}$ 和 $NDVI_{max}$，累积概率约为 5.27% 时对应的值为 0.121486，即 $NDVI_{min}$，累积概率约为 95.04% 时对应的值为 0.382083，即为 $NDVI_{max}$。

基于获取的 NDVI 图像，利用 ENVI 对榆神矿区地表植被覆盖度进行反演计算。然而，目前植被覆盖度的分级没有统一的划分标准，现有的研究中植被覆盖度分级阈值随研究区域的不同各有差异，参考本研究区邻近区域植被覆盖度研究中所采用的分级标准，同时结合研究区干旱-半干旱植被生态特征将研究区植被覆盖度情况划分为五个等级（贾媛，2012；吕京京，2013），如表 2.9 所示。

表 2.9　植被覆盖度分级标准

植被覆盖度	等级	植被覆盖度	等级
<20%	低	20%~40%	中低
40%~60%	中	40%~60%	中高
>80%	高		

最终用 ArcGIS 软件对遥感处理结果成图，如图 2.32 所示。

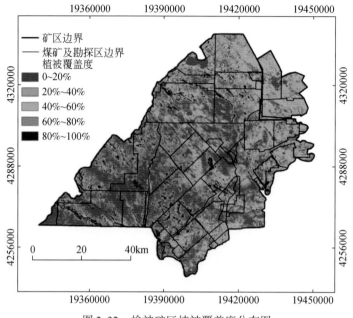

图 2.32　榆神矿区植被覆盖度分布图

对研究区植被覆盖度进行统计，统计结果如图 2.33 所示。

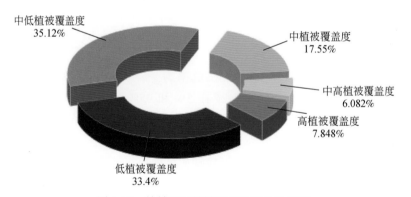

图 2.33　榆神矿区植被覆盖度统计比例图

　　研究区内达到中等植被覆盖度以上的区域仅占 31.48% 左右，低植被覆盖度区域占比达 33.4%，中低植被覆盖度区域占比达 35.12%，低植被覆盖度及中低植被覆盖度区域占比综合达 68.52%，可见研究区总体植被覆盖度偏低，植被生态环境发育总体较差。

　　分别对三种不同生态地质环境类型的植被覆盖度进行统计分析，在地表径流黄土沟壑型生态地质环境中，如图 2.34 所示，其频率峰值出现在中低等植被覆盖度，约占 33.29%，中等及以下植被覆盖度总计约 88%，该生态地质环境类型地表植被覆盖度总体偏低，少量中高及以上植被覆盖度区域约占 11%，且多为耐旱类草本植被形成的高植被覆盖度草地。

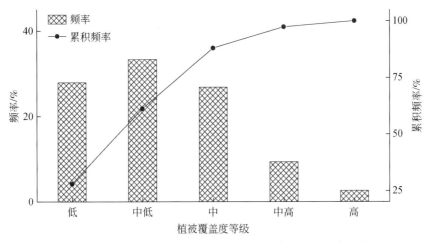

图 2.34　地表径流黄土沟壑型植被覆盖度频率及累积频率分布图

　　在地表水沟谷河流绿洲型生态地质环境中，如图 2.35 所示，其频率峰值出现在中低等植被覆盖度，约占 27.71%，中等及以下植被覆盖度总计约 70.08%，该生态地质环境类型地表植被覆盖度同样总体偏低，但中高等及以上植被覆盖度区域约占 29.92%，所占比例在三种生态地质环境类型中最高且植被类型丰富，生长有大量小叶杨、榆树等高大乔木，同时地表水资源丰富，农作物、草地、高密度灌草丛生长状态优良，该类生态地质环境中植被发育最为良好。

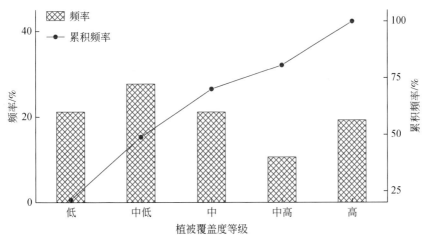

图 2.35　地表水沟谷河流绿洲型植被覆盖度频率及累积频率分布图

　　在潜水沙漠滩地绿洲型生态地质环境中，如图 2.36 所示，其频率峰值出现在低等植被覆盖度，约占 37.93%，中等及以下植被覆盖度总计约 90.91%，该生态地质环境类型地表总体被低植被覆盖度，所占比例在三种生态地质环境类型中最大，中高等及以上植被覆盖度区域约占 9.09%，所占比例最少，该类型下存在有大量裸露沙地，固定半固定沙丘，地表植被以低密度灌草丛为主，同时具有高密度灌草丛及灌乔木林地，由于该类型生态地质环境类型在三种生态地质环境类型中所占比例最大，导致高植被覆盖度区域所占总体比例相对较小，导致总体植被覆盖程度最差。

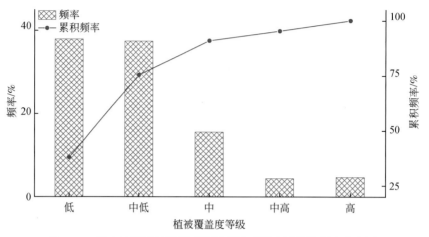

图 2.36　潜水沙漠滩地绿洲型植被覆盖度频率及累积频率分布图

三、植被发育变化趋势分析

（一）植被指数时间序列影像

基于 MOD13Q1 NDVI 遥感影像数据，利用 ArcGIS 绘制研究区 2008～2017 年 10 幅平均 NDVI 分布图，如图 2.37 所示，为了更好地进行研究区十年间平均 NDVI 对比分析，采用相同的等级划分。研究区植被生长随时间的变化较大，但 NDVI 总体处于 0.15～0.30，2008 年研究区存在有大面积区域 NDVI 处于 0.01～0.15，植被生长状况不佳，2009 年植被生长状况明显改善，有大量的、NDVI 低于 0.15 的区域明显得到提高，说明植被生长状况有所改善，至 2010 年，NDVI 低于 0.15 的区域面积进一步减少，然而至 2011 年 NDVI

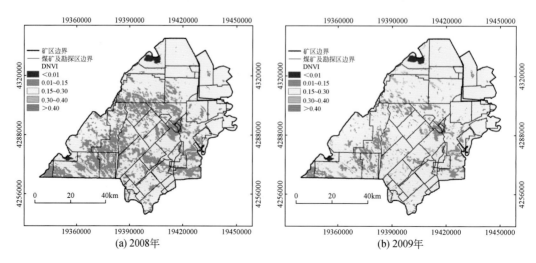

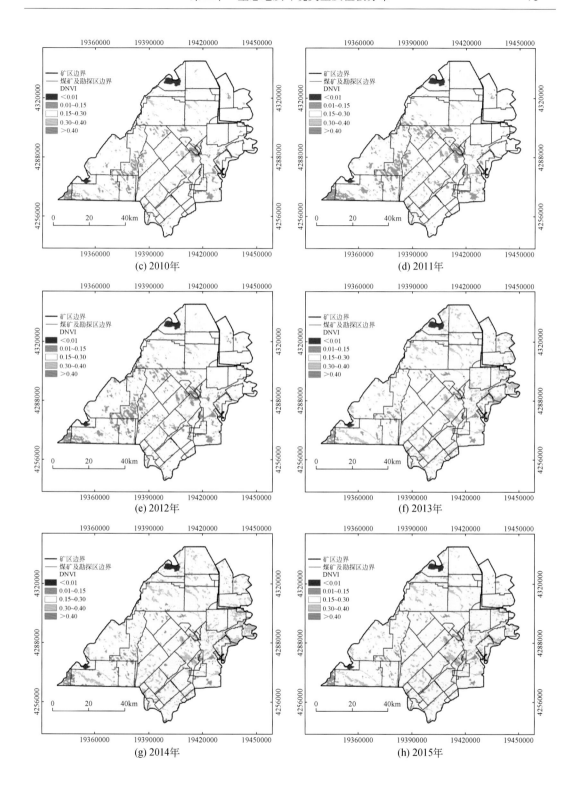

(c) 2010年　　　　　　　　　　　　　(d) 2011年

(e) 2012年　　　　　　　　　　　　　(f) 2013年

(g) 2014年　　　　　　　　　　　　　(h) 2015年

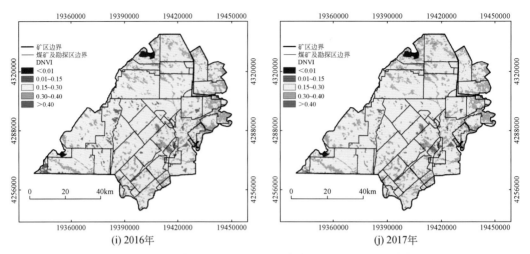

图 2.37　榆神矿区 2008 ~ 2017 年每年平均 NDVI 空间分布

低于 0.15 的区域面积部分增大，同时 NDVI 高于 0.3 的区域面积部分减小，说明研究区整体植被生长状况有所下降。2012 ~ 2017 年，研究区整体 NDVI 高于 0.3 的区域面积增大明显，NDVI 低于 0.15 及 NDVI 处于 0.01 ~ 0.15 的区域面积基本保持不变，说明研究区植被生长状况明显改善。

　　为了进一步研究榆神矿区植被生长发育状况，基于 MOD13Q1 NDVI 遥感影像数据，总计 120 个月，240 幅遥感影像，计算绘制了榆神矿区从 2008 ~ 2017 年 1 ~ 12 月的月平均 NDVI 分布图，如图 2.38 所示，1 ~ 3 月，由于天气寒冷，气温较低，不利于植被生长发育，研究区植被生长发育消极，NDVI 值小于 0.15 的区域占据全区的主体，但由西南向东北，NDVI 值逐渐增大，说明植被生长状况由西南向东北逐渐转好；4 月天气转暖，气温升高，植被开始生长发育，NDVI 值小于 0.15 的区域开始大量减少，此时 NDVI 值处于 0.15 ~ 0.3 区域占据研究区的主体，研究区总体植被生态环境仍较差；5 ~ 6 月气温进一步升高，植被生长发育状况进一步转好，NDVI 值大于 0.3 区域逐渐增大；进入 7 月以后，

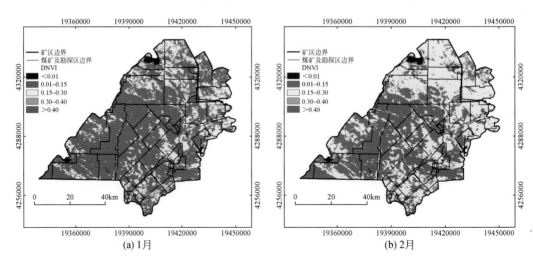

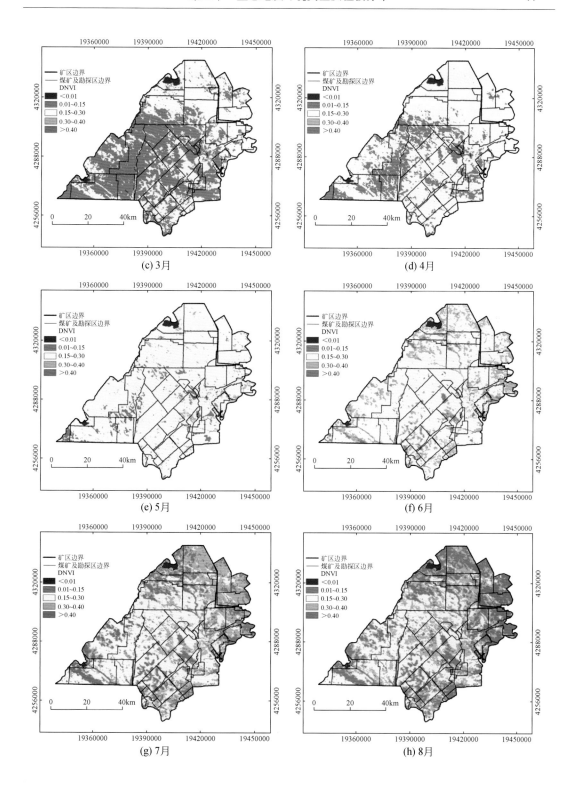

(c) 3月

(d) 4月

(e) 5月

(f) 6月

(g) 7月

(h) 8月

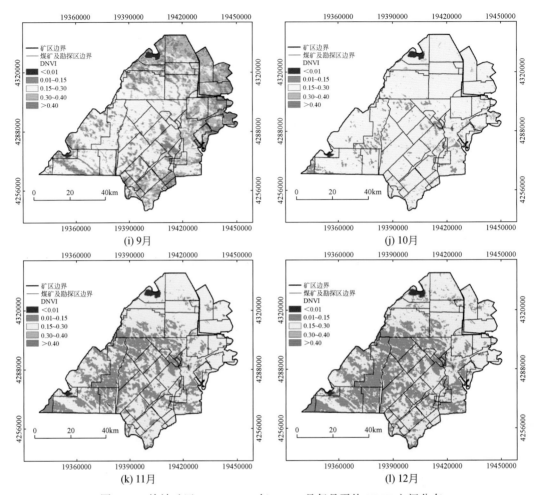

图 2.38　榆神矿区 2008～2017 年 1～12 月每月平均 NDVI 空间分布

研究区植被进入传统生长季，生长发育旺盛，其中 8 月植被生长最为旺盛，NDVI 值大于 0.3 的区域约占研究区的 64.22%；9 月植被生长发育开始有所衰退；10 月后，天气进入秋季，气温降低，植被也开始进入传统衰退期，研究区 NDVI 值总体呈现下降趋势，植被生长衰退，植被生态环境总体较差。

（二）植被指数时间序列统计及拟合分析

时间序列分析（time series analysis）是一种动态的数据处理统计方法。该方法基于随机过程理论和数理统计学方法，研究随机数据序列所遵从的统计规律，以用于解决实际问题。它主要包括一般统计分析、统计模型的建立与分析推断以及关于时间序列的最优预测、控制与滤波等（张树京，2003）。经典的统计分析都假设数据序列具有独立性，而时间序列分析侧重研究数据序列的互相依赖关系。时间序列本质上是对离散指标随机过程的统计分析，所以同时又可看作是随机过程统计的一个组成部分。通过对时间序列数的分析研究，可以获取数据中所隐藏的、与时间相关的有用信息，实现知识的提取。

对研究区 2008～2017 年 NDVI 进行统计，从图 2.39 可以看出，2008～2009 年、

2009～2010 年、2011～2012 年、2012～2013 年、2013～2014 年、2015～2016 年以及 2016～2017 年间的 NDVI 差值大于零，植被生长呈现上升趋势；仅在 2010～2011 年和 2014～2015 年的 NDVI 差值为负值，植被生长出现衰退趋势。

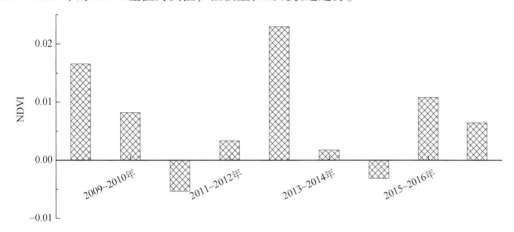

图 2.39 榆神矿区 2008～2017 年 NDVI 年际差异分析图

从植被 NDVI 年际变化图可以看出（图 2.40），2008～2017 年，榆神矿区年最大化 NDVI 均值在 0.182～0.244 变化，总体呈缓慢波动上升趋势，变化情况大致可分为 5 个阶段：①2008～2010 年，年平均 NDVI 呈现出一个提高的趋势，约提高了 13.7%；②2011 年，研究区年平均 NDVI 呈缓慢下降的趋势，下降了约 2.55%；③2011～2014 年，研究区年均 NDVI 呈现出先缓慢上升，快速上升，然后缓慢上升的趋势，约提高了 14.01%；④2015 年，研究区年均 NDVI 出现了一个缓慢衰退的趋势，约下降了 1.34%；⑤从 2015 年开始，NDVI 呈现出上升趋势，约上升了 7.63%。线性拟合的增长斜率为 0.00628，$R^2 = 0.9139$，说明拟合效果好，表明研究区植被生长状况逐步得到改善。

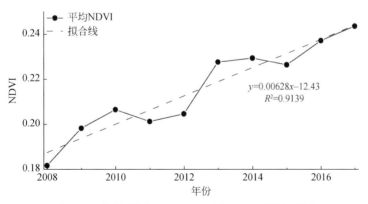

$$y = 0.00628x - 12.43$$
$$R^2 = 0.9139$$

图 2.40 榆神矿区 2008～2017 年 NDVI 年际变化图

总体来看，研究区这十年间年平均 NDVI 的增长幅度明显要大于其衰退幅度，植被生长发育状况在逐步提高，地表植被生态环境得到显著改善。

随着年内气候条件的变化，研究区内的植被生长发育随着气候条件的变化而发生变化，呈现出显著的物候季节变化特征，而年际气候条件的变化，导致每一年植被的生长发育状态也各有差异,但它们一样都反映出矿区植被对区域气候条件的响应。因此,植物物候变化反映了植被对地球气候、水文和人类活动等因子年内和年际变化的响应,植被的生长发育物候特征是研究植被与气候、环境变化间关系的重要依据。利用 NDVI 时间序列数据可以获取植被生长发育物候特征参数,如生长季的始末时间、延迟时间、波动情况,研究植被生长发育年际年内变化。对于 NDVI 时间序列的拟合方法多种多样,发展迅速,如 Savitzky-Golay 滤波法、小波变换和傅里叶变换法、Logistic 函数拟合法和非对称性高斯函数拟合法等成为 NDVI 时序数据平滑处理的主要方法,已经广泛应用于全球不同区域。植被在一年内的 NDVI 分布近似服从正态分布的特点,如图 2.41 所示,进一步对 2008 ~ 2017 年每月平均 NDVI 做多峰高斯函数拟合,以用来分析出植被生长发育随时间的变化规律。

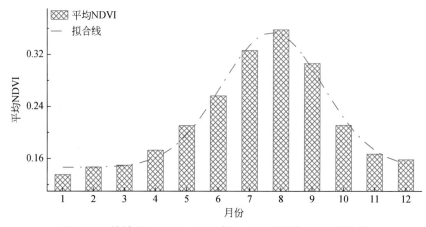

图 2.41　榆神矿区 2008 ~ 2017 年 1 ~ 12 月平均 NDVI 变化图

由于本研究拟合时间段长达 10 年,一共存在有 10 个波峰,所以采用波峰数为 10 的多峰高斯拟合函数。多峰高斯拟合方法采用正态函数组合来模拟多年内植被物候季节变化规律,每一正态函数代表了所对应年份植被生长发育的全过程,并通过平滑连接研究时间段内的正态函数曲线来实现时间序列重建,采用的拟合公式(武永峰等,2008),如式(2.61)所示:

$$y = y_0 + \sum_{i=1}^{10} \frac{A_i}{W_i \sqrt{\pi/2}} e^{-2\left(\frac{x - x_{ci}}{W_i}\right)^2} \tag{2.61}$$

式中,y_0 为基线;x 为变量点;y 为拟合值;A_i 为峰面积;W_i 为峰的半高宽;x_{ci} 为峰位置。

绘制研究区 2008 ~ 2017 年这十年每月平均 NDVI 变化图,如图 2.42 所示,拟合曲线相关参数如表 2.10 所示,每年的 7 ~ 9 月是研究区植被传统的生长季,植被发育良好,且每个波段的峰值均出现在该年的 8 月。其中,在 2017 年 8 月 NDVI 最大,生长季内 NDVI 相对较大,最低值一般出现在每年的 12 月至次年 2 月,且 2011 年 11 月 NDVI 最小,整个 NDVI 时序数据呈现锯齿状波动,这与研究区植被的实际生长发育规律相一致。多峰高斯拟合曲线可以很好地拟合出地表植被在生长季内的 NDVI 值,仅在 2017 年波峰处的拟合效果相对较差,对生长季以外时间段内的 NDVI 拟合效果总体不佳,尤其是对波谷处的拟合，仅在 2010 年波谷处的拟合效果相对较好。从拟合曲线可以看出，每年 7~9 月生长季波峰的高度即 8 月的 NDVI 各有差异，且这 10 年内植被生长发育基本遵循一个周期规律性变化过程，且从总体上来看，呈现出波动性增大的趋势，由此可以看出研究区内每年植被生长发育状况不尽相同，并在研究时间段内呈现为越来越好的趋势，但是每个波段宽度也是有所差别的这反映出研究区植被每一年生长发育时间长短也是因年而异的，考虑主要是受到研究区气候因素的影响。

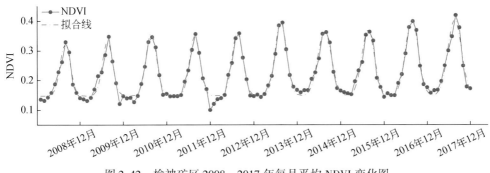

图 2.42　榆神矿区 2008~2017 年每月平均 NDVI 变化图

表 2.10　多峰高斯系数值

	Peak1	Peak2	Peak3	Peak4	Peak5	Peak6	Peak7	Peak8	Peak9	Peak10
y_0	0.14625									
x_{ci}	7.9276	19.678	31.817	43.84	55.55	67.56	79.62	91.64	103.8	115.8
W_i	2.8498	2.8406	2.980	2.873	2.981	3.182	3.713	3.457	3.518	3.723
A_i	0.6271	0.6533	0.7884	0.7273	0.7997	0.9985	1.017	0.961	1.139	1.192
R^2	0.96717									

多峰高斯拟合 R^2 为 0.96717，表明利用多峰高斯曲线对于榆神矿区地表植被多年生长规律的拟合效果比较好，拟合曲线变化结果同样可以反映出矿区内植被种类多为一年生植被，且每一年生长峰值出现的时间基本相同，均为 8 月，但每年 NDVI 最大值各有所异，每年植被的生长发育由于每年气候的影响具有相对独立性。从整体来看，研究区在这十年间 NDVI 呈现增大的趋势，这意味着研究区植被发育整体呈现缓慢向好的趋势。

（三）植被覆盖度演变特征分析

基于对研究区植被指数时间序列统计和拟合分析，每年 8 月研究区 NDVI 达到最大值，说明研究区在每年这一时间地表植被生长发育旺盛，故选择研究区 2008~2017 年这十年每年 8 月 MOD13Q1 遥感影像数据，统计研究区 NDVI 分布数据，计算出不同年 NDVI 累积概率分布规律，分别以约为 5% 和 95% 的累积概率的 NDVI 作为 $NDVI_{min}$ 和 $NDVI_{max}$，如表 2.11 所示，从而绘制研究区每年 8 月地表植被覆盖度分布图。

表 2.11　榆神矿区 2008～2017 年 8 月累积概率 5% 和 95% 的 NDVI

年份	累积概率/%	NDVI	年份	累积概率/%	NDVI
2008	5.02	0.163309	2013	4.88	0.222083
	94.96	0.56163		95.09	0.568511
2009	4.81	0.175955	2014	4.87	0.193159
	95.06	0.555868		94.91	0.567574
2010	4.85	0.189693	2015	4.88	0.206057
	94.95	0.544402		95.01	0.570811
2011	5.28	0.194473	2016	4.77	0.193109
	95.09	0.568184		94.99	0.627163
2012	5.31	0.189194	2017	4.93	0.222306
	95.11	0.568459		94.98	0.635077

利用 ENVI 及 ArcGIS 计算绘制出研究区十年中每年 8 月地表植被覆盖度分布图，如图 2.43 所示。

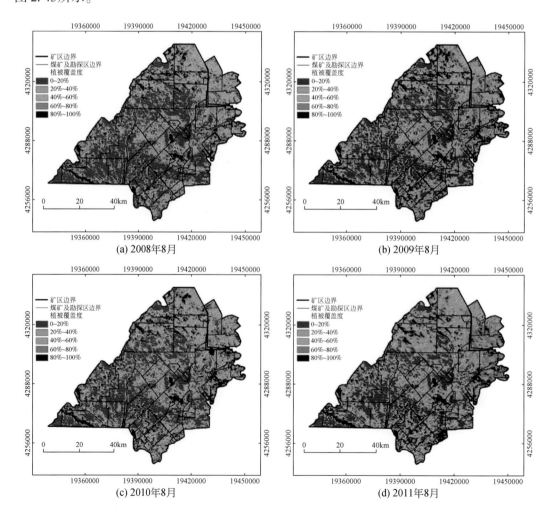

(a) 2008年8月

(b) 2009年8月

(c) 2010年8月

(d) 2011年8月

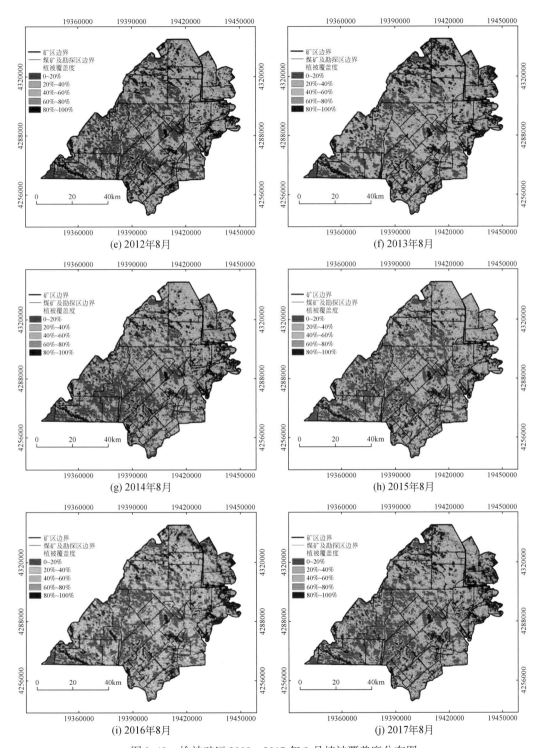

(e) 2012年8月 (f) 2013年8月

(g) 2014年8月 (h) 2015年8月

(i) 2016年8月 (j) 2017年8月

图 2.43 榆神矿区 2008～2017 年 8 月植被覆盖度分布图

对研究区及三种生态地质环境类型区域地表植被覆盖度分别进行统计，如表 2.12 和图 2.44 所示。

表 2.12　研究区及三种不同生态地质环境类型区域不同年份植被覆盖度统计表

年份	平均植被覆盖度/%			
	榆神矿区	地表径流黄土沟壑型	地表水沟谷河流绿洲型	潜水沙漠滩地绿洲型
2008	37.08	36.60	55.63	31.52
2009	40.97	43.61	59.35	35.17
2010	39.95	42.29	58.20	34.24
2011	41.36	46.77	59.12	35.55
2012	40.96	45.12	60.09	34.80
2013	46.70	49.45	65.24	40.83
2014	41.87	49.15	58.97	36.13
2015	41.61	44.98	59.07	36.06
2016	43.56	52.02	62.43	37.12
2017	44.54	49.99	62.87	38.52

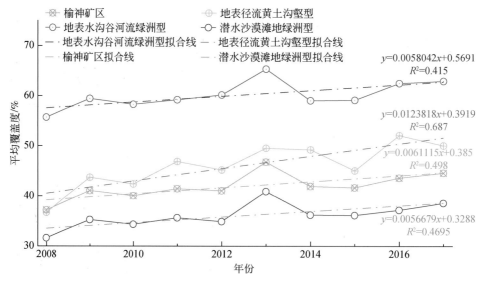

图 2.44　研究区及三种不同生态地质环境类型区域不同年份植被覆盖度统计图

2008～2017 年榆神矿区地表植被覆盖度演变趋势可以划分为三个阶段。

（1）2008～2013 年，研究区地表植被覆盖度总体呈上升趋势，其中在 2008～2009 年以及 2012～2013 年，植被覆盖度上升较为明显，分别增加约 10.49% 和 14.02%，2009～2012 年植被覆盖度保持较为平稳，波动较小；

（2）2013～2015 年，研究区地表植被覆盖度总体呈下降趋势，其中 2013～2014 年，植被覆盖度下降最为明显，从平均覆盖度 46.7% 下降到 41.87%，下降幅度约 10.34%，至 2015 年平均植被覆盖度进一步下降到 41.61%；

（3）2015～2017年，榆神矿区地表植被生长发育总体上呈现出转好的趋势，其植被覆盖度在持续上升，其覆盖度从2015年的41.61%上升至2017年的44.54%，上升幅度约为7.04%。

总体来看，研究区地表平均植被覆盖度在这十年内由37.08%上升至44.54%，上升幅度约20.12%，线性拟合的增长斜率为0.0061115，$R^2=0.498$，说明拟合效果良好，表明研究区地表植被整体覆盖状况逐步得到提升。结合图2.40可知，2008～2017年研究区NDVI值变化趋势与植被覆盖度变化趋势基本一致，植被生长发育情况在趋好的方向发展，说明研究区植被生态环境质量逐步得到提高，由于所采用数据时间范围不同，NDVI与植被覆盖度年际变化过程有所差异。

从不同生态地质环境类型区域所对应的地表植被覆盖度来看，三种生态地质环境类型区域地表植被覆盖度总体都呈现出波动增大的趋势。

潜水沙漠滩地绿洲型地表植被覆盖度总体基本不足40%，结合前面分析，主要由于地表存在有大面积裸露沙地，植被覆盖度极低。在2008年，其地表平均植被覆盖度达到最小值，仅为31.52%；在2013年，其地表平均植被覆盖度达到最大值40.83%；至2017年平均植被覆盖度达到38.52%，增长幅度约为7%，线性拟合的增长斜率为0.0056679，$R^2=0.4695$，表明潜水沙漠滩地绿洲型区域地表植被整体覆盖状况逐步得到提高，增大相对较为均匀平稳。

地表径流黄土沟壑型地表植被覆盖度在这十年间呈波动变化，且波动较大。在2008年，平均植被覆盖度达到最小值，仅为36.60%，至2016年其地表平均植被覆盖度达到最大值52.02%，2017年其值下降为49.99%，总体增长幅度约为13.3%，增幅最为明显，平均植被覆盖度总体高于40%，主要由于这一生态地质环境下，耐旱类草本植被发育状况较好，植被类型丰富度却较低，线性拟合的增长斜率为0.0123818，$R^2=0.0687$，表明地表径流黄土沟壑型区域地表植被整体覆盖状况逐步得到提高，其植被覆盖度增长速率明显高于潜水沙漠滩地绿洲型。

地表水沟谷河流绿洲型地表植被覆盖度总体高于50%，主要由于这种生态地质环境中地表水资源充沛，植被类型丰富且生长旺盛，同时河流阶地较为平坦，物质丰富，大量农田分布于此，所以植被覆盖度总体较高，2008年其平均覆盖度为55.63%，2013年达到最大值65.24%，至2017年其平均植被覆盖度达62.87%，增长幅度约为7.24%，与潜水沙漠滩地绿洲型增长幅度基本相同，线性拟合的增长斜率为0.0058042，$R^2=0.415$，拟合度较地表径流黄土沟壑型差，但同样说明地表水沟谷河流绿洲型区域地表植被整体覆盖状况逐步得到提高。

总的来说，地表水沟谷河流绿洲型区域地表植被覆盖度明显高于地表径流黄土沟壑型，地表径流黄土沟壑型区域地表植被覆盖度高于潜水沙漠滩地绿洲型，地表水沟谷河流绿洲型生态地质环境中植被覆盖最为良好，植被生态环境质量最高，三种生态地质环境植被覆盖度变化过程与研究区总体植被覆盖度变化过程基本相一致。

研究区地表植被覆盖度的演变不仅仅可以反映出随时间发生的变化，同时也可以反映出在所占区域面积比例的变化。而植被覆盖度面积的改变直观上反映出区域植被生态环境质量的优劣变化，也是包括自然因素与人为因素在内的多种因素对植被生态环境综合作用的结果。因为有时由植被覆盖度在时间序列上的变化进而对整个研究区范围植被生态环境的变化进行推测的结果并非一定准确，但是不同植被覆盖度在研究区范围内面积上的改变却能反映出其植被生态环境质量变化的方向。低植被覆盖度所占区域面积的增大反映出植被生态环境向恶劣的方向发展，高植被覆盖度所占区域面积的增大则表明植被生态环境向好的方向发展，低植被覆盖度所占面积大小基本没有发生较大变化，但中低、中、中高及高植被覆盖度四种类型所占面积均有所增加，同样说明地表植被生长发育在向变好的方向发展。

结合图 2.43 和图 2.44 可知，研究区内植被覆盖度由东北向西南呈现逐渐减小的趋势，其中低及中低植被覆盖度区域主要分布于潜水沙漠滩地绿洲型生态地质环境中，位于研究区中部及西南部地区，且整体呈现出下降的趋势，则中及以上植被覆盖度比例有所增加，植被生态缓慢向好；研究区东部、东北部神南矿区和北部区域植被覆盖度明显较高，且整体呈现出转好的趋势，研究区东部主要为地表径流黄土沟壑型生态地质环境，说明该生态地质环境下，其植被生态生长状况良好，植被生态环境质量不断得到改善。研究区由于河流及湖泊的存在，地表水资源丰富，其周边附近植被生长状态良好，植被生态环境质量明显较佳，在红碱淖及河口水库、河流沿岸附近植被覆盖度明显较高，这些区域均为地表水沟谷河流绿洲型生态地质环境。

根据在上一节中，对研究区内地表植被覆盖度划分的五种类型即低、中低、中、中高及高植被覆盖度，统计榆神矿区和三类生态地质环境类型区域内从 2008 年至 2017 年不同植被覆盖度区域面积及其所占比例，通过分析不同时间区间内各种植被覆盖度类型相互转化的演变分析，可以掌握榆神矿区和三类生态地质环境类型区域植被覆盖度总体演变趋势及其结构演变特征。

分析表 2.13 和图 2.45，榆神矿区低植被覆盖度所占区域面积比例由 2008 年的 35.196% 下降至 2013 年的 19.864%，至 2015 年比例又回升至 26.110%，从 2015 年至 2017 年呈下降趋势从 26.110% 下降至 24.919%，其低植被覆盖度区域所占比例虽波动起伏，但总体呈下降趋势，总体比例下降了 10.277%，所占面积由 2008 年的 1817.746km² 减少至 2017 年的 1286.977km²，减少了约 530.769km²，降低了约 29.20%；中低植被覆盖度所占区域面积比例由 2008 年的 27.424% 上升至 2015 年的 30.648%，从 2015 年开始其比例又逐渐减少至 2017 年的 26.209%，总体比例减少了 1.205%，所占面积由 2008 年的 1416.344km² 减少至 2017 年的 1353.635km²，减少了约 62.709km²，降低了约 4.43%，中低植被覆盖度所占比例波动起伏较小，虽总体呈缓慢下降趋势，但下降比例较小，其面积大小基本保持平稳；中植被覆盖度所占区域面积比例由 2008 年的 18.883% 上升至 2013 年的 22.764%，随之逐渐下降至 2016 年的 18.700%，从 2016 年至 2017 年其比例有所回升，上升至 20.477%，中植被覆盖度区域所占比例呈波动起伏，但总体呈缓慢上升趋势，总体比例上升了 1.594%，所占面积由 2008 年的 975.260km² 增加至 2017 年的 1057.589km²，增加了 82.389km²，增加了约 8.44%，中植被覆盖度所占比例波动起伏程度相较于中低植被覆盖度类型大，且总体呈缓慢上升趋势，但上升比例同样较小，其面积大小也基本保持平稳；中高植被覆盖度所占区域面积比例由 2008 年的 9.943% 上升至 2013 年的 15.969%，上升了 6.025%，随之逐渐下降至 2015 年的 11.855%，下降了 4.114%，随后其比例又回升至 2017 年的 15.026%，总体比例上升了 5.082%，所占面积由 2008 年的 513.549km² 增加至 2017 年的 776.041km²，增加了 262.492km²，增加了约 51.11%，中高植被覆盖度区域所占比例呈波动起伏，但总体呈上升趋势，上升幅度较大；高植被覆盖度所占区域面积比例由 2008 年的 8.554% 上升至 2013 年的 13.773%，上升了 8.22%，随之逐渐下降至 2015 年的 9.837%，下降了 3.937%，随后其比例又回升至 2017 年的 13.369%，总体比例上升了 4.815%，所占面积由 2008 年的 441.762km² 增加至 2017 年的 690.446km²，增加了 248.684km²，增加了约 56.29%，高植被覆盖度区域所占比例呈波动起伏，与中高植被覆盖度变化趋势保持基本一致，总体呈上升趋势，且上升幅度大。

表 2.13　榆神矿区 2008～2017 年 8 月植被覆盖度类型比例表

类型	参数	2008 年	2009 年	2010 年	2011 年	2012 年	2013 年	2014 年	2015 年	2016 年	2017 年
低植被覆盖度	比例/%	35.196	29.405	29.042	26.435	28.062	19.864	26.408	26.110	26.081	24.919
	面积/km²	1817.746	1518.677	1499.892	1365.269	1449.423	1025.898	1363.908	1348.515	1347.011	1286.977
中低植被覆盖度	比例/%	27.424	27.195	29.994	29.731	29.918	27.630	29.378	30.648	28.269	26.209
	面积/km²	1416.344	1404.560	1549.016	1535.523	1545.245	1427.024	1517.298	1582.853	1460.023	1353.635
中植被覆盖度	比例/%	18.883	19.925	19.535	20.805	18.643	22.764	20.400	21.550	18.700	20.477
	面积/km²	975.260	1029.037	1008.866	1074.539	962.899	1175.683	1053.596	1112.997	965.793	1057.589
中高植被覆盖度	比例/%	9.943	13.017	11.598	12.749	12.552	15.969	12.730	11.855	13.439	15.026
	面积/km²	513.549	672.271	598.980	658.454	648.289	824.728	657.460	612.270	694.051	776.041
高植被覆盖度	比例/%	8.554	10.458	9.831	10.280	10.825	13.773	11.084	9.837	13.511	13.369
	面积/km²	441.762	540.145	507.721	530.907	559.123	711.359	572.425	508.054	697.811	690.446

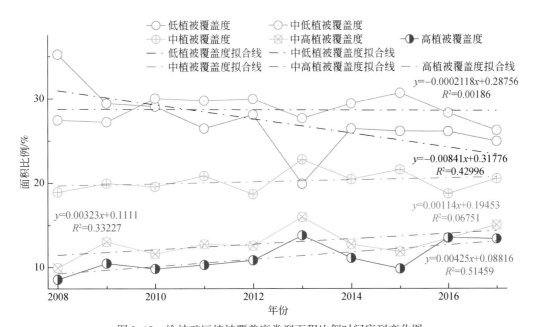

图 2.45　榆神矿区植被覆盖度类型面积比例时间序列变化图

总的来看，榆神矿区 2010 年之前地表以低植被覆盖度类型为主，2010 年之后，中低植被覆盖度类型区域面积所占比例虽大致保持平稳，但由于低植被覆盖度类型区域面积所占比例下降，导致中低植被覆盖度类型成为地表植被覆盖度主要类型，由低植被覆盖度类型向高植被覆盖度类型比例依次减小。中高植被覆盖度类型区域面积所占比例与高植被覆盖度类型区域面积所占比例有较大增长，所以减小的低植被覆盖度类型区域主要向中高植被覆盖度类型及高植被覆盖度类型转化，说明榆神矿区植被覆盖度类型结构在向好的方向不断地调整，即植被生态环境质量同样在不断地提高。

对于榆神矿区内存在的生态地质环境类型，其植被覆盖度类型分布并非完全一致。对表 2.14 和图 2.46 进行分析，在地表径流黄土沟壑型生态地质环境中，低植被覆盖度所占区域面积比例由 2008 年的 30.754% 迅速下降至 2011 年的 18.768%，至 2012 年比例又回升至 22.481%，继而又迅速下降至 2013 年的 17.684%，从 2013 年至 2015 年呈上升趋势从 17.684% 上升至 20.441%，继而又转为下降趋势，从 20.441% 降低至 2017 年的 16.434%，其低植被覆盖度区域所占比例虽波动起伏，但总体呈下降趋势，总体比例下降了 14.32%，所占面积由 2008 年的 94.337km^2 减少至 2017 年的 50.411km^2，减少了约 43.926km^2，降低了约 46.56%；中低植被覆盖度所占区域面积比例由 2008 年的 23.493% 降低至 2009 年的 21.213%，继而又回升至 2010 年的 23.175%，2010 年之后其所占比例总体呈下降趋势，仅在 2015 年其比例值有所回升至 20.147%，最终至 2017 年变为 17.224%，总体比例降低了 6.269%，所占面积由 2008 年的 72.064km^2 减少至 2017 年的 52.835km^2，减少了约 19.229km^2，减少了约 26.68%，中低植被覆盖度所占比例波动起伏较小，虽总体呈下降趋势，但下降比例较低，植被覆盖度类型减小比例小；中植被覆盖度类型所占区域面积比例由 2008 年的 26.93% 减小至 2009 年的 24.375%，随之逐渐上升至 2011 年的 27.758%，从 2011 年至 2014 年其比例保持大致均匀下降，减小至 22.004%，2014 年至 2017 年其比例剧烈波动，至 2017 年其比例值为 27.206%，中低植被覆盖度区域所占比例呈波动起伏较为剧烈，总体比例上升了 0.276%，所占面积由 2008 年的 82.608km^2 增加至 2017 年的 83.454km^2，增加了 0.846km^2，增加比例约 1.02%，中植被覆盖度所占比例波动起伏程度相较于中低植被覆盖度类型大，且总体呈缓慢上升趋势，但上升比例同样较小，其面积大小也基本保持不变；中高植被覆盖度所占区域面积比例由 2008 年的 14.871% 波动曲折上升至 2013 年的 25.515%，上升了 10.644%，随之逐渐下降至 2015 年的 21.121%，下降了 4.394%，随后其比例又回升至 2017 年的 25.754%，总体比例上升了 10.883%，所占面积由 2008 年的 45.618km^2 增加至 2017 年的 78.999km^2，增加了 33.381km^2，增加了约 73.18%，中高植被覆盖度区域所占比例呈较大的波动起伏，但总体呈上升趋势，上升幅度较大；高植被覆盖度所占区域面积比例由 2008 年的 3.952% 曲折上升至 2014 年的 15.036%，上升了 11.085%，随之至 2017 年期间，其比例值波动变化了 9.837%，至 2017 年变化为 13.382%，总体比例上升了 9.430%，所占面积由 2008 年的 12.123km^2 增加至 2017 年的 41.050km^2，增加了 28.927km^2，增加了约 238.61%，增长比例巨大，高植被覆盖度区域所占比例呈波动起伏，在 2014 年之前比例增长较为均匀，2014 年之后波动程度较大，与中高植被覆盖度变化趋势保持基本一致，总体呈上升趋势，且上升幅度大。

表 2.14　地表径流黄土沟壑型 2008～2017 年 8 月植被覆盖度类型比例表

类型	参数	2008 年	2009 年	2010 年	2011 年	2012 年	2013 年	2014 年	2015 年	2016 年	2017 年
低植被覆盖度	比例/%	30.754	23.713	23.230	18.768	22.481	17.684	20.110	20.441	17.353	16.434
	面积/km²	94.337	72.740	71.218	57.572	68.962	54.245	61.688	62.703	53.230	50.411
中低植被覆盖度	比例/%	23.493	21.213	23.175	19.890	20.037	18.621	17.960	20.147	17.482	17.224
	面积/km²	72.064	65.072	71.049	61.012	61.463	57.121	55.091	61.801	53.625	52.835
中植被覆盖度	比例/%	26.930	24.375	26.835	27.758	24.835	23.823	22.004	29.504	20.901	27.206
	面积/km²	82.608	74.770	82.270	85.146	76.180	73.079	67.496	90.503	64.113	83.454
中高植被覆盖度	比例/%	14.871	22.335	19.900	24.099	21.838	25.515	24.890	21.121	25.790	25.754
	面积/km²	45.618	68.511	61.012	73.924	66.989	78.266	76.349	64.790	79.112	78.999
高植被覆盖度	比例/%	3.952	8.364	6.860	9.485	10.809	14.357	15.036	8.787	18.474	13.382
	面积/km²	12.123	25.656	21.033	29.096	33.156	44.039	46.125	26.953	56.670	41.050

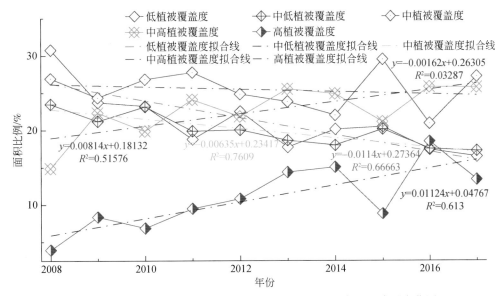

图 2.46　地表径流黄土沟壑型植被覆盖度类型面积比例时间序列变化图

　　总的来看，地表径流黄土沟壑型生态地质环境中 2009 年及以前地表以低植被覆盖度类型为主，2009 年之后，中植被覆盖度类型区域面积所占比例有所上升，至 2012 年，虽有所波动但仍占据植被覆盖类型的主体，2012 年之后，由于中高植被覆盖度类型比例上升，中植被覆盖度类型与中高植被覆盖度类型交替成为其地表覆盖度类型的主要部分，高植被覆盖度类型在该类型生态地质环境中所占比例最小，但增长迅速，主要由于低植被覆盖度类型与中低植被覆盖度类型比例减小，并向中高和高植被覆盖度类型转化，说明地表径流黄土沟壑型生态地质环境中植被覆盖度类型结构在不断地调整，植被生态环境质量不断得到改善。

　　对表 2.15 和图 2.47 进行分析，在地表水沟谷河流绿洲型生态地质环境中，低植被覆盖度所占区域面积比例由 2008 年的 14.732%，逐步下降至 2013 年的 7.820%，下降速度将为均匀，2014 年虽比例有所回升至 11.039%，继而又稳步下降至 2017 年的 9.657%，其低植被覆盖度区域所占比例虽波动起伏，但总体呈下降趋势，总体比例下降了 5.076%，所占面积由 2008 年的 122.454km² 减少至 2017 年的 80.269km²，减少了约 42.185km²，降低了约 34.45%；中低植被覆盖度所占区域面积比例由 2008 年的 17.668% 逐步降低至 2013 年的 11.445%，继而又回升至 2015 年的 16.511%，2015 年至 2017 年又保持减小的趋势最终至 12.905%，总体比例降低了 4.763%，所占面积由 2008 年的 146.852km² 减少至 2017 年的 107.265km²，减少了约 39.587km²，减少了约 26.957%，中低植被覆盖度所占比例变化趋势与低植被覆盖度类型所占比例变化趋势基本保持一致，总体呈下降趋势，但下降比例较低植被覆盖度类型下降比例略小；中植被覆盖度类型所占区域面积比例由 2008 年的 24.379% 降低至 2009 年的 22.208%，随之逐渐上升至 2011 年的 24.242%，从 2011 年至 2013 年其比例保持大致均匀下降，减小至 18.823%，2013 年至 2017 年其比例波动起伏较大，至 2017 年其比例值为 20.178%，总体比例减小了 4.201%，所占面积由 2008 年的 202.635km² 降低至 2017 年的 167.717km²，减少了 34.918km²，减少比例约 17.232%，中植被覆盖度所占比例波动起伏程度相较于中低及低植被覆盖度类型大，且总体呈下降趋势，但下降幅度较中低及低植被覆盖度类型小；中高植被覆盖度所占区域面积比例由 2008 年的 16.979% 波动曲折上升至 2013 年的 25.497%，上升了 8.518%，2014 年虽有所下降至 19.818%，随后其比例又逐步回升至 2017 年的 23.636%，总体比例上升了 6.657%，所占面积由 2008 年的 141.127km² 增加至 2017 年的 196.463km²，增加了 55.336km²，增加了约 39.21%，中高植被覆盖度区域所占比例波动起伏较大，但总体呈上升趋势，上升幅度明显；高植被覆盖度所占区域面积比例由 2008 年的 26.242% 曲折上升至 2013 年的 36.415%，上升了 10.172%，随之至 2015 年期间，其比例值减小至 2015 年的 28.538%，至 2017 年的 33.624%，总体比例上升了 7.38%，所占面积由 2008 年的 218.126km² 增加至 2017 年的 279.478km²，增加了 61.352km²，增长比例约 28.127%，增长幅度明显，高植被覆盖度区域所占比例呈较大的波动起伏，在 2012 年之前比例增长较为均匀，2012 年之后波动程度较大，与中高植被覆盖度变化趋势相似，总体呈上升趋势，但波动幅度较大，且上升幅度也较大。

表 2.15　地表水沟谷河流绿洲型 2008~2017 年 8 月植被覆盖度类型比例表

类型	参数	2008 年	2009 年	2010 年	2011 年	2012 年	2013 年	2014 年	2015 年	2016 年	2017 年
低植被覆盖度	比例/%	14.732	12.089	11.931	10.984	10.290	7.820	11.039	11.032	10.563	9.657
	面积/km²	122.454	100.475	99.163	91.292	85.529	65.001	91.753	91.691	87.796	80.269
中低植被覆盖度	比例/%	17.668	15.551	17.050	16.142	15.962	11.445	16.623	16.511	14.335	12.905
	面积/km²	146.852	129.254	141.703	134.172	132.674	95.124	138.168	137.236	119.149	107.265
中植被覆盖度	比例/%	24.379	22.208	23.601	24.242	22.458	18.823	23.937	23.647	18.963	20.178
	面积/km²	202.635	184.583	196.148	201.489	186.658	156.449	198.953	196.549	157.610	167.717
中高植被覆盖度	比例/%	16.979	20.700	19.440	19.550	21.732	25.497	19.818	20.272	21.598	23.636
	面积/km²	141.127	172.057	161.567	162.490	180.625	211.924	164.718	168.496	179.511	196.463
高植被覆盖度	比例/%	26.242	29.452	27.978	29.082	29.558	36.415	28.583	28.538	34.541	33.624
	面积/km²	218.126	244.791	232.534	241.717	245.675	302.675	237.568	237.196	287.094	279.478

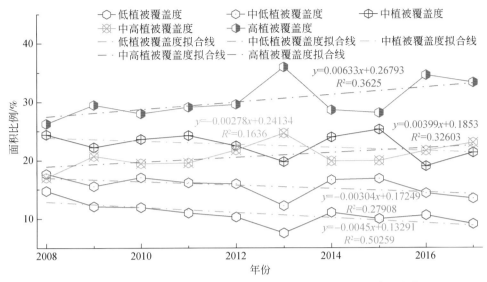

图 2.47　地表水沟谷河流绿洲型植被覆盖度类型面积比例时间序列变化图

　　总的来看，地表水沟谷河流绿洲型生态地质环境中始终以高植被覆盖度类型为地表植被覆盖度主要类型，中与中高植被覆盖度类型比例交替变化，中低及低植被覆盖度类型比例依次减小，虽然中低及低植被覆盖度类型所占比例较小，但依旧在向中高及高植被覆盖度类型过渡，植被覆盖度类型结构持续向好的方向优化，植被生态环境质量不断得到提高。

　　对表 2.16 和图 2.48 进行分析，在潜水沙漠滩地绿洲型生态地质环境中，低植被覆盖度所占区域面积比例由 2008 年的 39.758% 逐步下降至 2013 年的 22.574%，其中 2008 年至 2012 年下降速度较为均匀，2012 年至 2013 年降低幅度大，2014 年比例值回升至 30.060%，继而又缓慢下降至 2017 年的 28.837%，降低比例较小，其低植被覆盖度区域所占比例总体呈缓慢下降趋势，总体比例下降了 10.921%，所占面积由 2008 年的 1600.956km² 减少至 2017 年的 1161.219km²，减少了约 439.737km²，降低了约 27.47%；中低植被覆盖度所占区域面积比例由 2008 年的 29.737% 逐步上升至 2012 年的 33.550%，继而在 2013 年下降至 31.502%，2013 年至 2015 年又保持均匀增大的趋势至 34.299%，比例增大了 2.797%，2015 年至 2017 年又保持均匀减小的趋势至 29.533%，比例减小了 4.766%，总体比例减小了 0.204%，所占面积由 2008 年的 1197.428km² 减少至 2017 年的 1189.220km²，减少了约 8.208km²，减少了约 0.69%，中低植被覆盖度所占比例变化趋势总体基本保持不变；中植被覆盖度类型所占区域面积比例由 2008 年的 17.136% 至 2012 年的 17.384%，比例值波动变化，但基本保持平衡，在 2013 年其值突增到 23.309%，从 2013 年至 2017 年其比例保持大致均匀下降，减小至 19.796%，总体比例增加了 2.659%，所占面积由 2008 年的 690.049km² 增加至 2017 年的 797.160km²，增加了 107.111km²，增加比例约 15.52%，中植被覆盖度所占比例波动起伏程度相较于中低植被覆盖度类型大，且总体呈缓慢上升趋势；中高植被覆盖度所占区域面积比例由 2008 年的 8.116% 波动曲折上升至 2013 年的 13.460%，上升了 5.344%，2013 年至 2015 年虽下降至 9.491%，随后其比例又逐步回升至 2017 年的 12.576%，总体比例上升了 4.46%，所占面积由 2008 年的 326.804km² 增加至 2017 年的 506.389km²，增加了 179.585km²，增加了约 54.95%，中高植被覆盖度区域所占比例波动起伏较小，但总体呈上升趋势；高植被覆盖度所占区域面积比例由 2008 年的 5.253% 曲折上升至 2013 年的 9.155%，上升了 3.902%，随之至 2015 年期间，其比例值减小至 6.151%，至 2017 年为 9.258%，总体比例上升了 4.005%，所占面积由 2008 年的 211.543km² 增加至 2017 年的 372.791km²，增加了 161.248km²，增长比例约 76.22%，增长幅度明显，高植被覆盖度区域所占比例呈较大的波动起伏，在 2012 年之前比例增长较为均匀，2012 年之后波动程度较大，总体与中高植被覆盖度变化趋势基本保持一致，呈上升趋势。

表 2.16　潜水沙漠滩地绿洲型 2008～2017 年 8 月植被覆盖度类型比例表

类型	参数	2008 年	2009 年	2010 年	2011 年	2012 年	2013 年	2014 年	2015 年	2016 年	2017 年
低植被覆盖度	比例/%	39.758	33.413	33.017	30.208	32.156	22.574	30.060	29.877	29.949	28.837
	面积/km²	1600.956	1345.462	1329.511	1216.405	1294.932	908.986	1210.467	1203.088	1205.985	1161.219
中低植被覆盖度	比例/%	29.737	30.054	33.184	33.286	33.550	31.502	32.881	34.299	31.967	29.533
	面积/km²	1197.428	1210.234	1336.264	1340.339	1351.108	1268.505	1324.039	1381.155	1287.249	1189.220
中植被覆盖度	比例/%	17.136	19.114	18.140	19.567	17.384	23.309	19.548	20.182	18.478	19.796
	面积/km²	690.049	769.684	730.448	787.904	700.061	938.616	787.147	812.668	744.070	797.160
中高植被覆盖度	比例/%	8.116	10.721	9.347	10.481	9.950	13.460	10.341	9.491	10.813	12.576
	面积/km²	326.804	431.703	376.401	422.040	400.675	542.015	416.393	382.186	435.428	506.389
高植被覆盖度	比例/%	5.253	6.698	6.312	6.459	6.960	9.155	7.170	6.151	8.793	9.258
	面积/km²	211.543	269.698	254.154	260.094	280.292	368.660	288.732	247.683	354.047	372.791

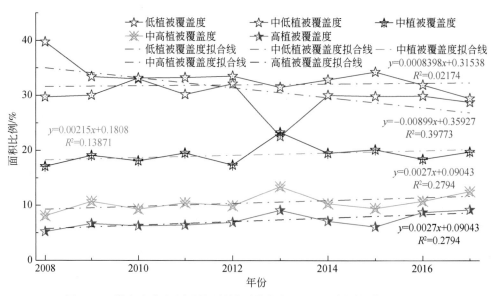

图 2.48　潜水沙漠滩地绿洲型植被覆盖度类型面积比例时间序列变化图

总的来看，潜水沙漠滩地绿洲型生态地质环境中在 2012 年及之前低植被覆盖度类型为地表植被覆盖度主要类型，随着低植被覆盖度类型比例不断减小，2012 年之后，中低植被覆盖度类型成为地表植被覆盖主要类型，向中、中高及高植被覆盖度类型比例逐级减小，虽然中高及高植被覆盖度类型所占比例较小，但减少的低植被覆盖度类型比例依旧在向中、中高及高植被覆盖度类型过渡，植被覆盖度类型结构持续向好的方向优化，这一生态地质环境中植被生态环境质量不断得到提高。

为了进一步定量评价榆神矿区以及三种生态地质环境类型植被覆盖度类型时空动态演变状况，根据图 2.44 和图 2.45 所示，对榆神矿区 2008～2013 年、2013～2015 年、2015～2017 年和 2008～2017 年四个时间段进行研究，利用 ArcGIS 中的栅格计算模块计算植被覆盖度变化情况，用 S 来表示第 j 年植被覆盖度与早先的第 i 年植被覆盖度之间的差值，如式（2.62）所示。

$$S = FVC_j - FVC_i \qquad (2.62)$$

式中，FVC_j 为第 j 年植被覆盖度；FVC_i 为第 i 年植被覆盖度。计算求得研究区域范围内植被覆盖度变化状况，将变化程度由退化到改善划分为明显退化、一般退化、轻微退化、基本不变、轻微改善、一般改善及明显改善七种分类，如表 2.17 所示。

表 2.17 植被覆盖度动态变化程度分类

差值	$S \leqslant -30\%$	$-30\% < S \leqslant -15\%$	$-15\% < S \leqslant -5\%$	$-5\% < S \leqslant 5\%$	$5\% < S \leqslant 15\%$	$15\% < S \leqslant 30\%$	$S > 30\%$
类型	明显退化	一般退化	轻微退化	基本不变	轻微改善	一般改善	明显改善

如图 2.49 所示，研究区在 2008～2013 年时间段，其地表植被覆盖度变化程度呈一般改善至明显改善，研究区东部、南部及中部部分区域植被覆盖度以明显改善为主，中部、西部及北部区域植被覆盖度以一般改善为主，全区仅约 13.77% 的面积植被覆盖度发生退化。

2013～2015 年时间段内，研究区内地表植被发生明显退化，主要集中在矿区北部地区及东部少量区域，其余区域以一般退化及轻微退化为主，仅有约 18.03% 的区域地表植被覆盖度发生改善，如图 2.50 所示。

在 2015～2017 年时间段内，研究区地表植被覆盖度出现明显的分异变化，在矿区的东北部区域，地表植被覆盖状况发生十分明显的改善，仅在少量零星区域发生退化现象，而在研究区西南部地区植被覆盖度变化以基本不变为主，伴随有轻微退化及一般退化现象，如图 2.51 所示。

对于整个研究时间段内，如图 2.52 所示，研究区东部区域植被覆盖度变化程度以一般改善及明显改善为主，中部及西部区域则以保持不变、一般退化为主，研究区南部地区则以轻微改善程度为主。

总的来说研究区在 2008～2017 年这十年内地表植被覆盖度发生改善的区域面积为 2608.59km²，占比约 50.51%，植被覆盖度基本不变区域面积达 1507.08km²，占比约 29.18%，发生退化的面积约 1048.99km²，占比约 20.31%，研究区植被覆盖度主要以改善为主，少量退化，植被生态环境质量改善明显，相关参数如表 2.18 所示。

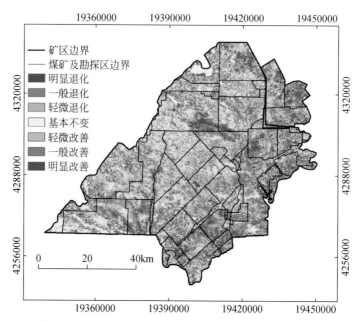

图 2.49　2008～2013 年榆神矿区植被覆盖度变化分布图

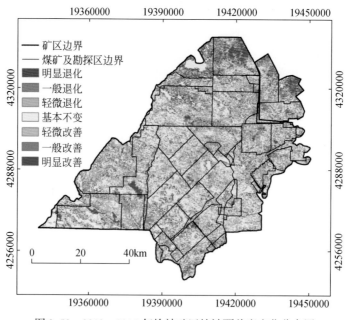

图 2.50　2013～2015 年榆神矿区植被覆盖度变化分布图

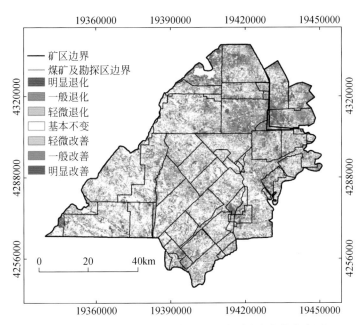

图 2.51　2015~2017 年榆神矿区植被覆盖度变化分布图

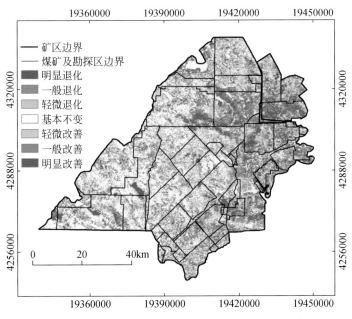

图 2.52　2008~2017 年榆神矿区植被覆盖度变化分布图

表 2.18　榆神矿区地表植被覆盖度变化程度分类统计表

时间段	参数	植被覆盖度变化程度						
		明显退化	一般退化	轻微退化	基本不变	轻微改善	一般改善	明显改善
2008~2013 年	比例/%	2.08	4.01	7.68	23.78	28.34	24.80	9.31
	面积/km²	107.44	207.10	396.76	1228.31	1463.30	1280.99	480.75
2013~2015 年	比例/%	5.84	16.72	29.33	30.09	10.59	5.00	2.43
	面积/km²	301.59	863.27	1514.76	1553.89	547.13	258.50	125.52
2015~2017 年	比例/%	2.36	7.03	18.49	33.88	19.77	13.41	5.06
	面积/km²	121.95	363.17	954.77	1749.69	1020.89	692.91	261.28
2008~2017 年	比例/%	2.30	5.61	12.40	29.18	21.57	19.05	9.89
	面积/km²	118.85	289.96	640.18	1507.08	1113.83	983.78	510.98

　　分别对三种生态地质类型进行统计分析, 如表 2.19~表 2.21 和图 2.53 所示, 在 2008~2013 年时间段, 研究区植被覆盖度整体发生改善, 其中地表径流黄土沟壑型地表植被覆盖度改善的面积比例达 71.56%, 地表水沟谷河流绿洲型地表植被覆盖度改善面积比例达 57.69%, 潜水沙漠滩地绿洲型改善面积比例达 63.54%, 因此, 地表径流黄土沟壑型地表植被覆盖度改善最为明显; 在 2013~2015 年时间段, 研究区植被覆盖度整体发生衰退, 其中地表径流黄土沟壑型地表植被覆盖度衰退面积比例达 46.67%, 地表水沟谷河流绿洲型地表植被覆盖度衰退面积比例达 49.04%, 潜水沙漠滩地绿洲型衰退面积比例达 49.96%, 三种生态地质环境类型发生退化面积比例近似, 但是潜水沙漠滩地绿洲型所占面积最大, 因此此类型植被覆盖度发生退化, 导致研究区植被覆盖度退化明显; 在 2015~2017 年时间段中, 研究区植被覆盖度总体呈改善趋势, 其中地表径流黄土沟壑型地表植被覆盖度改善面积比例达 47.78%, 地表水沟谷河流绿洲型地表植被覆盖度改善面积比例达 42.40%, 潜水沙漠滩地绿洲型改善面积比例达 36.43%, 与 2008~2013 年时间段相比, 这一时间段内三种生态地质环境类型改善面积比例明显小于 2008~2013 年, 相似的是地表径流黄土沟壑型植被覆盖度发生改善面积比例同样是最大的, 但比例较 2008~2013 年减少了 23.78%, 地表水沟谷河流绿洲型改善比例较上一时间段减少了 15.28%, 潜水沙漠滩地绿洲型改善比例较上一时间段减少了 27.13%, 地表水沟谷河流绿洲型在这一时间段内改善比例最小; 在 2008~2017 年时间段内, 地表径流黄土沟壑型地表植被覆盖度改善面积比例达 70.06%, 地表水沟谷河流绿洲型地表植被覆盖度改善面积比例达 50.23%, 潜水沙漠滩地绿洲型改善面积比例达 49.37%, 地表径流黄土沟壑型与地表水沟谷河流绿洲型改善比例超过一半, 且地表径流黄土沟壑型改善比例最大, 其中以一般改善所占比例最大, 达 30.40%, 而在潜水沙漠滩地绿洲型中则以轻微改善所占比例最大可达 22.24%, 研究区植被覆盖度总体呈现改善的趋势。

表 2.19 地表径流黄土沟壑型植被覆盖度变化程度分类统计表

时间段	参数	植被覆盖度变化程度						
		明显退化	一般退化	轻微退化	基本不变	轻微改善	一般改善	明显改善
2008～2013 年	比例/%	2.65	3.51	5.59	16.69	22.31	35.11	14.14
	面积/km²	8.12	10.77	17.14	51.20	68.45	107.70	43.36
2013～2015 年	比例/%	4.34	16.21	26.12	32.13	13.47	5.98	1.75
	面积/km²	13.31	49.73	80.13	98.57	41.33	18.33	5.36
2015～2017 年	比例/%	2.11	5.30	12.83	31.98	26.03	16.45	5.30
	面积/km²	6.48	16.24	39.36	98.11	79.85	50.47	16.24
2008～2017 年	比例/%	1.78	3.16	6.36	18.64	23.44	30.41	16.21
	面积/km²	5.47	9.70	19.51	57.18	71.89	93.27	49.73

表 2.20 地表水沟谷河流绿洲型植被覆盖度变化程度分类统计表

时间段	参数	植被覆盖度变化程度						
		明显退化	一般退化	轻微退化	基本不变	轻微改善	一般改善	明显改善
2008～2013 年	比例/%	3.43	5.49	7.64	25.75	18.30	24.46	14.93
	面积/km²	28.55	45.61	63.47	214.05	152.12	203.29	124.07
2013～2015 年	比例/%	10.57	18.56	19.90	30.78	10.14	6.67	3.38
	面积/km²	87.87	154.31	165.41	255.82	84.26	55.41	28.09
2015～2017 年	比例/%	3.78	7.64	12.77	33.41	18.61	16.09	7.70
	面积/km²	31.43	63.47	106.12	277.72	154.69	133.71	64.01
2008～2017 年	比例/%	3.69	6.59	9.51	29.98	17.83	19.90	12.50
	面积/km²	30.70	54.79	79.00	249.17	148.23	165.37	103.90

表 2.21 潜水沙漠滩地绿洲型植被覆盖度变化程度分类统计表

时间段	参数	植被覆盖度变化程度						
		明显退化	一般退化	轻微退化	基本不变	轻微改善	一般改善	明显改善
2008～2013 年	比例/%	1.51	3.43	7.04	24.48	31.36	24.82	7.36
	面积/km²	60.60	138.25	283.38	985.71	1262.92	999.39	296.53
2013～2015 年	比例/%	4.05	15.15	30.76	32.68	10.53	4.60	2.23
	面积/km²	163.23	610.07	1238.76	1315.83	423.84	185.29	89.76
2015～2017 年	比例/%	1.84	6.51	18.71	36.51	19.34	12.75	4.34
	面积/km²	74.10	262.30	753.44	1469.98	778.94	513.26	174.75
2008～2017 年	比例/%	1.77	5.17	12.53	31.16	22.24	18.36	8.77
	面积/km²	71.14	207.99	504.70	1254.77	895.60	739.53	353.06

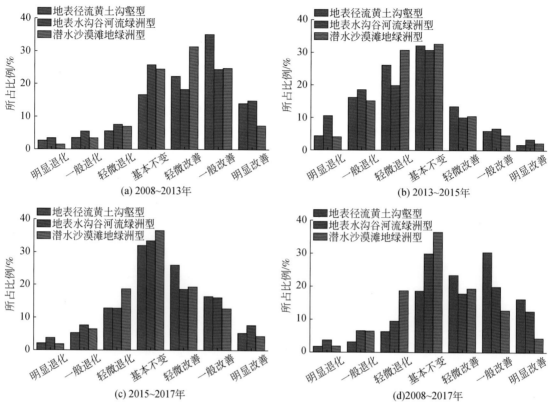

图 2.53　不同时间段三种生态地质环境类型植被覆盖度变化程度所占比例

对榆神矿区内三种生态地质环境类型四个时间段分别建立植被覆盖度类型面积的转移矩阵，如表 2.22 ～表 2.33 所示；其中横行表示为各类型植被覆盖度向其他类型植被覆盖度转出的百分比及面积大小，纵列表示为其他类型植被覆盖度向该类型植被覆盖度转入的百分比与面积大小。

表 2.22　地表径流黄土沟壑型 2008 ～ 2013 年植被覆盖度类型比例及面积转移矩阵

植被覆盖度类型	低		中低		中		中高		高	
	百分比/%	面积/km²	百分比/%	面积/km²	百分比/%	面积/km²	百分比/%	面积/km²	百分比/%	面积/km²
低	14.26	43.76	11.86	36.37	4.01	12.29	0.63	1.92	0.00	0.00
中低	1.67	5.13	4.74	14.55	10.97	33.66	5.53	16.97	0.57	1.75
中	1.23	3.78	1.51	4.62	6.73	20.64	13.01	39.92	4.45	13.65
高	0.40	1.24	0.48	1.47	1.88	5.75	5.61	17.20	6.51	19.96
中高	0.11	0.34	0.04	0.11	0.24	0.73	0.74	2.26	2.83	8.68

表 2.23　地表径流黄土沟壑型 2013~2015 年植被覆盖度类型比例及面积转移矩阵

植被覆盖度类型	低		中低		中		中高		高	
	百分比/%	面积/km²	百分比/%	面积/km²	百分比/%	面积/km²	百分比/%	面积/km²	百分比/%	面积/km²
低	14.67	45.00	2.37	7.27	0.53	1.64	0.06	0.17	0.06	0.17
中低	4.36	13.36	10.37	31.80	3.31	10.15	0.51	1.58	0.07	0.23
中	1.12	3.44	6.21	19.06	12.39	38.01	3.62	11.11	0.48	1.47
高	0.29	0.90	1.10	3.38	11.27	34.57	10.68	32.76	2.17	6.65
中高	0.00	0.00	0.09	0.28	2.00	6.15	6.25	19.17	6.01	18.44

表 2.24　地表径流黄土沟壑型 2015~2017 年植被覆盖度类型比例及面积转移矩阵

植被覆盖度类型	低		中低		中		中高		高	
	百分比/%	面积/km²	百分比/%	面积/km²	百分比/%	面积/km²	百分比/%	面积/km²	百分比/%	面积/km²
低	13.33	40.88	4.94	15.17	1.64	5.02	0.44	1.35	0.09	0.28
中低	2.28	6.99	9.12	27.97	7.17	21.99	1.32	4.06	0.26	0.79
中	0.63	1.92	2.54	7.78	14.23	43.64	10.35	31.75	1.76	5.41
高	0.17	0.51	0.55	1.69	3.75	11.50	10.99	33.72	5.66	17.37
中高	0.04	0.11	0.07	0.23	0.42	1.30	2.65	8.12	5.61	17.20

表 2.25　地表径流黄土沟壑型 2008~2017 年植被覆盖度类型比例及面积转移矩阵

植被覆盖度类型	低		中低		中		中高		高	
	百分比/%	面积/km²	百分比/%	面积/km²	百分比/%	面积/km²	百分比/%	面积/km²	百分比/%	面积/km²
低	13.88	42.57	10.55	32.37	5.02	15.39	1.27	3.89	0.04	0.11
中低	1.43	4.40	4.52	13.87	11.32	34.73	5.35	16.41	0.86	2.65
中	0.75	2.31	1.62	4.96	8.93	27.40	12.21	37.44	3.42	10.49
高	0.26	0.79	0.46	1.41	1.78	5.47	6.18	18.95	6.19	19.00
中高	0.11	0.34	0.07	0.23	0.15	0.45	0.75	2.31	2.87	8.80

表 2.26　地表水沟谷河流绿洲型 2008~2013 年植被覆盖度类型比例及面积转移矩阵

植被覆盖度类型	低		中低		中		中高		高	
	百分比/%	面积/km²	百分比/%	面积/km²	百分比/%	面积/km²	百分比/%	面积/km²	百分比/%	面积/km²
低	6.21	51.62	5.21	43.32	2.44	20.25	0.68	5.68	0.19	1.59
中低	0.90	7.45	3.98	33.08	7.30	60.71	4.27	35.50	1.22	10.11
中	0.40	3.36	1.48	12.32	5.86	48.67	10.85	90.21	5.78	48.08
高	0.22	1.84	0.51	4.26	1.92	15.95	5.80	48.22	8.52	70.85
中高	0.09	0.73	0.26	2.15	1.31	10.87	3.89	32.31	20.70	172.06

表 2.27 地表水沟谷河流绿洲型 2013~2015 年植被覆盖度类型比例及面积转移矩阵

植被覆盖度类型	低		中低		中		中高		高	
	百分比/%	面积/km²	百分比/%	面积/km²	百分比/%	面积/km²	百分比/%	面积/km²	百分比/%	面积/km²
低	6.27	52.13	1.03	8.53	0.35	2.90	0.10	0.80	0.08	0.63
中低	3.31	27.52	5.55	46.10	1.78	14.83	0.57	4.73	0.23	1.95
中	1.01	8.39	6.46	53.70	7.44	61.86	2.53	21.01	1.38	11.49
高	0.30	2.51	2.56	21.28	9.24	76.78	8.40	69.84	4.99	41.52
中高	0.14	1.13	0.92	7.63	4.83	40.19	8.68	72.12	21.85	181.61

表 2.28 地表水沟谷河流绿洲型 2015~2017 年植被覆盖度类型比例及面积转移矩阵

植被覆盖度类型	低		中低		中		中高		高	
	百分比/%	面积/km²	百分比/%	面积/km²	百分比/%	面积/km²	百分比/%	面积/km²	百分比/%	面积/km²
低	7.55	62.72	2.25	18.68	0.87	7.25	0.25	2.11	0.11	0.93
中低	1.77	14.72	6.54	54.35	5.57	46.31	2.02	16.80	0.61	5.06
中	0.46	3.85	3.04	25.25	8.45	70.22	8.34	69.29	3.36	27.93
高	0.14	1.17	0.88	7.32	3.46	28.79	8.07	67.09	7.71	64.12
中高	0.06	0.51	0.45	3.71	1.51	12.57	4.52	37.56	22.00	182.85

表 2.29 地表水沟谷河流绿洲型 2008~2017 年植被覆盖度类型比例及面积转移矩阵

植被覆盖度类型	低		中低		中		中高		高	
	百分比/%	面积/km²	百分比/%	面积/km²	百分比/%	面积/km²	百分比/%	面积/km²	百分比/%	面积/km²
低	7.46	62.01	4.24	35.27	2.16	17.95	0.58	4.81	0.29	2.42
中低	1.32	10.99	5.08	42.25	6.44	53.55	3.54	29.41	1.28	10.65
中	0.54	4.50	2.44	20.26	7.77	64.56	9.19	76.41	4.44	36.91
高	0.22	1.81	0.68	5.69	2.43	20.21	6.41	53.25	7.24	60.17
中高	0.12	0.96	0.46	3.80	1.38	11.45	3.92	32.58	20.37	169.33

表 2.30 潜水沙漠滩地绿洲型 2008~2013 年植被覆盖度类型比例及面积转移矩阵

植被覆盖度类型	低		中低		中		中高		高	
	百分比/%	面积/km²	百分比/%	面积/km²	百分比/%	面积/km²	百分比/%	面积/km²	百分比/%	面积/km²
低	19.96	803.62	16.30	656.23	3.13	125.97	0.34	13.68	0.04	1.46
中低	2.00	80.51	13.10	527.69	11.80	475.25	2.47	99.54	0.36	14.44
中	0.49	19.62	1.74	69.97	6.72	270.63	6.27	252.53	1.92	77.31
高	0.10	4.19	0.30	11.93	1.29	51.81	3.32	133.54	3.11	125.33
中高	0.03	1.05	0.07	2.68	0.37	14.96	1.06	42.73	3.73	150.13

表 2.31 潜水沙漠滩地绿洲型 2013～2015 年植被覆盖度类型比例及面积转移矩阵

植被覆盖度类型	低		中低		中		中高		高	
	百分比/%	面积/km²	百分比/%	面积/km²	百分比/%	面积/km²	百分比/%	面积/km²	百分比/%	面积/km²
低	18.42	741.68	3.13	125.91	0.52	21.07	0.19	7.68	0.31	12.63
中低	9.65	388.63	18.37	739.76	2.91	117.36	0.41	16.53	0.15	6.23
中	0.74	29.98	10.45	420.64	9.66	388.92	1.92	77.19	0.54	21.89
高	0.13	5.36	1.55	62.46	6.03	242.92	4.38	176.38	1.36	54.89
中高	0.01	0.58	0.25	9.90	1.58	63.51	3.21	129.12	4.11	165.56

表 2.32 潜水沙漠滩地绿洲型 2015～2017 年植被覆盖度类型比例及面积转移矩阵

植被覆盖度类型	低		中低		中		中高		高	
	百分比/%	面积/km²	百分比/%	面积/km²	百分比/%	面积/km²	百分比/%	面积/km²	百分比/%	面积/km²
低	22.01	886.11	5.66	227.90	1.06	42.50	0.16	6.58	0.08	3.14
中低	6.23	250.95	18.04	726.37	7.60	306.08	1.57	63.34	0.30	11.93
中	0.45	18.10	5.13	206.65	8.48	341.47	5.26	211.78	1.38	55.77
高	0.11	4.25	0.56	22.70	2.15	86.45	4.24	170.74	3.05	122.77
中高	0.04	1.80	0.14	5.59	0.51	20.67	1.34	53.96	4.45	179.18

表 2.33 潜水沙漠滩地绿洲型 2008～2017 年植被覆盖度类型比例及面积转移矩阵

植被覆盖度类型	低		中低		中		中高		高	
	百分比/%	面积/km²	百分比/%	面积/km²	百分比/%	面积/km²	百分比/%	面积/km²	百分比/%	面积/km²
低	23.91	962.72	11.45	460.98	3.19	128.59	0.64	25.67	0.57	22.99
中低	4.24	170.68	14.02	564.60	8.30	334.37	2.57	103.39	0.61	24.39
中	0.55	22.18	3.47	139.77	6.09	245.19	5.25	211.49	1.77	71.43
高	0.11	4.54	0.50	20.32	1.78	71.83	2.95	118.93	2.76	111.19
中高	0.03	1.11	0.09	3.55	0.43	17.17	1.17	46.92	3.55	142.79

对于地表径流黄土沟壑型，在这四个时间段内的植被覆盖度类型与面积转移矩阵，如表 2.22～表 2.25 和图 2.54 所示。

在 2008～2013 年期间，低植被覆盖度转出面积为 50.58km²，转入约 10.49km²，总面积减少约 40.03km²，占该生态地质环境的 13.05%；中低植被覆盖度转移面积为 57.52km²，转入约 42.57km²，总面积减少约 14.94km²，占该生态地质环境的 4.87%；中植被覆盖度转移面积为 61.97km²，转入约 52.43km²，总面积减少约 9.53km²，占该生态地质环境的 3.11%；中高植被覆盖度转移面积为 28.42km²，转入约 61.07km²，总面积增加约 32.65km²，占该生态地质环境的 10.64%；高植被覆盖度转移面积为 3.44km²，转入约 35.36km²，总面积增加约 31.92km²，占该生态地质环境的 10.41%。总的来说，这一时间段内中低及中覆盖度动态变化小，低、中高、高覆盖度动态变化大，总体是以各覆盖度类型向上一级覆盖度类型逐级改善过渡，该生态地质环境覆盖度呈上升趋势。

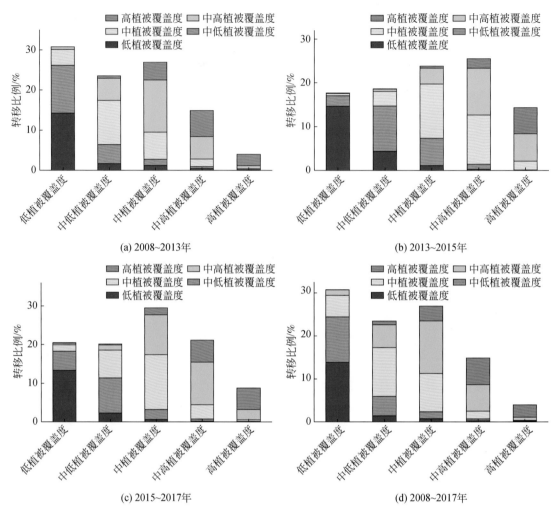

图 2.54　不同时间段地表径流黄土沟壑型植被覆盖度类型转移比例

在 2013～2015 年期间，低植被覆盖度转移面积为 9.25km²，转入面积约 17.7km²，总面积增加约 7.828km²，占该生态地质环境的 2.55%；中低植被覆盖度转移面积为 25.32km²，转入约 29.99km²，总面积增加约 4.67km²，占该生态地质环境的 1.52%；中植被覆盖度转移面积为 35.07km²，转入约 52.51km²，总面积增加约 17.44km²，占该生态地质环境的 5.68%；中高植被覆盖度转移面积为 45.51km²，转入约 32.03km²，总面积减少约 13.48km²，占该生态地质环境的 4.39%；高植被覆盖度转移面积为 25.60km²，转入约 8.52km²，总面积减少约 17.08km²，占该生态地质环境的 5.57%。总的来说，这一时间段内中低及中覆盖度动态变化小，低、高、中高覆盖度动态变化大，但总体却是以各覆盖度类型向下一级覆盖度类型衰退过渡，该类型生态地质环境地表植被覆盖度呈衰退趋势。

在 2015～2017 年期间，低植被覆盖度转移面积为 21.82km²，转入约 9.53km²，总面积减少约 12.29km²，占该生态地质环境的 4.01%；中低植被覆盖度转移面积为 33.83km²，转入约 24.87km²，总面积减少约 8.96km²，占该生态地质环境的 2.92%；中植被覆盖度转移面积为 46.86km²，转入约 39.81km²，总面积减少约 7.05km²，占该生态地质环境的 2.23%；中高植被覆盖度转移面积为 31.07km²，转入约 45.28km²，总面积增加约 14.21km²，占该生态地质环境的 4.63%；高植被覆盖度转移面积为 9.76km²，转入约 23.85km²，总面积增加约 14.09km²，占该类的 4.59%。总的来说，这一时间段内低、中高及高覆盖度动态变化相对较大，中低和中覆盖度动态变化相对较小，各覆盖度类型向下一级覆盖度类型衰退过渡，但总体以低、中低及中覆盖度向中高和高覆盖度类型改善转化，该类型生态地质环境地表植被覆盖度呈提高趋势。

在 2008～2017 年期间，低植被覆盖度转移面积为 51.76km²，转入约 7.84km²，总面积减少约 43.93km²，占该生态地质环境的 14.32%；中低植被覆盖度转移面积为 58.19km²，转入约 38.97km²，总面积减少约 19.22km²，占该生态地质环境的 6.27%；中植被覆盖度转移面积为 55.20km²，转入约 56.04km²，总面积增加约 0.84km²，占该生态地质环境的 0.28%；中高覆盖度转移面积为 26.67km²，转入约 60.05km²，总面积增加约 33.38km²，占该生态地质环境的 10.88%；高植被覆盖度转移面积为 3.33km²，转入约 32.25km²，总面积增加约 28.92km²，占该生态地质环境的 9.43%。总的来说，这一时间段内中低覆盖度动态变化相对小，中覆盖度基本保持稳定略有增加，低、中高、高覆盖度动态变化相对较大，以各覆盖度类型向上一级覆盖度类型逐级改善过渡，总体由低覆盖度向中高及高覆盖度改善转移，该类型生态地质环境地表植被覆盖度呈明显上升趋势。

对于地表水沟谷河流绿洲型，在这四个时间段内的植被覆盖度类型与面积转移矩阵，如表 2.26～表 2.29 和图 2.55 所示。

在 2008～2013 年期间，低植被覆盖度转移面积为 70.84km²，转入约 13.38km²，总面积减少约 57.46km²，占该生态地质环境的 6.91%；中低覆盖度转移面积为 113.77km²，转入约 62.05km²，总面积减少约 51.72km²，占该生态地质环境的 6.22%；中植被覆盖度转移面积为 153.96km²，转入约 107.78km²，总面积减少约 46.18km²，占该生态地质环境的 5.56%；中高覆盖度转移面积为 92.91km²，转入约 163.70km²，总面积增加约 70.79km²，占该生态地质环境的 8.52%；高植被覆盖度转移面积为 46.07km²，转入约 130.63km²，总体其面积增加约 84.56km²，占该生态地质环境类型总面积的 10.17%。总的来说，这一时间段内低、中低及中覆盖度动态变化基本一致，中高及高覆盖度动态变化大，以各覆盖度类型向上一级覆盖度类型逐级改善过渡，总体是中低及中覆盖度向中高和高覆盖度类型转移，该类型生态地质环境地表植被覆盖度呈上升趋势明显。

在 2013～2015 年期间，低植被覆盖度转移面积为 12.87km²，转入约 39.55km²，总面积增加约 26.68km²，占该生态地质环境的 3.21%；中低植被覆盖度转移面积为 49.02km²，转入约 91.14km²，总面积增加约 42.12km²，占该生态地质环境的 5.07%；中植被覆盖度转移面积为 94.59km²，转入约 134.70km²，总面积增加约 40.11km²，占该生态地质环境的 4.83%；中高覆盖度转移面积为 142.08km²，转入约 98.66km²，总面积减少约 43.42km²，占该生态地质环境的 5.22%；高植被覆盖度转移面积为 121.06km²，转入约 55.59km²，总面积减少约 65.47km²，占该生态地质环境的 7.88%。总的来说，这一时间段内低覆盖度动态变化小，其余覆盖度类型动态变化大，其中高覆盖度减小比例最大，但总体却是以各覆盖度类型向下一级覆盖度类型衰退过渡，该类型生态地质环境地表覆盖度呈明显的衰退趋势。

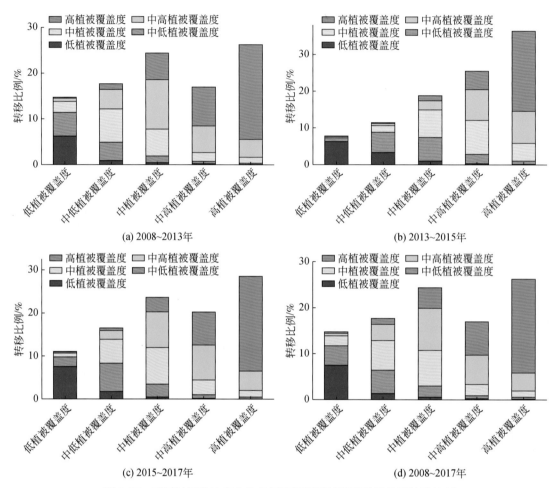

图 2.55　不同时间段地表水沟谷河流绿洲型植被覆盖度类型转移比例

在 2015～2017 年期间，低植被覆盖度转移面积为 28.97km²，转入约 20.25km²，总面积减少约 9.27km²，占该生态地质环境的 1.17%；中低植被覆盖度转移面积为 82.88km²，转入约 54.96km²，总面积减少约 27.92km²，占该生态地质环境的 3.36%；中植被覆盖度转移面积为 126.33km²，转入面积约 94.92km²，总面积减少约 31.41km²，占该生态地质环境的 3.78%；中高植被覆盖度转移面积为 101.4km²，转入约 125.76km²，总面积增加约 24.36km²，占该生态地质环境的 2.93%；高植被覆盖度转移面积为 54.35km²，转入约 98.04km²，总面积增加约 43.69km²，占该生态地质环境的 5.26%。总的来说，这一时间段内低、中覆盖度动态变化相对较小，高覆盖度动态变化相对较大，各覆盖度类型向下一级覆盖度类型改善过渡，但总体以中低及中覆盖度向中高和高覆盖度类型改善转化，该类型生态地质环境地表植被覆盖度呈提高趋势。

在 2008～2017 年期间，低植被覆盖度转移面积为 60.45km²，转入约 18.26km²，总面积减少约 42.19km²，占该生态地质环境的 5.08%；中低植被覆盖度转移面积为

104.60km²，转入约65.02km²，总面积减少约39.58km²，占该生态地质环境的4.76%；中覆盖度转移面积为138.08km²，转入约103.16km²，总体其面积减少约34.92km²，占该生态地质环境的4.20%；中高覆盖度转移面积为87.87km²，转入约143.21km²，总面积增加约55.34km²，占该生态地质环境的6.66%；高覆盖度转移面积为48.80km²，转入约110.15km²，总面积增加约61.35km²，占该生态地质环境的7.38%。总的来说，这一时间段内中低及中覆盖度动态变化相对小，低、中高、高覆盖度动态变化相对较大，高覆盖度增大比例最大，以各覆盖度类型向上一级覆盖度类型逐级改善过渡，总体由低、中低和中覆盖度向中高及高覆盖度改善转移，该类型生态地质环境地表植被覆盖度呈明显上升趋势。

对于潜水沙漠滩地绿洲型，在这四个时间段内的植被覆盖度类型与面积转移矩阵，如表2.30～表2.33和图2.56所示。

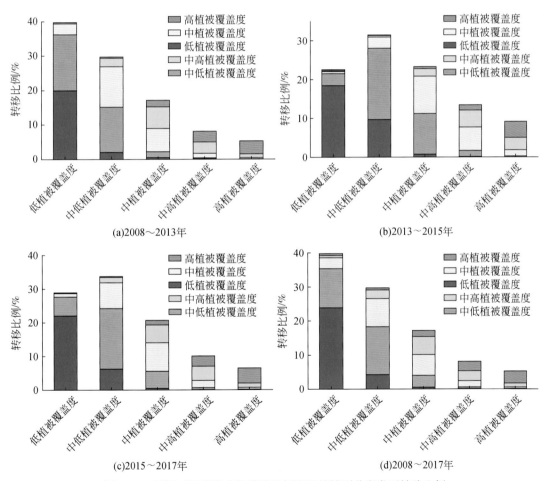

图 2.56 不同时间段潜水沙漠滩地绿洲型植被覆盖度类型转移比例

在2008～2013年期间，低植被覆盖度转移面积为797.33km²，转入约105.37km²，总面积减少约691.96km²，占该生态地质环境的17.18%；中低覆盖度转移面积为

669.73km², 转入约 740.81km², 总面积增加约 71.08km², 占该生态地质环境的 1.77%; 中覆盖度转移面积为 419.42km², 转入约 667.99km², 总面积增加约 248.57km², 占该生态地质环境的 6.17%; 中高覆盖度转移面积为 193.26km², 转入约 408.48km², 总面积增加约 215.22km², 占该生态地质环境的 5.34%; 高植被覆盖度转移面积为 61.41km², 转入约 218.54km², 总面积增加约 157.13km², 占该生态地质环境的 3.90%。总的来说, 这一时间段内低覆盖度变化最为巨大, 中低覆盖度动态变化相对较小, 中、中高及高覆盖度所占比例都有增大, 以各覆盖度类型向上一级覆盖度类型逐级改善过渡为主, 总体是低覆盖度向中、中高和高覆盖度类型转移, 总体地表植被覆盖度呈上升趋势明显。

在 2013~2015 年期间, 低植被覆盖度转移面积为 167.30km², 转入约 424.55km², 总面积增加约 257.25km², 占该生态地质环境的 6.39%; 中低植被覆盖度转移面积为 528.74km², 转入约 618.91km², 总面积增加约 90.17km², 占该生态地质环境的 2.24%; 中植被覆盖度转移面积为 549.70km², 转入约 444.86km², 总面积减少约 104.84km², 占该生态地质环境的 2.60%; 中高植被覆盖度转移面积约为 365.63km², 转入约 230.52km², 总面积减少约 135.11km², 占该生态地质环境的 3.36%; 高植被覆盖度转移面积为 203.10km², 转入约 95.64km², 总面积减少约 107.46km², 占该生态地质环境的 2.67%。总的来说, 这一时间段内低和中低覆盖度面积比例增加, 其余各覆盖度面积比例均减小, 其中低覆盖度增加比例最大, 以各覆盖度类型向下一级覆盖度类型衰退过渡为主, 总体中、中高及高覆盖度向低覆盖度转移, 该类型生态地质环境地表植被覆盖度呈明显的衰退趋势。

在 2015~2017 年期间, 低植被覆盖度转移面积为 280.12km², 转入约 275.1km², 总面积减少约 5.02km², 占该生态地质环境的 0.12%; 中低植被覆盖度转移面积为 632.30km², 转入约 462.84km², 总面积减少约 169.46km², 占该生态地质环境的 4.21%; 中植被覆盖度转移面积为 492.30km², 转入约 455.70km², 总面积减少约 36.6km², 占该生态地质环境的 0.91%; 中高植被覆盖度转移面积为 236.17km², 转入约 335.66km², 总面积增加约 99.49km², 占该生态地质环境的 2.47%; 高植被覆盖度转移面积为 82.02km², 转入约 193.61km², 总面积增加约 111.59km², 占该生态地质环境的 2.78%。总的来说, 这一时间段内低、中覆盖度变化相对微小, 基本保持稳定, 中低覆盖度面积比例减少最大, 中高及高覆盖度类型比例有所增加, 但总体以中低覆盖度向中高和高覆盖度类型改善转化, 该类型生态地质环境地表植被覆盖度呈提高趋势。

在 2008~2017 年期间, 低植被覆盖度转移面积为 638.24km², 转入约 198.51km², 总面积减少约 439.73km², 占该生态地质环境的 10.92%; 中低植被覆盖度转移面积为 632.82km², 转入约 624.62km², 总面积减少约 8.2km², 占该生态地质环境的 0.20%; 中植被覆盖度转移面积为 444.46km², 转入约 551.96km², 总面积增加约 107.5km², 占该生态地质环境的 2.67%; 中高植被覆盖度转移面积为 207.88km², 转入约 387.47km², 总面积增加约 179.59km², 占该生态地质环境的 4.46%; 高植被覆盖度转移面积为 68.75km², 转入约 230km², 总面积增加约 161.25km², 占该生态地质环境的 4.01%。总的来说, 这一时间段内低覆盖度面积比例减小明显, 中低覆盖度动态变化相对微小, 基本保持稳定, 中高及高覆盖度增大比例相对较大, 以各覆盖度类型向上一级覆盖度类型逐级改善过渡, 总体由低、中低和中覆盖度向中高及高覆盖度改善转移，该类型生态地质环境地表植被覆盖度呈明显上升趋势。

就研究区整体而言，如图 2.57 所示，在 2008～2013 年，低覆盖度转移面积为918.76km²，转入约 129.24km²，总面积减少 789.52km²，占研究区总面积的 15.29%，中低覆盖度转移面积为 841.02km²，转入约 845.43km²，总面积增加约 4.41km²，占研究区总面积的 0.09%；中覆盖度转移面积为 635.37km²，转入面积 828.2km²，总面积增加约192.83km²，占研究区总面积的 3.73%；中高覆盖度转移面积为 314.58km²，转入面积633.25km²，总面积增加约 318.67km²，占研究区总面积的 6.17%；高覆盖度转移面积为110.92m²，转入面积 384.53km²，总面积增加约 273.61km²，占研究区总面积的 5.30%。这一时间段内研究区植被覆盖度结构主要由低植被覆盖度向中高及高植被覆盖度过渡，整体植被生态发育明显改善。

在 2013～2015 年，低覆盖度转移类型面积为 189.4km²，转入约 481.8km²，总面积增加 292.4km²，占研究区总面积的 5.66%；中低覆盖度转移面积为 603.1km²，转入约740.04km²，总面积增加约 136.94km²，占研究区总面积的 2.66%；中覆盖度转移面积为679.37km²，转入面积 632.07km²，总面积减少约 47.3km²，占研究区总面积的 0.92%；中高覆盖度转移面积为 553.22km²，转入面积 361.21km²，总面积增加约 192.01km²，占研究区总面积的 3.72%；高覆盖度转移面积为 349.78km²，转入面积 159.75km²，总面积减少约 190.03km²，占研究区总面积的 3.68%。低覆盖度类型增大比例最大，中高覆盖度减少比例最大，中覆盖度类型变化相对较小，保持稳定，研究区植被覆盖度结构主要由中高及高覆盖度向低和中低覆盖度衰退过渡，整体植被生态发育衰退显著。

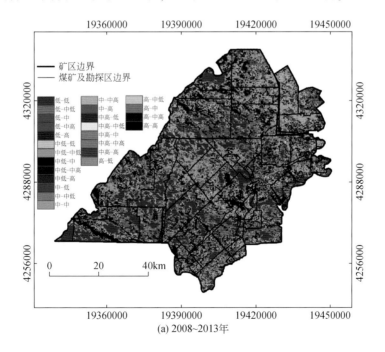

(a) 2008～2013 年

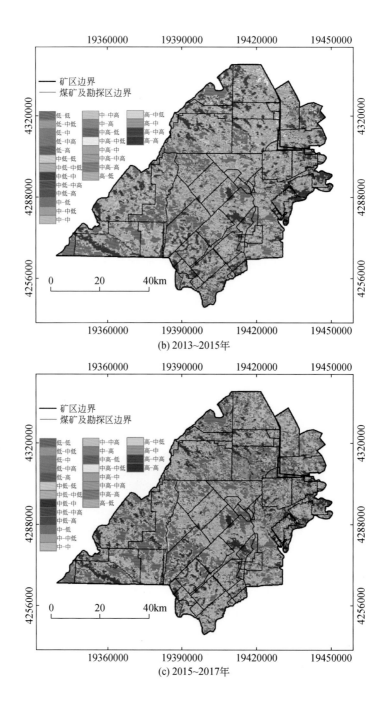

(b) 2013~2015年

(c) 2015~2017年

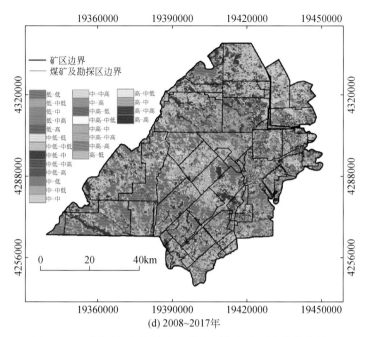

(d) 2008~2017年

图 2.57　不同时间段榆神矿区植被覆盖度类型变化分布情况

在 2015～2017 年，低覆盖度转移类型面积为 330.91km²，转入约 304.88km²，总面积减少 26.03km²，占研究区总面积的 0.51%；中低覆盖度转移面积为 749.02km²，转入约 542.67km²，总面积减少约 206.35km²，占研究区总面积的 3.99%；中覆盖度转移面积为 665.48km²，转入面积 590.43km²，总面积减少约 75.05km²，占研究区总面积的 1.45%；中高覆盖度转移面积为 368.64km²，转入面积 506.7km²，总面积增加约 138.06km²，占研究区总面积的 2.67%；高覆盖度转移面积为 146.13km²，转入面积 315.5km²，总面积增加约 169.37km²，占研究区总面积的 3.28%。低覆盖度类型减小比例最小，中低覆盖度减少比例最大，高覆盖度类型增加比例最大，研究区植被覆盖度类型结构主要由中低覆盖度向中高及高覆盖度过渡，但改善程度要低于 2008～2013 年。

在 2008～2017 年，低覆盖度转移类型面积为 750.44km²，转入约 224.61km²，总面积减少 525.83km²，占研究区总面积的 10.18%；中低覆盖度转移面积为 795.62km²，转入约 728.61km²，总面积减少约 67.01km²，占研究区总面积的 1.29%；中覆盖度转移面积为 638.15km²，转入面积 711.16km²，总面积增加约 73.01km²，占研究区总面积的 1.41%；中高覆盖度转移面积为 322.43km²，转入面积 590.73km²，总面积增加约 268.3km²，占研究区总面积的 5.19%；高覆盖度转移面积为 120.87km²，转入面积 372.4km²，总面积增加约 251.53km²，占研究区总面积的 4.87%。低覆盖度类型减小比例最大，中低覆盖度减少比例最小，中高覆盖度类型增加比例最大，研究区植被覆盖度类型结构主要由低覆盖度向中高及高覆盖度过渡。

第三章　水文地质条件及水资源分布

鄂尔多斯盆地北部属于典型的干旱–半干旱地区，年均降水量在400mm以下，水资源量仅占全国的3.9%，区域生态环境脆弱；浅表层水（河流湖泊水、沟谷径流水、第四系砂层潜水等）是维系区域生态地质环境（生态层）的珍贵水源（叶贵钧等，2000；王启庆等，2014）。

本章以鄂尔多斯盆地北部榆神府矿区为例，阐明了地表水和地下水类型、含隔水层结构、地表水系分布特征及主要含水层水文地质性质，建立了三维水文地质模型，模拟分析了区域水循环过程特征，给出了与地表生态环境关系密切的浅表层水资源赋存分布结果；构建了区域生态–水–煤系地质组成结构模型。

第一节　地 表 水 系

整个榆神府矿区地表水系自东向西分属黄河一级支流窟野河、秃尾河和黄河二级支流榆溪河，均为黄河外流水系。窟野河、榆溪河主河道虽未从榆神府矿区穿过，但其支流或主要支流均不同程度的分布于榆神府矿区。除河流外，榆神府矿区内还有红碱淖、常家沟水库和河口水库等湖泊和水库（图3.1）。

一、河流

（一）窟野河

窟野河是陕北较大河流之一，发源于内蒙古伊金霍洛旗，流经榆神府矿区的河流全长为90km，支流众多，起源于神府矿区的支流从北至南依次为活鸡兔沟、朱盖沟、考考乌素沟、常家沟、麻家塔沟、灰昌沟和阴沟。

乌兰木伦河位于窟野河的上游，发源于东胜区内的巴定沟，经神木市石屹台流入陕西境内，与悖牛川汇入窟野河，主河贯穿神木市南北，是一个巨大的箱形峡谷，宽600～1700m，河谷平缓，坡度为2.3‰～3.3‰，支沟发育。考考乌素沟为窟野河的一级支流，发源于区内的超害石梨附近，由西向东流于陈家沟岔注入窟野河，该河全长41.9km，在研究区内河道比降为3.4‰，河漫滩及阶地宽200～400m。据在乔家塔站观测，历年平均流量为0.2277m³/s，最大流量为0.5171m³/s，最小流量为0.0685m³/s，为常年性河流。活鸡兔沟为窟野河的二级支流，活鸡兔沟发源于内蒙古伊金霍洛旗，是内蒙古伊金霍洛旗与陕西省神木市的界河，流域面积为309.2km²，属黄土丘陵沟壑区。主河道长35.9km，河道平均比降8.6‰，是典型的季节性河流，河床宽浅，河床平均宽度为150m。

图 3.1　榆神府矿区地表水系及流域划分图

（二）秃尾河

秃尾河发源于神木市瑶镇乡以北的宫泊海子，由宫泊沟和圪丑沟两支流在乌鸡滩汇合后称秃尾河，东南流经瑶镇、高家堡等地，于神木市最南端之河口岔注入黄河，河道长140km，流域面积 3294km²，河道比降为 3.87‰，区内河谷开阔，河床宽浅，发育有漫滩及阶地。在矿区内流经长度约 50km，在区内主要支沟有圪丑沟、宫泊沟、红柳河。

圪丑沟全长 17.5km，流域面积为 344.8km²，河道比降为 4.84‰，实测沟流量为0.8470m³/s。宫泊沟源自北部的宫泊海子，全长 23.4km，流域面积为 323km²，河道比降为 3.85‰。红柳河源于麻黄梁乡王家峁村西，由南向北东流经麻黄梁、大河塔乡地，在神木市高家堡境入秃尾河。全长 22km，流域面积为 120km²，常年流量为 1.1m³/s（香水站）。

（三）榆溪河

榆溪河发源于榆林以北的刀兔海子，东南流经榆林，于鱼河堡注入无定河，河长155km，流域面积 5537km²，河道比降为 3.07‰。该河流经风沙区，河宽水浅，漫滩及阶地发育，含砂量较少，水量较稳定，多年平均径流量为 7.44m³/s，月平均最大流量为

$14.1m^3/s$，月平均最小流量为 $2.38m^3/s$。榆神府矿区内的五道河则、四道河则、三道河则、二道河则、头道河则、圪求河、白河均属其支流。研究区内主要河流概况如表 3.1 所示。

表 3.1　榆神府矿区主要河流概况表

流域	水系	发源地	河长/km	流域面积/km²	河道比降/‰	多年平均流量/(m³/s)
窟野河	窟野河	内蒙古伊金霍洛旗	228	8706	3.44	23.71
	考考乌素沟	中鸡镇超害石梨附近	42	260	7.90	0.30
	活鸡兔沟	内蒙古伊金霍洛旗	36	309	8.60	—
秃尾河	秃尾河	神木县瑶镇乡宫泊海子	140	3294	3.87	12.90
	圪丑沟	神木市中鸡镇圪丑沟沟掌	18	345	4.84	0.85
	宫泊沟	神木市尔林兔镇宫泊海子	23	323	3.85	—
	红柳河	榆阳区麻黄梁乡王家峁村	22	120	—	1.10
榆溪河	榆溪河	榆林以北的刀兔海子	155	5537	3.07	11.75
	五道河则	小壕兔刀兔海子西河掌泉	32	524	—	2.09
	四道河则	榆阳区孟家湾乡东板城滩	6	205	—	0.30
	三道河则	孟家湾乡东大兔兔村北	15	130	—	0.20
	二道河则	榆阳区金鸡滩乡马家伙场	18	15	—	0.13
	头道河则	麻黄梁镇银山界村北	30	262	—	0.30
	圪求河	榆阳区孟家湾乡圪求河村	21	129	—	2.20
	白河	内蒙古乌审旗乌拉特老亥庙	54	809	—	1.30

　　榆神府矿区地表径流虽以雨水补给为主，但矿区西部风沙面积广，暴雨多，沙区松散砂层潜水丰富，因而受地下水补给所占比例较大，一般可占总径流量的30%~80%，各河的径流量除受降水年际变化影响外，一般受季节变化较显著，表现为冬季径流量最少，夏季最大。以8月流量最大，1月流量最小，每年春汛（3月、4月冰雪融化流量增加）流量约占年平均流量的15.5%~19.3%，夏汛（7月、8月降水集中往往出现洪水）流量约占年平均流量的19.3%~40.9%，径流量变化表现为双峰特征。

二、湖泊、水库

　　榆神府矿区内湖泊、海子、水库较多。区内水库包括河口水库、中营盘水库、采兔沟水库、李家梁水库和常家沟水库等。

（一）红碱淖

红碱淖位于陕西省与内蒙古自治区的交界处，榆神矿区的西北边缘，是陕西最大内陆淡水湖，也是中国最大的沙漠淡水湖，湖泊呈近似三角形。20 世纪 80 年代该湖总面积达 54km²，湖岸周长为 50km，水面达 10 万亩[①]，蓄水量达 $7×10^8m^3$，最大深度为 15m，平均水深 4m。20 世纪 70 ~ 90 年代初，红碱淖的湖水量和蒸发量基本上是均衡的，水位变化基本上不大。1990 年末到 2002 年初，红碱淖水位每年下降 10 ~ 15cm，到 2002 年之后，水位下降速度加快，每年下降 20 ~ 30cm，有时候可能达到 40cm，水位降速呈加速趋势。根据陕西省农业遥感信息中心的监测，1997 年，红碱淖面积尚有 57km²，到了 2015 年仅剩 31.51km²，缩水 44.7%。此外，红碱淖水在 20 世纪 60 ~ 80 年代 pH 为 7.2 左右，到 90 年代 pH 为 8.2 左右，到了现在 pH 达到 9.6，pH 严重升高，导致水质逐年恶化。该区地表水受季节影响较大，一般规律是每年冬末（3 月）和雨季（7 ~ 9 月）为丰水期，而冬季和春季之交则为枯水期。

（二）中营盘水库

中营盘水库位于榆阳区孟家湾乡中营盘村、无定河水系榆溪河支流的五道河则上，距榆林城北 45km，由榆东渠管理处管理。水库于 1972 年建成，控制流域面积 606.7km²，总库容 $0.19×10^8m^3$。是一座以防洪、灌溉为主，兼顾渔业、发电、治沙等综合利用的年调节中型水库。中营盘水库常流量为 0.8m³/s，径流总量为 $3672×10^4m^3$，年均出库水量为 $2900×10^4m^3$，水库不仅保证了榆东渠 $1.0×10^4$ 亩农田灌溉用水，每年还向下游补水 300 ~ $800×10^4m^3$，同时保证了水库至红石峡 40km 河堤沿河 $2×10^4$ 亩农田以及红石峡水库的防洪安全。

（三）河口水库

河口水库位于陕西省榆林市西部与内蒙古自治区乌审旗交界处，地处岔河则乡河口村，无定河水系榆溪河支流河上，距榆林城约 60km。水库于 1959 年建成，控制流域面积 1400km²，是一座以防洪为主兼顾灌溉、养鱼、治沙综合利用的多年的调节水库。枢纽由拦河坝、输水洞、溢洪道 3 部分组成。坝高 12.7m，长 1000m，总库容 $9400×10^4m^3$，校核洪水位 1222.5m，兴利库容 $3895×10^4m^3$，正常水位 1223.73m，死库容 $205×10^4m^3$，死水位 1220.73m。河口水库年均径流总量 $5650×10^4m^3$，水库实灌面积 500 亩，保护了榆林市区和沿河 3 乡 5 万余人、$3.4×10^4$ 亩耕地的防洪安全，农灌年取水 $100×10^4m^3$。

（四）采兔沟水库

采兔沟水库位于神木市锦界镇采兔沟村的秃尾河中游干流之上，距神木市区 40km、榆林市区 70km，于 2008 年建成，水库设计总库容 $7281×10^4m^3$，控制流域 1339km²，多年

---

① 1 亩 ≈ 666.67m²

平均径流量 $8640 \times 10^4 m^3$。水库大坝设计为碾压砂坝,坝高 33.8m,正常水位 1082m,死水位 1066.5m。该水库是一座以工业供水为主,兼顾农业灌溉和生活用水于一体的中型水库,是陕北能源化工基地建设规划的骨干水源工程。

(五)李家梁水库

李家梁水库位于榆林城北 40km 处的孟家湾曹家梁村,地处无定河流域的榆溪河右岸一级支流圪求河下游河段,圪求河沟道常流量为 $1.68m^3/s$,多年平均径流量为 $5257 \times 10^4 m^3$,水库控制流域面积 $848m^2$,水库为典型的沙漠水库,是一座以工农业供水为主,兼顾城市供水、防洪和养殖等综合利用的中型水利枢纽工程。水库枢纽由大坝工程、引水泄洪洞工程、引水渠及道路工程组成。坝高 25m,总库容 $2340 \times 10^4 m^3$,校核洪水位 1168m,兴利库容 $1690 \times 10^4 m^3$,兴利水位 1167m,死库容 $450 \times 10^4 m^3$,死水位 1157.3m。水库担负着榆阳区金麻工业区及兖矿 $60 \times 10^4 t$ 煤、制甲醇等大工业项目供水的任务,是榆林能源化工基地的重要水源工程之一。每年可供水 $2800 \times 10^4 m^3$,灌溉农田 10×10^4 亩,防洪标准为五十年一遇。

(六)常家沟水库

常家沟水库建于乌兰不拉河与老来河的交汇处,水库水源由乌兰不拉沟河和老来沟河汇流而成,是神木市目前较大的蓄水水库。水库于 1979 年建成,控制流域面积 $44km^2$,总库容 $1200 \times 10^4 m^3$。水坝为土质结构,坝高 46.7m,长 250m,坝面宽 10m,坝底及周围岩石为延安组第三段极弱含水层段。常家沟水库一般水位标高为 1136m,洪峰期最高水位标高 1138.17m,枯水期水位标高 1121.74m。蓄水量供下游 3×10^4 亩农田灌溉和人畜饮用,同时该水库亦承担华能公司自备电厂供水任务。

第二节 主要含水层性质

榆神府矿区煤层上覆主要含水层自上而下有第四系松散层孔隙潜水含水层、白垩系洛河组含水层、侏罗系风化基岩裂隙承压含水层及烧变岩孔洞裂隙潜水含水层等。第四系松散层孔隙潜水含水层和白垩系洛河组含水层是煤炭开采需要保护的主要含水层,第四系松散层孔隙潜水含水层是维系本区生态环境的重要含水层(王双明等,2010;范立民等,2019)。

一、第四系松散层孔隙潜水含水层

第四系松散层孔隙潜水含水层由第四系全新统风积沙层(Q_4^{eol})、冲积层(Q_4^{al})及萨拉乌苏组($Q_3 s$)潜水含水层构成。分布不连续,厚度变化较大,一般为 0~172.10m,总体呈现出东北薄、西南厚的特征(图 3.2)。

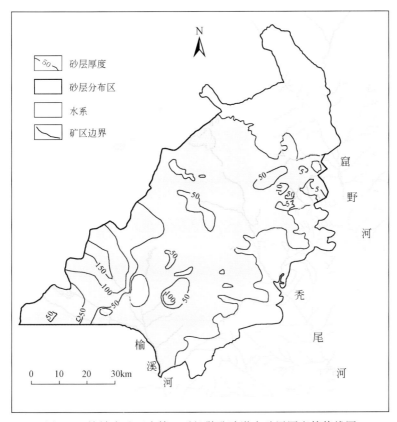

图 3.2　榆神府矿区内第四系松散孔隙潜水砂层厚度等值线图

第四系全新统风积沙层含水层岩性以细、粉砂为主，属透水层组，一般与下伏萨拉乌苏组含水层构成同一含水层，第四系全新统冲积层含水层岩性以细-粗粒砂、粉砂为主，夹亚砂土，局部含砂砾石，透水性能较好，第四系上更新统萨拉乌苏组含水层岩性灰黄色、灰褐色粉砂、细砂、中砂为主，夹亚砂土，局部夹淤泥或碳质层透镜体，属一套冲湖积相沉积层，中下部固结性较好，分选差、较疏松、孔隙度较高。

第四系松散层孔隙潜水含水层空间分布受地貌影响，总体上自沙漠前滩向黄土梁峁地区分布厚度由 38m 逐渐变薄，直至尖灭。地下水的赋存受古地形的严格控制，地下水在侧向运动中补给下伏含水层，尤其是烧变岩主要靠萨拉乌苏组地下水的转化补给，由于受下伏土层起伏形态制约，含水区主要位于隐伏沟谷区，是区内主要含水层和透水层。目前松散层孔隙潜水含水层已大范围无水，考考乌素沟以北含水微弱；考考乌素沟以南的小侯家母河沟、肯铁令沟附近和南部的芦草沟附近，含水层厚度大、岩性粗、孔隙率高、水泉密度大、流量较大。

第四系松散层孔隙潜水含水层的分布、沉积厚度和含水层结构严格受现代地形、地貌和古地理环境制约，受现代河流切割、侵蚀的影响，不同地段赋水条件和富水性差异显著（图 3.3）。

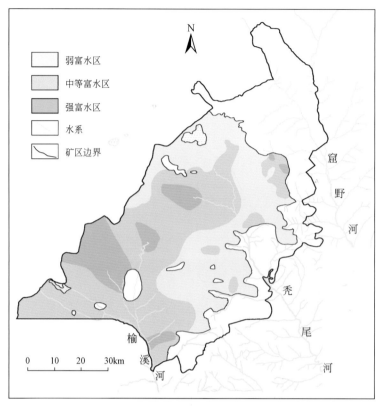

图 3.3　榆神府矿区第四系松散层孔隙潜水含水层富水性分区图

依据《煤矿床水文地质、工程地质及环境地质勘查评价标准》（MT/T 1091—2008），强富水区主要分布在榆神府矿区西南部及东北部柠条塔煤矿，中等富水区主要分布于榆神府矿区中西部，弱富水区主要分布在榆神府矿区东部。据已有水文勘探资料显示，钻孔单位涌水量 0.0008 ~ 4.3215L/(s·m)，渗透系数为 0.00543 ~ 23.582m/d。第四系松散孔隙潜水含水层水温一般为 10 ~ 19℃，属冷水，矿化度为 0.170 ~ 0.588g/L，地下水 pH 为 7.86 ~ 8.20，属弱碱性水。按硬度分类，总硬度为 135.1 ~ 195.2mg/L，为软水–硬水。据矿化度分类，第四系松散孔隙潜水含水层水一般为 266.4 ~ 535.0mg/L，为淡水。第四系松散层含水层水化学类型以 HCO_3–Ca 型为主。

二、侏罗系风化基岩裂隙承压含水层

风化基岩位于基岩顶部约 30m 范围内的岩层，全区分布，从榆神府矿区西部到东部依次为白垩系下统洛河组（K_1l）、侏罗系中统安定组（J_2a）、侏罗系中统直罗组（J_2z）、侏罗系中统延安组（J_2y）。岩性主要以细粒砂岩及粉砂岩为主，次为中粒砂岩及泥岩薄层等，岩层裂隙较发育，但表现出由上而下逐渐减弱的特点，上部 6 ~ 10m 为岩石强烈风化，次生结构面及风化裂隙网络发育，为地下水储存创造了良好的空间，使之含水性能强于下部正常岩段。据钻孔抽水试验资料，含水层厚度为 7.52 ~ 41.89m，水位埋深为 0.34 ~

153.58m，当降深为 9.45～49.06m 时，涌水量为 0.033～6.416L/s，统降单位涌水量为 0.00079～0.18079L/（s·m），渗透系数为 0.01223～4.99180m/d。受地形地貌、上覆含水层特征、风化程度及基岩岩性制约，风化基岩含水层富水性变化较大，总体上为弱富水，局部地段中等富水。水化学类型以 $HCO_3 - Ca·Mg$ 型、$HCO_3 - Ca$ 型为主，矿化度为 0.268～0.608g/L。风化岩含水层具潜水及承压水性质。

三、白垩系洛河组含水层

白垩系下统洛河组（K_1l）潜水-承压含水层分布于榆神府矿区西部，呈条带状分布，厚度为 0～336.87m，厚度变化比较大，厚度总体变化趋势为西部较厚，向东逐渐变薄，直至被剥蚀殆尽。其岩性以棕红色、紫红色细、中、粗粒长石砂岩为主，矿物成分以石英长石为主，厚层至巨厚层状，发育交错层理，泥质胶结，结构疏松，局部裂隙发育。洛河组含水层上覆隔水层分布不连续，在露头、隔水层天窗区、厚度薄、埋藏浅的区域表现为潜水，在其厚度大、埋藏深的地区，水力特征表现为承压水。洛河组含水层富水性弱-中等（图3.4），中等富水区主要分布在榆神府矿区西南部，据钻孔抽水试验资料，含水层厚度为 78.70～316.35m，水位埋深为 0.83～5.96m，统降单位涌水量为 0.11160～

图 3.4 榆神府矿区白垩系洛河组含水层厚度分布及富水性分区图

0.28276L/(s·m)，渗透系数为 0.11800 ~ 0.64071m/d。水化学类型以 HCO$_3$–Ca·Na 型、HCO$_3$–Na·Ca 型为主，矿化度为 0.275 ~ 0.516g/L。弱富水区主要分布在榆神矿区的北部，洛河组赋存区的东部、北部边缘地带，厚度一般小于 60m，据钻孔抽水试验资料，水位埋深为 0.35 ~ 8.89m，统降单位涌水量为 0.00893 ~ 0.09943L/(s·m)，渗透系数为 0.01848 ~ 0.52748m/d。水化学类型以 HCO$_3$–Na 型为主，矿化度为 0.298 ~ 0.565g/L。

四、烧变岩孔洞裂隙潜水含水层

烧变岩的分布与煤层厚度、出露高度有关，煤层越厚，烧变岩分布范围越大；煤层出露高度越大，烧变岩分布越广泛。烧变岩与煤层自燃区分布一致，具有沿河谷、沟呈条带状的特点。主要分布于榆神府矿区东部和东北部红柳林、张家峁、柠条塔井田。在榆神府矿区东部各大沟谷两侧呈条带状分布，因 2^{-2}、3^{-1}、4^{-2}、5^{-2}煤层自燃顶板塌落及后期风化作用形成裂隙孔洞发育，岩体为碎裂结构，烧变变质程度由自燃煤层向上递减，影响厚度30 ~ 50m，含水层厚度为 1 ~ 30m，分布不稳定。由于岩层破碎，透水性好，又地处沙漠滩地边缘，其补给来源充分，具良好的储水空间，但局部出露于大沟谷的陡坡地段，多被疏干。在东北部红柳林井田烧变岩主要由 2^{-2}、3^{-1}、4^{-2}、4^{-3}、4^{-4}、5^{-2}煤层烧变岩组成，除 4^{-3}煤层烧变岩地表出露可见外，其他煤层烧变岩均被覆盖，实测烧变岩分布区面积为 3.071km^2，推测烧变岩分布区面积为 0.6496km^2，烧变岩分布区总面积为 3.7206km^2。柠条塔井田 1$^{-2\pm}$煤层烧变岩分布于井田南翼东南部，呈"U"形展布，面积约 1.64km^2，分布面积较小。张家峁井田烧变岩分布面积较大，1^{-2}煤层烧变岩只分布在常家沟水库西南侧山坡顶上，风化严重，推测面积约 0.4308km^2；2^{-2}煤层烧变岩分布面积最大，面积 9.5701km^2；3^{-1}煤层烧变岩分布面积次之，面积约 6.5153km^2，与 2^{-2}煤层烧变岩分布区有叠加；4^{-2}煤层烧变岩分布受河谷、沟控制明显，面积约为 5.4073km^2；4^{-3}煤层烧变岩火烧边界由于离 4^{-4}煤层很近，位于常家沟水库附近的分布区很难确定其准确范围，目前只在李家沟确定其范围，面积约为 0.3540km^2；4^{-4}煤层烧变岩分布面积较小，与 4^{-3}、5^{-2}煤层烧变岩重叠部分较多，面积约为 0.4359km^2；5^{-2}煤层烧变岩分布在井田东边边界附近，其分布面积约为 1.8650km^2。烧变岩分布见图 3.5。据烧变岩段含水层的抽水试验资料，含水层厚度为 1.26 ~ 42.01m，单位涌水量为 0.00011 ~ 5.225L/(s·m)，渗透系数为 0.11854 ~ 114.64147m/d，富水性弱–中等，矿化度为 0.244 ~ 0.441g/L，水化学类型以 HCO$_3$–Ca 型为主。

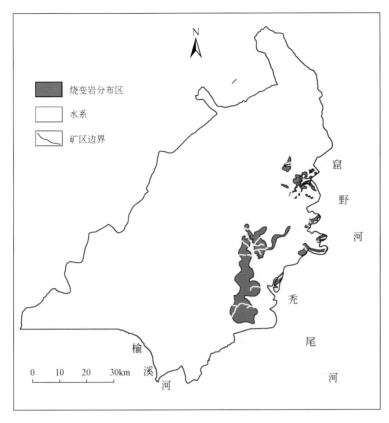

图 3.5　榆神府矿区烧变岩赋存分布图

第三节　区域水循环特征

一、地下水的补给、径流与排泄

　　榆神府矿区独特的地质、地貌条件，决定了各类地下水补给、径流、排泄条件的一般性和特殊性。潜水除主要接受大气降水入渗补给外，还接受侧向径流、灌溉回归补给以及部分层间水和凝结水补给。径流方向受区域地形控制，总体由西北向东南运动，局部受地貌形态控制，分为深部循环系统和浅部循环系统。深部循环系统和区域地下水运动方向一致，浅部水一般由地势较高的河间区、盆地边缘向河谷区和盆地中心径流。本区潜水主要以泉或潜流形式排泄，其次以下渗和蒸发方式排泄。承压水受不稳定隔水层的影响，易形成具有多层性的局部性承压水，因此，矿区承压水没有统一的补给区，主要在河间区接受大气降水补给和潜水的垂直入渗补给；其径流方向受地形控制，总体趋势是由东向西径流；除局部地段承压水补给潜水外，承压水大都排泄于河谷中。

（一）地下水的补给

榆神府矿区第四系松散砂层潜水分布面积广，且分布区地形平坦，表层遍布现代风积沙层，结构疏松，毛细作用微弱，透水性强，极有利于大气降水入渗补给及农田灌溉水的回归补给，即使遇特大暴雨，一般也不会产生地表径流。

1. 大气降水入渗补给

区内大气降水量多年平均值为 406.18mm（2005~2015 年），补给特征为面状入渗。风沙滩地区和河谷区包气带由风积、湖积物组成，岩性以细砂、粉细砂为主，结构松散，透水性强，极易接受大气降水入渗补给；沙盖黄土梁峁区包气带下部岩性主要为黄土，结构致密，透水性较差，但上部的片沙有利于降水入渗。据榆林市气象资料（2005~2015 年），区内降水多集中在 7 月、8 月、9 月三个月，占全年降水量 70% 以上，是地下水的主要补给期；相对应地下水位，1~7 月整体呈下降趋势，随着 7~9 月降水量的增多，8 月以后地下水位明显回升。这些反映了大气降水对地下水明显的补给作用，尤其是雨季的补给作用更为强烈。

2. 侧向径流补给

榆神府矿区总体上处于区域地表水和地下水流域的下游部位，陕蒙边界大部分为有流量交换的地下水侧向补给边界，补给断面长度为 138.72km，含水层厚度为 6.78~162m，一般渗透系数为 3.5~10.0m/d，水力坡度为 4‰~6‰，补给量为 70935.72m³/d，目前是区内第四系潜水的补给来源之一。

3. 农田灌溉回归补给

区内沙漠滩地和河谷区分布了大片农田，多种植玉米，是灌溉水回归补给的主要地区。灌溉时间一般在每年的 4~9 月及 5~8 月，约占 90%。正常年份，沙区滩地区灌溉 7 次左右，沙盖黄土区滩地灌溉 8 次左右，灌溉每亩地年耗水量 350m³；干旱年份年灌水次数增加至 9~10 次，每亩地年耗水量为 400~450m³；灌溉回归系数为 0.21~0.30。据农田灌溉资料调查资料分析统计，农田灌溉回归补给量为 8.18×10⁴m³/d。

4. 凝结水补给

凝结水补给只发生在沙漠滩地区，区内沙漠滩地区面积约为 4400km²，凝结水补给期为每年的 7 月、8 月、9 月三个月，共 92 天，凝结水补给模数为 127.94m³/(d·km²)。

（二）地下水的径流

地下水径流受地形地貌控制，区内地表水流域边界与地下水系统边界基本一致（图 3.6）。第四系潜水总的径流方向为从西北、东北方向向榆溪河、秃尾河、窟野河最低基准点排泄，并形成了相应的水流系统。各流域内，受次级水流系统排泄基准面控制，局部流向次一级河流支流，并形成了相应的地下水渗流子系统。径流过程中，受地形起伏的影响，地下水的径流速度有所差异，地形破碎、地势陡峻的临河沟壑区，由于溯源侵蚀破坏了含水层的完整性，构成局地最低排泄基准面，等水头线稠密，水力坡度增大，地下水径流交替积极；地形平坦的风沙滩地等水头线稀疏，水力坡度较小，径流相对较缓。

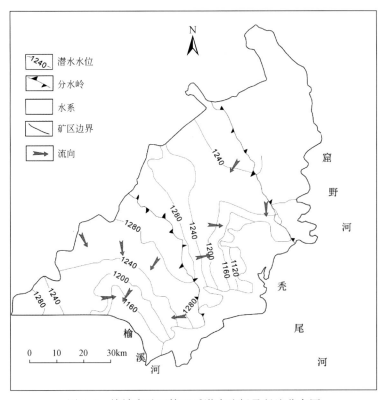

图 3.6 榆神府矿区第四系潜水流场及径流分布图

承压水因受不稳定隔水层影响而形成局部性承压水，具多层性，没有统一的补给区，主要在河谷区接受大气降水经由潜水垂直入渗补给。与基岩潜水一样，节理裂隙为其运动通道，其径流方向主要受地形控制，总趋势由东北向西南径流，排泄于河谷中，局部地段承压水部分补给潜水。

(三) 地下水的排泄

区内地下水主要以泉水或潜流、蒸发及人工开采等方式排泄。一般情况下，地下水水流系统在地势较为低洼的河谷区以潜流和泉水的形式向河流排泄，而在地势低洼的风沙滩地区或者地下水位埋深较浅的地段，地下水主要以蒸发的形式排泄，同时有一定量的人工开采排泄。

1. 泉水或潜流排泄

区内各水流系统地下水径流至区域或局部沟谷排泄基准处，以泉水或潜流的形式向河流排泄，并成为诸多河流的源头，如榆溪河的支流白河、圪求河以及一道河则~五道河则，窟野河的活鸡兔沟、石拉沟和考考乌素沟水流等均来地下水的溢流排泄。特别是秃尾河沿岸溢流形成了清水泉、采兔沟泉、黑龙沟泉等诸多大泉，成为秃尾河河水的主要来源。在矿区东部的沟谷沟脑部位地下水径流补给裂隙空洞发育的烧变岩，形成强径流带，往往会汇集成规模较大的烧变岩泉排泄出地表，在烧变岩出露的深切河流谷，泉水集中成群排泄。而在无烧变岩分布的榆溪河流域及秃尾河流域北部，地下水较少有集中汇流和排泄的通道，故地下水主要是以潜流形式排泄，汇集成河道明流或海子。

2. 蒸发排泄

榆神府矿区属典型的半干旱气候区，多年平均蒸发量为1712mm，在风沙滩地地下水位浅埋的地段蒸腾作用强烈。据以往植被生态专题研究结果可知，风沙滩地区裸露沙地的潜水极限蒸发深度为1.2m，湿生和中生植被蒸腾深度一般小于3.8m，植被蒸腾极限深度达8.0m。潜水位埋深多为2~3m，第四系潜水分布区小于蒸发蒸腾极限标准的地下水位埋深区面积较大，均在土体毛细上升高度范围之内，春、夏、秋三季地下水蒸发强度较大，同时，滩地植物植被发育，有一定的蒸腾作用。

3. 人工开采排泄

榆神府矿区煤炭开采过程中矿坑的深部疏干排水，已成为区内地下水排泄的重要途径之一。秃尾河、窟野河流域煤炭相关工业多在河谷区采用渗渠等形式开采区内地下水。在局部地段受煤炭开采的影响，煤矿采空区顶板形成的部分冒裂带裂隙将与第四系潜水、侏罗系碎屑岩类的裂隙含水层沟通，引发周围裂隙地下水往井巷、采空区等人为形成的更低基准面径流、排泄，集聚成煤矿矿坑排水被抽出地表，构成了区内地下水的主要排泄方式。矿区内的居民生活用水也多采用渗渠、大口井、引泉等开采方式供水。另外，在沙漠滩地区，农灌用水以管井抽取地下水为主，人工开采也是构成该区地下水的又一重要排泄方式。

二、浅表层水循环数值模拟

为精确评价研究区"降水-地表水-地下水"水系统动态及循环规律，以榆神府矿区东北部的神南矿区为例，利用HydroGeo-Logic公司新开发模拟软件MODHMS研究大气降水对地表径流、地下渗流及水位的影响，即降水-地表水循环规律研究；利用传统数值模拟FEFLOW研究地表水-地下水循环规律，并采用地下水系统均衡法进行地下水资源评价。

(一) 水文地质概念模型

1. 模型范围的确定

由区域构造条件可知，神南矿区处于同一区域水文地质单元中，根据模拟的目的，以神南矿区为研究对象，考虑到现有的观测资料都在矿区范围内，选择井田边界作为模型东边界。根据地质调查资料显示考考乌素沟和麻家塔沟均下切达到延安组风化基岩，接受风化带含水层地下水补给，选择考考乌素沟和麻家塔沟作为模型南北边界。根据钻孔抽水试验及矿区巷道排水试验资料，将模型西边界向矿区外适当延伸，边界处水位不受抽水试验及煤矿开采排水影响，在模拟期间地下水状态变化不大，同时便于更全面的揭示矿区地下水流场特征。模型范围南北宽约23.75km，东西长约24.75km，总面积约436.31km^2。如图3.7所示。

2. 边界条件概化

侧向边界：研究区地质条件简单，无较大断层、褶皱等控水构造，天然状态下，地下

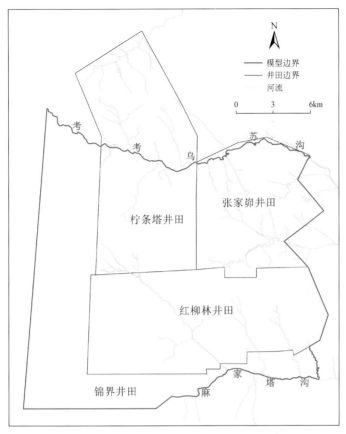

图 3.7　神南矿区水文地质概念模型范围示意图

水流场主要受地层岩性、地形、含水层底界标高等影响。模拟区第一层是主要由风积沙构成的潜水含水层，下部为离石组黄土弱隔水层，形成砂层潜水含水层底界。从图 3.8 砂层潜水含水层底面标高等值线可以看出，在模型边界处地势均降低，北部向考考乌素沟排泄，南部向麻家塔沟排泄，东部和西部均向模型外部排泄，因此可将第一层潜水含水层边界概化为第二类流量边界。由前面可知，模拟区北部考考乌素沟和南部麻家塔沟均下切到风化基岩，接受基岩裂隙水补给，可将南北部边界概化为排泄边界。图 3.9 为 2014 年 9 月实测风化基岩含水层水位标高等值线，从图 3.9 可以看出，地下水流向由西向北、东、南三个方向，在西南角局部地下水向西流，因此，可将模型第四层风化基岩承压含水层边界概化为第二类流量边界，如图 3.9 所示西部为补给边界，北、东、南及西部南段局部边界为排泄边界（Xie et al., 2018；Xue et al., 2018）。

　　垂向边界：将砂层潜水含水层的自由水面作为模型的上部边界，通过这个边界，潜水和系统外部进行着垂向的水量交换，如大气降水入渗补给、蒸发排泄等。模型底部为侏罗系完整粉细砂岩，渗透性相对风化带非常小，可视为风化基岩含水层相对隔水边界。

　　3. 三维水文地质数值模型

　　按模型范围及含隔水层层数，将研究区进行三维三角单元网格剖分，利用软件自带的自动加密技术，对考考乌素沟、麻家塔沟等河流边界水力梯度变化较大的地方进行自动加

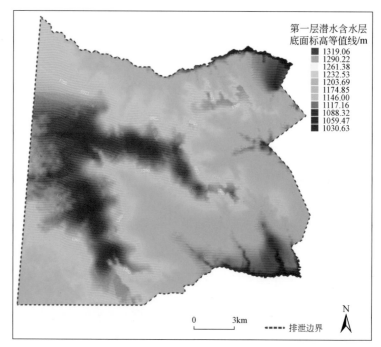

图 3.8　第一层潜水含水层边界概化示意图

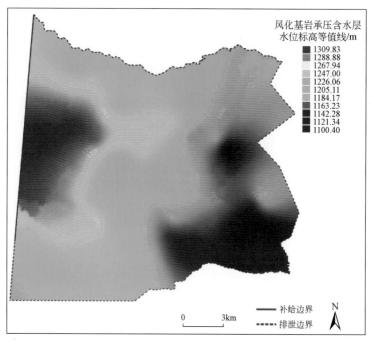

图 3.9　第四层承压含水层边界概化示意图

密。最终将模型共剖分为 4 层（layer）、5 个层面（slice），平面上分为 65788 个单元格（element），47090 个结点（node），相应的，在空间上是由 6 个结点为基础组成的三棱体，平面上约 0.0265km² 一个单元格。剖分完后需对模型每层进行高程赋值，建立基础模型框架。根据统计的模拟区 428 个地质钻孔的地层底板标高数据，对每层底板标高进行插值。

由于 FEFLOW 程序中的地层必须是连续的，针对地层缺失不连续的地方，采用将地层厚度设为非常小的方法来处理，本次模拟设置最小层厚为 0.001m。插值后的各地层底板标高等值线及三维地质模型如图 3.10 所示。

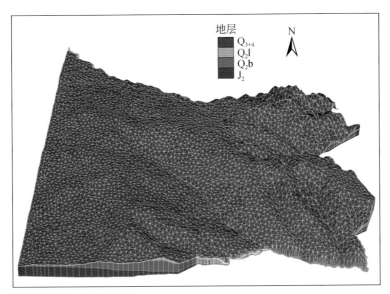

图 3.10　三维水文地质数值模型

4. 水文地质参数分区

含水层渗透系数分区是在将钻孔抽水试验求得的渗透系数利用 ArcGIS 软件进行插值和重分类的基础上进行分区，潜水含水层共分 10 个区，承压含水层共分 26 个区，潜水含水层给水度和承压含水层单位储水系数分区与渗透系数一致，其值参考前人研究的经验值；对于黄土弱透水层及红土相对隔水层中存在天窗的情况，将其天窗处渗透系数及给水度按第四系潜水含水层处理，最终参数分区结果如图 3.11 和图 3.12 所示。

(二) 地下水系统数学模型

1. 降水–地表水循环水文地质数学模型

1) 地表径流水文地质数学模型

$$\begin{cases} \dfrac{\partial h}{\partial t}+\dfrac{\partial(d\,\bar{v}_x)}{\partial x}+\dfrac{\partial(d\,\bar{v}_y)}{\partial y}+q_{go}=0 \\[2mm] \dfrac{\partial}{\partial t}(\bar{v}_x d)+\dfrac{\partial}{\partial x}(\bar{v}_x{}^2 d)+\dfrac{\partial}{\partial y}(\bar{v}_x \bar{v}_y d)+gd\dfrac{\partial d}{\partial x}=gd(S_{ox}-S_{fx}) \\[2mm] \dfrac{\partial}{\partial t}(\bar{v}_y d)+\dfrac{\partial}{\partial y}(\bar{v}_y{}^2 d)+\dfrac{\partial}{\partial x}(\bar{v}_x \bar{v}_y d)+gd\dfrac{\partial d}{\partial y}=gd(S_{oy}-S_{fy}) \\[2mm] q_{go}=K_G(h-h_G)=Q_{go}/D_x D_y \end{cases} \qquad (3.1)$$

式中，h 为水面的高程，$h=z+d$，z 为层（地表高程），d 为水流深度；$\bar{v}_x$ 和 $\bar{v}_y$ 为 x 和 y 方向

图 3.11　潜水含水层参数分区及初始值

K 为渗透系数, m/d; μ 为给水度

上的垂直平均流速; q_{go} 为二维坡面流域到地下的单位流量, 即地表水与地下水的交互通量, 可用下式得到:

$$q_{\text{go}} = K_{\text{G}}(h - h_{\text{G}}) = Q_{\text{go}}/D_x D_y \tag{3.2}$$

式中, Q_{go} 为从地表流入地下的总流量; h_{G} 为一个定义的通过 K_{G} 连接地表与地下水流动系统的值; K_{G} 为地面到地下建模过程中的参数值, 定义为底部的渗透率除以底板厚度。

式 (3.1) 中, S_{ox}、S_{oy}、S_{fx}、S_{fy} 分别为在 x 和 y 方向的地层和摩擦斜坡长度, 可用下式得到:

$$\begin{cases} S_{\text{fx}} = \dfrac{\bar{v}_x \, \bar{v}_s \, n_x^2}{d^{\frac{4}{3}}} \\[2mm] S_{\text{fy}} = \dfrac{\bar{v}_y \, \bar{v}_s \, n_y^2}{d^{\frac{4}{3}}} \\[2mm] \bar{v}_s = \sqrt{v_x^2 + v_y^2} \end{cases} \tag{3.3}$$

式中, $\bar{v}_s$ 为沿最大坡度方向的垂直平均速度; n_x 和 n_y 为 x 和 y 方向上的曼宁粗糙系数。

2) 地表入渗水文地质数学模型

建立地表水入渗模型, 见式 (3.4):

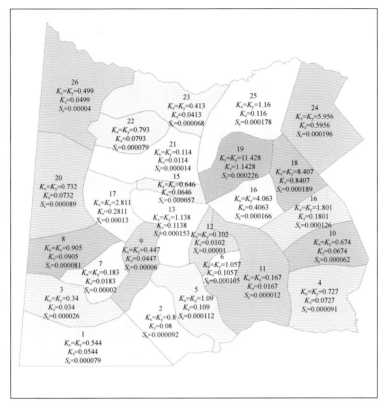

图 3.12　承压含水层参数分区及初始值

K_x、K_y、K_z 为 X、Y、Z 方向上渗透系数，m/d；S_s 为单位储水系数，m^{-1}

$$
\begin{cases}
f_c = K_s \left[1 + \dfrac{\alpha}{\exp\left[I'\alpha/B \right] - 1} \right] \\
B = G \cdot \Delta\theta \\
I' = I - K_i t \\
\Delta\theta = \theta_s - \theta_i \\
D(\theta) = K(\theta)\,\mathrm{d}\psi/\mathrm{d}\theta \\
G = \dfrac{1}{K_s} \displaystyle\int_{\theta_i}^{\theta_s} D(\theta)\,\mathrm{d}\theta
\end{cases}
\tag{3.4}
$$

式中，K_s 为饱和导水率；α 为 Green-Ampt 公式中定义的数值在 $0 \sim 1$ 的具体的土壤参数；G 为毛细传输率；θ_s 和 θ_i 分别为饱和、初始状态的含水率；I 为累积渗透的深度；K_i 为初始状态下的渗透系数；t 为时间；$D(\theta)$ 为土壤水分扩散率；ψ 为负压水头。

地表水蒸发模型见式（3.5）：

$$
\begin{cases}
E_p = \rho_\alpha u_\alpha C_H \left[H_{sat}(T_g) - H_\alpha \right] \\
H_\alpha = \eta e_s \\
H_{sat}(T_g) = \dfrac{\varepsilon e_s}{P_\alpha - (1-\varepsilon) e_s}
\end{cases}
\tag{3.5}
$$

式中，E_p 为地表蒸发率；ρ_α 为空气密度；u_α 为地面高程 2m 以上的风速；C_H 为无量纲的水分传递系数；H_α 为特定的湿度；η 为相对湿度；H_{sat} 为饱和湿度；T_g 为地面湿度；ε 为水蒸气的干燥空气的分子量的比值（一般取 $\varepsilon=0.622$）；e_s 为饱和蒸汽压；P_α 为大气压力。

2. 地表水-地下水循环水文地质数学模型

$$\begin{cases} \dfrac{\partial}{\partial x}\left(K_x\dfrac{\partial H}{\partial x}\right)+\dfrac{\partial}{\partial y}\left(K_y\dfrac{\partial H}{\partial y}\right)+\dfrac{\partial}{\partial z}\left(K_z\dfrac{\partial H}{\partial z}\right)+\varepsilon=S_s\dfrac{\partial H}{\partial t},x,y,z\in\Omega,t\geqslant 0 \\[2mm] K_x\left(\dfrac{\partial H}{\partial x}\right)^2+K_y\left(\dfrac{\partial H}{\partial y}\right)^2+K_z\left(\dfrac{\partial H}{\partial z}\right)^2-(K_z+p)+p=\mu\dfrac{\partial H}{\partial t},x,y,z\in\Gamma_0,t\geqslant 0 \\[2mm] H(x,y,z)\mid_{t=0}=H_0,x,y,z\in\Omega,t\geqslant 0 \\[2mm] K_n\dfrac{\partial H}{\partial\vec{n}}\bigg|_{\Gamma_1}=q(x,y,z,t),x,y,z\in\Gamma_1,t\geqslant 0 \end{cases} \quad (3.6)$$

式中，K_x、K_y、K_z 为 x、y、z 方向上的渗透系数，m/d；H 为地下水位标高，m；t 为时间，d；ε 为源汇项，1/d；S_s 为自由水面以下含水层单位储水系数，1/m；p 为潜水面的蒸发和降水补给，d^{-1}；$\vec{n}$ 为边界外法线方向向量；H_0 为 $t=0$ 时刻水位标高，m；Ω 为模拟区范围；Γ_0 为渗流区域的上边界，即地下水自由表面；Γ_1 为渗流区域第二类边界；K_n 为边界面法向方向的渗透系数，m/d；$q(x,y,z,t)$ 为二类边界的单位面积流量，$m^3/(d\cdot m^2)$；μ 为潜水含水层在潜水面上的重力给水度。

（三）降雨-地表水循环规律模拟研究

1. MODHMS 软件简介

MODHMS 是 HydroGeoLogic 公司开发的一个集成地表水与地下水流动的软件。地下水流模块是基于最广受欢迎的美国地质调查模块化三维地下水流建模代码：MODFLOW。MODHMS 把新的流程模块（如 MODFLOWSURFACT）加入到了软件中，以提高地下水的流动性建模能力和计算准确性。

MODFLOW 采用有限差分的方法来模拟地下水流动。可以运用到三维或准三维的承压和非承压层模拟。通过新的流量模块，与先前版本的 MODFLOW 对比，MODHMS 解决了三维饱和/非饱和地下水流方程和增强方程进行无侧限严格模拟模型不饱和/饱和含水层克服数值遇到的困难。MODHMS/MODFLOWSURFACT 还提供了正交曲线网格离散化域的选项，该选项可以有效地拟合不规则区域的几何形状或轴对称的正交曲线网格对抽水试验的有效几何模拟、能源科学模拟和恢复测试等。

为了完成综合分析，MODHMS 利用严谨、守恒的建模方法，充分利用地表水流方程和三维非饱和地下水流动方程。这种方法相比以前依靠只考虑地表水和地下水的连接方式更加准确和合理。

2. 模拟期设置

根据已有资料，考虑到矿区从 2015 年 9 月到 2016 年 5 月地表水与地下水水位连续观测资料齐全，本模拟选取 2015 年 9 月地表水与地下水流场作为模拟的初始流场。考虑每个月的降水量不同，而降水量是影响地表水与地下水水位的主要因素，因此，对每个月的降水量进行单独赋值，所以模拟的时间步长设置为 30 天，以 240 天作为模拟的识别与验证期。以 30 天作为一个应力期（即模型运行的时段：在相同的时段内，各项应力包括补给项和排泄项等不发生变化）。

3. 源汇项处理

1）降水入渗补给

降水入渗补给量取决于降水量、降水强度、土壤岩性等因素。在 MODHMS 的数值模拟过程中，直接改变降水量大小、土壤岩性等因素，即可直接进入计算。因此，只需要根据资料，直接将每个月降水量大小及岩性参数等导入模型。

2）蒸发排泄量

蒸发强度主要与潜水水位埋深、地表岩性、地表植被和气候条件有关。MODHMS 能根据地质条件参数在模拟过程中独立地算出蒸散量。

3）第四系砂层潜水含水层边界条件处理

研究区第四系砂层潜水含水层含水不连续，只有局部含水，潜水自由水面不连续，主要接受大气降水补给，地下水流动受地形影响明显，排泄主要以向沟谷排泄为主。潜水主要分布在芦草沟两侧，芦草沟属常年性河流，因此，可将芦草沟水位作为定水头边界。

4）北部及南部排泄边界

北部考考乌素沟及南部麻家塔沟为常年性河流，接受风化基岩含水层补给，其水位标高可概化为定水头边界，由于缺少沟谷水位勘测资料，根据其平均水深，将沟谷底部标高加 0.5m 作为水头标高。

4. 模型识别

1）地表水观测孔水位对比

自 2015 年 9 月 30 日起芦草沟取水枢纽水引流至常家河水库，地表水动态观测站无法观测。因此，仅选取大水头沟、肯铁令沟和毛驴滩沟地表水监测水位进行模拟结果的检验。图 3.13 为监测站实测水位与模拟水位动态变化过程，可以看出，实测水位与模拟水位拟合满足收敛条件，拟合点总体相对误差较小，拟合效果较好，承压水水位误差一般为

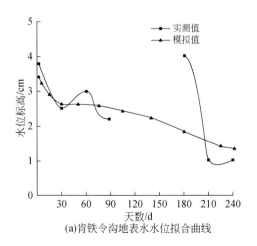

(a)肯铁令沟地表水水位拟合曲线

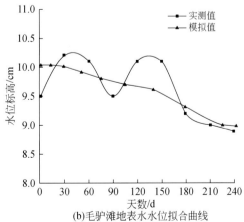

(b)毛驴滩地表水水位拟合曲线

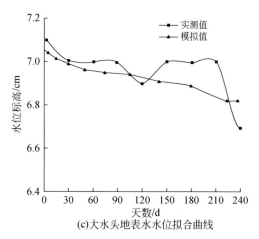

图 3.13　地表水监测站水位拟合曲线

0.01～0.8cm，最大误差达到3cm，这可能是监测站监测时，即时降水产生的地表水水位骤然上升，造成监测水位高于正常水位的误差，从而造成地表水水位模拟值与实测值产生较大误差。

2）地下水观测孔水位对比

根据模拟区水位观测孔的分布情况，选取部分潜水观测孔水位为代表进行模拟结果的检验。图 3.14 为部分观测孔实测水位与模拟水位动态变化过程，可以看出，实测水位与模拟水位拟合满足收敛条件，拟合点总体相对误差较小，拟合效果较好，潜水水位误差范围一般为 0.01～0.89m，其中 8-HB6 和 HB2-15 观测孔由于位于芦草沟附近，而模型将芦草沟设为定水头边界，从而造成模拟水位为定值，但总体趋势与实测吻合较好。

5. 降水–地表水循环规律数值分析

根据中国气象科学数据共享服务网与陕西水文水资源信息网的统计，将研究区设置为枯水期、丰水期两种模拟条件，枯水期降水量设置为日降水量0.5mm，丰水期降水量设置为日降水量5mm。利用识别后的 MODHMS 软件分别对两种条件下大气降水 24h 对地表径流及地下水渗流影响进行数值分析。

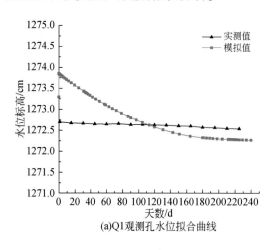

(a)Q1观测孔水位拟合曲线

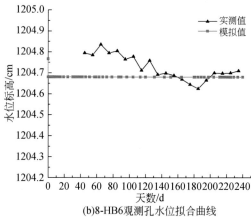

(b)8-HB6观测孔水位拟合曲线

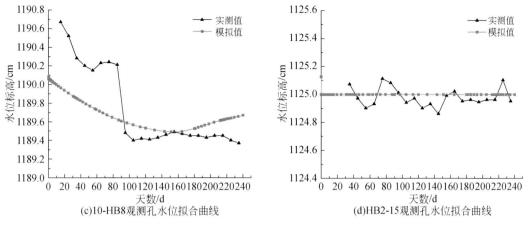

(c)10-HB8观测孔水位拟合曲线　　　　　(d)HB2-15观测孔水位拟合曲线

图 3.14　第四系潜水含水层部分观测孔水位拟合曲线图

1）大气降水对地表径流影响分析

图 3.15 为枯水期（日降水量 0.5mm）、丰水期（日降水量 5mm）地表水积水变化模拟，由图可知，当降水强度很小的时候，降水主要用于地表的浸润。随着降水时间的增加，地表浸润比较充分后，会出现地表径流积水的响应。然而由于降水强度过小，响应可以忽略不计。另外，图 3.15 中有很多离散的数据，这是因为模型的网格尺度不够，而研究区内沟谷纵横，使得很多沟谷（河流）产生的积水（水位上涨）没法直观显示，产生的积水响应可以忽略不计。枯水期随着降水强度的增加，地表浸润充分后，一部分的降水转化为地表径流。地表径流汇入相对低洼地带，随着大气降水补给的增加，开始形成大范围积水，丰水期日降水量达到 5mm 时，连续降水 24h 的时候，地表径流积水量最大可达 1.2cm。

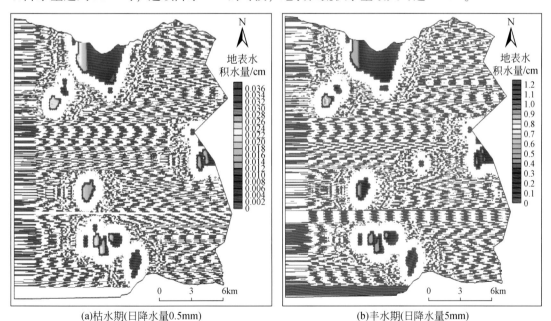

(a)枯水期(日降水量0.5mm)　　　　　(b)丰水期(日降水量5mm)

图 3.15　枯水期及丰水期地表水积水变化模拟

2）大气降水对地下水渗流影响分析

将预测时间、降水量以及初始流场输入到已识别的数值模型中进行大气降水对地表水–地下水交互影响的模拟预测，得到不同降水强度下，地表水与地下水交互产生的下渗率。在枯水期日降水量0.5mm的情况下［图3.16（a）］，由于降水强度过低，降水除了浸润外，很难形成入渗。即使在降水24h时，已经充分浸润的情况下入渗率也可以忽略不计，与图3.16（b）对比，丰水期日降水量达到5mm时，补给量的增加让降水可以一定量地对地下水进行补给。丰水期模拟显示降水1h，多数的区域已经开始形成对地下水的补给，最大的补给率已经达到$7\times10^{-7}\,\mathrm{m}^3/\mathrm{min}$，降水10h，所有区域都形成入渗，只是局部区域入渗率因为地形等原因相对较低，入渗率可达到$1.4\times10^{-6}\,\mathrm{m}^3/\mathrm{min}$。随着降水时间的增大，包气带浸润带来的入渗通道使更多的降水渗入地下，不同区域入渗率继续增大，降水24h后最大入渗率达到$2\times10^{-6}\,\mathrm{m}^3/\mathrm{min}$。

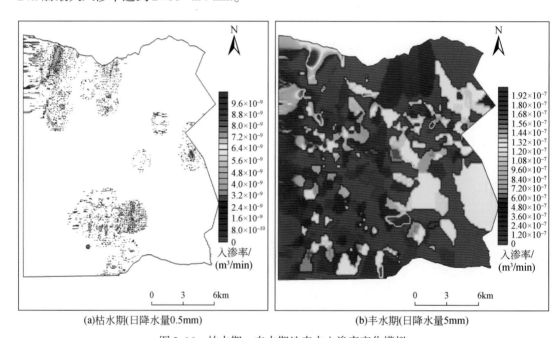

(a)枯水期(日降水量0.5mm)　　　　　　　　(b)丰水期(日降水量5mm)

图3.16　枯水期、丰水期地表水入渗率变化模拟

（四）地表水–地下水循环规律研究

1. FEFLOW 软件简介

德国 WASY 水资源规划和系统研究所于 20 世纪 70 年代末开发的 FELOW（finite element subsurface flow system）数值模拟软件，发展至今它的版本已经升级到 7.0，具备良好的 GIS 数据接口、优化的剖分网格技术、良好的网格技术等众多优点，是迄今为止功能最为齐全的地下水模拟软件包之一，具有快速精确的数值法和先进的图形可视化技术。FEFLOW 采用有限元法来控制求解过程，其求解过程是将研究区离散成若干个单元，假定每个单元上介质是均质，然后采用多项式插值来表示单元内的水头分布，应用迦辽金法建立有限元方程，再将它们集合形成整个研究区的代数方程组，最后解该代数方程组得到各

结点的水头。程序内部配备了若干先进的数值求解法来控制和优化求解过程，如可以减少数值弥散程度而快速直接求解的 up-wind 技术；牛顿和皮卡迭代法求解非线性流场问题时，自动调节模拟的时间步长；变动上边界（BASD）技术处理具有自由表面的含水系统；有限单元自动加密及放疏技术。FEFLOW 主要应用于模拟区域地下水流场及地下水资源规划和管理方案、海水入侵、地下水开采、非饱和带以及饱和带地下水流及其温度分布问题、溶质运移等，也可以模拟三维空间水流模型和二维平面、二维剖面或者轴对称二维水流模型，分析水资源系统各组成部分之间的相互依赖关系，研究水资源合理利用以及生态环境保护的影响方案等。

2. 模拟期设置

根据已有资料，考虑到矿区从 2014 年 9 月到 2015 年 4 月地下水水位连续观测资料齐全，本模拟选取 2014 年 9 月地下水流场作为模拟的初始流场；选择 2014 年 9 月～2015 年 4 月作为模拟的识别与验证期，以 15 天作为一个应力期。每个时间段内包括若干时间步长，时间步长为模型自动控制，根据模型运行情况来自动调整时间步长长度，并严格控制每次迭代的误差。

3. 源汇项处理

从前面分析可知，研究区整个地下水系统补给项主要有大气降水和侧向径流补给，排泄项主要有蒸发、径流排泄、泉水排泄和矿井排水。

1）降水入渗补给

降水入渗是研究区潜水含水层主要补给来源，但其入渗量不仅与降水量有关，还与研究区的地形地貌、岩性、潜水埋深、包气带含水量等因素有关。研究区属于干旱-半干旱气候，年降水量小，降水入渗主要受地形及岩性影响。根据 MODHMS 软件模拟的降水-地表水循环规律将模拟区按降水入渗系数分为 17 个区，对每个区进行赋值，最终入渗系数分区如图 3.17 所示。降水对地下水的补给量取决于降水量、降水强度、土壤岩性等因素。当降水量小于 10mm 时，很难对地下水形成补给，将其视为无效降水。研究区有效降水取平均降水量的 70%。模拟区面积 $S = 436.31 km^2$，多年平均降水量 $P = 406.18 mm/a$；根据图 3.17 所示分区，利用 ArcGIS 软件根据分区面积加权平均计算得平均降水入渗系数 $a = 0.21$。因此，模拟区有效降水补给量为 $Q_{入渗} = 70\% \times P \times S \times a = 2.61 \times 10^7 m^3/a$；降水入渗补给按每月降水量及分区入渗系数分别加入到模型中。

2）蒸发排泄量

蒸发强度主要与潜水水位埋深、地表岩性、地表植被和气候条件有关。研究表明，黄土台塬区潜水蒸发极限深度为 4.0m，潜水埋深超过 4.0m，潜水蒸发作用较弱。根据前面分析，研究区潜水分布范围小，潜水地下水位埋深较深，大部分大于 4m，因此蒸发作用不予考虑。

3）矿井涌水量

分析模拟区煤层上覆含水层空间赋存结构及矿井涌水量与降水量关系（图 3.18）可知，矿井涌水量主要来自煤层顶板基岩含水层净储量，其中柠塔井田和红柳林井田矿井涌水量还受降水影响，在降水时部分涌水量来自降水入渗；张家峁井田矿井涌水量较稳

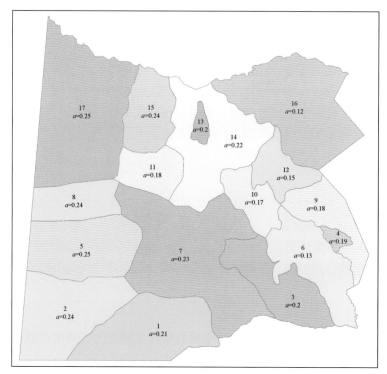

图 3.17　降水入渗系数分区（ a 为降水入渗系数）

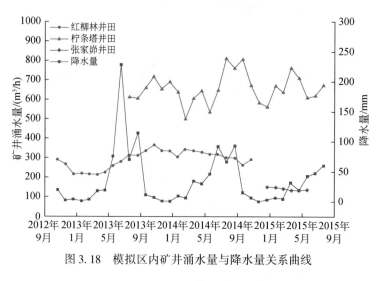

图 3.18　模拟区内矿井涌水量与降水量关系曲线

定，不受降水影响，这主要因为张家峁井田地表为黄土层覆盖，降水难以下渗。

4. 模型识别

　　模型识别过程是先根据某一时间地下水位统一观测资料，确定地下水初始流场。根据地表监测点、水文观测孔中的地下水位标高资料，利用插值或外推的方法得到地下水位分布的情况，获得模型初始水位。根据已获得的观测资料，初始流场选取 2014 年 9 月观测水位，模型识别采用的拟合数据的时间段为 2014 年 9 月 1 日至 2015 年 4 月 30 日。根据以上原则，通过不断调整水文地质参数和定解条件，使其水位变化动态与观测数据尽量达到一致，从而使模型识别实际水文地质条件，确定模型结构参数。模型第二层离石组黄土弱透水层及第三层保德组红土相对隔水层天窗由于没有重叠区域，调参对结果没有影响，整体上第二层与第三层作为相对隔水层，潜水与下部承压水没有发生越流，仅在沟谷底部基岩出露地方发生水力交换。模型识别验证效果从以下几方面分析。

1）流场对比

如图 3.19 所示，在模拟期内，实际钻探资料显示图示范围外无第四系潜水，潜水仅存在于图示芦草沟两侧及肯铁令沟局部，因此，拟合仅考虑图示范围潜水流场特征。从图 3.19 中可以看出，潜水水位总体趋势基本吻合。在南部水位线相差较大，主要因为其处于边界地带，位于芦草沟与麻家塔沟交汇处，水力梯度较大，流速较大，FEFLOW 程序计算时产生较大误差。整个流场吻合程度符合精度要求的，可以用于反映实际水文地质情况。

图 3.19　第四系潜水含水层模拟–实测流场对比图（2015 年 4 月 30 日）

从图 3.20 可以看出，风化基岩含水层地下水流场在模拟识别期结束时，模拟与实测流场整体吻合较好，整体流动方向一致，与观测孔实测流向大部分吻合，流场特征体现了区内风化基岩承压含水层地下水流动规律，即整体由西部侧向补给，向北、东、南三个方向排泄，地下水位等值线形状受主要沟谷影响明显，而且在沟谷处地形突变的地方，等值线也较密集，这与实际勘测的风化基岩在沟谷底部出露的特征一致，风化基岩含水层地下水主要向沟谷内排泄。

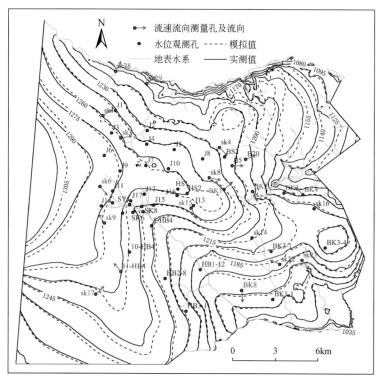

图 3.20 风化基岩承压含水层模拟–实测渗流场对比图（2015 年 4 月 30 日）

2）误差分析

模拟识别结果可用绝对误差 E 来表示，即

$$E = H_{\text{实测}} - H_{\text{模拟}} \tag{3.7}$$

式中，E 为绝对误差，m；$H_{\text{实测}}$ 为实测水位标高，m；$H_{\text{模拟}}$ 为模拟水位标高，m。

根据 2015 年 4 月观测的风化基岩含水层地下水位以及 FEFLOW 模型模拟结束时导出的每个节点的水位数据，利用 Kring 插值法插值得到整个模拟区的实测水位和模拟计算水位等值线图，然后根据式（3.7）利用 ArcGIS 进行地图代数计算，得到实测水位与模拟水位的绝对误差的空间分布图，如图 3.21 所示。可以看出，误差绝对值在 7.0m 以上的区域主要位于模型西部和东北部等缺少观测孔的地方，实测水位插值产生较大误差，另外，承压水水位受上覆岩层厚度影响明显，模型在对西部无钻孔区域进行地层顶底板标高插值时也有误差，因而造成实测值与模拟值产生较大差异。误差在 $-2.0 \sim 2.0$m 的范围达 50.31%，该范围观测孔密度较大，插值结果相对较准确，以及调参时根据观测孔水位动态变化曲线对观测孔所在参数区的控制，使得该范围模拟值也相对较准确，因而总体误差较小。

3）观测孔水位动态对比

根据模拟区水位观测孔的分布情况，选取部分承压水观测孔水位为代表进行模拟结果的检验。图 3.22 为部分观测孔实测水位与模拟水位动态变化过程，可以看出，实测水位与模拟水位拟合满足收敛条件，拟合点总体相对误差较小，拟合效果较好，承压水水位误

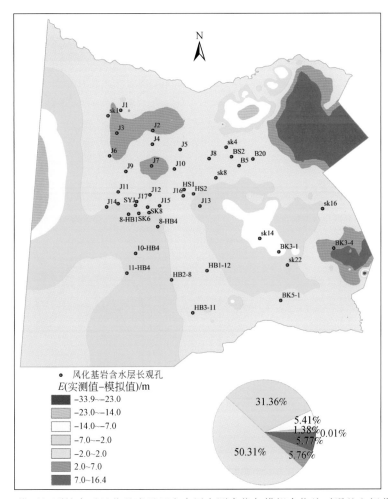

图 3.21　模型识别结束时风化基岩承压含水层实测水位与模拟水位绝对误差空间分布特征

差一般为 0.01 ~ 2.10m，最大误差达到 6.8m，这可能是模型顶底板标高插值时的误差，造成上覆岩层厚度与实际产生大的误差，从而造成承压水水位模拟值与实测值产生较大误差。J4 孔位于模拟期内正在开采的工作面附近，其地下水位变化幅度较大，而模拟水位变化趋势与其拟合很好，表明模拟可以采用将矿井涌水量平均分配为多口抽水井的形式。

4）水均衡分析

通过模拟计算得出模拟区潜水含水层和承压含水层在 2014 年 9 月 1 日至 2015 年 4 月 30 日水量均衡结果见表 3.2。

从表 3.2 可以看出，模拟区在识别期内地下水系统总补给量为 $2.9506×10^8m^3$，总排泄量为 $3.0764×10^8m^3$，均衡差为 $-1.258×10^7m^3$，为负均衡。其中潜水 95.33% 的补给来自大气降水，主要以侧向径流方式排泄（包括向地表河流排泄），越流补给到下部侏罗系风化基岩承压含水层量较少，为 $2×10^4m^3$，仅占总排泄量的 0.01%；而风化基岩承压含水

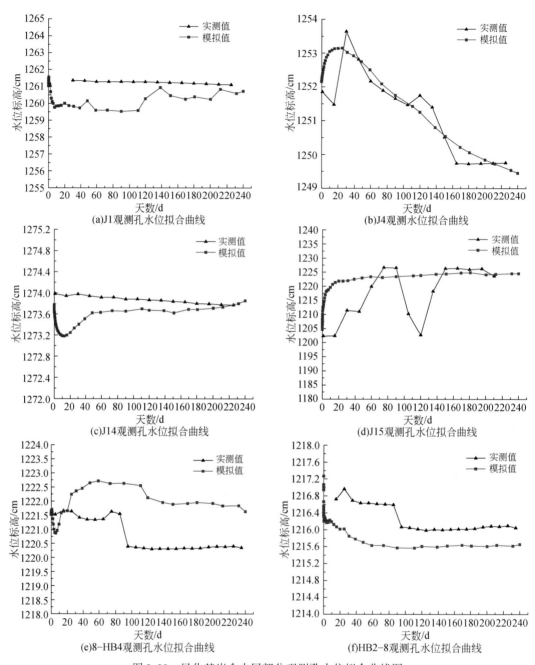

图3.22　风化基岩含水层部分观测孔水位拟合曲线图

层补给几乎全部来自境外的侧向径流，占总补给量的99.99%，排泄也以侧向径流排泄为主（包括向地表沟壑内排泄），占总排泄量97.85%，矿井排水量仅占2.15%。总的来看，矿井排泄量占总均衡差的$\dfrac{6.00}{12.58}\times100\%=47.69\%$，是地下水系统水量减少的重要原因。

表 3.2 识别期内模拟区地下水水量均衡分析表

均衡项		潜水		承压水		总计/$10^6 m^3$
		总量/$10^6 m^3$	比例/%	总量/$10^6 m^3$	比例/%	
补给项	降雨入渗量	28.35	95.33	0	0	28.35
	侧向补给量	1.39	4.67	265.30	99.99	266.69
	越流补给量	0	0	0.02	0.01	0.02
总计		29.74	100.00	265.32	100.00	295.06
排泄项	矿井排泄量	0	0	6.00	2.15	6.00
	侧向排泄量	27.95	99.93	273.67	97.85	301.62
	越流排泄量	0.02	0.07	0	0	0.02
总计		27.97	100.00	279.67	100.00	307.64
均衡差		1.77		−14.35		−12.58

通过对模型识别末期地下水位标高等值线对比和与实测地下水流向的对比、长观孔水位动态曲线拟合以及研究区地下水系统水量均衡分析，表明模型对研究区含（隔）水层结构与边界条件的概化、地下水水流特征的确定、各项水文地质参数的选取是合理的，所建立的地下水数学与数值模型基本能达到精度要求，能用来反映研究区实际地下水动态变化特征，可以用来进行研究区地下水动态预测和地下水资源分析。

第四节 浅表层水资源分布

榆神府矿区主要水资源有地表水、萨拉乌苏组砂层潜水、侏罗系风化基岩裂隙承压水、白垩系洛河组承压水及烧变岩裂隙水等。其中，风化基岩承压水和白垩系下统洛河组承压水由于相对埋深较大，且普遍上覆红土和黄土隔水层，不能直接被植被生态所利用。只有在局部沟谷深切处基岩出露，通过上升泉和排泄的方式补给地表径流，对工农业和植被生态没有产生直接影响。而地表水、萨拉乌苏组砂层潜水等浅表层水对西部生态脆弱区具有直接的供水意义和生态价值，也是西部生态脆弱区采煤水资源保护的主要对象（张茂省等，2014；彭苏萍等，2019）。以榆神–神府矿区南区为例，进行浅表层水资源量分布特征分析。

一、地表水系水资源单位面积储存量

榆神府矿区南区东北部为黄河一级支流窟野河流域，中部为黄河一级支流秃尾河流域，西南部为黄河二级支流榆溪河流域。矿区地表水系较为发育，黄河一级支流窟野河由西北向东南从榆神矿区北部边界穿过，在榆神矿区内较大的支流有考考乌素沟和活鸡兔沟。黄河一级支流秃尾河发源于榆神矿区中部，秃尾河较大的支流有宫伯沟、圪丑沟、红柳河。黄河二级支流榆溪河发源于榆神矿区南部，在矿区内榆溪河较大的支流有五道河则、四道河则、三道河则、二道河则、头道河则、圪求河、白河。矿区北部有全国最大的沙漠淡水湖红碱淖。

由此，可如下计算各流域内的水资源净总储量：

$$Q_j = Q \times L / V \tag{3.8}$$

式中，Q_j 为河流静储量，m^3；Q 为流量，L/s；L 为河流长度，m；V 为流速，m/s。

根据式（3.8）分别计算窟野河流域，秃尾河流域和榆溪河流域的水资源净总储存量，进而计算每个河流单位面积的储存量，结果见表 3.3。

表 3.3 榆神矿区地表水资源参数及计算

名称	河长/km	流域面积/km²	流量/（m³/s）	静储存量/（m³/km²）	单位面积储存量/（m³/km²）
窟野河	269.9	8965.5	3.9500 ~ 43.46	9930546.49	610.83
秃尾河	202.9	4081.8	0.8470 ~ 14.20	2050422.50	230.16
榆溪河	273.5	6073.6	0.1300 ~ 11.75	1349820.00	134.40

二、萨拉乌苏组砂层潜水资源单位面积储存量

统计榆神府矿区南区的钻孔资料，整理萨拉乌苏组潜水含水层厚度，并基于 ArcGIS 空间分析功能计算潜水含水层厚度的分布规律。潜水含水层的储存量称为容积储存量，计算公式如式（3.9）所示。

$$W_{容} = \mu \cdot V \tag{3.9}$$

式中，$W_{容}$ 为地下水的容积储存量，m^3；μ 为含水介质的给水度，无量纲；V 为潜水含水层的体积，m^3。

采用离散化的方法计算萨拉乌苏组潜水地下水容积储存量。该储水单元浅部以细砂为主，含量为 63% ~ 86%，粉砂含量次之，为 10% ~ 15%，该层持水性较弱，透水层良好，下部以粉砂为主的河湖相沉积层持水性较好，构成了主要的储水体，给水度参考值如表 3.4 所示，由此可计算出萨拉乌苏组砂层潜水单位面积储存量。

表 3.4 给水度经验值

岩性	μ	岩性	μ
粉砂与黏土	0.10 ~ 0.15	粗粒及砾石砂	0.25 ~ 0.35
细砂与流质砂	0.15 ~ 0.20	黏土胶结的砂岩	0.02 ~ 0.03
中砂	0.20 ~ 0.25	裂隙灰岩	0.008 ~ 0.10

三、地表水系和砂层潜水水资源单位面积总储存量

基于上述地表水系和萨拉乌苏组砂层潜水的单位面积储存量的分析、计算，采用 ArcGIS 空间分析叠加方法，叠加计算研究区浅表层水资源单位面积总储量（图 3.23）；按

等效砂层潜水厚度，应用自然分级法将浅表层水资源量分布划分为 3 种类型：水资源贫乏区（等效砂层潜水厚度<5m）、水资源中等区（5m≤等效砂层潜水厚度<25m）和水资源丰富区（等效砂层潜水厚度≥25m）。

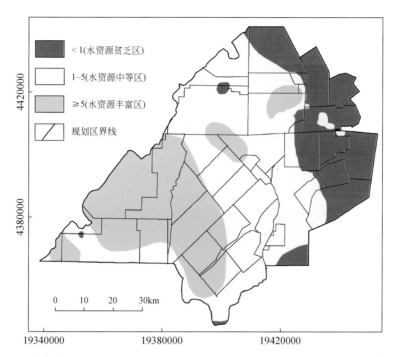

图 3.23　榆神府矿区南区浅表层水资源单位面积总储存量分布（单位：$1×10^6 m^3/km^2$）

第五节　区域生态–水–煤系地质组成结构

　　研究生态–水–煤系空间赋存地质结构特征，是研究煤层开采水害及生态地质环境效应的基础。在前述分析榆神府矿区地层结构特征、生态地质环境类型、水文地质条件及水资源分布的基础上，以承载力有限的水资源作为关键点，从保水采煤生态地质环境和水文地质结构类型两个方面展开研究，确定生态–水–煤系空间赋存地质结构模型，并分析其特征。

一、水文地质结构类型及分区

　　在分析煤田含（隔）水层厚度及其展布规律和煤层赋存规律的基础上，考虑到煤层开采对含（隔）水层结构的影响，将研究区划分为 13 个水文地质结构类型，其水文地质结构类型及其特征如表 3.5 所示。

表 3.5　榆神府矿区水文地质结构类型及其特征

编号	水文地质结构类型	主要含水层	富水性	分布面积/km²	分布区域
Ⅰ	萨拉乌苏组+白垩系+煤系	萨拉乌苏组+白垩系	强–较弱富水	829.63	研究区西北部，呈条带状分布
Ⅱ	萨拉乌苏组+黄土+白垩系+煤系	萨拉乌苏组+白垩系	中等–较弱富水	174.57	零星分布于阿包兔、尔林滩勘查区
Ⅲ	萨拉乌苏组+红土+白垩系+煤系	萨拉乌苏组+白垩系	中等–较弱富水	271.8	零星分布于尔林兔、孟家湾勘查区
Ⅳ	萨拉乌苏组+黄土+红土+白垩系+煤系	萨拉乌苏组+白垩系	中等–较弱富水	253.13	主要分布于小壕兔勘查区和小壕兔一号井
Ⅴ	萨拉乌苏组+煤系	萨拉乌苏组	中等–较弱富水	877.03	呈片状，分布于研究区中部和南部
Ⅵ	萨拉乌苏组+黄土+煤系	萨拉乌苏组	中等–较弱富水	691.4	呈片状分布于中部，零星分布于南部
Ⅶ	萨拉乌苏组+红土+煤系	萨拉乌苏组	中等–较弱富水	722.88	呈片状，分布于研究区中部
Ⅷ	萨拉乌苏组+黄土+红土+煤系	萨拉乌苏组	弱–极弱富水	948.29	呈片状，分布于研究区中部和南部
Ⅸ	黄土+红土+煤系	—		979.02	呈片状分布于研究区东北部
Ⅹ	黄土+煤系	—		110.2	分布于东南部
Ⅺ	红土+煤系	—		39.98	分布于中东部
Ⅻ	煤系	—		5.35	分布于中东部
ⅩⅢ	第四系冲积层+煤系	第四系冲积层	中等–较弱富水	430.72	分布于榆溪河、窟野河和秃尾河河谷

　　每种水文地质结构类型的典型柱状图如图 3.24 所示。

　　进一步的，基于 ArcGIS 空间分析功能区划了矿区水文地质结构类型，如图 3.25 所示。

二、生态–水–煤系空间赋存地质结构模型

　　在分析区划水文地质结构类型的基础上，考虑到工程实践应用的便捷性，将 Ⅰ 和 Ⅴ 型划为砂基型，Ⅱ ~ Ⅷ 型划为砂土基型，Ⅸ、Ⅹ 和 Ⅺ 型划为土基型，Ⅻ 和 ⅩⅢ 型划为基岩型（图 3.26）。

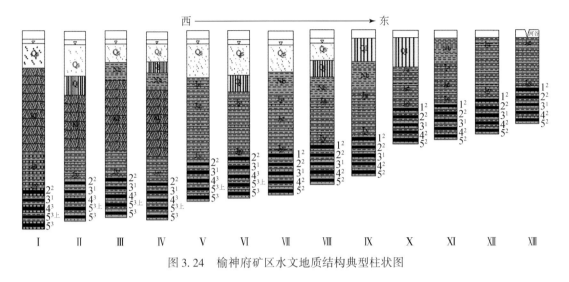

图 3.24 榆神府矿区水文地质结构典型柱状图

图 3.25 榆神府矿区水文地质结构类型区划

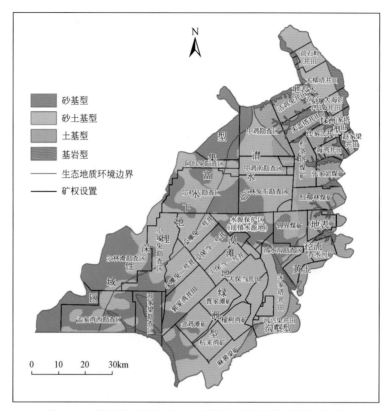

图 3.26 榆神府矿区生态-水-煤系空间赋存地质结构模型

第四章 关键隔水层工程地质力学性质

鄂尔多斯盆地侏罗系煤层上覆隔水岩土层是阻隔浅表层水的关键隔水层，特别是在盆地内及我国中西部其他地区广泛分布的 N_2 红土层，天然状态下隔水性能良好，对鄂尔多斯盆地乃至西北其他干旱–半干旱区保水采煤具有重要的意义。

本章采用野外地质调查、室内试验、理论分析计算等方法，系统分析鄂尔多斯盆地及其周边地区 N_2 红土区域分布特征、基本物理–水理–力学性质及其区域差异性，研究 N_2 红土及侏罗系泥岩受采动影响的工程地质性质变化特征，揭示不同采动受损破裂 N_2 红土水土相互作用、采后应力恢复蠕变结构渗透性变化特征规律，建立蠕变–结构–渗透性变化模型；基于此，首次提出隔水层再造理论观点，明确指出 N_2 红土具备隔水层再造的工程地质属性，是西北地区煤炭大规模开采浅表层水保护和修复的可再造关键隔水层。

第一节 N_2 红土区域分布

N_2 红土指新近纪上新世沉积的、位于黄土之下的、一套厚度不等的、黄棕色–红棕色沉积组合，因其本身为红色的土状堆积且埋藏有丰富的三趾马动物化石（"Hipparion" 化石）而又被称为"三趾马红土"（杨玉茹等，2020）。N_2 红土广泛分布于我国的中西部地区，据黄镇国等（1999）研究，我国范围内 N_2 红土北部边界为 41°~42° N，在新疆北部位于阿尔泰山南坡，吉木乃县、阿尔泰市、富蕴县等地均分布棕红色–棕黄色古风化壳残留；在内蒙古中部商都–化德盆地（41°21′~42°00′N）揭露有橘红色和土黄色土、辽宁北票揭露有棕红色土、吉林白头山西南坡揭露有暗红色砂砾，此界以北的 N_2 红土仅出现在扎赉诺尔和海拉尔。中国范围内 N_2 红土南边界在 35°N 上下。

一、典型红土剖面特征

前人对 N_2 红土的多个剖面进行了深入研究，此次在对陕北钻孔、柳林、高家沟、介休及石楼等剖面实测取样的基础上，结合前人对不同区域红土剖面研究成果，对红土地层发育特征进行分析总结（王守玉，2017）。

（一）陕北地区

陕北地区为此次研究重点地区，其西部为毛乌素沙漠，东部为吕梁山隆起。选取保德冀家沟、府谷老高川、榆神府矿区 SK2 井对该地区红土剖面特征进行总结。

1. 府谷老高川剖面

府谷老高川剖面（39°12.907′N，110°31.206′E），总厚 45.3m，顶部为第四系黄土，

底部不整合接触侏罗系砂岩。

剖面垂向分为两段（图4.1），上段缺失静乐组上部，下段红土厚40m，底部为河流相砂岩。受河流影响，内部发育两层细粉砂岩。红土呈棕红色–浅棕红色，见较多灰黄色–浅灰黄色钙质结核层，铁锰胶膜及团粒结构发育，内部见较多动物（三趾马）化石；

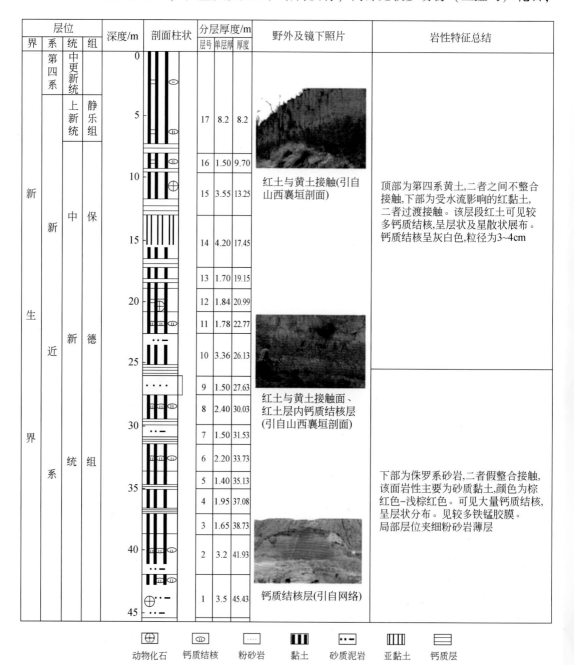

层位				深度/m	剖面柱状	分层厚度/m			野外及镜下照片	岩性特征总结
界	系	统	组			层号	单层厚	厚度		
新 生 界	第四系	中更新统		0						顶部为第四系黄土，二者之间不整合接触，下部为受水流影响的红黏土，二者过渡接触。该层段红土可见较多钙质结核，呈层状及星散状展布。钙质结核呈灰白色，粒径为3~4cm
		上新统	静乐组	5		17	8.2	8.2	红土与黄土接触(引自山西襄垣剖面)	
	新近系	中新统	保德组	10		16	1.50	9.70		
						15	3.55	13.25		
				15		14	4.20	17.45		
						13	1.70	19.15		
				20		12	1.84	20.99		
						11	1.78	22.77		
				25		10	3.36	26.13	红土与黄土接触面、红土层内钙质结核层(引自山西襄垣剖面)	
						9	1.50	27.63		
						8	2.40	30.03		
				30		7	1.50	31.53		下部为侏罗系砂岩，二者假整合接触，该面岩性主要为砂质黏土，颜色为棕红色–浅棕红色。可见大量钙质结核，呈层状分布。见较多铁锰胶膜。局部层位夹细粉砂岩薄层
						6	2.20	33.73		
				35		5	1.40	35.13		
						4	1.95	37.08		
						3	1.65	38.73		
				40		2	3.2	41.93		
						1	3.5	45.43	钙质结核层(引自网络)	
				45						

⊕ 动物化石　　⊟ 钙质结核　　▭ 粉砂岩　　▮▮ 黏土　　▪▪ 砂质泥岩　　▦ 亚黏土　　▭ 钙质层

图4.1　府谷老高川剖面岩性柱状图

上段红土厚5m左右，内部钙质结核含量较少呈星散状分布，黏土团块含量较高，铁锰胶膜较多，砂砾岩夹层不发育。上段红土颜色整体较深，呈深红褐色-鲜红色，较下段颜色深。

2. 榆神府矿区SK2井

榆神府矿区位于榆林与府谷之间，远离东部吕梁山。SK2井作为钻孔岩心样，对比宏观露头而言，取样新鲜，未受外界风化影响，对红土分析更具意义。其上部为第四系黄土，下部不整合侏罗系中统直罗组砂岩。依榆神府矿区不同水文钻孔对地层的揭露显示，该地区红土地层厚度不一，厚度差可达50m以上，由此可知红土沉积时底部界面沟谷纵横，极为不平整。

SK2井厚度为100m，垂向可分为5段（图4.2），底部为河流相细粉砂岩。第1段（97～109m），主要为深红棕色黏土，局部可见棕黄色黏土，钙质结核较少，结核形状不规则，内部可见红土包粒；第2段（80～97m）主要为浅红棕色-红棕色黏土，局部可见棕黄色黏土，见5层钙质结核层，局部见松散分布钙质结核，不规则，粒径为1～2cm；第3段（55～80m）主要为浅红棕色-红棕色黏土，钙质结核相对下部升高，可见5层钙质结核层，结核层上下红土颜色为浅棕红色；第4段（38～55m），主要为浅红棕色-红棕色黏土，砂质含量较少，钙质结核较少，松散分布；第5段（10～38m）主要为浅红棕色黏土，砂质含量较少，无砂感，钙质结核较少，主要集中于各分层底部，松散分布，粒径1～2cm，在各分层内向上减少。

3. 保德冀家沟剖面

保德剖面（39°00.175′N，111°09.808′E），靠近吕梁山。剖面厚度为60m，顶部为第四系黄土，底部为石炭系砂泥岩，顶底均为不整合接触（图4.3）。

保德冀家沟剖面垂向分为两段，下段厚度35m，受水流影响严重，内部发育三层砂砾岩层。底部砾石层厚度达16m，横向厚度变化较大。砾石层间为浅棕红色黏土，钙质结核零散分布，局部成层状，上部见哺乳动物化石；上段厚度25m，为棕红色黏土与黄白色钙质结核层互层，颜色较下部深，钙质结核粒径为3～5cm，铁锰胶膜发育不明显。

基于以上剖面、钻井分析，陕北地区新近系红土下伏地层由东向西时代变新、底部砾石厚度逐渐减薄。剖面厚度集中于50～60m，受基底面不平影响，土体厚度差异较大。下部红土多见砂砾岩夹层，颜色较浅，钙质结核多呈层状展布，动物化石丰富；上部红土颜色较深，钙质结核多零散状分布，动物化石少见。

（二）吕梁山地区

前人对吕梁山西麓多个红土剖面进行了研究，此次研究工作对该地区石楼、隰县、柳林剖面进行了实测、分层及采样等工作。选取柳林、石楼等剖面对吕梁山西麓红土沉积特征进行总结。

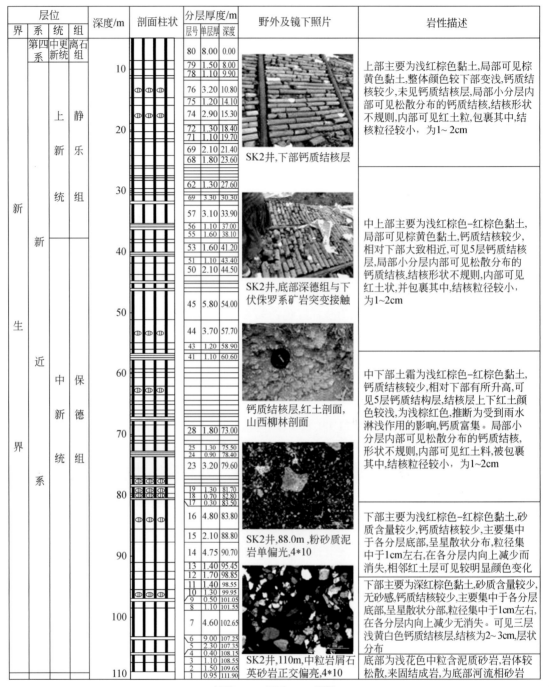

	层位			深度/m	剖面柱状	分层厚度/m			野外及镜下照片	岩性描述
界	系	统	组			层号	单层厚	深度		

图 4.2　榆神府矿区 SK2 井岩性柱状图

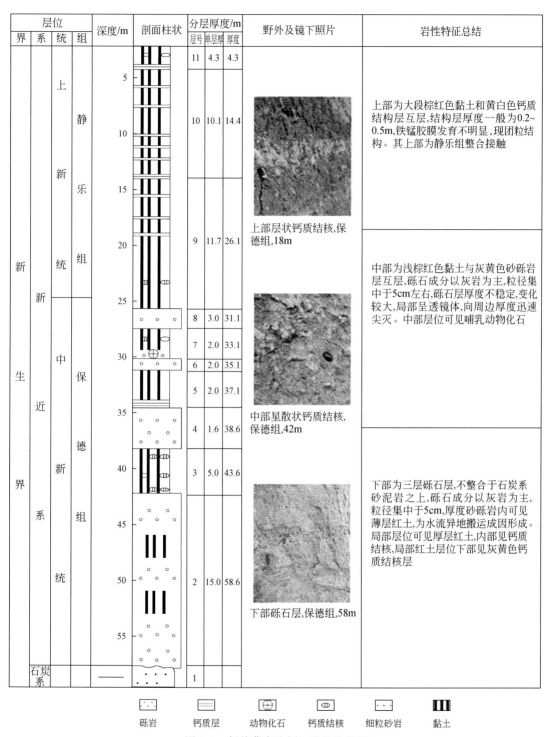

层位				深度/m	剖面柱状	分层厚度/m			野外及镜下照片	岩性特征总结
界	系	统	组			层号	单层厚	厚度		
新生界	新近系	上新统	静乐组			11	4.3	4.3		上部为大段棕红色黏土和黄白色钙质结构层互层,结构层厚度一般为0.2~0.5m,铁锰胶膜发育不明显,现团粒结构。其上部为静乐组整合接触
						10	10.1	14.4	上部层状钙质结核,保德组,18m	
						9	11.7	26.1		
		中新统	保德组			8	3.0	31.1	中部星散状钙质结核,保德组,42m	中部为浅棕红色黏土与灰黄色砂砾岩层互层,砾石成分以灰岩为主,粒径集中于5cm左右,砾石层厚度不稳定,变化较大,局部呈透镜体,向周边厚度迅速尖灭。中部层位可见哺乳动物化石
						7	2.0	33.1		
						6	2.0	35.1		
						5	2.0	37.1		
						4	1.6	38.6		
						3	5.0	43.6	下部砾石层,保德组,58m	下部为三层砾石层,不整合于石炭系砂泥岩之上,砾石成分以灰岩为主,粒径集中于5cm,厚度砂砾岩内可见薄层红土,为水流异地搬运成因形成。局部层位可见厚层红土,内部见钙质结核,局部红土层位下部见灰黄色钙质结核层
						2	15.0	58.6		
石炭系						1				

砾岩　　钙质层　　动物化石　　钙质结核　　细粒砂岩　　黏土

图4.3 保德冀家沟剖面岩性柱状图

1. 柳林高家沟剖面

高家沟剖面位于柳林县，垂向由三个红土剖面拼接而成，剖面总厚度为90m，顶部为第四系黄土，底部为石千峰组砂岩。柳林剖面分为三段（图4.4）。下段厚12m，主要为

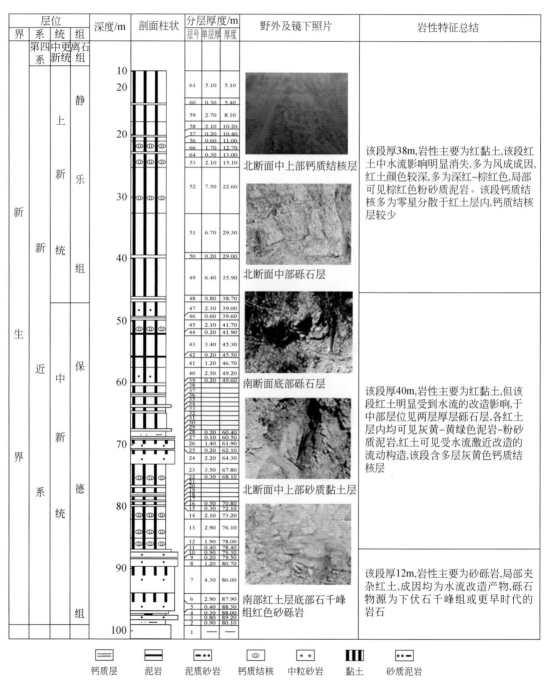

图4.4　柳林高家沟剖面岩性柱状图

砂砾岩，局部夹水流改造杂色红土，砾石物源为下伏石千峰组或更早时代地层；中段厚40m，岩性主要为红黏土，明显受到水流的改造影响，中部层位见两层厚层砾石层，各红土层内均可见灰黄色-黄绿色泥岩-粉砂质泥岩，红土可见受水流激近改造的流动构造，该段含多层灰黄色钙质结核层；上段厚38m，主要为红黏土，该段红土中水流影响明显消失，多为风成成因，红土颜色较深，多为深红色-棕红色，局部可见棕红色粉砂质泥岩，该段钙质结核多为零星分散于红土层内，钙质结核层较少。

2. 石楼罗村镇剖面

石楼剖面（36°55.518′N，110°56.316′E），剖面厚70m，底部为前新近系岩层，顶部为第四系离石黄土（图4.5）。剖面垂向上分为两段，下部厚35m颜色呈浅棕红-棕黄色，结核整体呈层状分布，厚度为0.1~0.3m，结核粒径较小。局部铁锰结核发育，局部见薄层粗砂岩；上部厚35m，与下层相比颜色较深，呈红棕色。整体铁锰胶膜较为发育，钙质结核呈星散状，粒径粗大，呈棒状、串珠状、倒锥状分布。部分钙质结核与周围物质相融，从而使得钙质结核与周围红土不易区分，反映其原地沉积特征剖面仅中部见一薄层粗砂岩，底部时限11Ma B.P.，早于其他临近剖面，表明石楼剖面红土沉积时受吕梁山隆升影响较少，沉积环境较为稳定。

基于以上典型剖面分析，吕梁山西麓红土底部砾石层发育，呈现远离吕梁山厚度减薄特征。该地区红土较厚，达80m以上，沉积中心位于柳林一带。剖面下部砂砾石层碎屑由砾石、红土碎块、钙质结核组成，具一定磨圆及分选，垂向呈正粒序，临近红土见水流层理。内部二次搬运钙质结核的存在指示红土沉积时限大于底界砂砾岩层，南部石楼剖面底界限大于11Ma B.P.，指示吕梁山隆升前相对凹陷地区已开始堆积红土。

（三）渭河盆地地区

渭河盆地为一新生代断陷盆地，南部为秦岭，北部为渭北山。该地区红土发育相对独立，此次研究选取蓝田剖面对该地区红土沉积特征进行总结。

1. 蓝田段家坡剖面

蓝田剖面（34.12°N，109.12°E），底部不整合于中新统灞河组，顶部为第四系黄土。剖面厚62m，底部为一薄层砂砾岩层，胶结疏松（图4.6）。剖面垂向上可分为两段，上段厚15m，岩性呈红棕色黏土，颜色较深，钙质结核不甚发育，呈星散状分布，底部见数层钙质结核与黏土互层；下段40m左右，钙质结核发育，呈层状展布，底部见砾石层，见较多哺乳动物化石（环齿三趾马等）。

2. 西安剖面

剖面厚50m，底部为灞河组河湖相砂泥岩沉积，底部可见一薄层砂砾岩。剖面上段厚15m，底部见一厚层钙质结核层，颜色较深；下段为35m，钙质结核层较为发育。

基于以上剖面分析，渭河盆地红土底部发育砂砾层，下伏灞河组沉积。红土下部钙质结核发育，成层状分布，顶部钙质结核较少，呈星散状。整体颜色上部较深，动物化石较为发育（三趾马等）。

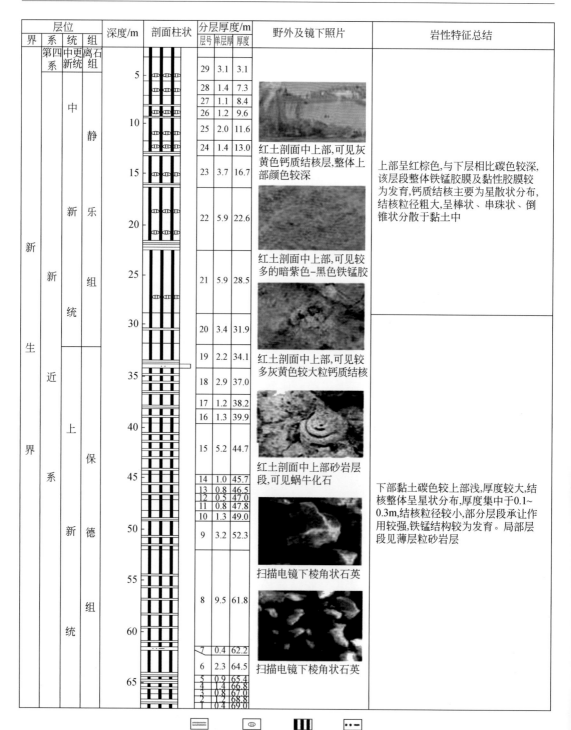

图 4.5 石楼罗村镇剖面岩性柱状图

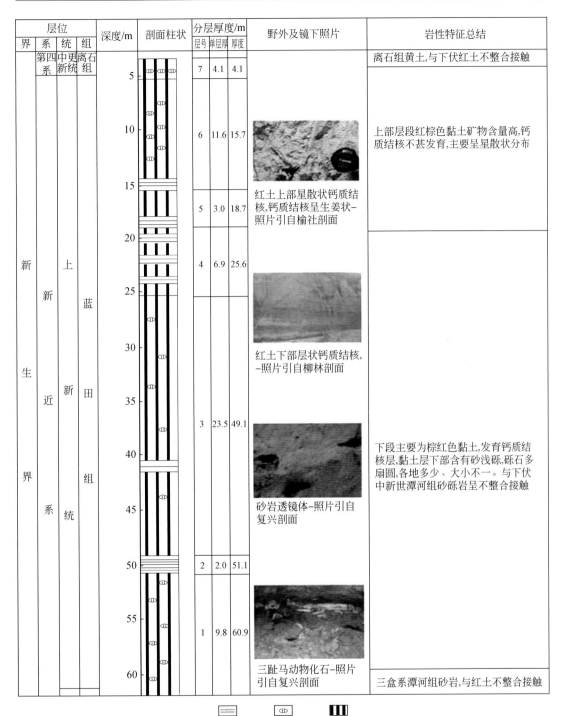

钙质层　　钙质结核　　黏土

图 4.6　蓝田段家坡剖面岩性柱状图

（四）六盘山地区

六盘山东部地区红土研究程度较高，厚度较大，沉积中心位于六盘山山前拗陷带。此次研究选取西峰、旬邑剖面对该地区红土岩石学特征进行总结。

1. 西峰赵家川剖面

西峰剖面（35°53′N，107°58′E）位于甘肃省庆阳市，其底部为白垩系砂岩，顶部为第四系黄土。剖面厚56m，垂向可分为两段（图4.7）。上段25m，颜色较深呈红棕色，钙

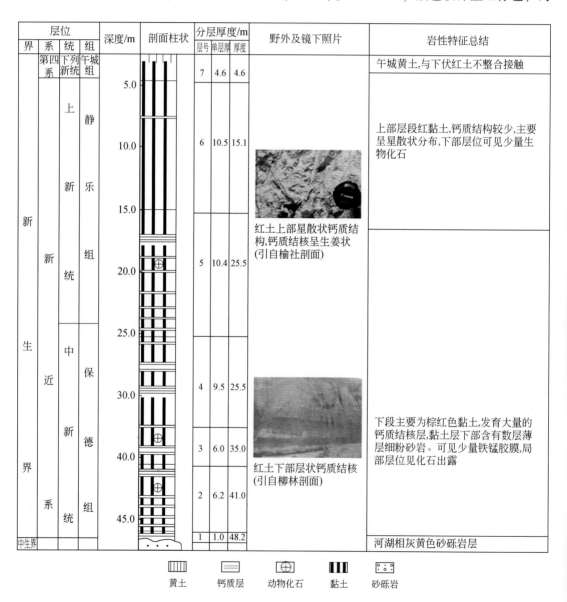

图 4.7　西峰赵家川剖面岩性柱状图

质结核较少，零星分布，下部见少量生物化石；下段红土厚31m，钙质结核发育，多呈层状，下部层段可见数层细粉砂岩薄层。局部层位见古生物化石，可见少量铁锰胶膜及化石出露，钙质结核发育较少。与东部吕梁山附近剖面相比，西峰剖面钙质结核及底部砾石层较少甚至不发育，铁锰胶膜发育较弱。

2. 旬邑职田镇剖面

旬邑剖面（35°14′N，108°24.5′E）位于渭北山前拗陷带东部旬邑职田镇，底界与白垩系砂岩不整合接触，顶部为第四系黄土。剖面厚84m，相对于西部六盘山山前拗陷带厚度减薄（图4.8）。底为中生界砂岩，不整合接触。剖面垂向可分为上下两段，上段厚35m，

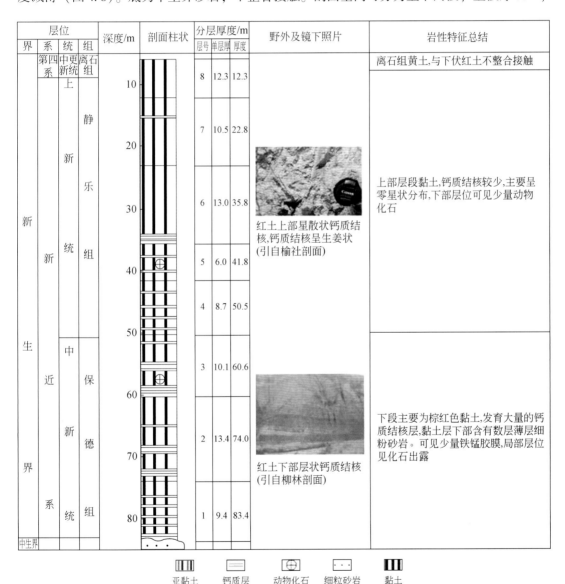

图4.8　旬邑职田镇剖面岩性柱状图

颜色较深，以棕红色黏土为主，钙质结核发育较少，呈零散状分布，下部见少量动物化石；下段红土厚50m，该段红土钙质结核发育，见多层钙质结核，局部层段可见数层细粉砂岩薄层。

总结以上剖面六盘山地区钙质结核总体仍呈上部钙质结核零星展布，下部钙质结核层状展布特征，但整体较少。剖面下部红土层中水流成因砂砾岩较少，厚度不大，铁锰胶膜不甚发育。

（五）盆地中部地区

鄂尔多斯盆地中部地区红土厚度整体较薄，出露较差。底部岩层多为侏罗系、白垩系，上覆第四系黄土。据李建星（2009）对南部子午岭野外地质调查发现，这一地区红土整体颜色较浅为淡红色，局部地区底部见薄层砾石层，钙质结核及铁锰胶膜不发育。红土厚度变化较小，局部出现红土厚度在山脊处增厚现象，指示子午岭隆起晚于红土形成时期。

二、区域地层对比与划分

（一）孢粉组合带划分与对比

孢粉为植物繁殖器官，具有体积小、产量大、外壁坚固、易保存及易获取等优点，为大化石之外最直接的古环境恢复记录。对孢粉进行组合带划分与对比，可开展一定地质时期内沉积环境及地层划分与对比。对SK2井每间隔0.5m连续取样，进行孢粉提取、鉴定及统计，对研究区新近系红土进行孢粉垂向特征分析，从而开展组合带划分，为进行区域地区对比及划分提供基础。

1. 孢粉化石特征

不同科属孢粉类型，其孢粉壁形态、构造、纹饰特征以及萌发器的数量、位置与形态均有所差异，这也成为鉴定植物科属重要依据。选取陕北水文钻孔SK2井近100m钻孔样间隔0.5m取样，采用氢氟酸法（HF法）进行预处理，提取孢粉。后期置于显微镜下进行属种鉴定，受红土为碱性土体影响，孢粉保存较差，导致镜下孢粉数量较少，单个样品孢粉鉴定数量为100枚左右。

通过统计各类孢粉组合百分含量，结果显示，研究区植被面貌以草本类植物为主，平均44.5%，其次为乔木类植物，平均31.9%，灌木类植物最少，平均含量21.9%，此外底部地层见少量蕨类植物孢粉。

1）乔木类植物

乔木类植物孢粉包括双束松粉属、柏科花粉、胡桃粉属、山核桃粉属、云杉粉属及榆粉属等。其镜下特征分别如下（图4.9）。

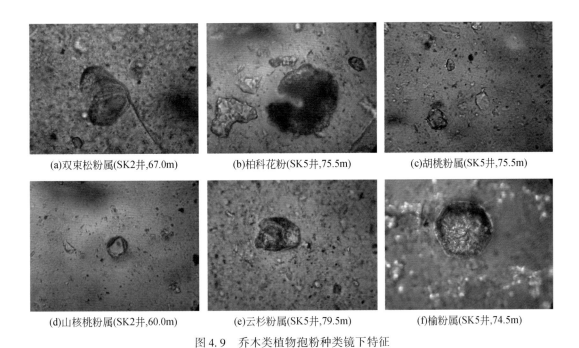

(a)双束松粉属(SK2井,67.0m) (b)柏科花粉(SK5井,75.5m) (c)胡桃粉属(SK5井,75.5m)

(d)山核桃粉属(SK2井,60.0m) (e)云杉粉属(SK5井,79.5m) (f)榆粉属(SK5井,74.5m)

图4.9 乔木类植物孢粉种类镜下特征

（1）双束松粉属：三圆交割状，双气囊，气囊一般大于半圆形，气囊在极面与本体呈三圆交割，与本体间夹角较大。

（2）柏科花粉：球形-圆形，内壁较厚，外壁（2层）较薄，纹饰呈颗粒状、气囊、沟、孔不发育，表面可见次生褶皱。

（3）胡桃粉属：卵圆形-亚圆形，具6~8个赤道孔，外壁于孔外围加厚，外壁呈光滑或弱点状，具褶皱。

（4）山核桃粉属：扁球状，极面近圆形，于赤道位置具3~4个圆形孔，外壁较薄，具次生褶皱，圆形孔处外壁加厚，纹饰呈颗粒状。

（5）云杉粉属：本体为扁球形，气囊较大，呈半球形至桶形，气囊与本体夹角160°~180°，孢粉个体较大，纹饰为细网纹。

（6）榆粉属：扁球形，极面轮廓为多角形-圆形，具4~5个孔，孔间具微弱弓形脊连接，外壁发育脑瘤状纹饰。

经统计，SK2井乔木类植物花粉15属（科）共计6381粒，通过绘制乔木类主要科属植物孢粉垂向变化图（图4.10），对其进行垂向分析。

乔木类植物孢粉中松科有502粒，主要属种为双束松粉属（377粒）。松科主体分布于温带气候环境，含量向上呈递减趋势；柏科381粒，垂向呈微弱递减；胡桃科有1019粒，以胡桃粉属为主（451粒），分布于温带湿润环境，垂向呈明显减少特征，至顶部消失；桦科（桤木粉属）有1267粒，其分布于喜湿中海拔地区。中下部桤木粉属含量丰富，至顶部孢粉带5，孢粉数量急剧降低，指示气候冷干化加剧；山毛榉科有643粒，主要属种为山毛榉粉属（538粒），其多形成阔叶森林，中下部孢粉含量较高，上部孢粉带Ⅳ~Ⅴ急剧减少；榆科有317粒，向上呈微弱递减；木兰科有869粒，其含量垂向变化不明

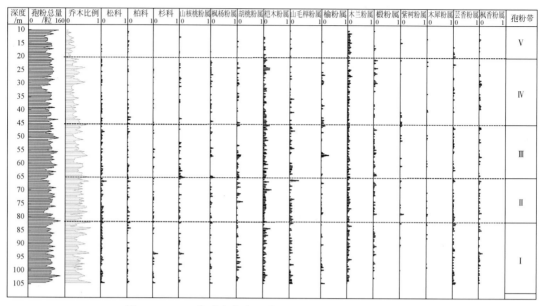

图 4.10　SK2 井乔木类主要科属植物孢粉含量垂向变化图

显；此外还包括芸香科 347 粒、枫香科 295 粒，均为高大乔木，其含量较少，垂向呈微弱递减。

2）灌木类植物

灌木类植物主要包括麻黄粉属、鼠李粉属和胡颓子粉属，其镜下特征分别如下（图4.11）。

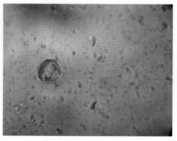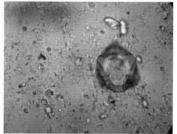

(a)麻黄粉属(SK2井,90m)　　　(b)鼠李粉属(SK2井,63m)　　　(c)胡颓子粉属(SK2井,63m)

图 4.11　灌木类植物孢粉种类镜下特征

（1）麻黄粉属：呈宽椭圆形至瘦纺锤形，赤道轴短，极轴长。具联通两极沟肋，镜下显示其突出于轮廓线，外壁两层，具沟状开裂，两侧对称。

（2）鼠李粉属：呈扁球形-长球形，赤道轮廓为三角形。具三孔沟，萌发器突出于赤道轮廓外，纹饰呈细网纹状。

（3）胡颓子粉属：呈扁球形-近球形，极面呈三角形，具三孔沟，沟短呈裂缝状，表面平滑，纹饰呈颗粒状至模糊细网纹状。

灌木类植物6属共有4598粒，通过绘制其垂向变化图（图4.12），对其进行垂向特征分析。灌木类植物孢粉整体少于乔木类植物孢粉。

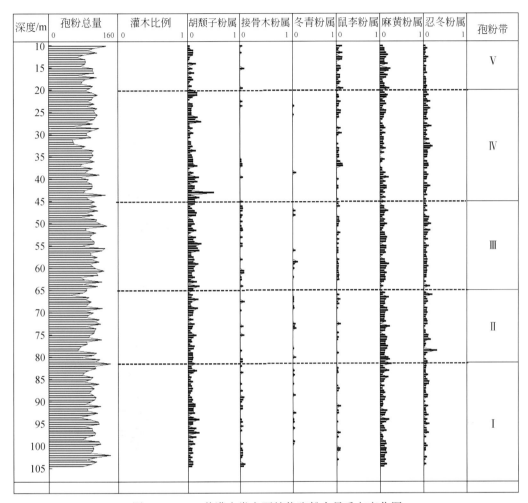

图4.12　SK2井灌木类主要植物孢粉含量垂向变化图

灌木类植物孢粉中胡颓子科有1545粒，其含量于中部到达峰值，至顶部减少；忍冬科有1070粒，主体为忍冬粉属，为林下植物，总体含量变化不大，于上部达到峰值；鼠李科有395粒，鼠李粉属为主，整体向上升高，于顶部达到峰值；麻黄科有1492粒，垂向变化不明显，于上部突变减少，反映干旱草原–半荒漠环境。

综上，灌木类植物孢粉以麻黄粉属、鼠李粉属和胡颓子粉属为主，整体含量垂向变化不大，多数于中部达到峰值，指示此时气候干旱化具一定规模。

3）草本类植物

草本类植物包括藜粉属、莎草粉属、蓼粉属等。镜下特征如图4.13所示。

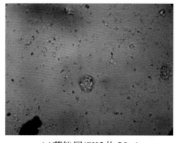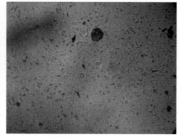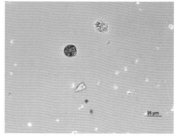

(a)蓼粉属(SK2井,30m) (b)藜粉属(SK2井,33m) (c)莎草粉属(SK2井,25m)

图4.13 草本类植物孢粉种类镜下特征

（1）藜粉属：呈球形，具中等到大量孔，其分布均匀，孔区凹陷具孔膜。

（2）莎草粉属：呈卵圆形–倒梨形，孔较小。主孔不规则，位于花粉粒宽的一端，不加厚，具次生孔、排列方式不规则。

（3）蓼粉属：呈宽透镜体形–球形，赤道轮廓圆形，网纹纹饰，孔较小，数量不一，内层较为平滑。

草本植物花粉类型8属（科）共计7282粒，通过绘制其不同草本类植物孢粉垂向变化图（图4.14），对其开展研究，草本类植物孢粉含量较高。

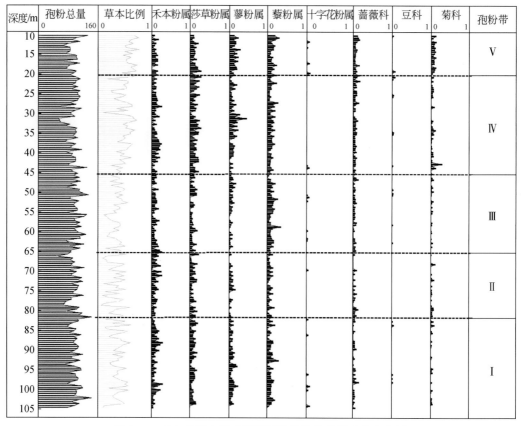

图4.14 SK2井草本类主要科属植物孢粉含量垂向变化图

草本类孢粉中禾本科有 1544 粒，垂向变化不明显；莎草科有 1620 粒，于中上部达到峰值，其指示冷干草原类环境；蓼科有 1242 粒，中下部含量较少，至上部突变增高，于上部达到峰值；藜科有 1599 粒，该类孢粉于中部开始向上升高；菊科有 448 粒，于顶部达到峰值。

综上分析，研究区草本类植物孢粉整体含量较高，主要属种包括禾本粉属、蓼粉属、藜粉属、莎草粉属及菊科。其整体含量呈向上增高，多数属种于组合带 4、5 达到峰值，指示气候干旱化在此时加剧，植被类转变为草原类为主。

2. 孢粉组合带划分

依据乔木类、灌木类、草本类孢粉统计结果，将其垂向划分为 5 个组合带（图 4.15），并对各孢粉组合带特征开展分析。

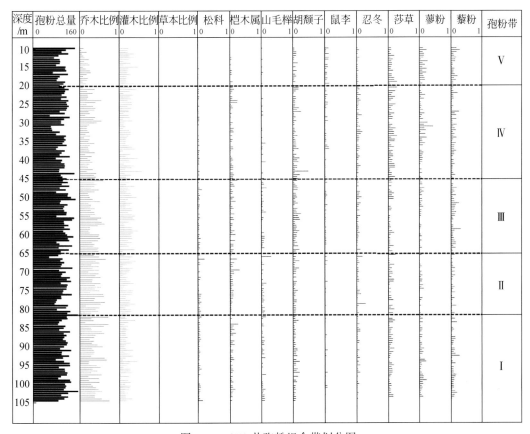

图 4.15 SK2 井孢粉组合带划分图

组合带 I：82～110m，桤木属–禾本粉属组合带。该组合带乔木类植物占优势（14% ～73%，均值 41.8%），占比由高到低依次为桤木属（均值 8%）、木兰属（均值 4.5%）、山毛榉属（均值 4.0%）、松科（均值 3.9%）；草本类植物次之（8%～63%，均值 36.5%），此外莎草属（均值 8%）、藜属（均值 8.2%）含量也较高；灌木类植物较少（9%～39%，均值 21.7%），优势属为胡颓子属（均值 7.4%）。

组合带Ⅱ：65~87m，桤木属-胡颓子属组合带。乔木类植物为主（16%~63%，均值43%），较组合带Ⅰ有所增加。桤木属（均值8.6%）及胡桃属（均值2.9%）呈小幅升高；灌木类植物小幅增加（9%~44%，均值25.8%），其中胡颓子属（均值7.7%）与组合带Ⅰ相近，忍冬属（均值5.2%）升高；草本类植物持续降低（5%~59%，均值30.9%），莎草属（均值7.5%）、藜粉属（均值5.7%）均有所减少。

组合带Ⅲ：45~65m，胡颓子属-藜属组合带。乔木类植物减少（23%~53%，均值38.4%），桤木粉属（均值4.2%），榆粉属（均值2.3%）增加；灌木类植物增加（23%~45%，均值29.8%），胡颓子属为优势属种（均值10.5%），鼠李属（均值2.3%）、忍冬属（均值5.6%）均有所增加；草本类植物小幅增加（16%~55%，均值33.7%），以禾本粉属（均值7.7%）、藜属（均值9.9%）为优势属种。

组合带Ⅳ：20~45m，莎草属-胡颓子属组合带。该组合带草本类大幅度增加（23%~73%，均值47.9%），其中莎草属（均值12.5%）为优势属种，此外禾本粉属（均值9.4%）、蓼粉属（均值8.7%）也小幅增加；乔木类植物持续减少（14%~56%，均值27.1%），在该带上部椴属（2.4%）出现小幅增加；灌木类植物（3%~60%，均值25%），胡颓子属（9.3%）有所减少，麻黄属（6.4%）增加。

组合带Ⅴ：10~20m，莎草属-藜属-蓼属组合带。该组合带草本类达到最高值（48%~76%，均值59.2%），藜属（均值11.8%）、蓼属（均值13.7%）、莎草属（均值10.9%）大幅增加，达到峰值；而乔木类持续减少（4%~26%，均值15.3%），松科（均值1.2%）基本消失，桤木属（均值2.0%）、山毛榉属（均值0.9%）均大幅减少；灌木类植物也呈减少趋势（12%~48%，均值25.6%），其中鼠李属于中上部增加（均值5.8%）。

3. 孢粉组合带对比

收集前人对西峰赵家川（李杰等，2005）、灵台朝那（马玉贞等，2005）孢粉组合带分析结果，开展研究区孢粉组合带对比，统计如表4.1所示。

表4.1　鄂尔多斯盆地新近系红土孢粉组合带对比表

陕北 SK2 井		西峰赵家川剖面（李杰等，2005）		灵台朝那剖面（马玉贞等，2005）	
组合带	孢粉组合特征	组合带	孢粉组合特征	组合带	孢粉组合特征
Ⅴ	草本为主，优势属种藜属11.8%，蓼属13.7%	Ⅲ 4.2~ 2.4Ma B.P.	草本类为主85%，优势属种蒿属、禾本科、藜科	Ⅳ 3.71~ 2.58Ma B.P.	针叶树类为主，优势属种柏科48%~86%、刺柏属5%~19%
Ⅳ	草本为主，优势属种莎草属12.5%，禾本粉属9.4%				
Ⅲ	灌木、草本为主，优势属种胡颓子属10.5%，藜属9.9%	Ⅱ 5.8~ 4.2Ma B.P.	草本类71%，优势属种蒿属45%、禾本科14%、藜科8%	Ⅲ 5.67~ 3.71Ma B.P.	针叶树类为主，优势属种云杉属8.1%~22.4%、松属7%~59%

	陕北 SK2 井	西峰赵家川剖面（李杰等，2005）		灵台朝那剖面（马玉贞等，2005）	
Ⅱ	乔木为主，优势属种栲木属 8.6%，胡颓子属 7.7%	Ⅰ 6.2 ~ 5.8Ma B.P.	草本类 62%、乔木类 26%为主，优势属种松属 20%	Ⅱ 6.73 ~ 5.67Ma B.P.	乔木、针叶树为主，优势属种松属 6% ~ 38.9%、榆属 7.2% ~ 35%
Ⅰ	乔木为主，优势属种榆属 8%，栲木属 8.5%			Ⅰ 8.10 ~ 6.73Ma B.P.	针叶树类为主，优势属种松属 25%~73%

总结三个地点新近系红土地层孢粉组合带特征，除灵台剖面孢粉组合带总体以针叶树、乔木类为主外，陕北及西峰地区孢粉组合带均呈现以下特征：

（1）孢粉组合带中乔木类孢粉向上减少，至顶部基本消失；草本类孢粉（藜属、蒿属、禾本粉属）向上均呈现增加趋势，并形成优势属种。

（2）SK2 钻孔孢粉组合带Ⅳ、Ⅴ可与西峰孢粉组合带Ⅲ比对，均呈现草本类增加并形成优势属种特征。

（3）SK2 钻孔孢粉组合带Ⅲ可与西峰孢粉组合带Ⅱ、灵台孢粉组合带Ⅲ比对，均呈现草本类为优势属种。

（4）SK2 钻孔孢粉组合带Ⅱ可与西峰孢粉组合带Ⅰ比对，均呈现乔木类孢粉为主，但不同的是陕北地区灌木类植物孢粉更为丰富。

（5）SK2 钻孔孢粉组合带Ⅰ可与灵台孢粉组合带Ⅰ比对，均呈现喜湿森林属种（栲木属、松属）为主。

基于以上分析，鄂尔多斯盆地新近系红土沉积早期，植被以高大乔木、针叶树类喜湿植物为主，优势属种包括栲木属、雪松属、松属等。灌木及草本类植物相对发育，整体呈向上增加趋势；红土沉积晚期，植被以草本类等干燥环境植物为主，优势属种包括蒿属、莎草属、藜科等。乔木类植物整体减少，甚至消失，仅于隆升区发育耐寒类针叶树植物。

（二）典型地区地层对比

我国北方红土为含钙质结核棕红色-浅棕红色黏土-粉砂质黏土，受研究机构不同，对新近系红土所属地层命名及地层归属亦存在差异。

1. 山西地区

对山西地区红土所属时代及地层划分方案，研究进展总结如表 4.2 所示。前人对吕梁山周缘地区新近系红土开展多次划分对比，采用方法多为古生物化石及岩性特征，并对所划分组的岩石学特征、横向岩性变化、不同岩组间接触关系以及年代地层等方面进行研究。

表 4.2　山西地区新近系红土地层划分对比表（朱大岗等，2008）

地层系统		Zdansky (1930)	山西省地质矿产局 (1989)	中国地层典 (1999)	中国地质调查局（2005）	朱大岗等（2008）
第四系	更新统			离石黄土（$Q_p^2 l$）		
新近系	上新统	保德组	静乐组（$N_2 j$） 保德组（$N_2 b$） 芦子沟组（$N_2 l$）	静乐组（$N_2 j$）	静乐组（$N_2 j$）	静乐组（$N_2 j$）
	中新统			保德组（$N_1^2 b$） 东沙坡组（$N_1^2 d$）	保德组（$N_1^2 b$）	保德组（$N_1^2 b$） 芦子沟组（$N_1^2 l$）
二叠系				石千峰组		

通过前面对典型剖面分析成果，绘制该地区连井对比图（图 4.16～图 4.18），该地区红土沉积特征总结如下：

（1）新近系红土分属中新统保德组（$N_1^2 b$）和上新统静乐组（$N_2 j$），红土沉积底界时限为 8Ma B. P. 左右，两地层系统界限为 5.3Ma B. P. 。

（2）红土内部钙质结核分布方式有所差异。保德组钙质结核含量较高，多呈厚板状展布；静乐组钙质结核含量较少，多呈星散状–网状展布，二者分界处往往存在数层钙质结核与红土层互层现象。

（3）保德组红土多受到水流因素影响，发育砂砾岩层，厚度不一，邻近隆升区砾石层厚度较大；静乐组则无砾石层发育，仅局部发育薄层细粉砂岩。

（4）保德组古生物化石丰富。发育庙梁动物群、喇嘛沟动物群，多为森林–森林草原型化石。静乐组古生物化石较少，生物种类多为冷干草原型化石。

（5）保德组颜色呈浅棕红色–棕黄色；静乐组颜色较深呈深红色–棕红色。

2. 渭河盆地

渭河盆地为新生代断陷盆地，新生代地层发育较为完整，研究进展总结表 4.3 所示。蓝田组为红土发育层位，岩性为棕红色黏土，内部见数层钙质结核，底部见薄层砾石层。下伏地层为河湖相灞河组砂泥岩层，岩性为紫褐色–黄绿色黏土夹黄色砂岩层。上覆地层为河湖相三门组、第四系黄土，三门组黄红色–灰绿色黏土–粉砂质黏土，局部地区蓝田组上覆三门组不发育。

总结前面对渭河盆地典型剖面分析成果，绘制该地区连井对比图（图 4.19）。总结该地区红土沉积特征如下：

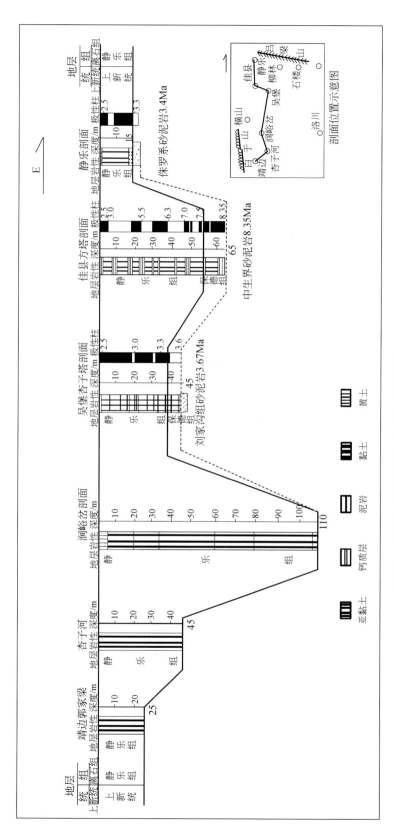

图4.16 白于山—吕梁山红土东西向地层连井剖面图

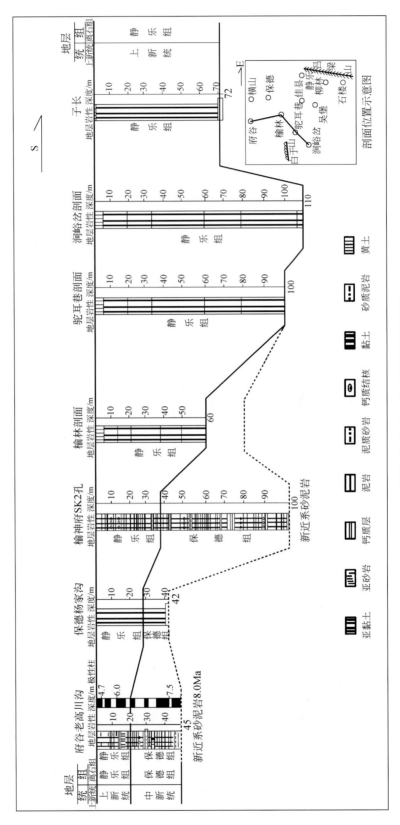

图4.17 陕北地区红土南北向地层连井剖面图

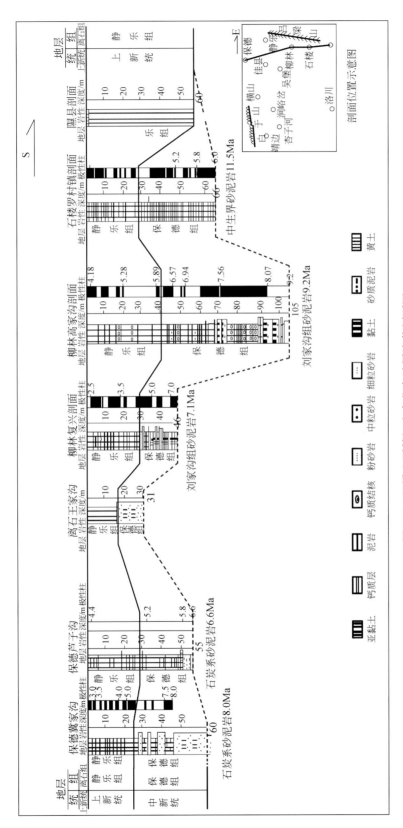

图4.18　吕梁山西麓红土南北向地层连井剖面图

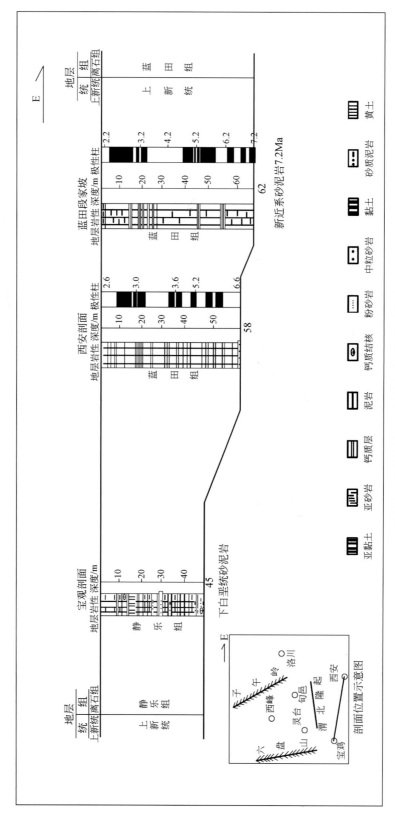

图4.19　渭北盆地红土东西向地层连井剖面图

表 4.3　渭河盆地地区新近系红土地层划分对比表

地层系统		刘东生等 （1960）	贾兰坡等 （1966）	第三普查勘探 大队（1977）	王斌等 （2013）	李智超等 （2015）
第四系	下更新统	午城黄土	三门组	三门组	黄土	三门组
新近系	上新统	蓝田组 灞河组	张家坡组 蓝田组 灞河组	张家坡组 蓝田组 灞河组	蓝田组	蓝田组 张家坡组
	中新统	寇家村组	寇家村组 冷水沟组	龚家沟组 冷水沟组	灞河组	灞河组 寇家村组 冷水沟组
	渐新统	白鹿塬组	白鹿塬组	白鹿塬组	寇家村组	白鹿塬组

（1）渭河盆地新近系红土地层单位为蓝田组，地层底界时限为7.3Ma B.P.，顶部时限为2.6Ma B.P.。

（2）红土内部钙质结核分布方式存在差异。下部为层状展布，含量较高；上部为星散状分布，含量较少，且上部红土底部见厚层钙质结核发育。

（3）红土发育层位多受水流作用的改造，底部为灞河组河湖相砂砾岩堆积，蓝田组底部及上部三门组（局部发育）仍存在砂砾岩层。

（4）下部层位古生物化石丰富，为三趾马类哺乳动物化石。

（5）基于其岩性、古生物、时代地层特征，将其分为上下两段。二者之间的时限为5.2Ma B.P.，为国际上–中新世时间界限。下部地层与保德组比对，上部地层与静乐组比对。

3. 六盘山地区

结合典型剖面岩石特征及横向岩性变化、岩组接触关系、古生物及年代地层对该地区红土地层梳理，该地区红土时代地层划分总结如表4.4所示。

表 4.4　六盘山东部地区–新近系红土地层划分对比表（甘肃省地质矿产局，1989）

地层系统		陇中盆地			宁夏盆地	陇东盆地	临夏盆地
第四系	下更新统	西宁	兰州	陇西	午城黄土	午城黄土	东山组
新近系	上新统	临夏组	临夏组	临夏组	咸水河组	临夏组	积石组 何王家组
	中新统	咸水河组	咸水河组	咸水河组	红柳沟组	咸水河组	柳树组 东乡组 上庄组 中庄组
	渐新统	西宁群上部	野狐城组	固原群	清水营组	清水营组	他拉组

因南北部所属省份不同，其地层单位划分也不同。南部因属甘肃省，红土地层被划归为临夏组。北部地区隶属宁夏，红土地层被划分为干河沟组。总结对六盘山-渭北山典型剖面分析成果，绘制该地区连井对比图（图4.20，图4.21）。

总结该地区红土沉积特征如下：

（1）该地区新近系红土地层单位为临夏组，地层顶底时限 2.6～8.1Ma B. P. 。钙质结核除朝那剖面，总体呈上部零星展布，下部层状展布的特征。

（2）在临夏组下段红土层中除个别剖面（西峰、旬邑）未见水流扰动影响。

（3）通过磁性地层分析，红土地层上下段分界时限为 5.3Ma B. P. 。下段红土层可与保德组比对，上部地层可与静乐组比对。

总结发现，红土层位划分及归属存在较大差异。陕北-吕梁山-鄂尔多斯盆地中央地区其划分为中新统保德组（N_1^2b）、上新统静乐组（N_2j），下伏地层为中新统芦子沟组，上覆地层为第四系风成黄土；渭河盆地其沉积地层为蓝田组，下伏地层为中新统灞河组，上覆地层为第四系三门组（局部发育）及第四系黄土；六盘山南部归属甘肃，早期研究将其归于临夏组，北部固原地区归属宁夏，红土沉积地层被命名为干河沟组，二者岩性相近，下伏地层均为古近系砂砾岩（甘肃省地质矿产局，1989）。

（三）地层对比划分方案

1. 地层对比划分原则

在对典型钻孔孢粉分析及组合带划分、对比基础上，通过对不同地区红土剖面地层发育特征总结，结合陕北-吕梁山-盆地中央、渭河盆地、六盘山-渭北山前等地区红土地层对比划分特征，将区域地层对比划分原则总结如下。

（1）蓝田组、临夏组红土下部均见砂砾岩夹层、横向变化迅速，于隆升山前较为发育；内部生物化石丰富，孢粉组合带以乔木、针叶树类喜湿植物为优势属种；钙质结核物发育且成层；颜色整体较浅。红土整体特征与晋陕地区中新统保德组地层相近，将临夏组、蓝田组下部地层与其对比。

（2）蓝田组、临夏组上部层位砂砾岩夹层不发育；内部生物化石较少，孢粉组和带以草本类冷干植物为优势属种；钙质结核呈零星分布，成层性较差；红土颜色较深。红土整体特征与晋陕地区上新统静乐组地层相近，将蓝田组、临夏组上部层段比对晋陕地区静乐组，其与保德组界限为 5.2Ma B. P. 。

2. 地层对比划分方案

此次研究将红土发育层位划分为新近系中新统保德组（N_1^2b）及新近系上新统静乐组（N_2j）。其中保德组底界为 8Ma B. P.，顶界为 5.2Ma B. P.，可与渭河盆地蓝田组及六盘山地区临夏组下部地层对比；静乐组底界为 5.2Ma B. P.，顶界为第四系黄土，可与渭河盆地蓝田组及六盘山地区临夏组上部地层对比。划分对比方案总结如表4.5所示。

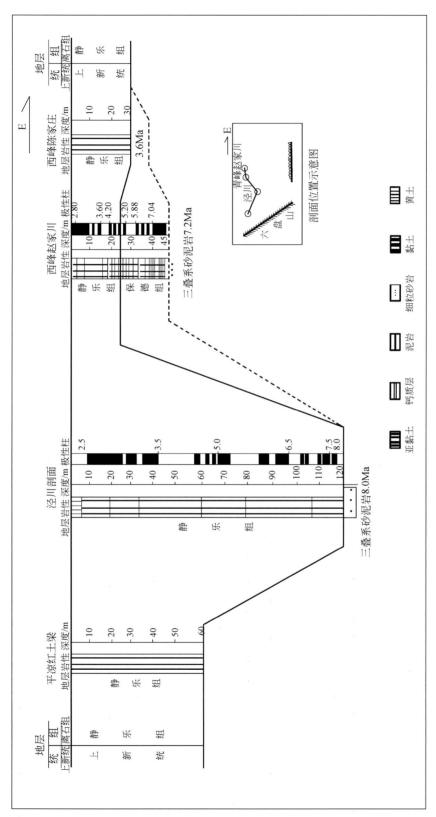

图4.20 六盘山东部红土东西向地层连井剖面图

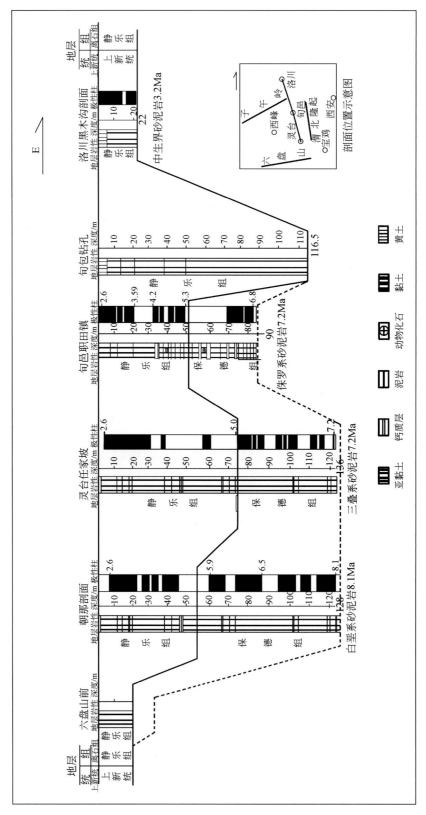

图4.21 渭北山北部红土东西向地层连井剖面图

表4.5　鄂尔多斯盆地红土地层时代划分对比表

地层系统		陕北–吕梁山–盆地中央	渭河盆地	六盘山–渭北山前	本书
第四系	更新统	离石黄土（$Q_p^2 l$）	三门组	午城黄土	第四系黄土
新近系	上新统	静乐组（$N_2 j$）	蓝田组	临夏组	静乐组（$N_2 j$）
	中新统	保德组（$N_1^2 b$）芦子沟组（$N_1^2 l$）	灞河组	咸水河组	保德组（$N_1^2 b$）芦子沟组（$N_1^2 l$）
下伏地层		石盒子组	寇家村组	清水营组	前新近系砂泥岩

第二节　N_2 红土组成结构及基本物理力学性质

一、红土组成结构

（一）红土矿物组成

此次研究选取了山西石楼、陕西榆林、甘肃庆阳地区 20 块样品进行镜下薄片鉴定。其中钻井样 10 块，剖面样 10 块。对所取样品在偏光显微镜下进行了系统的观察、研究与统计，得出 N_2 红土碎屑物质、填隙物构成及碎屑物质间接触关系（图4.22）。分析结果表明，红土中碎屑含量为 28.0%~70.0%，平均为 46.4%，碎屑成分以石英为主，占总量的 21.0%~53.0%，平均为 34.4%；长石次之，含量为 5.0%~9.0%，平均为 7.6%，主要为斜长石，条纹长石较少；岩屑、云母和重矿物含量为 2.0%~8.0%，平均为 4.4%；填隙物为 30.0%~72.0%，平均为 53.6%，主要由细晶–微晶方解石和黏土矿物组成（Wang et al., 2019）。

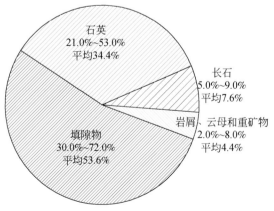

图4.22　红土矿物组成

矿物碎屑中石英颗粒主要有板状、棒状、立方体状及不规则状四类（图4.23）。板状石英颗粒含量高，棱角多，约占石英总量的 30%；棒状石英呈长条状约占 10%；立方状石英棱角分明，约占20%；不规则状石英棱角尖锐，磨圆度低，约占40%。石英抗风化能力强，抗磨损，不易分解，红土中石英表面的破损以机械搬运形成的碟形坑及新月形坑为主。

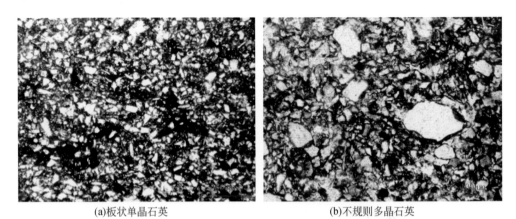

(a)板状单晶石英　　　　　　　　　(b)不规则多晶石英

图4.23　红土中石英颗粒显微特征

红土中长石含量占碎屑组成的16.4%，长石稳定性比石英差，在搬运和沉积过程中，容易发生机械破碎与化学溶蚀。部分长石比较新鲜，部分表面粗糙，发生交代变质作用。不同种类长石母岩不同，镜下长石种类多为微斜长石、条纹长石。红土中以微斜长石为主，条纹长石少见，颗粒大小不一，整体分选较差，粒径为0.01~0.06mm，多呈次棱角状，长石间接触较少，多与石英颗粒呈点、线方式接触。碎屑岩中，酸性斜长石比较常见，中-基性斜长石少见。长石为不稳定矿物，红土中有新鲜长石，说明红土是在干燥的气候条件下形成的，或者搬运的距离比较近，迅速堆积而成的。

红土中最常见的岩屑是由多种或多颗矿物组成的集合体，薄片中岩屑含量为1%~6%，平均为5%。岩屑粒径一般为0.001~0.003mm，次圆状红土中岩屑主要以变质岩岩屑为主，其中的千枚岩岩屑里面呈现小皱纹构造，粒度小于0.001mm，变斑晶为鳞片状变晶结构，是低级区域变质作用的产物；沉积岩和火山岩岩屑含量较少，主要为泥岩、硅质岩及浅变质岩岩屑，泥岩岩屑呈现土黄色，磨圆较好（图4.24）。

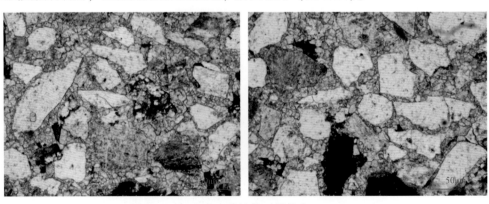

图4.24　红土的显微结构（单偏光，5　10）

由图4.24可知，填隙物由杂基和胶结物构成，杂基充填于碎屑颗粒之间，成分主要有黏土矿物及细粉砂；胶结物分为钙质胶结和泥质胶结物。红土中钙质胶结物以微晶和细晶方解石为主，泥质胶结物中黏土矿物占主要部分，黏粒多呈流胶状。

(二) 红土的粒度成分特征

土的粒度成分及矿物成分是组成土的物质基础，决定了土的工程地质特性。N_2红土的物质组成分析不仅是研究N_2红土物质来源、沉积环境及古气候特征的依据，而且也是分析其物理力学特性及水理特性的重要基础。

分析了山西石楼、陕北榆林、甘肃庆阳地区N_2红土粒度成分（表4.6，图4.25），结果显示三个地区红土粒度成分差别不大，红土中粒级以$0.075 \sim 0.005$mm的风成基本粒组和小于0.005mm的风成挟持粒组为主，其次是$0.25 \sim 0.075$mm的风成附加粒组；整体上N_2红土中黏粒和粉粒约占总含量的80%以上；另外，粒径级配曲线显示N_2红土不均匀系数较小（$C_u < 5$），说明N_2红土粒径比较均匀。

表 4.6　N_2红土粒度组成　（单位：mm）

地区	样品编号	砂粒		粉粒					黏粒		
		0.25	0.25 ~ 0.075	<0.075	0.075 ~ 0.05	0.05 ~ 0.01	0.01 ~ 0.005	0.075 ~ 0.005	<0.005	0.005 ~ 0.002	<0.002
石楼	S1		11.0	89.0	17.9	48.9	9.8	76.6	12.4	5.6	6.8
	S2		3.3	96.7	13.5	43.8	16.8	74.1	22.6	11.6	11.0
	S3		16.3	83.7	18.4	41.7	7.4	67.5	16.2	5.9	10.3
榆林	Y1		14.0	86.0	20.1	35.8	10.3	66.2	19.8	8.0	11.8
	Y2		13.5	86.5	21.9	38.8	10.0	70.7	15.8	7.3	8.5
	Y3		15.6	84.4	23.5	40.1	11.4	75.0	9.4	6.2	3.2
庆阳	Q1		12.1	87.9	19.8	23.5	25.1	68.4	19.5	9.1	10.4
	Q2		18.5	81.5	26.8	32.3	15.2	74.3	7.2	5.6	1.6
	Q3		10.2	89.8	23.4	41.2	11.5	76.1	13.7	7.4	6.3

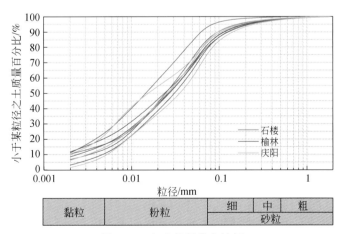

图 4.25　红土粒径分布特征

（三）红土黏土矿物特征

采用 D/Max-3B 型 X-Ray 衍射仪定量分析得出 N_2 红土中各种矿物的含量（表 4.7），由表 4.7 可知，红土中矿物以石英和黏土矿物为主，含少量的长石和方解石，这与上述红黏土偏光显微镜下分析结果是相吻合的。其中石英含量为 45.7%～51.3%，均值为 48.4%；长石含量为 6.6%～12.9%，均值为 9.8%；方解石含量为 1.5%～9.6%，均值为 4.7%。而黏土矿物含量为 28.3%～44.2%，均值为 37.2%。此外，N_2 红土的黏土矿物中亲水性矿物蒙脱石、伊利石/蒙脱石混层含量高，说明 N_2 红土亲水性强、具有较强的膨胀特性。

表 4.7　N_2 红土矿物成分及黏土矿物成分相对定量分析结果

试样编号	N_2 红土矿物成分含量/%				黏土矿物成分含量/%				
	石英	长石	方解石	黏土矿物	M（蒙脱石）	I/M（伊蒙混层）	I（伊利石）	K（高岭石）	Cl（绿泥石）
S1	50.2	12.9	8.6	28.3	19	36	19	21	5
S2	45.7	6.9	3.2	44.2	30	27	19	13	11
Y1	48.9	9.9	1.5	39.7	23	25	29	17	6
Y2	46.5	6.6	9.6	37.3	29	23	22	19	7
Q1	51.3	10.4	3.2	35.1	21	37	18	16	8
Q2	47.6	11.8	2.3	38.3	27	33	21	12	7

（四）红土微观结构

红土沉积的古地理环境及构造地质作用形成了红土独特的微观结构特征，N_2 红土的微观结构特征一定程度上反映了古地理环境及红土的成因。红土中主要为钙质胶结和泥质胶结，颗粒间支撑类型主要为杂基支撑，颗粒间以点、面、线、凹凸以及缝合接触，但以点–线接触为主。绝大多数碎屑颗粒呈现悬浮、漂浮状，中间充填填隙物，且填隙物分布不均，在颗粒边缘过度聚集，把整个颗粒包围起来。总的来说整个红黏土属于基底式胶结，颗粒支撑方式为杂基支撑（图 4.26）。

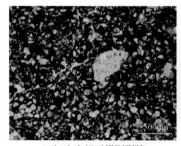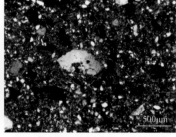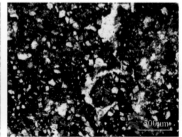

(a)红土内部不规则裂隙　　　　(b)红土内部不规则孔隙、光性定向　　　　(c)不规则裂隙贯穿孔隙

图 4.26　红土切片显微照片（平面偏振光，5×10）

前面对红土的碎屑颗粒进行了统计，其整体粒径较小，一般小于0.075mm，整体分选较好，均散分布于镜下。颗粒间除少量明显碳酸盐结晶外，大部分为黏粒所包围，导致碎屑颗粒彼此分隔。碎屑颗粒间黏粒聚集，颜色较深［图4.26（b）］，转动载物台呈现出弱的波状消光。颗粒表面见大量风成撞击痕迹，形状呈现新月状、凹坑状、不规则状，主要存在于石英颗粒表面，反映了碎屑颗粒在搬运过程中颗粒间碰撞较为频繁的特征（图4.27）。

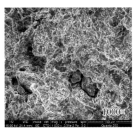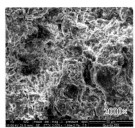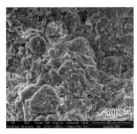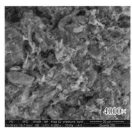

图4.27 红土SEM图像

二、红土基本物理力学性质

（一）红土物理性质

N_2红土的物理性质测试结果如表4.8所示，由表4.8可知，红土天然含水率为7.8%~20.6%，平均值为14.7%，属于中等含水，石楼地区红土含水率较庆阳略高；天然密度为1.63~2.18g/cm³，平均值为1.74g/cm³；干密度为1.40~1.74g/cm³，平均值为1.43g/cm³，榆林地区的红土天然密度和干密度较其他两地略高；孔隙率为30.1%~48.2%，平均值为37.7%。

表4.8 N_2红土基本物理性质指标

地区	含水率/%	饱和度/%	密度/(g/cm³)	干密度/(g/cm³)	孔隙率/%
石楼	15.0~17.7	42	1.71~1.89	1.73	36.4
榆林	7.8~20.6	43.0~93.0	1.80~2.18	1.40~1.74	35.8~48.2
庆阳	12.4~14.5	51	1.63	1.54	30.1

（二）红土水理性质

从N_2红土的可塑性指标（图4.28）可以看出，红土的液限一般为27.3%~39.4%，塑性指数为12.2%~23.8%，N_2红土在塑性图上一般位于A线以上，B线左侧，因此属于低塑性黏性土。另外，从图4.28和表4.9可以发现，三个地区的红土液限（W_L）和塑性指数（I_p）差别较大，其中石楼红土较其他两地红土偏高，庆阳红土偏低，而榆林红土变化较大。

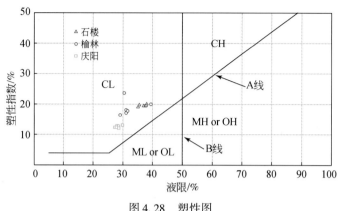

图 4.28　塑性图

基于威廉姆斯膨胀势判别图法（Williams，1980；Sabtan，2005），利用塑性指数和黏粒（<2μm）含量来分析，把膨胀势分为低膨胀、中等膨胀、强膨胀和极强膨胀4级（图 4.29）。按威廉姆斯膨胀势判别图法，N_2 红土属于中等膨胀性土。另外，通过对 N_2 红土自由膨胀率测试（表 4.9），结合图 4.29 可知，石楼地区的红土膨胀性相对较强（自由膨胀率均值约为75.2%），庆阳地区的红土膨胀性相对较弱（自由膨胀率均值约为61.4%），而榆林地区的红土膨胀性差异性较大（自由膨胀率均值约为68.7%，最大值为80.5%）。

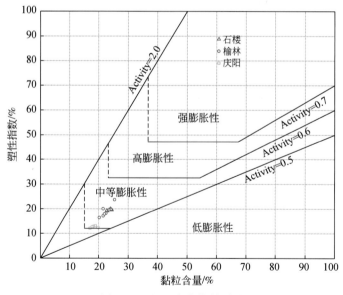

图 4.29　红土膨胀势判别图

表 4.9　N_2 红土基本水理性质指标

地区	塑限/%	液限/%	塑性指数	液性指数	自由膨胀率/%	渗透系数/（m/d）
石楼	16.0~18.4	35.1~38.0	19.1~20.1	−0.14~−0.03	70.5~78.2	0.00108~0.00548

续表

地区	塑限/%	液限/%	塑性指数	液性指数	自由膨胀率/%	渗透系数/(m/d)
榆林	11.6~16.5	29.0~39.4	16.5~23.8	−0.2~0.67	63.4~80.5	0.0086~0.014
庆阳	15.1~17.2	27.3~29.8	12.2~13.2	−0.22~0.14	58.6~63.5	—

采用试坑双环注水试验对石楼和榆林地区的 N_2 红土渗透性进行了测试（表4.9），结果显示 N_2 红土天然情况下渗透性等级属弱透水~微透水，天然状态下隔水性能良好，但从表4.9中可以看出，N_2 红土的渗透系数差异性较大，最小值为 0.00108m/d，最大值为 0.014m/d，相差一个数量级以上，这主要与红土内部结构差异性有关，此外，石楼地区红土渗透性较榆林地区略低。

（三）红土力学性质

针对山西石楼地区的 N_2 红土，进行了天然状态和饱和状态下的直剪试验，试验采用应变控制式反复直剪仪，采用慢剪法，剪切速率为 0.02mm/min，试样每产生剪切位移 0.2mm 测记测力计和位移读数，垂向压力分别为100kPa、200kPa、300kPa、400kPa，每个土样反复剪切5次，每次剪切位移8mm，取第1次峰值为慢剪峰值强度，第5次的稳定值为残余强度（李滨等，2013）。N_2 红土抗剪强度试验结果见表4.10所示，试样的剪应力与剪切位移关系曲线如图4.30所示，剪应力与正应力关系曲线如图4.31所示。

表 4.10　红土慢剪试验的抗剪强度指标

测试条件	峰值强度（均值）		残余强度（均值）	
	c/kPa	φ/(°)	c/kPa	φ/(°)
天然状态	20.5	33.2	9.8	26.3
饱和状态	11.4	28.6	6.3	22.6

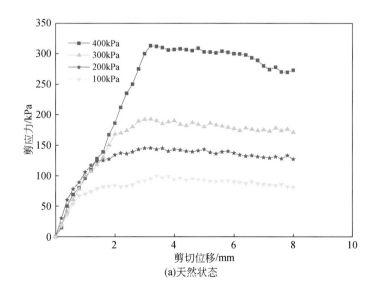

(a)天然状态

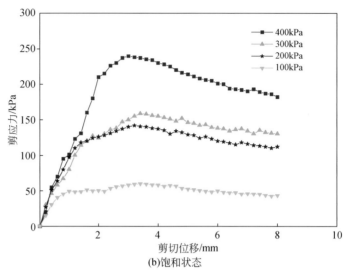

(b)饱和状态

图4.30　红土剪应力与剪切位移关系曲线

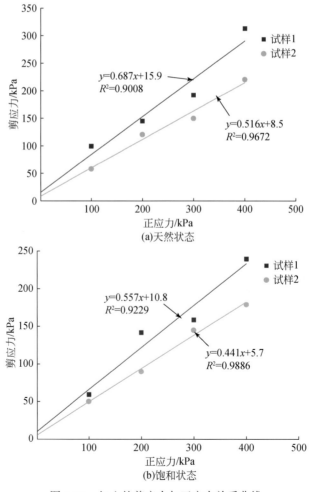

(a)天然状态

图4.31　红土的剪应力与正应力关系曲线

由图 4.30 和图 4.31 可以看出，无论是在较高的正应力还是较低的正应力作用下，天然和饱和状态下的 N_2 红土都出现了比较明显的剪切峰值强度，其剪应力-剪切位移关系线呈软化型，应力达到峰值点，随后应变增加而应力减小趋势不明显。从直剪试验结果（表 4.10）可见，天然含水率条件下，N_2 红土的强度相对较高，而饱和后，黏聚力和内摩擦角均明显降低，另外，2 种状态下的残余强度更低，黏聚力平均降低一半，说明 N_2 红土在长期地下水作用下，强度会迅速降低。

土的压缩性与土体的空隙体积相关，空隙体积越大，可压缩的体积越大。通过对 N_2 红土开展无侧向膨胀压缩试验，可获得 N_2 红土孔隙比（e）与压力（p）的关系曲线（图 4.32），依据《建筑地基基础设计规范》（GB 50007—2011）中规定，$p_1 = 100\text{kPa}$、$p_2 = 200\text{kPa}$ 时，相对应的压缩系数 a_{1-2} 作为判断土的压缩性标准，由此可计算得 N_2 红土压缩系数 $a_{1-2} = 0.13 \sim 0.51\text{MPa}^{-1}$，属于中-高压缩性土。另外，石楼红土压缩系数 a_{1-2} 平均值约为 0.17MPa^{-1}，榆林红土平均值为 0.36MPa^{-1}，庆阳红土为 0.15MPa^{-1}，榆林红土相比石楼和庆阳红土压缩性较强。

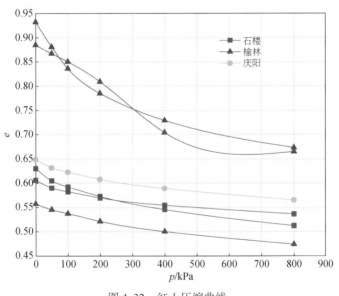

图 4.32　红土压缩曲线

第三节　N_2 红土采动工程地质力学性质

一、采动受损 N_2 红土隔水性变化试验研究

对于导水裂隙带内 N_2 红土，其内存在大量竖向宏观贯通裂缝，N_2 红土层总体隔水性能彻底破坏，渗透性等级可达强透水-极强透水。对于残余 N_2 红土（位于导水裂隙带以上），虽总体上未有宏观竖向贯通裂缝，但隔水性能也会受不同程度影响；大量"三带"

实测钻孔也已揭露了这一事实，即在钻进至接近导水裂缝带顶界面前，冲洗液有不同程度漏失、水位也有一定波动下降（图 4.33）。目前，对于岩土层不同程度采动受损隔水性能原位测试还较困难，开展的也少。本次采用室内三轴卸载渗透试验及现场钻孔压水试验，针对残余 N_2 红土隔水性采动影响进行试验研究。利用双联动软岩（土）渗流-应力耦合流变仪，对预制裂缝 N_2 红土样（模拟残余 N_2 红土采动微裂隙）进行不同应力水平（反映不同埋深 N_2 红土层）三轴蠕变渗透性变化试验，研究煤层开采后、采动应力恢复过程中，微裂隙 N_2 红土发生蠕变变形、渗透性变化的过程（李文平等，2017；王启庆，2017）。

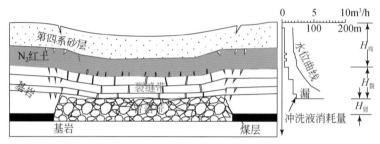

图 4.33　N_2 红土典型采动剖面示意图

（一）三轴卸载渗透试验

与一般土的三轴加载试验不同，采动受损 N_2 红土层（位于整体移动带内的 N_2 红土层），煤层开采时的变形破坏是一近似竖向应力不变、卸除围压的三轴卸载过程。本次采用应变式土工三轴剪切仪对原状 N_2 红土样在卸载应力路径下渗透性变化进行研究。

1. 试验过程

1）试样制备

试样取自陕北神南矿区钻孔原状土样，制备试样尺寸为 $\phi 39.1\text{mm} \times 80\text{mm}$，共制备 3 组，据试样常规试验测试，土样含水量约为 14.5%，密度约为 1.90g/cm^3，试样制备见图 4.34。

图 4.34　原状土样制备

2）试验设计

原状 N_2 红土样卸载应力路径下渗透系数的测定是在土样轴向压力 σ_1 保持原始土应力的条件下，水头压力 p 亦保持不变的前提下，对围压 σ_3 从原始土应力逐级卸载直至土样的水头压力。根据陕北沟壑下垫层 N_2 红土埋深及上覆浅表层水水头的现场代表值，共设计 3 组试验，试验中 σ_1 分别取 0.75MPa、0.60MPa、0.45MPa，p 取 0.15MPa。

2. 试验结果及分析

1）试验结果

首先对制备的原状 N_2 红土试样三轴加载使其还原到其原始应力状态下，然后将红土样从原始围压逐步卸载至设定的水头压力，试验得到围压与轴向应变、渗透系数的相关曲线如图 4.35 所示，试验过程中土样围压低于预加水压时，包裹黏土样的橡皮套会出现漏水现象。此时，试验结束，试验终止之前 N_2 红土原状样均未发生卸载破坏，仍然保持着完整性。

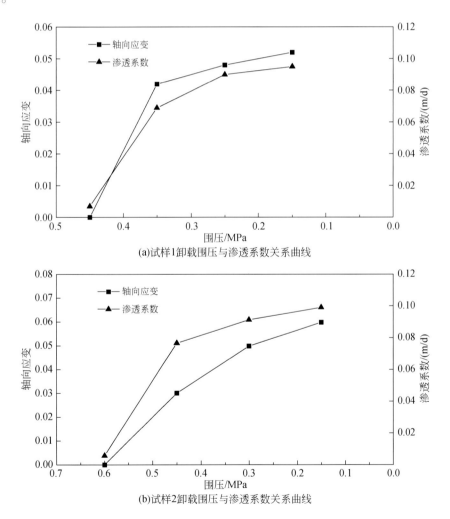

(a)试样1卸载围压与渗透系数关系曲线

(b)试样2卸载围压与渗透系数关系曲线

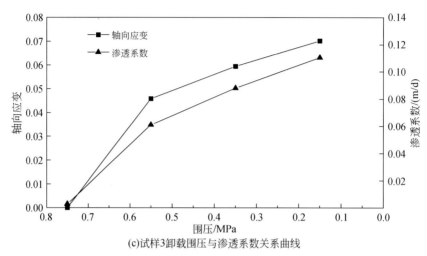

图 4.35　模拟采动三轴卸载 N_2 红土试样围压–轴向应变–渗透系数测试曲线

2）试验分析

由图 4.35 可知，随着 N_2 红土原状土样围压减小，土样的轴向应变和渗透系数均增大，轴向应变和渗透系数在围压较大时增加幅度较大，且围压较低时增加幅度变小。出现这种现象的原因主要是 N_2 红土层埋深较浅，对应的轴向压力较小，红土层处于近似静水压力状态，即初始的偏应力 $\sigma_1 - \sigma_3$ 值趋于 0，在卸载的过程中虽然偏应力逐渐变大，但竖向应力 σ_1 不大且保持不变，此时土体的变形以弹性变形和侧向膨胀为主，因此土体的孔隙度不但没有减小反而有所增加，即渗透系数增大；随着偏应力值的逐渐变大土体的变形逐渐进入塑性阶段，此时土体的孔隙度趋于平稳，即渗透系数趋于稳定。此外，试验结果显示，初始应力越大渗透系数变化也略大，说明埋深对采动 N_2 红土渗透性也有一定影响。卸载的 N_2 红土样虽然未产生宏观裂缝，但渗透系数也均增加了 1 个数量级以上，渗透性等级由微透水–弱透水变为弱透水–中等透水。

（二）N_2 红土采前、采后原位钻孔压水试验

残余 N_2 红土在煤层开采后虽未产生贯通宏观裂缝，但受煤层采动必然造成上覆岩土层应力重分布，使得残余 N_2 红土层的结构发生了变化，造成其隔水性发生变异。为了分析残余 N_2 红土隔水性采动前后的变异特征，对陕北红柳林矿沟壑下垫层 N_2 红土层进行了现场采前、采后压水试验测试。

1. 试验原理

压水试验是一种在钻孔内进行的渗透试验，它是用套管把钻孔隔离出一定长度的孔段，然后以一定的压力向该孔段压水，测定相应压力下的压入流量，以单位试段长度在某一压力下的压入流量值表征该孔段岩石的透水性，是评价渗透性较弱的岩土体渗透性的常用试验方法。图 4.36 为压水试验装置图。

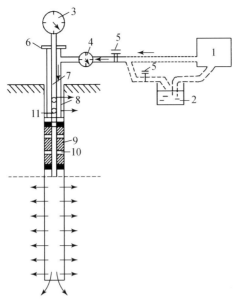

图 4.36　压水试验装置图（汪民等，2012）

1-水泵；2-水箱；3-高精度压力表；4-流量表；5-开关；6-千斤顶；7-内管；

8-外管；9-橡皮塞；10-铁垫圈；11-送水孔

2. 试验设备

试验设备包括：①DPP-100 型汽车钻；②水泵；③吸水龙头及抽水管，龙头外应有 1~2 层孔径小于 2mm 的过滤网；④水调节阀门，灵活可靠，不漏水，且不宜与钻进共用；⑤压力表，量测范围为 0~2.5MPa；⑥流量计和秒表，流量计可在 1.5MPa 压力下正常工作，与水泵的出力相匹配，并能测定正向和反向流量；⑦水位计，可测量隔离试段内水位；⑧水压式止水栓塞；⑨钻进配备的其他常规设备，如 GPS、测量钻孔内径的卷尺等。具体试验设备及仪器见图 4.37。

(a)压力表　　　　　　　　　　　　　(b)水压式止水栓塞

图 4.37　压水试验设备及仪器

3. 试验过程

试验过程参照《水利水电工程钻孔压水试验规程》（SL 31—2003），钻孔钻进至目的层时采用清水钻进，钻入目的层12.7~17.5m后上部非压水段进行扩孔，然后将水压式止水栓塞下至12.7m，并于钻杆上加压，压力大小为4.0MPa。试验按三级压力五阶段式压水试验方法，对 N_2 红土层进行煤层开采前后原位压水试验，开采前、后 N_2 红土依次加减压0.3MPa、0.6MPa、1.0MPa、0.6MPa、0.3MPa。

4. 试验结果及分析

在不同压力下测量单位压入流量 Q，并换算成计算值。每一级压力都要至少测量5个数据，将5个数据的平均值作为计算 N_2 红土层渗透系数的最终值。利用式（4.1）计算 N_2 红土层渗透系数，其结果如图4.38所示。

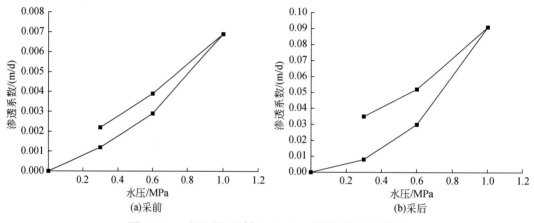

图4.38　N_2 红土层（受损 N_2 红土）钻孔原位压水试验

$$K = \frac{Q}{2\pi Hl} \ln \frac{l}{r_0} \tag{4.1}$$

式中，K 为渗透系数，m/d；Q 为压入流量，m^3/d；H 为试验水头，m；l 为试段长度，m；r_0 为钻孔半径，m。

煤层开采前后 N_2 红土均为冲蚀型，即在同一次压水试验中升压阶段（第一阶段）较降压阶段（第二阶段）测定的 N_2 红土层的渗透系数明显较小，而各次压水的最高水压降低后相应的冲蚀现象有所减弱；开采前压水试验过程中，红土加水压至1.0MPa时漏水量稳定，无返水现象，说明天然条件下，红土隔水性能良好。试验区上覆基岩和土层较厚，试验段位于导水裂缝带以上，虽然压水试验显示无贯通性裂隙产生，但渗透性仍有较明显增加，由图4.38可以看出，采后受损 N_2 红土层渗透系数较采前增加约1个数量级，渗透性等级达到中等透水级别。

二、采动受损 N_2 红土采后应力恢复蠕变渗透性试验研究

利用双联动软岩渗流–应力耦合流变仪对预制裂隙 N_2 红土样（模拟残余 N_2 红土中微观裂隙）进行三轴蠕变渗透性变化试验，研究在采后应力恢复过程中，沟壑下垫层 N_2 红土发生蠕变变形、渗透性变化的过程（Li et al., 2018b）。

（一）试样制备

本试验所用静乐红土和保德红土试样分别取自西北静乐县沟壑底部和神木市神南矿区，根据物理力学参数对 N_2 红土进行重塑，试验试样含水率约为 13.5%，密度约为 1.94g/cm³。试验用带裂隙的静乐红土和保德红土模拟采煤产生的微裂隙的关键隔水黏土层，试样尺寸为 ϕ38mm×76mm。裂隙位于试样中间，共制成带裂隙的试样 6 组（静乐红土和保德红土各 3 组），裂隙宽度分别为 1.0mm、1.5mm 和 2.5mm，裂隙的长度为 28mm（图 4.39）。

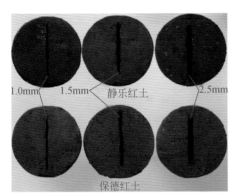

图 4.39　试验土样

（二）试验设备

试验仪器为双联动软岩渗流-应力耦合三轴流变仪，由中国科学院武汉岩土力学研究所和长春市朝阳试验仪器有限公司联合研制。仪器适用于软岩、硬土等在不同应力条件下的流变特性，设备除了能够实现普通三轴试验机的功能，如单轴、三轴压缩试验等，由于其独特的设计形式，还可以同时对 2 个试样实现相同轴压、不同围压、相同水压的力学试验；可以进行围压控制、孔隙水压力控制，同时还可以测量孔隙水压力，检查试样的饱和程度等（陈卫忠等，2009）。

双联动软岩渗流-应力耦合三轴流变仪系统原理如图 4.40 所示。该仪器由四部分组成：轴向加载部分（主机）、围压加载部分（压力室和加载装置）、孔隙水压加载部分和控制部分（计算机和控制器），上下两个三轴压力室间通过垫块均匀传力。

（三）试验方法及步骤

试验中为了更接近工程实际情况，首先需对试样进行饱和。在饱和过程中，防止试验土样发生扰动，采用在静水压力（$\sigma_1 = \sigma_2 = \sigma_3 = 0.2$MPa）作用下，对试样两端施加反压进行饱和（图 4.41）。首先，以 0.139kPa/min 的加载速度使各向压力增加至 0.2MPa，然后，在试样顶底部施加反压 0.1MPa，并保持 24h。通过检查 Skempton 系数 B 的变化情况来判断试样的饱和情况，当 Skempton 系数 B 达到 0.85，认为试样已饱和。将试验土样以等级载荷（1.5MPa、2.5MPa、3.5MPa 及 4.5MPa）进行分级加载（图 4.42），每级荷载保持

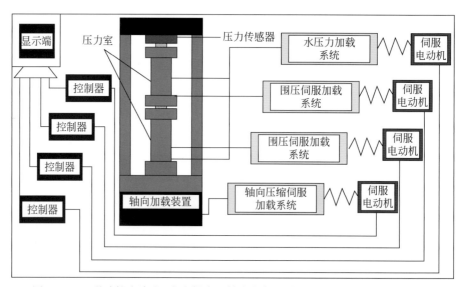

图 4.40　双联动软岩渗流–应力耦合三轴流变仪系统原理图（陈卫忠等，2009）

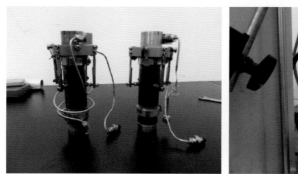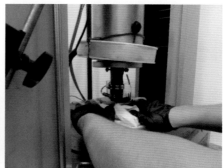

图 4.41　试验过程

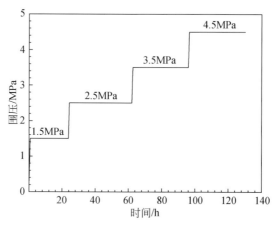

图 4.42　试验土样加载历时曲线

约1d，待试样变形稳定后，保持围压及轴压不变情况下，采用稳态法测其渗透系数（在试样顶部施加进水压力0.2MPa，同时对试样底部出水量通过高精度皂泡流量计进行测量，待出水流量稳定后，计算获得渗透系数），而后进行下一级载荷的加载。在试验过程中进行应力和变形的监测。

（四）试验结果及分析

裂隙宽度为1.0mm、1.5mm、2.5mm的静乐红土和保德红土试样应变变化曲线如图4.43所示。由图可知，静乐红土和保德红土样每级荷载加载其轴向应变、径向应变及体应变都有瞬时变形，其后为流变变形；随着荷载的增大，每级荷载下的瞬时变形量呈减少趋势，同等荷载增量作用下产生的流变变形量逐渐增大，流变现象越来越明显，说明采动受损 N_2 红土在应力恢复初期变形量较大，即裂隙闭合程度较明显，而后期变形量会越来越小直到稳定。另外，在同等荷载作用下，同种土样裂隙宽度越大，瞬时变形量越大，说明采动裂隙宽度越大，土层应力恢复过程中，裂隙闭合程度也越大；同等宽度裂隙的静乐红土和保德红土试样在同等载荷作用下，保德红土试样的变形量较静乐红土试样大，这主要是由于静乐红土与保德红土物理力学性质的差异性所致。

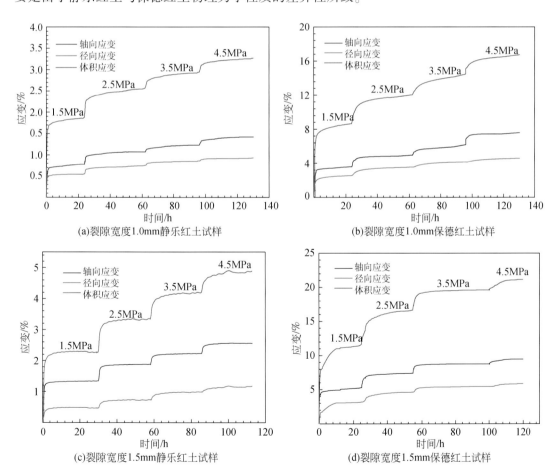

(a)裂隙宽度1.0mm静乐红土试样　　(b)裂隙宽度1.0mm保德红土试样

(c)裂隙宽度1.5mm静乐红土试样　　(d)裂隙宽度1.5mm保德红土试样

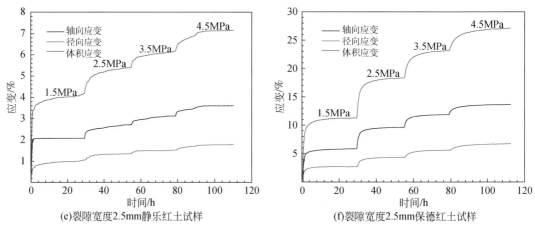

(e)裂隙宽度2.5mm静乐红土试样　　　　(f)裂隙宽度2.5mm保德红土试样

图 4.43　裂隙 N_2 红土应变–时间变化曲线

工程流变岩土体中，其蠕变应变和应力、时间的关系一般是非线性的。目前，岩土体流变特性的描述常用幂函数型、对数型和指数型的蠕变方程，其中幂函数模型是三种蠕变模型中应用更为普遍的，其基本形式为（贾善坡等，2011）

$$\varepsilon = A\sigma^m t^n \tag{4.2}$$

式中，A、m、n 为待定参数；ε 为蠕变应变；σ 为蠕变应力；t 为时间。

采用上述非线性幂函数型蠕变方程，对采动受损 N_2 红土蠕变试验数据进行阻尼最小二乘法的拟合，得到静乐红土和保德红土蠕变参数，具体见表 4.11 所示，从表中参数可以看出，拟合曲线相关指数大部分在 0.9 左右，说明非线性幂函数型蠕变模型能较好地反映静乐红土和保德红土流变特性，各组试样每级载荷作用下蠕变曲线和拟合结果见图 4.44。N_2 红土蠕变曲线拟合结果如图 4.45 所示。

表 4.11　蠕变模型拟合参数

N_2红土试样（裂隙宽度）	加载等级	σ	A	m	n	R^2
静乐红土（1.0mm）	1	1.5	2.57058	−1.46048	0.09449	0.63870
	2	2.5	0.44476	−0.35958	0.21188	0.91405
	3	3.5	0.18009	−0.26602	0.29904	0.95304
	4	4.5	0.17139	−0.13105	0.2387	0.92984
保德红土（1.0mm）	1	1.5	7.06889	−0.71559	0.16912	0.74458
	2	2.5	3.36961	−1.03797	0.26813	0.92879
	3	3.5	1.23546	−0.63005	0.41189	0.98517
	4	4.5	0.88581	0.04824	0.24245	0.98573
静乐红土（1.5mm）	1	1.5	2.85433	−1.27740	0.10414	0.51142
	2	2.5	1.12045	−0.55521	0.15635	0.72924
	3	3.5	0.62648	−0.32103	0.2241	0.86020
	4	4.5	0.81095	−0.66556	0.27499	0.87651

N₂红土试样（裂隙宽度）	加载等级	σ	A	m	n	R^2
保德红土（1.5mm）	1	1.5	11.51706	−1.15144	0.16189	0.86620
	2	2.5	4.13109	−0.79908	0.28631	0.91062
	3	3.5	2.75267	−0.38968	0.16826	0.81978
	4	4.5	1.05204	−0.62458	0.47039	0.90209
静乐红土（2.5mm）	1	1.5	3.55611	−0.45399	0.10699	0.66572
	2	2.5	0.65894	−0.39736	0.31271	0.95953
	3	3.5	0.45942	−0.36575	0.29258	0.98015
	4	4.5	0.70362	−0.46219	0.32506	0.90784
保德红土（2.5mm）	1	1.5	3.46662	1.80396	0.14900	0.66265
	2	2.5	4.555	−0.29966	0.23920	0.85253
	3	3.5	2.96932	−0.35960	0.31033	0.90712
	4	4.5	2.38043	−0.37523	0.31802	0.92733

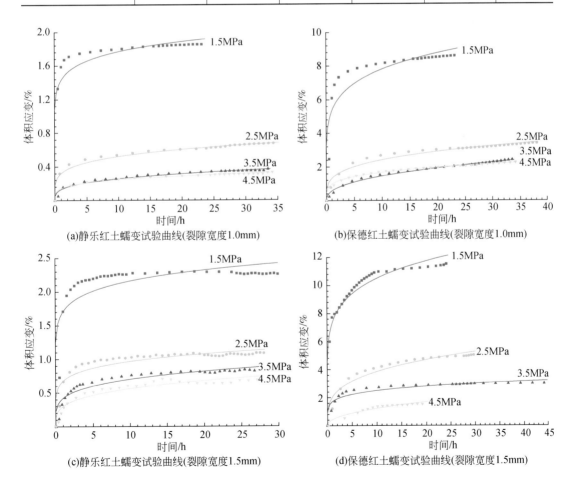

(a)静乐红土蠕变试验曲线(裂隙宽度1.0mm)　　　　(b)保德红土蠕变试验曲线(裂隙宽度1.0mm)

(c)静乐红土蠕变试验曲线(裂隙宽度1.5mm)　　　　(d)保德红土蠕变试验曲线(裂隙宽度1.5mm)

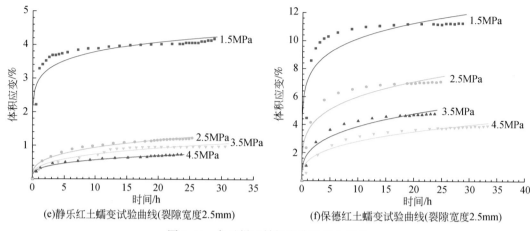

(e)静乐红土蠕变试验曲线(裂隙宽度2.5mm)　　(f)保德红土蠕变试验曲线(裂隙宽度2.5mm)

图 4.44　各试样三轴蠕变曲线拟合结果

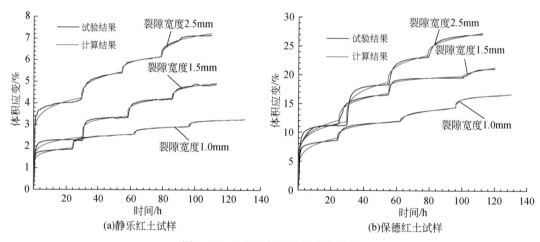

(a)静乐红土试样　　　　　　　　　(b)保德红土试样

图 4.45　N_2红土蠕变曲线拟合结果

N₂红土蠕变渗透性与蠕变围压关系如图 4.46 和图 4.47 所示，两者关系可用幂指函数拟合，采用式（4.3）：

$$K = K_0 e^{-\lambda \sigma} \tag{4.3}$$

式中，K 为 N_2红土蠕变渗透系数，m/d；λ、K_0 为待定参数；σ 为蠕变应力。

拟合参数见表 4.12，拟合结果曲线如图 4.46 和图 4.47 所示。从表中参数可以看出，拟合曲线相关指数大部分为 0.9，说明幂指函数能较好地反映应力恢复过程中渗透性变化特性。由图 4.46 和图 4.47 可得如下结果：

（1）裂隙静乐红土、保德红土蠕变渗透系数均随着蠕变应力水平增加（土埋深加大）逐渐变小；同等荷载增量作用下渗透系数减少量逐渐降低，说明采动受损红土应力恢复初期渗透性变化程度较大，即裂隙闭合程度较明显，而后期随着变形量越来越小渗透性变化程度也逐渐趋于稳定。

（2）相同蠕变应力、相同蠕变时间下，土裂隙越小，渗透系数越小，说明裂隙宽度越小（采动影响程度小）采后应力恢复隔水性恢复程度越好。

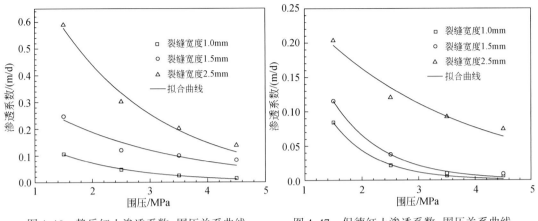

图 4.46　静乐红土渗透系数–围压关系曲线　　　图 4.47　保德红土渗透系数–围压关系曲线

（3）随着采动应力恢复、蠕变持续，中等透水的裂隙红土（残余隔水层）渗透系数可逐渐减小至微透水，隔水性能逐渐恢复。

（4）在同一载荷作用下，同等裂隙宽度的静乐红土、保德红土试样渗透系数表现为静乐红土明显小于保德红土，两者相差数倍。采动裂隙保德红土（受损 N_2 红土）的渗透性采后恢复程度明显高于静乐红土。

表 4.12　渗透性与围压关系拟合参数

N_2 红土试样（裂缝宽度）	K_0	λ	R^2
静乐红土（1.0mm）	0.6044	1.3154	0.9922
静乐红土（1.5mm）	0.6177	1.1198	0.9937
静乐红土（2.5mm）	0.3457	0.3763	0.9422
保德红土（1.0mm）	0.3158	0.7336	0.9944
保德红土（1.5mm）	0.4553	0.4423	0.8636
保德红土（2.5mm）	1.3054	0.5439	0.9755

三、关键隔水层采动隔水性再造

隔水层是含水构造中相对不透水的岩土层，对含水层中地下水储存起到关键的"兜底"作用。不同岩性组成、不同物理力学性及水理性的隔水层，受采动破坏后，其隔水性能都会受到不同程度的破坏。隔水层再造是指隔水层（岩土层）的隔水性能遭受工程活动破坏后，在自然条件下，其隔水性能随时间延续能较快自我恢复的性质和现象。隔水层再造的本质是自然条件下工程应力恢复蠕变、水–土（岩）相互作用等，产生的隔水层组成结构恢复过程。所以，并非所有隔水层都具有隔水性再造功能。

隔水层再造应具备的工程地质属性主要包括：①物质组成应包含有大量的泥质成分，

主要为黏性土、泥岩层，且黏土矿物中含有一定量的蒙脱石（蒙脱石含量 $M \geqslant 7\%$）、伊利石、伊/蒙混层矿物；②应具有较强的膨胀性（自由膨胀率 $F_s \geqslant 40\%$），亲水性强；③力学强度低（单轴饱和抗压强度 $R_c \leqslant 15\mathrm{MPa}$），且具有低应力水平下明显的流变性（李文平等，2017）。

基于上述对 N_2 红土工程地质属性的研究，可知 N_2 红土具备隔水层再造的工程地质属性，是西北地区煤炭大规模开采浅表层水保护的可再造隔水层。因此，在保水采煤实践过程中，应重点关注侏罗系煤层上覆 N_2 红土分布特征。

第四节　煤层上覆侏罗系隔水砂泥岩工程地质力学性质

根据开采实践、现场勘查结果等分析，覆岩采动变形破坏的垂向具有明显的分带性，导水裂隙带以上存在明显的"非贯通裂缝带"，即前面所述采动受损岩土层，其岩层内部发育大量裂隙但彼此不贯通或很少贯通，整体保持原有的层状结构，变形与移动具有似连续性的那部分岩层；并将钻孔冲洗液漏失量开始波动，孔内水位无明显下降且渗透性至少增加一个等级的起点作为广义导水裂缝带的顶界位置（刘瑜，2018）。

一、采动损伤岩体渗透性原位探查

本次现场压水试验参照《水利水电工程钻孔压水试验规程》（SL 31—2003），钻孔钻进至目的层时先利用清水钻进，钻进至目的层后对上部非测试孔段进行扩孔，然后将水压式止水栓塞下至试验目的层的顶界位置，期间在钻杆上施加约 4.0MPa 的压力。试验按三级压力五个阶段（0.3MPa、0.6MPa、1.0MPa、0.6MPa、0.3MPa）的方法，在采动影响区与未影响区对煤层上覆岩体进行了现场压水试验。

在完整岩层中进行压水试验时，压力均可正常实施，岩体渗透性较小，且变化幅度不大；当进入非贯通裂缝带后，岩层中发育一定的裂隙，渗透性具有一定的增加，且随着钻孔深度的增加，渗透性逐渐增加，而当进入导水裂缝带后岩层中发育有密集的裂隙，渗透系数明显增大，大部分钻孔出现压力无法提高，流量突然呈数倍增加的现象。由于工作面煤层开采厚度较小（5.5m），上覆土层的渗透性并未发生明显的增加，弯曲下沉带内的岩层的渗透性变化也不明显。4 个工作面中心钻孔中仅在 JSD2 处测试到了部分导水裂缝带内岩体的渗透性。

测量不同压力下单位压入流量 Q，并换算成计算值。每一级压力都要至少测量 5 个数据，将 5 个数据的平均值作为计算渗透系数的最终值。试验过程中的 $P\text{-}Q$ 曲线为层流型，即升压曲线呈通过原点的直线且降压曲线与升压曲线基本重合。因此可利用式（4.1）计算采动损伤岩体的渗透系数。

层流型 $P\text{-}Q$ 曲线说明岩石的渗透性比较稳定，不随着水压的变化而变化，或者变化不明显，如 JT1 钻孔—完整细砂岩段的渗透性为在升压—降压过程中的渗透性分别为 $6.80 \times 10^{-3}\mathrm{m/d}$、$6.83 \times 10^{-3}\mathrm{m/d}$、$6.89 \times 10^{-3}\mathrm{m/d}$、$6.85 \times 10^{-3}\mathrm{m/d}$、$6.83 \times 10^{-3}\mathrm{m/d}$，测试结果基本一致。基于此种情况，本研究将五个阶段获得的渗透系数平均值作为试验段岩石的渗透性最终结果。非贯通裂缝带内采动损伤裂隙岩体是本次试验的重点试验段，为了便于分析，将其人为等分为上中下三段。

根据上述方法，对背景孔 JT1 与其他试验钻孔的试验数据进行了计算分析与统计，获得了未受采动影响区、非贯通裂缝带上部、非贯通裂缝带中部与非贯通裂缝带下部主要组成岩性（泥质砂岩、细砂岩与粉砂岩）岩石的渗透性。具体结果如表 4.13 所示。

表 4.13 采动损伤裂隙岩体渗透性压水试验结果

位置	岩性	渗透系数/(m/d)
未受采动影响区	细砂岩	6.84×10^{-3}
	粉砂岩	5.81×10^{-3}
	泥质砂岩	4.77×10^{-3}
非贯通裂缝带上部	细砂岩	7.51×10^{-2}
	粉砂岩	5.47×10^{-2}
	泥质砂岩	3.63×10^{-2}
非贯通裂缝带中部	细砂岩	1.44×10^{-1}
	粉砂岩	1.14×10^{-1}
	泥质砂岩	9.59×10^{-2}
非贯通裂缝带下部	细砂岩	3.31×10^{-1}
	粉砂岩	2.45×10^{-1}
	泥质砂岩	1.62×10^{-1}

如表 4.13 所示，在未受采动影响区覆岩中的细砂岩、粉砂岩与泥质砂岩的渗透性系数分别为 6.84×10^{-3} m/d、5.81×10^{-3} m/d、4.77×10^{-3} m/d，呈递减的趋势，但彼此相差不大，这与前文钻孔冲洗液消耗量较为稳定相对应。根据《水利水电工程地质勘察规范》（GB 50487—2008）中附表 F 关于岩土体渗透性的分级标准，属于"微透水"等级。

图 4.48 为不同位置泥质砂岩渗透性的变化特征，为对应《水利水电工程地质勘察规范》（GB 50487—2008），图 4.48 中渗透系数单位使用 cm/s，P0、P1、P2、P3 分别代表

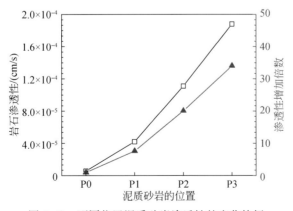

图 4.48 不同位置泥质砂岩渗透性的变化特征

未受采动影响、非贯通裂缝带上部、中部与下部。如图4.48所示，受采动影响非贯通裂缝带内的泥质砂岩的渗透系数发生显著的增加，渗透性的增加程度与其位置密切相关。处于非贯通裂缝带上部、中部与下部泥质砂岩的渗透性分别从未受采动影响时的$5.52×10^{-6}$ cm/s增加到$4.20×10^{-5}$ cm/s、$1.11×10^{-4}$ cm/s与$1.88×10^{-4}$ cm/s，分别增大了7.61倍、20.11倍与34.06倍。泥质砂岩渗透性的等级由原来的"微透水"变为"弱透水"甚至"中等透水"。

图4.49和图4.50分别为粉砂岩与细砂岩在不同位置的渗透性变化特征。与泥质砂岩相似，渗透性受采动影响显著且变化幅度与所在位置密切相关。处于非贯通裂缝带上部、中部与下部粉砂岩的渗透性分别为$6.33×10^{-5}$ cm/s、$1.32×10^{-4}$ cm/s与$2.83×10^{-4}$ cm/s，相对于采动前的$6.73×10^{-6}$ cm/s分别增大了9.41倍、19.61倍与42.05倍；三处粉砂岩的渗透系数分别为$8.69×10^{-5}$ cm/s、$1.67×10^{-4}$ cm/s与$3.83×10^{-4}$ cm/s，较初始P0处的$7.92×10^{-6}$ cm/s分别增大了10.97倍、21.09倍与48.36倍。

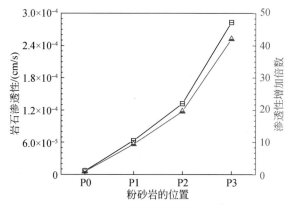

图4.49　不同位置粉砂岩渗透性的变化特征

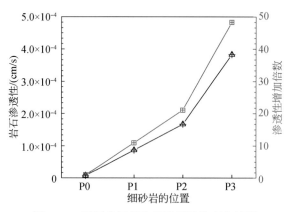

图4.50　不同位置细砂岩渗透性的变化特征

综上所述，受采动影响，三种岩性岩石的渗透系数发生了明显变化，渗透系数最大增加幅度达到两个数量级，其渗透性等级也由"微透水"变为"弱透水"甚至"中等透水"。在采动影响下，细砂岩的渗透系数及其增加的幅度均最大，其次是粉砂岩，泥质砂岩最小。岩石渗透性增加的程度不仅与岩石的岩性相关，也与其所在位置相关，越靠近非贯通裂缝带底部其渗透性变化越明显。非贯通裂缝带下部岩石的渗透性较非贯通裂缝带上部高出一个等级。非贯通裂缝带上部、中部与下部岩体的渗透系数约为采前的 10 倍、20 倍与 40 倍。

二、损伤裂隙岩体渗透性演化试验研究

当潜水含水层下覆隔水土层缺失或厚度不足时，渗透性较低的岩层将成为阻止潜水漏失的唯一隔水层。采空区上覆裂隙岩体随着开采距离及时间的增加其自重应力状态将逐渐恢复，渗透性也随之减小。利用法国 TAW-1000 电液伺服岩石力学实验系统对三种岩性的预制损伤裂隙岩石样品（模拟非贯通裂缝带内岩石）进行三轴蠕变渗透性试验。研究了采后非贯通裂隙岩体的渗透性恢复规律，泥质砂岩、粉砂岩与细砂岩在 1~5MPa 应力恢复等级下的渗透性变化被测试与分析。

（一）试验样品与设备

1. 试验样品

本次试验的岩石样品取自金鸡滩煤矿 2^{-2} 煤层上覆完整基岩的上部。岩样共包括三组，分别对应细砂岩、粉砂岩与泥质砂岩三种覆岩主要岩性，每组 5 个，共计 15 个，每组包括 1 个备用样品。根据国际岩石力学学会的建议（Xu and Yang，2016），将岩心样品加工成直径 50mm 和高 100mm 左右的圆柱，如图 4.51 所示。

<table>
<tr><td>(a)加工后全部样品</td><td>(b)预制损伤裂隙后的部分样品</td></tr>
</table>

图 4.51　渗透性试验岩石样品

试验所用细粒砂岩、粉砂岩和泥质砂岩样品的平均干密度分别为 2395.21kg/m³、2406.30kg/m³ 和 2385.63kg/m³。根据 XRD 衍射仪测试结果，试验样品的岩石矿物主要包括长石、石英、蒙脱石、伊利石、方解石和火山碎屑。表 4.14 列出了 9 个用于渗透性试验的样品主要性质与条件。试验前需要将标本放入 105℃ 烘箱中烘干 24h，除去杂质；然后将标本放入真空中冷却 24h。

表 4.14　渗透性演化试验的样品性质与条件

样品编号	高度/mm	直径/mm	质量/g	干密度/(kg/m³)	黏土含量/%	对应非贯通裂缝带位置
F1	99.26	49.57	458.88	2395.51	28.3	上部
F2	100.05	49.57	462.88	2397.31	31.2	中部
F3	99.63	49.33	455.63	2392.82	29.6	下部
S1	97.92	49.48	453.04	2406.11	32.5	上部
S2	99.96	49.58	464.61	2407.46	34.9	中部
S3	98.73	49.59	458.67	2405.32	32.7	下部
A2	100.82	49.58	464.77	2387.75	44.9	上部
A4	99.89	49.4	456.66	2385.21	40.1	中部
A5	100.79	49.58	463.89	2383.94	39.0	下部

注：表中 F、S 与 A 分别代表细砂岩、粉砂岩与泥质砂岩

2. 实验设备

在本次试验中，采动损伤裂隙岩体渗透性演化试验在法国岩石全自动三轴压缩流变测试系统上进行。该系统主要由加载系统、恒稳压装置、液压传递系统、压力室装置、液压系统和自动数据采集系统 6 个部分组成，如图 4.52 所示。其中，三轴压力室可以提供 60MPa 的围压和 400MPa 的偏应力，压力传感器的分辨率可以达到 0.01MPa。该系统可以实现高围压与高水压条件下的恒定水头下的瞬态脉冲渗透试验与稳态渗透试验。蒸馏水或纯氮气可以作为渗透性测试的流体，本次试验选择蒸馏水。根据测试岩石的渗透性，在透

图 4.52　岩石全自动三轴压缩流变测试系统

水性为 $10^{-12} \sim 10^{-18} \, \mathrm{m}^2$ 或透气性为 $10^{-16} \sim 10^{-22} \, \mathrm{m}^2$ 范围内，该系统可以提供可靠的测量结果。伺服控制的流体泵能产生高达 40MPa 的孔隙压力。此外，可以通过调节孔隙流体泵 P1 和 P2 来控制上游和下游的流体压力。因此，根据测试要求，该系统可以提供在恒定流体压力或恒定流量下的渗透测试条件。

设备可利用计算机和机器人操作，执行控制测试和数据采集与分析，确保试验分析的安全、及时、准确。该设备可用于静水压力试验，排水或不排水条件下的常规三轴压缩试验、三轴渗流试验，三轴蠕变试验和化学腐蚀试验等。

（二）试验方法与过程

为模拟预制非贯通裂缝带内岩石的采动损伤裂隙，对岩石进行了三轴卸载损伤，损伤后的岩样未发生明显变形或破坏，具体步骤如下。

（1）模拟采动损伤效应，对三种岩性的岩石样品分别进行卸载试验，获取对应岩石样品的应力–应变特征曲线。

（2）根据卸载应力–应变曲线，在 TAW-1000 岩石伺服岩石力学实验系统上，对应如图 4.53 所示的曲线特征点，利用位移控制分别对岩石样品进行卸载试验，从而对不同岩性的岩石预制对应非贯通裂缝带不同位置的裂隙。

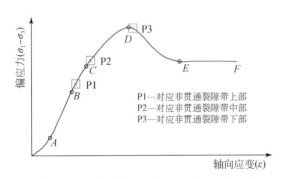

图 4.53　应力–应变曲线及其特征点示意图

（3）对上一步得到的损伤岩样进行渗透性测试，并与现场压水试验的结果进行对比分析，将异常样品替除，预制损伤裂隙结果如表 4.14 所示。

在三轴蠕变渗透性试验前，先将试验岩石样品密封在一个 3mm 厚的橡胶套内，然后完成样品的组装。随后，在岩样的两端分别插入多孔透水板，以保证试验过程中施加的孔隙压力均匀分布于样品的两端。测试过程中，利用两个 LVDT 位移传感器测量岩石的轴向位移，而环向位移传感器固定在橡胶护套的中部。考虑温度对岩石变形以及渗流的影响，蠕变渗透性试验均在室温（25±2）℃条件下进行。

损伤裂隙岩石蠕变渗透性变化特征试验具体步骤如下。

（1）以 1MPa/min 的速度对试样施加围压，直至达到预设值。此阶段的轴向应力随围压线性增加，试样处于各向同性的应力状态，即零偏应力状态。

（2）对岩样的施加 0.2MPa 的静水压力进行饱和处理，随后增加孔隙压力，直至增加到在恒定值 p_0，并保持稳定不变，这意味着上游压力（p_1）和下游压力（p_2）已处于平衡状态。这一步骤是确保流体处于单相流动状态的必要条件。

（3）在轴向荷载控制条件下垂向与水平应力以 1MPa/min 的速度增加，直到每个选定的应力水平；达到限定值后保持围压及轴压不变，待试样变形稳定后，测试该状态下的渗透系数。针对样品渗透率较低的特点，采用瞬态脉冲法。

（4）加载，直至达到下一个选定的应力水平，重复步骤（3）直到实验结束。加载条件中各向应力相同，每组测试包括从 1MPa 到 5MPa 共五个水平。

（三）试验结果与分析

瞬态脉冲渗透试验是在上下游孔隙压力平衡的状态下开始的，测试开始时 p_1 保持平衡状态的压力 p_{10} 不变，而 p_{20} 被瞬间降低一个很小的值 δp（小于 $p_2 \times 10\%$）到 p_2。封闭并固定压力容器的体积，试样两端产生了一个压差，水流沿着铅直方向经过试样从上游容器进入下游，可简化为一个一维饱和渗流问题。

这个渗流问题的初始条件为

$$\begin{cases} p(z=L, t=0) = p_{10} \\ p(z<L, t=0) = p_{20} \end{cases} \tag{4.4}$$

边界条件为

$$\begin{cases} \dfrac{kA}{\mu} \dfrac{\partial p}{\partial z}\bigg|_{z=L} = -C_1 \dfrac{\partial p_1}{\partial t} \\ \dfrac{kA}{\mu} \dfrac{\partial p}{\partial z}\bigg|_{z=0} = C_2 \dfrac{\partial p_2}{\partial t} \end{cases} \tag{4.5}$$

在渗流发生期间，上端压力 p_1 的降低与下端压力 p_2 的增加，每 5 秒被记录一次直至达到一个新平衡。样品的渗透性可以利用下面的方程进行计算（Xu and Yang, 2016；王旭升和陈占清, 2006）：

$$k = \frac{\mu L}{A \Delta t} \frac{C_1 C_2}{C_1 + C_2} \ln \frac{\Delta p_t}{\Delta p_{t+\Delta t}} \tag{4.6}$$

式中，k 为试样的渗透率，m^2；Δt 为数据点对应的时间间隔，s；Δp_t、$\Delta p_{t+\Delta t}$ 为分别为压差曲线上 2 个控制点的压差，Pa；C_1、C_2 为分别为上、下游容室单位压力体积，m^3/Pa；A 为试样的横截面积，cm^2；L 为试样的高度，cm；μ 为液体的动力黏度，在施加孔隙压力下常温蒸馏水取 $1.01 \times 10^{-3} Pa \cdot s$。

对应每个位置和岩性的试样在每一级加载后轴向与体积应变均表现出瞬时的压缩变形，然后为流变变形。随着荷载的增加，对应于各加载水平的瞬时压缩变形量逐渐减小，相同荷载增量条件下的流变变形量逐渐递增，流变现象越来越明显。这意味着非贯通裂隙岩石在应力恢复初期经历了较大的变形，即裂缝闭合较为明显，直至岩石体积稳定后后期变形较小。此外，相同岩性的试件在相同载荷作用下，对应非贯通裂缝带下部的岩样表现出更大的瞬时压缩变形。这表明其采动裂隙的宽度和密度较大，在应力恢复过程中导致了更大程度的裂缝闭合。对应相同位置的试件在相同载荷作用下，细砂岩表现出比粉砂岩和细粒砂岩更大的变形，主要是由于裂缝宽度和力学性质的不同。由于泥质砂岩中含有丰富的黏土矿物，且以蒙脱石和伊利石为主，泥质砂岩比同等条件下的粉砂岩和细砂岩的可压缩能力更强。但是该压缩作用比裂缝闭合产生的压缩量要小得多。

　　随着围压的增大，岩石的渗透性逐渐降低，图4.54～图4.56给出了岩体渗透性与围压的关系。如图4.54～图4.56所示，随着围压的增加，渗透性下降的过程具有明显的非线性特征。可用非线性指数衰减模型来描述三轴压缩条件下的岩石渗透性的变化特性。该模型可用以下方程表示：

$$K = \alpha e^{-\beta\sigma} \tag{4.7}$$

式中，K 为损伤岩石的渗透系数，cm/s；σ 为试验加载的应力；α、β 为待定系数，表4.15列出了不同条件下待定系数的取值。

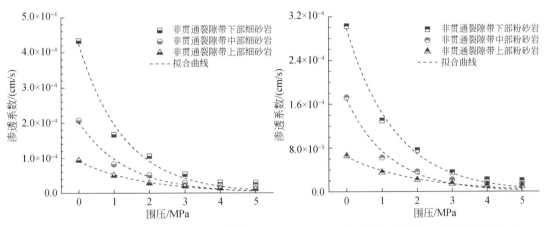

图4.54　细砂岩渗透系数与围压的关系曲线　　　图4.55　粉砂岩渗透系数与围压的关系曲线

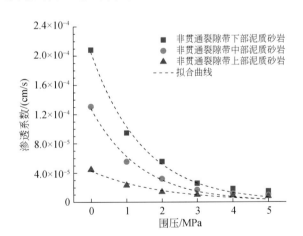

图4.56　泥质砂岩渗透系数与围压的关系曲线

表4.15　渗透率与围压关系的拟合参数

岩样编号	对应位置	$\alpha(\times 10^{-5})$	β	统计参数	
				残差平方和（$\times 10^{-10}$）	R^2
F1	上部	9.115	0.546	0.496	0.987
F2	中部	20.176	0.734	5.362	0.974

岩样编号	对应位置	$\alpha(\times10^{-5})$	β	统计参数	
				残差平方和（$\times10^{-10}$）	R^2
F3	下部	42.463	0.772	17.859	0.981
S1	上部	6.342	0.505	0.443	0.975
S2	中部	16.826	0.819	3.965	0.973
S3	下部	2.981	0.730	4.396	0.990
A2	上部	4.270	0.491	10.456	0.958
A4	中部	12.824	0.719	3.128	0.985
A5	下部	20.548	0.687	1.969	0.991

图 4.54 显示了不同采动损伤程度（对应非贯通裂缝带的不同位置）的细粒砂岩在应力恢复过程中渗透率的变化。如图 4.54 所示，随着恢复应力的增加，对应任何位置的细粒砂岩渗透率均呈降低的趋势，并在围岩为 4MPa 时达到相对稳定的状态。在整个下降过程中，模拟非贯通裂缝带下部的细砂岩试件的渗透系数下降幅度最大，从 4.33×10^{-4} cm/s 下降至 2.88×10^{-5} cm/s，降低为原来的约 1/15。对应非贯通裂缝带上部与中部，细砂岩的渗透系数最终分别稳定在 1.721×10^{-5} cm/s、1.091×10^{-5} cm/s，较损伤后的初始渗透性分别下降至原来的约 1/12 和 2/17。图 4.55 和图 4.56 表明采动损伤泥质砂岩和粉砂岩的稳定渗透系数从上到下逐渐减小，与细粒砂岩相似。

当恢复应力达到 5MPa 时，所有样品的渗透性均处于稳定状态，对应非贯通裂缝带上部泥质砂岩和粉砂岩的渗透率已恢复到了开采前的水平，然而非贯通裂缝带下部泥质砂岩和粉砂岩的渗透系数仍较大。在应力恢复过程中，岩石的损伤程度对渗透率的恢复存在明显的控制作用。采动损伤程度越小，应力恢复后的岩石渗透系数越小，恢复的程度越大，越接近完整状态；采动损伤程度越大，破坏程度越大，渗透系数恢复的程度越小。

在应力恢复过程中，非贯通裂缝带内岩体的渗透率恢复曲线不仅受岩石的损伤程度控制，还与岩石的岩性密切相关。未对损伤岩样施加恢复应力时，泥质砂岩的渗透系数约为粉砂岩的 0.7 倍、细粒砂岩的 0.5 倍。随着加载量的增加，细粒砂岩的递减幅度最大，其次为粉砂岩，泥质砂岩的变化幅度最小。但同一恢复应力条件下，细砂岩的渗透系数始终保持最大，而泥质砂岩渗透率系数始终保持最小。结果表明，在应力恢复条件下，细砂岩渗透性对应力恢复的敏感性最大，泥质砂岩渗透性对应力恢复的敏感性最小。与采前现场压水试验结果对比，当渗透系数恢复至稳定状态时，对应非贯通裂缝带上部的不同岩性（细砂岩、粉砂岩、泥质粉砂岩）试件渗透系数均恢复至采动前的水平，分别为采前原始渗透系数的 1.38 倍、1.45 倍和 1.41 倍。对应非贯通裂缝带中部的预制损伤细砂岩、粉砂岩与泥质粉砂岩的渗透性分别恢复至采前原始渗透系数的 2.17 倍、1.98 倍和 1.80 倍；对应非贯通裂缝带下部的预制损伤细砂岩、粉砂岩与泥质粉砂岩的渗透性恢复程度最低，分别为采前原始渗透系数的 3.63 倍、3.01 倍和 2.74 倍。综上，随着损伤程度的增加，损伤裂隙岩体渗透性恢复的程度越低；不同岩性损伤裂隙岩体的渗透性恢复程度存在泥质砂岩>粉砂岩>细砂岩的关系。

第五章 侏罗系煤层开采导水裂隙带及水害模式

煤层开采导水裂隙带是水害发生的直接通道，其形成过程及发育高度是水害研究的重要基础条件。不仅涉及直接充水含水层的厚度、间接充水含水层与导水裂隙带高度（导高）之间的保护层厚度，影响涌突水量（包含间接充水含水层的渗漏量）大小，而且也是水害预测评价、治理所依赖的重要基础条件指标。

本章采用理论分析、经验公式与现场光纤监测等多种方法，研究鄂尔多斯盆地侏罗系煤层开采导水裂隙带发育特征规律，发现侏罗系煤层覆岩整体状结构是造成导水裂隙带发育高度异常的本质属性原因，揭示了煤层开采导水裂隙带动态发育过程特征，分析了侏罗系煤层开采基岩–土层（黄土、N_2 红土）复合导水裂隙带发育特征规律，建立土层对导高影响的理论模型，并提出侏罗系煤层开采导水裂隙带高度预计公式，在此基础上，划分了鄂尔多斯盆地煤层开采顶板水害模式类型。

第一节 采动覆岩破坏一般规律

一、覆岩"三带"类型划分

煤层开采后，其上覆岩层将会发生变形移动和破坏。大量观测表明，在采用长臂采法、全部垮落法管理采空区的情况下，根据采空区覆岩的移动破坏程度，可自垂直方向大致分成"三带"（煤炭科学研究院北京开采研究所，1981），即垮落带、裂隙带和弯曲下沉带，其中垮落带和裂隙带导水性强，两者合称两带，又称为导水裂隙带，如图 5.1 所示。

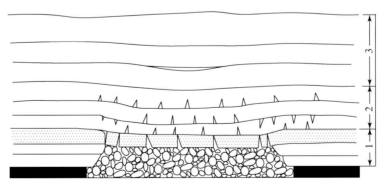

图 5.1 覆岩破坏分带示意图

1. 垮落带；2. 裂隙带；3. 弯曲下沉带

　　垮落带是指由煤层开采引起应力重分布，上覆岩层失稳破坏，破碎岩块脱离原岩向采空区垮落的一部分地层，曾称冒落带。煤层被采空后，上覆岩层由直接顶开始垮落，并不断向上发展，不规则的冒落岩块杂乱堆积于采空区内。由于岩体的碎胀性，在采空区被自由堆积的岩块充满时，不规则冒落的发育过程停止。

　　裂隙带是指在垮落带之上，岩体水平变形和弯曲、剪切变形产生裂隙、离层及断裂，但连续性未受到破坏，岩块仍整齐排列那一部分的岩层。裂隙带下部裂隙发育，上部裂隙相对较少，裂隙带中裂隙整体处于连通状态。

　　垮落带和裂隙带统称为导水裂隙带，两者之间的分界线并不明显。两带高度在采厚较大、采深较小、采用全部垮落法的情况下甚至发展至地表，此时地表呈现出塌陷或崩落状态。两带高度与岩石性质相关，一般来说，硬岩形成的两带高度比软岩高。当开采范围达到一定值时，导水裂隙带的高度达到最大，并不再随开采范围的增大而增加。

　　弯曲下沉带指裂隙带顶部至地表的那部分岩层。当弯曲带内为软弱岩层及松散土层时，岩层的运动形式表现为整体移动，岩层在自重作用下产生层面法线方向上的弯曲，并且在水平方向上受双向挤压作用，其压实性较好，具有一定的隔水保护层的作用。在水平或缓倾斜煤层开采时，上覆岩层中的"三带"表现得比较明显。由于煤层开采厚度、岩石力学性质、采空区大小及开采深度等的不同，"三带"不一定发育完全（胡小娟等，2012）。

二、导水裂隙带发育高度传统实测方法

　　在煤矿采空区上方，用钻探的方法，通过观测钻进过程中钻孔冲洗液的漏失量、钻孔水位及其变化来确定覆岩导水裂隙带高度（图5.2），称为"导水裂隙带高度钻孔简易水

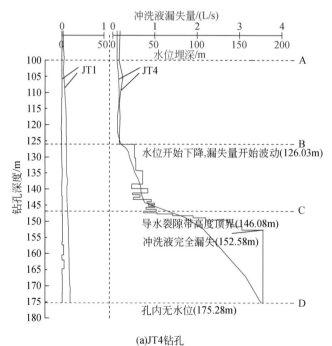

(a)JT4钻孔

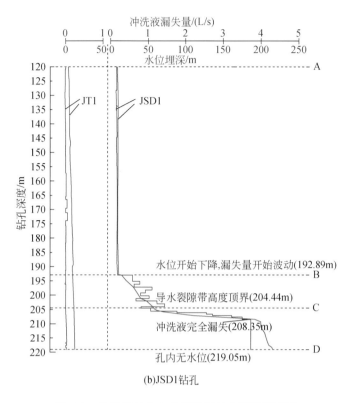

图 5.2　钻孔简易水文观测法测导水裂隙带高度

文观测法"或"钻孔冲洗液漏失量观测方法"，图 5.2 中的 JT1 钻孔为天然情况背景值。也可辅助以钻孔电视成像［图 5.3（a）］、钻孔测井［图 5.3（b）］等方法，进一步确定导水裂隙带发育高度位置。

我国从 20 世纪 50 年代末期开始采用这种方法，在东部淮南矿区等开始观测，先后在 100 多个矿井、数百个工作面对近千个钻孔进行了测试，总结出了《矿区水文地质工程地质勘探规范》和《建筑物、水体、铁路及主要井巷煤柱留设与压煤开采规范》（简称"三下"采煤规范）中导水裂隙带发育高度预计公式，为东部矿区厚松散层含水层下合理留设防水煤岩柱、最大限度地安全开采煤炭资源的实践，提供了科学技术支撑（孙亚军等，2009）。图 5.4 为东部淮南矿区典型工作面导水裂隙带发育高度测试结果图。

三、现有规范预计导水裂隙带发育高度

根据"三带"理论指导，采用钻孔简易水文观测法，对大量煤层开采工作面导水裂隙带发育高度实际测量，得到了预计导水裂隙带发育高度的公式。目前现场普遍采用、影响较广泛的经验公式是两个规范：《建筑物、水体、铁路及主要井巷煤柱留设与压煤开采规范》和《矿区水文地质工程地质勘探规范》。

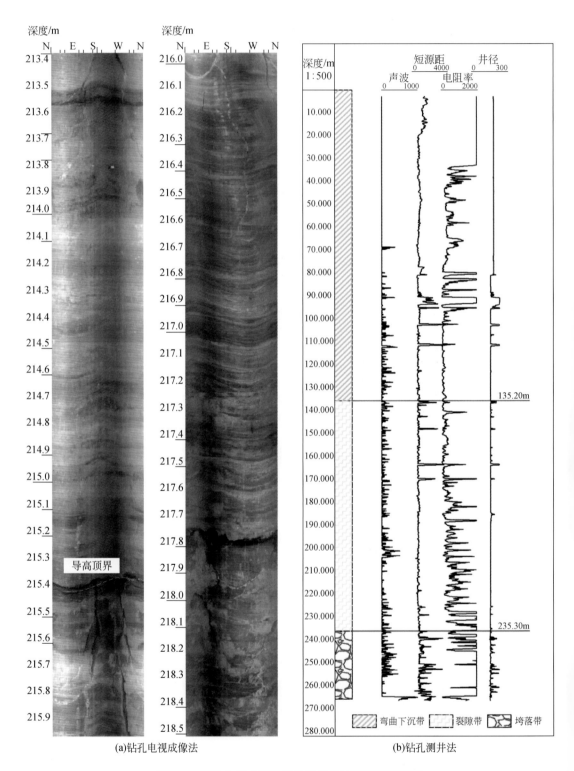

(a)钻孔电视成像法   (b)钻孔测井法

图5.3　钻孔电视成像法和钻孔测井法测试导高发育

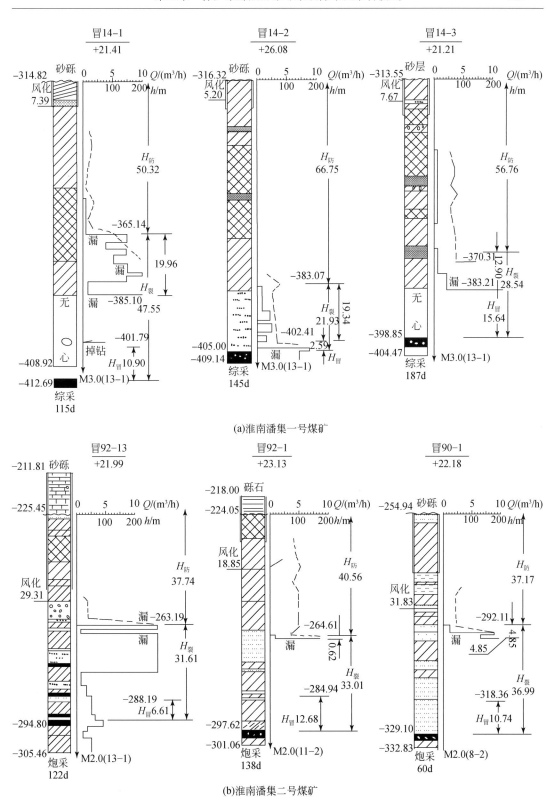

(a)淮南潘集一号煤矿

(b)淮南潘集二号煤矿

图5.4　东部淮南矿区典型矿井代表孔导水裂隙带高度测试结果图

（一）《建筑物、水体、铁路及主要井巷煤柱留设与压煤开采规范》公式

《建筑物、水体、铁路及主要井巷煤柱留设与压煤开采规范》中提供的缓倾斜（0°～35°）煤层的导水裂隙带高度计算公式如表5.1所示，公式适用于单层采厚1～3m，累计采厚不超过15m。

表5.1 "三下"采煤规范中导水裂隙带高度计算公式

岩性	覆岩岩性（单向抗压强度及主要岩石名称）	计算公式之一	计算公式之二
坚硬	40～80MPa，石英砂岩、石灰岩、砂质页岩、砾岩	$H_{li} = \dfrac{100\sum M}{1.2\sum M + 2.0} \pm 8.9$	$H_{li} = 30\sqrt{\sum M} + 10$
中硬	20～40MPa，砂岩、泥质灰岩、砂质页岩、页岩	$H_{li} = \dfrac{100\sum M}{1.6\sum M + 3.6} \pm 5.6$	$H_{li} = 20\sqrt{\sum M} + 10$
软弱	10～20MPa，泥岩、泥质砂岩	$H_{li} = \dfrac{100\sum M}{3.1\sum M + 5.0} \pm 4.0$	$H_{li} = 10\sqrt{\sum M} + 5$
极软弱	<10MPa，铝土岩、风化泥岩、黏土、砂质黏土	$H_{li} = \dfrac{100\sum M}{5.0\sum M + 8.0} \pm 3.0$	—

注：$\sum M$ 为累计采厚；导水裂隙带高度为 m

（二）《矿区水文地质工程地质勘探规范》公式

《矿区水文地质工程地质勘探规范》中给出的导水裂隙带高度计算经验公式如表5.2所示，主要考虑的影响因素有：采厚、煤层倾角、覆岩岩性及力学性质、煤层分层层数等。该公式适用于中厚煤层，或厚、特厚煤层分层开采。

表5.2 《矿区水文地质工程地质勘查规范》中导水裂隙带高度计算公式

煤层倾角/(°)	岩石抗压强度/MPa	岩石名称	顶板管理方法	导水裂隙带高度计算公式
0～54	40～60	辉绿岩、石灰岩、硅质石英岩、砾岩、砂质页岩	全部陷落	$H_{li} = \dfrac{100\sum M}{2.4n + 2.1} + 11.2$
	20～40	砂质页岩、泥质页岩、页岩等	全部陷落	$H_{li} = \dfrac{100\sum M}{3.3n + 3.8} + 5.1$
	<20	风化岩石、页岩、泥质砂岩、黏土岩、松散层	全部陷落	$H_{li} = \dfrac{100\sum M}{3.3n + 3.8} + 5.1$

注：$\sum M$ 为累计采厚，m；n 为煤层分层层数；岩石抗压强度为饱和单轴极限强度；导水裂隙带高度为 m

值得注意的是，以上规范所总结的预计导水裂隙带发育高度计算公式，是基于以下条件得到的：①是基于东部石炭-二叠系煤层开采的实测值统计经验公式；②只适宜中薄厚度煤层一次采全高开采，即只适用于一次采全高综采和分层开采，不适用特厚煤层综放开采。

西部侏罗系煤层规模化开采是始于 21 世纪初期，经过十多年的开采实践表明，侏罗系煤层开采导水裂隙带发育高度与石炭-二叠系煤层开采有较大差异，目前预计导高的规范法公式，不适用侏罗系煤层开采导水裂隙带发育高度预计。

第二节　东西部煤层覆岩结构及导高差异性

一、覆岩结构差异

从地层岩性和构造演化两方面分析侏罗系煤层覆岩的组成和结构特征。西北侏罗系煤田覆岩中砂岩的含量很高，泥岩含量低，据统计砂岩所占比例大部分都为 85% 左右，东部石炭-二叠纪煤田覆岩中砂岩含量相对较低；覆岩中砂岩层数少，原始的沉积间断面不发育，单层厚度较大，平均厚度一般为 10m 左右，东部石炭-二叠纪煤田覆岩中砂岩发育层数多，原始的沉积间断面较多，平均厚度一般为 5m 左右，泥岩含量较高。

我国侏罗系煤主要集中在西北的内蒙古、陕西、甘肃、宁夏四省区交界地带，即鄂尔多斯侏罗纪煤盆地（王双明等，1996）。鄂尔多斯盆地东起吕梁山，西到桌子山、贺兰山、六盘山，北起阴山南麓，南达秦岭北坡，是发育在华北古板块西缘、以太古宇—古元古界为基底的大型复合盆地。侏罗纪煤盆地构造演化表现为边界构造运动强烈，盆地中部相对比较平缓。印支运动之后至燕山运动第一幕之前，盆地总体呈下降趋势，沉积了富县组和延安组地层；燕山运动第一幕盆地内构造运动较弱，总体为下降趋势，沉积了直罗组和安定组；中侏罗世末到晚侏罗世，盆地处于挤压应力状态，整体以下降为主，沉积了芬芳河组地层；早白垩世早期，盆地西缘的逆冲-推覆体系沉降特征明显，盆地仍以下沉为主，接受沉积；早白垩世末，盆地沉积停止，全区处于缓慢上升状态。

相比之下，东部石炭-二叠系煤田构造活动强烈。以位于华北板块的东部的山东兖州煤田为例，晚古生代海西运动较弱，以垂直升降为主。三叠纪印支期，构造运动强烈，南北向以压应力为主，东西向以拉应力为主，形成了一系列轴向 NE-EW 的宽缓褶曲和一系列 EW 走向的正断层。晚三叠世—中侏罗世，构造运动较弱，以垂直上升运动为主，但是在低洼地区，仍然可以接受沉积，沉积了蒙阴组地层。早白垩世燕山运动第三幕，环太平洋构造运动强烈，使前期的断层继续运动，同时也形成了一系列 NS 走向的断层。喜山期构造运动活动强烈，NS 向断层继续运动。

由此可见，侏罗纪煤田在形成以来，盆地范围内构造运动以垂直升降运动为主，水平挤压运动为辅，构造活动微弱，全区处于稳定状态，构造运动对煤系地层影响很小，导致地层中构造结构面和裂隙不发育，地层整体性较好。东部石炭-二叠系煤田，构造运动强烈，受构造活动影响在煤系地层内形成了一系列的断层、裂隙，构造裂隙发育，地层整体性差。因此，侏罗系煤覆岩结构、完整性与东部石炭-二叠系差异大，前者总体呈整体状结构，后者为层状、块状结构。在野外地层露头的也反映了这一特征，如图 5.5 所示。

(a)东部石炭−二叠系煤层覆岩结构

(b)陕北侏罗系煤层覆岩结构

图 5.5　东部石炭−二叠系煤层与陕北侏罗系煤层覆岩结构对比图

二、导水裂隙带发育高度差异

　　为研究西部侏罗系煤层开采导水裂隙带发育高度与东部石炭−二叠系的差异，收集了侏罗系煤综放开采导水裂隙带高度实测资料 16 例，采深多大于 300m，采厚大于 8m，导水裂隙均在完整基岩内发育；收集侏罗系煤综采导水裂隙带实测数据共 12 例，一般采深小于 300m，采厚小于 8m。收集我国东部石炭−二叠系煤综放开采矿井导水裂隙带实测数据共 24 例，如表 5.3 所示。

表 5.3　导水裂隙带高度实测数据统计表

导水裂隙带	矿井名称	实测工作面	采厚 M/m	工作面宽度 b/m	采深 s/m	导水裂隙带高度 H_{li}/m	裂采比 e
侏罗系煤综放开采	崔木煤矿	301 面 G1 孔	12.00	200	600~700	238.67	19.89
		303 面 G4 孔	8.20	200		190.51	23.23
		303 面 G5 孔	8.20	200		172.75	21.07

续表

导水裂隙带	矿井名称	实测工作面	采厚 M/m	工作面宽度 b/m	采深 s/m	导水裂隙带高度 H_{li}/m	裂采比 e
侏罗系煤综放开采	大佛寺煤矿	40108 面 T1 孔	11.22	180	470.17	189.05	16.85
		40108 面 T2 孔	12.55	180	470.50	191.00	15.22
		40108 面 T3 孔	12.12	180	462.65	193.76	15.99
		40106 面 T4 孔	9.10	180	443.00	245.52	26.98
	彬长下沟矿	ZF2801	9.90	90	332.00	149.00	15.05
		ZF2802	11.00	90	332.00	139.81	12.71
		ZF2803	8.70	90	332.00	97.47	11.20
		ZF2804	8.90	90	332.00	149.48	16.79
	内蒙古多伦协鑫	1703-1	9.58	120	302.00	111.99	11.69
	小康	S1W3	10.73	—	—	198.40	18.49
	陈家沟煤矿	3201	11.10	104	500.00	152.34	13.80
	彬长亭南矿	107	9.99	116	650.00	165.83	16.60
		106	9.10	116	650.00	121.03	13.30
侏罗系煤综采	金鸡滩煤矿	2-2上101	5.50	300	260.00	107.49	19.54
	彬长亭南矿	106	7.60	116	463.00	96.40	12.68
	中能榆阳煤矿	2304	3.50	200	208.00	96.30	27.51
		2304	3.50	200	188.00	84.80	24.23
	榆树湾煤矿	20104	5.00	255	280.00	135.40	27.08
	杭来湾煤矿	30101	7.50	300	248.00	112.60	15.01
	乌兰木伦矿	12403	2.47	310	130.00	62.89	25.46
		12403	2.04	310	130.00	35.74	17.52
	补连塔矿	12406	4.41	310	181.70	74.00	16.78
		12406	4.38	310	180.00	89.50	20.43
	焦坪煤矿		8.00	—	—	156.00	19.50
	黄陵一矿	603	2.60			65.50	25.20
石炭-二叠系煤综放开采	兴隆庄	5306	8.20	433	—	92.66	11.30
		4314	8.30	331	—	74.70	9.00
		4320	8.00	450	—	86.80	10.85
		1301	8.13	409	—	72.90	8.97
	鲍店矿	1303	8.70	434.6	—	71.00	8.16
		1310	8.70	418.6	—	83.00	9.54
		1314	7.50	367	—	75.50	10.07
		1316	8.61	357	—	66.50	7.72
		5306	8.60	367	—	61.77	7.18

续表

导水裂隙带	矿井名称	实测工作面	采厚 M/m	工作面宽度 b/m	采深 s/m	导水裂隙带高度 H_{li}/m	裂采比 e
石炭- 二叠系 煤综放 开采	济宁三矿	4320	8.00	—	—	86.80	10.85
		1301	6.60	745		66.60	10.09
	许厂矿	1302	5.10	255		51.30	10.06
	王庄矿	6206	5.90	—		114.70	19.44
	王庄矿	6202	6.50	300		115.87	17.83
	谢桥矿	1221	6.00	—		67.86	11.31
	潘一矿	2622	5.80	—		65.25	11.25
	张集矿	1221	4.50	370		57.47	12.77
		1212	3.90	370		49.05	12.58
	龙固煤矿	1301	12.10	810		83.00	6.86
	新集一矿	1303	7.76	329		83.96	10.82
		1301	8.10	329		83.90	10.36
	杨村矿	301	6.70	272		64.99	9.70
	朱仙庄矿	Ⅱ865	13.43	490		130.78	9.74
		Ⅱ863	9.50	450		78.00	8.21

导水裂隙带高度、裂采比与采厚的关系分别如图 5.6 和图 5.7 所示。可以看出,导水裂隙带高度随采厚的增大而增大,相同采厚下,侏罗系煤综放开采导水裂隙带高度比石炭-二叠系煤大得多。裂采比随采厚的增大呈减小的趋势,侏罗系煤综放开采裂采比为 10~30,多大于 15,石炭-二叠系煤综放开采裂采比要小得多,多为 8~12(邢茂林,2016)。

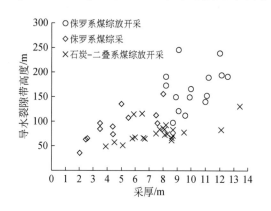

图 5.6　导水裂隙带高度与采厚的关系

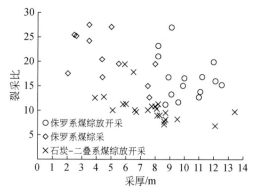

图 5.7　裂采比与采厚的关系

导水裂隙带高度、裂采比与采深的关系分别如图 5.8 和图 5.9 所示。可以看出,导水裂隙带高度随采深的增加而增大,相同采深下,侏罗系煤开采导水裂隙带高度比石炭-二叠系煤大。侏罗系煤综采裂采比与采深的关系不明显,侏罗系煤综放开采裂采比有随采深增加而增大的趋势,石炭-二叠系煤综放开采裂采比随采深增加变化较小。

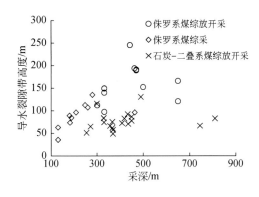
图 5.8　导水裂隙带高度与采深的关系

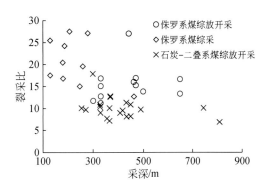
图 5.9　裂采比与采深的关系

导水裂隙带高度、裂采比与工作面宽度的关系分别如图 5.10 和图 5.11 所示。可以看出，随着工作面宽度的增大，侏罗系煤综采导水裂隙带高度变化不明显，侏罗系煤综放开采导水裂隙带高度呈增大趋势。侏罗系煤开采裂采比随工作面宽度的增大而增大，当达到一定宽度后，裂采比不再增加。

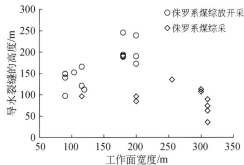
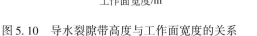
图 5.10　导水裂隙带高度与工作面宽度的关系

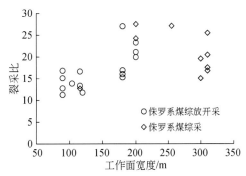
图 5.11　裂采比与工作面宽度的关系

三、侏罗系覆岩导水裂隙带发育高度预计

根据导水裂隙带发育高度实测值分析，影响侏罗系煤层开采覆岩导水裂隙带发育高度的主要因素为采厚、采深、工作面宽度。通过对导水裂隙带高度（基岩内完整发育）与各个单因素之间的回归分析可知，导水裂隙带高度与采厚呈较好的线性关系，与采深呈自然对数函数关系，裂采比与工作面宽度呈自然对数函数关系。参见图 5.12 ~ 图 5.14。

应用多元非线性回归，分析求出导水裂隙带高度与采厚、采深及工作面宽度之间的回归系数，得到了侏罗系煤开采导水裂隙带高度多因素回归经验公式（相关系数 $R^2 = 0.942$）：

$$H_{\mathrm{li}} = 4.82M + 60.13\ln\frac{s}{100} + 3.43M\ln\frac{b}{100} + 16.17 \qquad (5.1)$$

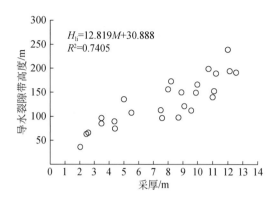

图 5.12　导水裂隙带高度与采厚的拟合曲线

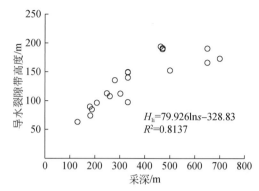

图 5.13　导水裂隙带高度与采深的拟合曲线

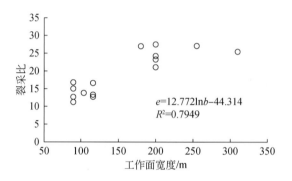

图 5.14　裂采比与工作面宽度拟合曲线

根据各经验公式计算侏罗系煤综放开采导水裂隙高度，与各矿井实测值比较，利用平均绝对百分误差（MAPE）、均方根误差（RMSE）与泰尔不等系数评价预测结果的精度。计算公式如下：

平均绝对百分误差：
$$\varepsilon = \left| \frac{H_y - H_c}{nH_c} \right| \times 100\% \tag{5.2}$$

均方根误差：
$$\sigma = \sqrt{\frac{\sum\limits_{i=1}^{n} (H_c - H_y)^2}{n}} \tag{5.3}$$

泰尔不等系数：
$$\tau = \frac{\sqrt{\dfrac{1}{n} \sum\limits_{i=1}^{n} (H_c - H_y)^2}}{\sqrt{\dfrac{1}{n} \sum\limits_{i=1}^{n} H_c^2} + \sqrt{\dfrac{1}{n} \sum\limits_{i=1}^{n} H_y^2}} \tag{5.4}$$

式中，H_c 为实测值；H_y 为预测值；n 为样本个数。

泰尔不等系数取值区间为 0～1，越靠近 0，表示单位误差均方根越小，即预测值与实际值越靠近，计算结果见表 5.4，本次拟合公式的 MAPE、RMSE 与泰尔不等系数均为最小，表明式（5.4）基本适用于本区综放开采导水裂隙带高度预计。

表5.4　各导高预计公式误差分析

参数	"三下"采煤规范公式一	"三下"采煤规范公式二	规范公式	中国矿业大学公式	唐山煤科院公式	本次拟合公式
平均绝对百分误差/%	64.02	53.47	18.78	27.29	37.53	13.54
均方根误差	2.03	1.75	0.75	1.09	1.05	0.50
泰尔不等系数	0.22	0.18	0.06	0.09	0.07	0.04

根据本次拟合公式计算综放工作面导水裂隙带高度为142.61～185.68m，空间分布如图5.15中实线所示。在煤层合并处预计导高可能会进入土层和风化带，沿推进方向随着煤厚的减小及基岩厚度的增加，预计导高不会进入风化带。由于预计公式是考虑导水裂隙在完整基岩内发育，考虑到风化带和土层的抑制作用，下面将利用数值模拟讨论裂隙进入土层和风化带后的发育情况。

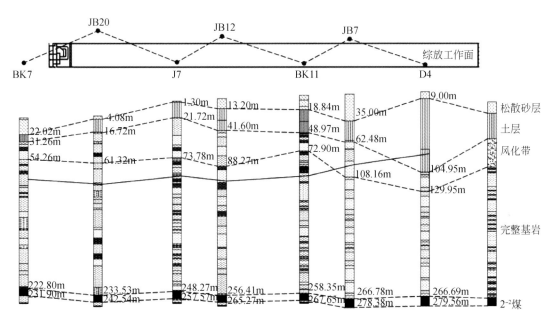

图5.15　综放工作面预计导水裂隙带高度（实线）

第三节　导高发育理论分析计算

一、基于薄板理论的导高分析

（一）板状岩层极限挠度计算

基于上述覆岩结构特征的分析，对于侏罗系煤层导水裂隙带高度的力学理论研究更适合采用板壳理论（黄克智，1987）。

　　在煤层开采以前，岩体处于自然应力的平衡状态；如图 5.16 所示，煤层开采之后，工作面前后支承压力可分为应力降低区（Ⅱ）、应力增高区（Ⅲ）及应力不变区（Ⅰ和Ⅰ'）。不考虑工作面开采过程中的上覆岩层破断角的影响，以应力降低区上覆各岩层为研究对象。根据西部大型走向长壁工作面开采实践可知，侏罗系煤层上覆各岩层的厚度远远小于工作面应力降低区的长度，即上覆各岩层的厚度/应力降低区上覆各岩层的走向长度 <1/5，所以，煤层上覆岩层可以看作四边固支矩形薄板，可以应用薄板理论（黄克智，1987）。建立上覆各岩层薄板力学模型如图 5.16 所示。

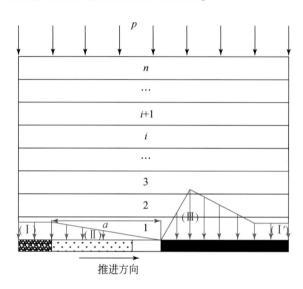

图 5.16　工作面前后支承压力分布及覆岩构成示意图

　　在上覆各岩层力学模型中，以某一岩层上表面沿工作面走向和倾向分别作 X、Y 坐标轴，交点为 O 如图 5.17（a）所示。作用在岩层上的横向载荷由两部分组成，一部分是上覆岩层的自重 γH；另一部分由矿山压力造成的工作面后方的应力降低区，将其简化为三角形线性载荷，即 $q_1 = \gamma H(1 - x/a)$，其中 x 为沿坐标轴 X 距 O 点的距离如图 5.17（b）所示。四边固支矩形薄板受横向总载荷 $q = \gamma Hx/a$。

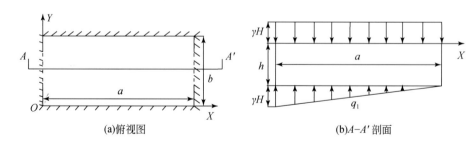

(a)俯视图　　　　　　　　　　　　(b)A–A'剖面

图 5.17　岩层薄板力学模型

　　图 5.17 中上覆各岩层四边固支矩形薄板的边界条件如下：

$$\begin{cases} (\omega)_{x=0}=0, \left(\dfrac{\partial^2 \omega}{\partial x^2}\right)_{x=0}=0 \\[2mm] (\omega)_{x=a}=0, \left(\dfrac{\partial^2 \omega}{\partial x^2}\right)_{x=a}=0 \\[2mm] (\omega)_{y=0}=0, \left(\dfrac{\partial^2 \omega}{\partial y^2}\right)_{y=0}=0 \\[2mm] (\omega)_{y=b}=0, \left(\dfrac{\partial^2 \omega}{\partial y^2}\right)_{y=b}=0 \end{cases} \tag{5.5}$$

设上覆岩层的挠度函数为

$$\omega = \sum_{m=1}^{\infty} \sum_{n=1}^{\infty} A_{mn} x \sin^2\left(\frac{m\pi x}{a}\right) \sin^2\left(\frac{n\pi y}{b}\right) \tag{5.6}$$

式中，m 和 n 都为正整数。代入上述边界条件式（5.5），可见全部边界条件都能满足。

基于最小势能原理（徐芝纶，1982），上覆岩层的挠度函数的系数 A_{mn} 为

$$A_{mn} = \frac{\gamma Ha\left(\dfrac{2}{3}-\dfrac{1}{m^2\pi^2}\right)}{2D\left[\left(\dfrac{n\pi}{b}\right)^4 a^2\left(1-\dfrac{15}{8m^2\pi^2}\right)+\left(\dfrac{m\pi}{a}\right)^2\left(m^2\pi^2+\dfrac{15}{8}\right)+\left(\dfrac{n\pi}{b}\right)^2\left(\dfrac{2}{3}m^2\pi^2-\dfrac{1}{4}\right)\right]} \tag{5.7}$$

式中，a 为上覆各岩层走向长度（工作面应力降低区走向长度），m；b 为上覆各岩层薄板宽度（工作面倾向），m；γ 为上覆各岩层容重，kN/m^3；H 为上覆各岩层埋深，m；D 为薄板的弯曲刚度，$D=\dfrac{Eh^3}{12(1-\mu^2)}$；$h$ 为上覆各岩层的厚度，m；μ 为岩层泊松比。

所以挠度函数为

$$\omega = \sum_{m=1}^{\infty} \sum_{n=1}^{\infty} \frac{\gamma Ha\left(\dfrac{2}{3}-\dfrac{1}{m^2\pi^2}\right) x \sin^2\left(\dfrac{m\pi x}{a}\right) \sin^2\left(\dfrac{n\pi y}{b}\right)}{2D\left[\left(\dfrac{n\pi}{b}\right)^4 a^2\left(1-\dfrac{15}{8m^2\pi^2}\right)+\left(\dfrac{m\pi}{a}\right)^2\left(m^2\pi^2+\dfrac{15}{8}\right)+\left(\dfrac{n\pi}{b}\right)^2\left(\dfrac{2}{3}m^2\pi^2-\dfrac{1}{4}\right)\right]} \tag{5.8}$$

由于式（5.8）级数收敛较快，为了简化计算，取 $m=n=1$，计算结果能够满足工程的精度要求。得出上覆岩层挠度函数为

$$\omega = \frac{\gamma Ha\left(\dfrac{2}{3}-\dfrac{1}{\pi^2}\right)}{2D\left[\left(\dfrac{\pi}{b}\right)^4 a^2\left(1-\dfrac{15}{8\pi^2}\right)+\left(\dfrac{\pi}{a}\right)^2\left(\pi^2+\dfrac{15}{8}\right)+\left(\dfrac{\pi}{b}\right)^2\left(\dfrac{2}{3}\pi^2-\dfrac{1}{4}\right)\right]} x \sin^2\left(\frac{\pi x}{a}\right) \sin^2\left(\frac{\pi y}{b}\right) \tag{5.9}$$

由于板状岩层的挠度函数达到最大值并不代表岩层破断，此时，需要计算板状岩体的极限挠度。设薄岩板极限跨距为 a_m、b_m，其取决于自身岩石的抗拉强度 σ_t、厚度 h、所受载荷 q 等因素，其破坏条件是当岩石的最大拉应力值，即 $\sigma_{拉}>[\sigma_{拉}]$ 时，薄岩板在其中心位置发生断裂，此时的岩板尺寸 a_m、b_m 为极限尺寸。由板的抗拉强度推导的计算公式（黄克智，1987）：

$$\begin{cases} a_m = ab_m/b \\[1mm] b_m = \sqrt{\sigma_t h^2/(6kq)} \end{cases} \tag{5.10}$$

式中，k 为薄板的形状系数，$k = 0.00302(a/b)^3 - 0.03567(a/b)^2 + 0.13953(a/b) - 0.05859$。

所以，上覆各岩层极限挠度函数为

$$\omega_j = \frac{\gamma H a_m \left(\frac{2}{3} - \frac{1}{\pi^2} \right)}{2D \left[\left(\frac{\pi}{b_m} \right)^4 a_m^2 \left(1 - \frac{15}{8\pi^2} \right) + \left(\frac{\pi}{a_m} \right)^2 \left(\pi^2 + \frac{15}{8} \right) + \left(\frac{\pi}{b_m} \right)^2 \left(\frac{2}{3}\pi^2 - \frac{1}{4} \right) \right]} x \sin^2 \left(\frac{\pi x}{a_m} \right) \sin^2 \left(\frac{\pi y}{b_m} \right)$$

(5.11)

(二) 导水裂隙带发育高度判断

煤层开采后形成的自由空间将由覆岩的碎胀特性来填充。如果认为只有导水裂隙带的岩层发生碎胀，而弯曲下沉带岩层不发生体积上的变化，则可得到各岩层下的自由空间高度为

$$S_i = M - \sum_{j=1}^{i-1} h_j(k_j - 1)$$

(5.12)

式中，S_i 为第 i 层自由空间高度；M 为煤层采高；h_j 为第 j 层岩层厚度；k_j 为第 j 层岩层碎胀系数。

导水裂隙带高度是否发育取决于上覆各岩层的极限挠度值 ω_{jmax} 与下部自由空间高度 S_i。如果 $\omega_{jmax} < S_i$，上覆岩层发生破断，导水裂隙带高度增加；反之，导水裂隙带高度不再增加 (Liu S et al., 2018a)。

(三) 实例分析

以陕北榆阳煤矿 2304 工作面为例进行分析，工作面宽度为 200m，采厚为 3.5m，平均倾角为 0.28°，煤层埋深为 190 ~ 210m。根据矿压观测资料，应力降低区走向长度为 200m。表 5.5 是 2304 工作面钻孔揭露的岩层结构及室内力学试验参数。基于上述推导的导水裂隙带高度预计力学模型，对榆阳煤矿 2304 工作面的导水裂隙带发育高度进行了理论预计，岩层破坏状态如表 5.5 所示。经计算，导水裂隙带发育预计高度为 83.2m，裂采比为 23.77，通过现场钻孔冲洗液消耗量实测导水裂隙带高度发现，钻孔深度 111.7m 为覆岩导水裂隙带的顶界面，煤层采深为 196m。因此，导水裂隙带高度为 84.3m，裂采比为 24.09，预计结果与实测数据基本一致。

表 5.5 岩层特征、物理力学参数及破坏状态

岩层	层厚/m	累计厚度/m	抗拉强度/MPa	容重/(kN·m⁻³)	弹模/MPa	泊松比	$a_m(b_m)$	ω_{jmax}	S_i	破坏状态
中砂岩	8.85	93.05	100	33.2	7600	0.29	—	—	—	未破坏
粉砂岩	0.40	93.45	95	28.0	6900	0.30	—	—	0.60325	未破坏
中砂岩	11.35	104.80	100	25.4	7500	0.28	41.19	4.59	0.94375	未破坏
泥岩	4.00	108.80	94	23.8	8700	0.35	13.81	1.06	1.08375	破坏
中砂岩	3.10	111.90	100	25.2	8600	0.28	10.8880	1.02	1.17675	破坏
粉砂岩	10.15	122.05	75	23.0	9500	0.33	29.56	1.37	1.48125	破坏

续表

岩层	层厚/m	累计厚度/m	抗拉强度/MPa	容重/(kN·m⁻³)	弹模/MPa	泊松比	$a_m(b_m)$	ω_{jmax}	S_i	破坏状态
泥岩	3.00	125.05	110	25.0	8000	0.33	10.4545	1.11	1.58625	破坏
粉砂岩	9.85	134.90	85	23.3	9300	0.36	29.05	1.57	1.88175	破坏
泥岩	5.05	139.95	110	27.0	7500	0.33	16.6350	1.91	2.05850	破坏
细砂岩	13.75	153.70	83	25.5	9200	0.31	37.54	2.11	2.47100	破坏
粉砂岩	10.15	163.85	112	23.2	9200	0.24	31.18	2.51	2.77550	破坏
细砂岩	9.95	173.80	100	25.0	8600	0.25	28.0432	2.12	3.07400	破坏
中砂岩	9.90	183.70	98	36.4	7600	0.26	26.8670	2.28	3.37100	破坏
粉砂岩	4.30	188.00	105	27.2	6200	0.25	11.94	1.41	3.50000	破坏
3 煤	3.50	191.50	—	13.9	400	0.30	—	—	—	—
细砂岩	1.25	192.75	92	24.6	9900	0.29	—	—	—	—

二、基于关键层理论的导高分析

关键层在采动岩体活动中起控制作用，导水裂隙带的高度可以由关键层和软岩的极限跨距以及其下部的自由空间高度来判断。

(一) 关键层位置的确定

岩石的性质和结构对覆岩运动有很大影响，被称为关键层的厚而坚硬的岩层在控制覆岩运动中发挥重要作用（钱鸣高，2003），采空区上覆存在如图 5.18 所示的 n 层岩层，每一层岩层的厚度和容重分别为 h_i 与 γ_i，其中 $i=1，2，3，\cdots，n$。

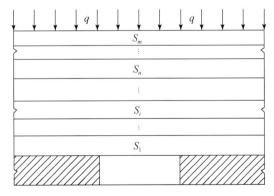

图 5.18　煤层覆岩力学假设模型

如果覆岩从第 1 层到第 n 层的岩层均是由第 1 层岩层控制且变形是同步一致的，那么上覆岩层可视为一个组合梁。根据组合梁理论，组合梁截面产生的剪切应力 Q 和弯矩 M 将由各个岩层共同分担，即存在：

$$Q = Q_1 + Q_2 + Q_3 + \cdots + Q_n \tag{5.13}$$

$$M = M_1 + M_2 + M_3 + \cdots + M_n \tag{5.14}$$

不同性质的岩梁在相同作用力下发生弯曲的曲率 k_i 具有一定差异，其差异大小受岩层厚度 m_i、弹性模量 E_i 与惯性矩 J_i 控制：

$$k_i = \frac{m_i}{E_i J_i} \tag{5.15}$$

对于组合梁的同步变形，将重新分配梁中产生的弯矩，即

$$\frac{m_1}{E_1 J_1} = \frac{m_2}{E_2 J_2} = \frac{m_3}{E_3 J_3} = \cdots = \frac{m_n}{E_n J_n} \tag{5.16}$$

$$\frac{m_1}{m_2} = \frac{E_1 J_1}{E_2 J_2}, \quad \frac{m_1}{m_3} = \frac{E_1 J_1}{E_3 J_3}, \quad \frac{m_1}{m_4} = \frac{E_1 J_1}{E_4 J_4}, \quad \cdots, \quad \frac{m_1}{m_n} = \frac{E_1 J_1}{E_n J_n} \tag{5.17}$$

联立式（5.14）、式（5.16）、式（5.17）可得

$$m = m_1 \left(1 + \frac{E_2 J_2 + E_3 J_3 + E_4 J_4 + \cdots + E_n J_n}{E_1 J_1} \right) \tag{5.18}$$

将式（5.18）两边同时除以括号内的内容，进而得到：

$$m_1 = \frac{E_1 J_1 m}{E_1 J_1 + E_2 J_2 + E_3 J_3 + \cdots + E_n J_n} \tag{5.19}$$

由于存在下式：

$$Q = \frac{\mathrm{d}m}{\mathrm{d}x} \tag{5.20}$$

则：

$$Q_1 = \frac{E_1 J_1 Q}{E_1 J_1 + E_2 J_2 + E_3 J_3 + \cdots + E_n J_n} \tag{5.21}$$

关键层上的载荷 q 可通过剪切应力 Q 求得

$$q = \frac{\mathrm{d}Q}{\mathrm{d}x} \tag{5.22}$$

因此，可得

$$q_1 = \frac{E_1 J_1 q}{E_1 J_1 + E_2 J_2 + E_3 J_3 + \cdots + E_n J_n} \tag{5.23}$$

其中，

$$q = \gamma_1 h_1 + \gamma_2 h_2 + \gamma_3 h_3 + \cdots + \gamma_n h_n \tag{5.24}$$

$$J_i = \frac{l h_i^3}{12} \tag{5.25}$$

式中，l 为岩梁的宽度，m。

上覆岩层作用于第 1 层岩层的总荷载可以表达为

$$q_1 = \frac{E_1 h_1^3 (\gamma_1 h_1 + \gamma_2 h_2 + \gamma_3 h_3 + \cdots + \gamma_n h_n)}{E_1 h_1^3 + E_2 h_2^3 + E_3 h_3^3 + \cdots + E_n h_n^3} \tag{5.26}$$

类似地，可以计算其他岩层上荷载的大小。

岩层破断实质是在弹性基础上的板的破断问题，在关键层理论中将其简化为两端固支

梁模型（图 5.19）来计算岩层的极限破断距离，梁内任一点的正应力为

$$\sigma = \frac{12M_i y_i}{h_i^3} \tag{5.27}$$

式中，M_i 为第 i 层岩层任一点所在截面弯矩，kN·m；y_i 为第 i 层岩层任一点与截面中性轴的距离，m；h_i 为第 i 层岩层厚度，m。

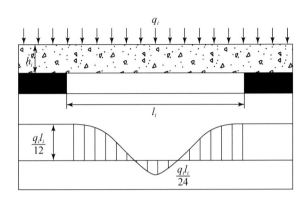

图 5.19　两端固支的覆岩力学模型

由对固支梁的分析可知，固支梁最大弯矩发生在梁的两端。即

$$M_{\max} = -\frac{q_i L_i^2}{12} \tag{5.28}$$

所对应的最大拉应力为

$$\sigma_{\max} = \frac{q_i L_i^2}{2h_i^2} \tag{5.29}$$

当 $\sigma_{\max} = R_{\mathrm{T}}^i$ 时，岩梁断裂，由式（5.29）得其极限跨距为

$$L_i = h_i \sqrt{\frac{2R_{\mathrm{T}}^i}{q_i}} \tag{5.30}$$

式中，R_{T}^i 为第 i 层岩层的抗拉强度，MPa；q_i 为第 i 层岩层上覆岩层作用与该层的总荷载，MPa。

关键层控制范围内覆岩运动破坏与关键层同步。关键层下部岩层不承担作用于关键层的载荷。作为关键层必须满足以下两个条件（钱鸣高，2003）。

（1）荷载条件，可以表示为 $q_{n+1} < q_n$，q_n 与 q_{n+1} 分别为从第 1 层关键层到第 n 与 $n+1$ 岩层作用于第 1 层关键层的岩层总荷载。一般来说，从煤层顶板向上计算过程中覆岩可能有多层岩层满足以上负荷条件。

（2）强度条件，可以表示为 $L_j < L_{j+1}$，其中 $j = 1, 2, 3, \cdots, k$；这意味着第 j 层岩层的极限破裂距离必须小于第 $j+1$ 层岩层。

根据以上两个条件和计算分析，最终可确定关键层的位置。

（二）软弱岩层受力弯曲的水平变形计算

软弱岩层抗拉强度较差，但具有较强的抗变形能力，因此判定其破断与否应利用其水

平拉伸的变形量进行判定，裂隙带内的软弱岩层保持层状结构，故仍可沿用固支梁模型对其进行计算。

设软弱岩层受力弯曲时的挠度函数满足以下等式（李琰庆，2007）：

$$\omega = a_1\left(1+\cos\frac{2\pi x}{l}\right) + a_2\left(1+\cos\frac{6\pi x}{l}\right) + \cdots + a_n\left(1+\cos\frac{2(2n-1)\pi x}{l}\right) \tag{5.31}$$

且满足以下边界条件：

$$\begin{cases} \omega\big|_{x=0}=0 \\ \omega\big|_{x=l}=0 \\ \dfrac{\mathrm{d}\omega}{\mathrm{d}x}\bigg|_{x=0}=0 \\ \dfrac{\mathrm{d}\omega}{\mathrm{d}x}\bigg|_{x=l}=0 \end{cases} \tag{5.32}$$

利用 Galerkin 方法可计算得到式（5.31）中的傅里叶系数 a_n，即

$$a_n = \frac{ql^4}{[2(2n-1)\pi]^3(2n-1)\pi EJ}(n=1,2,3,\cdots,\infty) \tag{5.33}$$

计算可得最大挠曲：

$$\omega_{\max} = \frac{5ql^4}{384EJ} \tag{5.34}$$

则式（5.31）可表达为

$$a_n = \sum_{i=1}^{n}\frac{ql^4}{[2(2n-1)\pi]^3(2n-1)\pi EJ}\left(1+\cos\frac{2(2n-1)\pi x}{l}\right) \tag{5.35}$$

则有梁的曲率方程：

$$\frac{1}{\rho} = \frac{\mathrm{d}\theta}{\mathrm{d}x} = \frac{\mathrm{d}w/\mathrm{d}x}{\mathrm{d}x} = -\sum_{i=1}^{n}\frac{6ql}{[(2n-1)\pi]^2 Eh^3}\cos\frac{2(2n-1)\pi x}{l} \tag{5.36}$$

固支梁发生弯曲产生的水平拉伸变形 ε 可利用下式计算：

$$\varepsilon = \frac{1}{\rho}y \tag{5.37}$$

式中，y 为梁的横截面上任意点距中性层的长度，m；ρ 为梁的曲率半径，m。

由式（5.37）可知，当 $\cos\dfrac{2(2n-1)\pi x}{l}=-1$ 时，岩层的水平拉伸变形 ε 可取到最大值，即

$$\varepsilon_{\max} = \frac{6qly}{\pi^2 Eh^3}\sum_{i=1}^{n}\frac{1}{(2n-1)^2}(n=1,2,3,\cdots,\infty) \tag{5.38}$$

当 $n\to\infty$ 时，$\sum\limits_{i=1}^{n}\dfrac{1}{(2n-1)^2}=\dfrac{\pi^2}{8}$，且有 $y=h/2$ 时水平拉伸变形最大，则有

$$\varepsilon'_{\max} = \frac{3ql}{8Eh^2} \tag{5.39}$$

采动覆岩导水裂隙带发展到一定高度后，裂隙带范围内的软岩会在一定程度上抑制裂隙的继续发育。由式（5.39）可知，软弱岩层发生弯曲时的水平拉伸变形量与岩梁的跨距成正比，与岩梁的厚度成反比。根据以往学者的研究成果，取软弱岩层的临界水平拉伸变

形值为 1.0mm/m（赵兵超，2009），将该值代入式（5.39）可得软岩的发生破断时的极限跨距 L_r：

$$L_r = \frac{Eh^2}{375q} \quad\quad (5.40)$$

（三）工作面临界推进距离的确定

根据上覆关键层初次断裂后的力学模型，各关键层与软岩断裂时工作面临界推进距离 LD 为

$$\mathrm{LD}_{g,j} = \sum_{i=1}^{m} h_i \cot\varphi_q + L_{g,j} + \sum_{i=1}^{m} h_i \cot\varphi_h \quad\quad (5.41)$$

$$\mathrm{LD}_{r,j} = H_j \cot\varphi_q + L_{r,j} + H_j \cot\varphi_h \quad\quad (5.42)$$

式中，$\mathrm{LD}_{g,j}$ 为第 j 层关键层破断时工作面推进距离，m；$L_{g,j}$ 为第 j 层关键层破断时的极限跨距，m；$\mathrm{LD}_{r,j}$ 为第 j 层软岩破断时工作面推进距离，m；$L_{r,j}$ 为第 j 层软岩破断时的极限跨距，m；m 为煤层顶板至第 j 层关键层下部的所有岩层数；h_i 为第 i 层岩层的厚度，m；φ_q、φ_h 分别为岩层破断的前、后方断裂角，根据研究区实测数据与相似材料模拟结果，均取 $60°$；H_j 为第 j 层软岩层底部至开采煤层顶板的距离，m。

根据式（5.41）与式（5.42）可对覆岩中各关键层与软弱岩层破坏时对应的工作面推进距离 LD 进行确定。

（四）自由空间高度的计算

煤层采出后会留下一部分自由空间，该空间初始高度为煤层的开采高度 M，这一空间为上覆岩层的破坏提供便利，随工作面的推进，顶板岩层产生变形、破坏并向下移动、垮落。由于裂隙的存在以及原始应力的解除，冒落带及裂隙带内的岩石具有一定的碎胀性，使得自由空间的高度逐渐减小，直至其高度不足以让上部岩层（组）发生破坏，裂隙带高度趋于稳定，不继续向上发育（李琰庆，2007）。

随着下部岩层的逐渐发生移动与破坏，留给上部岩层破坏的自由空间的高度可由下式计算得到：

$$\Delta_i = M - \sum_{j=1}^{i-1} h_j(k_j - 1) \quad\quad (5.43)$$

式中，Δ_i 层为第 i 岩层下部自由空间的高度，m；M 为煤层的开采高度，m；h_j 为第 j 层岩层厚度，m；k_j 为第 j 层岩石的残余碎胀系数。

岩石碎胀系数是裂隙岩石的体积与该岩石在完整状态下体积的比值，其值恒大于 1。一般来讲，垮落带内岩层的碎胀系数要大于裂隙带内的岩层，但随着上覆岩层的垮落应力状态的恢复，其最终与裂隙带内岩层的碎胀系数相近，故本研究选取碎胀系数时只考虑岩性的影响。一般坚硬岩石碎胀系数较大，而软弱岩石的碎胀系数相对较小（袁景，2005）。

（五）岩层破断的判断与导水裂隙带高度计算

上覆岩层的赋存条件与开采强度是覆岩导水裂隙带发育高度的主要控制因素。随着工

作面逐步向前推进，坚硬岩层大多沿着层面的方向发生断裂，而软弱岩层大多发生塑性破坏（王辉，2017）。根据关键岩层的强度与软弱岩层的抗变形能力可以得到各自的极限垮落距离，通过分析主要岩层发生破坏的极限跨距与岩层下部自由空间的高度变化，可以建立工作面推进距离与覆岩导水裂隙带发育高度的关系。导水裂隙带高度的计算遵从以下原则。

（1）第 j 层关键层悬露距离小于其极限跨距时，该关键层不会发生破断，关键层上部的岩层亦不会发生破坏，此时覆岩导水裂隙带不继续向上发育，直至岩层的悬露距离超过其极限跨距。

（2）如果第 j 层关键层的悬露距离大于其极限跨距，但该层下部的自由空间高度小于或等于零时，该关键层仍不会发生破断，导水裂隙带将终止发育，此时导水裂隙带的高度即为工作面导水裂隙带的最大值。

（3）第 i 层软岩的水平拉伸应变值小于其极限应变值时，该软弱岩层不会发生破断，此时导水裂隙带不继续向上发育，直至拉伸应变值超过其极限应变。

（4）如果软弱岩层的水平拉伸应变值大于其极限拉伸应变，但下部的自由空间高度小于该层的最大挠度，该关键层仍不会发生破断，导水裂隙带将终止发育，此时导水裂隙带的高度即为工作面导水裂隙带的最大值。

（六）实例分析

以柠条塔井田 N1208 工作面为例，计算 1^{-2} 和 2^{-2} 两层煤层开采覆岩导水裂隙带发育高度。据"三带孔"孔 6 取样测试，N1208 工作面覆岩层力学参数见表 5.6，应用上述导水裂隙带高度预计的理论分析方法，预计导水裂隙带高度的发育过程及最大高度。

表 5.6　覆岩层力学参数、关键层和软岩层下部自由空间高度

层序	岩性	岩层厚度 /m	容重 /(kN/m³)	抗拉强度 /MPa	弹性模量 /×10⁴MPa	关键层/ 软岩层位置	残余（压实）后 碎胀系数	自由空间高度 /m
1	黄土	31	16.86	0.03	1.00	软岩层	1.05	无
2	红土	60	18.23	0.20	0.80	软岩层	1.05	1.95
3	砂质泥岩	8.2	24.21	2.42	3.52	主关键层	1.025	2.16
4	细粒砂岩	4.4	23.42	1.64	3.76	—	1.03	2.29
5	砂质泥岩	1.8	24.21	2.42	4.18	—	1.025	2.33
6	细粒砂岩	3.3	23.42	2.88	4.42	—	1.03	2.43
7	砂质泥岩	10.2	24.21	2.42	4.18	亚关键层	1.025	2.69
8	细粒砂岩	1	23.42	2.88	4.42	—	1.03	2.72
9	砂质泥岩	6.6	24.21	2.42	4.18	—	1.025	2.88
10	中粒砂岩	1	24.40	3.24	5.40	—	1.03	2.91
11	砂质泥岩	3.6	24.21	2.42	4.18	—	1.025	3.00
12	泥灰岩	1	23.52	2.00	1.50	软岩层	1.02	3.02
13	中粒砂岩	5	24.40	2.44	5.40	—	1.03	3.17

续表

层序	岩性	岩层厚度 /m	容重 /(kN/m³)	抗拉强度 /MPa	弹性模量 /×10⁴MPa	关键层/ 软岩层位置	残余（压实）后 碎胀系数	自由空间高度 /m
14	粉砂岩	1.5	23.91	2.40	3.74	—	1.03	3.22
15	1⁻²煤	1.8	12.84	—	—	已采煤层	1.05	3.31
16	粉砂岩	8.5	23.91	1.92	3.74	—	1.03	3.56
17	中粒砂岩	6.8	24.40	3.24	5.40	—	1.03	3.77
18	细粒砂岩	14.5	23.42	2.38	4.42	亚关键层	1.03	4.20
19	中粒砂岩	1	24.40	3.24	5.40	—	1.03	4.23
20	粉砂岩	6	23.91	2.40	3.74	—	1.03	4.41
21	中粒砂岩	13	24.40	3.24	5.40	—	1.03	4.80
22	2⁻²煤层	4.8	—	—	—	—	—	—

N1208 工作面 1⁻² 和 2⁻² 两煤层的煤厚分别为 1.8m 和 4.8m，大的采高综采面覆岩垮落带高度较大，在一般采高中能形成铰接平衡结构的关键层，在特大采高情况下将会因较大的回转量而无法形成稳定的"砌体梁"结构形态，取而代之的是以"悬臂梁"结构形态直接垮落运动，而处于更高层位的关键层才能铰接形成稳定的"砌体梁"结构形态。在采高较小的煤层开采时作为基本顶的岩层，在采高加大后转变为直接顶，由此确定其煤层上方的关键层和软岩层如表 5.6 所示。假设只有在导水裂隙带范围内的岩层产生碎胀，其上的下沉带不发生体积上的变化。由式（5.43）计算关键层、软岩层下部自由空间高度，结果见表 5.6。

经推算，导水裂隙带最大发育高度为 105.94～136.90m，即为采高的 22.07～28.52 倍，且其达到最大高度后则不再随着工作面的推进而发生变化如图 5.20 所示。

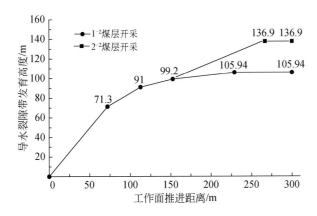

图 5.20　N1208 工作面 1⁻² 和 2⁻² 两煤层开采导水裂隙带动态发育过程

第四节　导高动态发育原位测试

钻孔简易水文观测法测试煤层开采导水裂隙带发育高度，一般都是在煤层开采结束后至少两个月、有的甚至 1~2 年后才施工钻孔进行探测。所以得到的导高是煤层开采结束、覆岩变形破坏稳定后的静态数据，即在开采结束后、导水裂隙带发育的稳定高度。煤层开采顶板最大涌突水都发生在开采期间，所以研究煤层开采导水裂隙带动态发育过程原位测试方法、导高动态发育特征及其与传统测试结果的差异性，是导水裂隙带发育高度研究的重要进步。

一、导高动态发育分布式光纤监测方法

（一）光纤传感技术概述

光纤传感（Optical Fiber Sensor，OFS）技术是在 20 世纪 70 年代伴随光纤通信技术的发展出现并随后迅速发展的新型传感技术。该技术以光为载体、光纤为媒介，将光纤附着在监测物表面或植入其中从而感知和传输外界信号（监测目的物），将感测光纤作为"感知神经"（王秀彦等，2004；Pei et al.，2014；柴敬等，2016）。传感光纤一般由纤芯、包层、涂敷层和护套构成，如图 5.21 所示。纤芯和包层为光纤结构的主体部分，对光波的传播起着决定性作用。涂敷层与护套主要起到隔离杂光，提高光纤强度与保护光纤等辅助性作用。

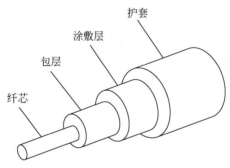

图 5.21　光纤结构示意图

OFS 技术的基本原理为光在光纤中传播时，其频率、振幅、相位与波长等特征参量会随压力、温度、渗流、磁场、电场、化学场等外界因素改变。光纤对外界因素的感知，实质上是外界因素影响光纤，从而实现对光波特征参量的实时调制。而获取外界因素的变化需要分析、解调光纤中被调制的光波特征参量（宋牟平等，2005）。

根据传感监测在空间和时间上的分布连续性特征，OFS 系统可分为点式、准分布式与全分布式三种类型，具体如图 5.22 所示。分布式光纤传感（DOFS）技术应用光纤的几何

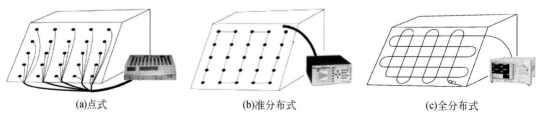

　　　　（a）点式　　　　　　　　　　（b）准分布式　　　　　　　　　　（c）全分布式

图 5.22　OFS 系统的三种分布类型示意图

一维特性，将被测参量作为光纤位置的函数，实现对外界参量变化的分布式监测，不仅具有体积小、耐腐蚀、抗电磁干扰、高灵敏度、高分辨率、低误差的特点，还可实现长距离、分布式监测（Sun et al.，2010）。

按照传感测试原理 DOFS 可分为拉曼散射的强度调制、瑞利散射的强度调制、布拉格光栅的波长调制与布里渊（brillouin scattering）散射的频率调制四个调制类型。其中，拉曼散射 DOFS 技术多用于温度的监测；瑞利散射 DOFS 技术则多用于物体的损伤定位；布拉格光栅 DOFS（准分布式）可以同时用于温度和应变的测量，且具有较高的单点测量精度，获得了较为广泛的应用，但无法实现长距离全分布监测；而基于布里渊散射的 DOFS 在温度和应变测量上具有精度高、测量范围大以及空间分辨力高等特点，受到了最为广泛的研究、应用与关注（曹立军，2006；严冰等，2013；解瑞军，2017；张毅，2016）。利用感测光纤中的背向散射光，采用 1300nm 与 1550nm 两种尺寸的单模传感光缆，布里渊散射信号受到的衰减和色散较小，使其温度、应变的测量精度、范围与空间分辨率均高于其他分布式传感技术。

基于布里渊散射的分布式光纤传感技术按调制解调类型可细分为：布里渊光时域反射技术（BOTDR）；布里渊光时域分析技术（BOTDA）；布里渊光频域分析技术（BOFDA）与布里渊相关域分析技术（BOCDA）。其中 BOFDA 和 BOCDA 对于调制解调设备的要求较高且信号解调较为复杂，尚未大范围应用于实际工程监测。BOTDR 能够实现单端测量，无须构成回路，只需在感测光缆一端注入光脉冲即可完成对布里渊散射信息的解调，因此具有安装方便、能检测断点的特征，在现场工程应用广泛（张毅，2016）。BOTDA 相对于BOTDR 具有更高的测试精度和空间分辨率，在某些需要高精度测量更为适用，但需要双端测试构成完整的回路，一旦传感光纤发生破断监测将无法继续，在工程应用中受到一定限制（彭映成等，2013）。根据检测环境与精度要求，本研究采用了 BOTDR 分布式光纤传感技术。

（二）基于 BOTDR 的分布式光纤监测原理

光波在光纤中传播并与介质声学声子发生相互作用时产生布里渊散射，其频率受介质固有频率影响发生移位，并通过相对于泵浦光（pump）频率下移的斯托克斯波（stocks）的产生来表现的现象被称为布里渊频移。频移量与光纤的物理力学性质相关，如式（5.44）、式（5.45）所示（施斌等，2004）：

$$v_B = 2nC_S/\lambda \tag{5.44}$$

$$C = \sqrt{\frac{(1-\mu)E}{(1+\mu)(1-2\mu)\rho}} \tag{5.45}$$

式中，v_B 为频移量，MHz；n 为光纤折射率；C_S 为声速，m/s；λ 为入射光波长，m。

如上所述，布里渊散射光的频移量受光纤的折射率、弹性模量、泊松比、密度以及入射光波长等因素的影响，在实际监测过程中上述因素受应变与温度的影响均发生不同程度的变化，可将其看作应变的函数，因此可建立应变、温度与频移量的关系式（Hao et al.，2013）。在只考虑应变影响的条件下，存在等式（5.46）（李哲哲，2017）：

$$v_B(\varepsilon) = \frac{2n(\varepsilon)}{\lambda} \sqrt{\frac{[1-\mu(\varepsilon)]E(\varepsilon)}{[1+\mu(\varepsilon)][1-2\mu(\varepsilon)]\rho(\varepsilon)}} \tag{5.46}$$

式（5.46）可简化为

$$v_B(\varepsilon) = v_B(0) + \frac{dv_B(\varepsilon)}{d\varepsilon}\varepsilon \tag{5.47}$$

在考虑应变与环境温度双重影响的条件下，存在等式（5.48）：

$$v_B(\varepsilon, T) = v_B(0, T_0) + \frac{\partial v_B(\varepsilon)}{\partial \varepsilon}\varepsilon + \frac{\partial v_B(T)}{\partial T}(T - T_0) \tag{5.48}$$

式中，$v_B(\varepsilon)$ 是应变 ε 影响下的布里渊光谱频移量，MHz；$v_B(\varepsilon, T)$ 是应变 ε 与温度 T 双重影响下的布里渊光谱频移量，MHz；$v_B(0)$ 为应变等于零时的初始布里渊光谱频移量，MHz；$v_B(0, T_0)$ 为应变等于零与温度为 T_0 时的初始布里渊光谱频移量，MHz；$dv_B(\varepsilon)/d\varepsilon$、$\partial v_B(\varepsilon)/\partial \varepsilon$ 为频移量与光纤的应变比例系数，MHz；$\partial v_B(T)/\partial T$ 为布里渊光谱频移量与光纤的温度比例系数，MHz/℃。

对于不同类型、不同加工工艺的传感光纤，其比例系数可能存在较大差异，在监测工作开始前需要对其进行标定。

图 5.23 为基于 BOTDR 的分布式光纤监测原理示意图。由图 5.23 可知，脉冲光自感测光纤的一端射入，随后产生背向布里渊散射光，并沿光纤返回至入射端，经解调仪处理将光信号转换为电信号，再经过数字信号处理器得到光纤沿线各个采样点的散射光谱。

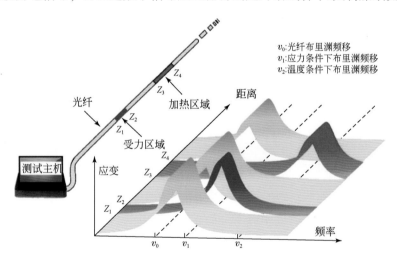

图 5.23　基于 BOTDR 的分布式光纤监测原理示意图

Barnoski 提出的光时域反射技术是实现分布式监测的关键，BOTDR 可利用脉冲光射入与散射光接收的时间差准定位监测点（Piao et al., 2011）。传感光缆上的任意一点与脉冲光入射端的距离可利用式（5.49）计算。

$$Z = \frac{C_G \Delta T}{2n} \tag{5.49}$$

式中，Z 为光纤的任意一点与脉冲光入射端的距离，m；C_G 为光在光纤中的传播速度，m/s；ΔT 为脉冲光射入与散射光接收的时间差，s。

目前最具代表性的三种 BOTDR 解调仪分别为：AQ8603（日本 ANDO 公司生产）；

N8511（日本 ANDO 公司生产）；AV6419（中国电子四十一所）。AV6419 在测试速度、量程、精度、可重复性方面较前两种有大幅提升，也是本研究原位测试选用的设备，如图 5.24 所示，其主要性能指标被列于表 5.7 中。

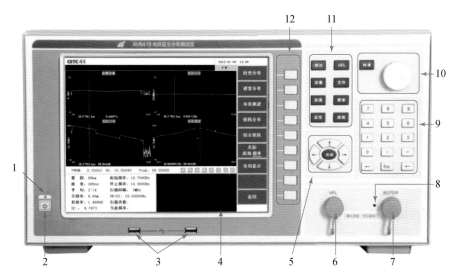

图 5.24　现场监测使用的 AV6419 解调仪前面板视图

1-电源指示灯；2-开/关机按钮；3-USB 接口；4-触摸 LCD 屏；5-导航按钮；6-VFL 光接口；
7-BOTDR 光接口；8-激光指示灯；9-数字键区；10-旋钮键区；11-功能键区；12-菜单按键

表 5.7　AV6419 光纤解调仪主要性能指标

主要项目	性能指标				
测试量程范围/km	0.5，1，2，5，10，20，40，80				
空间采样间隔/m	1.00，0.50，0.20，0.10，0.05				
最大空间采样点数	20000				
光纤折射率	1.00000 ~ 1.99999				
入射光波长/μm	1.55±0.005				
使用光纤类型	单模传感光纤				
频率采样范围/GHz	9.9 ~ 12.0				
频率采样间隔/MHz	1，2，5，10，20，50				
平均次数范围	$2^{10} \sim 2^{24}$				
空间定位精度/m	$\pm(2.0\times10^{-5}\times$测试量程范围$+2\times$空间采样间隔$)$				
应变测试重复性/με	−100 ~ +100				
应变测量范围/με	−15000 ~ +15000				
脉冲宽度/ns	10	20	50	100	200
空间分辨率/m	1	2	5	11	22
监测功率动态范围/dB	2	6	10	13	15
应变测量精度/με	±40	±40	±30	±30	±30

（三）光纤与围岩变形一致性试验研究

光纤与围岩变形的一致性是利用光纤监测覆岩变形、破坏的基础。为了评价其一致性，分别对光纤与充填物的变形一致性与填充物与围岩的变形一致性进行试验研究。

1. 光纤与充填物变形一致性试验

光纤与充填物的变形一致性试验利用如图 5.25 所示的试验装置进行。模拟实际监测情况，首先将光纤沿 3m 长的 PVC 管中轴线预拉固定，并向管中注入充填材料，然后将 PVC 管水平放置，并固定其两端，在 PVC 管正上方安置激光测距仪，最后，对 PVC 管中部逐级施加推力，使其产生变形。待每一级变形稳定后，记录激光测距仪的读数，并采集光纤应变数据。本次试验共加载了 8 级位移，光纤应变分布数据，如图 5.26 所示。

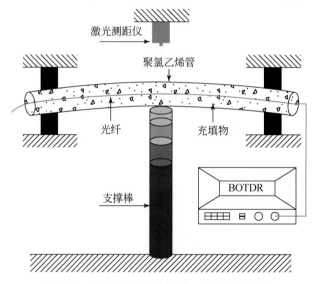

图 5.25　光纤与充填物变形一致性试验装置

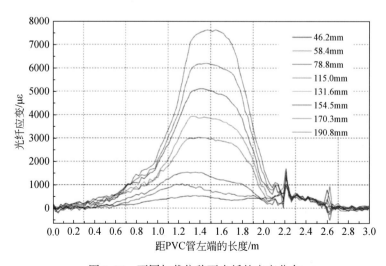

图 5.26　不同加载位移下光纤的应变分布

由图 5.26 可知，光纤在逐级加载下发生显著的拉伸变形，光纤应变曲线沿轴 $x = 1.5$（PVC 管中点）呈近似对称分布，光纤变形量从轴线位置向两端逐渐减小。由于 PVC 管侧向位移相对管长较小，充填物变形值同位移之间近似满足：

$$\varepsilon' = \frac{\sqrt{u^2 + l^2} - l}{l} \tag{5.50}$$

式中，ε' 为充填物变形；u 为加载发生的位移，m；l 为位移加载点至定端间的距离，m。

将各级位移下光纤的实测变形量和理论计算的充填物变形量进行了比较。由图 5.27 可知，在施加位移小于等于 15cm 以前，两者变形十分接近，当施加位移大于 15cm 后，光纤实测变形比计算变形小，且随着加载位移的增大，其差距愈发扩大。约 5000με 之前，可认为，光纤同充填物的变形是协调一致的。需要说明的是，在实际钻孔中，由于自重应力作用，光纤与充填物的耦合性会比实验好。

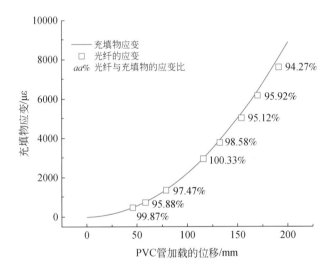

图 5.27　不同加载等级下光纤应变与充填物理论计算值的对比

2. 充填物与围岩的变形一致性试验

根据光纤监测位置附近钻孔的岩心岩性及力学性质将上覆基岩划分为五组，分别风化基岩、泥质砂岩、粉砂岩、细粒砂岩、粗粒砂岩，单轴抗压强度分别为 20.01MPa、24.88MPa、35.22MPa、40.10MPa 与 28.54MPa，具体物理力学性质如表 5.8 所示。

表 5.8　监测区上覆岩土样品的物理力学性质

岩性	E/GPa	R_c/MPa	R_m/MPa	屈服压缩应变/με	屈服拉伸应变/με
沙层	0.21	0.22	0.02	−1247.62	95.24
土层	0.50	0.50	0.05	−1500.10	100.01
风化基岩	4.51	20.01	1.01	−7436.81	223.95
泥质砂岩	8.67	24.88	1.66	−4109.67	191.46

续表

岩性	E/GPa	R_c/MPa	R_m/MPa	屈服压缩应变/$\mu\varepsilon$	屈服拉伸应变/$\mu\varepsilon$
粉砂岩	12.98	35.22	2.35	−4273.41	181.05
细粒砂岩	13.26	40.10	2.67	−4024.13	201.36
粗粒砂岩	10.44	28.54	2.38	−3633.72	227.97

对应上述五组基岩的物理力学特性，利用硅酸盐水泥、平均粒径 0.43mm 的干燥河沙、平均粒径 18.25mm 的碎石、水与萘磺酸盐系减水剂（MJ-Ⅱ）按一定比例混合制作 5 种对应的充填物，并用于之后钻孔的注浆回填。为获得强度与变形特征与围岩相近的注浆充填物，进行了一系列的配比试验，具体流程如下。

（1）选择混合物材料，利用重量比例进行配比，如图 5.28 所示。

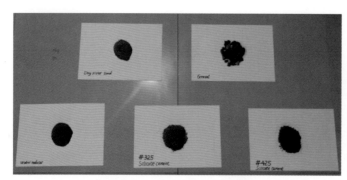

图 5.28　注浆混合物配比材料及称重电子天平（精度 0.01g）

（2）封孔水泥浆制作与养护，养护时间 20d 以上，如图 5.29 所示。

图 5.29　封孔水泥浆制作与养护

（3）岩心与充填物样品制作，直径 50mm、高 100mm 的圆柱（抗压）与直径 50mm、高 25mm 的圆柱（抗拉），如图 5.30 所示。

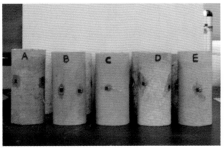

(a)充填物试样　　　　　　　　　　(b)黏贴应变片的岩石与充填物试样

图 5.30　试验样品加工与制作

（4）进行五组岩样与充填物样品无侧限单轴应力–应变试验与单轴抗剪强度试验。

（5）对比分析岩样与对应充填物的强度及其变形特征。

（6）标记对应岩样强度、变形一致性较差的充填物，重新选择或调整与制作材料与（或）配比。

（7）重复（1）~（6），直至所有样品与对应岩石强度及变形有较高一致性。

经过多次反复配比与试验，最终确定了对应五组岩石的充填物材料配比方案，具体材料的选择与配比如表 5.9 所示。

表 5.9　1kg 混合充填材料的组成和配比

编号	目标单轴抗压强度 /MPa	硅酸盐水泥/g		平均粒径 0.43mm 的干燥河沙/g	平均粒径 18.25mm 的碎石/g	水/g	奈磺酸系减水剂/g
		#32.5	#42.5				
A′	20±2.5	168.92	0	680.74	0	150.34	0
B′	25±2.5	150.60	0	254.52	515.06	79.82	0
C′	30±2.5	137.36	0	315.94	473.90	71.43	1.37
D′	35±2.5	0	137.55	279.23	519.94	61.90	1.38
E′	40±2.5	0	152.91	272.17	513.76	59.63	1.53

注：#32.5 与 #42.5 表示水泥的型号

测得利用表 5.9 中的材料与配比制作出的样品的单轴压缩应力应变曲线，并与对应的岩心样品进行了对比，如图 5.31 所示。岩心样品与对应充填物强度的一致性很好，图 5.31（c）中粗砂岩的差异最大，充填物的强度较对应岩心的强度低了 1.8MPa，约为岩心强度的 6%。图 5.31 中所有岩心与对应充填物的应力–应变曲线的形态与变化趋势均表现出较好的一致性。随着应力的增加，岩心与对应充填物应变的差异呈逐渐增大的趋势。相同应力条件下，五种充填物的变形与岩心样本变形的最大差异分别为 426.34με、172.05με、118.12με、628.59με 与 65.91με，分别为岩心样本应变的 10.88%、4.03%、3.25%、14.91% 和 0.89%。实验结果显示：充填物与对应充填物的强度与应变的差异均在 15% 以内；这意味着充填物与围岩的变形可以被认为是一致的（Cheng et al., 2015）。

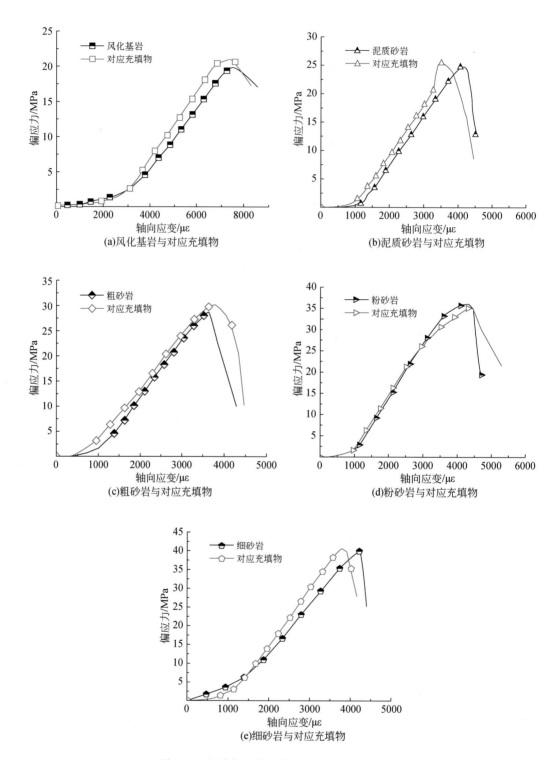

图 5.31　围岩与相应充填材料的应变–应力曲线

综合两个自行设计的变形一致性试验的结果，光缆变形与围岩变形的一致性较好，采动覆岩的变形与破坏可以利用光缆的变形进行分析（Liu Y et al.，2018）。

二、导高原位动态分布式光纤监测方案

（一）监测位置与钻孔条件

为探查与分析采动覆岩变形破坏的动态特征与规律，在金鸡滩煤矿 108 工作面布设了两个监测点。108 工作面为一盘区西南翼首采工作面，采用大采高采煤工艺，设计采高 5.8 ～ 8m，开采 2⁻² 煤层。煤层厚度为 5.8 ～ 8.03m，平均为 6.94m，整体由西向东逐渐增厚；煤层倾角为 0.05° ～ 0.5°；煤层埋深为 244.0 ～ 251.7m，平均为 247.0m。工作面走向长 5616m，倾斜宽 300m。地面相对位置大部分被第四系风积沙覆盖，为典型的风成沙丘及滩地地貌，无地表水系通过，地面标高为 +1210.7 ～ +1227.7m。为获取工作面开采导水裂隙发育高度的动态变化与最大值，JKY1、JKY2 两个钻孔被分别施工在距离切眼 581.66m、1745.71m 处的工作面中心轴线上，如图 5.32 所示。

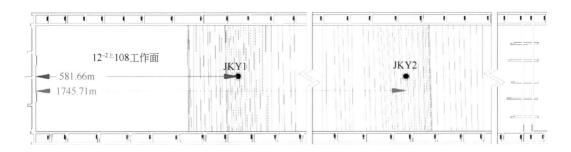

图 5.32　光纤监测钻孔相对于 108 工作面的位置

JKY1 与 JKY2 钻孔沙层与土层部分孔径 190mm，风化基岩部分孔径 142mm，完整基岩部分裸孔孔径 113mm，钻进深度分别为 252.91m 与 246.75m，具体如图 5.33 所示。

（二）感测光缆选型与标定

覆岩变形破坏监测具有变形大、隐蔽性强、连续性差、时间长和环境恶劣等特点，因此感测光缆需要满足光缆的长度适中、抗拉性能良好、抗弯折能力强、可有效抵抗外力冲击、耐腐蚀性、整体性和应变传递性好等条件。考虑光学性能、力学强度与应变传递性能三个因素，纤维加强筋分布式应变感测光缆（GFRS）、金属基索状分布式应变感测光缆（MKS）、10m 定点式分布式应变感测光缆（10m-IFS）三种类型被选定。其中 GFRS 具有精度高优势，MKS 具有强度大优势，10m-IFS 具有抗变形能力强优势（Cheng et al.，2015）；三种光缆相互补充，具体参数如表 5.10 所示。

传感光缆一般由纤芯、耦合剂、加固件与护套四部分组成。本次所用光缆的纤芯均为直径 0.9mm 的 G.652B 型单模纤芯，其结构如图 5.34 所示。

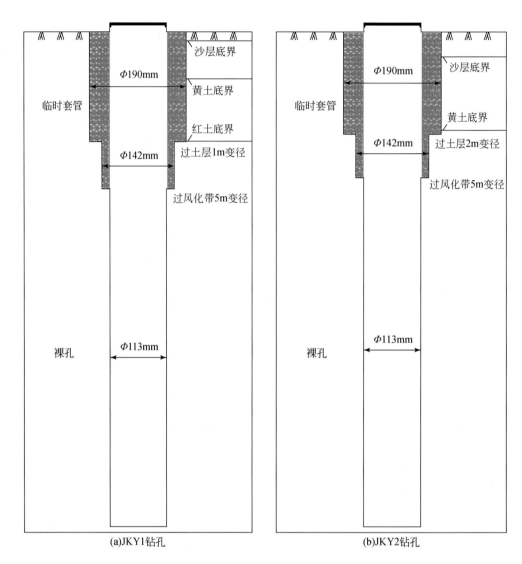

图 5.33 监测钻孔结构示意图

表 5.10 监测选用的三个感测光缆的参数与特点

光缆类型	直径/mm	抗拉强度/MPa	应变范围/%	容重/(kN·m⁻³)	主要特点	适用条件
GFRS	5.8	4.5	±1.5	28	对变形的敏感性强,可能获的微小尺寸的变化;剪切强度与抗磨损能力较差	对测试精度的要求较高,埋设的环境较好
MKS	5.0	6.5	±1.5	38	抗剪抗拉强度与抗磨损能力高,对小变形的控制能力较弱,对变形的敏感性一般	对测试精度的要求一般,埋设的环境较差
10m-IFS	5.0	3.0	0~5	40	拉伸性能好,抗变形能较强,对局部变形不敏感	要求测试的变形范围大,空间分辨率要求不高

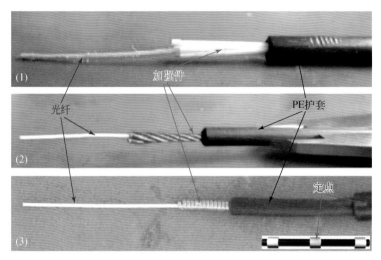

图 5.34　三种选定光缆的组成结构

(1)-GPRS；(2)-MKS；(3)-10m-IFS

在测试前应对光纤的应变比例系数与温度比例系数进行标定，为获取使得结果更加准确，利用 BOTDA 解调设备（日本生产的 NBX-6050）进行标定，其主要参数如表 5.11 所示。

表 5.11　标定 BOTDA 解调设备主要参数

最大测试量程	频率采样范围	空间分辨率	最小空间采样间隔	处理平均次数
50m	10.75～11.35GHz	0.1	0.01m	2^{15}

利用南京大学施斌教授课题组研发的一套定点拉伸装置及方法对选定光缆进行标定，首先将光缆固定在装置两端；然后预拉是的光缆处于微绷状态，稳定后锁固光缆；最后利用微机控制装置拉拔，稳定后进行数据采集。三种光缆所使用的纤芯一样，其标定结果也是一致的，结果表明应变比例系数为 0.00493MHz，温度比例系数为 1.430MHz/℃，图 5.35 所示为 GFRS 标定点及其拟合曲线。

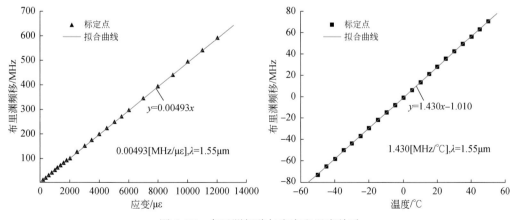

图 5.35　布里渊频移与应变和温度关系

(三) 应变传感光缆的布设

在 JKY1 与 JKY2 钻孔中均铺设 MKS、GFRS 与 10m-IFS 三种应变感测光缆与一种温度感测光缆，JKY1 钻孔光缆下放深度为 200m，JKY2 钻孔光缆下放深度为 205m，具体如图 5.36 所示。

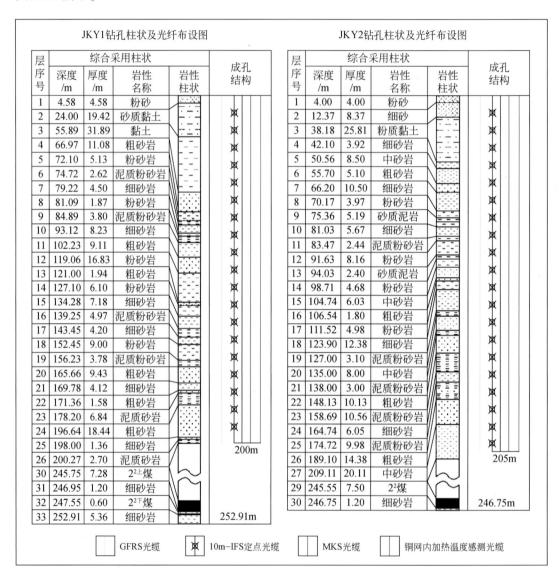

图 5.36　JKY1、JKY2 钻孔柱状及光纤传感器布置

(四) 现场埋设

根据图 5.36 所示的传感光缆的布置，利用不锈钢导向锥体将光缆植入钻孔，利用钻杆与光缆长度标尺确定植入深度，埋设步骤与情况如下。

（1）根据光缆上的标尺确定光缆位置，利用 PA 扎带与水性环氧树脂将所有端部光缆分为两股并对称固定在导向锥体上，此间需要考虑光缆的对称性，防止在埋设过程中导向体发生倾斜。

（2）进行埋设前扫孔工作，并利用钢刷去除钻孔孔壁上的泥浆，随后利用清水彻底清洗钻孔。本步骤一方面是为保证光缆的顺利下放，另一方面使得注浆浆液与围岩直接接触，保证浆液与围岩之间无薄弱滑移面存在。

（3）将导向锥体上部较细部分插入钻杆，利用反螺纹将钻杆与锥体连接。

（4）将钻杆与导向锥体放入钻孔，开始光缆下放，下放过程中需要拉紧光缆防止钻杆与导向锥体脱离。采用滚动式放线方法，可以最大程度减小光缆相互缠绕的现象发生；在孔口位置需保证光缆垂直，下放过程中需保证光缆不发生旋转与扭动，下放速度不可过快或过慢且均匀。

（5）利用钻杆下放的位置与光缆长度标尺确定下放位置，待位置到达后，朝钻孔四周拉紧光缆，转动钻杆，在导向锥体自重作用下使得锥体与钻杆脱离。

（6）根据编录的钻孔柱状图，利用确定的配比浆液进行分层注浆，土层与沙层直接利用好钻孔附近的土（红土与黄土）与沙进行分层回填，分层的位置利用测温光缆的明显差异确定。

（7）在孔口留设 5m 左右的光缆，利用熔接机将光缆与跳线连接，供之后测试，在钻孔附近做好防护箱，保护好孔口光缆与跳线，等待测试。

在步骤（6）实施之前，计算和分析了每种填充材料的对应位置与预计用量。回填遵循多次小量的原则，利用铜网内加热温度感测光缆确定灌浆位置。其原理是孔内水和充填物的比热容和换热系数相差很大，导致温度感测光缆在充填物和水中的温度差异显著。通过温度测试仪可测量到这种差异和位置的变化，从而确定灌浆材料的位置。按岩性及力学参数对钻孔进行分层注浆回填，有益于保证光缆和围岩变形之间的一致性。

（五）监测过程

根据工作面实际开采进度与监测位置，分别于 2016 年 7～8 月、2016 年 10～11 月对 JKY1、JKY2 钻孔进行了测试。在工作面推进位置距离 JKY1 钻孔 –210～550m、距离 JKY2 钻孔 –250～250m 范围内进行现场监测，具体监测日期与位置如图 5.37 所示。

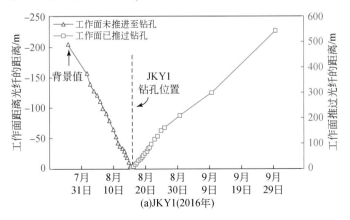

(a)JKY1(2016 年)

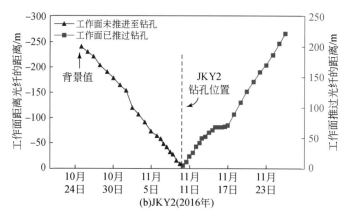

图 5.37　监测日期与相对工作面的位置

三、导高动态发育监测结果

现场采集的覆岩变形破坏的数据在分析前需要解译与处理,具体步骤如下:首先将钻孔第一次测试的应变结果作为背景值,把随后的每一次测试结果与其进行对比,并作差分析;利用测试数据与钻孔对比分析结果辅助钻孔埋设参数,确定光缆测试起点;测量数据包含有引线段光纤数据及监测段应变数据,由于受到测试时的拉压力影响,引线数据无规律波动,植入地层中光缆受岩土体和注浆体变形所影响,其初始应变起伏波动,根据此特征清晰的对光缆入土的位置进行精确定位;最后对比钻孔覆岩结构与应变曲线对覆岩动态运动特征进行分析。

（一）覆岩的变形特征

覆岩的变形特征分析依赖于采动过程钻孔中光纤的应变动态曲线,因此需要先对光纤的变形特性进行分析。JKY1 钻孔处分布式光纤应变动态分布特征如图 5.38 所示,图 5.38

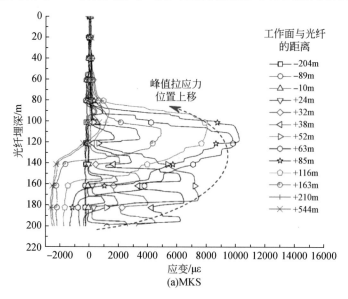

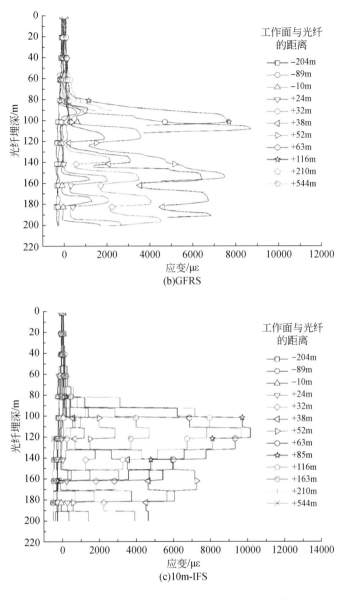

图 5.38　JKY1 钻孔三种应变感测光缆的测试结果

中水平轴表示感测光缆的应变值，垂直轴表示感测光缆的埋深。正应变表示光缆处于拉伸状态，负应变表示光缆处于压缩状态。光缆应变的采样间隔为 0.1 m，下同。

　　JKY1 钻孔内三种光缆的应变曲线相似，均显示明显的波动与峰值，但不同的传感光缆在开采过程中表现出的应变分布特征存在一定差异。当工作面推进位置与光纤间距超过 0 m 时，应变值急剧增加，峰值拉应变的位置上移，这主要是因为最大拉应力随着下部岩层的破坏逐渐上移。对比图 5.38（a）与（b），同一时间的应变曲线，GFRS 显示的波动与峰值更加明显，波动性与拉应变的数值整体上较 MKS 大，这说明 GFRS 与地层变形的耦合性较 MKS 好且对变形更加敏感。而对比图 5.38（a）与（c）可以发现，10m-IFS 处拉应变的峰值较 MKS 小,且其变化曲线呈阶梯状,这主要是由于 10m-IFS 将局部大应变转换为两点之间的小变形。可以延长传感光缆的寿命,但是对局部变形不敏感,容易忽视关键部分信息。从图 5.38(a)中可以看到明显的负应变,而在图 5.38(b)与(c)中则不然,造成两个子图中负应变的原因具有本质差异。由于 10m-IFS 的制作理念是将两个定点之间的变形均分到两点之间,其主要针对的是拉应变,无法测得压应变。即当光缆受压时测得的应变值基本在"0"左右徘徊,产生较小的负应变的原因是光缆之间的压缩而非围岩对光缆的压缩。因此,10m-IFS 无法获得负应变是其工作原理决定的。另外,虽然在测试过程中 GFRS 表现出了很好的光学性能与应变传递性能,但在工作面推进过程中 GFRS 发生多次断裂,分别在工作面推过钻孔 52m、63m、116m 与 210m 时,最后仅剩余长度不足 90m,GFRS 未能获取后期的负应变值。即 GFRS 未能测得负应变的原因是由于其强度较低在覆岩活动过程中被拉断,无法获得覆岩变形破坏的全部信息。

　　综上所述,MKS 可以很好地完成覆岩变形监测的任务,虽然测试精度较 GFRS 差,可能存在相对滑动的现象发生,但从测试结果图 5.38 上可以看出 MKS 的变形范围、形变量相对于 GFRS 的差异不大,因此 MKS 仍具有较高的测试精度。此外,MKS 的强度能够达到测试需求,也能够反映光缆的局部变形特征。JKY2 钻孔 MKS 的测试结果如图 5.39 所示。以下利用 MKS 的测试结果对两个钻孔处的应变进行分析。

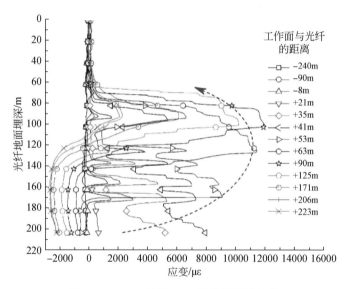

图 5.39　JKY2 钻孔 MKS 光缆的测试结果

　　当工作面距离 JKY1 钻孔光纤很远时,光纤的应变很小,并处于受压状态。在工作面推进至距离钻孔 −89m 时,由于超前剪切应力的影响光纤中部(埋深约 −90m)出现正应变,由此可得出煤层采动的超前影响角约为 59°。当工作面接近和通过光纤时,光纤下部(埋深 110 以下)处于受拉状态。随着工作面的推进,光纤应变逐渐变为正值,应变曲线呈"台阶"状发展。应变峰值逐渐增加并且峰值的位置逐渐向上移动,如图 5.38(a)中的红色箭头虚线所示。当工作面与光纤的距离为 63m 时,光纤下部(−165m 以下)应变呈负值再次处于压缩状态,这主要是垮落岩层的自重导致的。由于后支撑荷载,且随着开采负应变逐渐增大，压缩的范围逐渐增加。当工作面与光纤的距离为 85m 时，拉应变增加到峰值，约 $+10200\mu\varepsilon$。之后，峰值正应变逐渐降低，直至 $+720\mu\varepsilon$ 左右。当工作面推进 210m，应变分布基本达到稳定状态，$0 \sim 120m$ 左右为较小的拉应变，120m 以下呈现压应变，最大值达到 $-2700\mu\varepsilon$。光纤的整体应力状态变化特征可以分为两个部分，上部光纤为压缩—拉伸过程；下部光纤为压缩—拉伸—压缩过程，能够反映采动过程中上覆岩层的垂向变形特征。

JKY2 钻孔 MKS 应变分布特征如图 5.39 所示，图 5.39 中的曲线形态及变化特征与图 5.38（a）相似，JKY2 钻孔处的煤层厚度略大，导致拉应力峰值较 JKY1 大，达到 $11500\mu\varepsilon$。工作面推过钻孔后再次被压缩范围为 $110 \sim 200m$。此外，相对稳定时光纤的拉应变与压应变的峰值分别为 $-2750\mu\varepsilon$ 和 $1600\mu\varepsilon$。

应变曲线的台阶发展过程，表明了不同推进距离下，不同高度位置岩层受到不同的拉应力作用，具有明显的范围特征。直接顶板冒落后，采动裂隙逐渐向上发育，老顶开始破断移动，沿光纤方向的岩体逐渐受到拉应力作用，其拉应力大小与岩层向下回转运动时破断下沉的程度有关，由此引发的光纤传感器在不同范围内呈现出不同大小的应变分布。测试曲线形成台阶结构。表征岩层从下向上的垮落过程以及岩层内的应力状态。

为了解释在整个开采过程中，上覆岩层的时间和空间的运动特征，绘制覆岩应变等值线，如图 5.40 所示。图 5.40 中的水平轴表示推进工作面与钻孔之间的距离，反映了整个开采过程中的变形发展。垂直轴是地层的地面埋深，表示覆岩变形、破坏高度和范围。压缩区域和拉伸区域被分离，图中显示为黑线——零应变曲线。

根据图 5.40 中应变分布的变化可以看出，煤层采动过程中上覆岩层的破坏主要是拉伸应力作用的结果，岩体的裂隙首先发生在岩层内部拉应力最大并达到抗拉强度极限的部位，裂隙的方向与最大拉应力方向垂直，并沿着最大拉应力正交迹线方向扩展。因此，破断线位置处的岩石受到较大的拉应力，已经破断垮落的岩块受到较小的拉应力左右，或者受到垮落岩层的自重影响而处于受压状态。

在距离工作面 $-100m$ 以外时，光缆的应变值较小，这表明在传感电缆周围岩层的运动强度非常小。随着采煤工作面逐渐向前推进，由于岩层裂隙与离层的出现，光缆应变有正值变为负值，由压缩状态变为拉伸状态。拉伸应变急剧增加，而峰值拉应变的位置逐渐向上。同时，拉伸应变范围逐渐扩大。

如图 5.40（a）所示，当工作面与 JKY1 钻孔的距离为 $68 \sim 85m$ 时，在风化带底界附近，顶板岩层应变达到峰值，拉伸应变范围最大。同时，埋深 160m 以下范围内的岩层的应变值为负，说明垮落岩体受后支承载荷控制，处于压缩状态。随着工作面的继续推进，顶板的拉应变峰值位置不断向上移动。然而，峰值应变和拉伸应变范围减小。煤层上部的再压缩区域不断增大且压应变不断增加。如图 5.40（b）所示，当工作面与 JKY2 钻孔距离为 $63 \sim 90m$ 时，在风化带下部，顶板应变达到峰值，拉伸应变范围最大。同时，埋深 140m 以下范围内的岩层处于压缩状态。随着工作面的继续推进，拉应变峰值逐渐减小且不断向上移动，最后稳定在 $2071\mu\varepsilon$ 左右、埋深 92m 处。同时，拉应变的分布区逐渐减小。煤层上部的再压缩区域不断增大且压应变增加，最终稳定压缩区域稳定在埋深 113m 左右以下。

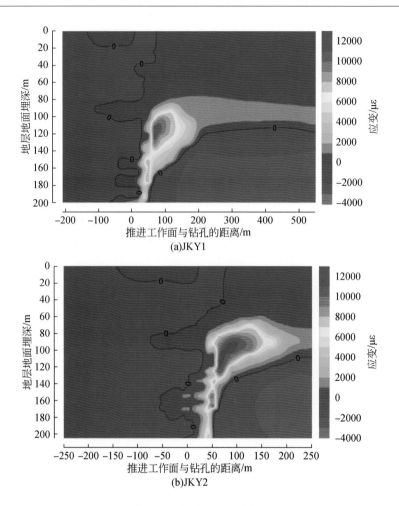

图 5.40　采动过程中覆岩应变分布的时空变化

对比图 5.36 与图 5.40 可发现，光缆应变与地层具有很好的对应关系，在一般情况下，在岩性相对较软的地层中或者软硬地层交界面的周围，拉应变相对较大，而在岩性相对较硬的地层中应变量较小且多为压应变。处于杨氏模量较大的坚硬岩层中的传感光缆的应变值相对较小，如图 5.36 中 JKY1 钻孔的 11 号粗粒砂岩、17 号细粒砂岩与 18 号粉砂岩，图 5.36 中 JKY2 钻孔的 12 号粉砂岩、15 号中砂岩与 26 号粗砂岩；处于杨氏模量相对较低的软弱岩层中的传感光缆的应变值相对较大，如图 5.36 中 JKY1 钻孔的 16 号、19 号、23 号泥质粉砂岩，4 ~ 8 号风化岩层；图 5.36 中 JKY2 钻孔的 19 号、21 号、25 号泥质粉砂岩，4 ~ 8 号风化岩层。说明在采动应力作用下，岩石的竖向压缩量与杨氏模量成反比，与岩石的坚硬程度也成反比。

（二）采动导水裂隙的动态发育高度

1. 确定方法

目前，利用分布式光纤监测覆岩变形的方法已逐渐成熟，但关于如何利用测试结果来确定采动过程中覆岩的破坏情况尚处于探索阶段（张伟，2016）。在以往的研究中，确定覆岩破坏情况的方法主要包括：①利用光纤应变曲线的形态；②利用光纤的应变大小两个方法。基于相似材料模型试验，袁强（2017）指出利用光纤变形曲线的形态（连续变化、台阶变化与恢复）可以确定对弯曲下沉带、导水裂隙带与垮落带的高度，但在现场监测的结果中并未出现上述的三种形态或状态，因此该方法不适用于本书的分析。基于现场测试，程刚（2016）指出根据光纤应变积分得到的位移可以确定覆岩的破坏情况，并认为光纤断点的位置可以帮助分析覆岩导水裂隙带的位置，该方法将覆岩的破坏情况与光纤的位移联系在一起，实现了覆岩破坏高度的确定，但是采动过程中覆岩的运动可能导致光纤与覆岩分离或者发生弯曲，从而使覆岩破坏高度的确定结果与实际情况存在较大的误差。

随着工作面不断向钻孔方向推进，覆岩将由下至上逐渐发生破坏，为了得到覆岩破坏的动态高度，特别是最大高度。基于上述的分析，本研究通过对比光缆的应变量与岩石力学实验屈服应变，对覆岩的变形与破坏状态进行分析。

上覆岩石的单轴抗压强度、单轴抗拉强度与杨氏模量在室内试验测得并列于表5.12中。

表 5.12　覆岩强度与变形参数

岩性	E/GPa	R_c/MPa	R_m/MPa	屈服压缩应变/$\mu\varepsilon$	屈服拉伸应变/$\mu\varepsilon$
沙层	0.21	0.22	0.02	−1247.62	95.24
土层	0.50	0.50	0.05	−1500.10	100.01
风化基岩	4.51	20.01	1.01	−7436.81	223.95
泥质砂岩	8.67	24.88	1.66	−4109.67	191.46
粉砂岩	12.98	35.22	2.35	−4273.41	181.05
细粒砂岩	13.26	40.10	2.67	−4024.13	201.36
粗粒砂岩	10.44	28.54	2.38	−3633.72	227.97

岩石在发生拉、压屈服时的应变量可以利用式（5.51）计算得到。

$$\varepsilon = \sigma/E \tag{5.51}$$

式中，ε 为岩石的应变，$\mu\varepsilon$；σ 为岩石的单轴抗拉或抗剪强度，MPa；E 为杨氏模量，1×10^6 MPa。

由于传感光缆与周围岩石的协调变形，采动过程中覆岩的变形可以由光纤的应变值表示。假定覆岩仅在拉、压应力下产生破坏，可以对比光缆的应变与岩石力学实验屈服应变，将覆岩的状态分为拉破坏状态、弹性变形状态与压破坏状态。

通过对比 MKS 光缆应变与岩石的室内试验结果，可以对覆岩的变形与破坏状态进行分析，当光纤实测值大于对应岩石的屈服压应变小于屈服拉应变时，岩石处于弹性变形状态；当光纤实测值小于等于对应岩石的屈服应变时，岩石处于压破坏状态；当实测值大于等于对应岩石的屈服拉应变时，岩石处于拉破坏状态。

2. 动态发育高度

根据光缆应变与屈服应变的比较，绘制了覆岩的变形破坏区分布图。图 5.41（a）显示了工作面距离 JKY1 钻孔 10m、52m、100m、151m、210m、544m 时覆岩的变形破坏区分布特征，图 5.41（b）显示了工作面距离 JKY2 钻孔 11m、50m、95m、158m、206m、250m 时覆岩的变形破坏区分布特征。由图 5.41 可知，在采动应力与围岩变形的影响下，地层主要产生拉张破坏。随着工作面的推进，地层的拉应变破坏区域越来越大，工作面推过 JKY1 钻孔 100m 时上覆岩层拉张破坏区顶界位置埋深为 72.4m，工作面推过 JKY2 钻孔 95m 时上覆岩层拉张破坏区顶界位置埋深为 62.3m。在工作面推过钻孔 150～200m 范围内破坏区的最高点逐渐趋于稳定，随后略有下降，下降主要是因为应力恢复与水岩作用使得裂隙发生闭合；最大高度约为稳定高度的 1.1 倍。

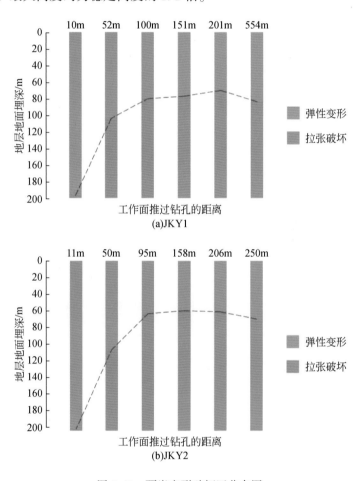

图 5.41 覆岩变形破坏区分布图

根据上述分析，JKY1、JKY2 钻孔覆岩破坏的最大高度分别为 170.55m 与 178.45m，约在工作面推过钻孔 200m 左右。对比导水裂隙带高度传统方法原位探查结果，在 5.5m 厚煤层上方的覆岩破坏区的最大高度为 111.32m，为煤层开采厚度的 20.24 倍，而光纤测试的结果为 23.79（JKY1）～24.36（JKY2）倍采厚。高出的约 4 倍开采厚度主要原因为仅存在微小裂隙采动损伤岩石，其渗透性的增加量可能很小，可能被忽视或者不能被传统方法所识别，特别是在富含具有膨胀性的黏土矿物的土层与风化带中。更重要的是，传统的测试均在开采之后至少两个月后进行，在应力恢复条件下部分导水裂隙已经闭合，导致测得的结果要比最大高度要小。相对于传统方法，分布式光纤监测技术不仅能够获得更为精确的破坏区范围，还能掌握破坏高度的动态变化。对于水资源匮乏的区域，获得准确的煤层采动过程中的采动破坏的动态高度，特别是最大高度，对采动过程中的潜水资源评价具有重要意义。高出的数值中一部分是最大高度与稳定高度的差值，另一部分是下面将要提出的非贯通裂隙带的高度。

第五节　土层对导高发育的影响

相对东部石炭–二叠系煤层而言，西部侏罗系煤层，特别是陕北榆神矿区目前开采的大部分矿井，煤层埋深较浅，导水裂隙带发育高度容易贯穿基岩层进入土层（黄土和 N_2 红土）。进入土层后，土–基岩复合结构导水裂隙带发育高度如何变化、特征规律如何？目前还少有研究。本节以理论分析、现场实测、数值模拟等研究为基础，探讨了侏罗系煤层开采导高进入土层后的发育特征和规律。

一、导高在土层中发育理论分析

当导水裂隙带发育高度贯穿基岩进入土层中，随着工作面的不断推进，土层中受到水平拉张裂隙的影响而产生失稳，如果上覆土体厚度足够大，则土体破坏失稳到临界高度后，随着工作面继续推进，土体破坏高度不再沿高度方向发育，此时形成天然平衡拱。因此，借用散体介质地下硐室开挖的普氏平衡拱理论（谭学术和鲜学福，1994），可以对煤层开采导水裂隙进入土层后的发育高度做如下理论分析。

（1）当导水裂隙带高度发育至基岩与土体之间界面时，基于岩层破断角（闫振东，2013），在工作面应力降低区的上方，计算岩土交界面处基岩面破坏的宽度，作为土体平衡拱的走向跨距。

（2）计算土体中平衡拱的临界高度。为了方便计算分析，取拱的左侧 AB 段进行分析如图 5.42 所示，压力拱处于临界平衡状态：

$$\begin{cases} \sum F_y = G - V = 0 \\ \sum F_x = T - F = 0 \\ \sum M_A = Th_{max} - Vd = 0 \end{cases} \tag{5.52}$$

式中，F_x、F_y 分别为 x、y 方向力，N；M_A 为力矩，N·m；G 为垂直均布载荷，MPa；V 为垂直反力，N；T 为拱的右侧对左侧的水平切向支撑力，N；F 为水平反力，N；d 为平衡拱跨距的一半，m；h_{max} 为土体平衡拱的临界高度，m。

水平反力 F 与垂直反力 V 的关系如下：

$$F = Vf_k \tag{5.53}$$

式中，f_k 为普氏系数或岩石坚固性系数。

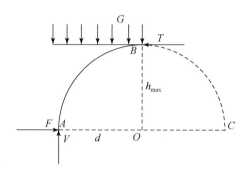

图 5.42 压力拱受力示意图

为保证拱在水平方向有足够的稳定性，必须使 $F>T$，即 $T<Vf_k$，普氏安全系数取 2，即 $2T=Vf_k$。

综合上述，得出土体平衡拱的临界高度：

$$h_{max}=d/f_k \tag{5.54}$$

（3）验证普氏压力拱的存在

土体中存在稳定的普氏压力拱，必须满足：

$$H_g \geq 2h_{max} \tag{5.55}$$

式中，H_g 为土体中压力拱顶界面到土体顶界面的距离，m。

（4）导水裂隙带发育高度为

$$h_{li}=h_{max}+h_b \tag{5.56}$$

式中，h_{li} 为导水裂隙带发育高度，m；h_{max} 为土体平衡拱的临界高度，m；h_b 为基岩厚度，m。

以陕北某矿 N1206 工作面中钻孔"孔 4"作为工程背景，应用上述理论方法预计导水裂隙带进入土层后发育高度。该孔位于工作面倾斜（宽度 220m）方向的中心，孔口标高 1324.8435m，坐标 X：4327039.922，Y：37432817.4649，揭露黄土层 22.83m，红土层 76.03m，基岩段 92.24m，煤层厚度 4.4m。钻孔柱状图如图 5.43 所示。据相似模拟材料试验结果和开采实践，基岩破断角取为 65°，工作面后方应力降低区为 150m。

根据西部侏罗系煤层开采裂采比（一般取 25），计算出 N1206 工作面的导水裂隙带发育高度贯穿基岩进入土层。为此，基于普氏理论和岩体极限平衡理论的导水裂隙带发育至土层中力学理论预计高度计算步骤如下。

（1）基岩厚度为 92.24m，工作面应力降低区取为 150m，计算得出土体平衡拱的水平走向跨距为 86.02m。

（2）根据岩石坚固性系数的分级（姚向荣和朱云辉，2012），此土体的岩石坚固性系数（普氏系数）$f_k=1$。据式（5.54），计算得出 $h_{max}=31.99$m，说明导水裂隙带发育高度顶界面仍发育至红土层中，距离红土层上边界 44.04m。

（3）压力拱顶界面到土体顶界面的距离为：$H_g=76.03-31.99+22.83=66.87>63.98=2h_{max}$，能够满足普氏压力拱的存在条件。

（4）导水裂隙带发育高度为 124.23m，裂采比为 28.13。

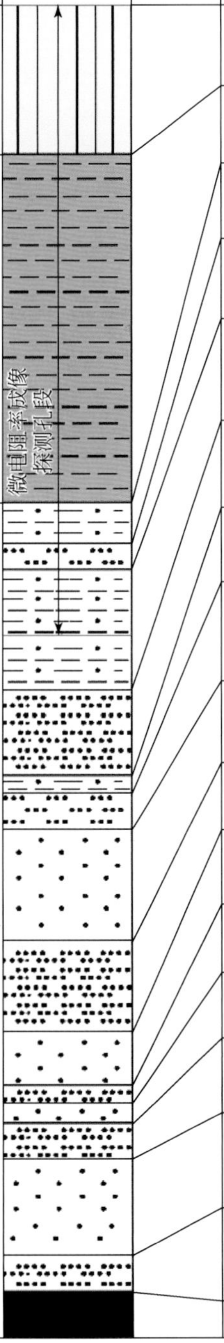

组	岩心柱状		厚度/m	累深/m	岩性特征
离石组 Q₂l			22.83	22.83	Q₂l离石黄土,黄色,成分以亚黏土为主,遇水黏手,可搓成小条状
			76.03	98.86	N₂b红土,暗红色,成分以黏土为主,遇水黏手,可搓成细条状,局部含有灰白色钙质结核,见虫孔
保德组 N₂b		保德组案成等探测孔段	4.64	103.50	砂质泥岩,灰绿色,成分以泥质为主,含有砂质,局部破碎,见垂直裂隙
			1.19	104.69	细粒砂岩,灰绿色,成分以石英为主,含有少量暗色矿物,分选较好,泥钙质胶结,裂隙发育
			15.23	119.92	砂质泥岩,上部灰黄色、灰绿色,下部灰色,以泥质为主,含有砂质,裂隙发育
			7.68	127.60	粉砂岩,灰色,致密,稍坚硬,泥质胶结,局部夹泥岩薄层
延安组 J₂y			2.00	129.60	砂质泥岩,紫杂色,成分以泥质为主,含有砂质,具有垂直裂隙
			5.00	134.60	细粒砂岩,灰色,成分以石英为主,分选中等,泥质胶结,见交错层理,裂隙发育
			9.30	143.90	粗粒砂岩,灰白色,成分以石英为主,分选中等,次棱角状,泥质胶结,裂隙发育,局部岩性破碎
			11.45	155.35	粉砂岩,灰色,灰白色,致密,稍坚硬,泥质胶结,见垂直裂隙面,上部和底部岩心破碎
			6.15	161.50	粗粒砂岩,灰色,成分以石英为主,分选中等,次棱角状,泥质胶结,见垂直裂隙面,具有波状层理
			2.10	163.60	粉砂岩,深灰色,致密,稍坚硬,泥质胶结,见植物茎叶化石
			1.50	165.10	粗粒砂岩,灰色,成分以石英为主,分选中等,次棱角状,泥质胶结
			6.15	171.25	粉砂岩,灰色,致密,稍坚硬,泥质胶结,局部夹粗粒砂岩薄层
			16.73	188.00	粗粒砂岩,灰色,灰白色,成分以石英为主,分选良好,次棱角状,泥质胶结,局部裂隙稍发育,岩心较完整
			3.10	191.10	粉砂岩,灰黑色,致密,稍坚硬,泥质胶结,见植物茎叶化石
			4.40	195.50	煤,依据钻探及地质判层,该层位为煤层

图 5.43 孔 4 钻孔柱状图

二、导高进入土层后发育特征数值模拟

为了深入揭示导高进入土层后发育特征规律，采用数值模拟分析软件 3DEC，以陕北矿区柠条塔煤矿 N1206 工作面为地质原型，模拟：①煤层开采过程导水裂隙带发育至土层中的动态发育高度形成过程；②设计不同土层/基岩厚度比值、不同开采煤层厚度模型，模拟煤层开采导水裂隙带发育过程，总结特征规律。

（一）发育过程特征模拟

1. 模型建立

以钻孔"孔 4"揭露的地层作为 N1206 工作面的地层，通过钻孔岩心的室内基本力学实验测试，得出各岩层物理力学参数如表 5.13 所示。据此，综合考虑节理面刚度计算方法，基于 3DEC 数值模拟软件对柠条塔煤矿北翼 N1206 工作面中导水裂隙带发育高度进行数值仿真模拟。首先，建立数值仿真模型长度 500m，高度 225m，如图 5.44 所示；模型中左右边界煤柱为 100m。模型中开挖煤层采用分步开挖，一次采全厚（4.4m），每步开挖 10m，共计开挖 300m。

表 5.13　陕北柠条塔矿 N1206 工作面岩土层物理力学参数

岩层	序号	厚度/m	密度 /（kg/cm³）	抗拉强度 /MPa	弹性模量 /MPa	黏聚力 /MPa	内摩擦角 /（°）	泊松比
黄土	1	22.83	1730	0.13	280	0.35	20	0.32
红土	2	76.03	1930	0.32	850	0.78	28	0.30
砂质泥岩	3	4.64	2030	2.55	4380	2.14	29	0.18
细粒砂岩	4	1.19	1820	2.45	9980	1.82	24	0.21
砂质泥岩	5	15.23	2200	2.66	6090	1.25	31	0.18
粉砂岩	6	7.68	2000	2.79	4280	1.56	33	0.28
砂质泥岩	7	2.00	2500	2.64	5800	1.80	25	0.18
细粒砂岩	8	5.00	2400	2.85	5190	1.60	30	0.21
粗粒砂岩	9	9.30	2500	2.26	9800	1.80	28	0.31
粉砂岩	10	11.45	2400	3.00	6200	1.60	30	0.28
粗粒砂岩	11	6.15	2400	3.67	7100	2.03	20	0.31
粉砂岩	12	2.10	2666	2.41	5200	1.70	24	0.28
粗粒砂岩	13	1.50	2500	3.46	7800	1.80	25	0.31
粉砂岩	14	6.15	2560	3.25	6200	2.70	24	0.28
粗粒砂岩	15	16.75	2500	2.64	5200	2.10	30	0.31
粉砂岩	16	3.10	2400	2.44	4600	1.91	31	0.28
煤层	17	4.40	1400	1.34	600	0.85	25	0.28
底板	18	28.90	2010	2.53	5060	1.75	30	0.33

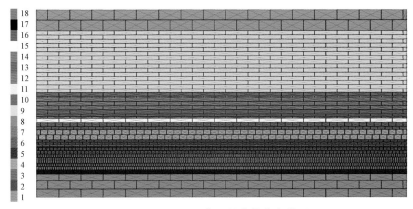

图 5.44　N1206 工作面的数值仿真模型

2. 模拟结果分析

随着工作面的推进，导水裂隙带动态发育高度如下：当工作面推进 50m 时，直接顶逐渐垮落如图 5.45（a）所示（图 5.45 为三维离散元软件 3DEC5.0 界面截图）；工作面继续推进到 100m 时，基本顶开始垮落，工作面形成初次来压，此时导水裂隙带发育高度为 29.60m，如图 5.45（b）所示；当工作面推进 150m 时，亚关键层破断，导水裂隙带发育高度为 47.20m，如图 5.45（c）所示；工作面继续推进到 180m 时，导水裂隙带发育高度顶界面位于主关键层的底部；当工作面推进到 200m 时，主关键层破断，导水裂隙带发育高度为 87.60m，如图 5.45（d）所示；当主关键层破断后，工作面再继续推进 50m 时，导水裂隙带高度发育较快，进入土层 35m，导水裂隙带发育高度为 127.24m，如图 5.45（e）所示；工作面继续推进，导水裂隙带发育高度不再增加，逐渐趋于稳定，但破坏范围仍随着工作面的推进继续增大，如图 5.45（f）所示。

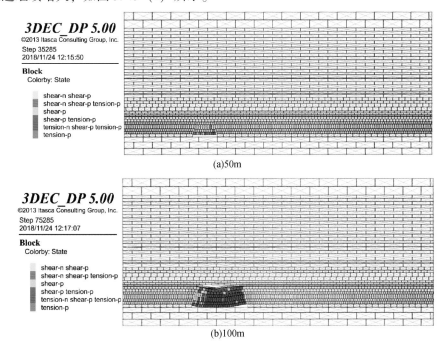

(a)50m

(b)100m

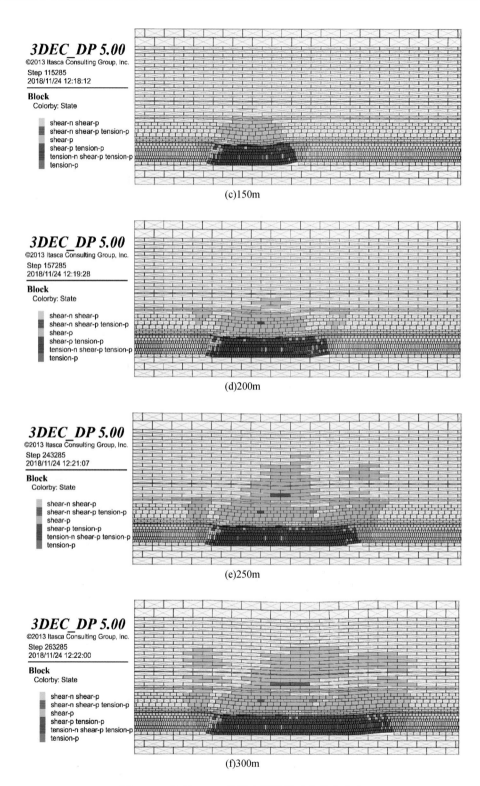

图 5.45　基于 3DEC 的导水裂隙带动态发育高度

（二）不同土基比导高发育特征模拟

1. 模拟方案

正交试验设计方法是基于正交性的原理从多因素、多水平的试验中有效的选择出具有代表性的试验，其能够在保证试验全面性的基础上减少试验次数。为此，本节首先选取基岩厚度、土层厚度和煤层开采厚度 3 个指标因素，各因素分别设置 3 个水平如表 5.14 所示；然后，基于 SPSS 软件生成正交试验方案，共计 9 种试验方案如表 5.15 所示。

表 5.14　正交试验设计水平值

水平	因素		
	基岩厚度/m	土层厚度/m	煤层开采厚度/m
1	90	20	4
2	95	40	5
3	100	60	6

表 5.15　正交试验数值模拟方案

方案	基岩厚度/m	土层厚度/m	煤层开采厚度/m	方案	基岩厚度/m	土层厚度/m	煤层开采厚度/m
1	90	20	4	6	95	60	6
2	90	40	5	7	100	20	4
3	90	60	6	8	100	40	5
4	95	20	4	9	100	60	6
5	95	40	5				

2. 数值模拟结果

采用 3DEC 数值模拟软件对 9 种试验方案进行数值模拟，试验结果见表 5.16 和图 5.46。方案 3、6 和 9，导水裂隙带发育高度贯穿地表，其中，导水裂隙带在土层底部和地表均受到拉张力，分别呈现"正拱形"和下行裂隙"倒拱形"，见图 5.46（c）、（f）、（i）。方案 1、4 和 7，导水裂隙带仍在基岩中发育。方案 2、5 和 8，导水裂隙带贯穿基岩，进入土层。由于方案 8 基本处于岩土交界面处，而在方案 2 和 5 中，导水裂隙带进入土层后发育成"正拱形"，这与上述导水裂隙带发育至土层中理论分析一致。

表 5.16　正交试验中导水裂隙带发育高度

方案	导水裂隙带高度/m	方案	导水裂隙带高度/m	方案	导水裂隙带高度/m
1	90.0	4	91.2	7	93.6
2	102.5	5	100.8	8	100.2
3	150.0	6	155.0	9	160.0

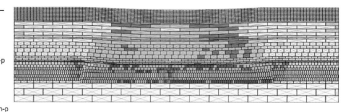

(a)方案1

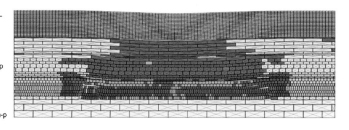

(b)方案2

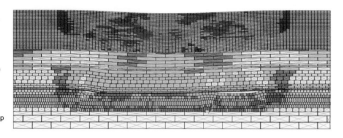

(c)方案3

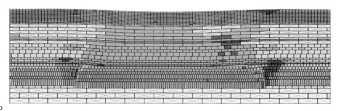

(d)方案4

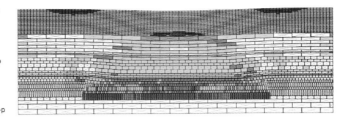

(e)方案5

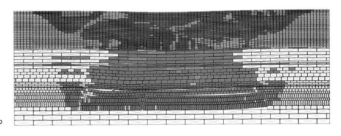

(f)方案6

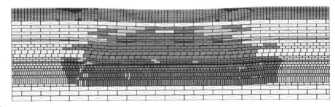

(g)方案7

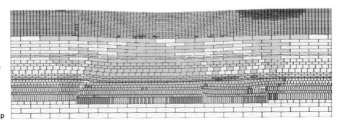

(h)方案8

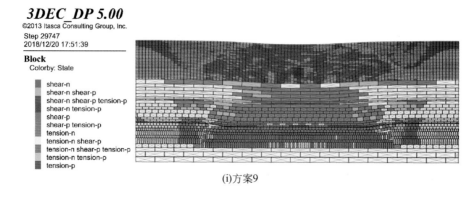

(i)方案9

图 5.46　正交试验数值模拟结果

三、导高进入土层现场实测

侏罗系煤层开采导高进入土体后的发育特征规律，还需要现场实测检验和验证。本节主要介绍两种测试方法及结果。

（一）土中静态导高探测

1. 探测原理及方法

鉴于采用传统的钻孔简易水文观测法难以准确测量黄土及 N_2 土层中的导水裂隙带，本研究采用测井中的微电阻率扫描成像测井技术进行测试。微电阻率扫描成像测井是一种重要的井壁成像方法（吴文圣，2000；贾文玉，2000），在石油测井中广泛应用，其通过发射电流，根据钻孔孔壁岩体成分及特征做出相应的反馈，获取钻孔孔壁岩体的微电阻率的变化情况，进而根据电阻率的井壁成像描述出地层的结构、岩性、裂缝特征等。微电阻率扫描成像极板形态如图 5.47 所示。

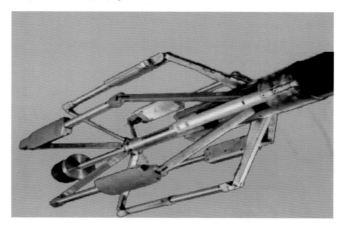

图 5.47　微电阻率扫描成像极板形态实物图

视电阻率 R_a 为

$$R_a = K \frac{\Delta U_{MN}}{I} \tag{5.57}$$

式中，R_a 为视电阻率；K 为电极系数，与 A、M 和 N 之间的距离有关；A 为电源；M、N 均为测量电极；ΔU_{MN} 为测量电极 M 和 N 之间的电位差。

微电阻率扫描测井测量是极板电流和仪器姿态的几何信息，根据获取的信息经过一系列的处理，获得微电阻率图像。

2. 现场探测结果

在柠条塔煤矿北翼 N1206 工作面中钻孔"孔4"中进行测量工作面导水裂隙带发育至土层中的高度，现场探测工作开始于 N1206 工作面采后两个月之后。钻孔"孔4"的孔径为 230mm，其能够满足微电阻率测井的钻孔孔径要求（一般孔径控制在 215.9～500mm）。"孔4"揭露的地层表明：黄土层较薄，地层欠压实，较为疏松，存在部分竖向裂隙。本次"孔4"主要测量段地层为红土层系，微电阻率扫描成像成果见图 5.48。其中，下述成像成果图 5.48 中的深度值是以地表为零开始计算的，测量长度为 0～110m。

据图 5.48 中（a）、（b）、（c）分析，在 8.5～40.0m 范围内，该范围地层既含有黄土又含红土，土层段以黏性成分为主，图像整体明亮，地层电阻率较高。进一步可知，该段土层主要以分散状存在，地层理理不发育。图 5.48 中圆形或椭圆形高阻亮斑，是土层中的砾石和钙质结核所致。此外，在 12.0～14.0m、24.0～26.0m 和 30.0～34.6m 处可见高角度和不规则竖向裂缝。此测量段出现裂缝的原因主要是采矿活动在黄土层和红土层的上部形成"下行裂隙"。

据图 5.48 中（d）、（e）分析，在 40.0～60.0m 范围内，该范围地层为红土，含有较高的岩性黏性，图像较暗，反映地层电阻率逐渐变低。纵向上地层图像明暗变化频繁，多见高阻亮斑，主要是钙质结核所致。地层中成层性差，在 40～60m 并未见发育裂缝，在 60m 以后出现明显垂直裂隙。

据图 5.48 中（f）、（g）分析，在 60.0～80.0m 范围内，该范围地层为红土，含有较高的岩性黏性，扫描图像较暗，可知地层电阻整体较低；此外，扫描图像中可见大量亮斑、亮块以及亮色条带，应为红土层中钙质结核。此段呈现明显的不规则裂缝。

据图 5.48 中（h）分析，在 80.0～90.0m 范围内，地层岩性黏性含量高，电成像静态图像从上至下逐渐变暗，表明地层电阻率逐渐变低。纵向上地层厚度、图像明暗变化频繁，该段地层砾石减少，钙质结核显示较多，明显发育不规则裂缝。

据图 5.48 中（i）分析，在 90.0～100.0m 范围内，该范围段含有红土和基岩地层，含有较高的岩性黏性，图像整体较亮，表明该段地层电阻率较高。上部地层钙质结核较发育，底部地层层理较发育，图中呈现明显不规则裂缝发育。98.86m 进入基岩段，测井成像特征与土层显著差异，土层中小裂隙较多，基岩段岩性完整小裂隙发育不显著，成层性好，但仍能明显可见不规则的垂直裂缝。

据图 5.48 中（j）分析，在 100.0～110.0m 范围内，地层岩性以砂质泥岩为主，扫描图像从上至下逐渐变亮，表明地层电阻率逐渐变高。地层层理发育，主要发育水平层理，其中 107.0～109.0m 发育斜层理，倾角为 5°～20°。图中可见暗色的泥质条带，其中 104.7m 地层出现了高阻钙质条带。该段地层图中仍呈现明显不规则裂缝发育。

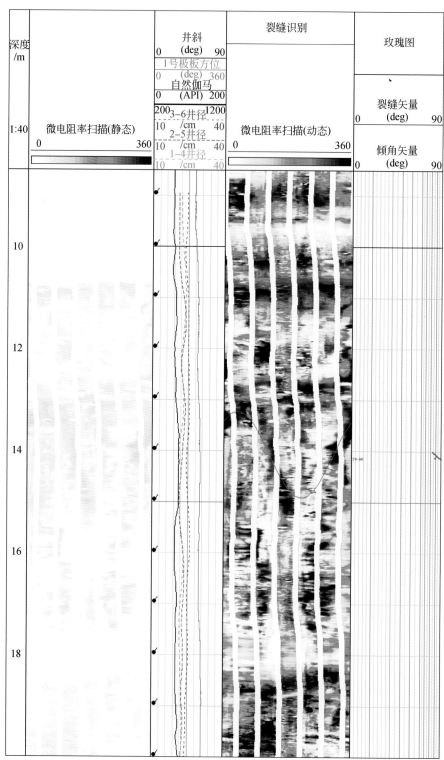

(a)8.5～20.0m

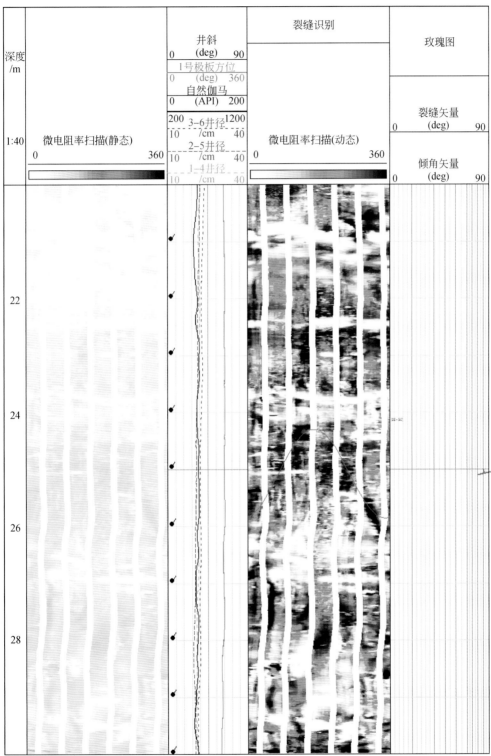

(b)20.0～30.0m

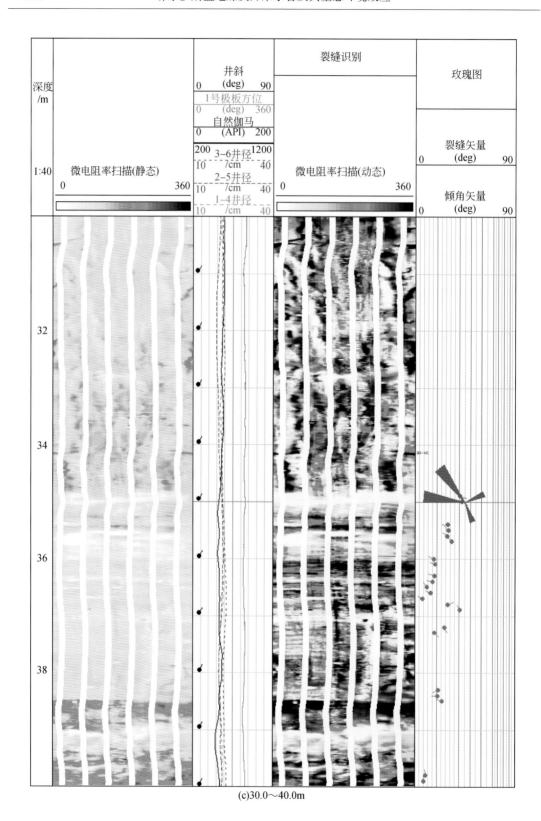

(c)30.0~40.0m

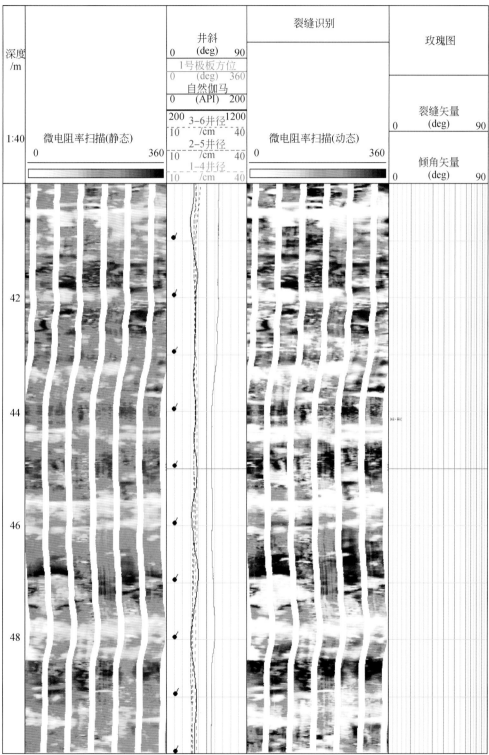

(d)40.0～50.0m

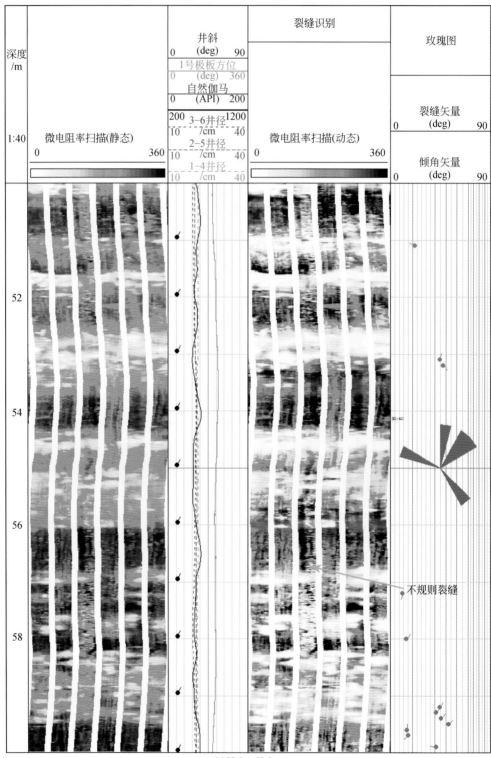

(e)50.0~60.0m

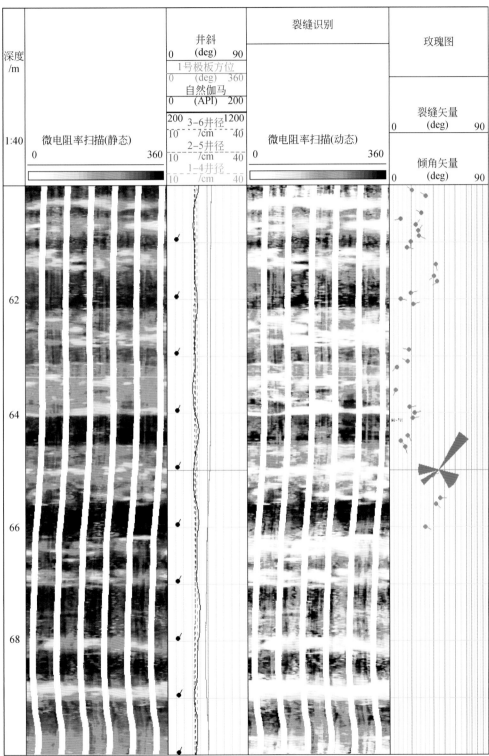

(f)60.0～70.0m

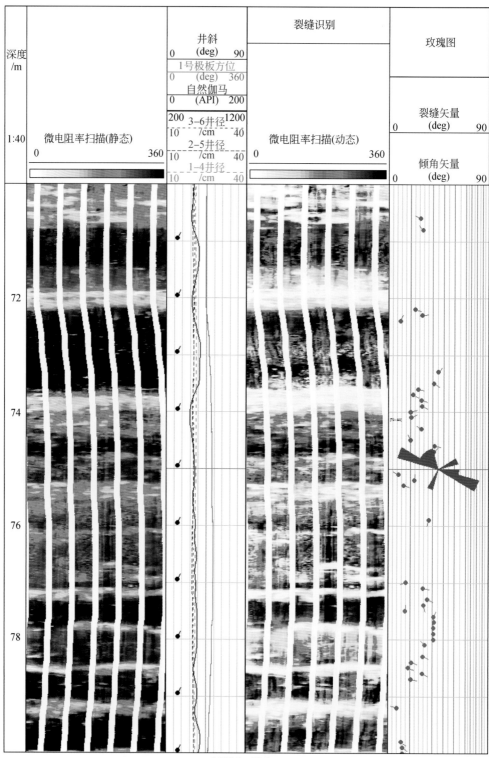

(g)70.0～80.0m

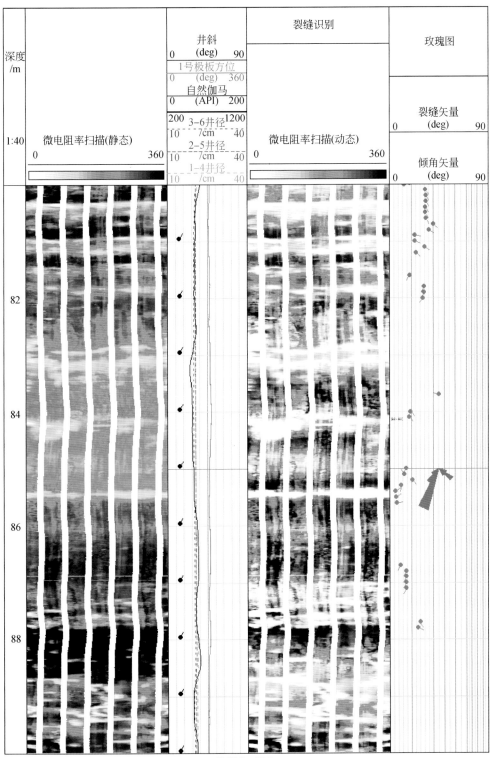

(h)80.0～90.0m

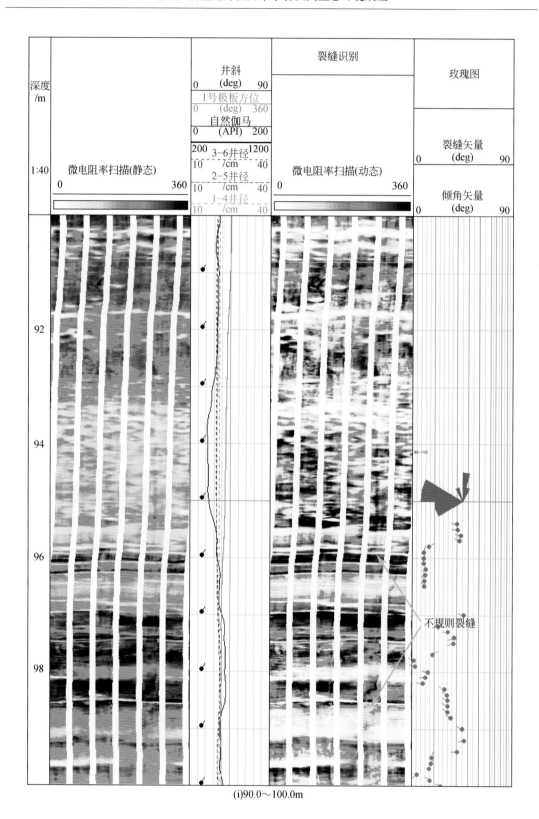

(i)90.0～100.0m

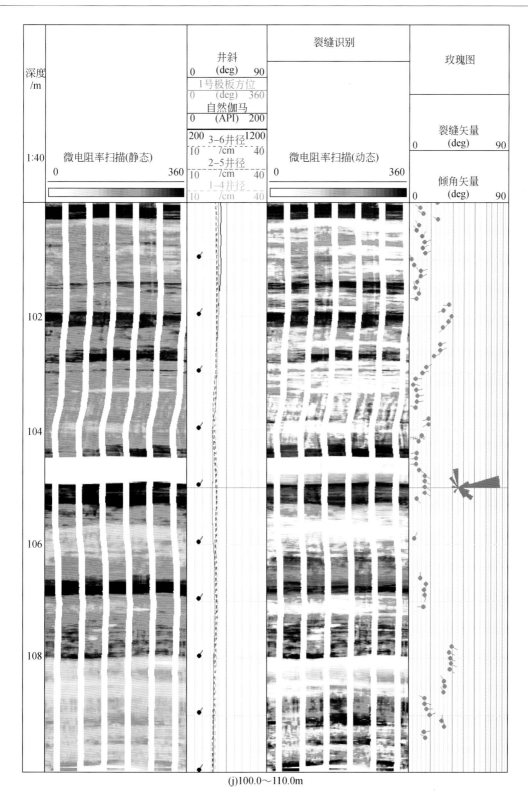

(j)100.0～110.0m

图5.48 微电阻率扫描成像特征图

在钻孔"孔 4"从 0 ~ 110.0m 的测量段中，在 12.0 ~ 14.0m、24.0 ~ 26.0m 和 30.0 ~ 34.6m 处出现高角度和不规则竖向裂缝，认为是由于采矿活动导致的"下行裂隙"；随着测量深度的增加，直至 60.0m 处出现大量不规则裂缝，探测深度继续加大，不规则裂缝没有间断，因此，可以认为 60.0m 处是导水裂隙带发育高度的顶界面。据此，导水裂隙带发育高度为 133.10m，裂采比为 30.25；其与理论预计值的相对误差为 6.6%，认为其与上述力学理论预计高度基本一致，验证了基于普氏理论和岩体极限平衡理论的导水裂隙带发育高度理论预计的准确性，同时也验证了微电阻率扫描成像技术在导水裂隙带发育高度现场实测的可行性。

（二）土中导高动态发育探测

选取陕北矿区特厚煤层开采、导高可能进入土层中的金鸡滩煤矿首个综放开采工作面 117 工作面，进行 11m 厚煤层开采导高发育动态监测，得到了导高进入土层（黄土）后的动态发育变化结果（王振康，2020）。

1. 监测方案

分布式光纤监测孔 KYS 布设于金鸡滩煤矿 117 工作面上方地表，位于工作面中心轴线上，距离开切眼的水平距离为 300m；观测孔处煤层上覆土层厚 54.2m，基岩厚 219.4m，煤层开采厚度 11.2m 如图 5.49 所示。

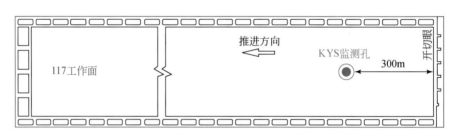

图 5.49　分布式光纤监测孔 KYS 位置示意图

KYS 钻孔设计直径为 133mm，孔深 207m。传感光缆下放深度为 200m，其具体布设情况如图 5.50 所示。其中，长度为 55m 的 MKS 和 2m- IFS 用于监测采动条件下土层（即下层黄土①）的应变变化，以判别导水裂隙带波及土层的厚度；长度为 200m 的 MKS、GFRS 和 5m- IFS 主要用于监测采动条件下基岩的应变变化，以判别导水裂隙带在基岩中的发育特征。

2. 基岩采动变形过程及分析

三种感测光缆（5m-IFS、GFRS 和 MKS）随采动过程中的应变动态变化如图 5.51 所示。图 5.51 中横轴表示传感光纤的应变量，纵轴表示光纤传感器埋设的深度。其中，正应变表示上覆地层发生拉伸变形，反之，负应变表示上覆地层发生压缩变形。此外，由于各个传感光缆垂向植入上覆地层，其应变变化反映了上覆地层的垂向变形。

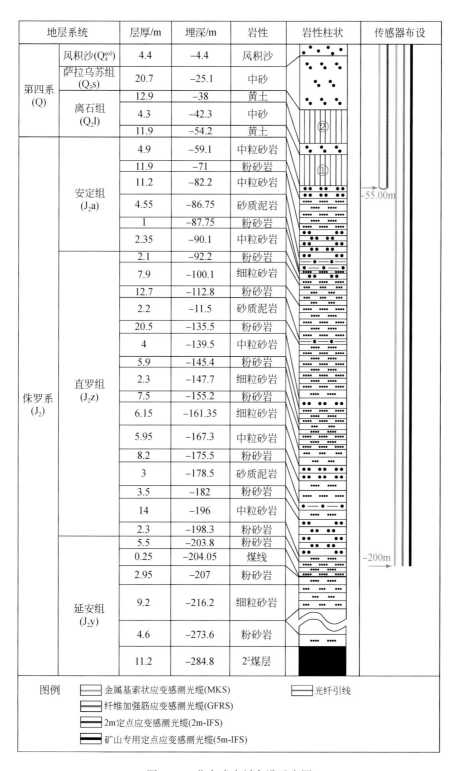

地层系统		层厚/m	埋深/m	岩性	岩性柱状	传感器布设
第四系 (Q)	风积沙(Q₄^eol)	4.4	-4.4	风积沙		
	萨拉乌苏组 (Q₃s)	20.7	-25.1	中砂		
	离石组 (Q₂l)	12.9	-38	黄土		
		4.3	-42.3	中砂		
		11.9	-54.2	黄土		
侏罗系 (J₂)	安定组 (J₂a)	4.9	-59.1	中粒砂岩		-55.00m
		11.9	-71	粉砂岩		
		11.2	-82.2	中粒砂岩		
		4.55	-86.75	砂质泥岩		
		1	-87.75	粉砂岩		
		2.35	-90.1	中粒砂岩		
	直罗组 (J₂z)	2.1	-92.2	粉砂岩		
		7.9	-100.1	细粒砂岩		
		12.7	-112.8	粉砂岩		
		2.2	-11.5	砂质泥岩		
		20.5	-135.5	粉砂岩		
		4	-139.5	中粒砂岩		
		5.9	-145.4	粉砂岩		
		2.3	-147.7	细粒砂岩		
		7.5	-155.2	粉砂岩		
		6.15	-161.35	细粒砂岩		
		5.95	-167.3	中粒砂岩		
		8.2	-175.5	粉砂岩		
		3	-178.5	砂质泥岩		
		3.5	-182	粉砂岩		
		14	-196	中粒砂岩		
		2.3	-198.3	粉砂岩		
	延安组 (J₂y)	5.5	-203.8	粉砂岩		-200m
		0.25	-204.05	煤线		
		2.95	-207	粉砂岩		
		9.2	-216.2	细粒砂岩		
		4.6	-273.6	粉砂岩		
		11.2	-284.8	2²煤层		

图例　　金属基索状应变感测光缆(MKS)　　　光纤引线
　　　　纤维加强筋应变感测光缆(GFRS)
　　　　2m定点应变感测光缆(2m-IFS)
　　　　矿山专用定点应变感测光缆(5m-IFS)

图 5.50　分布式光纤布设示意图

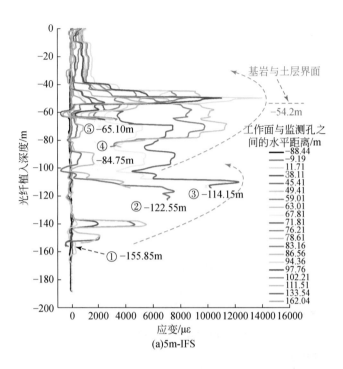

(a)5m-IFS

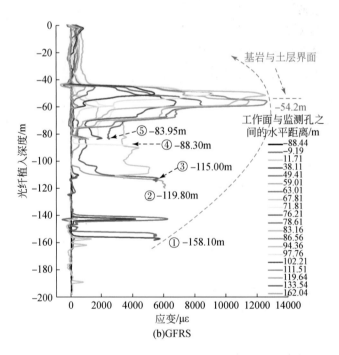

(b)GFRS

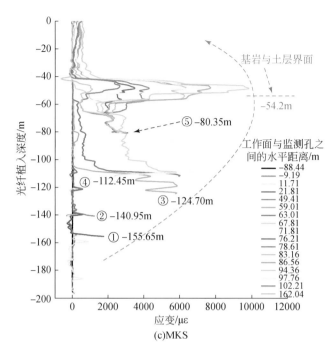

图 5.51 基岩应变监测结果

受采动影响，三种光缆均发生了明显的应变变形，并表现出相似的变化趋势，三种光缆主要为拉伸变形，压缩变形仅在地层局部出现。此外，拉伸应变的峰值和波动范围远大于压缩应变，表明煤层开采主要造成上覆地层的不均匀沉降。

在工作面未推进至监测孔期间，各个传感光缆均未产生明显应变，表明采矿扰动尚未波及至-200m 深度范围内的地层。当工作面推过监测孔 11.71m 时，三种光缆下部均产生了轻微的拉伸和压缩形变，其中，最大拉伸应变值为 919με（MKS），最大压缩应变值为-314με（MKS）。随着工作面继续推进，上覆地层受采矿扰动作用逐渐增强，三种光缆均产生显著的应变并发生了首次破断。三种光缆的首次破断位置分别为-155.85m（5m-IFS）、-158.10m（GFRS）和-155.65m（MKS）。主要是因为上覆地层受采矿扰动运动强烈，引起覆岩沉降急剧增大并超过了光缆的极限拉伸应变值，从而造成光缆发生破断。

随着工作面持续向前推进，伴随着下部岩层的相继垮落，各个光缆的拉应变峰值位置逐渐向上部岩层移动，且各光缆的破断位置也同步向上移动。图 5.51 中带圆圈的数字用以标记各光缆的破断位置。可以看出，各光缆的破断位置不一致，这主要是由于它们具有不同的机械性能和力学性能。当工作面推过监测孔 94.36m 时，各个光缆在基岩和黄土层界面位置附近均产生了最大拉伸应变，其值分别为 13987με（5m-IFS）、12461με（GFRS）和 9862με（MKS）。基岩与黄土界面属于软弱结构面，其自身的黏结作用较低以及力学强度弱，沿岩性分界面发生离层沉降，从而导致界面位置处产生最大拉伸应变。随着工作面与监测孔之间水平距离的不断增大，拉伸应变量由峰值逐渐减小，最终趋于稳定。表明土层继基岩垮落后也发生了沉降，且土层具有一定的承载能力。

　　三种不同类型的传感光缆监测得到的上覆地层受采动影响的应变分布特征存在一定差异。与 GFRS［图 5.51（b）］和 MKS［图 5.51（c）］相比，5m-IFS 监测得到的应变数据呈现更为显著的应变峰值和清晰的波动规律，见图 5.51（a）。主要是因为 5m-IFS 本身属性引起的，即该光缆将地层局部大变形转换为两定点间的小变形，从而实现对地层大变形的持续性监测。总而言之，上述三种光缆均能准确有效地反映不同层位岩层的变形破坏特征，从而实现了对采动覆岩动态演化规律的探查与分析。

　　综合上述三种传感光缆的应变数据，生成采动过程中上覆地层时-空演化特征的应变变化等值线图（图 5.52）。横轴表示工作面与监测孔之间的水平距离；纵轴表示上覆地层的埋深。等值线反映了不同层位的覆岩变形应变量，红色虚线界定了一定深度范围内的岩层应变集中分布与其岩性的对应关系。

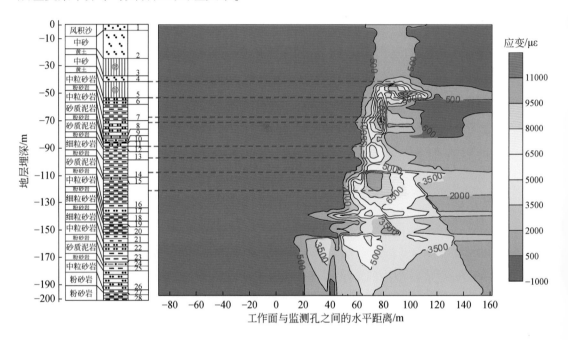

图 5.52　采动过程中基岩应变的时空分布特征

　　由图 5.52 可知，在工作面推过监测孔 20m 之前，光纤应变未产生明显波动，表明光缆周边围岩未受到采矿扰动影响。当工作面推过监测孔 20m 之后，传感光纤产生轻微拉应变，-200m 范围内的围岩开始受到采矿扰动影响。随着工作面持续推进，拉应变范围和峰值逐渐增大，并逐步向上部地层扩展。当工作面推过监测孔 94.36m 时，拉伸应变峰值出现在下部黄土层内（①）和基岩与土层分界面位置附近。随着工作面持续推进，拉伸应变量和范围逐渐减小，煤层开采对监测孔围岩的扰动强度逐渐减弱，上覆地层运动趋于稳定。光纤应变量和不同层位的地层呈现明显的对应关系，即较大的光纤应变量出现于不同岩性分界面、薄层较发育的层位、基岩与土层分界面以及软弱土层内部。根据 Ma 等（2015）提出的方法，计算得到顶板岩层的破断角为 67.29°。

3. 土层采动变形及分析

图 5.53 表示采动条件下上覆土层中两种类型光缆（MKS 和 2m-IFS）的应变变化特征。其中，横轴表示传感光纤的应变量；纵轴表示光纤传感器埋设的深度。同样地，正应变表示上覆地层发生拉伸变形，反之，负应变表示上覆地层发生压缩变形。

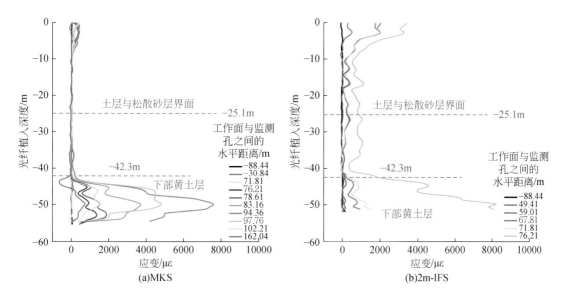

图 5.53　黄土层应变监测结果

由图 5.53（a）可知，受煤层采动影响，上覆土层变形以拉伸应变为主，局部出现压缩变形，且拉伸应变范围和峰值均明显大于压缩变形。表明采动过程中土层发生了不均匀沉降。当工作面推过监测孔 71.81m 时，土层开始发生轻微变形。随着工作面不断推进，上覆地层受采矿扰动强度增加，黄土层的拉伸应变峰值和范围逐渐增大。当工作面推过监测孔 94.36m 时，MKS 于 -50.10m 深度位置达到峰值 7598με。之后，随着工作面与监测孔之间距离的增大，MKS 应变峰值逐渐减小，且深度段由 -45.74m 至 -43.38m 的土层应变由拉伸变形转变为压缩变形，表明黄土层受到其上覆地层的挤压，并最终趋于稳定。

对于 2m-IFS，其随采动期间的应变变化特征与 MKS 相似，即随着工作面的推进，拉伸应变峰值和范围逐渐增加见图 5.53（b）。当工作面推过监测孔 76.21m 时，2m-IFS 于 -51.05m 深度位置达到峰值 8112με。之后地层变形超过其极限应变，导致 2m-IFS 发生破断。此外，在 2m-IFS 的顶部位置可见较大的拉伸变形，可能是由光缆与地层耦合疏松引起的。

综合上述两种传感光缆的应变数据，生成采动过程中黄土层的时空演化特征的应变变化等值线图（图 5.54）。由图 5.54 可知，工作面未推过监测孔 71.81m 期间，土层未产生明显的应变变化。随着工作面持续推进，土层受采矿扰动强度增加，土层中拉伸应变的峰值和应变范围逐渐增大。当工作面推过监测孔 94.36m 时，拉伸应变达到峰值。之后随工作面远离监测孔，拉伸应变逐渐减小并最终趋于稳定。

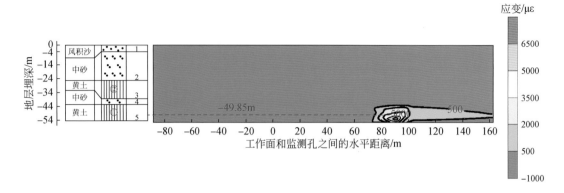

图 5.54　采动过程中黄土层应变的时空分布特征

4. 导水裂隙带发育高度

由上述各传感光缆应变数据可知，煤层开采造成上覆基岩和土层的变化特征主要为拉伸变形破坏。因此，利用 CMT5000 型微机电子试验机分别对上覆基岩和黄土进行直接拉伸试验，以获取其极限拉伸应变。各类基岩或土层的最大极限拉伸应变作为判别其是否发生破断的临界值，即采动条件下基岩或土层产生的应变一旦超过其最大极限拉伸应变即会发生破坏。

图 5.55 给出了各类砂岩和黄土样品在直接拉伸条件下的应力–应变曲线，且表 5.17 列出了各个样品的特征值。由图 5.55 和表 5.17 可知，中粒砂岩样品的抗拉强度为 0.87 ~ 0.93MPa，平均为 0.90MPa；其极限拉伸应变为 1030 ~ 1620με，平均为 1284.67με。细粒砂岩样品的抗拉强度为 1.02 ~ 1.27MPa，平均为 1.12MPa；其极限拉伸应变为 1580 ~ 1870με，平均为 1733.33με。粉砂岩的抗拉强度为 1.59 ~ 2.01MPa，平均为 1.81MPa；其极限拉伸应变为 1800 ~ 2060με，平均为 1956.67με。黄土的抗拉强度为 5.21×10^{-3} ~ 10.37×10^{-3} MPa，平均为 7.78×10^{-3} MPa；其极限拉伸应变为 4024 ~ 5000με，平均为 4533με。由此可得，中粒砂岩、细粒砂岩、粉砂岩和黄土的最大极限拉伸应变分别为 1620με、1870με、2060με 和 5000με。

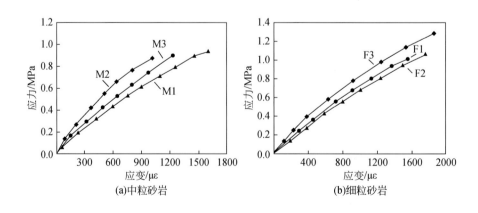

(a)中粒砂岩　　　　　　　　　　(b)细粒砂岩

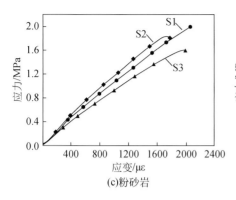
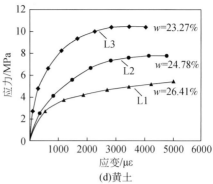

图 5.55　直接拉伸试验应力–应变曲线

表 5.17　砂岩和黄土样品的直接拉伸结果

岩性	样品编号	高度/mm	直径/mm	抗拉强度, σ_t/MPa	极限拉伸应变, ε_c/$\mu\varepsilon$
中粒砂岩	M1	99.50	49.90	0.93	1620
	M2	98.87	49.86	0.87	1030
	M3	98.50	49.82	0.91	1204
细粒砂岩	F1	99.60	49.92	1.02	1580
	F2	99.10	49.82	1.07	1750
	F3	98.10	49.10	1.27	1870
粉砂岩	S1	99.60	49.94	2.01	2060
	S2	99.91	49.97	1.83	1800
	S3	99.86	49.87	1.59	2010
黄土	L1	99.65	49.94	5.21×10^{-3}	5000
	L2	99.68	49.92	7.76×10^{-3}	4575
	L3	99.83	49.81	10.37×10^{-3}	4024

　　导水裂隙带发育顶界面可通过对比一定深度位置传感光缆的拉伸应变量与其相同深度位置覆岩的最大极限拉伸应变来确定。结合图 5.53 可得，采动条件下埋设于基岩中的传感光缆的拉伸应变值均已超过各类岩层的最大极限拉伸应变，表明受采动影响各类基岩已发生破坏，即导水裂隙带发育高度已贯穿基岩层进入土层。由直接拉伸试验结果可得，黄土层的最大极限拉伸应变为 5000$\mu\varepsilon$，因此可以确定埋设于黄土层中的传感光缆的拉伸应变值为 5000$\mu\varepsilon$ 的深度位置即为导水裂隙带发育高度的顶界面。由图 5.54 可知，导水裂隙带顶界埋深为 −49.85m，进入土层 4.35m。

　　图 5.56 给出了导水裂隙带顶界埋深随工作面持续推进的动态发育位置。在工作面由推过监测孔 30m 至 71m 过程中，导水裂隙带顶界埋深由 −157.31m 急剧扩展至 −54.20m。且在工作面推过监测孔 94m 时发育至最大高度，其埋深为 −49.85m。之后，导水裂隙带顶界有所下降并最终趋于稳定。

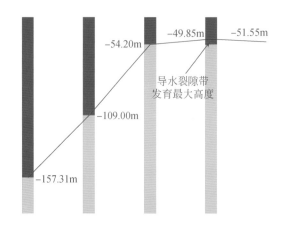

图 5.56　基于分布式光纤监测得到的导水裂隙带动态发育高度

因此，导水裂隙带发育最大高度可由以下公式求得

$$H_m = D_t - D_f - M \tag{5.58}$$

式中，H_m 为导水裂隙带发育最大高度，m；D_t 为导水裂隙带顶界埋深，即 -49.85m；D_f 为 2^{-2} 煤层底板埋深，即 -284.80m；M 为工作面采放煤厚度，即 9.52m。由此可得，导水裂隙带发育最大高度为 225.43m，进入土层 4.35m；裂采比为 23.68。

四、土层对导高发育影响规律

（一）土基比对导水裂隙带发育高度的影响

基于理论分析、数值模拟和现场实测结果，可以发现导高进入土层后，其发育特征与在基岩中完整发育有明显不同。导高一旦进入土层，其导水裂隙带最终发育高度与用基岩中全发育高度预计公式（5.1）对比，导水裂隙带发育高度总体受到抑制作用，但在一定条件下又会受到促进作用。通过分析，发现工作面覆岩中土层厚度与基岩厚度的比值（土基比）与导水裂隙带发育高度关系密切。表 5.18 给出了导水裂隙带发育至土层中高度实测值以及模拟值，并与全基岩导水裂隙带发育高度预计公式值对比。

表 5.18　导水裂隙带发育至土层中高度实测值以及模拟值

数据来源		土层厚度/m	基岩厚度/m	煤层采厚/m	土基比	实测或模拟导高/m	按照全基岩导高预计/m
"神南矿区导水裂隙带发育高度与水害预测技术"报告	实测	100.00	119.60	4.4	0.836	140.50	114.11
		100.00	122.50	4.4	0.816	153.95	114.32
		10.00	66.00	3.5	0.152	76.00	90.46
		68.40	53.00	3.3	1.291	80.00	90.75
		98.86	82.44	4.8	1.199	149.68	116.46
		91.03	93.08	4.8	0.978	149.68	116.67

数据来源		土层厚度/m	基岩厚度/m	煤层采厚/m	土基比	实测或模拟导高/m	按照全基岩导高预计/m
"神南矿区导水裂隙带发育高度与水害预测技术"报告	模拟	110.00	73.10	4.0	1.505	116.80	105.86
		68.40	53.00	3.3	1.291	70.00	90.75
		102.60	117.3	5.0	0.875	153.00	121.87
		128.00	54.00	4.0	2.370	108.00	105.78
N1206		98.86	92.24	4.4	1.072	133.10	111.97
本次正交试验模拟		20.00	90.00	4.0	0.222	90.00	100.38
		40.00	90.00	5.0	0.444	102.42	115.12
		60.00	90.00	6.0	0.667	150.00	128.40
		20.00	95.00	4.0	0.211	91.22	100.75
		40.00	95.00	5.0	0.421	100.86	115.50
		60.00	95.00	6.0	0.632	155.00	128.77
		20.00	100.00	4.0	0.200	93.66	101.13
		40.00	100.00	5	0.400	100.14	115.87
		60.00	100.00	6.0	0.600	160.00	129.15

　　基于此，绘制导水裂隙带发育高度与土基比的散点图（图5.57）。显然的，当土基比小于0.5时，导水裂隙带发育高度实测或模拟值小于相应的按照全基岩导水裂隙带发育高度预计值，说明导水裂隙带发育高度受到抑制作用；当土基比为0.5～1.5时，导水裂隙带发育高度实测或模拟值大于按照全基岩导水裂隙带发育高度预计值，说明导水裂隙带发育高度受到促进作用。

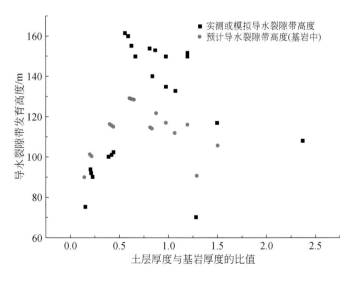

图5.57　导水裂隙带发育高度与土基比散点图

造成此规律主要是在导水裂隙带发育高度贯穿基岩进入土层的前提下，当土基比小于 0.5 时，土层受到小部分破坏，但土层中不能形成应力平衡拱，即土层作为载荷存在，致使导水裂隙带发育至土层中的高度受到抑制。而当土基比在 0.5～1.5 时，理论上是导水裂隙带顶界面以上的土层可以形成应力平衡拱，所以导水裂隙带发育至土层中的高度能够充分发育；此时现场实测值偏大，存在地表采动拉张裂缝（具有竖向导水性）与其下的导水裂隙带沟通所致。

（二）导水裂隙带高度抑制（促进）系数

导水裂隙带发育高度受到不同土基比条件下的抑制或促进作用，为此，提出导水裂隙带发育高度抑制（促进）系数，定义为

$$\text{抑制（促进）系数} = \frac{\text{全基岩导高发育预计值} - \text{土基岩复合导高实际值}}{\text{全基岩导高发育预计值}} \tag{5.59}$$

根据式（5.59）和统计数据表 5.18，分别计算导水裂隙带发育高度抑制（促进）系数，并拟合抑制（促进）系数与土基比关系，见图 5.58 和图 5.59。

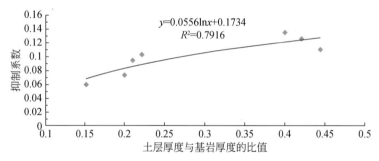

图 5.58　导高抑制系数与土基比的关系

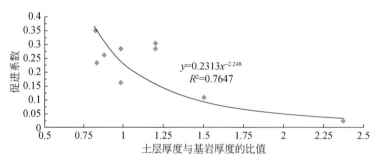

图 5.59　导高促进系数与土基比的关系

在图 5.58 中，导水裂隙带发育高度抑制系数与土基比的拟合关系见式（5.60）。导水裂隙带发育高度抑制系数随着土基比的增大而增大，但是抑制系数增加的幅度越来越小，趋于平稳。

$$y_y = 0.0556\ln x + 0.1734 \tag{5.60}$$

式中，y_y 为导水裂隙带发育高度抑制系数；x 为土基比。

在图 5.59 中，导水裂隙带发育高度促进系数与土基比的拟合关系见式（5.61）。导水

裂隙带发育高度促进系数随着土基比的增大而减小，但是促进系数减小的幅度越来越小，趋于平稳。

$$y_c = 0.2313x^{-2.248} \tag{5.61}$$

式中，y_c 为导水裂隙带发育高度促进系数；x 为土基比。

第六节　鄂尔多斯盆地煤层开采顶板水害类型划分

基于研究区地质、水文地质条件，在分析煤层上覆含隔水层空间赋存结构特征、矿井充水水源特征、采动导水裂隙带发育高度等基础上，将鄂尔多斯盆地能源基地煤层开采水害类型划分为四种：黄土沟壑径流水害类型、沙漠滩地水害类型、侏罗系煤层顶板厚砂岩水害类型、巨厚白垩系离层水害类型。下面分述如下。

一、黄土沟壑径流水害类型

该类型水害主要发生在黄土沟壑区，而且是煤层开采深度较浅的地区，主要在神府矿区的神东、神南矿。充水水源主要以地表沟壑径流水、基岩风化带水为主。

二、沙漠滩地水害类型

该类型水害主要分布在毛乌素沙漠滩地区的榆神矿区。主要充水含水层为萨拉乌苏（Q_3s）砂层潜水含水层、风化基岩含水层、煤层顶板砂岩含水层；关键隔水层为新近系 N_2 红土层（保德红土）、相对隔水层离石黄土层。

三、高承压厚砂岩顶板水害类型

该类型水害主要发生在煤层采深较大、煤层上覆侏罗系基岩厚度较大的地区，如榆神矿区三期、四期开采区域。导水裂隙带主要发育在煤层上覆侏罗系基岩层中，充水含水层主要为直罗组中粗砂岩、煤层顶板砂岩。

四、巨厚白垩系离层水害类型

该类型水害主要发生在巨厚白垩系覆盖、采深较大的特厚煤层开采矿区，如鄂尔多斯盆地南部的彬长–永陇矿区、北部的东胜矿区等。由于白垩系志丹群地层以巨厚砂岩为主，岩体呈整体状结构，在侏罗系煤层开采过程中，巨厚白垩系岩层与侏罗系岩层之间接触带，会产生不均匀采动沉降，形成离层及离层水；在导水裂隙带发育到接近白垩系底部条件下（特厚煤层开采），会产生离层涌突水水害。

当然，以上是为了侏罗系煤层开采顶板水害机理深入研究需要，进行的水害分类；实际工程中，上述四类水害可能互相组合存在，组成侏罗系煤层开采的复合水害模式。

第六章 黄土沟壑径流采动水害模式及防治技术

我国黄土高原面积约 $63.5 \times 10^4 \text{km}^2$，集中分布在黄河中游、鄂尔多斯盆地的东南部。区内有陕北、黄陇、晋北、晋中、晋东 5 个国家级大型煤炭基地。黄土沟壑地貌是黄土高原的主要地貌类型，沟壑径流区煤层开采会导致上覆岩土层不同程度破坏，进而诱发井下突水（溃砂）灾害。

本章以榆神府矿区境内的神南矿区黄土沟壑径流下煤层开采为例，基于前面对关键隔水层 N_2 红土层采动破坏特征及覆岩移动规律的研究结果，在分析研究区工程地质条件、水文地质条件的基础上，建立沟壑区突水溃砂模型，揭示突水溃砂过程特征规律，首次划分了沟壑径流下采动水害类型及其确定指标、原则，建立过沟开采水害防治技术体系，并在芦草沟、肯铁令沟过沟开采实践中得到成功应用示范；提出采空区储水评价方法。

第一节 背 景 条 件

神南矿区位于鄂尔多斯盆地东北部，陕北黄土高原北部，与毛乌素沙漠东南缘接壤，榆神府矿区境内（图6.1）。地形总体呈现西高东低，最高海拔在柠条塔煤矿庙沟源头柴敖包，标高+1364.40m，最低位于柠条塔煤矿考考乌素沟的井田东界处，标高+942.2m，一般标高在+1150～+1260m，最大高差为422.2m。

区内大部地表被现代风积沙及萨拉乌素组砂层所覆盖，局部地表出露第四系黄土及新近系红土；基岩零星出露于考考乌素沟、肯铁令沟等主要沟谷两侧。该区地貌单元可分为风沙滩地地貌、河谷地貌和黄土丘陵沟壑地貌三种地貌类型（图6.2）。以考考乌素沟为界，考考乌素沟以北主要为黄土丘陵沟壑地貌，以南为风沙滩地地貌和河谷地貌；河谷地貌主要分布在庙沟、考考乌素沟、常家沟、芦草沟；地貌单元类型中，黄土丘陵沟壑地貌地形支离破碎，沟壑纵横，坎陡沟深，梁峁相间，沟谷陡峻狭窄，地表侵蚀强烈。研究区普遍发育一层新近系上新统 N_2 红黏土层，一般厚度为 0～115m，平均厚度约为40m。现代地貌形态主要以地表径流侵蚀为主，沟坡和山顶固定、半固定沙丘、沙坡、沙平地屡见不鲜。

一、风沙区

（一）沙地

沙地由流动、固定、半固定沙丘及沙丘链、长条形沙垄、平缓的沙地等交错组成，沙丘、沙垄一般长数十米至百米，底宽数十米，高一般为 10～30m，在较大沙丘之间有风蚀所成的丘间洼地，沙丘受西北风吹蚀不断向南移动，地表干旱，缺乏水分。依据区内地形地貌特征及植被发育程度沙丘沙地分为以下三种类型。

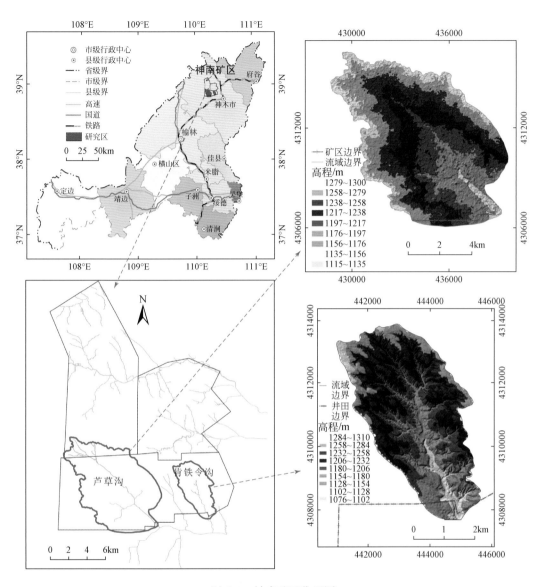

图 6.1 神南矿区位置图

(a)风沙滩地地貌 (b)河谷地貌 (c)黄土丘陵沟壑地貌

图 6.2 矿区地貌类型

固定沙丘：植被覆盖率 30% 以上，高者达 80%。一般沙丘高度较低，缓波状起伏，植被以沙蒿、花棒、柠条、紫穗槐、沙打旺、臭柏、沙柳等植物为主，局部有少量杨树、柳树等高大乔木植物，地面多发育结草等杂草类植物。

半固定沙丘：植被覆盖率为 15%～30%。沙丘高度中等，一般在 20m 以内。植被发育程度中等，以中型沙漠植物为主，高大乔木植物甚少。

流动沙丘：植被覆盖率 15% 以下。沙丘高度较大，一般为 20m 左右。在井田南部呈片状分布。植被发育程度差，一般有沙蒿、沙柳等沙漠植物。沙丘连绵，一派荒凉，人烟稀少甚至无人居住。

（二）风沙滩地

风沙滩地地表形态主要表现为较平坦滩地，四周被沙丘包围，形成不规则带状洼地，地下水多向低洼处汇集，潜水位埋藏较浅，仅 1～3m，滩地内多由湖积沙、亚黏土组成。

二、黄土丘陵沟壑区

黄土丘陵沟壑区主要分布于考考乌素沟以北，占全区面积的 1/3 左右。其特点是黄土、红土覆盖于基岩之上，厚度较大，一般为 50～100m，由于受外营力作用，形成一系列特殊的黄土地貌，地形复杂，沟谷纵横交错，梁峁相间分布，地形支离破碎，沟谷陡峻狭窄，地表侵蚀强烈，有疏密不等的短小冲沟。现代地貌作用以流水侵蚀为主，植被稀少，水土流失严重，基岩裸露于沟谷两侧。

三、河谷区

河谷区分布在考考乌素沟及其支流肯铁令河、小侯家母河沟等沟域，由于河流侵蚀堆积，形成了河谷和河间地块地貌单元，河床、河漫滩和阶地次级地貌单元发育，由冲积、坡积及风积沙土组成。阶地面平缓，呈条带形，以第四系冲积物为主。

本章重点研究的地貌单元为河谷、冲沟地貌，主要研究芦草沟和肯铁令沟流域。如图 6.1 所示，芦草沟流域位于神南矿区西部，面积约为 71.5km²，自西北向东南汇入到麻家塔河，芦草沟的支沟有五榜石沟、水滩湾沟，均属季节性流水。据长观资料显示，一般流量为 143.90L/s，据 2014 年 9～11 月观测资料显示，芦草沟流量为 237.06～454.16L/s，平均流量为 387.58L/s；沟谷底边界植被覆盖率为 50%～70%，沟底覆盖冲积层、沟下游出露萨拉乌苏组砂层，部分出露离石黄土、保德红土、延安组基岩等。沟底相对较平缓，沟两侧坡度最大约 33°，芦草沟地形高差约为 185m，有四个海子，如图 6.3 所示。肯铁令沟位于红柳林井田东南部，上游最高点标高为 1310m，下游最低点标高为 1076m，沟谷中游为一拦水坝阻隔开的水库，水库边界植被覆盖率为 60%～70%，沟边出露黄土，部分出露红土，黄土覆盖于红土之上，钙质结核成层出露，谷底有泥裂，水库右岸坡度较缓为28°～33°，水库左岸为 33°～46°，地形相对较陡。沟脑区有两个大的分支，沟谷狭窄，相对切割深度为 30～100m。肯铁令沟下游沟谷相对宽阔，如图 6.3。

(a)芦草沟主沟沟流　　　　　　(b)肯铁令沟中游水库　　　　　　(c)肯铁令沟下游沟谷

图 6.3　研究区地貌特征

第二节　采动破裂 N_2 红土水土相互作用突水过程机理

N_2 红土采动破坏类型包括三种类型：垮塌型、裂缝型及沉降型，对于垮塌型、裂缝型 N_2 红土（位于导水裂隙带内）有明显的宏观裂缝，但裂缝宽度不同；对于垮塌型 N_2 红土（位于垮落带内）由于裂缝宽度非常大，N_2 红土块体不规则，后期裂缝难以闭合；而对于裂缝型 N_2 红土（位于裂隙带内），现场调查显示裂缝型 N_2 红土裂缝宽度一般在 5～15cm，由于沟壑下垫层 N_2 红土具有膨胀性等特殊水理性质，遇水会发生较明显的水土相互作用，N_2 红土裂缝结构会发生变化，反过来会影响突水的演化进程。

一、模拟装置的研制

模拟沟壑径流下采动裂缝型 N_2 红土水土相互作用突水过程，根据试验要求初步设计得到突水模拟试验装置示意图（图 6.4），试验装置主要由水箱、控制蝶阀、透明容器（试验箱）和支架四部分组成（王启庆等，2019b）。

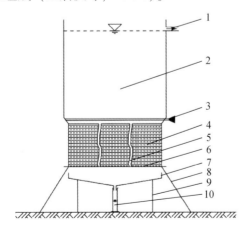

图 6.4　突水模拟试验装置示意图

1-出水口；2-水箱；3-控制蝶阀；4-N_2 红土；5-红土裂缝；6-滤网；7-漏斗；8-支架；9-漏斗支架；10-量筒

为了可以模拟不同水头高度对裂缝 N_2 红土突水过程影响，在试验装置示意图的基础上进一步对突水模拟试验装置进行设计，得到装置模型图（图 6.5）和装置尺寸图（图 6.6），试验装置主要包括以下各部分。

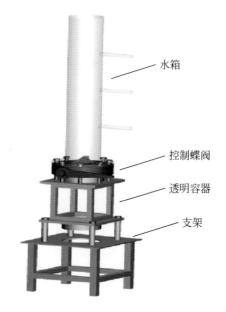

水箱

控制蝶阀

透明容器

支架

图 6.5　突水模拟试验装置模型图

（一）水箱

（1）水箱呈圆管状，设置外径为 200mm 来与下部控制蝶阀相匹配。

（2）水箱材料为有机玻璃，目的为在保证强度的同时可以清晰地观察到水头高度，以便于控制水量。

（3）在水箱一侧设置 3 个出水口，每 2 个出水口间高差为 30cm，可以用于设置 3 个不同水头高度参数来模拟不同工况。

（二）控制蝶阀

（1）在水箱与透明容器间安装一个控制蝶阀，试验开始之前关闭蝶阀，使水在水箱中蓄积到预设水头高度，以保证在试验最初阶段水头即已达到预设高度。

（2）蝶阀材料为 PVC 塑料，底部设有密封垫以保证密封性。

（三）透明容器

（1）容器材料为钢化玻璃，透明度好，便于观察突水过程中的土样裂缝变化情况；材料有足够强度，以防止在击实土样时发生破坏。

（2）容器底部设有透水筛眼，其上铺设有金属滤网，阻隔土颗粒通过的同时又能保证水流畅通。

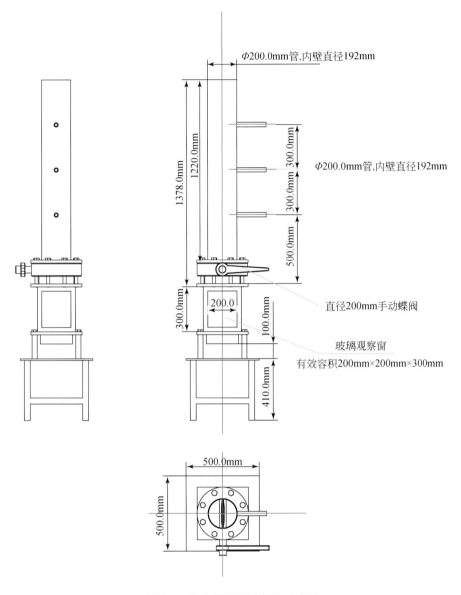

图 6.6　突水模拟试验装置尺寸图

（四）支架

（1）支架为不锈铁材质，具有足够强度，能够支撑整个试验装置，并使装置在试验过程中保持稳定。

（2）支架底部留有足够操作高度，以便于进行突水水量测量等试验操作。

根据装置设计图纸进行装置的加工制作。根据模拟装置可模拟不同厚度 N_2 红土、不同水头压力等工况下试验，具体试验原理为装置以水箱、试验箱为主体，其中水箱上方通过预留出水孔保持试验水头恒定，水箱与试验箱间设置控制阀，试验箱内部设置裂缝 N_2

红土，试样底部与透水钢板间垫有滤网，装置底部通过与漏斗连接的量筒测定试验过程中突水水量。

二、试验过程

（一）试验设计

利用加工并调试完成的试验装置进行突水过程模拟试验，根据现场实际情况设置试验工况参数，以神南矿区红柳林矿 N_2 红土地面采动裂缝现场调查为原型，裂缝宽度一般为 5～15cm，相邻裂缝最小间距约 60cm。根据 N_2 红土常规物理参数进行试样重塑；按照几何相似比（10），对试样进行预制裂缝，试样预制裂缝两条（间距约 6cm，模拟现场最小间距约 60cm 邻近裂缝的影响）。共制成带裂缝的试样 3 组，裂缝宽度分为 5.0mm、10.0mm 和 15.0mm。试验水头为 700mm。测定试验过程中单位时间（试验中数据采集间隔为 1min）内的突水量，获得突水量随时间变化曲线；用相机记录裂缝变化过程图像，处理获得裂缝宽度随时间变化曲线。具体试验工况参数见表 6.1。

表 6.1　试验工况设计参数

试样	项目	工况		
N_2 红土样	物理状态	含水率 10% 容重 20kN/m^{-3}		
	土样尺寸/mm	200×200×100		
	代表实际土层厚度/mm	1000		
	裂隙尺寸（宽）/mm	5	10	15
	模拟实际裂缝尺寸（宽）/mm	50	100	150
突水水源	水柱高/mm	700		
	代表实际水头高/mm	7000		

（二）试样制备

根据《土工试验方法标准》（GB/T 50123—2019），将土样烘干碾散，之后过 5mm 筛；将过筛后的土样平铺在不吸水的盘内，按设定含水率和土样质量计算所需加水量（表 6.1），用喷雾器喷洒预计的加水量，静置一段时间，然后装入玻璃缸内盖紧，润湿一昼夜备用。

按照设定土层密度计算称取所需土样，用一定厚度隔板分隔容器，将土样分 4 层装填至底部铺有滤网的容器内，在试验箱内分层击实，并在各层结合面刨毛，击实至设定土层厚度，取出隔板；在裂缝周围取少量土样，测定含水率即突水前土层含水率；在土层顶部铺设双层滤网，防止初始动力水流冲刷破坏土层（图 6.7）。

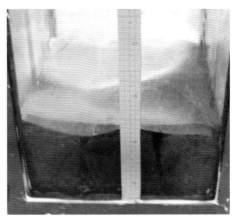

图 6.7　裂缝 N_2 红土试样

（三）试验方案

①将控制蝶阀、水箱连接至玻璃容器，根据设定水头打开指定泄水口，并确保装置密封性；②用连接水龙头的牛筋水管往水箱加水至设定水头高度；③采用近景摄影技术，在试验装置旁架设相机，选择相机最佳摄影角度后对相机进行固定，对准土样并确保相机焦距模式等设置妥当；④打开控制蝶阀，使水从水箱流出与土层接触，试验开始；⑤每隔1min 读取、记录量筒读数，两次读数差值即每分钟突水量；⑥设置相机每隔1min 拍摄一张土样照片；⑦当两次量筒读数差值长时间小于1mm 时，即认为突水量趋于稳定，结束试验；⑧拆卸水箱和控制蝶阀，在裂缝周围多处取样，测定含水率。

三、试验结果及分析

（一）裂缝闭合规律

在试验过程采集的裂隙图像中按时间顺序（分别为0min、3min、5min、10min、20min、30min、35min、50min、60min、70min、80min 及90min）选取代表性图像，如图6.8 为裂隙宽度10.0mm 组试样突水过程中的裂缝随时间变化图像，可以直观地观察到裂缝随时间的变化过程。由图6.8 可知，裂缝的变化主要包括3 个方面。

（1）松散颗粒堆积。N_2 红土及裂缝表面松散土颗粒被水流冲刷带入裂缝内，并随时间缓慢堆积；该过程在试验最初阶段十分明显。

（2）裂缝边缘溃塌。裂缝边缘土体结构较松散甚至存在细小裂隙，在与水的接触相互作用下逐渐溃塌至裂缝内；该过程主要出现在试验前期。

（3）N_2 红土遇水膨胀。N_2 红土与水发生相互作用产生膨胀，致使裂缝宽度逐渐减小，试验后期更为明显。

通过分析采集图像，对裂缝宽度为10.0mm 试样的裂缝变化进行定量分析，着重研究

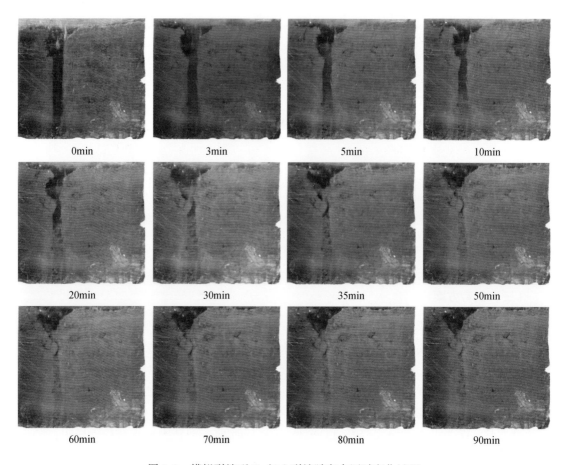

图 6.8　模拟裂缝型 N_2 红土裂缝随突水历时变化过程

裂缝的闭合过程。通过定量分析获得裂缝宽度为 10.0mm 试验裂缝宽度随时间变化曲线（图 6.9）。由图 6.9 可得出以下主要结论。

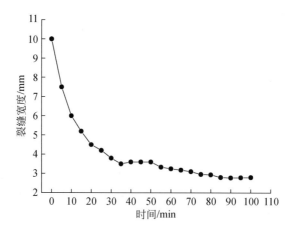

图 6.9　裂缝宽度随时间变化曲线

（1）裂隙宽度 10.0mm 组土样在突水过程持续 100min 后裂隙宽度减小至 3.2mm 左右，约为初始宽度的 68%；

（2）裂缝宽度在试验前 25min 内快速减小，减小量约占总减小量的 85%，之后以较稳定速率缓慢减小，试验 75min 后基本趋于稳定；

（3）试验前 15min 内裂隙宽度的减小量约占总减小量的 60%，主要由于试验初期松散颗粒堆积、裂缝边缘溃塌等较为剧烈所引起。

（二）突水水量变化规律

试验中分别对裂缝宽度为 5.0mm、10.0mm、15.0mm 的 N_2 红土试验模型水土相互作用突水量进行了监测，图 6.10 为模拟试验过程中突水水量随时间变化曲线。由图 6.11 可以得出以下主要结论。

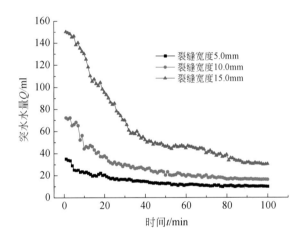

图 6.10　不同裂缝宽度的 N_2 红土突水水量随时间变化曲线

（1）突水水量变化可分为三个阶段：①初期快速下降阶段。初期突水量波动较大，总体上呈现快速下降趋势；结合裂缝变化图像分析，突水量快速下降主要是由于试验初期松散颗粒堆积、裂缝边缘溃塌严重，且土体膨胀迅速、膨胀量大，裂缝闭合速度快；另外，水流带入的松散土颗粒一同堆积在裂缝中并处于不稳定状态，引起初期的突水量有一定的波动。②中期缓慢下降阶段。试验中期突水水量以较稳定速率缓慢下降；主要是因为中期 N_2 红土裂缝的结构基本稳定，裂缝内堆积土颗粒也基本不再增加；N_2 红土继续与水相互作用产生膨胀，但膨胀速率明显减小，裂缝缓慢闭合，突水量缓慢稳定下降。③后期稳定阶段。试验后期突水水量基本趋于稳定，说明采动裂缝 N_2 红土水土相互作用使土体基本达到最大膨胀量，裂缝闭合基本稳定。

（2）裂缝宽度为 5.0mm、10.0mm、15.0mm 的试验模型水土相互作用突水量的变化，第一阶段持续时间分别约 20min、30min 和 40min；第二阶段持续时间分别约 40min、45min 和 50min，说明裂缝宽度越大，突水量变化的第一、第二阶段持续时间越长，即突水稳定时间越长。此外，裂缝宽度大的突水量稳定阶段时水量仍较大，说明 N_2 红土采动裂缝宽度越大，后期恢复越困难。

根据试验过程中裂缝型 N_2 红土水土相互作用突水量数据，采用等效渗透系数，计算 3 个模型渗透系数，绘制不同裂缝宽度 N_2 红土试样渗透系数变化曲线（图 6.11）。

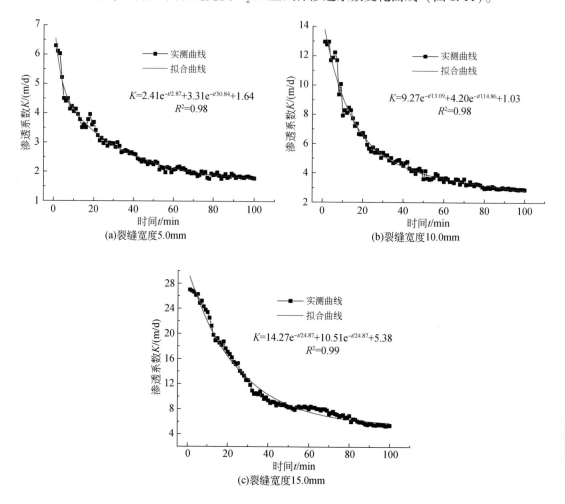

图 6.11　不同裂缝宽度 N_2 红土试样渗透系数与时间的关系

由图 6.10 可知，三种裂缝宽度 N_2 红土渗透系数随时间均逐渐减小，采用指数衰减函数：$K=A_1\mathrm{e}^{-t/b_1}+A_2\mathrm{e}^{-t/b_2}+K_0$ 的形式进行拟合（图 6.11），拟合结果显示 R^2 均大于 0.96，采动裂缝 N_2 红土水土相互作用渗透系数与时间呈很好的负指数关系。

（三）土样含水率变化规律

为了分析试验前后裂缝 N_2 红土样含水率变化特征，试验前对裂缝宽度为 10.0mm 试样进行含水率测试，试验前装样预制裂缝时取样测其含水率为 8.18%，试样配置含水率约 10%，说明在制样过程后裂缝 N_2 红土失去了少量水分。在突水试验后对试样进行定点取样测量其含水率，取样点具体布置见图 6.12，共布置 10 个取样点，均匀分布在预制裂缝两侧，测点深度约为 50.0mm，各取样点间距为 20.0mm。

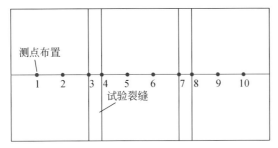

图 6.12　试验后取样点位置示意图（模型纵剖面）

通过对试验后裂缝宽度为 10.0mm 试样取样，进行含水率测定，获得各取样点含水率，如图 6.13 所示。由图 6.13 可以得以下主要结论。

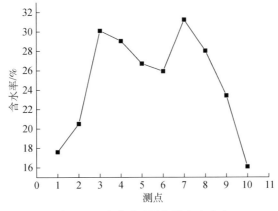

图 6.13　试验后试样各测点含水率

（1）裂缝内壁土样含水率 28% ~ 30%，根据基本性质试验得到的液限值为 29.0% ~ 39.4%，说明裂缝内壁土样接近或达到液限值，裂缝 N_2 红土由可塑状态达到流塑状态。

（2）距裂缝 2cm 处土样含水率约为 20% ~ 26%，4cm 处约为 16% ~ 18%，距裂缝越远，含水率相对越小，越接近试验前含水率，说明裂缝周边水土相互作用较为剧烈，裂缝周边土体吸水量较大膨胀较为明显，另外，由于 N_2 红土层天然条件下渗透率较小是良好的隔水层，在距采动 N_2 红土裂缝越远处，水的渗透速度越缓慢。

（3）裂缝壁周围土体仍有吸水膨胀的能力和趋势，随着渗透时间的推移裂缝本该能够再进一步发生闭合。但结合裂缝变化分析，裂缝闭合已基本趋于稳定，说明是裂缝两壁受到了裂缝内土颗粒的应力作用，导致土体膨胀受限，从而使裂缝闭合趋于稳定。

第三节　黄土沟壑斜坡采动破坏及产沙量评价

黄土沟壑区分布范围广，表面通常分布一定厚度风积沙或黄土。其表面结构松散、表层土孔隙大、垂直裂隙发育以及易风化等，并且沟道两侧坡体相对较陡，因此，在黄土沟壑区自然灾害时有发生。特别是受地下采动或短期内的强降雨、暴雨等因素影响，极易引发坡体失稳，加剧地表土壤侵蚀过程，继而为采动后工作面突水溃砂灾害的发生提供了丰富的砂源（武强等，2001）。通过分析研究区芦草沟流域、肯铁令沟流域地质工程、水文地质条件，评价分析流域斜坡稳定性，分析预测研究区突水溃砂区砂源量，为工作面开采突水溃砂灾害的防治提供依据。

一、黄土沟壑区非饱和土重力破坏机理

黄土沟壑区重力破坏现象非常普遍，且由于研究区沟道两侧坡度较陡，重力破坏成为土壤侵蚀的主要动力。重力破坏后的地表岩土体由于其结构松散，加剧了地表土壤侵蚀过程，继而为采动后工作面突水溃砂灾害的发生提供了丰富的砂源。然而研究区地处陕北干旱–半干旱地区，地表岩土体基本处于非饱和状态。因此，从非饱和土力学角度研究研究区坡体破坏及土壤侵蚀将更加符合客观实际（陈伟，2015）。

（一）非饱和红土渗透特性试验

国内一些采矿和水文地质学者对陕北保德组红土进行了大量研究，但主要集中于以保德组红土作为隔水关键层时的位置判断及其应用、采动前后隔水性能的变化等方面（缪协兴等，2007，2008，2009；黄庆享，2009），大多是从保德组红土的宏观分布特征、微观结构特征、饱和状态下的隔水性能的角度进行研究。一些岩土工程学者也对非饱和黄土、膨胀土的渗透特性进行了研究（孙大松等，2004；徐永福等，2004；李永乐等，2004；崔颖和缪林昌，2011；王铁行等，2008）。但对非饱和保德组红土的渗透特性的研究却鲜有报道。

1. 非饱和土渗透系数预测模型

非饱和土渗透系数模型可分为经验模型与宏观模型、统计模型（Lu and Likos，2012）。统计渗透系数模型是一种获得非饱和土渗透系数的间接方法，可通过试验测量或土–水特征曲线模型间接的预测渗透系数函数。至今已有大量的描述土的孔径分布函数 $f(r)$ 的统计模型，根据统计学孔径分布理论发展起来的渗透系数模型也有很多种，其中 Van Genuchten 模型是岩土工程领域应用最为广泛的模型之一。该模型能同时对土–水特征曲线和渗透系数函数进行预测（徐永福等，2004）。

Van Genuchten 模型如下：

$$\frac{\theta-\theta_r}{\theta_s-\theta_r}=\left[\frac{1}{1+(a\psi)^n}\right]^m \tag{6.1}$$

式中，θ 为体积含水率；ψ 为基质吸力；θ_s 为饱和体积含水率；a、m 和 n 为拟合参数；θ_r 为残余体积含水率。参数 m 与土体特征曲线的整体对称性有关，参数 n 与土的孔径分布有关。通常认为参数 m 与参数 n 具有以下直接的函数关系：

$$m=1-\frac{1}{n} \tag{6.2}$$

基于式（6.1）的土–水特征曲线模型，渗透系数函数可表达为

$$k_w=k_s\frac{\{1-(a\psi)^{n-1}[1+(a\psi)^n]^{-m}\}^2}{[1+(a\psi)^n]^{m/2}} \tag{6.3}$$

式中，k_s 为饱和土渗透系数，cm/s；k_w 为非饱和土渗透系数，cm/s。

2. 试验方法

试验用土取自陕煤神木红柳林煤矿肯铁令沟内的一个保德组红土边坡，所取土样呈红褐色，该保德组红土的塑性指数 I_P 为 12.88，$10<I_P<17$，属于粉质黏土，液性指数 I_L 为 0.20，$0<I_L<1/4$，处于硬塑状态。

非饱和土的基质吸力对其强度、渗透等特性具有一定的影响（弗雷德隆德和拉哈尔传，1997）。因此，为研究非饱和红土的性质，正确预测基质吸力在不同外界条件下的变化规律意义重大（刘小文等，2009）。非饱和土吸力可用直接法或间接法量测，实验室内吸力量测较为常用的为滤纸法、张力计法和轴平移法；现场测试中常采用滤纸法、张力计法和热传导传感器法等。在以上所述的量测方法中，滤纸法是一种操作简便的量测土中吸力的方法。采用滤纸法可以量测很大范围的吸力，通常用于实验室中的吸力量测。

在采用滤纸法量测非饱和土吸力的过程中，滤纸作为传感体能够同具有一定吸力的非饱和土体达到水分流动意义上的平衡。试验中当滤纸与非饱和土体直接接触时量测的滤纸的平衡含水率相当于非饱和土的基质吸力。当滤纸不与非饱和土体直接接触时量测的滤纸的平衡含水率相当于非饱和土的总吸力。

滤纸的平衡含水率和非饱和土吸力之间的关系可以通过率定曲线来确定。一般情况下，同一种型号的滤纸具有相同的平衡含水率与吸力率定曲线（王钊等，2003）。

国产滤纸的应用研究工作开展相对较少，国内的相关试验通常采用双圈牌滤纸（蒋刚等，2000；沈珍瑶和程金茹，2001；程金茹等，2002；白福青等，2011），且采用的滤纸型号各不相同，因此需要进一步验证并确定可靠、统一的吸力率定曲线。国外滤低主要有 Whatman No. 42 和 Schleicher and Schuell No. 589，本试验采用美国材料与试验协会（ASTM）推荐使用的 Whatman No. 42 无灰、定量滤纸。该滤纸的主要技术指标如下：直径为 55mm，质量约为 0.2g。Whatman No. 42 滤纸和 Schleicher and Schuell No. 589 滤纸吸力率定曲线如图 6.14 所示。

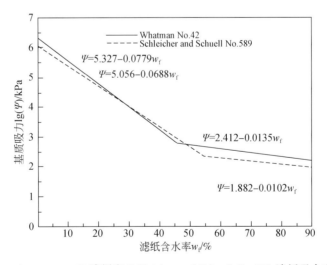

图 6.14　Whatman No. 42 滤纸和 Schleicher and Schuell No. 589 滤纸吸力率定曲线

试样制备前首先将扰动土样碾碎，在烘箱中 100℃温度下烘烤 2 天，保证土样处于干燥状态，测得松散干燥状态下土的密度为 1.2g/cm³。按照设计的含水率计算每一个试样需要的水量，将配成的不同含水率的松散状的土样密封在密闭容器中，在恒温恒湿条件下放置3天，以使土中水分充分运移，然后将松散状的土样压密成设计的干密度。

具体的试验过程参考美国材料与试验协会制定的D5298标准①，该标准对接触式滤纸技术测量基质吸力和非接触式滤纸技术测量总吸力的试验步骤及校准方法进行了阐述。本次试验同时量测了基质吸力和总吸力。

具体试验步骤如下：首先制备土样、烘干滤纸，然后在制备好的两个土样中间一次放入3张烘干的滤纸，中间的滤纸用于量测基质吸力，上下两张滤纸起保护作用。将土样压实以保证土样和滤纸充分接触。将土样放入容器后立即放入事先做好的滤网，再放一张烘干的滤纸用于量测总吸力，立即拧好量测容器盖，最后将密封后的容器放入恒温箱内等待平衡。

一般认为滤纸的含水率在平衡10天后基本稳定。本次试验为了保证滤纸与非饱和土样之间的水分运移达到充分的平衡，试验中将平衡时间设定为15天。平衡时间结束时，用镊子取出滤网上的那张滤纸，称量滤纸的质量。与此同时，快速取出两试样，用镊子快速取出两试样中间的那张滤纸，称量该滤纸的质量。取出滤纸并测量的过程均尽量在30s内完成，以避免滤纸与周围大气接触而发生水分变化。最后根据滤纸的平衡含水率，从滤纸的率定方程求得试样在不同含水率下平衡吸力值。

3. 试验结果与分析

1）饱和渗透系数测定

本试验中采用变水头渗透试验方法测定重塑保德组红土的饱和土渗透系数k_s。所得的饱和渗透系数见表6.2。干密度与饱和渗透系数的关系如图6.15所示。

表6.2　不同干密度下重塑保德组红土的饱和土渗透系数

干密度/(g/cm^3)	饱和土渗透系数/($\times 10^{-4} cm/s$)
1.3	8.961
1.4	4.214
1.5	1.582

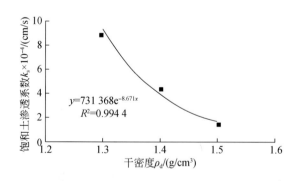

$$y=731\,368e^{-8.671x}$$
$$R^2=0.994\,4$$

图6.15　干密度与饱和土渗透系数的关系

① ASTM International, D5298-10, Standard Test Method for Measurement of Soil Potential (Suction) Using Filter Paper, United States, 2000.

从图 6.15 中可见，土样饱和土渗透系数随着干密度的增加而逐渐减小，主要是因为在较大的干密度下，土样的孔隙比较小，土样更加密实，因而渗透系数较小。这与其他学者的研究结果是一致的（Huang，1994）。试验所得曲线可用公式表示为

$$k_s = \alpha \exp(\beta \rho_d) \tag{6.4}$$

式中，k_s 为饱和土渗透系数，cm/s；α、β 分别为试验参数；ρ_d 为干密度，g/cm^3。此试验中 $\alpha = 731368$，$\beta = -8.671$。

2）土-水特征曲线

根据试验测得的滤纸的含水率，按照率定方程计算不同含水率和干密度（1.3g/cm^3、1.4g/cm^3、1.5g/cm^3）状态下的非饱和土的基质吸力 ψ 及体积含水率 θ。计算结果见表 6.3，不同含水率和干密度（1.3g/cm^3、1.4g/cm^3、1.5g/cm^3）状态下非饱和土的饱和度 S_r 及体积含水率 θ 见表 6.4。对不同干密度土样试验结果采用 Van Genuchten 土-水特征曲线模型分别进行拟合分析。Van Genuchten 土-水特征曲线模型拟合参数见表 6.5。

表 6.3　不同含水率和干密度状态下非饱和土的基质吸力

含水率 w/%	基质吸力 ψ/kPa		
	干密度 1.3g/cm^3	干密度 1.4g/cm^3	干密度 1.5g/cm^3
10.67	485.89	518.49	565.21
12.78	470.91	475.71	474.35
14.52	147.71	198.13	143.97
16.96	89.34	68.34	68.93
18.92	54.58	55.77	56.06
21.11	51.63	41.88	50.29
22.73	28.25	32.05	32.51
24.08	11.22	14.70	8.78
26.04	6.86	5.07	9.46
28.71	2.08	2.70	1.66
29.68	1.10	1.35	1.13
30.30	0.53	0.68	0.68

表 6.4　不同含水率和干密度状态下非饱和土的饱和度及体积含水率

含水率 w/%	干密度 1.3g/cm^3		干密度 1.4g/cm^3		干密度 1.5g/cm^3	
	饱和度 S_r/%	体积含水率 θ/%	饱和度 S_r/%	体积含水率 θ/%	饱和度 S_r/%	体积含水率 θ/%
10.67	26.31	13.87	30.44	14.94	35.22	16.01
12.78	31.50	16.61	36.44	17.89	42.16	19.17
14.52	35.80	18.88	41.41	20.33	47.92	21.78
16.96	41.82	22.05	48.37	23.75	55.97	25.44
18.92	46.65	24.60	53.96	26.49	62.44	28.38

含水率	干密度 1.3g/cm³		干密度 1.4g/cm³		干密度 1.5g/cm³	
$w/\%$	饱和度 $S_r/\%$	体积含水率 $\theta/\%$	饱和度 $S_r/\%$	体积含水率 $\theta/\%$	饱和度 $S_r/\%$	体积含水率 $\theta/\%$
21.11	52.03	27.44	60.19	29.55	69.65	31.66
22.73	56.05	29.56	64.84	31.83	75.02	34.10
24.08	59.38	31.31	68.68	33.72	79.48	36.13
26.04	64.21	33.85	74.27	36.46	85.94	39.06
28.71	70.79	37.32	81.88	40.20	94.75	43.07
29.68	73.19	38.59	84.65	41.56	97.96	44.53
30.30	74.70	39.39	86.40	42.41	99.98	45.44

注：$S_r = wG_s\rho_d/(G_s\rho_w - \rho_d)$，式中 G_s 为土粒的比重；$\theta = w\rho_d/\rho_w$

表6.5 不同干密度条件下土–水特征曲线模型拟合参数

干密度 $\rho_d/(\text{g/cm}^3)$	残余含水率 θ_r	体积含水率 θ_s	α	n	m	R^2
1.3	0.0016	0.4056	0.3106	1.0230	0.0225	0.9774
1.4	0	0.3506	0.3173	1.0393	0.0378	0.9766
1.5	0	0.3030	0.2395	1.0718	0.0670	0.9637

公式拟合土样水分特征曲线测试结果是比较好的，相关系数均达到0.9以上。拟合结果如图6.16所示。

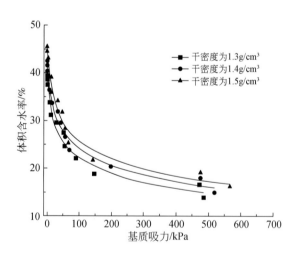

图6.16 不同干密度下非饱和保德红土基质吸力与体积含水率关系拟合曲线

A. 不同干密度下基质吸力与含水率、饱和度及体积含水率的关系

由试验结果得出的基质吸力与含水率的关系曲线见图6.17。由关系曲线可以看出，当保持干密度一定时，随含水率的变化，基质吸力与含水率之间呈现出强非线性关系，并随着含水率的增加呈现出急剧减小的趋势。当含水率 $w<24.08\%$ 时，基质吸力随含水率的增

加而急剧减小的趋势特别明显，当含水率 $w \geq 24.08\%$ 时，这一变化趋势减缓。

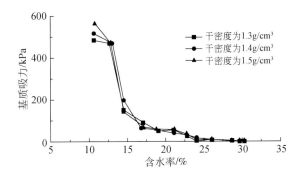

图 6.17　不同干密度下非饱和保德红土基质吸力与含水率的关系

当保持干密度一定时，含水率增大后，饱和度和体积含水率将增大。如图 6.18 所示，基质吸力随饱和度变化呈现出与基质吸力随含水率变化类似的规律。当保持干密度一定时，基质吸力随体积含水率变化也呈现出与基质吸力随含水率变化类似的规律，其关系曲线如图 6.19 所示。

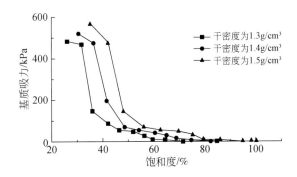

图 6.18　不同干密度下非饱和保德红土基质吸力与饱和度的关系

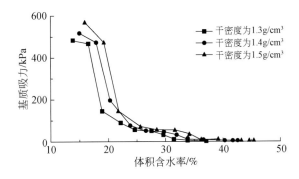

图 6.19　不同干密度下非饱和保德红土基质吸力与体积含水率的关系

B. 不同含水率下干密度、饱和度及体积含水率与基质吸力的关系

一般情况下，对于同一含水率的压实土，其基质吸力并不随压实土干密度的变化而变

化。但从本试验结果可以看出（图 6.20），在低含水率段这一结论并不严格成立，仅在较高含水率段大致成立。从图 6.20 可知，当含水率较低时，基质吸力随干密度的增大有增大的趋势；当 $w=14.52\%$ 时，基质吸力出现先增大后减小；而当含水率较高时，随干密度的增大，基质吸力增大的趋势并不明显。试验结果表明在较高含水率段基质吸力对干密度的变化不敏感，但是在较低含水率段基质吸力对干密度的变化相对比较敏感。

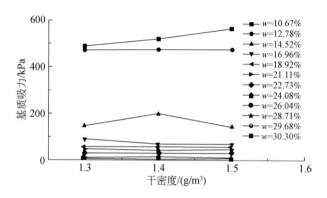

图 6.20　不同含水率下非饱和保德红土基质吸力与干密度的关系

当含水率一定时，干密度增大，意味着饱和度将增加。由试验结果可知，相同含水率下，基质吸力随饱和度变化的规律与基质吸力随干密度变化的规律类似。如图 6.21 所示，不同含水率的基质吸力-饱和度曲线变化形式不同：当 $w>14.52\%$ 时，即在中高含水率段，基质吸力几乎不随饱和度的变化而变化；当含水率 $w=14.52\%$ 时，基质吸力随饱和度的增加而先增大后减小；当 $w<14.52\%$ 时，即在低含水率段，基质吸力随饱和度的增加而增大。以上结果表明在较高含水率段基质吸力对饱和度的变化不敏感，但是在较低含水率段基质吸力对饱和度的变化相对比较敏感。熊承仁等（2005）认为产生上述现象的原因主要为在高含水率段时，起主导作用的是水，干密度的变化起的作用不大，在重塑土制作过程中，土的黏着性较大，促使土中团粒接触形成较明显的大孔隙骨架，造成土中粗大孔隙相对发育，从而导致基质吸力较低。而在低含水率段时，土的结构影响相对比较明显，土中孔隙的半径愈小，弯液面的曲率愈大，导致基质吸力越大。

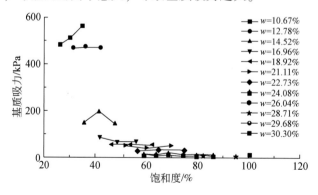

图 6.21　不同含水率下非饱和保德红土基质吸力与饱和度的关系

当含水率一定时，基质吸力随体积含水率变化曲线如图6.22所示，由图6.22可见基质吸力随体积含水率变化呈现出与基质吸力随饱和度变化类似的规律。

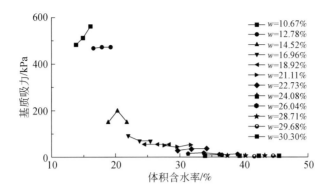

图6.22　不同含水率下非饱和保德红土基质吸力与体积含水率的关系

3）非饱和渗透系数的预测与分析

采用土-水特征曲线预测非饱和土渗透系数是获得非饱和土渗透系数的一种常用的间接方法。结合土样饱和土渗透系数和土-水特征曲线，根据 Van Genuchten 模型来预测土样在非饱和状态时的渗透系数。

A. 不同干密度下体积含水率变化对非饱和土渗透系数的影响分析

干密度一定时，非饱和土渗透系数随体积含水率变化见图6.23。

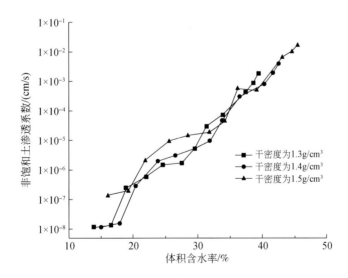

图6.23　不同干密度下非饱和土渗透系数与体积含水率的关系

从图6.23可以看出，随着体积含水率的变化，非饱和保德组红土的渗透系数变化范围在 $10^{-8} \sim 10^{-2}$，其变化范围达到6个数量级。在半对数坐标系中，非饱和渗透系数随体积含水率的增大而单调增大，并呈现出近似的直线关系。干密度一定，当体积含水率比较大时，非饱和渗透系数随体积含水率的变化的绝对值也比较大。当体积含水率比较小时，非饱和渗透系数随体积含水率变化的绝对值相对比较小。

此外，从图 6.23 也可以看出，当干密度比较大时，非饱和保德组红土渗透系数随体积含水率的变化比较大；当干密度比较小时，非饱和保德组红土渗透系数随干密度的变化比较小，表明密实状态下非饱和保德组红土的渗透系数对体积含水率的变化比较敏感。

B. 不同干密度下基质吸力变化对非饱和土渗透系数的影响分析

干密度一定时，非饱和保德组红土渗透系数随基质吸力变化见图 6.24。从图 6.24 可以看出，在半对数坐标系中，非饱和保德组红土渗透系数与基质吸力呈现出指数函数关系，且渗透系数随基质吸力的增大而单调减小。当土体干密度比较大时，非饱和保德组红土渗透系数随基质吸力的变化比较大；当土体干密度比较小时，非饱和保德组红土渗透系数随基质吸力的变化比较小，表明密实状态非饱和保德组红土的渗透系数对基质吸力的变化比较敏感。

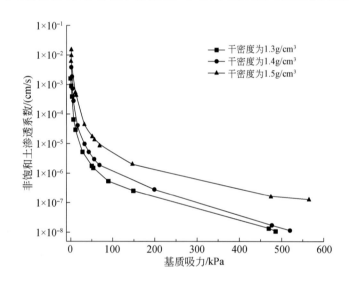

图 6.24　不同干密度下非饱和土渗透系数与基质吸力的关系

（二）黄土沟壑区重力破坏机理

1. 重力破坏分类

黄土沟壑区坡面–沟道系统由梁峁顶、梁峁坡、沟缘线、沟坡和沟床等部分组成。沟缘线以上坡面相对平缓，其上分布有耕地等，沟缘线以下统称为沟谷。沟缘线至沟边线之间为沟坡区，坡度较陡，最大可达 80°以上，沟边线以下多为洪水和泥砂输移的通道，通常称其为沟床（姚文艺等，2014）。

沟缘线以上由于坡度平缓，以水力侵蚀为主，水流方式为片流、细沟流、潜流等。沟谷是水力和重力共同作用的区域。沟坡坡度较陡，除了降水的影响外，还承受梁峁坡汇流的作用，所以水力作用程度大于梁峁坡部位，同时是土体崩塌、滑坡、泻溜、滑塌等重力破坏现象集中发生的部位。

目前，研究者大都根据重力破坏的力学机制、物质组成特点、发生规模等对重力破坏进行分类，如崩塌、滑坡、泻溜、滑塌等（姚文艺等，2014）。

1）崩塌

崩塌是土体从坡体的节理面或裂隙面向下坡倾倒的重力破坏现象，崩塌经常发生在坡度近于垂直的陡崖上，在沟道两岸及沟头处最为常见（图6.25）。黄土垂直节理发育，具有良好的直立性，受水流下切侵蚀形成陡崖临空面后，在降水的影响下，土体吸水软化而倒塌。因此，黄土层中的崩塌大多发生在暴雨期或雨后不久，尤其容易发生在连续数日的降水过程中。崩塌发生后，上部形成直立的陡壁，下部形成土体的堆积物，堆积在坡脚的土体使斜坡的相对高度差降低，使再次发生崩塌的可能性和规模降低。当下部堆积的土体被水流带走后，坡面再次发生崩塌的可能性也再次增大（图6.26）。

图6.25　黄土崩塌　　　　　　　　　　　　　图6.26　边坡底部掏蚀

2）滑坡

滑坡是指斜坡上的岩土体沿着内部软弱结构整体向下移动的现象，而滑体内部质点的相对位置不发生明显错乱。滑坡的发生除了地质构造、岩性等条件外，主要还与地下水位变化、沟道下切侵蚀及侧蚀坡脚使斜坡土体失去平衡有关（彭建兵等，2019）。暴雨条件下，土体大量吸水后重量增加，或降水渗入黄土的结构面，可能触发斜坡土体的滑坡（姚文艺等，2014）。

在比较长的历史时间内，大型滑坡对地貌的发育作用很大。但是在相对较短的时间内（如1年），大型滑坡的发生频率很低，对小流域产沙的作用不明显。在小流域内大量发生的是小型滑坡。虽然小型滑坡规模小，但是这种现象发生频率高，因此对流域产沙的贡献比较大（图6.27）。

3）泻溜

泻溜是裸露陡坡上的岩土体受风化作用分离破碎后，在重力的影响下呈粉末状或小块状向坡下滚落的现象。泻溜主要是在风化的基础上发生的，可以在各种岩土体组成的坡面上发育。尤其是在冬末春初土壤解冻期，或降水后土体干缩时期，泻溜较为发育。

4）滑塌

滑塌是斜坡上土体沿剪切面发生移动的现象。滑塌发生时，土体向下运动的过程中，由于地形坡度陡，运动时土体发生破碎，甚至发生反转，滑塌发生的沟坡坡度一般比发生滑坡的沟坡坡度大，滑塌体破碎，外形不规则（图6.28）。滑塌主要发生在坡度较陡的坡面上，坡度越大，滑塌发生的可能性越高。由沟道下切和展宽侵蚀使沟坡坡度变大，或地下水、雨水渗入等原因导致的土体抗剪力下降是滑塌发生的主要诱因。

图 6.27　黄土滑坡　　　　　　　　　　　图 6.28　滑塌

5）重力破坏在流域产沙中的作用

重力破坏规模差异较大，大规模的滑坡可达数百甚至数亿立方米，而小规模的重力破坏体积不到一立方米。大型的滑坡、滑塌等重力破坏常常造成重大的人员伤亡和财产损失，因此受到人们的重视。但是从侵蚀产沙角度来说，大型滑坡往往减小了局地的坡面坡度，侵蚀物质需要经过几年至上百年时间才有可能被搬运，而小型的滑坡、滑塌等重力破坏对产沙的作用显得非常重要。小型的崩塌、滑坡、泻溜和滑塌影响岩土层深度小，发生频率较高，产沙量很大，因此是小流域产沙的主体（姚文艺等，2014）。

2. 重力破坏模型构建

重力破坏模型体的形状有很多种，其中楔形是最常见的一种形式。将重力破坏下滑土体概化为楔形（图 6.29）。

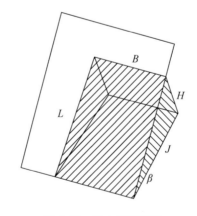

图 6.29　重力破坏模型

在图 6.29 中，B 为下滑土体的宽度，L 为下滑土体的长度，H 为下滑土体的后缘厚度，J 为下滑土体的滑动面，β 为滑体滑动面与沟坡的夹角，则楔形滑体的重力可以表示为

$$W = \frac{1}{2}\rho g L H B \cos\beta \qquad (6.5)$$

式中，W 为下滑土体重力；ρ 为土体密度；g 为重力加速度；其他变量含义同图 6.29。

假设降雨后土体的体积含水率为 θ，土壤的前期体积含水率为 θ_0，在不发生明显的坡面径流的情况下，降雨量 h 在沟坡土体中的入渗深度可表示为（姚文艺等，2014）

$$H = \frac{h\cos\alpha}{1000(\theta - \theta_0)} \tag{6.6}$$

滑体的下滑力 F_d 可以表示为

$$F_d = W\sin(\alpha - \beta) = \frac{1}{4}L^2 B\rho g\sin2\beta\sin(\alpha - \beta) \tag{6.7}$$

滑体的抗滑力 F_r 可以表示为

$$F_r = LBc\cos\beta + W\cos(\alpha - \beta)\tan\varphi \tag{6.8}$$

式中，φ 为内摩擦角；α 为坡面坡度，暂不考虑植被对抗滑力的影响。

沟坡土体的稳定系数可以表示为

$$K = \frac{F_r}{F_d} = \frac{LBc\cos\beta + W\cos(\alpha - \beta)\tan\varphi}{W\sin(\alpha - \beta)} \tag{6.9}$$

用稳定系数 K 的倒数 γ 来表示沟坡发生重力破坏的可能性系数，即

$$\gamma = \frac{1}{K} = \frac{W\sin(\alpha - \beta)}{LBc\cos\beta + W\cos(\alpha - \beta)\tan\varphi} \tag{6.10}$$

将式（6.5）、式（6.6）代入式（6.10），可得沟坡发生重力破坏的可能性系数如下

$$\gamma = \frac{h\rho g\cos\alpha\sin(\alpha - \beta)}{2000c(\theta - \theta_0) + h\rho g\cos\alpha\cos(\alpha - \beta)\tan\varphi} \tag{6.11}$$

式中，γ 为沟坡土体发生重力破坏的可能性系数；h 为降雨量；ρ 为土体密度；g 为重力加速度；α 为坡面坡度；β 为滑动面与土坡坡面夹角；c 为黏聚力；θ_0 为土壤的前期体积含水率；θ 为降雨后土体的体积含水率；φ 为内摩擦角。

二、肯铁令沟流域重力破坏评价

（一）数据准备

根据肯铁令沟流域的实地观测，发生重力破坏的沟坡部位一般坡度较大，植被都很少，土体中植被根系的含量也很少，此外，目前对植被根系作用的研究还不充分。因此，暂时不考虑植被根系对发生重力破坏的可能性的影响。

根据前人的研究成果，β 值一般为 $8° \sim 10°$，当坡面坡度为 $80°$ 左右时，β 值一般小于 $5°$（姚文艺等，2014）。β 与沟坡坡度 α 之间的关系大致可用一条幂函数曲线来拟合，即

$$\beta = 6 \times 10^8 \alpha^{-4.34} \tag{6.12}$$

降雨后由于水分入渗影响土体的密度，发生重力破坏土体的密度 ρ 可以表示为

$$\rho = \frac{m_s + m_w}{v} = \rho_d + \theta \tag{6.13}$$

式中，m_s 为干土质量；m_w 为土中水的质量；v 为土体积；ρ_d 为土体干密度；θ 为降雨后土体的体积含水率。

离石黄土的湿密度、土体黏聚力与体积含水率之间的拟合公式及土体内摩擦角与体积

含水率之间的拟合公式可分别表示为（姚文艺等，2014）

$$\rho = 1.58 + \theta \tag{6.14}$$

$$c = 141.41 e^{-13.41\frac{\theta}{1.58+\theta}} \tag{6.15}$$

$$\varphi = -49.08\,\frac{\theta}{1.58+\theta} + 34.22 \tag{6.16}$$

与离石黄土类似，采取红柳林井田内原状保德红土，根据相关土工试验成果，红柳林井田保德组红土干密度为 $1.62 \mathrm{g/m^3}$，保德红土的湿密度、土体黏聚力与体积含水率之间的拟合公式及土体内摩擦角与体积含水率之间的拟合公式分别表示为

$$\rho = 1.60 + \theta \tag{6.17}$$

$$c = 173.54 e^{-16.82\frac{\theta}{1.62+\theta}} \tag{6.18}$$

$$\varphi = -136.53\,\frac{\theta}{1.62+\theta} + 48.32 \tag{6.19}$$

将式（6.12）~式（6.19）代入式（6.11）中可分别得到研究区内离石黄土和保德红土组成的沟坡发生重力破坏的可能性系数。

肯铁令沟流域的高程数据来源于研究区 1:2000 地形图。基于 ArcGIS 平台的肯铁令沟流域 DEM 图（图6.30）。由图6.30可知，肯铁令沟流域高程为 1076~1310m。DEM 分辨率设置为 5m×5m，全流域共划分为 932 列，1228 行。肯铁令沟流域的坡向图亦如图6.30所示，全流域共划分为九个方向，分别为水平（0°）、北（0°~22.5°、337.5°~360°）、东北（22.5°~67.5°）、东（67.5°~112.5°）、东南（112.5°~157.5°）、南（157.5°~202.5°）、南西（202.5°~247.5°）、西（247.5°~292.5°）、北西（292.5°~337.5°）。

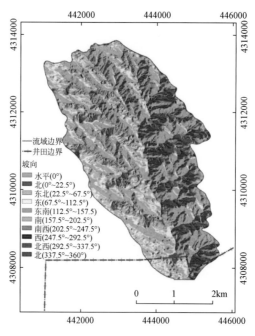

图6.30　肯铁令沟流域坡向图

根据前人研究成果，坡向对重力破坏可能性影响系数见表6.6（姚文艺等，2014）。

表 6.6 坡向对重力破坏影响系数

坡向	0°~45°	45°~135°	135°~225°	225°~315°	315°~360°
影响系数	0.25	0.50	1.00	0.75	0.25

肯铁令沟流域的坡度图如图6.31所示，由图6.31可知，肯铁令沟流域坡度在0°~79.92°，坡度较大处主要集中在肯铁令沟流域上游沟坡。

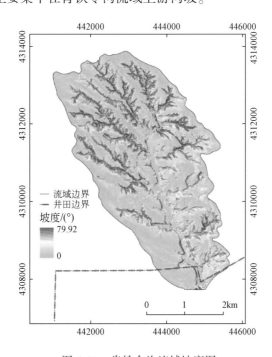

图 6.31 肯铁令沟流域坡度图

肯铁令沟流域的岩性图来源于研究区地质图，并结合现场调查予以验证，如图6.32所示，主要分布离石黄土与保德红土。

(二) 评价结果

将准备好的基础数据采用式（6.11）可以分别计算不同降雨量下沟坡发生重力破坏的可能性系数。在假设在不发生明显的坡面径流的情况下，计算了在降雨量10mm状态下沟坡土体发生重力破坏的可能性系数。

对 ArcGIS 软件计算出的重力破坏可能性系数，采用 ArcGIS 软件中的自然断点法进行分类，分别为可能性极低、可能性低、可能性中等和可能性高四个等级。降雨量在10mm状态下沟坡土体发生重力破坏的可能性系数分区图见图6.33。由图6.33可知，重力破坏可能性在沟坡处最大，沟缘线以上及沟床等部位重力破坏可能性较低，这与现场实际调查情况是一致的。

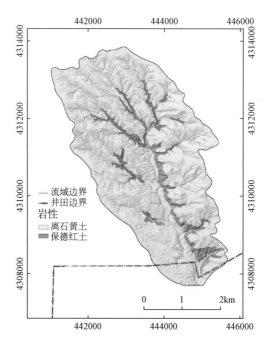

图 6.32　肯铁令沟流域岩性图

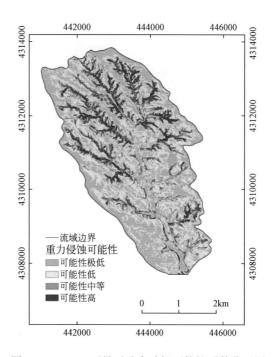

图 6.33　10mm 雨量下重力破坏可能性系数分区图

三、芦草沟流域斜坡稳定性评价及产沙量分析

从侵蚀产沙角度来说，大型坡体破坏往往会减小局地的坡面坡度，侵蚀物质需要经过几年，甚至上百年时间才有可能被搬运，因此小型的坡体破坏对产沙的作用显得非常重要。沟壑区小型的崩塌、滑坡和滑塌影响岩土层深度小，发生频率较高，因此沟壑区小型坡体破坏对流域产沙量贡献非常大。采用层次分析法对芦草沟流域斜坡稳定性进行评价，并分析其产沙量。

（一）评价因子分析

斜坡失稳是多影响因素的一种非线性耦合效应，受到多方面因素的相互作用和影响（李燕婷等，2016）。通过总结前人研究成果及斜坡失稳机理，结合研究区芦草沟流域实际，本研究选取高程、坡度、坡向、曲率、岩性及植被覆盖指数（NDVI）作为斜坡稳定性评价因子。各评价因子图见图6.34。

高程对斜坡稳定性的影响表现为斜坡高度越大其稳定性越差，通常，高边坡的地质灾害往往较为严重。斜坡高程增加会改变坡体的应力状态，增大斜坡侧向位移，进而降低斜坡的稳定性，对斜坡失稳有很大的影响（陈景等，2008）。斜坡的坡度是影响斜坡稳定性的一个重要因素，其对斜坡的稳定性影响主要表现在影响斜坡的应力分布状态。通常斜坡的坡度越大，应力越集中，最大剪应力也越大，斜坡稳定性越差。坡向是影响斜坡稳定性的一个间接因素，通常斜坡的坡向，决定着其受到的阳光辐射强度条件，影响着浅表层水体蒸发量、植被覆盖指数及坡面的侵蚀等，进而影响着斜坡浅表层水运移及岩土体的物理力学性质，从而影响了斜坡稳定性（贺鹏，2013）。斜坡的曲率能反映局部地形的结构和形态，一定程度上影响着浅表层水分布，进而影响着斜坡稳定性。

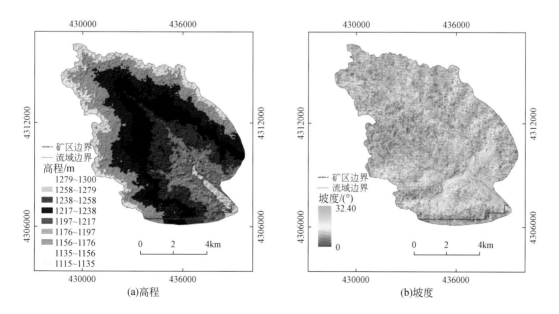

(a)高程　　　　　　　　　　　　　　　　(b)坡度

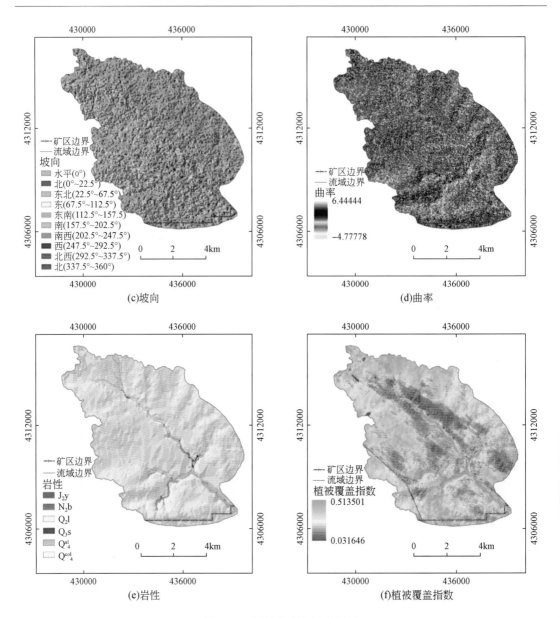

图 6.34 斜坡稳定性评价因子

斜坡的地层岩性是斜坡失稳的物质基础，也是控制斜坡稳定性的主要因素之一。通常组成斜坡的岩性不同，其抗剪强度就不同，发生斜坡失稳的难易程度亦不同，研究区地表出露大部分被薄层风积沙覆盖，仅沟谷出露土层和基岩，沙层松散、强度低，对斜坡稳定性有一定影响。植被覆盖指数反映的是评价区域植被覆盖的程度。植被覆盖指数是影响斜坡稳定性的间接因素，植被覆盖指数越高，植被覆盖程度越好。植物根系的发育会加强地表松散层的强度，植被可以通过拦截使降水损失、通过蒸散降低松散表土层含水量来影响斜坡失稳的水文过程（贺鹏，2013）。同时，灌木等茂密植被根系较长，深入表土层会起到锚杆的作用，从而一定程度上会抑制斜坡变形。

（二）评价模型

目前，斜坡稳定性评价方法较多，可总结为三类：基于经验推理的定性评价方法、基于物理机制的确定性评价方法和应用数理统计的半定量评价方法（蒲娉璠，2016）。目前常用的方法包括工程地质类比法、层次分析法、信息量、逻辑回归、神经网络等。本研究采用层次分析法对研究区斜坡稳定性进行评价。在 20 世纪 70 年代初期，美国运筹学家 Saaty 提出了层次分析法（AHP 方法），其是一种系统化和层次化的多目标决策分析方法。基本原理为将有关评价问题的元素分解成目标、准则、方案等层次，在此基础上，将定性和定量分析相结合进行系统分析和评价，具体分析过程如下。

基于评价问题建立层次结构模型，采用 "1 ~ 9 标度法"，对处于同一层次的若干因子进行两两比较。以每个影响因子在斜坡稳定性评价中所起作用的相对大小进行评估，评出各个影响因子的量化分值，依据各因子的最终得分值，建立斜坡稳定性预测的评判矩阵。为避免打分过程中其他因素对判别矩阵的干扰，保证判别矩阵排序的可信度和准确性，需要进行判别矩阵的一致性检验，可采用下式计算确定。

$$CR = \frac{CI}{RI} \tag{6.20}$$

$$CI = \frac{(\lambda_{max} - n)}{(n-1)} \tag{6.21}$$

式中，CR 为一致性比例；CI 为判别矩阵随机一致性比例；RI 为判别矩阵的平均随机一致性指标；λ_{max} 为判别矩阵的最大特征根；n 为判别矩阵的阶数。

当判别矩阵的一致性比例 CR<0.1 或 $\lambda_{max} = n$，CI = 0 时，认为判别矩阵具有满意的一致性并能通过一致性检验，否则需调整判别矩阵中的元素以使其通过一致性检验。

基于对影响斜坡稳定性的因子的分析，结合前人对斜坡稳定性研究，采用上述方法，对影响斜坡稳定性的因子进行评价评分，并进行一致性检验。计算确定影响斜坡稳定性因子判别矩阵及权重值（表6.7，表6.8）。

表 6.7　评价因子判别矩阵及权重

评价指标	坡度	坡向	曲率	高程	岩性	NDVI	权重
坡度	1	7	7	3	2	2	0.362
坡向	1/7	1	1	1/3	1/5	1/5	0.044
曲率	1/7	1	1	1/4	1/5	1/5	0.042
高程	1/3	3	4	1	1/2	1/2	0.125
岩性	1/2	5	5	2	1	1	0.214
NDVI	1/2	5	5	2	1	1	0.214
CR = 0.00717							

表 6.8　评价因子分类权重

评价指标	分类	权重
高程/m	<1135	0.064
	1135 ~ 1160	0.184
	1160 ~ 1185	0.377
	1185 ~ 1210	0.197
	1210 ~ 1235	0.114
	>1235	0.064
	CR = 0.00836	
坡度/(°)	<5	0.032
	5 ~ 10	0.054
	10 ~ 15	0.099
	15 ~ 20	0.169
	20 ~ 25	0.259
	>25	0.387
	CR = 0.01804	
坡向	水平	0.020
	北	0.073
	东北	0.059
	东	0.077
	东南	0.135
	南	0.038
	南西	0.181
	西	0.242
	北西	0.176
	CR = 0.06094	
曲率	<-1.257	0.244
	-1.257 ~ -3.769	0.127
	-3.769 ~ 0.415	0.049
	0.415 ~ 1.295	0.127
	>1.295	0.454
	CR = 0.00695	

续表

评价指标	分类	权重
岩性	J_2y	0.079
	N_2b	0.146
	Q_2l	0.088
	Q_3s	0.389
	$Q_4{}^{al}$	0.211
	$Q_4{}^{eol}$	0.088
	CR = 0.00864	
NDVI	<0.194	0.381
	0.194 ~ 0.230	0.313
	0.230 ~ 0.270	0.162
	0.270 ~ 0.340	0.101
	>0.340	0.043
	CR = 0.01181	

(三) 危险性分区及产沙量分析

将斜坡危险性评价因子进行归一化后, 对各单因子信息图层进行复合叠加, 即将各单因子的属性图层叠加到一个图层上。具体为利用 ArcGIS10.0 软件的相关功能对各评价因子的归一化分区图进行叠加处理, 得一个新的信息图层, 建立斜坡失稳危险性指数法模型, 依据该模型的运算结果可预测研究区内各处发生斜坡失稳的危险性程度。在具体的某一位置处, 影响斜坡稳定性的因子在共同作用下发生斜坡失稳危险性程度指数可采用式 (6.22) 确定:

$$S = \sum_{i=1}^{n} W_i X_i \tag{6.22}$$

式中, S 为斜坡危险性指数; W_i 为各评价因子权重; X_i 为各评价因子分级赋值; n 为评价因子的个数。

基于 GIS 平台将各评价因子的权重值及因子分级赋值图层代入上述斜坡危险性评价模型关系式中, 采用空间分析中栅格计算器 (raster calculator) 进行栅格代数运算, 并给出斜坡危险性指数图; 采用 ArcGIS10.0 软件中的栅格重分类工具, 按照 Natural Breaks 方法将斜坡危险性结果栅格图分为 4 个区: 极高易发区、高易发区、中易发区及低易发区。斜坡稳定性评价图见图 6.35。由图可知, 研究区斜坡失稳极高易发区主要分布在芦草沟下游沟坡区, 极高易发区约占研究区总面积的 10.08%; 高易发区主要分布在芦草沟主沟沟谷两侧, 其面积约占总面积的 28.71%; 中易发区和低易发区分别占总面积的 26.38% 和 34.83%。

由图 6.35 可以看出, 研究区主沟两侧沟坡及流域下游斜坡失稳最为严重, 即土壤侵蚀最为严重, 主要是由于该区地表松散沙土层结构疏松, 柱状节理发育, 植被覆盖指数较

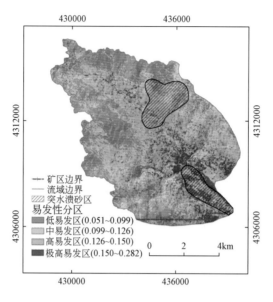

图 6.35　斜坡稳定性评价图

小，坡度相对较大，容易被侵蚀剥离，形成滑坡、崩塌等斜坡失稳现象。结合煤层开采水害类型划分（具体划分过程见本章第五节），研究区存在两处采动突水溃砂区域，分别位于东北和东南，通过计算，位于研究区东北的突水溃砂区斜坡失稳极高易发区约占该区面积为 2.61%，说明该区斜坡失稳现象相对较少，提供沙源量较少，因此工作面开采虽会发生突水溃砂灾害，但灾害会以突水为主，溃砂量有限。相比，位于研究区东南的突水溃砂区，斜坡失稳极高易发区面积约为 3.1km²，约占该区的 40.64%，说明该区斜坡失稳现象严重，可为该区煤层开采突水溃砂灾害提供足够沙源。据野外实际调查，研究区斜坡失稳规模一般较小，滑体厚度在 10m 左右，将斜坡失稳评价中极高易发区作为斜坡失稳区计算，可预测研究区东南部突水溃砂区，能提供沙源量约为 $3.1 \times 10^7 m^3$。

第四节　黄土沟壑径流下采动突水（溃砂）机理

一、采动突水溃砂条件及影响因素分析

（一）突水溃砂灾害形成条件

煤层采动突水溃砂灾害的形成条件比较复杂，与砂层中水动力条件、开采煤层厚度、开采方式、覆岩厚度和强度、覆岩破坏形式等很多因素有关（董书宁和张群，2014）。陕北黄土沟壑径流下浅埋煤层开采诱发突水溃砂灾害又具有其特殊性。

研究区地处陕北黄土沟壑区，具有埋深浅、基岩薄、间歇性径流且松散砂层厚等条件。一方面沟谷中间歇性径流赋存着势能较高的地表水体，尤其是降雨甚至暴雨时将为突

水溃砂灾害的形成提供充分的动力条件；另一方面，由于煤层开采，煤层覆岩的破断波及上覆砂层及地表水体，上覆基岩全厚切落形成的裂缝及采空区的形成为突水溃砂提供了必要的通道和储存空间。

陕北黄土沟壑径流下浅埋煤层开采突水溃砂灾害的形成条件分析如下。

1. 水文条件

研究区沟谷中分布的厚而松散的砂层以及降雨是发生突水溃砂灾害的充分条件。降雨甚至暴雨时，沟谷中水势能较高，可转化为直接充水水源，将为突水溃砂灾害的发生提供动力条件，造成水砂流沿采动裂缝流动而淹没工作面及巷道。

2. 地质条件

研究区覆岩结构主要有两种情况：

（1）基岩上依次为红土层、黄土层和松散砂层，当基岩较厚且土层厚度较大时，这种砂土基型结构不易形成水砂流进入工作面的通道，否则砂层在水动力的作用下，会通过破断裂隙甚至天窗进入工作面，造成灾害性突水溃砂事故。

（2）基岩上直接为松散砂层，主要位于沟谷地带。在这种砂基型地段下采煤，极易发生水砂流直接溃入井下的严重灾害，特别是当煤层顶板基岩厚度小时，可能会发生溃砂淹井事故。

3. 突水溃砂条件总结

一般间歇性的地表径流产生的矿井涌水不会对矿井生产带来灾难性后果，降雨甚至暴雨时产生的突水溃砂才是沟谷下开采对矿井安全的最大危害，根据前述分析，溃砂灾害的发生必须具备以下 4 个条件：

（1）沟谷中赋存的厚而松散的砂层是溃砂灾害发生的物质基础；

（2）沟谷中的地表径流具有的较大的水势能使水流动时具有较强的挟砂能力，为突水溃砂的形成提供了水动力条件；

（3）埋深浅、基岩薄的地质条件使煤层开采时垮落形成贯通的突水溃砂通道；

（4）煤层开采形成的采空区及巷道为突水溃砂的形成提供了储备空间。

（二）突水溃砂影响因素

由突水溃砂的形成条件可知，突水溃砂影响因素主要可以从突水溃砂通道形成、采动裂缝宽度、砂源粒径组成、水动力条件等四个定量因素进行研究。

1. 突水溃砂通道形成

煤层开采突水溃砂通道的形成原因可分为三类（杨伟峰等，2012）：第一类是天然的地质条件因素，如由断层、褶皱、岩溶、陷落柱等地质结构组成的天然破碎通道；第二类是人为开采活动造成的扰动因素，即采煤造成煤层覆岩破坏，煤层顶板破坏形成垮落带、导水裂隙带，沟通了水体与工作面的水力联系；第三类则是天然构造因素与人为开采活动共同作用的结果，如采动造成断层活化及加剧导水裂隙带高度发育、陷落柱受采动影响而波及水体等。因此，地质条件是控制通道产生的根本原因，而人为开采活动造成的扰动因素即为诱发因素。

2. 采动裂缝宽度

突水溃砂的形成与溃砂通道宽度有关。覆岩上部砂层渗透变形破坏为潜蚀、涌（突、溃）砂等，一般当上部砂层平均孔隙直径小于采动冒裂覆岩裂隙时，易发生的渗透变形破坏为涌（突、溃）砂，当上部土体的平均孔隙直径大于采动冒裂覆岩裂隙时，易发生潜蚀。即裂隙宽度越大，砂层临界抗渗坡度越小。

3. 砂源粒径组成

砂层的粒度、胶结程度及厚度对突水溃砂的影响是很明显的。一般情况下，颗粒细、胶结差、砂层厚度大，容易产生突水溃砂，而且涌水含砂率高，具有明显的间歇性，疏干较为困难，中粗砂则相反，容易疏干，不易产生突水溃砂灾害。

4. 水动力条件

水既是突水溃砂的物质组成部分，同时也是突水溃砂的动力来源。水对突水溃砂的形成有静水压力和动水压力两种情况：①静水压力作用下，水压高，水对巷道顶板的压力大，在隔水顶板全厚切落或较薄的部位便会发生破裂而产生突水溃砂。同时水压越高，水对砂粒的浮托力越大，使砂粒越易产生流动，水对通道围岩的冲刷作用也较强，形成规模较大的水流通道，使溃砂量增加。②动水压力作用下，若砂层没有得到充足的地表水补给，当突水溃砂后，水头降低后，突水溃砂慢慢停止。若得到地表水的充足补给，特别是当砂层位于有水流的沟床中时，地表径流成为砂层水的补给来源，增加溃砂量和溃砂时间。

二、采动突水溃砂机理分析

采动覆岩垮落带、导水裂隙带上覆沟谷中砂层的渗透稳定性取决于渗透水流对砂层的作用力与砂层阻抗力之间的变化关系。

（一）沟床砂颗粒力学分析

为研究方便，将沟谷中的砂层视为无黏性均匀砂。沟谷中的砂颗粒受到浮重力、沟谷中水流的上举力、水流的拖曳力的作用。其受力简图见图6.36。

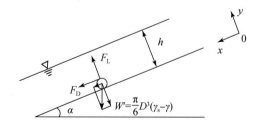

图6.36　沟谷中砂颗粒受力图

将沟谷径流方向设为 x，将砂颗粒简化为球体，则其浮重力 W' 为

$$W' = \frac{1}{6}(\gamma_s - \gamma)\pi D^3 \tag{6.23}$$

式中，γ_s 为砂层颗粒的固体容重；γ 为清水容重；D 为砂层颗粒粒径。

上举力 F_L 和拖曳力 F_D 分别为（钱宁和万兆惠，2003）

$$F_L = C_L \frac{\pi D^2 \rho}{4} \frac{U_0^2}{2} \tag{6.24}$$

$$F_D = C_D \frac{\pi D^2 \rho}{4} \frac{U_0^2}{2} \tag{6.25}$$

式中，C_L 为上举力系数；C_D 为阻力系数；ρ 为水的密度；U_0 为时均近底流速。

假定沟谷中水体垂线上的流速分布是对数型，即

$$\frac{U}{U_*} = 5.75\lg\left(30.2\frac{\chi y}{k_s}\right) \tag{6.26}$$

式中，U_* 为摩阻流速；χ 为 Einstein 统一流速公式中反映自光滑向粗糙边界过渡的参数；k_s 为沟床面粗糙尺度；y 为距谷底距离。

则在 $y \approx D$ 附近的流速为

$$U_0 = U_* f_2\left(\frac{U_* D}{\nu}\right) \tag{6.27}$$

根据极限平衡条件，沟谷中砂层单颗粒临界起动条件为

$$F_D + W'\sin\alpha = \tan\varphi(W'\cos\alpha - F_L) \tag{6.28}$$

$$F_D + F_L \cdot \tan\varphi = W'\cos\alpha\tan\varphi - W'\sin\alpha \tag{6.29}$$

式中，φ 为水体下砂层颗粒的休止角；α 为沟床坡度；ν 为水的运动黏性系数。把式（6.23）～式（6.25）以及式（6.27）代入式（6.29），得

$$\frac{\pi D^3}{6}(\cos\alpha\tan\varphi - \sin\alpha)(\gamma_s - \gamma) = (C_D + C_L\tan\varphi)\frac{\pi D^2}{4}\frac{\rho}{2}U_*^2\left[f_2\left(\frac{U_* D}{\nu}\right)\right]^2 \tag{6.30}$$

其中剪切流速 U_* 与沟床表面的剪切应力 τ_0 关系如下：

$$U_* = \sqrt{\frac{\tau_0}{\rho}} \tag{6.31}$$

式（6.30）表达的是沟床砂层单颗粒临界起动时各变量之间的关系。此时，沟床表面的剪切应力 τ_0 称为临界起动剪切应力，记为 τ_c。将式（6.30）中的剪切流速 U_* 用沟床的临界起动剪切应力 τ_c 来表示，则式（6.30）可以改写为

$$\frac{D}{3}(\cos\alpha\tan\varphi - \sin\alpha)(\gamma_s - \gamma) = (C_D + C_L\tan\varphi)\frac{\tau_c}{4}\left[f_2\left(\frac{U_* D}{\nu}\right)\right]^2 \tag{6.32}$$

式中，阻力系数 C_D 与砂粒形状和砂粒雷诺数有关。如果砂粒接近球体，则 C_D 主要是砂粒雷诺数的函数，上举力系数 C_L 与 C_D 类似。式（6.32）即为沟床砂层单颗粒临界起动计算公式。

（二）肯铁令沟砂层临界起动条件分析

1. 临界起动流速计算过程

肯铁令沟下游突水溃砂区坡度较小，近于水平，因此，为简化计算，定义沟床坡度

$\alpha = 0°$，将 C_L、C_D 及 φ 均看作是 $\left(\dfrac{U_* D}{\nu}\right)$ 的函数，则由式（6.32）可得出砂层单颗粒临界起动剪切应力 τ_c 的表达式如下：

$$\Theta_c = \frac{\tau_c}{(\gamma_s - \gamma) D} = f\left(\frac{U_* D}{\nu}\right) \tag{6.33}$$

式中，$\Theta_c = \dfrac{\tau_c}{(\gamma_s - \gamma) D}$ 为无量纲临界起动剪切应力，又称临界 Shields 数。Shields（1936）对各种泥砂颗粒进行了临界起动试验，实测得到了无量纲临界起动剪切应力 Θ_c 与颗粒雷诺数的关系曲线如图 6.37 所示，即著名的 Shields 关系曲线（Shields，1936）。

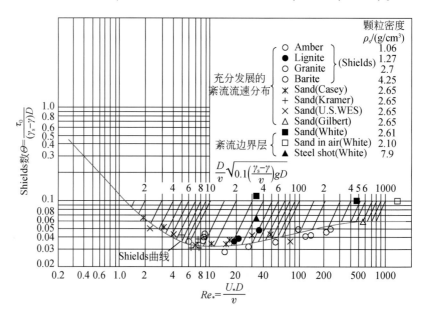

图 6.37　Shields 曲线（Shields，1936）

Amber：琥珀；Lignite：褐碳；Granite：花岗石；Barite：重晶石；Sand：砂；Sand in air：砂在空气中；Steel shot：钢砂

由图 6.37 可知，求解砂粒的临界起动条件，实际上就是求两个未知数 Θ 和 Re_* 的值（邵学军和王兴奎，2012）。Θ 和 Re_* 的定义式分别为

$$\Theta = \frac{\tau_c}{(\gamma_s - \gamma) D} = \frac{\rho U_*^2}{(\gamma_s - \gamma) D} \tag{6.34}$$

$$Re_* = \frac{U_* D}{\nu} \tag{6.35}$$

由式（6.34）及式（6.35），经演算可得

$$U_{*c} = \sqrt{\frac{\Theta(\gamma_s - \gamma) D}{\rho}} = \frac{Re_* \nu}{D} \tag{6.36}$$

$$Re_* = \frac{D}{\nu} \sqrt{\frac{\Theta(\gamma_s - \gamma) g D}{\gamma}} \tag{6.37}$$

待求的 Θ 和 Re_* 必须满足公式（6.37）和 Shields 曲线方程。实际求解中采用辅助线

进行图解，一般将辅助线起点绘制在直线 $\Theta=0.1$ 上，则辅助线起点的横坐标为

$$Re_* = \frac{D}{\nu}\sqrt{\frac{0.1(\gamma_s-\gamma)gD}{\gamma}} \qquad (6.38)$$

求解过程中，首先由颗粒粒径 D 和砂层颗粒的固体容重 γ_s 计算并求得临界起动剪切应力 τ_c，并进而得到临界起动剪切流速 $U_{*c}=\sqrt{\dfrac{\tau_c}{\rho}}$。

2. 肯铁令沟砂粒起动条件

现以研究区红柳林井田肯铁令沟为例，分析研究区砂粒临界起动剪切应力和临界起动剪切流速。肯铁令沟谷内砂层的颗粒分析结果见表6.9。

表6.9　沟谷中砂层的粒度组成

粒径/mm	>20	20~2	2~0.5	0.5~0.25	0.25~0.075	<0.075
百分比/%			1.0	17.2	78.8	3.0
粒度分级	D_{10}	D_{50}	D_{60}			
粒径/mm	0.083	0.154	0.179			

以平均粒径 $D_{50}=0.154\text{mm}$ 作为沟谷中砂层的代表粒径。由土工试验结果得出颗粒密度 $\rho_s=2650\text{kg/m}^3$，清水密度为 $\rho=1000\text{kg/m}^3$，则粒径 $D_{50}=0.154\text{mm}$ 所对应的辅助线值为

$$\frac{D}{\nu}\sqrt{\frac{0.1(\gamma_s-\gamma)gD}{\gamma}} = \frac{0.154\times10^{-3}}{10^{-6}}\times\sqrt{\frac{0.1\times(2650-1000)\times10\times0.154\times10^{-3}}{1000}} \approx 2.45$$

查图6.37可得出 $D_{50}=0.154\text{mm}$ 颗粒在 Shields 曲线上的对应点为 $\Theta_c=0.065$。因此，肯铁令沟砂层临界起动剪切应力为

$$\tau_c = \Theta_c(\gamma_s-\gamma)D = 0.065\times(2650-1000)\times10\times0.154\times10^{-3} = 0.165165\text{Pa}。$$

得肯铁令沟砂层临界起动剪切流速为

$$U_{*c} = \sqrt{\frac{\tau_c}{\rho}} = \sqrt{\frac{0.165}{1000}} \approx 0.013\text{m/s}。$$

三、采动突水溃砂物理模拟试验

煤矿开采诱发突水溃砂问题早已引起许多研究者的注意，并在各类地表水体下开采、覆岩破坏类型、不同矿区、不同富水程度的厚松散层薄基岩下采煤突水溃砂防治研究等方面积累了大量经验，取得了一批重要的理论和实践成果。但以往研究主要集中于防水安全煤岩柱留设、防砂安全煤岩柱留设、矿井中突水溃砂机理、突水溃砂临界水头（水力坡度）、水砂流运移特征等方面，且以往突水溃砂试验研究所采用的溃砂通道为人为加工的圆孔或单一规则光滑裂缝，与煤矿开采后产生的不规则拉张裂缝的特性相差甚远；采用的试验容器为人为加工改造的渗透仪或者焊接的钢板容器，其试验容器是不透明的，不能直观地观察试验中砂体内部的变形破坏情况。因此，采用何种试验材料及溃砂通道才能更好

地模拟研究煤层开采后诱发突水溃砂的过程成为矿井开采后诱发突水溃砂研究的薄弱环节。

本次采用地表基岩出露区煤层开采后产生的原状基岩拉张裂缝作为突水溃砂通道，首次对地表黄土沟壑发育区浅埋煤层开采诱发突水溃砂进行了模拟研究。通过室内试验对不同粒度组成的松散层对采煤覆岩垮落带发生渗透变形破坏的类型和机制的研究，得出了垮落带上覆松散土层发生从上往下渗透变形破坏的临界水头与土层性质和裂缝尺寸的关系及裂缝上覆土层发生突水溃砂的过程特征。

（一）试验目的、仪器及试样制备

根据地质力学的相似理论关系进行模型试验设计，选择量纲分析法进行相似准则的推导，其理论基础是 π 定理或称为白金汉定理。

试验模型的地质原型依据陕西省红柳林煤矿肯铁令沟流域 15207 过沟开采薄基岩工作面进行设计。该工作面过沟范围基岩厚度为 $19\sim35\mathrm{m}$，基岩最薄处位于沟床位置，且沟床内基岩出露，上覆第四系冲洪积层。沟头至沟口相对高差约 180m。过沟开采薄基岩工作面煤层采厚 6m，采后 15207 工作面垮落带高度约 30.02m。因此，本工作面过沟开采后，沟床位置的垮落带将直接发育至地表，在地表径流水头作用下，沟床位置极可能发生突水溃砂灾害。

1. 试验目的

采动覆岩垮落带上覆松散土层发生渗透变形破坏的临界水头与裂缝的大小、裂缝表面形态以及发生渗透变形破坏土层的物理力学性质密切相关。为了分析突水溃砂的机制并得到垮落带上覆松散土层发生渗透变形破坏的相关因素，设计了本项试验，具体目的是通过试验获得：采动覆岩垮落带上覆松散土层在发生渗透变形破坏与土的种类之间的关系；上覆松散土层发生渗透变形破坏时临界水头与裂缝尺寸之间的关系；上覆松散土层发生阶段性渗透变形破坏时水头的变化规律。

2. 试验仪器

本次模拟试验按 $n=200$ 的几何比例设计，则试验岩样厚度约 15cm，所需试验水头最大约 0.90m。

试验仪器主要由水箱、进水管、试验桶、直尺组成。主要参数为①水箱：400mm×400mm×300mm（长×宽×高）；②试验桶：高透明度 ϕ300mm×600mm 的有机玻璃桶，壁厚 5mm；试验装置见图 6.38。进行采动冒裂覆岩上部土层各种土样的渗透变形破坏试验时，桶底放置原状基岩拉张裂缝，然后在试验桶内原状基岩拉张裂缝上覆按照不同粒度组成的土样以备试验。

3. 试样制备

试验中采用带有原状基岩拉张裂缝的煤层覆岩岩样长 54cm、宽 35cm、厚约 15cm（图 6.39）。为了获取裂缝表面形貌的离散化三维坐标数据，采用非接触光栅投影照相式三维测量系统对裂缝的表面形貌进行精确测试，裂缝的三维表面形貌见图 6.40。

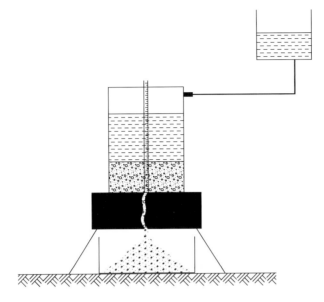

图 6.38　试验装置示意图

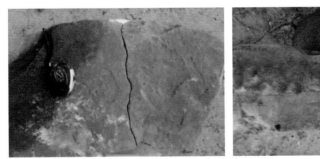

图 6.39　基岩拉张裂缝

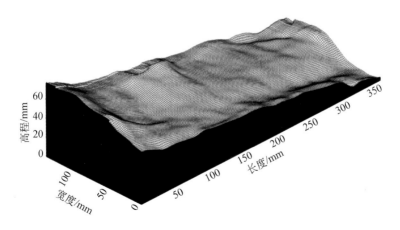

图 6.40　裂缝三维表面形貌

试验时裂缝宽度控制为 2mm、3mm、4mm 和 5mm 共 4 种，并使裂缝位于试验桶中间。试验以河道冲洪积层、萨拉乌苏组砂层、地表风积沙和保德组红土作为基本样，基本样取自陕西红柳林煤矿 15207 过沟开采薄基岩工作面附近沟谷。将基本样按一定比例配制了 11 种颗粒组成的土样，然后进行 11 种土样在裂缝宽度分别为 2mm、3mm、4mm 和 5mm 时突水溃砂模拟试验。土试样的配比见表 6.10，各土样的粒度组成见表 6.11。

表 6.10　土试样的配比及裂缝宽度

实验编号	土样配比（体积比）	裂缝宽度/mm
1	风积沙	2~5
2	风积沙∶红土=3∶1	2~5
3	风积沙∶红土=1∶1	2~5
4	风积沙∶红土=1∶2	2~5
5	萨拉乌苏组	2~5
6	萨拉乌苏组∶红土=5∶1	2~5
7	冲积层	2~5
8	冲积层∶红土=5∶1	2~5
9	冲积层∶红土=1∶1	2~5
10	冲积层∶红土=1∶3	2~5
11	砂砾石层	2~5

表 6.11　土试样的粒度组成

土样编号	百分比/%						粒径/mm			土分类
	>20mm	20~2mm	2~0.5mm	0.5~0.25mm	0.25~0.075mm	<0.075mm	D_{10}	D_{50}	D_{60}	
1		3.9	12.6	10.7	48.5	24.3		0.142	0.182	粉砂
2		1.0	15.8	24.8	50.5	7.9	0.079	0.205	0.261	细砂
3		2.0	19.6	16.7	57.8	3.9	0.085	0.196	0.241	细砂
4		7.5	18.7	14.0	57.0	2.8	0.087	0.203	0.252	细砂
5		6.9	14.7	12.7	46.1	19.6		0.166	0.215	粉砂
6		7.5	18.7	19.6	43.0	11.2		0.222	0.307	细砂
7			1.0	17.2	78.8	3.0	0.083	0.154	0.179	细砂
8		12.0	30.0	18.0	37.0	3.0	0.094	0.367	0.548	中砂
9		12.6	29.1	14.6	41.7	2.0	0.095	0.338	0.543	中砂
10		13.3	32.7	17.3	32.7	4.0	0.093	0.425	0.643	中砂
11		18.0	28.0	20.0	32.0	2.0	0.101	0.435	0.673	中砂

注：土分类定名依据《岩土工程勘察规范》[2009 年版]（GB 50021—2001）

(二) 试验过程与现象

1. 试验过程

先将带有原状基岩拉张裂缝的岩石放置在事先做好的支架上，调整支架，使岩石顶面尽量水平，岩石下方放置一透明水箱，用来观察渗漏下来的水砂；将有机玻璃渗透筒放置在岩石上方，并使裂缝过有机玻璃渗透筒圆心，有机玻璃渗透筒与岩石接触部位采用专门防水材料封堵，并放置一天，以使防水材料凝固；在有机玻璃渗透筒外侧用透明胶带缠一直尺，用来观察土样高度及水头；并用粗棉绳缠上一定量的棉絮，穿过裂缝并紧贴岩石顶面；将事先配好的土样装入渗透桶内，分层捣实，土样高度为5cm，再往有机玻璃渗透桶内注入自来水，并观察渗透筒及直尺，确保使土样饱和；观测宽度等各种因素之间的定性、定量关系，以及裂缝被封堵后土样再次发生渗透变形破坏时水头的变化规律。将堵住裂缝的棉绳迅速拔出，模拟开采裂缝导通上部土层，观测出口的出水、涌砂情况，如果无突水、涌砂现象，则继续加水，提高水头，直至试样发生突水溃砂现象，记录发生渗透变形破坏的临界水头；若随着突水溃砂，裂缝可能被较大土颗粒封堵，突水溃砂现象停止，而坍塌漏斗并未形成，则继续加水，提高水头，以使裂缝再次出现突水溃砂现象，反复加水，直至试样形成坍塌漏斗为止。更换不同配比的土样或改变裂缝宽度，重复上述步骤。对试验结果进行统计分析，总结出不同配比的土样发生渗透变形破坏时临界水头与土样配比、裂缝宽度的关系。

2. 试验现象

根据对试验现象的详细观察，土样发生渗透变形和破坏时有如下现象：

(1) 将棉绳拔出后，临界水力坡度为1时，只发生渗水现象，不发生突水溃砂；

(2) 加高水头提高水力坡度后，发生先突水、后发生溃砂，形成贯通整个土层厚度的坍塌漏斗 (如土样5、土样6)；

(3) 加高水头提高水力坡度后，发生突水溃砂，形成贯通整个土层厚度的坍塌漏斗 (如土样1、土样7)；

(4) 随着水头下降，裂缝被封堵，突水溃砂现象停止，加高水头后，再次发生突水溃砂现象，如此反复，最后形成贯通整个土层厚度的坍塌漏斗。

(三) 试验结果及分析

1. 试验结果

表6.12所示为裂缝宽度为3mm时试验获得的土试样渗透变形破坏水头。表6.13所示为裂缝宽度为3mm时试验土样最终形成坍塌漏斗的过程中逐次加水至突水溃砂的水头。

表6.12　裂缝宽度为3mm时土试样渗透变形破坏水头

试验序号	土层厚度/cm	配比 (体积比)	突水溃砂临界水头/cm	突水溃砂临界水力坡度	土分类	渗透变形、破坏方式
1	5	风积沙	6.5	1.30	粉砂	突水溃砂

续表

试验序号	土层厚度 /cm	配比（体积比）	突水溃砂临 界水头/cm	突水溃砂临 界水力坡度	土分类	渗透变形、破坏方式
2	5	风积沙：红土=3：1	10.0	2.00	细砂	阶段性突水溃砂
3	5	风积沙：红土=1：1	27.5	5.50	细砂	阶段性突水溃砂
4	5	风积沙：红土=1：2	30.4	6.08	细砂	先渗水后阶段性突水溃砂
5	5	萨拉乌苏组	7.1	1.42	粉砂	突水溃砂
6	5	萨拉乌苏组：红土=5：1	45.2	9.04	细砂	先渗水后阶段性突水溃砂
7	5	冲积层	7.8	1.56	细砂	突水溃砂
8	5	冲积层：红土=5：1	8.2	1.64	中砂	阶段性突水溃砂
9	5	冲积层：红土=1：1	10.0	2.00	中砂	阶段性突水溃砂
10	5	冲积层：红土=1：3	11.5	2.30	中砂	先渗水后阶段性突水溃砂
11	5	砂砾层	15.6	3.12	中砂	先潜蚀后突水溃砂

表 6.13　裂缝宽度为 3mm 时逐次加水至突水溃砂的水头

试验序号	逐次加水至突水溃砂的水头/cm			
1	6.5	—	—	—
2	10.0	12.1	17.3	—
3	27.5	28.1	—	—
4	30.4	37.9	48.5	—
5	7.1	—	—	—
6	55.0	63.0	—	—
7	7.8	—	—	—
8	8.2	34.0	—	—
9	10.0	18.0	45.2	85.5
10	11.5	28.0	—	—
11	15.6	—	—	—

2. 土样发生渗透变形破坏的动态特征

（1）突水溃砂时，一般在溃砂前出现少量的涌水，而后水量突然增加，水流速度很大，以后逐渐减少，最后稳定到较小的流量，或者断流。

（2）突水溃砂具有间歇性和反复性。突水溃砂后，水头降低，砂层要获得补给，再次充水饱和，水头抬高，才能再次突水溃砂。因此都具有明显的间歇性和反复性。

3. 试验过程中土层发生渗透变形破坏的临界水力坡度与土体性质的关系

试验中的 11 组基本土样在水力坡度为 1、裂缝宽度≤3mm 时均未发生渗透破坏；土样 1、5、7 在裂缝宽度>3mm、水力坡度为 1 时即发生突水溃砂；土样 11 在水力坡度为 1 时发生潜蚀现象。对水力坡度为 1 时未发生渗透破坏的土样进一步提高水头以增加土试样的渗透水力坡度直至发生渗透变形破坏，并测量计算得到该土试样发生突水溃砂渗透变形破坏的临界水力坡度。表6.12是裂缝宽度为3mm时11组基本土样发生突水溃砂时的临界水头及临界水力坡度试验数据，可以看出，黏土含量越大，临界抗渗坡度越大；砂层粒径越大，临界抗渗坡度越大。

4. 试验过程中土样发生渗透变形破坏方式与土体性质的关系

将表6.12的试验结果和表6.11中各土试样的物质组成对比分析，可以得到裂缝上部松散土层发生渗透变形破坏与上部松散土层的性质有以下关系：①在无黏土时一般水头达到一定高度时直接发生突水溃砂渗透变形破坏；②黏粒含量较小的粉砂、细砂、中砂最容易发生突水溃砂渗透变形破坏；③对于黏粒含量较大的土试样（土样4、10），只出现轻微渗水现象，提高水头后发生突水溃砂现象；④黏土含量较高的土试样（土样4、7），发生突水溃砂所需的临界水力坡度很大。由此可见，在一定裂缝宽度下，裂缝带上方一定厚度的黏土层及黏粒含量较高的砂层具有较强的抗渗能力；⑤黏土含量较高的土试样（土样4、7），提高水头发生突水溃砂后，随着水头下降，裂缝被封堵，突水溃砂现象停止，加高水头后，再次发生突水溃砂现象，如此反复，发生了阶段性突水溃砂现象，最后形成贯通整个土层厚度的坍塌漏斗。

5. 试验过程中土样多次发生渗透变形破坏的水头的变化规律

试验中发现有些土样在发生初次突水溃砂后逐渐停止，主要是因为裂缝被土样中得较大土颗粒封堵，现有的水头不足以使其继续发生突水溃砂，因此对土样进一步提高水头以增加土样的渗透水力坡度直至再次发生渗透变形破坏，如此反复，并记录得到土样多次发生突水溃砂的水头，直至形成贯通土试样的坍塌漏斗为止。

以裂缝宽度为3mm时土样9试验结果为例进行分析，图6.41所示为裂缝宽度为3mm时土样9从初次发生突水溃砂至最终形成坍塌漏斗的过程中逐次加水至突水溃砂的水头的变化曲线。可以看出，逐次加水至突水溃砂的水头与加水次数之间成指数型变化关系。即用指数曲线拟合突水溃砂水头和突水溃砂次数之间的关系，其关系式为

$$y = y_0 + A e^{-x/t} \tag{6.39}$$

式中，y 为突水溃砂水头；x 为突水溃砂次数；y_0、A、t 为待定系数。

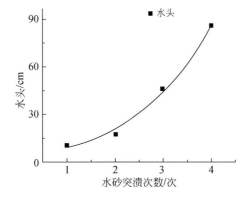

图6.41 突水溃砂水头变化曲线

从拟合结果可知，$y_0 = 5.1350$，$A = 7.3618$，$t = -1.5907$，相关系数 $R^2 = 0.9891$。其他土样的试验过程也呈现类似规律。

6. 土样发生突水溃砂与裂缝大小的关系

根据试验中土样 4、6、10 在不同裂缝宽度下突水溃砂临界水力坡度试验数据，如图 6.42 所示。可见，发生破坏的临界水力坡度随裂缝宽度的增大呈指数下降，这与其他学者的试验结果是一致的（隋旺华和董青红，2008）。

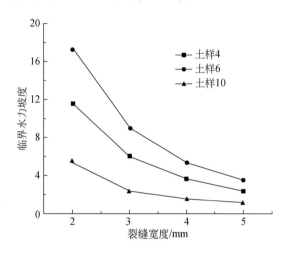

图 6.42　裂缝宽度与临界水力坡度关系图

7. 土样发生突水溃砂形成的坍塌漏斗形态与土体性质的关系

土样发生渗透变形破坏形成的坍塌漏斗的形态与土体性质有关，若土体发生一次突水溃砂即可形成贯通整个砂层厚度的坍塌漏斗，则坍塌漏斗形状基本成直线状，图 6.43 为土样 1 达到突水溃砂临界水力坡度后发生一次突水溃砂直接形成贯通整个砂层厚度的坍塌漏斗。若土体发生多次溃砂–渗流，最终形成贯通整个砂层厚度的坍塌漏斗，则坍塌漏斗基本成圆圈状，沿溃砂通道展布，图 6.44 为土样 9 多次发生突水溃砂后形成的贯通整个砂层厚度的坍塌漏斗。

图 6.43　土样 1 形成的坍塌漏斗

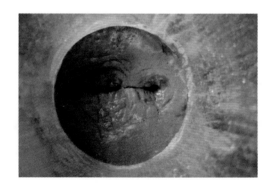

图 6.44　土样 9 形成的坍塌漏斗

第五节　采动水害分区及防治技术

一、沟壑径流下采动水害类型及分区确定原则

（一）沟壑径流下采动水害类型

沟壑区煤炭开采对覆岩土会产生不同程度的破坏，进而对浅表层水资源产生不同程度的影响。根据前面对沟壑区 N_2 红土采动破坏特征及对研究区覆岩土破坏规律研究，基于研究区导水裂隙带高度、垮落带高度、土层厚度、上覆基岩厚度等条件，可将研究区煤层开采水害划分为四个区：突水溃砂区、突水区、渗漏区、安全区。沟壑区采动水害类型如图 6.45 所示，具体特征如下。

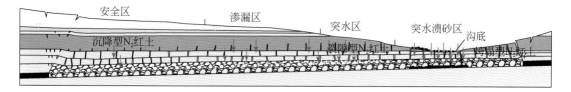

图 6.45　沟壑径流下采动水害类型示意图

突水溃砂区：煤层开采垮落带贯穿地表，或者垮落带以上残余岩土层厚度小于防砂安全煤岩柱保护层厚度，浅表层水以及沙层会一起溃入井下，造成井下突水溃砂灾害。

突水区：煤层开采导水裂隙带发育到地表，或者导水裂隙带以上残余土层（弯曲下沉带内 N_2 红土）厚度小于防水安全煤岩柱保护层厚度，浅表层水会溃入井下，造成井下突水灾害。

渗漏区：煤层开采导水裂隙带以上残余土层（弯曲下沉带内 N_2 红土）尚有一定的厚度，即大于防水安全煤岩柱保护层厚度，浅表层水会渗漏到井下，使水位下降，影响地表生态环境。

安全区：煤层开采导水裂隙带未发育到土层，或残余红土层（弯曲下沉带内 N_2 红土）厚度较大，浅表层水基本不受影响，或短时间（一个水文年）可以恢复。

（二）采动水害类型分区确定原则

采动水害类型分区中的防砂安全煤岩柱和防水安全煤岩柱保护层厚度的确定，可依据现行的《建筑物、水体、铁路及主要井巷煤柱留设与压煤开采规范》中的相关规定。计算结果具体见表 6.14 和表 6.15。

表 6.14　0°~54°煤层防砂安全煤岩柱保护层厚度

覆岩岩性	松散层底部黏性土层或弱含水层厚度大于累计采厚	松散层全厚大于累计采厚
坚硬	4A	2A
中硬	3A	2A
软弱	2A	2A
极软弱	2A	2A

注:$A = \sum M/n$;$\sum M$ 为累计采厚;n 为分层层数

表 6.15　0°~54°煤层防水安全煤岩柱保护层厚度

覆岩岩性	松散层底部黏性土层厚度大于累计采厚	松散层底部黏性土层厚度小于累计采厚	松散层全厚小于累计采厚	松散层底部无黏性土层
坚硬	4A	5A	6A	7A
中硬	3A	4A	5A	6A
软弱	2A	3A	4A	5A
极软弱	2A	2A	3A	4A

注:$A = \sum M/n$;$\sum M$ 为累计采厚;n 为分层层数

研究区煤层顶板多为中硬砂岩,且钻孔揭露的黏土层厚度均大于首采煤层厚度,故留设防砂安全煤岩柱和防水安全煤岩柱的厚度时,采用 3 倍采厚。根据浅表层水漏失量与补给量关系,结合现场野外调查,确定安全型有效保护层厚度为 40m。研究区采动水害分区标准具体见表 6.16。

表 6.16　采动水害分区标准

序号	工程地质条件	突水溃砂区	突水区	渗漏区	安全区
1	垮落带贯穿地表	√			
2	垮落带以上残余岩土层厚度小于防砂安全保护层厚度	√			
3	导水裂隙带贯穿地表		√		
4	土层厚度小于防水安全保护层厚度		√		
5	除1、2、3、4、6以外的其他情况			√	
6	土层厚度不小于40m				√

二、研究区采动水害类型分区

(一) 芦草沟流域水害类型分区

1. 影响因子分析

影响沟壑径流下采动水害的因子主要包括：红土层厚度、黄土厚度、基岩厚度、导水裂隙带高度、垮落带高度、砂层厚度等。根据芦草沟流域内 92 个钻孔的统计数据，应用克里格插值方法生成各影响因子厚度等值线图。

流域内 N_2 红土，即为保德红土，分布较为广泛，由于冲沟切割，其厚度变化大，厚度为 $0 \sim 115.7 \mathrm{m}$。总体变化趋势流域上游较厚，最厚可达 115.7m，是保护浅表层水的有利的工程地质条件。而流域下游较薄，一般厚度小于 10m，局部缺失，是保护浅表层水的薄弱地带。具体见图 6.46。

研究区内离石黄土厚度分布较少（图 6.47），大部分缺失，一般厚度为 10m 左右，整体上，流域西侧相对较厚。基岩厚度等值线图如图 6.48 所示，由图 6.48 可知，首采煤层上覆基岩厚度变化较大，一般为 $10 \sim 80 \mathrm{m}$。总体趋势为上游较厚下游较薄，沟谷中游及东侧局部厚度较小（小于 10m），属于典型的薄基岩区。

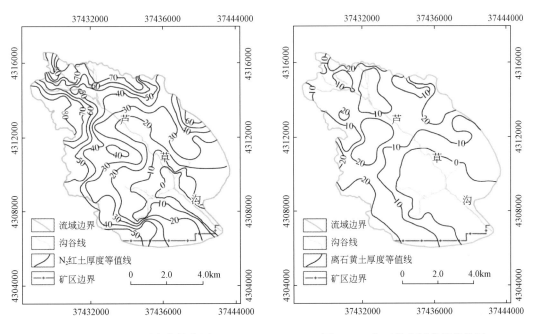

图 6.46　N_2 红土厚度等值线图　　　　图 6.47　离石黄土厚度等值线图

根据前面相似模拟、数值模拟及研究区现场"三带"孔探测成果，采用拟合公式确定导水裂隙带高度及垮落带高度（图 6.49，图 6.50），由于研究区内煤层厚度分布不均，从图 6.49 可看出，导水裂隙带发育高度并不均匀，最小高度约 10m，局部发育高度达 200m 以上，这对工作面开采有较大安全隐患。

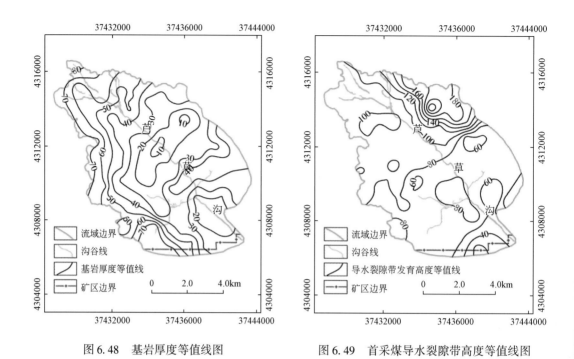

图 6.48　基岩厚度等值线图　　　　　　图 6.49　首采煤导水裂隙带高度等值线图

图 6.51 为砂层厚度等值线，图中砂层厚度包括全新统风积沙及上更新统萨拉乌苏组砂层厚度。由图 6.51 可知，研究区南部、北部厚度较小，局部缺失，一般为 5m 左右，中部厚度相对较大，约 15m。

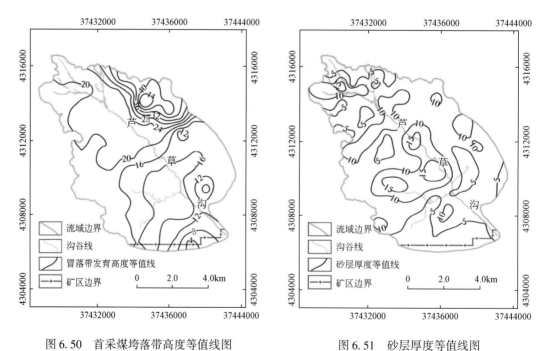

图 6.50　首采煤垮落带高度等值线图　　　　　　图 6.51　砂层厚度等值线图

2. 采动水害评价分区

采用上述评价因子及分区标准对芦草沟流域范围（面积约 71.5km²）采动水害类型进行了分区，如图 6.52 所示。分区结果显示，研究区首采煤层开采，大范围处于突水区，面积约为 35.7km²，占总面积的 49.93%；研究区的突水溃砂区主要分布两处，一处位于沟谷下游受冲沟切割基岩较薄处，另一处位于中游煤层较厚区域，突水溃砂区面积约为 8.0km²，占总面积的 11.19%；研究区的渗漏区分布在流域外围，面积约 19.9km²，占总面积的 27.83%；研究区的安全区分布面积相对较小，主要分布在流域西北、西南部外边缘，面积约 7.9km²，占总面积的 11.05%。

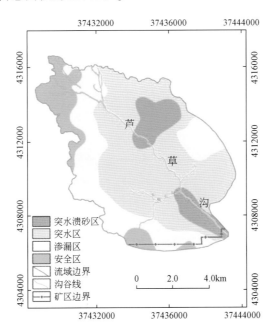

图 6.52　芦草沟流域采动水害类型分区图

（二）肯铁令流域水害类型分区

根据研究区内垮落带、导水裂隙带高度预计公式，研究区肯铁令沟流域内垮落带、导水裂隙带高度分布规律见图 6.53 和图 6.54。研究区肯铁令沟流域内基岩厚度、土层厚度及砂层厚度分布规律见图 6.55 ~ 图 6.57。

在分区的过程中，综合考虑了沟谷的侵蚀效应，依据分区原则，肯铁令沟流域内突水溃砂区、突水区、渗漏区、安全区在沟谷分布位置见图 6.58。由图 6.58 可知，突水溃砂区位于研究区东南部，肯铁令沟下游处，该区基岩冲蚀强烈，上覆基岩变薄，BK5-4 孔揭露 5^2 煤层顶板埋深 41.70m，小于预测的垮落带高度，煤层开采，顶板发生"全厚切落"破坏，垮落带导通地表，沿着裂缝发生严重的突水溃砂事故。

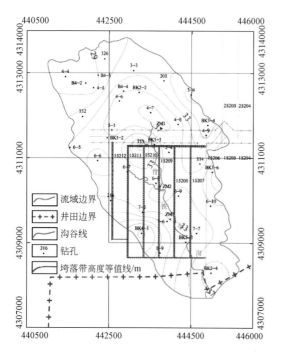

图 6.53　5^{-2} 煤垮落带高度等值线图

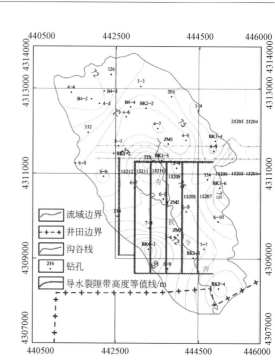

图 6.54　5^{-2} 煤导水裂隙带高度等值线图

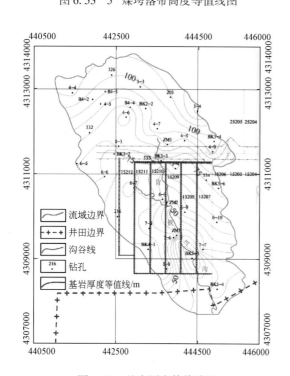

图 6.55　基岩厚度等值线图

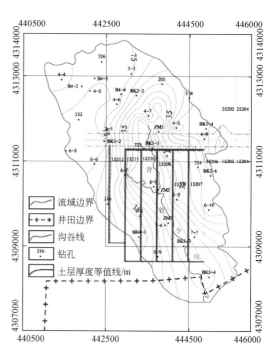

图 6.56　土层厚度等值线图

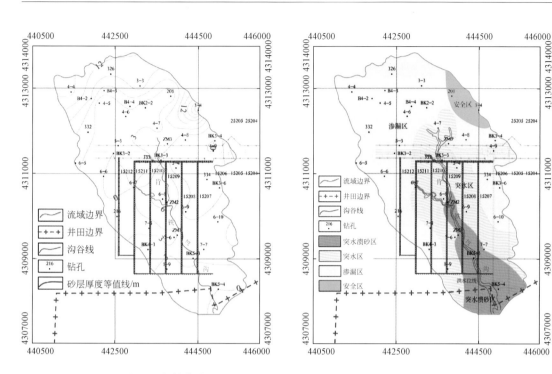

图 6.57　砂层厚度等值线图　　　　图 6.58　肯铁令流域采动水害类型分区图

突水区位于研究区的中南部，肯铁令沟中下游的大部分区域，该区上覆基岩厚度相对较厚，导水裂隙带发育到地表，或者导水裂隙带未沟通地表，但残留的岩土层厚度小于防水煤岩柱安全高度，雨季肯铁令沟径流汇水以及砂层水、基岩风化带水等共同对井下开采构成突水水害威胁。

渗漏区位于突水区外围的大部分区域，该区离石黄土和保德红土地层相对完整，导水裂隙带未完全导穿隔水土层，残余隔水层保留了一定的隔水层厚度，造成地下水渗入井下。

安全区位于研究区东北部边界区域。该区导水裂隙带高度未导穿基岩，隔水岩土层完整，水资源基本不受开采影响。

三、黄土沟壑径流下采动水害防控技术

（一）控制砂源流动技术方法

控制砂源流动技术措施主要有地表铺设土工格栅、土工膜、膨润土复合防水毯等阻隔砂源法、裂缝填堵等。

土工格栅能较好地实现工程结构与生态环境的有机结合。与一些传统刚性结构比较起来，铅丝网的柔性材料有其自身的优点，对于不均匀沉陷自我调整性佳。因此在世界范围内已经成为保护河床、治理滑坡、防治泥石流、防止落石兼顾环境保护的首选结构。铺设铅丝网时，可根据河床内砂源粒径组成，由密到疏铺设多层土工格栅。

在河床上因采掘活动引起地裂缝，也可用黏土或水泥填堵，并分层夯实，裂缝填堵是一种较为简单、经济有效的控制砂源流动的方法。

在实际应用中，可根据具体情况选择治理措施进行治理。

（二）地表水防治技术方法

在地表修筑各种防排水工程，防止或减少大气降水和地表水涌入工业广场或渗入井下，是保证矿井安全生产的第一道防线，特别是以大气降水和地表水为主要充水水源的矿井尤为重要。防止地表水溃入井下的措施主要如下。

1. 河流改道

矿区范围内有常年性河流流过且与矿井直接充水含水层接触，河水渗漏量大，是矿井的主要充水水源，会给生产带来影响。该情况可在河流进入矿区的上游地段筑水坝，将原河流截断，用人工河道将河水引出矿区。若因地形条件不允许改道，而河流又很弯曲，可在井田范围内将河道截弯取直，缩短河道流经矿区的长度，减少河水下渗量。

2. 铺整河床

矿区有季节性河流、冲沟、渠道，当水流沿河或沟底裂缝渗入井下时，则可在渗漏地段用黏土、料石、水泥修筑不透水的人工河床或铺设 HDPE 防渗土工膜，制止或减少河水渗漏。

3. 填堵通道

矿区范围内，因采掘活动引起地面沉降、开裂、塌陷等，经查明是矿井进水通道时，应用黏土或水泥填堵，对较大的溶洞或塌陷裂缝，下部填碎石、上部盖以黏土分层夯实，且略高出地面，以防积水。

4. 排除积水

有些矿区开采后引起地表沉降与塌陷，长年积水，且随开采面积增大，塌陷区范围越广，积水越多，此时可将积水排掉，造地复田，消除隐患。

5. 挖沟排洪

地处山麓或山前平原区的矿井，因山洪或潜水流入井下，构成水害隐患或增大矿井排水量，可在井田上方垂直来水方向沿地形等高线布置排洪沟、渠拦截洪水和浅层地下水，并通过安全地段引出矿区。

6. 排水管道渡水

矿区范围内有常年性河流流过且与矿井直接充水含水层接触，可在沟谷中垂直来水方向筑水坝拦截洪水，并通过大孔径、抗拉能力较强的管道将地表水安全引出采空区。

7. 合理安排采掘时间

对于陕北地区普遍存在的季节性地表径流沟谷，将采掘时间安排在旱季，以避开雨季洪水，不失为一种有效手段。但该预防措施必须与矿井采掘规划相匹配，且必须考虑工作面回采后地表径流溃入采空区造成突水的可能性。

（三）工作面综合防治水技术研究

控制砂源流动技术方法和地表水防治技术方法，从施工角度都是可行的，但采取何种方法应视具体条件而定。针对沟谷下开采，部分矿区已有部分过沟开采成功实例（王建文等，2012；王庆雄等，2012），但是治理措施基本一致，比较保守，并未针对具体的水害类型采用针对性的治理措施。由于陕北黄土沟壑径流下过沟开采的工作面，其水害类型可能各不相同，因此，应针对具体的的水害类型采取针对性的治理措施，才能保证安全、经济、合理。

基于此，陕北黄土沟壑径流下采动水害类型划分是治理的基础，本书在水害类型划分结果的基础上，针对四种水害类型提出了系统的且具有针对性的治理措施。大体上，可分为控制水动力条件与控制砂源流动技术两个方面的治理措施，在沟谷不同水害类型地区配套使用。

（1）突水溃砂区。采前可在沟谷中地面塌陷影响范围外垂直来水方向筑水坝拦截洪水，通过大孔径、抗拉能力较强的管道将地表水安全引出采空区。同时增加工作面水仓和水泵，完善井下排水系统和设施。采后待地表移动稳定后在采空区上方铺设多层土工格栅或土工膜并用黏土分层填埋、压实。

（2）突水区。采前可在沟谷中地面塌陷影响范围外垂直来水方向筑水坝拦截洪水，并通过大孔径、抗拉能力较强的管道将地表水安全引出采空区。同时增加工作面水仓和水泵，完善井下排水系统和设施。采后待地表移动稳定后对采空区地面裂缝采用黏土分层填埋、压实。

（3）渗漏区。渗漏区由于存在一定厚度的残余隔水层，其发生溃砂、溃水的可能性小，危险性较小，采前可不用采取治理措施，采后待地表移动稳定后对地表裂缝进行分层填埋、压实即可。

（4）安全区。安全区由于导水裂隙带未发育到黏土层，黏土层基本处于弯曲下沉带，且黏土层厚度较大，地表水不会溃入井下，浅层砂层潜水也不会有明显漏失，只需对顶板砂岩水进行预疏降即可。

（四）15207 工作面过沟开采防治水技术

1. 治理措施总体设计

15207 工作面过肯铁令沟段埋深为 19~65m，沟谷中基岩裸露（图 6.59），基岩移动角取 70°，围护带宽度取 15m，计算出沟谷内工作面单翼影响水平距离为 38.7m。

经过对 15207 工作面过沟开采的实际情况进行分析，15207 工作面治理措施如下。

1）采前治理措施

A. 井下安全措施

（1）于运输巷中部（最低处）增加 1 个临时水仓，临时水仓容积最小为 300m³，并增大井下排水能力。

（2）充分准备抢险治水所需的各种物资材料，如机电设备及零配件、堵水材料、水管等。

图 6.59　15207 工作面南端沟谷地貌概况

（3）工作面南段地表为肯铁令沟，应加快推进速度，迅速通过地表沟谷段，使出现的导水裂隙带尽可能滞后回采工作面，以防止地表水沿沉陷裂缝直接流入工作面而增加排水难度以及影响煤质。

（4）工作面回采时间应尽量安排在旱季，以避开雨季洪水。

B. 地表治理工程

（1）采前由工作面辅运顺槽位置起算，沿肯铁令沟沟谷向上游垂直距离辅运顺槽200m 处（为安全起见，加大围护带宽），筑坝蓄水，截断沟谷上游流水。

（2）采前在 15207 工作面过肯铁令沟沟谷开采影响范围内的沟谷谷底回填黄土 1.5m，并分层压实，以防采后漏风，并使肯铁令沟沟谷内地表治理后保持原先地形坡度，不影响洪水正常行洪。

（3）雨季开采应铺设导流管道，导流管道采用 $\Phi500PVC$ 双壁波纹管，并在导流管道下铺设一层防水布，以防止拦水坝下游沟谷段汇水涌入井下以及地表沉陷可能造成管道开裂、河水外流，进行引水渡过工作面开采区。

（4）对于肯铁令沟旁的灌溉水渠，为防止水渠中的水顺开采裂隙进入工作面，同时为保护地表稀缺的水资源，采取的治理措施为在筑坝位置将水渠中的水引入肯铁令沟。

工作面临时水仓、拦水坝、土层回填土、导水工程必须在采前完工。施工过程中要有监理人员进行现场监理，确保工程质量。

2）采后措施

（1）对顶板来压产生的地表大裂缝采用碎石、砾石进行填埋、压实；然后回填黄土或红土 1.0m 并分层压实，中间夹一层土工布；然后回填 0.5m 级配良好的碎石并压实，铺设双抗网；然后铺设三合土 0.2m，达到防止水流冲刷河床的效果。

（2）对回填区以外的、因采动引起的地裂缝要及时回填，防止工作面漏风；并实施播撒草种，进行生态恢复。

3）治理工程施工顺序

（1）采前施工井下临时水仓。

（2）采前由工作面辅运顺槽位置起算，沿肯铁令沟沟谷向上游垂直距离辅运顺槽200m处筑坝蓄水，截断沟谷上游流水。

（3）采前在15207工作面过肯铁令沟沟谷开采影响范围内的沟谷谷底回填黄土1.5m，并分层压实，回填后的地面保持原有的地形坡度。

（4）雨季开采时应在采前自筑坝处起向南铺设三趟 Φ500PVC 双壁波纹管导流管道，旱季开采时可铺设两趟 Φ500PVC 双壁波纹管导流管道，沿肯铁令沟右岸布置，长度均为800m。

（5）采后对沟谷采动塌陷区进行分层回填，回填后的地面保持原有的地形坡度。

（6）待采后回填区稳定后，将拦水坝拆除。

2. 拦水坝施工设计

1）拦水坝位置

采前由工作面辅运顺槽位置起算，沿肯铁令沟沟谷向上游垂直距离辅运顺槽200m处（为安全起见，加大围护带宽），筑坝蓄水，截断沟谷上游流水。

拦水坝所在沟谷位置地层由新到老依次为全新统冲洪积层和侏罗系中统延安组。沟谷底部由于地表径流侵蚀，沟谷两侧基岩裸露，并由泉水出露，泉水补给水源为风化基岩裂隙水。沟谷底部有常年地表径流，枯水期地表径流量约为30m³/h。

2）筑坝工程施工设计

A. 拦水坝高度确定

坝体高度经汇水量反算后确定。经计算，拦水坝上游汇水量 $Q=5040$m³/h，坝体底部宽约20m，沟谷较平缓，沟谷底部汇水面积长度以100m计算，取其汇水空间为矩形；则计算得坝体高度为2.52m。考虑安全系数，最终拦水坝坝体高度为3.5m。且不管是在雨季回采还是在旱季回采，为安全起见，拦水坝坝体高度均为3.5m。

拦水坝参数：坝体高度为3.5m，上宽2m，下宽9m，长度约为20m，坡度45°。

B. 拦水坝的施工

一是施工前准备工作。施工拦水坝前，在其上游10m处施工一深2m、长5m水池，施工一导水槽将地表水流导入水池，在水池中设置一台45kW的水泵，采用导水软管沿沟谷半山坡将地表水导入拦水坝下游。拦水坝施工完成后对水池进行填埋，恢复原有状态。

二是坝基的施工。拦水坝坝基上宽5m、下宽1m、长20m、深度开挖至基岩面（开挖深度暂定为3m）。施工坝基时，在坝基最低处设置一台15kW的水泵，用于抽排此处潜水补给的水源。坝基挖掘完成后，在坝基底部及边侧铺设一层防渗布。防渗布铺设完成后在坝基底部注入厚度约200mm的水泥砂浆，在坝基中部每0.5m用装有红土的编织袋堆成一宽200mm的槽，编织袋的外侧用红土封填夯实后，槽内采用水泥砂浆注浆（注浆时穿雨靴踩踏或用振动机械振捣，使其水泥注浆进入编织袋缝隙之间）。如此每隔0.5m反复施工，直至坝基施工完成。

三是拦水坝坝体的施工。施工拦水坝时，当施工至坝体 1m 位置时，在此处铺设两趟 9m 装有阀门的 DN500mm 的钢管，作为旱季开采时导流使用，阀门位于出水口处。当施工至坝体 2.5m 位置时，在此处铺设 1 趟 9m 装有阀门的 DN500mm 的钢管，留作雨季开采时备用，阀门位于出水口处。拦水坝坝体高度为 3.5m，上宽 2.0m，下宽 9.0m，长度约 20m，坡度为 45°，两侧边坡开槽深度为 500mm，采用红土筑坝。红土取自坝体附近区域，坝体施工区附近土源丰富，可保证坝体的正常施工。施工拦水坝时，在坝体中部每 0.5m 用装有红土的编织袋垒出一宽 200mm 的槽，编织袋的外侧用红土填埋夯实后，槽内采用水泥浆注浆（注浆时穿雨靴踩踏或用振动机械振捣，使其水泥注浆进入编织袋缝隙之间）。如此每隔 0.5m 反复施工，直至坝体施工完成。在施工至有 DN500mm 钢管穿过坝体区域时，注意对钢管的保护，加强对此段的注浆量。

拦水坝坝体施工至 3.0m 时，于拦水坝左岸留设溢洪道，溢洪道沿坝体方向长 2m，顶面采用防渗层。

坝体及溢洪道防渗层采用毛石砌体：毛石 Mu≥200MPa，采用 M7.5 水泥砂浆砌筑，在毛石砌体与坝体之间施工一层厚 5mm 的 SBS 防水层。拦水坝过水口处应做碎石过滤层，拦水坝断面图见图 6.60。

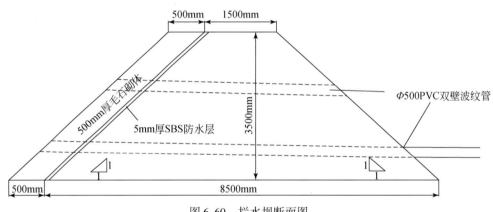

图 6.60 拦水坝断面图

拦水坝施工完成后对前期施工的水池进行回填处理，恢复原有状态。将地表水导流入设置好的 DN500mm 导水管内。

四是沉淀池的施工。在拦水坝上游 2m 处施工一深 1m、长 5m 的沉淀池，沉淀池底部铺设防渗土工布。沉淀池的土方量约 30m³。

C. 水库库容量计算

拦水坝施工完成后，于拦水坝上游形成一小型水库。坝体处水库蓄水高度 1m 时，水量约为 2500m³，坝体处水库蓄水高度 2.5m 时，水量约为 8000m³。旱季开采时沟谷径流量约为 30m³/h，水库可以容纳 8h 的径流量，超过 8h 后的径流量要打开下部两个导流管道阀门，采取泄洪措施。采用小流域洪峰流量计算公式，得到雨季开采时 10 年一遇洪水肯铁令沟沟谷径流量约为 5040m³/h，水库可以容纳 1.5h 的径流量，超过 1.5h 后的径流量要同时打开上部导流管道阀门，采取泄洪措施。

3. 导流管道施工设计

1）总体设计

雨季开采时导流管道自筑坝处起向南铺设 3 条，与坝体上的 3 趟装有阀门的 DN500mm 的钢管连接。旱季开采时铺设两条，与坝体上的 1m 高处的两趟装有阀门的 DN500mm 的钢管。导流管道沿肯铁令沟右岸布置，长度均为 800m，导流管道铺设断面示意图见图 6.61。

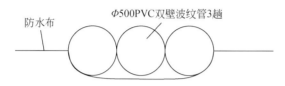

图 6.61　导流管道铺设断面示意图

2）导流管道排水能力计算

根据拦水坝位置及导流管道末端位置标高，可知导流管道两端的水头差 $H = 1100 - 1094 = 6$m。

设计管道长 $L = 800$m，设计 3 趟导流管道。因此，水力坡度 $J = H/L = 6/800 = 0.0075$。所铺设双壁波纹管为 PVC 管，PVC 管糙率 n 为 $0.008 \sim 0.009$，取其糙率 n 为 0.009。水力半径 $R = D/4 = 0.5/4 = 0.125$（其中，D 为管道直径）。

由此，可计算得谢才系数为 $C = R^{\frac{1}{6}}/n = 0.125^{\frac{1}{6}}/0.009 = 78.56$。代入谢才公式 $V = C \times (RJ)^{\frac{1}{2}}$（式中，$V$ 为管道内水流流速；C 为谢才系数；R 为水力半径；J 为水力坡度），可计算出管道内水流流速 V 为 2.41m/s。

故管道排水能力计算为 0.473m³/s，3 趟管道排水能力为 5106m³/h，大于 5040m³/h，满足要求。

3）导流管道的铺设

拦水坝 3 趟 DN500mm 的钢管在坝体下侧与 3 趟波纹软管通过阀门连接。根据现场地势沿一定路线将水导入肯铁令沟下游，沿路用黄土或杂草掩埋固定稳妥。导流管道采用 Φ500PVC 双壁波纹管，并在导流管道下铺设一层防水布，以防止拦水坝下游沟谷段汇水涌入井下以及地表沉陷可能造成管道开裂、河水外流，进行引水渡过工作面开采区。波纹管属于承插接口，采用的接口密封材料是胶圈密封连接方式。排水管路坡降不低于 5%，管道铺设沿途采用黄土铺设保证其坡降。

4. 回填施工设计

1）采前回填

采前在 15207 工作面过肯铁令沟沟谷开采影响范围内的沟谷谷底回填黄土 1.5m，并每回填 0.5m 进行一次分层机械压实，以防采后漏风，并使肯铁令沟沟谷内地表治理后保持原先地形坡度，不影响洪水正常行洪。

2）采后回填

地表沉降一般采后 3 个月趋于稳定，因此在采后 3 个月内要定期巡查。采后回填施工过程如下：

（1）首先对顶板来压产生的地表大裂缝采用碎石、砾石进行填埋、压实；

（2）其次回填黄土或红土至 1.0m 厚，每回填 0.50m 进行一次机械压实，并在土层回填 0.5m 位置铺设一层土工布，土工布考虑 1.2 的富余系数；

（3）再次回填 0.5m 厚的级配良好的碎石并用机械压实，碎石体积放大系数取 1.2，然后铺设双抗网，双抗网考虑 1.2 的富余系数；

（4）最后铺设 0.2m 厚三合土，达到防止水流冲刷河床的效果。三合土体积配比为 1：2：4（石灰：沙：红土）。回填后的地面保持原有的地形坡度，施工时要严格控制施工质量，治理工程断面示意图见图 6.62。

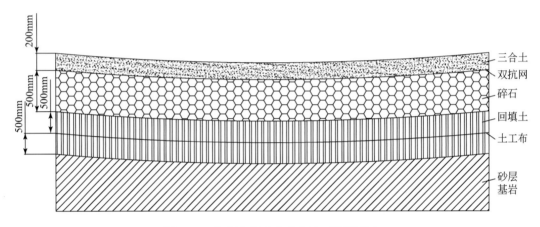

图 6.62　突水溃砂区采后治理工程断面图

第六节　采空区储水评价方法

由于榆神府煤田煤层普遍埋藏浅、厚度大，采用长壁高效综采技术回采煤炭资源往往会造成煤层上覆各类水资源大量漏失进入矿井（侯恩科等，2020；张发旺，2006）。传统的"保水采煤"观点认为这种情况是水资源保护不成功，是煤炭回采过程中应该极力避免的结果，为解决此类问题往往采用房柱式开采、条带开采或充填开采等采矿工艺，以牺牲煤炭回采百分率、产量、效率及成本为代价来保护水资源，虽然效果良好，但其弊端亦是十分明显的。实际上，煤炭长壁综采条件下水资源大量进入矿井是一种水资源存储形式的改变，该过程导致区域内可利用水资源总量不但没有减小反而有所增加，只是目前对采空区储水的形成条件、所存储的水资源的水位、水量、水质动态、采空区储水配套的构筑物技术及采空区储水的开发利用技术没有进行过系统的论证和实践，因此可以预见合理地利用采空区储水是解决目前水资源漏失区"保水采煤"的又一有效手段（李文平等，2014；常金源等，2014；顾大钊等，2019）。

一、采空区储水的提出

目前国内有关矿井水的研究主要集中在我国东部非干旱矿区采空区水害探查、治理技术，以及西部干旱半干旱缺水矿区的矿井排水的循环利用技术。然而煤矿工作面回采后形成大量的相对密闭的采空区，这些采空区在周围工作面回采前又会进行探放。而周围工作面亦回采完毕后采空区趋于密闭，在经历一定时间的储水过程后形成了采空区储水水源地。针对此类矿井水资源目前尚系统的研究，因此这里对采空区储水提出的背景、理论基础及相关理念进行初步探讨。

（一）采空区储水提出的背景

1. 目前采取的相关措施的局限性

水资源保护性开采的目的之一是在采矿工程中保障水资源对生态、农业及工业的供给（武强等，2005；顾大钊等，2015）。天然状态下"砂层潜水补给——沟网"直接承载了对研究区水资源的需求，煤炭开采的过程对"砂层潜水补给——沟网"的影响几乎是不可避免的，目前为实现安全水体下回采常常采用三种手段避免水体在短时间大规模进入矿井，即留设防水煤岩柱、水体的强行疏放及采煤工艺的改变。这些技术手段在一定程度上解决了煤层顶板水害防治的问题，有些手段在特定的地质条件下甚至是必须采取且不可替代的，但这些技术措施的提出均未考虑将水体资源化的问题。

2. 西北干旱缺水矿区水资源需求量巨大

西北干旱–半干旱缺水矿区各方面需水量巨大，如研究区范围内煤炭大规模开采的初期阶段对水资源的需求量为 $530.0 \times 10^4 \, \mathrm{m}^3/\mathrm{a}$，各方面需水量明细如表6.17所示。目前的水资源需求量最大部分为矿井生产用水，且该部分用水量会随着煤炭年产量的稳步提高，其次为生态用水，也会随采空区面积增加而增加，生活用水相对稳定，只占较小的一部分。

表 6.17　矿区初期需水量

需水项目	用途明细	水源优先选取	所需水量/（m³/d）
生产用水	除尘、井下消防、冲洗、选煤等	矿井涌水	8164.4
生态灌溉	采空区生态用水补偿、绿化等	矿井涌水	4021.6
生活用水	人畜饮用、洗漱用水、地面消防等	地表及地下水	2334.4
合计	14520.4		

3. 地表径流、地下水资源量减小

与水资源的需求形成巨大反差的是漏失区域浅部水资源通过导水裂隙带大规模进入矿井，天然状态下可利用的水资源在逐步减少。据研究区煤炭开采初期对地表径流进行地质调查，发现除远离开采区域的小侯家母河沟、肯铁令河外，其他河沟有不同程度的减流。据研究区煤炭开采初期对地下水排泄的泉眼进行地质调查，发现地下水资源也有明显地

减少。

4. 矿井水量丰富但未进一步评估

由于榆神府煤田各煤矿水文地质条件差异较大，且开采方法亦有差别，因此区内各煤矿的正常矿井涌水量差异巨大，对区内侏罗纪煤田不同煤矿的矿井正常涌水量进行统计如表 6.18 所示，可以预见榆神府煤田的矿井涌水总量十分可观，但需要在对区域每个煤矿正常涌水量调查的基础上采用富水系数比拟法［式（6.40）］全面评估榆神府煤田矿井总涌水资源量。

$$Q = \sum_{i=1}^{k} K_{\mathrm{P}i} P_i \tag{6.40}$$

式中，Q 为榆神府煤田总涌水量，m^3/a；$K_{\mathrm{P}i}$ 为第 i 个煤矿的吨煤富水系数，m^3/t；P_i 为第 i 个煤矿的年产量，t/a；k 为榆神府煤田煤矿数量。

表 6.18　榆神府煤田矿井正常涌水量

煤矿	榆家梁	锦界	黑龙沟	榆阳	张家峁	红柳林	柠条塔
当年产量/（Mt/a）	16	3	0.06	3	2.5	7	4
矿井涌水量/（m³/d）	<800	9307	600	26400	162	251	239

以研究区范围内三个煤矿 2010 年时矿井涌水量为例，三矿分别为柠条塔 $239\mathrm{m}^3/\mathrm{d}$、红柳林 $251\mathrm{m}^3/\mathrm{d}$、张家峁 $162\mathrm{m}^3/\mathrm{d}$，共计 $571\mathrm{m}^3/\mathrm{d}$，基本上和矿区总的需水量持平，但当采空区面积进一步扩大时，这个平衡会倾向于供小于求，其中的主要原因是部分矿井水滞留在采空区内没有直接加入循环利用，即采空区储水没有得到利用导致供需失衡。

综上，水资源漏失区目前的常规"保水采煤"技术措施有一定的局限性，且地表水、地下水及矿井涌水逐渐不能很好地满足矿区生产、生活及生态用水的需要，因此必须进一步评价并充分挖掘利用采空区储水水资源（Wang et al.，2018）。

（二）采空区储水提出的理论基础

西北干旱–半干旱矿区利用采空区储水在理论上有以下支撑点。

1. 采空区储水符合水均衡规律

1）矿区水资源转化关系

采空区储水的首要条件是有水资源可以存储，实际上在水资源漏失区采空区作为水势能的最低点是有明显汇水作用的。在煤矿没有开采前，"三水"（大气水、地表水及地下水）是在不断有序循环的，其中地表水和地下水是人们主要开发利用的对象，当水资源漏失区煤炭开采后矿井水资源的转化关系如图 6.63 所示，可以看出矿井水对地下水、地表水及大气降水均有汇集存储作用，而进入矿井的水体相对延迟进入"三水"的循环。

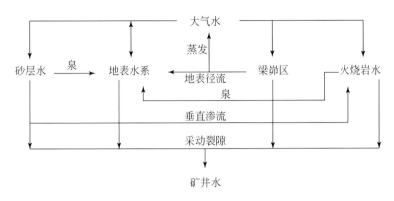

图 6.63　矿区水资源转化关系

2）矿区煤炭开采水均衡分析

以矿区内独立水文地质流域为水均衡分析对象，分析在煤矿开采后一个水文年内的水均衡状况，本次水均衡方程式如式（6.41）所示，这里忽略了相对微弱的凝结水补给、地下水的蒸发等作用。

$$\Delta W = X + W_1 + W_2 - Y - W_3 - W_4 \tag{6.41}$$

式中，ΔW 为水均衡区域水系统一个水文年的变化量，m^3/a；X 为水均衡区域年降水量，m^3/a；W_1 为水均衡区域接受邻区地下水年补给量，m^3/a；W_2 为水均衡区域接受邻区年地表径流补给量，m^3/a；Y 为水均衡区域年蒸发量，m^3/a；W_3 为水均衡区域向邻区地下水年排泄量，m^3/a；W_4 为水均衡区域向邻区地表水年排泄量，m^3/a。

对水均衡的各个要素分析如下。

（1）水均衡区域一个水文年大气降水量 X 在煤矿回采前后基本无影响，但区域的年蒸发量 Y 在煤炭回采前后有较大变化，这里所说的蒸发量主要跟地表水系、地表径流的分布面积有关［式（6.42）］，一般浅埋煤层煤矿回采对降水入渗有利且水资源漏失区地表水资源亦大量进入矿井，而埋深在 0.8m 以下的水资源蒸发量几乎可以忽略，所以区域的年蒸发量 Y 在煤炭开采后有所降低，即煤矿开采有利大气水对矿区补给。

$$Y = S h_{蒸} \tag{6.42}$$

式中，S 为蒸发面积，m^2；$h_{蒸}$ 为区域蒸发强度，m/a。

（2）水均衡区地下水年补给量 W_1 和地下水年排泄量 W_3 均可以由式（6.43）确定，可以看出在水资源漏失区煤矿开采后采空区地下水位下降会造成 W_1 增大而 W_3 减小，因此水资源漏失区煤矿开采是有利于地下水对区域补给的。但对地下水亚系统虽然有一定的大气降水和地下水补给增量但煤矿高强度回采会造成采空区地下水接近疏干，即地下水子系统水资源量负均衡。

$$W_{下} = TIB\sin\gamma \tag{6.43}$$

式中，$W_{下}$ 为均衡区地下水补给或排泄量，m^3/d；T 为导水系数，m^2/d；I 为水力坡度；B 为过水断面宽度，m；γ 为计算断面与地下水流向间夹角，（°）。

（3）水均衡区域一个水文年接受邻区地表径流补给量 W_2 在煤炭开采前后基本保持不变，而煤炭开采一方面会造成地表径流系数下降，另一方面导水裂隙沟通河沟底板使得大量地表水进入矿井,使得地下水亚系统负均衡,即均衡区地表水消耗量增大,所以地表水系向下游的年排泄量 W_4 减小。

综上,水资源漏失区煤矿开采会使得区域水系统(包括地表水、地下水和矿井水的总和)趋于正均衡,即 $\Delta W>0$,也会使得矿区地下水和地表水两个亚系统负均衡,两者一正一负显示矿井水是区域水系统正均衡的关键增长点。由此可见,若不考虑矿井水为可利用水资源,则矿区水资源可利用量在逐年减少,反之矿区在煤炭开采后可利用水资源在逐年增加。所以采空区储水作为矿井水中尚未资源化的一环是区域水系统趋向正均衡的关键。

2. 其他地下水利工程理论

国内外与采空区储水工程相似的水利工程主要有地下水库、含水层存储和回采(aquifer storage and recovery,ASR)及含水层转移存储等。这三类工程在理论和实践中积累了地下水调储工程的基础,是采空区储水可以直接借鉴的,此三类工程分述如下。

1)地下水库

从水利工程学角度讲地下水库是在地表以下利用天然含水层或构造存储和调节地表水、地下水流的特殊的水库。其中主要包含两层含义,一是地下水库是利用天然含水层和构造,二是其主要作用为存储和调节地下水和地表水,达到解决水资源时空分布不均匀的问题,优化水资源配置。

实际上采空区储水与地下水库工程的目的是相同的,储水空间性质有一定的差异,采空区储水实际上是利用采动岩体裂隙介质存储水资源,而地下水库多以岩体的空隙、岩溶为介质存储水资源,另外存储水源差异较大地下水库水源往往比较单一,而采空区存储的水资源来源广泛包括地表水、地下水及大气降水多种类型。

2)ASR

ASR 在国内外应用已经十分广泛,其含义为在丰水季节通过注水井将水质良好的水资源注入含水层,在枯水季节通过抽水井抽出含水层水资源利用,在整个过程中考虑水均衡及抽水时的水位动态。

ASR 目前研究关注的热点问题是水质问题和井堵塞问题,这同样是采空区储水应该关注的问题,特别是水质问题甚至直接关系到采空区储水的成败。

3)含水层转移存储

含水层转移存储是我国学者孙亚军等提出并成功应用在榆神府煤田砂基型"保水采煤"中的,其主要思想为在煤层回采前将会被采矿工程疏放的含水层中的水资源通过回灌井转移到采矿不会影响的深层含水层中,在矿区需水时进行供给,从而达到"保水采煤"的目的。

含水层转移存储是针对"保水采煤"采取的有效措施,我们提出了具体的理论框架并通过了实践检验,但与采空区储水的差异在于含水层转移存储的目的层为深部含水层,而采空区储水层位则不确定,且储水空间性质也有较大出入。

(三)采空区储水的理念

在上述背景和理论基础上,采空区储水的理念概括为利用煤层长壁高效综采伴生的巨大岩土体裂隙储水空间和较低的水势能对煤层上覆水体的自流汇集、存储作用来调控干旱缺水矿区水资源的时空分布不均匀问题。

1. 采空区储水的特征

采空区较其他地下水调储工程的优势如下。

（1）储水空间由采矿工程伴生，即不需要大量的水利工程构筑物来完成储水空间的构建。

（2）采空区储水空间巨大，采空区储水的介质主要为岩土体碎胀产生的裂隙空间，理论上可储水空间采用式（6.44）预计，研究区煤层总厚度大，煤层上覆岩体脆性居多软岩较少，因此采空区储水空间巨大。

$$V = \sum_{i=1}^{k} S_i M_i (1 - q_i) \tag{6.44}$$

式中，V 为采空区储水的空间，m^3；S_i 为第 i 个煤层的开采面积，m^2；M_i 为第 i 个煤层的采厚，m；q_i 为第 i 个煤层开采时的下沉系数；k 为可采煤层的数量。

（3）水量交换快速，煤层回采后形成的导水裂隙有明显的导水作用，据现场观测导水裂隙带发育高度时，可以看出冲洗液在进入导水裂隙范围后水量消耗十分显著，即采空区的导水性好，采空区储水利用时可以快速抽取所需水量。

（4）水源丰富，其他地下调储工程都是以某一含水层为主，以地表径流和大气降水为辅进行存储补给，但采空区的水势能较低，有大面积汇流作用，且导水裂隙带导水作用明显，因此其汇水源十分丰富。

采空区储水有其优势特征的同时也存在着一定的弊端。

（1）水质复杂：造成采空区水质复杂的主要原因包括采空区水源复杂，采空区水–岩–煤的相互交换作用复杂，因此煤中有害元素富集矿区利用采空区储水需要进一步探讨。

（2）威胁后期煤矿开采：采空区水害是我国目前多发的一种矿井水害类型，利用采空区储水需要在安全回采煤炭资源为前提的，因此采空区储水的安全性是采空区储水需要进一步探讨的问题。需要说明的是目前采空区突水事故多为采空区位置和水量未能及时探查准确造成的，实际上在探明采空区水源地的基础上合理开发利用是比较容易避免此类水害的。

2. 采空区储水的理论技术框架

采空区储水的理论技术框架应包括以下内容：

（1）采空区储水水源地的形成机理，需要探查研究不同水文地质、采矿地质条件下采空区储水水源地的发育程度；

（2）采空区储水水源地评价及动态理论，主要研究在一定地质条件下采空区储水能力、调控能力理论评价及采空区水源地水质、水量和水位的动态演化理论；

（3）采空区储水构筑物设计理论，即研究采空区储水需要的构筑物包括采空区防水密闭工程和采空区水源地开采工程。

二、采空区储水水源地形成机理及储水特征分析

煤炭开采会产生巨大的岩土体裂隙空间，是水资源良好的储层，但并不是所有的采空区在天然状态下都赋存大量的水资源，不同的采矿地质条件和水文地质条件会产生巨大的差异，因此为开发采空区储水首先应该进行的是采空区储水水源地的形成条件的评估工作。

任何地下水调储工程完成相应的功能在理论上需要五大条件，即水源条件、库容条件、水量交换条件、水资源可利用条件及封闭性条件，采空区储水也不例外，因此针对上述条件综合采用野外地质调查水文地质比拟、数值模拟和原位测试试验等手段展开研究。

（一）采空区储水水文地质比拟法分析

目前，研究区处于煤矿大规模开采的初期阶段，无法直接对采空区富水情况进行全面调查，因此采用水文地质比拟法研究与采空区储水有可比拟性的火烧区储水的富水性情况。

1. 火烧区储水与采空区储水的可比拟性分析

此处水文地质比拟法是以两者水文地质模型相似为前提，以统计分析为基础，以实测为依据达到评价采空区储水形成条件的目的。

两者的可比拟性是指渗流场、地下水流态、边界条件、补给源、空间分布及地貌等应该基本相似。在进行可比性分析前需要说明的是火烧区的形成，一般情况下火烧区是煤层在露头处受高温影响开始自燃，在向非裸露区蔓延过程中由于所需氧气量的不足逐渐熄灭，已经燃烧的区域煤层仅残存极少量灰分从而造成上覆岩土体发生垮落，形成一定的裂隙空间，对两者的可比拟性分析如下。

（1）渗流场：无论是火烧区还是采空区，水流在其中的渗流方向主要是由水势能高处流向水势能低处，即储水时主要是垂向自上而下，水平径流自煤层底板标高高处流向低处。

（2）地下水流态：两者的渗流介质均为岩土体裂隙，因此其流态主要跟裂隙的宽度、裂隙的粗糙度及水力梯度有关。两者裂隙粗糙度一般较大，裂隙宽度一般情况下不大，仅局部赋存少量大裂隙，地下水在其中的运动速度很难大于 10000m/d，因此两者流态都以层流为主（陈崇希和林敏，1998）。

（3）边界条件：天然状态下研究区基岩裂隙不发育，较类比的两裂隙区渗透系数小2~3个数量级，即围岩区域相当于隔水边界，而围岩区和裂隙区于临空处排泄于低洼处为排泄边界。

（4）补给源：两者所接受的补给源相似，均为地表水、地下水及大气降水。

（5）空间分布：火烧区及采空区均由于煤层被"采取"而产生的裂隙存储空间，因此在空间分布上有较大的相似性，即均分布在煤层底板以上。

（6）地貌特征：由前人的研究可知研究区火烧区形成于晚白垩世末期至第四纪（杜中宁等，2008），在其形成后继续接受沉积形成了与采空区同样的地貌特征，如风沙滩地貌和黄

土梁峁地貌等，只是采空区的形成对亚地貌有一定的改造，在一定程度上有利采空区补给。

综上，火烧区储水及采空区储水有良好的可比拟性，因此可以通过对采空区储水的野外地质调查来了解不同条件下采空区储水水源地发育的程度。

2. 火烧区储水野外地质调查分析

对研究区内火烧区进行了野外地质调查，并实施了相关钻孔进行了抽水试验来探查该类地质条件下火烧区的富水情况，调查统计结果见表6.19。

表6.19 火烧区富水性调查成果

地貌特征	风沙滩地		黄土梁峁	黄土冲沟
火烧区形态特征	片状分布	条带分布	片状分布	片状分布
火烧区水位埋深/m	45.22	无水	无水	3.63
单位涌水量/[L/(s·m)]	77.34	—	—	0.156
火烧区排泄泉水涌水量/(L/s)	0.14~44.11	—	—	0.11~0.26

以表6.19为基础，对采空区储水五大条件进行比拟分析。

（1）水源条件：表中风沙滩地貌条件下大面分布的火烧区富水性极强，而其他地貌条件下富水性明显相对较弱，这主要是因为风沙滩地貌有利于大气降水入渗而黄土梁峁地貌条件下大气直接降水入渗量十分微弱，且连续大面积分布的砂层水会持续补给采空区，因此可以比拟采空区地貌为风沙滩地区有利于采空区储水水源地的形成。

（2）库容条件：表6.19中同为风沙滩地貌条件下，条带状分布的火烧区几乎不富水，主要是由于条带分布说明火烧区本身发育不充分，而原煤层露头处的火烧区边界条件属于排泄边界，因此可以比拟采空区小面积分布在近火烧区排泄边界时不利于采空区储水水源地的形成。

（3）水量交换条件：即水资源可以快速存储及开发利用的条件，表中黄土冲沟条件下火烧区有一定的富水性，但抽水试验显示其属于弱富水，这主要是由于黄土冲沟条件下在雨季大气降水会短时间大量汇集在此通过，此时火烧区会有一定的储水作用。同时暴雨会带入大量的黄土充填物进入火烧区，使得火烧区水动力条件变差，这种火烧区富水性较弱，但水位埋深较浅，水资源开采有一定的难度，因此可以比拟黄土冲沟下伏的采空区有一定的富水性，但不利于大规模开发利用。

（4）水资源可利用条件：可以利用不仅是水量的问题，还关系到水位、水质及富水性问题。表6.19中可以看出无论是风沙滩地貌还是黄土冲沟地貌火烧区水位埋深较浅，经济上合理，因此比拟同一层位和相似储水介质的采空区储水在经历储水过程后其水量、水位及富水性上是适宜的。

（5）封闭性条件：表6.19中可以看出火烧区水资源的排泄边界泉水涌水量较为可观，且泉水出露于煤层以上，说明煤层底板是较好的隔水层，使得火烧区内水主要为平面径流，因此比拟到采空区储水上，区域内没有无法控制性导水断裂，即可以有效控制在采空区周围相对封闭的地层或构建一定的防水密闭构筑物来存储水资源。

综上，最适宜采空区储水水源地形成的条件如图6.64中采空区C所示，位于风沙滩地区且远离排泄边界，有相对良好的封闭性，其次是黄土冲沟汇水区的采空区 B，而采空区储水最差的条件为图中采空区 A 和采空区 D，采空区 A 位于黄土梁峁处，因无法得到充分的水源补给而导致水源地形成得十分缓慢，而采空区 D 天然情况下不容易达到封闭性而变为透水层。

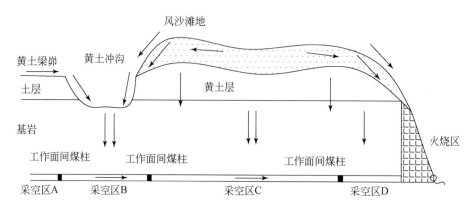

图 6.64　采空区水系统示意图

（二）采空区储水数值模拟分析

为直观显现采空区储水水源地的渗流特征，以煤炭开采水资源漏失区砂土基型采空区接受大气降水的渗流场为模拟对象，进行离散元 UDEC 采动应力场与裂隙渗流场耦合数值模拟。

1. 采动应力场与裂隙渗流场耦合数值模拟基础

1) 采动应力场对裂隙渗流场的影响

煤层回采产生的裂隙是渗流的主要通道，而在离散元中完整的岩块被认为是不透水的。煤层回采直接对岩体产生位移，岩体的位移则造成裂隙宽度发生改变，如式（6.45）所示，而裂隙的渗透系数随之发生改变，如式（6.46）所示。

$$a = a_0 + u_n \tag{6.45}$$

$$q = va = -k_j a^3 I \tag{6.46}$$

其中，

$$k_j = \frac{1}{12\mu} \tag{6.47}$$

式中，a 为煤层上覆岩体裂隙宽度；a_0 为煤层上覆岩体裂隙原始宽度；μ 为液体的黏度；u_n 为煤层上覆岩体裂隙法相位移；q 为岩体裂隙的渗流率；v 为岩体裂隙的渗流速度；k_j 为岩体裂隙渗透因子；I 为岩体裂隙的渗流水力梯度。

2) 裂隙渗流场对采动应力场的影响

裂隙中的水作用在裂隙面上产生了一定压力，从而改变了采动应力场。水流入任意点时，会引起水压力变化如式（6.48）：

$$\Delta p = \frac{K_w}{V_m} \Big[\sum (Q\Delta t) - \Delta V \Big] \tag{6.48}$$

其中，

$$V_{\mathrm{m}} = \frac{V + V_0}{2} \qquad (6.49)$$

$$\Delta V = V - V_0 \qquad (6.50)$$

式中，Δp 为渗透压力变化量；K_{w} 为水体的体积模量；V_{m} 为变形前后的体积平均值；$\sum (Q\Delta t)$ 为流入节点的流量；ΔV 为变形前后的体积变化量；V 为变形后的体积；V_0 为变形前的体积。

水压作用在裂隙上产生的附加应力为

$$F_i = \left\{ p_0 + \frac{K_{\mathrm{w}}}{V_{\mathrm{m}}} \left[\sum (Q\Delta t) - \Delta V \right] \right\} n_i L \qquad (6.51)$$

式中，F_i 为作用在裂隙面的渗透力；p_0 为渗透压力变化前的量；n_i 为裂隙的单位法向向量；L 为单位厚度裂隙面积。

此时单元格的运动方程为

$$u_i = \frac{\sum f_i + F_i}{m} + g \qquad (6.52)$$

其中，

$$f_i = f_i^c + \sum_{i=1}^{M} \left[\sigma_{ij} \sum_{k=1}^{N} (n_j^k \Delta s^k) \right] \qquad (6.53)$$

$$\Delta s^k = \Delta l^k d \qquad (6.54)$$

式中，u_i 为单元格的位移；f_i 为作用力之和；m 为分配至单元格上的质量；g 为重力加速度；f_i^c 为块体间的接触力；M 为与单元节点连接的单元数量；σ_{ij} 是单元应力；N 为单元格的节点数量；n_j^k 为单元格内第 k 条边法向向量；Δs^k 为面积；Δl^k 为单元格内第 k 条边边长；d 为单元厚度，此次模拟为二维取 1。

2. 采空区地层概况

模拟的地层概况如下表 6.20：

表 6.20　地层概况

编号	岩性	厚度/m	容重 /(kN/m³)	泊松比	弹性模量 /MPa	抗压强度 /kPa	黏聚力 kPa	摩擦角 /(°)
1	砂层	15	16.8	—	—	—	—	—
2	黄土层	20	17.5	0.32	20	230	80	30.5
3	细砂岩	10	23.0	0.21	5770	30600	2770	38.8
4	粉砂岩	10	22.0	0.23	4790	46600	1790	36
5	细砂岩	10	23.0	0.21	5770	30600	2770	38.8
6	中砂岩	10	24.0	0.18	5100	29910	3100	41.1

编号	岩性	厚度/m	容重 /（kN/m³）	泊松比	弹性模量 /MPa	抗压强度 /kPa	黏聚力 kPa	摩擦角 /（°）
7	泥岩	10	21.8	0.26	3890	5800	1390	42.3
8	2^{-2}煤层	6	11.3	0.28	1205	14896	2300	43.5

3. 模拟结果分析

采用 UDEC 离散元模拟软件对模型进行模拟，边界约束条件有：两边为 X 向约束，底面为 X、Y 双向约束，无上覆荷载，煤层逐步回采后有模拟结果，如图6.65所示。

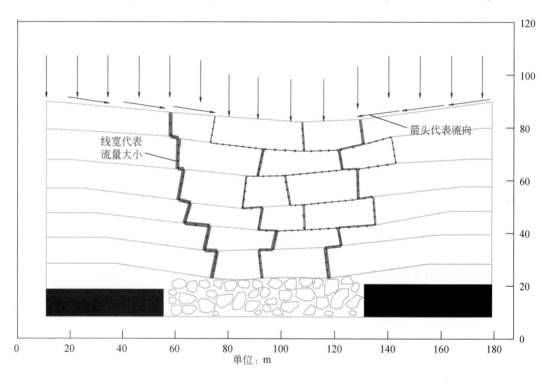

图 6.65　采空区大气降水渗流图

随着煤层推进至200m，大气降水沿采动裂隙渗流如图6.65所示，其中蓝色箭头代表渗流路径，而箭头越长代表渗流速度越快，箭头宽度越大流量越大，模拟结果可以看出：

（1）在平面上，渗流量较大的区域主要集中在工作面开切眼与收作线附近，而工作面中部随工作面推进后岩体有所压实，仅有少量降水由采空区中部渗流进入矿井；

（2）在垂向上，近地表水流量较小，但靠近煤层处水流量有明显的增加，说明采空区储水有明显的垂向分带性，这与煤层回采顶板"三带"理论是相符的，即采空区冒落带储水性较裂隙带储水性有显著提高；

（3）采空区储水的渗流方向主要为垂向，局部水平渗流相对较弱，这主要是由于煤层上覆岩性变化不显著，离层发育受到限制，因此在局部水平渗流相对较弱。

综上，模拟条件下采空区能够满足存储水资源的基本条件，当然该类储水地质体同样有着其特有的性质，如存储的水资源分布不均匀性及空间渗流的各向异性。

4. 采空区破碎岩体原位渗透性试验分析

由于采空区储水在垂向上有明显的不均一性，为进一步评估采空区储水特征需要进行相关测试研究。对目前掌握的实施的 44 个"三带"调查孔简易水文地质观测结果分析发现，裂隙带和冒落带普通水泵全泵量（150L/min）不能返水，不能有效掌握两者的储水性差异，因此在研究区范围内在已经稳定回采的采空区对其导水裂隙带基岩段每 5m 进行一次常水头注水试验，采空区注水试验结果如图 6.66 所示。

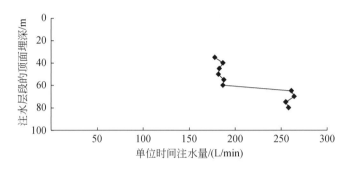

图 6.66　采空区注水试验

由上图可以看出，在埋深 60~65m 基岩段以下注水量较其上注水量有明显的变大，说明其由裂隙带进入冒落带，这符合"三带"发育规律的。将裂隙带与冒落带注水量进行对比有：裂隙带稳定时的平均单位时间注水量为 184L/min，而冒落带稳定时的平均单位时间注水量为 259.5L/min，两者比值为 0.71，该值等同于同一地质条件下采空区裂隙带与冒落带储水空间的比值。

三、采空区储水水资源动态演化分析

采空区储水作为一项地下水调储工程，有必要对其调储功能做出客观评价，在第 6 节二节中已经对其调水功能进行了简要论述，这里主要针对其储水功能进行相关分析，即对其极限及实时储水容量进行计算，从而指导采空区储水水源地的开发利用。

（一）采空区储水的极限水量计算

研究区内煤层上覆基岩多为中硬脆性岩体，软岩较少，煤炭开采形成的裂隙空间多集中在基岩段，而基岩上覆松散层采动储水空间相对较小，因此采空区储水的极限水量应该为采动裂隙可储存水资源的总量，依据式（6.55）及式（6.56）可以计算得出：

$$Q = \frac{KMS}{\cos\alpha} \tag{6.55}$$

其中，

$$K = \frac{M-W}{M} = 1-q \tag{6.56}$$

式中，Q 为采空区总的储水量，m^3；K 为矿区的充水系数；M 为煤层采厚，m；S 为采空区面积，m^2；α 为煤层倾角，(°)；W 为工作面地表下沉量，m。

将式（6.56）代入式（6.55）有采空区储水的极限水量：

$$Q = (1-q)\frac{MS}{\cos\alpha} \tag{6.57}$$

由式（6.57）可知研究区内水平煤层采空区储水的极限水量主要与煤层回采厚度及回采面积为正相关，与开采下沉系数为负相关，据研究区内煤层开采下沉规律的实测，单一煤层开采下沉系数平均值为 0.52，说明采空区储水的极限水量较其他矿区较大，有利于采空区储水的总量。

（二）采空区储水实时水量计算

采空区储水实时水量主要跟采空区封闭后的涌水量和采空区储水介质的贮水性相关，前述数值模拟揭示了采空区储水在平面上和垂向上的不均一性，因此首先需要对采空区储水进行参数分区，然后结合封闭采空区涌水量进行采空区储水的实时预测。

1. 采空区参数分区

煤层回采后，上覆破碎岩体的应力–应变路径有较大差异，这使得采空区裂隙发育和闭合程度存在一定差异，因此采空区储水的水文地质参数可以按照图 6.67 进行初步分区。

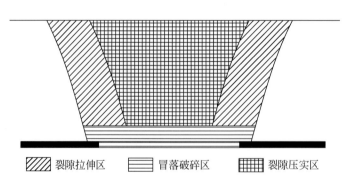

图 6.67　采空区储水参数分区

影响破碎岩体水文地质参数的因素较多，研究区范围内覆岩以中硬岩体为主且构造基本不发育，因此在忽略岩性差异和构造影响的基础上，有图 6.67 采空区储水参数的初步分区。其中，冒落破碎区的给水度 μ_2 最大，裂隙拉伸区的给水度 μ_1 其次，裂隙压实区的给水度 μ_3 最小。

2. 采空区实时涌水量

采空区的涌水量主要跟其充水水源相关，即使在研究区范围内每个工作面的充水水源亦有很大的差别，充水水源主要包括大气降水、地表水及地下含水层，其涌水量分别计算如下。

1）大气降水

采空区形成以后已回采区域和降落漏斗影响区域的大气降水入渗系数存在明显区别，但两个区域的大气降水入渗量均不随采空区积水量的变化而发生显著变化，因此有计算公式（6.58）：

$$Q_1 = q_1 + q_2 \tag{6.58}$$

其中，

$$q_1 = \frac{F_1 X a_1}{365} \tag{6.59}$$

$$q_2 = \frac{F_2 X a_2}{365} \tag{6.60}$$

式中，Q_1 为大气降水涌水量，m^3/d；q_1 为采空区范围内降水涌水量，m^3/d；q_2 为降落漏斗范围内大气降水涌水量，m^3/d；F_1 为采空区面积，m^2；F_2 为采空外围汇水面积，m^2；X 为研究区平均年降水量，m；a_1 为采空区的大气降水入渗系数，无量纲；a_2 为采空区外围汇水区域的大气降水入渗系数，无量纲。

2）地表水

地表水进入采空区的水量不会随着采空区积水水位变化而出现明显的变化，因此，地表水的涌水量见式（6.61）：

$$Q_2 = q_3 - q_4 \tag{6.61}$$

式中，Q_2 为地表水涌水量，m^3/d；q_3 为地表水流入采空区时的流量，m^3/d；q_4 为地表水流出采空区时的流量，m^3/d。

3）地下含水层

研究区内煤层上覆含水层中直接充水含水层主要为砂层潜水含水层，其对采空区的补给作用与水头差值直接相关，因此地下含水层对采空区的补给量与采空区积水水位相关。

依据前人的研究成果（魏可忠，1991）可以得出，潜水的矿井涌水量与开采面积、水位降低比值的 1/2 次方成正比关系，即式（6.62）：

$$Q_3 = Q_0 \sqrt{\frac{FS}{F_1 S_0}} \tag{6.62}$$

由于采空区储水过程中回采面积不变，所以式（6.62）可化简为式（6.63）：

$$Q_3 = Q_0 \sqrt{\frac{S}{S_0}} \tag{6.63}$$

式中，Q_3 为地下水对采空区的补给量，m^3/d；Q_0 为采空区封闭前的涌水量，m^3/d；S_0 为采空区封闭前潜水位的降深，即开采前砂层潜水面至煤层底板的高度，m；S 为采空区储水时潜水位的降深，即开采前潜水面至采空区储水水面的高度，m；F_1 为采空区储水时的开采面积，与采空区未封闭前的开采面积 F 大小相等，m^2。上述变量 S 及 S_0 的意义如图 6.68 所示。

综合以上采空区充水水源，有采空区储水涌水总量如式（6.64）：

$$Q_z = Q_1 + Q_2 + Q_3 \tag{6.64}$$

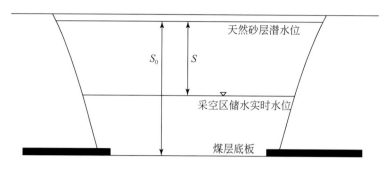

图 6.68　采空区储水变量示意图

式中，Q_z 为采空区储水的总的涌水量，m^3/d，可以看出其是有关潜水位降深的函数。

3. 采空区储水实时水量计算

根据采空区储水的参数分区可以看出采空区储水可以分为两个阶段，第一个阶段为冒落带的采空区储水过程，第二个阶段为裂隙带的采空区储水过程，这里分别计算如下。

1）冒落带采空区储水过程计算

在经过 dt 时间后潜水位降深变化了 dS，则有式（6.65）：

$$(Q_1+Q_2+Q_3)dt=F\mu_2 dS \tag{6.65}$$

将式（6.63）代入式（6.65），得式（6.66）：

$$\left(Q_1+Q_2+Q_0\sqrt{\frac{S}{S_0}}\right)dt=F\mu_2 dS \tag{6.66}$$

式中，μ_2 为采空区冒落带给水库。

令 $K_1=Q_1+Q_2$，$K_2=\dfrac{Q_0}{\sqrt{S_0}}$，$T=\sqrt{S}$，则有式（6.67）：

$$(K_1+K_2 T)dt=2TF\mu_2 dT \tag{6.67}$$

再令 $W=K_1+K_2 T$，则有式（6.68）：

$$Wdt=\frac{2F\mu_2(W-K_1)}{K_2^2}dW \tag{6.68}$$

两边积分有式（6.69）：

$$\int_0^t dt=\int_{K_1+K_2\sqrt{S_0}}^{K_1+K_2\sqrt{S}}\frac{2F\mu_2}{K_2^2}\left(1-\frac{K_1}{W}\right)dW \tag{6.69}$$

则 $t=\dfrac{2F\mu_2}{K_2^2}\left[K_2(\sqrt{S}-\sqrt{S_0})-K_1\ln\dfrac{K_1+K_2\sqrt{S}}{K_1+K_2\sqrt{S_0}}\right]$，即式（6.70）：

$$t=\frac{2F\mu_2}{K_2^2}\left[K_1\ln\frac{K_1+K_2\sqrt{S_0}}{K_1+K_2\sqrt{S}}-K_2(\sqrt{S_0}-\sqrt{S})\right] \tag{6.70}$$

式（6.70）为超越方程，在已知时间 t 情况下只能求得 S 的近似解。

2）裂隙带储水过程计算

将 $S=S_0-H_冒$ 代入式（6.70）可以求得冒落带储满水资源的时间 $t_冒$，如式（6.71）所示：

$$t_冒=\frac{2F\mu_2}{K_2^2}\left[K_1\ln\frac{K_1+K_2\sqrt{S_0}}{K_1+K_2\sqrt{S_0-H_冒}}-K_2\left(\sqrt{S_0}-\sqrt{S_0-H_冒}\right)\right]\tag{6.71}$$

式中，$t_冒$ 为采空区冒落带储满水资源所需要的时间，d；$H_冒$ 为冒落带发育高度，m。

当 $t>t_冒$ 时，冒落带已经储满水资源裂隙带开始存储水资源，取裂隙带的平均给水度来计算，有式（6.72）：

$$\bar{\mu}=\frac{\mu_1F_1'+\mu_3(F-F_1')}{F}\tag{6.72}$$

式中，$\bar{\mu}$ 为采空区裂隙带平均给水度，无量纲；μ_1 为采空区裂隙拉伸区给水度；μ_3 为采空区裂隙压实区给水库；F_1' 为采空区裂隙拉伸区面积，m^2。

在冒落带储满水资源后的 dt 时间后潜水位变化了 dS，则有式（6.73）：

$$\int_{t-t_冒}^{t}dt=\int_{K_1+K_2\sqrt{S_0-H_冒}}^{K_1+K_2\sqrt{S}}\frac{2F\bar{\mu}}{K_2^2}\left(1-\frac{K_1}{W}\right)dW\tag{6.73}$$

$t>t_冒$ 则有式（6.74）：

$$t=\frac{2F\bar{\mu}}{K_2^2}\left[K_1\ln\frac{K_1+K_2\sqrt{S_0-H_冒}}{K_1+K_2\sqrt{S}}-K_2\left(\sqrt{S_0-H_冒}-\sqrt{S}\right)\right]+t_冒\tag{6.74}$$

当 $S=0$ 时，则有采空区储满水资源的时间 t_z，如式（6.75）所示：

$$t_z=\frac{2\bar{F}\mu}{K_2^2}\left[K_1\ln\frac{K_1+K_2\sqrt{S_0-H_冒}}{K_1}-K_2\left(\sqrt{S_0-H_冒}\right)\right]+t_冒\tag{6.75}$$

将式（6.70）与式（6.74）联立求解，得采空区储水时间 t 与潜水位降深 S 的关系如式（6.76）所示，而由 S 可以得到采空区实时储水水量 Q_S 如式（6.77）所示：

$$\begin{cases}t=\dfrac{2F\mu_2}{K_2^2}\left[K_1\ln\dfrac{K_1+K_2\sqrt{S_0}}{K_1+K_2\sqrt{S}}-K_2\left(\sqrt{S_0}-\sqrt{S}\right)\right] & 0\leqslant t\leqslant t_冒\\[4mm]t=\dfrac{2F\bar{\mu}}{K_2^2}\left[K_1\ln\dfrac{K_1+K_2\sqrt{S_0-H_冒}}{K_1+K_2\sqrt{S}}-K_2\left(\sqrt{S_0-H_冒}-\sqrt{S}\right)\right]+t_冒 & t_冒\leqslant t\leqslant t_z\end{cases}\tag{6.76}$$

$$\begin{cases}Q_S=(S_0-S)F\mu_2 & S_0-H_冒\leqslant S\leqslant S_0\\[3mm]Q_S=H_冒F\mu_2+(S_0-H_冒-S)\bar{F}\mu & 0\leqslant S\leqslant S_0-H_冒\end{cases}\tag{6.77}$$

四、采空区储水利用的实践及效果分析

（一）采空区储水工作面地质概况

研究区范围内煤炭开采尚处于初期阶段，因此采空区储水的利用实践检验在同一煤田且地质条件相似的神北矿区大柳塔煤矿的 201 工作面上进行，下面对该工作面开采前、过程中及采后水文地质工程地质概况简述如下。

1. 201 工作面开采前地质概况

据煤矿勘探地质资料，此工作面主要开采 2^{-2} 煤层，煤层埋深为 78～90m，煤层采厚 6m，为典型的浅埋砂基型长壁综采工作面。煤层上覆基岩厚度仅为 35～45m，松散砂层厚度为 43～45m，其中含水层平均厚度为 40m。工作面位置示意图如图 6.69 所示，该工作面开切眼附近发育一条河沟（母河沟），为乌兰木伦河的主要支流之一，黄河的三级支流，煤炭开采前为附近区域工、农业及生态的主要供给源。

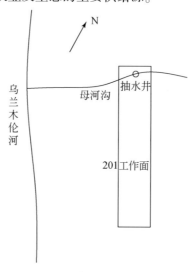

图 6.69　201 工作面位置示意图

2. 煤层回采过程中地下水的响应

由于开切眼附近较为富水，所以在煤炭开采前进行了疏水工程，造成砂层潜水位大幅度下降，疏降后潜水厚度仅剩余 15m。1995 年该工作面煤层开始回采以来，实施的钻孔监测到潜水位标高动态如图 6.70 所示，可以看出在初次来压前潜水位持续下降，初次来压时水位发生了骤降，后经历了 70d 的短暂雨季缓慢恢复后，水位继续下降并趋于含水层底板。与此同时，观测到母河沟泉水涌出量由开采前的 0.05～0.1m³/s 骤降至 0.01～0.014m³/s，说明砂层潜水位大幅度持续下降且地下水资源量骤降，大量的地下水资源进入矿井。导水裂隙带沟通了地下含水层，该区域属于典型的水资源漏失区，含水层和地表径流逐渐趋于干涸。

3. 目前 201 工作面地质概况

在开采 15 年后 201 采空区已经完全稳定，2010 年对该工作面进行了野外地质调查，发现母河沟河道已经完全断流，如图 6.71 所示。据调查，该工作面回采完毕后为防止水害，大柳塔矿井下了防水密闭，因此采空区满足贮水的所有条件，调查中发现采空区已经赋存大量水资源，并在基岩风化带出露处有少量水体溢出，如图 6.72 所示。

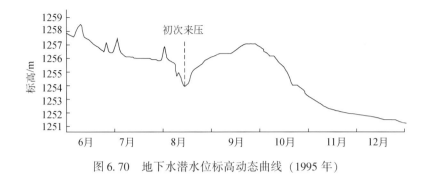

图 6.70　地下水潜水位标高动态曲线（1995 年）

图 6.71　母河沟断流

图 6.72　母河沟风化带涌水

（二）采空区储水水资源利用分析

目前针对该采空区实施了一眼抽水井，其位置如图 6.73 所示，在工作面开切眼附近与母河沟交叉区域，该区域基岩埋深较浅且水动力交换条件较好地段有利于采空区储水水源的集中开发利用，在 10 年的开发利用过程中对采空区储水水源地有以下认识。

1. 水量

参照前面有关采空区储水极限水量的计算，可以预见该采空区在储满水资源时赋存水

资源 $108 \times 10^4 \text{m}^3$。目前，该抽水井（图 6.73）供水量可以达到 $648\text{m}^3/\text{d}$，且供水量四季稳定，为附近工、农业及生活提供了充足的水资源保障。依据单井涌水量划分依据，该含水层大于 $100\text{m}^3/\text{d}$，因此至少为水量中等级别。

图 6.73　母河沟采空区抽水井

2. 水位

在枯水季节对该抽水井进行水位埋深测量结果为 37.8m，该抽水井水位丰水与枯水季节有一定的变化，说明在长期抽水利用条件下抽水井能够保持水位埋深 37.8m 以上，采空区破碎基岩段长期保持满水状态。另外，37.8m 的水位埋深的含水层进行水资源供给干旱缺水地区在经济上是合理的。

3. 水质

该采空区储水水量丰富、水位埋深浅，在干旱缺水地区是不可多得的珍贵水资源，而水质是采空区储水水资源利用的又一关键点。

矿井水的水质是十分复杂的，受多个方面共同影响，如矿井充水水源、煤质、围岩特征、时间及水动力环境等。矿井充水水源的水质一般均较好，也是煤炭开采前工农业及生活用水的主要来源；而煤质对采空区储水初期的水质影响十分显著，但随着水资源长期的循环交替部分有害元素有显著的弥散性，有利于采空区储水水质的净化；据测试（缪协兴等，2009），对该矿采空区水进行简单净化处理后的水质特征如表 6.21 所示，可以看出处理后的水质是满足工业、生态及农业用水标准的。另外，该采空区储水水资源利用的 10 年时间内未见有地方病发生，说明采空区储水水资源在一定领域的水资源供给中起到正面作用，但其作为人畜饮用水资源还需要进一步的净化处理。

表 6.21　大柳塔矿矿井水净化处理后水质特征

序号	项目	各指标含量（mg/L）	
		标准	处理后
1	pH	6.0~9.0	6.90
2	浑浊度	—	3.20
3	悬浮物	100.0	25.00

序号	项目	各指标含量（mg/L）	
		标准	处理后
4	氨氮	15.0	2.60
5	挥发酚	0.5	未检出
6	六价铬	0.5	0.03
7	硫化物	110.0	0.15
8	细菌总数*	—	63.00
9	总硬度	450.0	148.00
10	化学需氧量（COD）	100.0	31.00
11	五日生化需氧量（BOD^5）	30.0	11.00

*的单位为个/mL；pH 无量纲

4. 生态

采矿工程在水资源漏失区造成潜水位大幅度永久性下降，地表水系断流，对生态环境的影响是不可忽略的。

大柳塔矿 201 工作面开采 15 年后对周围生态环境进行调研发现：在未人工灌溉的条件下母河沟内部分高大乔木枯死，但大面积分布的灌木和草本类植物影响较小，如图 6.74 所示，综上，以目前的开采技术条件下针对水资源漏失区的煤炭与水资源协调开采问题，充分利用采空区储水是保障生态适生水量的关键，即采空区储水利用在生态上是可行的。

图 6.74　母河沟采空区储水生态响应

第七章 沙漠滩地采动水害模式及防治技术

研究区沙漠滩地主要分布于毛乌素沙漠（沙地）东部边界地带，其煤炭储量丰富、煤质优良、地质条件简单、开采条件优越，煤层上覆岩土组合结构为砂层潜水-土层-侏罗系基岩，即"砂-土-基"型，该类型分布最广。该类型中松散砂层含水层（第四系风积沙及萨拉乌苏组砂层含水层）普遍厚度大、富水性强、水位埋深浅。煤层开采易引起松散砂层潜水漏失，生态水位下降，造成矿井涌水量过大甚至突水。

本章以沙漠滩地区代表性矿井——榆神矿区的金鸡滩煤矿为例，探测典型沙漠滩地区煤炭开采水害形成条件，揭示不同采厚（分层开采 5m、一次采全高 8m 及综放开采 11m）条件下煤层覆岩-土-含水层扰动破坏过程特征机理，首次建立超长工作面开采过程涌水量和砂层潜水渗漏量预计方法，形成了水害防治关键技术及应用示范；建立了砂层潜水采动漏失、水位变化监测预警方法，并得到了成功应用。

第一节 背景条件

金鸡滩煤矿位于鄂尔多斯盆地毛乌素沙漠东南缘，榆神府矿区内，煤系为侏罗系延安组，地层近水平，煤层埋藏浅，层数多，厚度大，开采条件优越，开采主要受顶板砂岩承压裂隙含水层、风化基岩裂隙含水层、第四系潜水（Q_3s 与风积沙层）等影响。矿井的具体概况如下。

一、自然地理

（一）地理位置

金鸡滩煤矿位于陕西省榆林市榆阳区，行政区划隶属金鸡滩乡和孟家湾乡管辖，地理坐标位于东经 109°42′32″～109°51′44″，北纬 38°28′15″～38°35′59″。井田走向长度约为 11.44km，倾斜宽度约为 8.77km，覆盖面积约为 98.52km²。研究区南邻杭来湾煤矿，西邻海流滩井田和银河煤矿，东邻曹家滩煤矿，东南邻榆树湾煤矿。

（二）地形地貌

研究区位于毛乌素沙漠东南缘，总体地形东高西低。最高处位于井田东端喇嘛滩南侧，标高为 +1276m；最低处位于三道河则，标高为 +1180m。风沙滩地既是金鸡滩井田的地貌类型，也是榆神府矿区的主要地貌类型，研究区内还零星分布黄土梁峁和河谷阶地两种地貌类型。黄土梁峁主要分布在元瓦滩西南部，河谷地貌主要为三道河则和二道河则。

风沙滩地地貌内有大量以沙蒿、沙柳和沙打旺为主的植物与农作物，还有小面积的低洼草滩和杨树、柳树等杂木林。由于分布面积广、生活生产依赖性强、采前生态环境较好，该地貌内保水开采是陕北矿区可持续发展的重中之重。

（三）气候

研究区地处中纬度中温带，受极地大陆冷气团影响时间较长，属于典型的干旱–半干旱大陆性季风气候。四季变化明显，春季干旱、夏季炎热、秋季凉爽、冬季寒冷。全年无霜期短，一般在 10 月初即上冻，次年 4 月初解冻。多年最高气温+39.0℃（2005 年 6 月），最低气温–32.7℃（1954 年 2 月），昼夜温差较大。多年平均降雨量为 406.18mm（2005～2015 年），降雨多集中在 6、7、8、9 四个月，约占全年降雨量的三分之二。榆林市年平均蒸发量为 1774.91mm（2005～2015 年）。研究区多年平均相对湿度为 55%，最大冻土深度达 146cm（1968 年）。

二、地质背景

根据地质勘探成果及煤炭开采过程中的揭露情况，对区内地层岩性、煤层与地质构造进行了分析总结，具体分述如下。

（一）地层岩性

区内地层由老至新依次为：侏罗系下统富县组（J_1f），中统延安组（J_2y）、直罗组（J_2z）、安定组（J_2a），新近系上新统保德组（N_2b），第四系中更新统离石组（Q_2l），第四系上更新统萨拉乌苏组（Q_3s）、全新统风积沙层（Q_4^{eol}）和冲积层（Q_4^{al}），具体如图7.1 所示。区内绝大部分地表被 Q_4^{eol} 与 Q_3s 砂层覆盖，局部地区 Q_2l 离石黄土及 N_2b 保德红土出露地表，基岩在万家小滩和三道河则两侧零星出露。

（二）煤层

井田内主要含煤地层为侏罗系中统延安组，该组岩性横向变化较大，垂向层序清晰。自下而上划分一至五段，每段均含一个煤组，自上而下依次为 1～5 号煤组。具有对比意义的煤层共 11 层，其中主要可采煤层 3 层，分别为 2^{-2}、3^{-1} 与 5^{-2} 煤层。目前开采的 2^{-2} 煤层，埋深 220～317m，由东北向西南逐渐分岔为 $2^{-2上}$ 和 $2^{-2下}$，煤层最大厚度达 12.49m。2^{-2} 煤层厚度变化小，以特厚为主，规律性明显，结构简单；基本全区可采，为稳定煤层。主要可采煤层特征如表 7.1 所示。

地层系统				岩心柱状	层度/m 最小~最大 平均	累厚/m	岩性特征
界	系	统	组	段				

界	系	统	组	段	岩心柱状	层度/m	累厚/m	岩性特征
新生界	第四系	全新统 Q₄			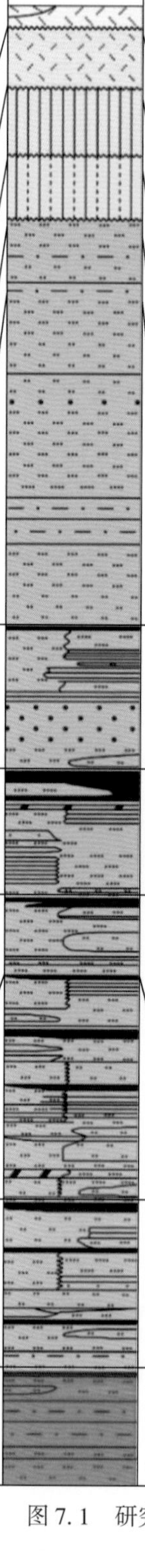	0~46.60 8.02	8.02	以现代风积沙为主,为中细砂及砂土,河谷滩地低洼处有洪、冲积层
		上更新统 Q₃	萨拉乌苏组Q₃s			0~52.40 21.21	29.23	上部为灰黄、灰色粉细砂及亚砂土,具层状构造;下部为浅灰、黑褐色亚砂土夹砂质亚黏土;底部有砾石
		中更新统 Q₂	离石组 Q₃l			0~65.95 24.00	53.23	浅棕黄、褐黄色亚黏土及亚砂土,夹粉土质砂层、薄层褐色古土壤层及钙质结核层,底部具有砾石层
	新近系	上新统 N₂	保德组 N₂b			0~49.56 21.51	74.74	棕红色黏土及亚黏土,夹钙质结核层,底部局部有浅红色灰黄色砾岩,含脊椎动物化石
中生界	侏罗系	中侏罗统 J₂		安定组 J₂a		0~47.04 15.66	90.40	紫红色、褐红色巨厚层状中、粗粒长石砂岩,具浅紫红色疙瘩状斑点。夹紫红色、灰绿色粉砂岩、砂质泥岩
				直罗组 J₂z		75.26~164.17 101.87	192.27	下部为灰白色中、粗粒砂岩,发育大型板状交错层理、块状交错层理,具明显的底部冲刷特征。含浅灰白色豆状斑点,风化后呈瘤状突起。中上部为灰绿色、兰灰色团块状粉砂岩、粉砂质泥岩、泥岩,具豆状斑点
			延安组 J₂y	第五段		5.56~80.20 57.59	249.86	自2⁻²煤层顶板至煤系顶界,遭古直罗河冲刷井田西部及南端仅有数米。岩性简单,以灰白色巨厚层状富云母中粗粒砂岩为主,具大型交错层理
				第四段		16.88~69.49 52.07	301.93	自3⁻¹煤层顶板至2⁻²煤顶面。浅水三角洲沉积,底部以灰色粉砂岩为主;中下部以灰白色细、中粒砂岩为主;上部以(深)灰色粉砂岩及泥岩为主
				第三段		25.45~44.92 28.79	330.72	本段自4⁻¹煤层顶板至3⁻¹煤层顶面。单一层序结构的三角洲沉积,岩性以(深)灰色粉砂岩及泥岩为主,发育微波状及水平层理
				第二段		59.75~81.10 73.03	403.75	本段自5⁻²煤层顶板至4⁻¹煤顶面。为浅水三角洲沉积,岩性以厚层状灰白色粗、中、细粒长石砂岩为主,具交错层理、均匀层理
				第一段		50.03~63.45 58.53	462.28	本段自延安组底部至5⁻²煤顶面。中下部为滨浅湖相沉积,呈正粒序。下部为浅水三角洲沉积,部分地段呈先反后正复合粒序。岩性以灰色粉砂岩、泥岩及灰白色中细粒砂岩为主
		下统 J₁	富县组 J₁f			0~147.86 30.76	493.04	研究区仅上旋回发育,下、中部为巨厚灰白色石英砂岩,含石英砾。顶部为灰绿色、紫色粉砂岩、砂质泥岩

图 7.1　研究区地层综合柱状图

表 7.1　研究区主要可采煤层特征

煤层编号	煤层厚度特征		煤层间距	可采性指数	稳定性
	最小值~最大值 平均值	变异系数	最小值~最大值 平均值		
2⁻²及2⁻²上	$\dfrac{5.70 \sim 12.49\text{m}}{8.52\text{m}}$	0.23	$\dfrac{32.48 \sim 59.76\text{m}}{44.27\text{m}}$	0.99	稳定
3⁻¹及3⁻¹上	$\dfrac{1.60 \sim 2.31\text{m}}{2.04\text{m}}$	0.21		0.97	稳定
5⁻²	$\dfrac{0.96 \sim 2.17\text{m}}{1.52\text{m}}$	0.13	$\dfrac{83.88 \sim 110.93\text{m}}{97.13\text{m}}$	1.00	稳定

（三）地质构造

研究区金鸡滩煤矿位于中朝大陆板块的西部，鄂尔多斯台向斜的东翼—陕北斜坡。基底为前震旦系坚固结晶岩系，印支期构造运动及其以后的历次运动均未对其构成的明显影响，主要表现为垂直方向的升降运动，形成了一系列的假整合面以及小角度不整合面。基底中主要存在吴堡-靖边 EW 向、保德-吴旗 NE 向、榆林西-神木西 NE 向构造带，对煤田的形成与分布具有一定的控制作用，具体如图 7.2 所示。地层总体呈 NW 向缓倾斜，倾角小于 1°，局部地段呈现大小不一的波状起伏，区内未发现大型断层构造，亦无岩浆活动迹象。

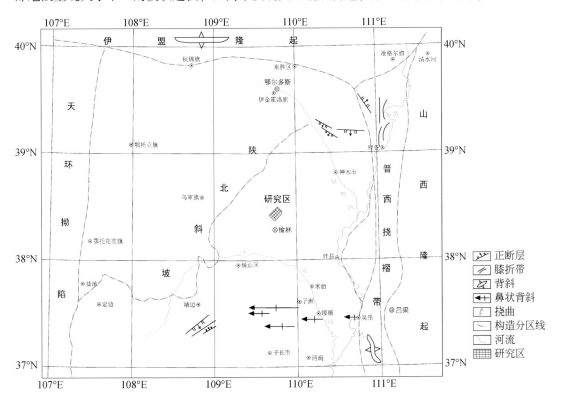

图 7.2　区域构造及水系纲要图

三、水文地质条件

在钻探、物探、现场原位试验、室内试验的基础上，对研究区地表水系、含（隔）水层水文地质参数及含（隔）水层空间赋存结构与特征进行分析，为分析煤层开采过程中的井下水害及地面生态响应奠定了基础。

（一）地表水系

研究区位于黄河一级支流无定河的支流榆溪河流域，在井田范围内的河流较少，主要有二道河则和三道河则两条长年性河流。二道河则发源地为金鸡滩镇马家伙场，河流总长18km，流域面积为15km²，多年平均流量为11230m³/d，在牛家梁乡李家伙场村东侧汇入榆溪河；井田内流长约1.9km，平均流量为5147m³/d。三道河则发源地为孟家湾乡东大兔兔村北，河流总长15km，流域面积为130km²，多年平均流量为17280m³/d，在牛家梁乡王化圪堵村南侧汇入榆溪河；井田内流长约3.7km，平均流量为13022m³/d，雨季流量可达到50000m³/d以上。井田地形平坦、开阔，二道河则及三道河则在井田内切割较浅，地下水从东北向西南方向径流，于河谷出露处排泄，因区内地势平缓，水力坡度较小，两条河流在金鸡滩井田范围内流程较短，两条河流之间无明显的分水岭存在。两条河流均位于金鸡滩井田边界附近，距离开采工作面较远，对开采基本无影响。研究区内原有一些海子，但大多已淤平干涸，其蓄水量很小。

（二）含（隔）水层空间赋存结构及特征

区内含水层自上而下分别为：第四系砂层孔隙潜水含水层组、风化基岩孔隙–裂隙承压含水层、完整基岩孔隙–裂隙承压含水层组；相对隔水层自上而下分别为第四系中更新统离石组黄土相对隔水层、新近系上新统保德组红土相对隔水层。含（隔）水层空间关系如图7.3所示。

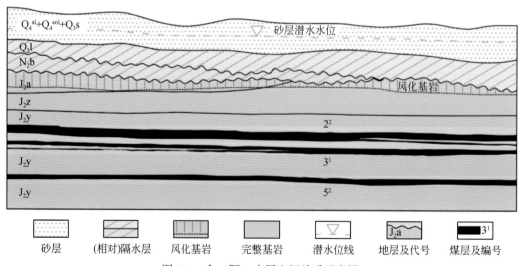

图7.3 含（隔）水层空间关系示意图

1. 含水层

1）第四系砂层孔隙潜水含水层组（Q_4^{al} + Q_4^{eol} + Q_3s）

该含水层组由第四系冲积层、风积沙与萨拉乌苏组砂层构成，潜水水位埋深为 0.50 ~ 4.60m，标高为 1194.18 ~ 1267.81m，水位总体上呈东南高、西北低，地下水自南东向北西径流；厚度一般为 10 ~ 50m，受下伏地层顶面形态控制，变化较大，最厚达 82.82m，局部无砂层含水层，如图 7.4 所示。冲积层主要在二道河则与三道河则处带状分布，以细砂、中粗砂为主，厚度一般小于 5m。风积沙层广泛分布，岩性以粉细砂为主，厚度变化大。萨拉乌苏组潜水含水层多被风积沙层掩盖，局部以滩地的形式出露，岩性多以黄褐色细砂、中砂夹有粉砂及泥质条带透镜体为主。该砂层孔隙潜水含水层组结构松散、极易接受大气降水补给。

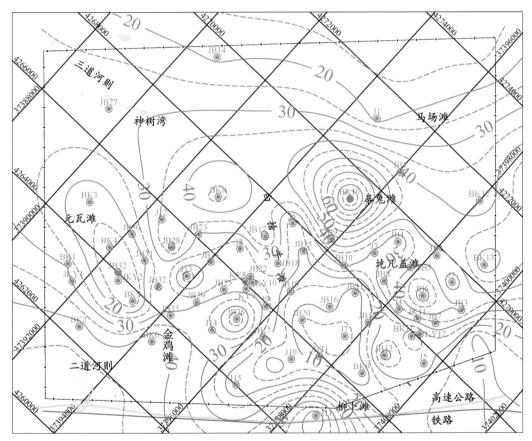

图 7.4 第四系孔隙潜水含水层厚度等值线图

根据抽水试验资料（表 7.2），该含水层组单位涌水量 q = 0.016 ~ 0.287L/（s·m），渗透系数 K = 0.064 ~ 3.444m/d（据 D2 孔），水质类型为 HCO_3-Ca·Na、HCO_3-Ca、SO_4、HCO_3-Ca·Na。大部分地段为富水性中等区，弱富水区主要分布于万家梁及马圈圪土层出露外围区域。

表7.2　第四系砂层孔隙潜水含水层组抽水试验成果表

孔号	水位埋深 /m	含水层厚度 /m	单位涌水量 /[L/(s·m)]	渗透系数 /(m/d)	影响半径 /m	水化学 类型
检1	3.70	10.90	0.184	3.444	88.12	HCO_3-Ca
检4	3.30	5.26	0.104	3.202	46.55	$SO_4 \cdot HCO_3$-Ca·Na
J14	2.06	31.85	0.287	2.729	153.82	HCO_3-Ca·Na
JB10	0.64	31.50	0.148	1.753	27.02	HCO_3-Ca
JKY2	3.98	12.37	0.016	0.064	26.91	HCO_3-Ca

2）风化基岩孔隙-裂隙承压含水层

井田内该层连续分布于基岩顶部，岩性以粉砂岩、泥岩、中粗砂岩为主，厚度为14.34～67.65m，平均为39.84m，如图7.5所示。含水层底界标高为1124.53～1229.75m，平均为1185.07m，总体呈东南向北西降低趋势。结构较松散，裂隙较发育，富水性受地形、上覆含（隔）水层特征、风化程度及岩性制约，天然富水性较差。

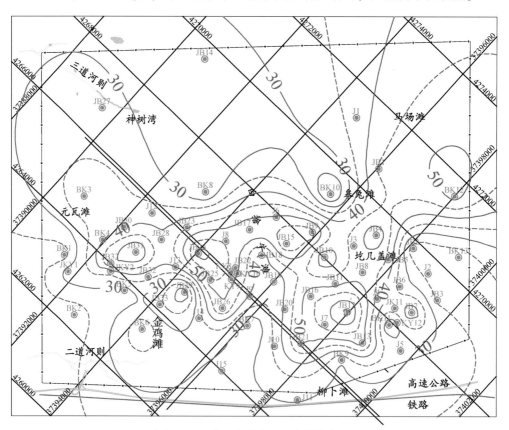

图7.5　风化基岩含水层厚度等值线图

抽水试验资料显示（表7.3），水位埋深为2.58～12.27m，单位涌水量 $q = 0.0320 \sim 0.3810L/(s \cdot m)$，渗透系数 $K = 0.0253 \sim 1.2590m/d$，水化学类型以 HCO_3-Na·Ca 为主，

富水性弱。需要说明的是，在保德组红土和离石组黄土层缺失地段，基岩风化裂隙地下水则与上覆的萨拉乌苏组含水层发生一定的水力联系，可能构成统一的含水体，从而导致基岩风化裂隙地下水水量增大。

表7.3 风化基岩承压含水层抽水试验成果表

孔号	水位埋深 /m	含水层厚度 /m	单位涌水量 /[L/(s·m)]	渗透系数 /(m/d)	影响半径 /m	水化学 类型
检6	3.41	86.80	0.0439	0.0481	58.04	HCO_3-Ca·Na·Mg
BK7	2.58	15.03	0.0417	0.0253	44.43	HCO_3-Ca·Na
JKY1	12.27	32.93	0.3810	1.2590	127.52	HCO_3-Ca
JKY2	3.62	35.97	0.0320	0.0702	86.62	HCO_3-Ca·Na·Mg

3）完整基岩孔隙-裂隙承压含水层组（$J_2a + J_2z + J_2y$）

由侏罗系中统安定组、直罗组与延安组构成。安定组受剥蚀厚度变化较大，井田中部相对较薄、南北较厚，残存厚度为 0~47.04m，平均为 25.66m。直罗组厚度为 47.20~175.12m，平均为 128.37m；在井田东南和西北部砂岩厚度较大，南部和北部较薄，累计厚度为 18.23~92.56m，平均为 46.54m，如图 7.6 所示。

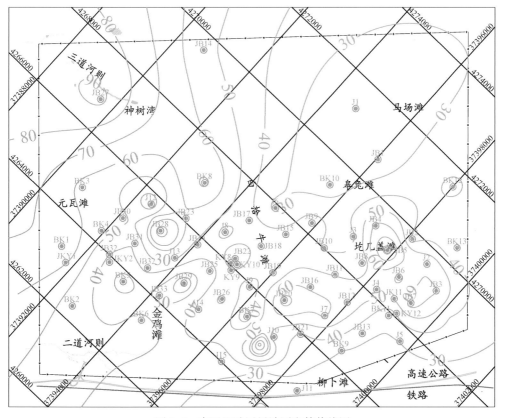

图 7.6 直罗组砂层累计厚度等值线图

抽水试验资料显示（表7.4），直罗组含水层水位埋深为 0.69 ~ 7.44m，单位涌水量 $q = 0.01930 \sim 0.08754 L/(s \cdot m)$，渗透系数 $K = 0.0232 \sim 0.0762 m/d$，水质类型为 HCO_3-$Na \cdot Ca \sim HCO_3$-$Ca \cdot Na \cdot Mg$，富水性弱。

表 7.4 完整基岩孔隙–裂隙承压含水层组抽水试验成果表

孔号	试验段	水位埋深 /m	含水层厚度 /m	单位涌水量 /[L/(s·m)]	渗透系数 /(m/d)	影响半径 /m	水化学 类型
检5	J_2z	7.44	48.91	0.01980	0.03870	50.44	HCO_3-$Ca \cdot Na \cdot Mg$
Y35	J_2z	0.69	38.58	0.08754	0.02320	76.62	HCO_3-$Ca \cdot Na$
JB10	J_2z	3.31	59.92	0.02420	0.04300	110.67	HCO_3-$Ca \cdot Na$
BK9	J_2z	6.55	23.44	0.01930	0.07620	55.67	HCO_3-Ca
检3	J_2y	3.20	61.48	0.02960	0.00998	61.54	HCO_3-$Na \cdot Ca$
BK5	J_2y	14.72	53.80	0.00135	0.00285	45.00	$HCO_3 \cdot SO_4$-$Ca \cdot Na$
BK11	J_2y^5	33.03	8.30	0.00056	0.00640	56.47	SO_4-Na
JB19	J_2y^5	61.09	19.64	0.00138	0.00957	30.29	CO_3-Na
J4	$J_2z + J_2y$	6.64	110.15	0.00826	0.00695	26.61	HCO_3-Na
J14	$J_2z + J_2y$	3.38	65.78	0.00998	0.00938	34.26	HCO_3-$Na \cdot Ca$
BK4	$J_2z + J_2y$	7.43	47.28	0.01405	0.05360	108.00	$HCO_3 \cdot SO_4$-Na
BK6	$J_2z + J_2y$	1.74	46.74	0.02308	0.04563	47.67	HCO_3-$Na \cdot Ca$

延安组含水层以中、细砂岩为主，局部含粗砂岩，泥质或钙质胶结，原生节理不发育，部分裂隙处于密闭或被方解石充填，裂隙及节理透水性差。2^{-2} 煤层以上含水层厚度为 0 ~ 61.48m，平均为 35.805m，仅在井田西北角不发育，如图7.7所示。水位埋深为 3.20 ~ 61.09m，单位涌水量 $q = 0.00056 \sim 0.0296 L/(s \cdot m)$，渗透系数 $K = 0.00285 \sim 0.00998 m/d$，水质类型为 $HCO_3 \cdot SO_4$-$Ca \cdot Na$、HCO_3-$Na \cdot Ca$、SO_4-Na，CO_3-$Na \sim SO_4$-$Ca \cdot Na$ 富水性弱。

2. 相对隔水层

1）第四系中更新统离石组黄土相对隔水层（Q_2l）

井田内离石组黄土层呈连续片状分布，井田西部和东南部厚度较大，中部较小，零星缺失，如图7.8所示。分布区内厚度为 0 ~ 75.21m，平均为 20.02m。岩性以粉土为主，垂直裂隙较发育，垂向渗透性较好，渗透系数为 0.0137 ~ 0.0613m/d，平均为 0.0386m/d，具有一定的隔水能力。离石组黄土层直接覆盖于保德组红土之上，与保德组红土层的组合大大增加了对萨拉乌苏组和风积沙含水层水的保护作用。

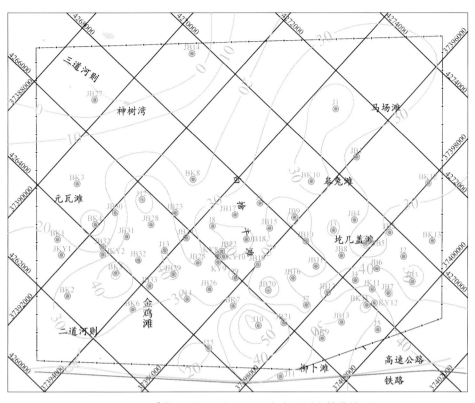

图 7.7　2^{-2}煤层顶板延安组承压含水层厚度等值线图

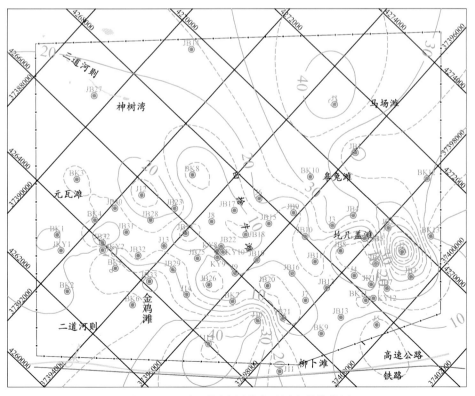

图 7.8　Q$_2$l 相对隔水层分布及厚度等值线图

2）新近系上新统保德组红土相对隔水层（N_2b）

井田内保德红土呈不连续分布，主要发育在井田西部和东南部，井田大部区域缺失或厚度较薄，如图 7.9 所示。分布区内厚度为 1.40 ~ 49.56m，平均为 13.20m。岩性为浅红色、棕红色黏土及亚黏土，含不规则的钙质结核，结构较致密，裂隙不发育。富水性极差，渗透系数为 0.0016 ~ 0.00248m/d，平均为 0.00203m/d，是井田内砂层潜水的关键隔水层。

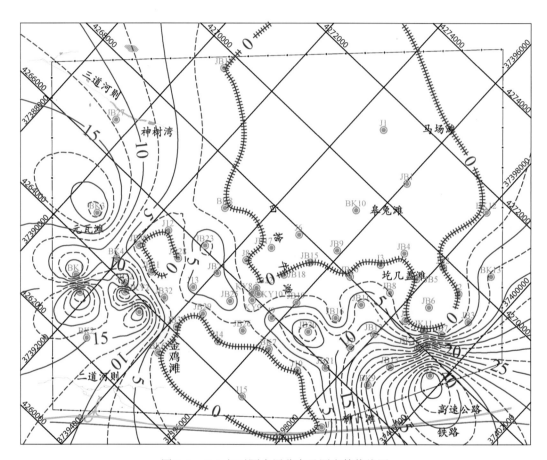

图 7.9　N_2b 相对隔水层分布及厚度等值线图

如图 7.10 所示，2^{-2} 主采煤层顶板距离土层底界高度为 144.65 ~ 235.85m，平均为 204.50m，煤层采动破坏隔水土层可能引起潜水的漏失。

（三）地下水补给、径流、排泄条件

1. 地下水的补给

研究区内第四系砂层孔隙潜水含水层主要接受大气降水补给，大气降水除少量蒸发外，几乎全部下渗补给潜水；其次为区域潜水含水层侧向补给；凝结水也为潜水补给来源，但补给量十分微弱。潜水含水层的补给量受降水量、降水强度、降水形式、地形地

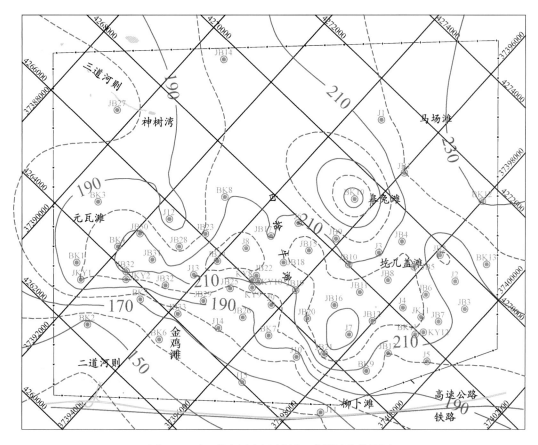

图 7.10　相对隔水层底界距离 2^{-2} 煤层等值线图

貌、含水层岩性等多种因素制约，受季节变化明显。完整基岩孔隙-裂隙承压含水层主要接受区域侧向径流补给及上部潜水的越流补给，在井田西部基岩裸露区或松散层甚薄区域可直接接受降水及地表水沿裂隙向岩层内微弱渗透补给。第四系潜水垂向渗流与越流补给，也是重要的补给来源。

2. 地下水的径流

第四系砂层孔隙潜水含水层的径流强度与形式主要受地形及底部相对隔水土层的形态控制，一般沿黄土或红土的顶界面自研究区东北向西南方向潜流运移，区内无明显的分水岭存在，水力坡度较缓。风化基岩和完整基岩孔隙-裂隙承压水主要顺岩层倾向方向往深部径流运移，基岩承压水与潜水存在一定的互补关系，主要通过越流或"天窗"顶托方式发生水力联系，局部基岩裸露地段地下水流向具有多向性。总体上，第四系砂层孔隙潜水及风化基岩孔隙-裂隙水的径流方向由高至低与现代地形基本吻合，河谷区潜水的径流方向与地表水径流方向斜交；深层地下水径流方向基本沿岩层倾向由研究区东向西或西北方向运移。

3. 地下水的排泄

第四系砂层潜水主要以泉或者渗流的形式进行排泄，补给二道河则、三道河则后转为地表径流，或于低洼地带渗流形成海子、水塘等。在相对隔水土层缺失或厚度不足的区域，潜水发生下渗，补给风化基岩裂隙水。此外，地表水的垂直蒸发、植物蒸腾，尤其是人工开采、农业灌溉也是潜水的主要排泄形式。侏罗系基岩孔隙-裂隙承压水在沟谷切割部位，以泉的形式排泄，补给地表水，部分通过"天窗"以顶托形式排泄补给上部含水层，并有少量的人工开采形式排泄。

四、覆岩工程地质特性

依据钻孔揭露及室内岩土物理、水理参数测试结果，在分析岩土体工程地质特征的基础上，将覆岩（土）划分为砂层组、土层组、风化岩组、砂岩组及泥岩组五个岩组。各岩组工程地质特性具体如下。

（一）砂层组

该岩组结构极为松散，孔隙率大，透水性强；强度低，承载力低，稳定性差，如图7.11所示。粒径集中在 $0.5 \sim 0.075\text{mm}$，中、细砂占据绝对优势。天然含水率 ω 平均14.78%，天然容重 γ 平均为 17.52kN/m^3，不均匀系数 C_u 平均为3.26，曲率系数 C_c 平均为0.97，级配不良，具体如表7.5所示。风干和水下状态的天然坡角分别为 34.0° 和28.4°，风力吹蚀流动性较差，水流侵蚀搬运强度具明显季节性。

图 7.11　松散结构的砂层组

表 7.5　砂层的粒度成分及物理性质

样品编号	粒度成分/%				C_u	C_c	ω/%	γ/（kN/m³）	分类
	2~0.5mm	0.5~0.25mm	0.25~0.075mm	<0.075mm					
1	0.2	27.6	42.9	29.4	3.80	1.00	17.80	19.5	粉砂
2	0.5	48.5	49.0	2.0	3.15	0.86	13.27	15.8	细砂

续表

样品编号	粒度成分/%				C_u	C_c	ω /%	γ /(kN/m³)	分类
	2~0.5mm	0.5~0.25mm	0.25~0.075mm	<0.075mm					
3	0.5	43.5	54.5	1.5	2.98	0.82	17.46	19.4	细砂
4	1.0	59.3	38.7	1.0	3.23	1.09	12.77	14.8	中砂
5	1.0	59.0	40.0	0.0	3.15	1.07	12.58	18.1	中砂

(二) 土层组

该岩组包括离石组黄土与保德组红土，鲜见地表出露，多被砂层组覆盖。黄土以粉土为主，夹亚砂土及钙质结核，孔隙度大，结构松散，发育直立柱状节理，多处于可塑或硬塑状态，如图 7.12（a）所示。黄土天然含水量 w 平均为 22.5%，天然容重 γ 平均为 20.36kN/m³，孔隙比 e 平均为 0.696；液性指数 I_L 小于 0.69；原状饱和黄土的压缩系数 a_{1-2} 平均为 0.26MPa⁻¹，属中等压缩性土，湿陷系数 δ_s 平均为 0.0085。原状黄土内摩擦角 φ 介于 23.1°~26.6°，黏聚力 c 介于 22.0~79.0MPa，天然状态下具有一定的抗剪强度。

红土层土质较细腻，以粉质黏土为主，含少量亚砂土，局部钙质结核成层分布，底部发育红色、灰黄色钙质结核层，土体稍湿，处硬塑状态，如图 7.12（b）所示。天然含水率 w 平均为 15.9%，天然容重 γ 平均为 19.68kN/m³，孔隙比 e 平均为 0.577；液限 w_L 平均为 31.49%，塑限 w_p 平均为 18.34%，液性指数 I_L 平均为 0.21，塑性指数 I_p 平均为 13.14；压缩系数 a_{1-2} 平均为 0.07MPa⁻¹，属低压缩性土，湿陷系数 δ_s 一般小于 0.001。原状红土内摩擦角 φ 介于 34.2°~36.8°，黏聚力 c 介于 59.6~115.9MPa，天然状态下具有较高的抗剪强度。

(a) 离石黄土　　　　　　　　　　(b) 保德红土

图 7.12　土样照片

(三) 风化岩组

根据野外岩心鉴定、地球物理测井曲线特征、岩心采取率以及岩石力学强度综合确定结果，研究区内该岩组的发育厚度为 14.34～67.65m。区内安定组、直罗组地层岩石不同程度遭受风化，风化程度及发育厚度与基岩岩性、结构、胶结物性质的关系密切。安定组风化带岩性以紫红色、暗紫色、紫杂色泥岩、粉砂岩、中细粒长石砂岩为主；直罗组风化带风化强烈，岩性以灰黄色、灰绿色、灰白色的粉砂岩、细粒砂岩为主，如图 7.13 所示。风化岩层内部由上到下风化程度逐渐减弱，强风化岩石结构破坏、疏松破碎、裂隙发育、容重小、孔隙度大（e 一般大于 15%）、含水率增高（w 一般大于 1.0%），多数岩石遇水短时间内全部崩解或沿裂隙离析。干燥抗压强度损失率介于 27%～56%，不同岩石抗压强度不同，抗压强度降低的幅度也不同，硬脆性的砂岩抗压强度减小的幅度比黏塑性的泥岩要大，如表 7.6 所示。强风化岩体结构面中富集黏土矿物形成软弱泥化夹层，泥质胶结的中粒砂岩、细粒砂岩其长石、云母等矿物的黏土化使得颗粒间连接力减弱，对岩体的强度和破坏具有控制作用。黏土矿物中高岭石占比约 35%，蒙脱石占比约 5%。风化裂缝带基岩饱和抗压强度为 6.5～14.65MPa，软化系数为 0.53～0.62。RQD 平均为 42.2%，属劣质的软弱岩石，强度小，岩体完整性差。

图 7.13　软弱破碎风化基岩

（四）砂岩组

该岩组以粉砂岩和细粒砂岩为主，次为中、粗粒砂岩，岩性以石英、长石为主，含云母及暗色矿物，岩石一般为泥质胶结，局部为钙质胶结，多形成煤层的基本顶或基本底。以延安组第四段和直罗组底最为突出，其次为各煤层之上的砂岩。原生结构面一般有块状层理、槽状层理、大型板状交错层理，单层厚度大，构造结构面不发育。砂岩类的岩石多属硬脆性岩石，在外力作用下易碎裂、崩塌或垮落，同时其隔水性能将大幅度减弱或完全丧失，冒落及裂缝带发育高度较大，裂隙的导水性能好。据室内测试结果（表 7.6），粉砂岩饱水抗压强度 R_c 平均为 31.24MPa，软化系数 K_R 平均为 0.57；细粒砂岩饱水抗压强度 R_c 平均为 26.68MPa，软化系数 K_R 平均为 0.62；中粒砂岩饱水抗压强度 R_c 平均为 24.18MPa，软化系数 K_R 平均为 0.59；粗粒砂岩饱水抗压强度 R_c 平均为 22.33MPa，软化系数 K_R 平均为 0.58。砂岩组具有一定的抗水、抗风化和抗冻性，工程地质性能较好。RQD 平均为 67.4%，岩石质量为中等至良好，为井田内稳定性较好的岩组，如图 7.14（a）所示。

表7.6　风化及完整基岩物理力学性质

岩组	岩性	ρ/(g/cm³)	e/%	ω/%	R_c/MPa	R_m/MPa	c/MPa	φ/(°)	K_R	E_c/(10⁴MPa)	μ
风化岩组	泥岩	2.21~2.25/2.23 (2)	13.88~15.91/14.40 (2)	0.92~1.08/1.00 (2)	—	—	—	—	—	—	—
	粉砂岩	2.22~2.32/2.28 (6)	14.80~16.78/15.84 (6)	0.97~1.25/1.21 (6)	6.70~22.25/14.65 (6)	0.42~1.62/1.13 (6)	0.85~3.34/2.08 (6)	37.21~38.75/38.36 (6)	0.52~0.56/0.53 (6)	0.15~0.39/0.24 (6)	0.18~0.32/0.24 (6)
	细粒砂岩	2.23~2.25/2.24 (2)	15.98~16.39/16.19 (2)	1.15~1.28/1.22 (2)	8.10~18.00/13.05 (2)	0.75~1.40/1.08 (2)	1.48~2.79/2.14 (2)	39.13~39.54/39.34 (2)	0.60~0.64/0.62 (2)	0.22~0.41/0.32 (10)	0.21~0.28/0.25 (2)
	中粒砂岩	2.19~2.22/2.21 (3)	15.60~18.01/16.41 (3)	0.98~1.36/1.26 (3)	7.80~12.30/10.30 (3)	0.24~0.98/0.62 (3)	0.51~1.87/1.18 (3)	39.17~40.69/39.80 (3)	0.56~0.59/0.58 (3)	0.21~0.46/0.35 (3)	0.18~0.34/0.26 (3)
	粗粒砂岩	2.18~2.24/2.21 (2)	16.77~16.85/16.81 (2)	1.39~1.73/1.56 (2)	6.50/6.50 (1)	0.85/0.85 (1)	1.65/1.65 (1)	38.76/38.76 (1)	0.55/0.55 (1)	0.23/0.23 (1)	0.35/0.35 (1)
砂岩组	粉砂岩	2.45~2.64/2.52 (20)	10.71~14.44/12.01 (20)	0.75~1.36/0.91 (20)	19.85~42.77/31.24 (20)	0.13~2.66/1.68 (20)	1.95~4.96/3.74 (20)	37.33~39.51/38.66 (20)	0.50~0.65/0.57 (20)	1.42~6.12/3.20 (20)	0.12~0.19/0.17 (20)
	细粒砂岩	2.38~2.53/2.46 (16)	11.49~17.22/13.51 (16)	0.80~1.13/0.98 (16)	21.0~46.4/26.68 (16)	0.73~4.62/1.63 (16)	2.54~4.83/3.30 (16)	37.98~40.03/38.86 (16)	0.60~0.64/0.62 (16)	1.20~5.99/2.96 (16)	0.15~0.24/0.18 (16)
	中粒砂岩	2.17~2.62/2.43 (20)	10.41~19.88/14.92 (20)	0.87~1.63/1.12 (20)	17.8~38.6/24.18 (20)	1.08~2.70/1.50 (20)	1.56~4.86/3.41 (20)	37.58~39.87/38.65 (20)	0.54~0.62/0.59 (20)	0.56~5.10/2.40 (20)	0.15~0.22/0.18 (20)
	粗粒砂岩	2.24~2.48/2.39 (6)	11.64~16.33/16.17 (6)	1.11~1.84/1.25 (6)	12.3~29.6/22.33 (6)	0.76~3.05/1.22 (6)	1.72~4.85/3.24 (6)	38.22~39.91/39.08 (6)	0.54~0.61/0.58 (6)	1.17~4.66/2.59 (6)	0.15~0.24/0.19 (6)
泥岩组	泥岩	2.32~2.40/2.36 (2)	10.33~10.41/10.37 (2)	0.60~0.86/0.73 (2)	14.90/14.90 (1)	1.13/1.13 (1)	2.49/2.49 (1)	39.35/39.35 (1)	0.48/0.48 (1)	0.85/0.85 (1)	0.23/0.23 (1)
	砂质泥岩	2.31~2.47/2.37 (20)	8.80~13.12/10.38 (20)	0.54~0.87/0.80 (20)	9.70~37.90/21.64 (16)	0.65~2.45/1.45 (20)	1.31~5.02/2.93 (20)	36.27~41.65/38.65 (20)	0.43~0.66/0.58 (20)	0.53~2.76/1.26 (20)	0.16~0.26/0.19 (20)
	泥质粉砂岩	2.31~2.42/2.36 (16)	9.19~12.01/10.54 (16)	0.76~1.46/0.88 (16)	11.10~36.10/22.96 (20)	0.58~2.60/1.44 (16)	1.23~5.42/2.90 (16)	37.47~40.88/38.55 (16)	0.48~0.65/0.57 (16)	1.01~3.28/1.90 (16)	0.16~0.24/0.19 (16)

注：$\dfrac{最小值~最大值}{平均值}$（样品数）

(a) 砂岩组　　　　　　　　　　　　(b) 泥岩组

图 7.14　代表性完整基岩照片

（五）泥岩组

该岩组与煤层开采有直接关系，是煤系地层的主要岩组，主要由泥岩、泥质粉砂岩、砂质泥岩组成，岩心致密坚硬，完整性较高，多以长柱状为主，如图 7.14（b）所示。多出现于煤层的直接顶板与底板。岩石中含有较高的黏土矿物和有机质，由层状结构的岩体组成，发育水平层理、小型交错层理、节理裂隙和滑面等结构面。泥岩类岩石由于黏土矿物亲水性强，水稳定性比砂岩类岩石差。黏塑性较强的泥岩、砂质泥岩类采动后容易冒落，但冒裂带发育高度较小，裂隙导水性也相对较差。如表 7.6 所示，泥岩的饱水抗压强度 R_c 平均为 14.90MPa，软化系数 K_R 平均为 0.48；砂质泥岩饱水抗压强度 R_c 平均为 21.64MPa，软化系数 K_R 平均为 0.57；泥质粉砂岩饱水抗压强度 R_c 平均为 22.96MPa，软化系数 K_R 平均为 0.57。属易软化软岩，RQD 平均为 55.2%，岩石质量为劣～中等，岩体完整性中等，研究区内泥岩类的工程地质性质明显高于东部矿区，主要表现在强度与完整性。

综上，研究区覆岩整体结构为砂–土–基型，土层结构松散，强度低，具有一定的隔水能力；基岩形成时期较晚，胶结程度低且以泥质胶结为主；裂隙及节理均不发育，呈整体厚层结构，与东部矿区的层状或块状结构具有明显区别；岩体强度整体较低，岩石强度强弱的一般次序依次为粉砂岩>细粒砂岩>中粒砂岩>粗粒砂岩>泥质粉砂岩>泥岩。岩石结构与物理性质、力学性质之间存在相关关系，结构致密坚硬的岩石则强度愈大，岩石变形程度则按上述岩性顺序由不易变形至易变形。岩石受结构影响，力学性质不均一，具明显的各向异性。岩石强度随深度增大而呈明显的增高之势。

第二节　砂–土–基型覆岩采动导水裂隙带高度预计

金鸡滩煤矿一盘区目前采厚 5.5m 的分层大采高开采区，即 123、101 以及 103 工作面已实现回采结束，采厚 8m 的超大采高一次采全高开采区中 108 工作面也已回采结束，正在对 106 工作面进行回采，采厚 11m 的综合放顶煤开采区 117 工作面现已贯通切眼，等待下一步进行回采，如图 7.15 所示。本节就三种不同采厚条件下的覆岩导水裂隙带发育情况进行分析，确定导水裂隙带最大高度发育位置以及导水裂隙带是否会直接触及地表砂层潜水含水层（Yang et al., 2019a）。

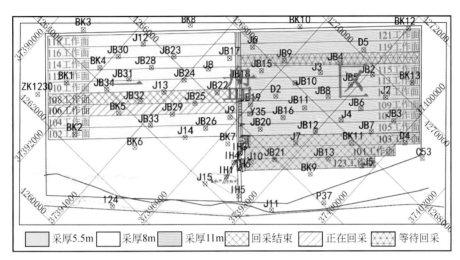

图 7.15　金鸡滩煤矿一盘区开采情况分布

一、采厚 5.5m 分层大采高覆岩破坏特征

为了研究采厚 5.5m 分层大采高开采区导水裂隙带高度发育情况，以首采 101 工作面为例，在其采空区上方布设钻孔进行现场实测。采用岩心工程地质编录、彩色钻孔电视、钻孔冲洗液漏失量观测法以及地球物理测井方法分别对其采空区顶板导水裂隙带顶界埋深分布情况进行探测。

101 工作面所开采的 2^{-2} 煤层底板平均埋深约为 260m，且工作面宽度约为 300m，长度约为 4492m。为探查工作面导水裂隙带最大发育高度及空间剖面形态，在工作面内布设三条剖面线，其中 Ⅰ-Ⅰ′ 与 Ⅱ-Ⅱ′ 两条勘探线沿倾向布设，分别布设钻孔 JT1、JT2、JT3、JT4 以及 JSD1、JSD2、JSD3，沿推进方向在工作面中心位置布设 Ⅲ-Ⅲ′ 勘探线，分布钻孔 JT4、JT5、JT6、JSD2，其中 JT4 与 JSD2 布设在勘探线交点位置，JT1 位于工作面外侧用作背景对照钻孔（图 7.16）。

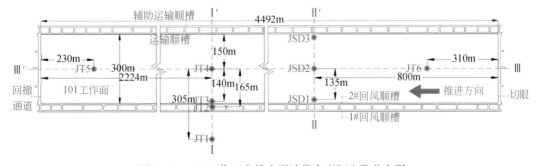

图 7.16　101 工作面内导水裂隙带高度探查孔分布图

JT1 钻孔岩心编录结果显示煤层顶板地层岩性组合为砂–土–基型，其中土层所占厚度比例达 20%；基岩段以砂岩为主，占厚度的 54%，岩心较完整，采取率高，RQD 值为 66% ~85%；粉砂岩、砂质泥岩占厚度比例的 26%，RQD 值为 70% ~80%。未发现有天然裂隙发育，通过对比其他钻孔岩心工程地质编录情况，各探查孔处导水裂隙带最大高度埋深位置从而确定，如表 7.7 所示。

表 7.7　钻探揭露导水裂隙带发育高度

钻孔编号	JSD1	JSD2	JSD3	JT1	JT2	JT3	JT4	JT5	JT6
覆岩导水裂隙带顶界面埋深/m	211.51	155.97	201.09	—	—	185.23	147.21	141.47	154.37

根据钻孔孔壁影像中岩石裂隙的分布特征，对各钻孔处的导水裂隙带最大高度位置进行了确定，各探查孔处导水裂隙带最大高度埋深位置，如表 7.8 所示。

表 7.8　钻孔彩色电视测井显示的导水裂隙带发育高度

钻孔编号	JSD1	JSD2	JSD3	JT1	JT2	JT3	JT4	JT5	JT6
覆岩导水裂隙带顶界面埋深/m	209.79	153.69	185.12	—	—	181.81	145.49	146.49	151.69

在 JT1 背景钻孔钻进过程中，土层段单位时间冲洗液消耗量为 0.05 ~0.2L/s，平均为 0.14L/s；基岩段单位时间冲洗液消耗量为 0.018 ~0.199L/s，平均为 0.069 L/s，由于 JT2 孔位于工作面保护煤柱，岩层结构基本未发生变化，各层段冲洗液消耗量保持稳定，从而确定各探查孔处导水裂隙带最大高度埋深位置，如表 7.9 所示。

表 7.9　钻孔冲洗液消耗量显示的导水裂隙带发育高度

钻孔编号	JSD1	JSD2	JSD3	JT1	JT2	JT3	JT4	JT5	JT6
覆岩导水裂隙带顶界面埋深/m	204.45	153.07	182.98	—	—	181.53	146.07	144.66	151.80

在 JT1 背景钻孔测井曲线的基础上，对比分析了其余各钻孔声波时差、短源距、电阻率与井径等物性参数的变化曲线及其特征，并确定各探查孔处导水裂隙带最大高度埋深位置，具体结果如表 7.10 所示。

表 7.10　钻孔地球物理测井显示的导水裂隙带发育高度

钻孔编号	JSD1	JSD2	JSD3	JT1	JT2	JT3	JT4	JT5	JT6
覆岩导水裂隙带顶界面埋深/m	200.89	140.31	175.45	—	—	142.01	135.21	139.86	144.99

根据上述分析，利用钻孔岩心地质编录、钻孔彩色电视图像并配合钻孔冲洗液消耗量观测结果作为确定导水裂隙带最大高度位置埋深主要依据，而将地球物理测井解释作为辅助验证，从而确定各探查孔导水裂隙带最大发育高度，如表 7.11 所示。

表 7.11　101 工作面导水裂隙带高度综合分析结果

钻孔编号	煤厚/m	煤层底板埋深/m	导水裂隙带高度/m	裂采比
JSD1	9.04	272.62	59.13	10.75
JSD2	8.90	269.46	107.49	19.54
JSD3	8.76	261.70	69.94	12.72
JT1	9.21	265.55	—	—
JT2	9.15	263.17	—	—
JT3	9.08	262.10	71.50	13.00
JT4	9.07	266.20	111.05	20.19
JT5	9.01	264.98	111.32	20.24
JT6	8.02	265.70	105.87	19.25

金鸡滩井田完整基岩厚度发育为 179.9~278m，通过探查，以 101 工作面为代表的采厚 5.5m 分层大采高开采区，其采空区顶板导水裂隙带高度发育为 0~111.32m，整个导水裂隙带在完整基岩内发育，不会穿过相对隔水土层，对地表砂层潜水含水层的完整性不会造成破坏，如图 7.17 所示。

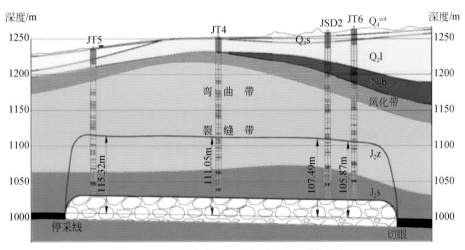

图 7.17　金鸡滩矿 101 工作面实测三带划分图

二、采厚 8m 超大采高一次采全高覆岩破坏特征

为探查与分析采厚 8m 超大采高一次采全高开采区煤层顶板覆岩变形破坏的动态特征与导水裂隙带发育规律，沿 108 工作面推采方向中心位置布设勘探线Ⅳ-Ⅳ′，布置两个光纤监测孔，即 JKY1 及 JKY2。监测孔的布置及监测结果见第五章四节。裂采比为 23.79（JKY1）~24.36（JKY2）。由于 108 工作面实际采厚并未达到 8m，按照采厚 8m 计算，导水裂隙带最大高度为 190.32~194.88 m（Liu Y et al., 2018）。

对于采厚8m超大采高一次采全高开采区内 2^{-2} 煤层顶板完整基岩厚度分布情况进行分析，煤层顶板侏罗系完整基岩厚度处于179.9～252.2m，风化带顶界至 2^{-2} 煤层顶板厚度为213.9～283.6m，采厚8m超大采高一次采全高开采区导水裂隙带最大发育高度可能穿透完整煤层顶板侏罗系基岩含水层，继续穿入至基岩顶部的风化带含水层，但并不会穿透整个风化带含水层，直接波及上部地表砂层潜水含水层造成生态潜水渗漏，如图7.18所示。

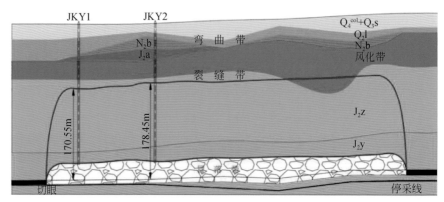

图7.18　金鸡滩矿108工作面实测三带划分图

三、采厚11m综合放顶煤开采覆岩破坏特征

为探查与分析采厚11m综合放顶煤开采区煤层顶板覆岩变形破坏与导水裂隙带发育规律，以117工作面为例，利用第五章导水裂隙带高度预计方法，结合现场实测，分析采厚11m综合放顶煤开采覆岩破坏特征。

117工作面位于一盘区的东北部，该工作面总体为一单斜构造，标高为+971.8～+983.2m，平均为+977.5m，总体呈东北高、西南低；煤层走向为近正北方向，倾向为近正西方向。工作面主采 2^{-2} 煤层及 $2^{-2\pm}$ 煤层，2^{-2} 煤层层位稳定，结构简单，煤层略有起伏，煤层倾角平均小于1°。$2^{-2\pm}$ 煤层和 $2^{-2\mp}$ 煤层在切眼附近并为一个煤层，厚度达到11.20m。据117工作面附近钻孔揭露，$2^{-2\pm}$ 煤层厚度为8.6m～11.2m，埋深为259～284m。

布设传感光缆均通过勘探钻孔植入 2^{-2} 煤层上覆地层中，并通过分层注浆工艺对监测孔进行封存以保证各光缆与地层达到良好耦合。分布式光纤监测孔KYS布设于金鸡滩煤矿117综放工作面上方地表，位于工作面中心轴线上，距离开切眼的水平距离为300m。KYS钻孔设计直径为133mm，孔深207m。传感光缆下放深度为200m。通过监测分析117工作面开采时导水裂隙带最大发育高度为223.75m，采厚为11.1m，可得裂采比为20.16。

第三节　考虑潜水渗漏的超长综放工作面涌水量预计

我国西部煤炭赋存条件整体相对简单，煤矿开采工作面总体宽且长（一般宽度为250m～300m，走向为3km～5km）。同一开采工作面，顶板水文地质条件差异较大，以往按照工作面整体为目标的顶板涌水量预计方法及总体防排水措施，在实际生产中会不相适应，甚至造成一些部位顶板突水事故。因此，如何较准确地预计西部超长工作面分段涌水量并为分段水害防治提供依据，成为西部煤矿水害防治的关键问题之一。

本次以金鸡滩煤矿拟开采的117工作面为例，以顶板充水水文地质条件探查资料为基础（因目前井下探放水孔为不充分探放水孔——探放水孔高度未达到导水裂隙带高度，本次以地面勘探孔资料为依据），分析其沿工作面走向的差异性；考虑工作面、顺槽及联络巷煤层底板标高和工作面分段排水总体方案，对工作面涌水量进行了分段预计，为工作面分区段排水能力设计提供依据。

一、117工作面分段依据

金鸡滩矿117工作面预想水文地质剖面图见图7.19。煤层采全厚时，根据上述导水裂隙带高度分析，预计金鸡滩煤矿首采面导水裂隙带发育高度范围为193.50～223.75m（图7.19）。工作面开采后，导高贯穿风化带进入土层，所以直接充水含水层为延安组砂岩含水层、直罗组砂岩含水层和风化基岩含水层；间接充水含水层为第四系潜水含水层。

为了更加准确预计117工作面涌水量及确定各阶段的排水系统能力，根据工作面回风巷和运输巷的掘进的煤层底板等高线，将工作面划分为5个区段：0～423.35m、423.35～1752.1m、1752.1～2766.65m、2766.65～3534.57m和3534.57m～停采线。以下根据这5个区段进行相应的涌水量预计。

二、工作面水文地质参数分段确定

（一）含（隔）水层厚度

在117工作面煤层采全厚的基础上，进行工作面分段涌水量预计。根据117工作面内及附近的钻孔揭露资料（14个钻孔），统计了煤层采全厚条件下导水裂隙带范围内顶板砂岩（不含粉砂岩）厚度、导高顶界面距离潜水的距离及风化带厚度，见表7.12。

表7.12　导水裂隙带范围内顶板砂岩（不含粉砂岩）厚度、导高顶界面距离
潜水的距离及风化带厚度统计表

钻孔	导高内风化带厚度/m	导高顶界面距离潜水距离/m	顶板砂岩厚度（不含粉砂岩）/m
KY1	44.190	35.39（流砂3.6+风化带11.79+黄土20）	—
KY2（KYS）	44.190	31.3（流砂4.3+风化带2.2+黄土24.8）	—
KY3	44.190	29.498（流砂4.0+风化带10.798+黄土14.7）	—
JB2	20.920	25.28（仅黄土）	92.29
KY4	33.300	7.384（流砂4.684+黄土2.7）	—
KY5	28.180	14.646（流砂8.446+黄土6.2）	—

钻孔	导高内风化带厚度/m	导高顶界面距离潜水距离/m	顶板砂岩厚度（不含粉砂岩）/m
D5	27.704	16.492（仅黄土）	—
JB4	42.830	42.052（风化带11.752+黄土30.3）	94.32
KY6	38.226	13.9（流砂7.81+黄土6.09）	—
J3	43.064	28.674（仅黄土）	92.18
JB9	55.390	6.414（仅黄土）	54.73
KY7	46.056	8.1（流砂1.4+黄土6.7）	—
JB15	45.756	29.254（黄土14.05+风化带15.204）	63.66
J6	26.652	36.068（黄土22.58+风化带13.488）	76.77

（二）渗透系数的确定方法

117 综放工作面开采 $2^{-2\perp}$ 煤层，其直接充水含水层为煤层顶板导水裂隙带内的顶板砂岩裂隙含水层以及基岩风化带含水层，其中顶板砂岩裂隙含水层包括延安组砂岩含水层与直罗组砂岩含水层；此外，砂层潜水（第四系含水层）为矿井间接充水含水层，工作面范围内红土缺失，只有黄土层作为隔水层，潜水可能会发生较严重漏失。为计算工作面涌水量，需要分别确定顶板砂岩裂隙含水层和基岩风化带含水层的渗透系数；为了计算潜水的漏失量，需要确定潜水底板与导高顶界面之间相对（复合）隔水层的渗透系数，即黄土层、流砂层或风化带相互组合的等效渗透系数。

顶板砂岩裂隙含水层，基岩风化带含水层和流砂层的渗透系数，基于工作面各段附近的抽水试验获取；对于相对隔水层黄土层的渗透系数，可以通过工作面附近钻孔的压（抽）水试验获取。

三、涌水量分段预计

117 工作面涌水量分段预计，按照煤层采全厚时，结合煤层底板等高线划分的 5 个区段进行预计，即 0m～423.35m、423.35m～1752.1m、1752.1m～2766.65m、2766.65m～3534.57m 和 3534.57m～停采线。每个区段分别计算从顶板砂岩裂隙含水层、基岩风化带含水层和第四系潜水含水层三个角度进行计算。

（一）0m～423.35m 区段

1. 顶板砂岩裂隙含水层

采用"大井法"预计顶板砂岩裂隙含水层涌水量。在煤矿实际开采中，水位降至开采工作面底板位置，可认为降余水柱 $h_0 = 0$。

矿井涌水量可由下式计算：

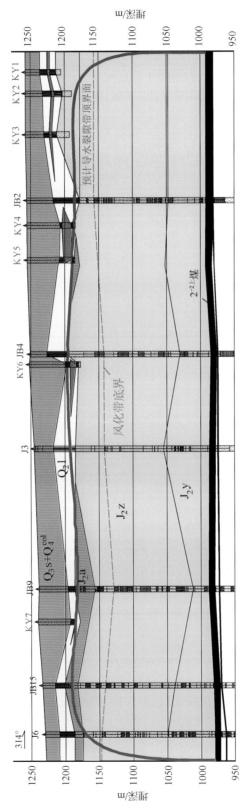

图7.19 金鸡滩矿117工作面预想想水文地质剖面及导水裂隙带高度预计

$$Q = 1.366K \frac{2HM - M^2}{\lg R_0 - \lg r_0} \tag{7.1}$$

式中，Q 为矿井涌水量，$\mathrm{m^3/d}$；K 为渗透系数，$\mathrm{m/d}$；H 为水头高度，m；M 为含水层厚度，m；R_0 为引用影响半径，m；r_0 为引用半径，m。

根据工作面水文地质参数分段确定方法，对工作面顶板砂岩裂隙含水层涌水量预计参数选取如下。

（1）对于顶板砂岩裂隙含水层的厚度，统计 0m～423.35m 区段中的钻孔所对应的砂岩含水层厚度，可知 KY1 和 KY2 在该区段内，KY1 和 KY2 是工作面土层补勘孔。因此，为获取该区段导高顶板砂岩裂隙含水层的厚度，结合 117 工作面预想水文地质剖面图，得出 0m～423.35m 区段导高范围内顶板砂岩裂隙含水层厚度为 92.29m。

（2）渗透系数利用距离工作面最近的 J4、D2、JB10 与 JB19 钻孔得到渗透系数为 0.00694～0.04616m/d，平均值 $K = 0.021668\mathrm{m/d}$。

（3）静止水位标高取 J4（1247.84m）、JB10（1238.98m）和 JB19（1175.18m）号孔的平均值 1220.67m，该区段综放面 2^{-2} 煤层上煤底板平均标高为 980.17m，水头高度 $H = 240.5\mathrm{m}$。

（4）影响半径 $R = 10S\sqrt{K} = 354.02\mathrm{m}$（取 $S = H$）。

（5）该段综放面呈矩形，长（a）约 423.35m，宽（b）约 300m，引用半径选公式 $r_0 = \eta (a+b)/4$，$b/a = 0.7086$，查得 $\eta = 1.18$，则计算得 $r_0 = 213.3883\mathrm{m}$。

（6）引用影响半径 $R_0 = r_0 + R = 567.41\mathrm{m}$。

将上述参数代入公式计算顶板砂岩裂隙含水层涌水量为 $Q = 2500.0037\mathrm{m^3/d} = 104.1668\mathrm{m^3/h}$。

2. 基岩风化带含水层

同样采用"大井法"计算顶板风化带含水层涌水量，该区段内钻孔有 KY1 和 KY2，参数选取如下。

（1）结合 117 工作面预想水文地质剖面图，统计导水裂隙带内风化基岩含水层厚度 M，取 KY1 和 KY2 的平均含水层厚度为 44.19m。

（2）分析风化带抽水资料，选取 117 工作面切眼附近的钻孔 KYT3 抽水试验渗透系数 $K = 0.17684\mathrm{m/d}$ 作为风化带渗透系数。

（3）将风化带最低点作为最低标高，静止水位标高取基岩风化带顶界面最大标高，得水头高度为 $H = 51.191\mathrm{m}$。

（4）影响半径 $R = 10S\sqrt{K} = 215.27\mathrm{m}$（取 $S = H$）。

（5）该段综放面呈矩形，长（a）约 423.35m，宽（b）约 300m，引用半径选公式 $r_0 = \eta (a+b)/4$，$b/a = 0.7086$，查得 $\eta = 1.18$，则计算得 $r_0 = 213.3883\mathrm{m}$。

（6）引用影响半径 $R_0 = r_0 + R = 428.65\mathrm{m}$。

将上述参数代入公式计算基岩风化带含水层涌水量为 Q 为 $85.440\mathrm{m^3/h}$。

3. 第四系潜水含水层

根据达西定律，预计第四系潜水含水层的涌水量，其计算公式如下：

$$Q = KIA \tag{7.2}$$

式中，Q 为渗透流量；K 为渗透系数；I 为水力梯度（$I = H/l$）；H 为萨拉乌苏组潜水水位差；l 为导高顶界面距离潜水的距离；A 为过水断面面积。

在 $0 \sim 423.35$m 区段中，潜水含水层底板与导高顶界面之间的岩层为风化带、黄土和流砂层。为此，需计算其三层的等效渗透系数，计算公式如下：

$$K_{\text{等}} = \frac{\sum M_i}{\sum \dfrac{M_i}{K_i}} \tag{7.3}$$

（1）风化带的渗透系数取 0.06437m/d；根据 KY2 钻孔抽水试验，确定黄土的原始渗透系数为 0.008m/d，由于导高顶界面位于风化带中，对黄土层的扰动较小，所以在该段取黄土的渗透系数为 0.008m/d。流砂层的渗透系数应比黄土层的大，但比萨拉乌苏组的渗透系数小；为此，暂取黄土中流砂层的渗透系数为 0.01943m/d。分别计算岩层为风化带、黄土和流砂层的厚度分别为 3.995m、22.4m、3.95m。等效渗透系数为 0.009899m/d。

（2）根据 KY1 和 KY2 钻孔揭露，该区段潜水含水层平均厚度为 20.05m，即潜水水位差为 $\Delta H = 20.05$m。导高顶界面距离潜水的平均距离为 33.345。所以，水力梯度 $I = 0.6013$。

（3）面积 $A = 423.35 \times 300 = 127005$m^2。

将以上参数代入计算公式，得该段第四系潜水漏失量为 31.4986m^3/h。

综上，在 $0 \sim 423.35$m 区段中，顶板砂岩裂隙含水层、基岩风化带含水层和第四系潜水涌水量分别为 104.167m^3/h、85.440m^3/h 和 31.500m^3/h。

（二）423.35 ~ 1752.1m 区段

1. 顶板砂岩裂隙含水层和基岩风化带含水层

该区段中钻孔有 KY3、KY4、KY5、JB2 和 D5。基于"大井法"，按照第一区段的步骤，分别预计顶板砂岩裂隙含水层和基岩风化带含水层的涌水量分别为 175.4555m^3/h 和 94.655m^3/h。

2. 第四系潜水含水层

在 423.35 ~ 1752.1m 区段中，潜水含水层底板与导高顶界面之间的岩层为风化带、黄土和流砂层组合，黄土和流砂层组合以及仅有黄土层三种情况。

1）风化带、黄土和流砂层组合

风化带、黄土和流砂层组合主要集中在钻孔 KY3 附近，其组合等效渗透系数为 0.033705m/d；风化带、黄土和流砂层组合的工作面长度为 632.62m。钻孔 KY3 潜水含水层厚度为 20.3m，即潜水水位差为 $\Delta H = 20.3$m。导高顶界面距离潜水的平均距离为 29.498m，水力梯度 $I = 0.6882$。所以，风化带、黄土和流砂层组合段的第四系潜水漏失量为 173.3449m^3/h。

2）黄土和流砂层组合

黄土和流砂层组合主要集中在钻孔 KY4 和 KY5 附近，其组合等效渗透系数为

0.0088m/d；风化带、黄土和流砂层组合的工作面长度为396.24m。钻孔 KY4 和 KY5 潜水水位差 $\Delta H = 39.4$m。导高顶界面距离潜水的平均距离为22.03m。所以，水力梯度 $I = 1.7885$。所以，黄土和流砂层组合段的第四系潜水漏失量为77.9543m³/h。

3）仅有黄土层

其主要集中在 JB2 和 D5 附近，其渗透系数即为0.008m/d；工作面长度为299.89m。由于靠近钻孔 KY4 和 KY5，水力梯度 $I = 1.7885$。所以，仅有黄土层时的第四系潜水漏失量为53.6353m³/h。

所以，在423.35～1752.1m 区段中，第四系潜水含水层的漏失量为304.9349m³/h。

综上，在423.35～1752.1m 区段中，顶板砂岩裂隙含水层、基岩风化带含水层和第四系潜水涌水量分别为175.4555m³/h、78.9272m³/h 和304.9349m³/h。

（三）1752.1～2766.65m 区段

1. 顶板砂岩裂隙含水层和基岩风化带含水层

该区段钻孔有 KY6 和 JB4。基于"大井法"，按照第一区段的步骤，预计顶板砂岩裂隙含水层涌水量为154.005m³/h。在计算该区段及距离停采线近的区段的基岩风化带含水层涌水量时，考虑到 KYT3 距离该区段较远，所以采用钻孔 JKY2（位于108 面中部，渗透系数为0.0784m/d）和钻孔 KYT3 基岩风化带抽水试验渗透系数的平均值，即 $K = 0.12762$m/d。同样，基于"大井法"，得到该区段基岩风化带含水层的涌水量为96.7299m³/h。

2. 第四系潜水含水层

在1752.1～2766.65m 区段中，潜水含水层底板与导高顶界面之间的岩层为风化带和黄土组合及流砂层和黄土组合两种情况。考虑到导高顶界面之上流砂层和风化带长度很小，此处按照仅有黄土层计算。黄土渗透系数为0.008m/d；工作面长度为1014.55m；钻孔 KY6 潜水水位差 $\Delta H = 50.8$m。导高顶界面距离潜水的平均距离为55.952m。所以，水力梯度 $I = 0.9079$。所以，此区段第四系潜水漏失量为92.111m³/h。

综上，在1752.1～2766.65m 区段中，顶板砂岩裂隙含水层、基岩风化带含水层和第四系潜水涌水量分别为154.005m³/h、96.7299m³/h 和92.111m³/h。

（四）2766.65～3534.57m 区段

1. 顶板砂岩裂隙含水层和基岩风化带含水层

该区段钻孔有 J3。基于"大井法"，按照第一区段的步骤，分别预计顶板砂岩裂隙含水层和基岩风化带含水层的涌水量分别为132.0665m³/h 和76.9016m³/h。

2. 第四系潜水含水层

在2766.65～3534.57m 区段中，潜水含水层底板与导高顶界面之间的岩层仅为黄土。黄土渗透系数为0.008m/d；工作面长度为767.92m。结合工作面预想水文地质剖面图，潜水水位差 $\Delta H = 28.09$m，导高顶界面距离潜水的距离为32.47，水力梯度 $I = 0.8651$。所以，此区段第四系潜水漏失量为66.4328m³/h。

综上，在2766.65~3534.57m区段中，顶板砂岩裂隙含水层、基岩风化带含水层和第四系潜水涌水量分别为132.0665m³/h、76.9016m³/h和66.4328m³/h。

（五）3534.57m~停采线区段

1. 顶板砂岩裂隙含水层和基岩风化带含水层

该区段钻孔有KY7、JB9、JB15、J6。基于"大井法"，按照第一区段的步骤，分别预计顶板砂岩裂隙含水层和基岩风化带含水层的涌水量分别为148.5172m³/h和121.3201m³/h。

2. 第四系潜水含水层

在3534.57m~停采线区段中，潜水含水层底板与导高顶界面之间的岩层为风化带和黄土组合，及仅黄土层两种情况。

1）黄土层

其主要集中在JB9和KY7附近，其渗透系数即为0.008m/d；工作面长度为682.12m。钻孔KY7潜水水位差$\Delta H=34.61$m，导高顶界面距离潜水的平均距离为21.1025，水力梯度$I=0.6401$。所以，仅有黄土层时的第四系潜水漏失量为43.6625m³/h。

2）风化带和黄土组合

其主要集中在JB9、JB15和J6附近，其风化带和黄土组合的等效渗透系数即为0.007259m/d；工作面长度为891.31m。钻孔KY7潜水水位差$\Delta H=34.61$m，导高顶界面距离潜水的平均距离为21.1025，水力梯度$I=0.6401$。所以，风化带和黄土组合条件下第四系潜水漏失量为51.7862m³/h。

所以，此区段第四系潜水漏失量为95.4487m³/h。

综上，在3534.57m~停采线区段中，顶板砂岩裂隙含水层、基岩风化带含水层和第四系潜水涌水量分别为148.5172m³/h、121.3201m³/h和95.4487m³/h。

综合分段涌水量计算，117工作面5个区段的涌水量预计如表7.13所示。117工作面各个区段的正常涌水量主要为煤层顶板砂岩+基岩风化带涌水，各个区段的最大涌水量按全部基岩风化带水参与+潜水渗漏量+顶板砂岩裂隙水。

表7.13　金鸡滩矿117工作面区段涌水量的预计结果

区　段	顶板砂岩含水层/(m³/h)	基岩风化带含水层/(m³/h)	第四系潜水含水层/(m³/h)	分段正常涌水量/(m³/h)	分段最大涌水量/(m³/h)
0~423.35m	104.167	85.440	31.499	189.6	221.1
423.35~1752.1m	175.455	94.655	304.935	270.1	575.0
1752.1~2766.65m	154.005	96.730	92.111	250.7	342.8
2766.65~3534.57m	132.067	76.902	66.433	208.9	275.4
3534.57m~停采线	148.517	121.320	95.449	269.8	365.3

第四节　水害防治及监测预警

一、117 工作面水害防治技术

根据 117 工作面的涌水量计算，综放开采 9m、10m 和 11m 时，最大涌水量分别为 1018.96m³/h、1235.70m³/h 和 1273.22m³/h。因此，为了 117 工作面综放开采取得最大经济效益、且确保安全生产，必须做到以下几点：①在工作面开采前，充分疏放顶板导高内静水储量；②应按综放开采 11m 预计最大涌水量的 1.2 倍（据《煤矿防治水细则》相关规定）来设计工作面排水系统的最大能力；③做好矿井排水的水资源转化利用，实现排供结合。

（一）工作面采前疏水方案

1. 钻孔布置原则

采前疏水主要目的是最大限度地疏放工作面导水裂隙带高度内含水层静水储量和降低水压，减少开采期间因导水裂隙带形成时瞬时突涌到采空区的顶板静水量。原则上在工作面回采前 3~6 个月进行放水，117 工作面放水目的层是导水裂隙带发育范围内的煤层顶板砂岩含水层、直罗组砂岩含水层及大部分基岩风化带含水层。在整个工作面范围，以导高范围内中粗砂岩厚度、基岩风化带与导高的位置关系与黄土的分布特征为主要依据，"先疏后密"，向工作面内方向布孔，探测垂高一般为 196~208m，倾角为 45°~60°。由于导水裂隙带发育基本上穿过基岩风化带，疏水孔应打至风化带底界面以上至少 5~10m。探放水工程实施后，应保证工作面顶板导高范围内含水层水压降至 0.5MPa 以下后，方可实施回采。

2. 疏放水方案

结合地面瞬变电磁法对 117 面 2^{-2} 煤层顶板主要含水层及水力联系进行了探测，并结合水文地质资料分析确定测区内地下水的富水性，总结归纳了 14 处主要的相对富水区，分别为 Ⅰ~ⅩⅣ，如图 7.20 所示。

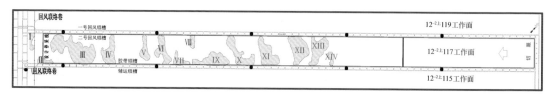

图 7.20　金鸡滩矿 117 工作面瞬变电磁水文物探成果

布置采前疏水钻孔及疏放水设计方案，见图 7.21 和图 7.22。

具体实施如下：以 480m 为间距，在其两端分别打主疏放水钻孔，如果主疏放水钻孔单孔流量大于 15m³/h，则需在主疏放水钻孔两侧钻进补充疏放水钻孔（同一钻窝）。如果

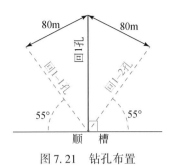

图 7.21 钻孔布置

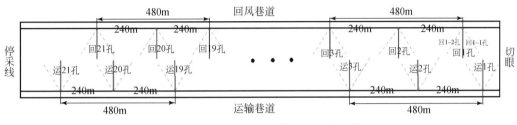

图 7.22 金鸡滩矿 117 工作面钻孔布置设计

480m 主疏放水之间两端的补放水孔单流量均大于 $15m^3/h$，则需要在 480m 范围中间布置另外一个主疏放水钻孔（钻窝）；同样的，此主疏放水钻孔单孔流量大于 $15m^3/h$，则需在此主疏放水钻孔两侧钻进补充疏放水钻孔（同一钻窝）。

3. 采前疏放水钻孔工程量

按照 480m 范围内需要打三个主疏放水钻孔计算。117 工作面共需施工钻孔 126 个，总工程量约为 37030m。

鉴于工作面长，若钻孔出水量大，可从切眼段开始，按照开采推进速度、提前疏放水时间要求等，确定分段放水方案；初步按 1000~1500m 分段提前放水。

建议加强工作面各放水钻孔初始出水孔深（垂高）、初始出水量、最大出水量、水量变化历时、附近钻孔水压变化历时等实时观测记录，以便于在放水结束、开采前，对工作面开采过程涌水量进行预计。

（二） 工作面排水系统建议

根据矿井 117 面的实际情况及收集到的底板等高线资料，建议设计 117 工作面在一采区的整体排水系统，见图 7.23。排水系统设计思路如下：随着开采的进行，靠近开切眼附近的水，进入边界泄水巷 1，进而流入边界泄水巷泵房；煤层开采继续推进，水经排水泵及管道等向停采线方向抽排，进入一采区水仓。此外，流入边界泄水巷泵房的水，经边界泄水巷 2，再到 117 面 1#回风顺槽，最后排至一采区水仓。

具体的，根据收集到的底板等高线资料，设计 117 工作面排水系统，如图 7.24 所示。过程如下。

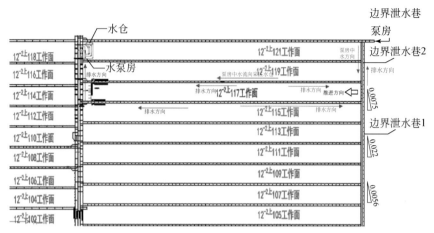

图 7.23　金鸡滩矿 117 工作面在一采区的整体排水设计系统

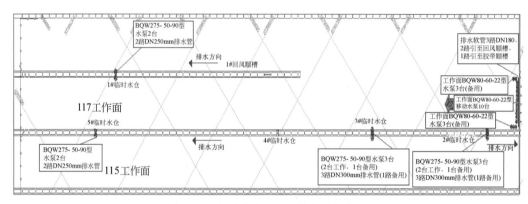

图 7.24　金鸡滩矿 117 面排水系统布置

（1）目前回风巷道还没有掘进完成，掘进距离为 2900m。在 1#回风顺槽中，距离停采线 1000m 的位置，出现底板等高线低点 975m。在距离停采线 1000m ~ 2900m 的位置，底板等高线从 975m 升至 985m。为此，在 1#回风顺槽中，距离停采线 1000m 的位置设置 1#临时水仓。回风巷道掘进完成后，考虑到开切眼附近的煤层厚度较大，需要在开切眼附近低点再设置临时水仓，以保证充足的排水能力。

（2）在运输顺槽中，设计布置五个临时水仓，如图 7.24 所示。

由于距离开切眼 300m 附近，出现底板等高线低点 981m，所以，布置 2#临时水仓。根据运输顺槽底板等高线资料，从 2#临时水仓向停采线方向延伸，底板等高线从 981m 到 985m，然后又降低至 982m，而后继续升高至 988m（距离切眼 1500m），因此低点 981m 处是底板等高线低点（此时距离开切眼 1100m），所以在此处布置 3#临时水仓。在距离开切眼 1500m 到 3500m 的范围内，底板等高线从 988m 降至 981m，又升至 988m，因此低点 981m 处是底板等高线低点（此时距离开切眼 2500m），所以在此处布置 4#临时水仓。在距离停采线 800m 处，设置 5#临时水仓。

由于 4#临时水仓处理能力是 117 工作面涌水量的 70%，所以，对于 4#临时水仓的详细布置如下（图 7.25）。

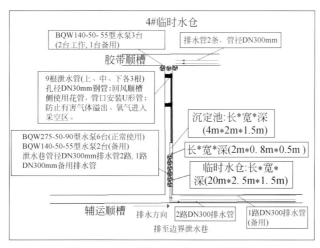

图 7.25　金鸡滩矿 4#临时水仓设计

二、工作面采动砂层潜水漏失监测预警

117 工作面采用大采高综放开采方式导致导水裂隙带发育至黄土层，可能造成砂层潜水大量漏失，对矿井安全生产造成影响。为了研究综放开采条件下导水裂隙带是否发育进土层造成土层的隔水性发生恶化，采用深部岩土层含水量监测仪实时测量和记录土层容积含水量，监测工作面推进过程中黄土层的含水量变化，对矿井开采造成的突水危害发展趋势进行监测预警。

（一）岩土层含水量监测系统技术原理

该监测系统采用时域反射技术（time domain reflectometry，TDR）原理，是根据电磁波在介质中的传播速度来测定介质的介电常数从而确定岩土体容积含水量（图 7.26）。通过波导棒探针发射的电磁脉冲沿着波导棒的传播速度取决于与波导棒相接触和包围着波导棒材料的介电常数（Ka）。通过电磁波射入岩土层来测量电磁波脉冲从波导棒的起点传播到接收末端的反射电压值，此反射电压值与岩土体本身含水量和介电常数有函数关系，经过计算转换为测点岩土体积含水量。

本次使用的深部岩土层含水量监测仪型号为 NY77-1/2，适用于野外监测区监测，具有测量深度深、可测界面硬层、自动采集、数据自动存储在存储卡、无线遥测和无人值守等性能特点，其具体技术参数如表 7.14 所示。

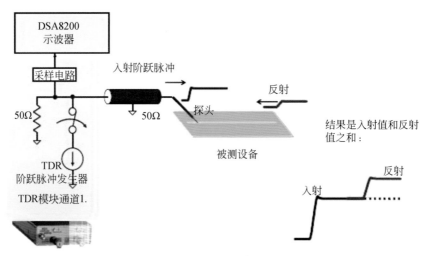

图 7.26　TDR 示意图

表 7.14　岩土层含水量和渗透力监测仪的技术参数

含水量测量范围	0 ~ 100%（容积含水量）
含水量测量精度	2% F. S
岩土层渗透力（达到设定含水量所需时间）	0 ~ 60min
渗透力精度	5%
工作温度	−10℃ ~ 45℃
测量脉冲（频率）	1 ~ 12GNZ
电源	DC12V/TAH 免维护电池及 10W 太阳能电池板
输出	RS232 数据接口无线数传电台转发
调制方式	FSK
电台频率	220MHz
数据速率	1200bps 或 2400bps
信道误码率	≤10^{-4}
工作方式	自报或应答招测，自动无人值守，实时数据采集，无线遥测遥控

(二) 土层含水量监测方案设计

根据 117 工作面黄土层的分布特征，在煤层采厚较大、黄土层分布较厚的位置实施 KYH 钻孔，孔径为 110mm，钻至风化基岩约 2m 位置，并在此钻孔内安装岩土层含水量监测仪（图 7.27）。KYS1 钻孔距工作面切眼 300m 左右，紧邻 KYS1 光纤监测孔。深部岩土含水量监测仪分别安装了四个传感器探头（图 7.28）。探头的位置分别为 −54.2m、−53.0m、−51.8m 及 −50.1m。

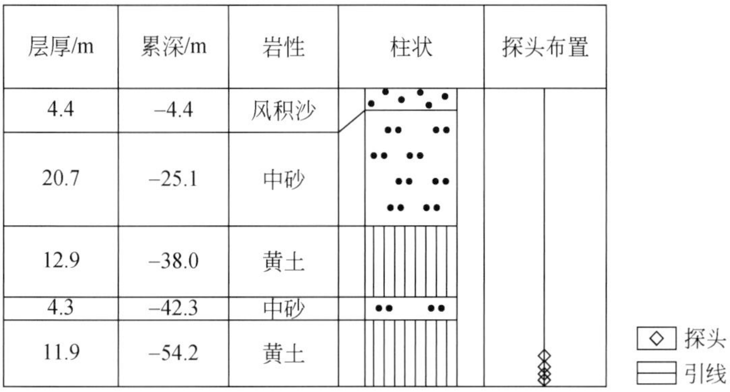

层厚/m	累深/m	岩性	柱状	探头布置
4.4	−4.4	风积沙		
20.7	−25.1	中砂		
12.9	−38.0	黄土		
4.3	−42.3	中砂		
11.9	−54.2	黄土		

◇ 探头
▯ 引线

图 7.27　深部岩土层含水量监测仪布置示意图

图 7.28　岩土层含水量监测仪及传感探头

（三）现场安装

1. 钻孔要求

钻孔孔径 96mm，钻孔成孔后，对钻孔进行一次扫孔、洗孔处理，扫除孔壁上的碎石掉块等。利用钻机上配置的钻杆对钻孔进行干钻作业，防止泥浆和砂层水进入孔内。

2. 传感器下放

下放过程中，安装人员用力提拉配重导头上的承重钢丝绳，保证引线拉直。在下放过程中，由钻孔位置配备两名专业下放安装人员控制下放速度。每间隔 2 ~ 3m，采用扎带绑扎所有引线及连接管，注意承重钢丝绳不能绑扎且不能和传感器等绑扎在一起。

3. 钻孔封孔

本次封孔采用分层回填，土层采用黏土球封孔，萨拉乌苏组砂层采用黄沙回填。

回填结束后，继续观察 1 ~ 2 天，若发现钻孔表面下沉，应当继续回填，防止回填不密实造成钻孔后期塌孔破坏孔内传感器。封孔时避免黏土球聚集发生堵孔现象，采用少量多次的方法回填封孔，避免孔口堵死以及钻孔内回填不密实。

4. 孔口保护

待钻孔回填完毕，在孔口位置建立保护箱，用于保护仪器。孔口引线固定时间为两个月以上，在该段时间内钻孔内封孔材料与传感器固结耦合基本完成。

（四）数据分析

土层含水率数据采集是通过远程无线传输的方式进行接收，设定每天采集次数为 3 次。图 7.29 表示数据采集时间和含水率变化的关系。

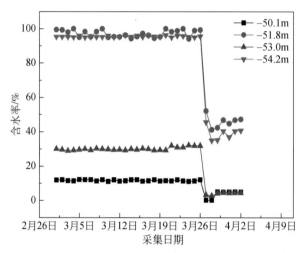

图 7.29   黄土不同埋深位置处的数据采集时间含水率变化特征（2019 年）

由图 7.29 可知，−51.8m 和−54.2m 位置处的土层的初始容积含水率接近 100%，而−50.1m 和−53.0m 位置处的土层的初始含水率分别为 11.83% 和 30.10%。在 3 月 26 日（过孔 97.76m）之前含水率呈轻微的波动，无明显变化。而在 3 月 27 日（过孔 102.21m），四个传感器的含水率数据均突然降低，表明这几个位置的土层中的水量均发生渗漏，造成上述位置处的土层含水量发生漏失，但上覆砂层潜水未发生漏失，此结果与导水裂隙带高度监测结果一致，即导水裂隙带已贯穿基岩发育至土层。最终，埋深为 −50.1 m、−53.0 m 和 −54.2 m 位置处的土层含水率分别稳定在 4.98%、4.38% 和 40.80%。

第八章 高承压厚砂岩顶板水害模式及防治技术

随着鄂尔多斯盆地煤炭开采由盆地边缘逐渐向盆地腹地延伸，煤层埋深越来越大，高承压厚砂岩顶板水害已成为东胜矿区、榆神矿区等深部矿井较为普遍的水害类型（焦养泉等，2020），相当数量的开采工作面产生中等–大型涌（突）水、矿井成为大型–特大型涌水矿井，水害威胁严重。

本章重点以东胜矿区的石拉乌素煤矿为例，兼顾邻近的转龙湾煤矿，研究该类水害的形成条件、厚砂岩富水性评价方法、工作面开采涌水量预计方法，构建科学有效的高承压厚砂岩顶板水害防治技术体系。

第一节 背景条件

鄂尔多斯盆地侏罗系煤层开采，多数矿井存在顶板直接充水含水砂岩层，主要为延安组砂岩和直罗组砂岩，受砂岩岩性差异、厚度分布等影响，不同矿区、不同矿井、不同工作面及工作面不同位置顶板砂岩富水性差异较大（冯洁等，2021）。同时，受区域构造控制，鄂尔多斯盆地侏罗系煤层埋深由盆地边缘向腹地逐渐增大（图8.1），顶板砂岩水压逐渐增大，一些深部煤层厚砂岩顶板条件的矿井，高承压厚砂岩顶板水害严重。如东胜矿区的母杜柴登煤矿、葫芦素煤矿、纳林河煤矿等，单个工作面顶板砂岩涌水量都超过600m³/h，首采面涌水量大都超过1000m³/h。

石拉乌素煤矿位于鄂尔多斯市与陕西榆林市交界处，矿区范围内行政区划横跨鄂尔多斯市乌审旗图克镇和伊金霍洛旗台格苏木（图1.12）。区域交通方便，有省道306和国道210通过，包–神铁路从北向南在矿区东侧穿过。井田呈梯形状，南北宽7.35km，东西平均长度约为9.40km，面积约为70.64km²。

井田内含煤地层为侏罗系中下统延安组（$J_{1-2}y$），发育煤层（可对比）有10层，其中含可采煤层9层，平均总厚28.26m；可采含煤系数9.03%。本井田内主要及次要可采煤层的稳定性如下：2^{-1}煤层为不稳定煤层，$2^{-2上}$、$2^{-2中}$、3^{-1}、4^{-1}、$4^{-2上}$、$4^{-2中}$、5^{-1}、5^{-2}和6^{-2}煤层为较稳定煤层。石拉乌素矿首采工作面位于矿区北翼，采宽330m，采长825.8m，主采$2^{-2上}$煤层，采深为662.6～693.7m，平均采厚为5m，开采面积约为0.27km²。

一、地层及构造

石拉乌素煤矿地层由老至新为三叠系上统延长组（T_3y）、侏罗系中下统延安组（$J_{1-2}y$）、侏罗系中统直罗组（J_2z）、侏罗系中统安定组（J_2a）、白垩系下统志丹群

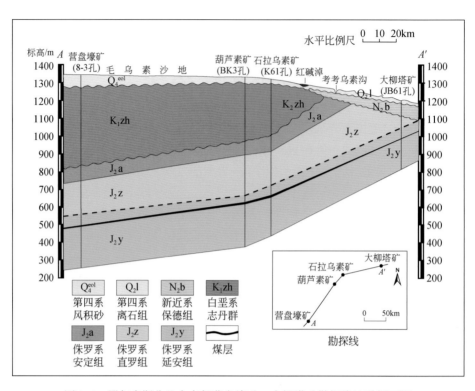

图 8.1　鄂尔多斯盆地中东部营盘壕矿—大柳塔矿勘探线地质剖面图

（K_1zh）、第四系（Q），含煤地层为延安组（表 8.1）。其中，白垩系下统志丹群（K_1zh）在本区仅沉积了洛河组地层，地层厚度为 332 ~ 414m，平均为 373m，主要由细砂岩、中砂岩、粗砂岩组成。白垩系底界至 $2^{-2上}$ 煤层间侏罗系基岩平均厚度为 311.6m，岩性以中砂岩、细砂岩、砂质泥岩为主。

表 8.1　石拉乌素矿地层表

系	统（群）	组	厚度/m 最小 ~ 最大	岩性描述
第四系	全新统	（Q_4）	2.48 ~ 61.58	分为风积沙（Q_4^{eol}）、湖积物（Q_4l）两类。风积沙（Q_4^{eol}）全采区分布，主要由砂和亚砂土组成，平均厚度为 14.06m；湖积物（Q_4l）主要分布在湖盆及较大的积水凹地中，主要由淤泥、各种粒级的砂组成。厚度一般小于 3m，与下伏地层不整合接触
白垩系	下统	志丹群（K_1zh）	332 ~ 414	岩性组合为一套浅紫色、粉红色细砂岩与灰白色中—细砂岩互层，岩石成分以石英、长石为主，分选及磨圆度较差，泥质胶结，具大型槽状、板状斜层理。底部为黄绿色粗砂岩及灰黄绿色砾岩、砂砾岩，含砾粗砂岩互层，局部火泥岩，具平行层理，泥质填隙和钙质胶结。平均厚度为 373m，与下伏地层呈不整合接触

系	统（群）	组	厚度/m 最小～最大	岩性描述
侏罗系	中统	安定组（J_2a）	92～125	岩性主要为灰紫、暗紫色泥岩，中夹灰绿色砂质泥岩、粉砂岩呈互层出现。平均厚度为108.5m，与下伏直罗组（J_2z）呈整合接触
		直罗组（J_2z）	125～197	岩性为灰绿、青灰色中～粗砂岩，含碳屑，中夹粉砂岩、砂质泥岩。平均厚度为161m，与下伏地层呈平行不整合接触
	中下统	延安组（$J_{1-2}y$）	280.24～360.59	为井田内含煤地层，含2、3、4、5、6五个煤组，按其沉积旋回可划分三个岩段。岩性组合下部为灰白、灰色粗砂岩和含砾粗砂岩。主要成分为石英、长石，泥质填隙及高岭土质胶结。中部为浅灰色、灰色厚层状砂岩、薄层粉砂岩、泥质粉砂岩、泥岩。上部为灰白色高岭土质胶结的细砂岩、粉砂岩，局部相变为砂质泥岩和泥岩。平均厚度为312.84m，与下伏地层呈平行不整合接触
三叠系	上统	延长组（T_3y）	100～312	为煤系地层沉积基底，岩性以灰绿色中、细粒砂岩为主，分选较差，泥质填隙。厚度超过100m，发育大型板状、槽状交错层理，为典型的曲流河沉积体系

采区地质构造简单，首采面煤层起伏变化较小，基本表现为平缓的单斜构造形态。未发现断层及裂隙带。

二、水文地质条件

（一）含、隔水层

石拉乌素矿含、隔水层划分详见表8.2。另外，由于2号煤组顶板以上的岩性主要由灰色泥岩、砂质泥岩等组成，所以通常也将侏罗系中下统延安组顶的泥岩–砂质泥岩带部作为隔水层，厚度区间为0～95m，平均为11.91m，局部相变为砂岩，该隔水层分布较为连续，隔水性能较好。同样的，由于6号煤组底部的岩性以深灰色砂质泥岩为主，所有侏罗系中下统延安组底部的泥岩–砂质泥岩带也常被作为隔水层，其厚度为0～27.25m，平均为5.8m，分布较连续，局部相变为砂岩，隔水性能较好。

表8.2　石拉乌素矿含、隔水层划分

系	统	群/组	类别	描述
第四系	全新统	（Q_4^{eol}）	含水层	全新统风积沙层孔隙潜水含水层（Q_4^{eol}）：岩性为灰黄色、黄褐色中细砂、粉细砂，结构松散，沉积厚度一般小于10m，遍布全区。水位埋深为0.5～3m，单位涌水量$q=0.25～1L/（s·m）$，溶解性总固体<1000mg/L，地下水化学类型为HCO_3-Ca·Na及HCO_3-Na·Ca型水。富水性中等，透水性能良好

续表

系	统	群/组	类别	描述
第四系	上更新统	萨拉乌苏组（Q_3s）	含水层	上更新统萨拉乌苏组孔隙潜水含水层（Q_3s）：岩性为黄色、灰黄色、灰绿色粉细砂、黄土状亚砂土，含钙质结核，疏松，具水平层理和斜层理，全区赋存。厚度为 40～60m，水位埋深一般为 1～5m，单位涌水量 $q=1\sim5$L/（s·m），溶解性总固体<1000mg/L，地下水化学类型为 HCO_3-Ca·Na 及 HCO_3-Na·Ca 型水，水质良好。富水性强，透水性能良好。与大气降水及地表水体的水力联系非常密切，与下伏承压水含水层水力联系较小
白垩系	下统	志丹群（K_1zh）	含水层	岩性为各种粒级的砂岩、含砾粗粒砂岩夹砂质泥岩。据 K66、副井检查孔抽水实验成果：含水层厚度为 122.58～295.4m，水位埋深 7.57～12.65m，单位涌水量 $q=0.139\sim0.21$L/（s·m），渗透系数 $K=0.115$m/d，地下水化学类型为 HCO_3-Na 型水。富水性中等，透水性能良好
侏罗系	中统	安定组（J_2a）	隔水层	层厚 92～125m，由紫红色、灰绿色中粗粒砂岩、砂质泥岩夹粉砂岩及细粒砂岩等组成，由于该层整体富水性弱，此处被当作隔水层
侏罗系	中统	直罗组（J_2z）	含水层	下部以中粗砂岩为主、上部以泥岩、砂质泥岩为主。据风检孔抽水试验成果：含水层厚度为 6.7m，水位埋深为 62.23m，单位涌水量 $q=0.0157$L/（s·m），渗透系数 $K=0.264$m/d，地下水化学类型为 CO_3·HCO_3-Na 型水。整体富水性弱，但下部富水性强于上部
侏罗系	中下统	延安组（$J_{1-2}y$）	含水层	为井田内含煤地层，岩性整体以细砂、粉砂、砂质泥岩为主。据风检孔抽水试验成果，J_2y 顶至 $2^{-2上}$ 煤层抽水层段，含水层厚度为 11.8m，水位埋深为 68.05m，单位涌水量 $q=0.01$L/（s·m），渗透系数 $K=0.0926$m/d，整体富水性弱
三叠系	上统	延长组（T_3y）	含水层	根据铜匠川详查区 617 号孔抽水试验成果：水位标高为 1365.7m，单位涌水量 $q=0.00467$L/（s·m），渗透系数 $K=0.00586$m/d。富水性弱，透水性差，与上部含水层水力联系小

（二）地下水补给、径流、排泄条件

1. 潜水

井田潜水主要赋存于第四系全新统风积沙（Q_4^{eol}）中及第四系上更新统萨拉乌苏组（Q_3s）砂层中。井田内第四系地层广泛分布，潜水的主要补给来源为大气降水，其次为区域外同层潜水的侧向径流补给以及深部承压水的越流补给。潜水的径流受地形控制，一般向南及西南方向径流，区内潜水由北向南流出区外。其排泄方式以径流排泄为主，人工开采疏排水、蒸发排泄等次之。

2. 承压水

井田承压水主要赋存于白垩系下统志丹群（K_1zh）、侏罗系中统安定组（J_2a）、侏罗系中统直罗组（J_2z）以及侏罗系中下统延安组（$J_{1-2}y$）砂岩中，基岩在地表基本没有出露，因此承压水的主要补给来源为区域外同层承压水的侧向径流补给，上部潜水的垂直渗

入补给次之。承压水与潜水在不同地段可形成互补关系，在地形较高处，当萨拉乌苏组（Q_3s）潜水位高于志丹群（K_1zh）承压水位时，萨拉乌苏组（Q_3s）潜水补给志丹群承压水；反之，在地形低洼处，当志丹群承（K_1zh）压水位高于萨拉乌苏组（Q_3s）潜水位时，志丹群（K_1zh）承压水补给萨拉乌苏组（Q_3s）潜水。承压水一般沿地层走向径流，研究区内承压水一般沿南及南东方向流出区外。承压水以侧向径流排泄为主，人工打井抽采、地下采矿疏排次之。

井田直接充水含水层为延安组（$J_{1-2}y$）承压水含水层，其顶部及底部隔水层的隔水性较好，因此，延安组承压水以侧向径流补给为主。延安组承压水水位标高为 1229.9 ~ 1287.11m，而其上部侏罗系中统及白垩系下统志丹群承压水水位标高为 1314.57 ~ 1338.41m，高于延安组承压水水位标高；在开采状态下，煤层导水裂隙带高度远大于延安组顶部隔水层厚度，因此，延安组承压水也接受上部侏罗系中统承压水补给，所以直罗组含水层也是井田的直接充水含水层。由于安定组岩层隔水性有限，志丹群地层受到扰动后也可向下部含水层渗流补给，所以白垩系志丹群含水层是井田间接充水含水层。延安组承压水仍以侧向径流排泄为主，煤层开采过程中的矿坑排泄、人工疏排次之。

第二节　侏罗系煤层顶板砂岩含水层特征

石拉乌素矿首采面（201 工作面）走向长 830.5m，倾向长 330m，主采 $2^{-2\perp}$ 煤层，煤层厚度为 4.39 ~ 6.49m，平均为 5.43m。工作面于 2016 年 7 月开始试采，2016 年 9 月 28 日开始回采，至 2017 年 5 月 9 日停采，顶板采用垮落式管理方式，首采工作面走向剖面图及覆岩分布见图 8.2。

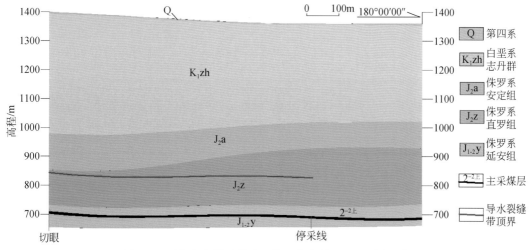

图 8.2　石拉乌素煤矿首采工作面走向剖面图及覆岩分布

地下水充水来源主要以侧向径流补给为主，是矿坑充水的主要因素。水害类型主要以工作面顶板水害为主，结合导水裂隙带发育高度（图 8.2）及开采期间（2016 年 9 月 28 日 ~ 2017 年 5 月 10 日）各含水层水位变化情况（图 8.3）可知，对工作面回采有影响的直接充水含水层为侏罗系中下统延安组、侏罗系中统直罗组承压水含水层，而白垩系志丹群含水层为工作面间接充水含水层。

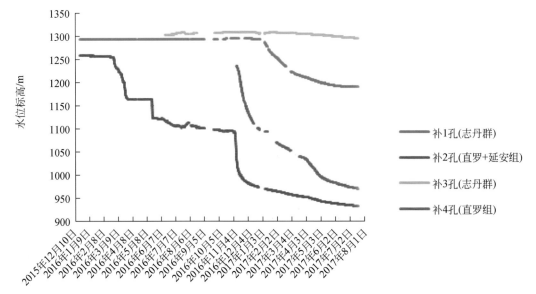

图 8.3　石拉乌素煤矿首采工作面开采期间水位长观孔观测结果

直接充水含水层——侏罗系基岩承压含水层埋深大、水压大（5～6MPa），而志丹群含水层受采动影响较弱（志丹群距离煤层 150～200m），所以首采面开采过程中水害类型为"高承压基岩水害模式+渗漏型志丹群水害模式"，由于渗漏型志丹群水害模式危害小，这里重点对作为矿井直接充水含水层的侏罗系顶板高承压砂岩含水层水文地质与工程地质特征做进一步阐述。

一、侏罗系中统直罗组

含水层岩性主要为中、粗粒砂岩及细粒砂岩，分布广泛。岩性下部为中、粗粒砂岩，粉砂岩及砂质泥岩，上部为中粗粒砂岩、砂质泥岩夹粉砂岩及细粒砂岩，分布广泛。地表在井田内没有出露。根据勘探区内两个钻孔抽水资料，含水层厚 6.7～50.36m，水位标高为 1274.69～1302.32m，单位涌水量为 0.0083～0.0178L/（s·m），渗透系数为 0.015～0.26m/d，含水层的富水性极弱。据工作面内 K14、SKY3、K22 号孔地质资料，直罗组地层厚度为 95.97～178.86m，平均为 183.65m（图 8.2）。

二、侏罗系中下统延安组

含水层岩性主要为中、粗及细粒砂岩，全区赋存，分布广泛。根据勘探区内 4 个钻孔抽水资料，层位范围为 $J_{1-2}y$ 顶至 6^{-2} 煤顶，含水层厚 60.12～101.85m，水位标高为 1230.90～1265.01m，单位涌水量为 0.0427～0.0555L/（s·m），渗透系数为 0.021～

0.043m/d，含水层的富水性弱，透水性与导水性能差，地下水的补给条件与径流条件均较差。含水层与上伏潜水含水层及大气降水的水力联系均较小。据工作面内 K14、SKY3、K22 号孔地质资料，延安组地层厚度为 30.57~53.33m，平均为 39.52m（图 8.2）。

三、基于 FAHP-GRA 评价方法的顶板砂岩富水性评价

以石拉乌素煤矿邻近的转龙湾煤矿为例，结合该区域的特殊地质情况，选取第四系砂层覆盖厚度、岩心采取率、单位涌水量、渗透系数、风化带厚度、砂岩岩性系数、地表地形和地表岩性作为顶板第四系及基岩风化带含水层的富水性影响因素（武强等，2016），通过模糊层次分析法（FAHP）的方法以 ArcGIS 为平台，结合灰色关联分析法（GRA）灰色关联度将本矿区富水性等级划分为弱、中等、较强，并依据等级从客观方面确定了富水性划分的阈值。

（一）FAHP-GRA 评价法

1. 模糊层次分析法

模糊数学与层次分析法的结合解决了一般层次分析法标度烦琐、判断矩阵难以满足一致性的缺点，其模糊判断矩阵可通过一定方式转化为模糊一致判断矩阵，使其结果能快速收敛（武强等，2011，2017a，2017b）。

（1）模糊互补判断矩阵的建立。模糊层次分析法标度常用的是 0.1~0.9 标度法（表8.3）。取府数 $\alpha \geq 81$（保证 $0 \leq r_{ij}(\alpha) \leq 1$），令矩阵中参数 $r_{ij}(\alpha) = \log_{\alpha} a_{ij} + 0.5$ 得到模糊互补判断矩阵 $\boldsymbol{R} = \left[r_{ij}(\alpha) \right]_{n \times n}$。

表 8.3　0.1~0.9 标度法及其意义

标度	定义	说明
0.5	同等重要	两元素相比较，同等重要
0.6	稍微重要	两元素相比较，一元素比另一元素稍微重要
0.7	明显重要	两元素相比较，一元素比另一元素明显重要
0.8	非常重要	两元素相比较，一元素比另一元素非常重要
0.9	极端重要	两元素相比较，一元素比另一元素极端重要
0.1、0.2、0.3、0.4	反向比较	若元素 a_i 与元素 a_j 相比较得到判断 r_{ij}，则元素 a_j 与元素 a_i 相比较得到的判断为 $r_{ji} = 1 - r_{ij}$

（2）模糊一致判断矩阵的建立。模糊互补判断矩阵的一致性初期很难保证，需要利用其一致性的定义对模糊互补矩阵进行变形，选取加性一致性模糊矩阵的定义对其变形得到模糊一致矩阵 $\boldsymbol{R}$：

$$R = \begin{pmatrix} r_{11} & r_{12} & \cdots & r_{1n} \\ r_{21} & r_{22} & \cdots & r_{2n} \\ \vdots & \vdots & & \vdots \\ r_{n1} & r_{n2} & \cdots & r_{nn} \end{pmatrix} \tag{8.1}$$

式中，$r_{ij} = \dfrac{r_i - r_j}{2(n-1)} + 0.5$，$r_i = \sum\limits_{i=1}^{n} a_{ij}$，$a_{ij} = w_i / w_j$，$a_{ij}$ 为 i 元素相对 j 元素的重要程度；w_i 为第 i 个决策方案的权重因子。

（3）模糊互补判断矩阵的一致性检验方法。为了保证通过模糊互补矩阵求得的因素的权重是合理的，需要经过对模糊互补矩阵进行一致性检验，一致性偏移过大表示求得的权重不符合要求。定义 $A = (a_{ij})$ 和 $B = (b_{ij})_{m \times n}$ 两者均为模糊判断矩阵，此时称 $I(A, B)$ 为 A 和 B 的相容性指标。

$$I(A, B) = \frac{1}{n^2} \sum_{i=1}^{n} \sum_{j=1}^{n} |a_{ji} + b_{ij} - 1| \tag{8.2}$$

式中，a_{ij}、b_{ij} 为 i 元素相对 j 元素的重要程度。

设 $W = (w_1, w_2, \cdots, w_n)^{\mathrm{T}}$ 是模糊判断矩阵 A 的权重向量，则称：W^* 为模糊判断矩阵 A 的特征矩阵，其中：

$$W^* = (w_{ij})_{n \times n} = \begin{pmatrix} w_{11} & w_{12} & \cdots & w_{1n} \\ w_{21} & w_{22} & \cdots & w_{2n} \\ \vdots & \vdots & & \vdots \\ w_{n1} & w_{n2} & \cdots & w_{nn} \end{pmatrix} \tag{8.3}$$

$$w_{ij} = \frac{w_i}{w_i + w_j}, (i, j = 1, 2, 3, \cdots, n) \tag{8.4}$$

当相容性指标 $I(A, W^*) \leqslant t$ 时，认为模糊判断矩阵是满足一致性的。t 的大小反映了决策者的态度，其值越小则表明决策者对模糊判断矩阵的一致性要求越高，根据以往经验这里取 $t = 0.1$。

（4）求解模糊互补判断矩阵的权重。根据对应的模糊一致性判断矩阵，由最小二乘法得到本层 n 个指标 a_i 对应的权重：

$$w_i = \frac{1}{n} - \frac{1}{n-1} + \frac{2}{n(n-1)} \sum_{j=1}^{n} r_{ij} \tag{8.5}$$

式中，$r_{ij} = \dfrac{r_i - r_j}{2(n-1)} + 0.5$，$r_i = \sum\limits_{j=1}^{n} a_{ij}$，$a_{ij} = w_i / w_j$，$a_{ij}$ 为 i 元素相对 j 元素的重要程度；w_i 为第 i 个决策方案的权重因子。

2. 灰色关联分析法

灰色关联分析法关键在于关联系数的分析，其优点就在于它能够对"小样本""贫信息"的不确定性问题进行分析，其实质是对反映各因素变化特性的数据序列进行几何比较，通过其几何形状的相似程度得出各因素的相关程度，关联度计算的步骤如下。

（1）确定参考数列 X_0 以及比较数列 X_i。根据评价指标体系及其对应的评价值确定1

个最优序列作为参考序列 X_0，因此选择各富水性的最佳标准值作为参考数列。选择待评价样本的不同因素数据为比较数列。

（2）初始数据无量纲化处理。为了使不同的原始数据之间具有可比性，需要选择相应的算子方法对原始数据进行无量纲化处理。

（3）计算各指标对于参考序列的灰色关联系数 $\xi_i(k)$。计算公式如下：

$$\xi_i(k) = \frac{\min\limits_i \min\limits_k \Delta_i(k) + \rho \max\limits_i \max\limits_k \Delta_i(k)}{\Delta_i k + \rho \max\limits_i \max\limits_k \Delta_i(k)} \tag{8.6}$$

$$= \frac{\min\limits_i \min\limits_k |x_0(k)\ x_i(k)| + \rho \max\limits_i \max\limits_k |x_0(k)\ x_i(k)|}{|x_0(k)\ x_i(k)| + \rho \max\limits_i \max\limits_k |x_0(k)\ x_i(k)|}$$

式中，$k=1，2，3，\cdots，m$ 代表指标的个数；i 为待评价对象的个数；ρ 为分辨系数，$\rho \in [0.1]$，一般取 $\rho=0.5$；$x_i(k)$ 为 x_i 序列的第 k 个元素；$\xi_i(k)$ 为各指标数列相对于参考数列对于第 k 个指标的关联系数。

（4）求取关联度 γ_i。采用加权平均法求得关联度 γ_i：

$$\gamma_i = \frac{1}{m} \sum_{k=1}^{m} \xi_i(k) \tag{8.7}$$

最后将所有比较数列对参考数列关联度的值进行比较分析，值越大证明越相关。

3. FAHP-GRA 法的结合运用

模糊层次分析法和灰色关联分析方法各有优缺点，前者偏于主观，对决策者的要求很高，后者则由于实际中存在许多不平权的情况，而缺乏对各指标的充分利用。模糊层次分析法与灰色关联分析法分别采用了主观、客观的评价思想，两者的结合正好可以互补。因此将按照乘法法则运算的关联度公式中取关联系数平均值改为取关联系数与模糊权重的加权平均值：

$$r_i = \sum_{k=1}^{m} \xi_i(k) \omega_i(k) \tag{8.8}$$

式中，r_i 为待评价指标与参考数列的加权关联度；ω_i 为 FAHP 确定的各因素的权重；$\xi_i(k)$ 为各指标数列相对于参考数列对于第 k 个指标的关联系数；k 为指标的个数。

（二）富水性影响因素分析

结合矿井地质条件、水文地质条件以及相近区域其他煤矿之间的情况，认为应当从 Ⅱ-3 煤顶板的含水层特征、岩性、水力特征、构造等基本方面确定影响承压水富水性的影响因素，包括含水层厚度分布、岩心采取率、砂岩岩性系数、单位涌水量、渗透系数、构造因素（如断层、褶皱、陷落柱等）。

1. 砂岩含水层厚度

通常在其他因素一定的情况下，若含水层越厚，那么单位厚度的含水层含水量就越大，自然富水性也就越强（王洋等，2019）。矿区抽水资料表明，顶板承压水中砂岩为主要的含水层，因此统计矿区内所有的钻孔完整基岩内的细、中、粗砂岩厚度，得到表8.4，并插值绘制得到矿区内的砂岩含水层厚度等值线图（图8.4）。

表 8.4 矿区承压含水层砂岩厚度

钻孔编号	砂岩厚度/m	钻孔编号	砂岩厚度/m	钻孔编号	砂岩厚度/m	钻孔编号	砂岩厚度/m	钻孔编号	砂岩厚度/m
ZK148	62.6	ZK5914	35.64	ZK6315	48.91	ZK6734	69.17	ZK7107	93.33
ZK1107	88.97	ZK5915	73.65	ZK6331	31.99	ZK7732	50.69	ZK7106	56.36
ZK1113	40.24	ZK5918	24.61	ZK6332-1	47.66	ZK7714	46.62	ZK7105	43.08
ZK1114	41.72	ZK5932	23.73	ZK6332	28.55	ZK7707	68.09	ZK7104	62.26
ZK5504	79.55	ZK5933	63.89	ZK6333	75.37	ZK7532	63.99	ZK6934	69.75
ZK5505	35.93	ZK5934	51.11	ZK6334	51.82	ZK7531	88.08	ZK6933	132.76
ZK5506	46.82	ZK6108	45.92	ZK6507	37.21	ZK7514	98.62	ZK6932	62.08
ZK5508	38.3	ZK6109	45.47	ZK6508	29.47	ZK7508	73.96	ZK6931	52.32
ZK5509	34.15	ZK6114	23.67	ZK6514	39.12	ZK7507	38.83	ZK6915	111.86
ZK5514	28.75	ZK6115	63.41	ZK6515	88.16	ZK7333	72.61	ZK6914	77.38
ZK5515	19.14	ZK6131-1	36.5	ZK6531	27.54	ZK7332	69.8	ZK6908	92.15
ZK5516	31.93	ZK6131	41.47	ZK6532	49.77	ZK7331	82.94	ZK6907	57.01
ZK5708	32.74	ZK6132	46.28	ZK6533	102.71	ZK7314	85.08	ZK7731	80.21
ZK5709	44.76	ZK6133	48.4	ZK6534	86.7	ZK7308	75.04	ZK7513	49.39
ZK5714	33.51	ZK6134	46.79	ZK6707	36.96	ZK7307	52.57	检1	42.34
ZK5715	49.65	ZK6304	18.95	ZK6708	75.81	ZK7134	69.33	检2	39.72
ZK5716	22.99	ZK6305	44.67	ZK6709	40.35	ZK7133	88.45	检4	53.77
ZK5732	30.32	ZK6306	37.23	ZK6713	57.89	ZK7132	85.13	S2	47.89
ZK5733	26.88	ZK6307	39.45	ZK6714	72.45	ZK7131	140.34	S3	53.37
ZK5734	57.38	ZK6308	93.41	ZK6715	78.01	ZK7115	122.01	S4	61.3
ZK5907	54.19	ZK6309	38.71	ZK6731	44.34	ZK7114	91.45		
ZK5908	68.91	ZK6313	34.5	ZK6732	52.76	ZK7113	38.95		
ZK5909	41.84	ZK6314	87.44	ZK6733	86.06	ZK7108	93.53		

2. 断层构造因素

本井田构造发育主要为少量断层和褶皱，没有发现岩浆岩活动的痕迹，至今未发现陷落柱，地质构造复杂程度属中等类型。在矿区的开采中逐渐揭露的断层虽尚未发现断层突水的情况，但是只要存在断层裂隙带，断层带两侧母岩受断层影响而强烈破坏，其中的裂隙就会比较发育，导水性较强，为断层水的运动提供了良好的通道，从而成为富水带。越远离断层，裂隙发育程度越弱。它与未受断层影响的完整母岩之间没有明显的分界线，是逐渐过渡的。断层密度在定量上通常用单位面积上断层条数或单位面积上断层迹线的总长度来表示，其中断层密度分布图更能够从断层迹线的延伸、分布均匀程度上提供更加精确的刻画指标。根据矿区内揭露断层的分布及参数，运用 GIS 强大的计算绘图功能，以 300m 为搜索半径（矿区工作面的宽度）绘制出矿区断层密度分布图（图 8.5）。

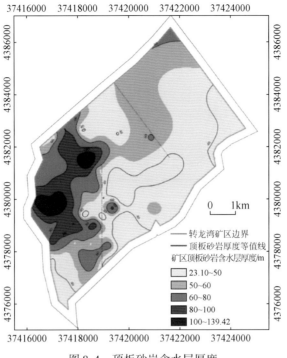

图 8.4　顶板砂岩含水层厚度

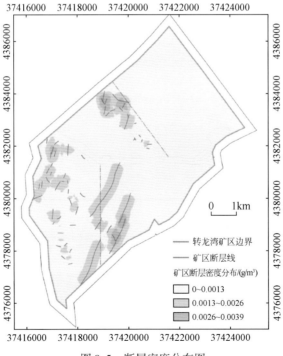

图 8.5　断层密度分布图

3. 单位涌水量

承压水单位涌水量 q 是井抽水水位降深为 $1m$ 时的单井出水量，其值大小与富水性正相关。矿区内抽水孔数量较少，根据已有的 10 个钻孔抽水资料划分得到矿区单位涌水量表（表 8.5），并绘制相应的单位涌水量等值线图（图 8.6）。

表 8.5　矿区内承压含水层单位涌水量表

钻孔编号	承压含水层 $q/[L/(s \cdot m)]$
ZK5516	0.006805
ZK6709	0.0013
ZK6734	0.0017
检1	0.0066
检2	0.00488
检3	0.01905
检4	0.029575
S1	0.001196
S2	0.000584
S3	0.0019886

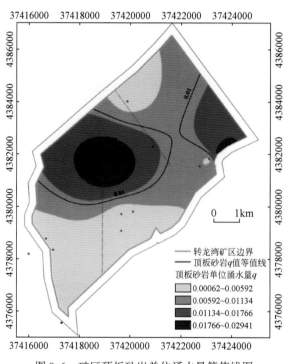

图 8.6　矿区顶板砂岩单位涌水量等值线图

4. 渗透系数

渗透系数是表征岩层透水性的参数，其值的大小取决于岩石的性质（如粒度成分、颗粒排列、充填情况、裂隙性质和发育程度等）与流体的物理性质（容重、黏滞性等）等。统计得到矿区渗透系数表（表8.6）并绘制相应的渗透系数等值线图（图8.7）。

表8.6　承压含水层渗透系数表

钻孔编号	渗透系数/（m/d）
ZK5516	0.03705
ZK6709	0.00421
ZK6734	0.0032
检1	0.0174
检2	0.0121
检3	0.0517
检4	0.0472
S1	0.0013
S2	0.0014
S3	1.426×10^{-5}

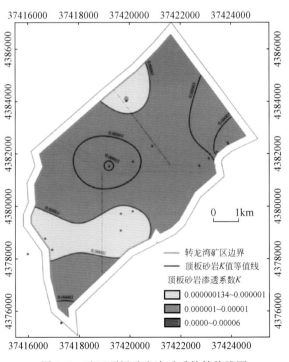

图8.7　矿区顶板砂岩渗透系数等值线图

5. 含水层岩心采取率

岩心采取率 R 是反映岩体完整性重要指标之一，与冲洗液漏失量有较好的相关关系。研究区在冲洗液消耗量的资料极少的情况下，选择用岩心采取率作为表征顶板裂隙发育程度的重要指标，其值的大小与富水性呈负相关。将顶板砂岩层位岩心采取率加权平均后得到对应钻孔顶板砂岩的加权岩心采取率（表8.7）并绘制得到矿区承压含水层加权岩心采取率值等值线图（图8.8）。

表 8.7　矿区承压含水层加权岩心采取率表

钻孔编号	岩心采取率 R/%	钻孔编号	岩心采取率 R/%	钻孔编号	岩心采取率 R/%	钻孔编号	岩心采取率 R/%	钻孔编号	岩心采取率 R/%
ZK148	96.511	ZK5914	84.448	ZK6315	94.445	ZK6734	87.197	ZK7107	95.431
ZK1107	92.801	ZK5915	93.798	ZK6331	96.086	ZK7732	80.938	ZK7106	90.615
ZK1113	97.452	ZK5918	88.553	ZK6332-1	97.616	ZK7714	87.272	ZK7105	98.041
ZK1114	89.942	ZK5932	99.201	ZK6332	93.670	ZK7707	91.006	ZK7104	89.644
ZK5504	88.313	ZK5933	91.051	ZK6333	90.363	ZK7532	82.131	ZK6934	91.029
ZK5505	100.000	ZK5934	85.571	ZK6334	90.091	ZK7531	90.000	ZK6933	92.540
ZK5506	85.686	ZK6108	94.679	ZK6507	98.000	ZK7514	87.083	ZK6932	98.028
ZK5508	88.675	ZK6109	90.740	ZK6508	96.358	ZK7508	87.446	ZK6931	92.164
ZK5509	93.912	ZK6114	99.000	ZK6514	88.391	ZK7507	94.834	ZK6915	93.051
ZK5514	88.525	ZK6115	87.196	ZK6515	91.835	ZK7333	98.594	ZK6914	90.642
ZK5515	92.974	ZK6131-1	92.000	ZK6531	88.330	ZK7332	90.501	ZK6908	83.531
ZK5516	91.291	ZK6131	96.225	ZK6532	99.194	ZK7331	82.967	ZK6907	95.235
ZK5708	96.000	ZK6132	99.028	ZK6533	95.267	ZK7314	80.438	ZK7731	98.453
ZK5709	87.558	ZK6133	91.720	ZK6534	86.911	ZK7308	87.332	ZK7513	97.147
ZK5714	82.114	ZK6134	92.793	ZK6707	89.798	ZK7307	92.202	检1	97.132
ZK5715	92.538	ZK6304	97.135	ZK6708	90.995	ZK7134	96.951	检2	89.244
ZK5716	87.935	ZK6305	95.138	ZK6709	84.476	ZK7133	91.592	检4	88.013
ZK5732	92.196	ZK6306	84.493	ZK6713	88.984	ZK7132	98.006	S2	87.099
ZK5733	90.5097	ZK6307	84.618	ZK6714	91.143	ZK7131	87.472	S3	93.721
ZK5734	94.376	ZK6308	95.335	ZK6715	98.552	ZK7115	92.418	S4	89.638
ZK5907	97.627	ZK6309	98.424	ZK6731	76.052	ZK7114	84.533		
ZK5908	98.270	ZK6313	98.000	ZK6732	98.033	ZK7113	94.721		
ZK5909	91.098	ZK6314	95.307	ZK6733	93.133	ZK7108	93.179		

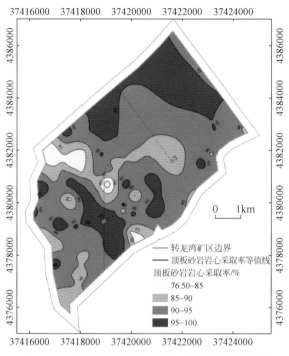

图8.8 矿区顶板砂岩加权岩心采取率等值线图

6. 砂岩岩性系数

顶板之上含水层，隔水层往往交替出现，若在顶板导水裂隙带内砂岩含量越高，相对厚度越大，其相应的富水性也就越强（曾一凡等，2020）。因此选择砂岩岩性系数（即顶板砂岩累计厚度除以顶板完整基岩总厚度）来体现煤层顶板岩层总体富水性特征。利用矿区内钻孔计算得到顶板完整基岩段的砂岩岩性系数（表8.8）并绘制得到其等值线图（图8.9）。

表8.8 矿区承压水砂岩岩性系数表

钻孔编号	砂岩岩性系数	钻孔编号	砂岩岩性系数	钻孔编号	砂岩岩性系数	钻孔编号	砂岩岩性系数	钻孔编号	砂岩岩性系数
ZK148	0.3703	ZK5514	0.3923	ZK5733	0.7755	ZK5933	0.8081	ZK6133	0.4528
ZK1107	0.4606	ZK5515	0.6848	ZK5734	0.7209	ZK5934	0.4442	ZK6134	0.5528
ZK1113	0.3619	ZK5516	0.4686	ZK5907	0.7192	ZK6108	0.4041	ZK6304	0.6684
ZK1114	0.2934	ZK5708	0.5001	ZK5908	0.7301	ZK6109	0.5352	ZK6305	0.6179
ZK5504	0.8728	ZK5709	0.7664	ZK5909	0.6608	ZK6114	0.2783	ZK6306	0.9558
ZK5505	0.2930	ZK5714	0.4131	ZK5914	0.6199	ZK6115	0.5151	ZK6307	0.4758
ZK5506	0.57323	ZK5715	0.7008	ZK5915	0.8885	ZK6131-1	0.7443	ZK6308	0.7874
ZK5508	0.5357	ZK5716	0.3821	ZK5918	0.5251	ZK6131	0.7212	ZK6309	0.6219
ZK5509	0.5384	ZK5732	0.7546	ZK5932	0.4478	ZK6132	0.4641	ZK6313	0.5291

钻孔编号	砂岩岩性系数	钻孔编号	砂岩岩性系数	钻孔编号	砂岩岩性系数	钻孔编号	砂岩岩性系数	钻孔编号	砂岩岩性系数
ZK6314	0.8026	ZK6534	0.6790	ZK7532	0.5829	ZK7131	0.7663	ZK6914	0.4391
ZK6315	0.4068	ZK6707	0.3219	ZK7531	0.5137	ZK7115	0.8108	ZK6908	0.5047
ZK6331	0.4546	ZK6708	0.4253	ZK7514	0.6225	ZK7114	0.4859	ZK6907	0.3875
ZK6332-1	0.4680	ZK6709	0.3809	ZK7508	0.5296	ZK7113	0.2328	ZK7731	0.4527
ZK6332	0.3548	ZK6713	0.6631	ZK7507	0.1852	ZK7108	0.5163	ZK7513	0.3884
ZK6333	0.5876	ZK6714	0.5530	ZK7333	0.5324	ZK7107	0.6791	检1	0.6397
ZK6334	0.6104	ZK6715	0.5521	ZK7332	0.4618	ZK7106	0.5548	检2	0.7376
ZK6507	0.3620	ZK6731	0.3629	ZK7331	0.4977	ZK7105	0.2795	检4	0.5631
ZK6508	0.2191	ZK6732	0.4333	ZK7314	0.4912	ZK7104	0.4787	S2	0.6456
ZK6514	0.3379	ZK6733	0.6195	ZK7308	0.4619	ZK6934	0.4964	S3	0.3925
ZK6515	0.5041	ZK6734	0.5372	ZK7307	0.2834	ZK6933	0.6434	S4	0.5372
ZK6531	0.2576	ZK7732	0.5205	ZK7134	0.4159	ZK6932	0.4914		
ZK6532	0.5651	ZK7714	0.4883	ZK7133	0.5758	ZK6931	0.3697		
ZK6533	0.6616	ZK7707	0.3889	ZK7132	0.5610	ZK6915	0.7447		

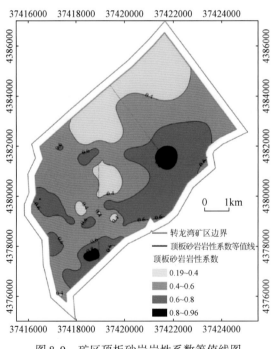

图 8.9 矿区顶板砂岩岩性系数等值线图

(三)顶板砂岩富水性等级评价

根据开采煤层顶板砂岩富水性影响因素的划分等级,确定各自因素所占权重并做出富水性分区图，根据每个孔位与富水等级的加权灰色关联度来确定富水性最终划分的阈值。

1. 顶板承压含水层富水性等级划分

矿区顶板水虽为直接充水水源，但是整体的含水量不强，据此将其等级划分与潜水富水性等级的划分对等结合，同样分为三个等级：Ⅰ（小）、Ⅱ（中）、Ⅲ（大）。其中的定量因素中，单位涌水量 q 以及渗透系数 K 的划分仍然选择《煤矿防治水细则》和《水利水电工程地质勘察规范》（GB 50487—2008）中对其的划分；岩心采取率 R 也仍按照《岩土工程勘察规范》[2009 年版]（GB 50021—2001）中近似指标——岩石质量指标 RQD 进行划分；砂岩岩性系数的划分也采用均分的方法，分为三类。砂岩厚度的划分根据已知矿区的砂岩厚度进行均分，划分为Ⅰ（15～55m）、Ⅱ（55～100m）、Ⅲ（100～150m）；断层密度值按照图 8.6 中断层密度的大小均分划为三级：Ⅰ（0～0.0013）、Ⅱ（0.0013～0.0026）、Ⅲ（0.0026～0.0039）。最后建立上述六个影响因素与顶板承压含水层富水性等级之间的对应关系表（表 8.9）。

表 8.9　顶板承压含水层富水性影响因素等级划分表

主要影响因素				顶板承压含水层富水性等级		
准则层		指标层		Ⅰ	Ⅱ	Ⅲ
厚度	U_1	顶板砂岩厚度/m		0～55	55～100	100～150
水力特征	U_2	q 单位涌水量/[L/(s·m)]	U_{21}	<0.1	0.1～1.0	1.0～5.0
		K 渗透系数/(cm/s)	U_{22}	<10^{-4}	10^{-4}～10^{-2}	10^{-2}～1.0
岩性特征	U_3	R 岩心采取率	U_{31}	100%～90%	90%～50%	<50%
		顶板砂岩岩性系数	U_{32}	<0.4	0.4～0.7	0.7～1
构造特性	U_4	断层分布密度		0～0.0013	0.0013～0.0026	0.0026～0.0039

2. 建立模糊一致判断矩阵

利用 0.1～0.9 模糊标度法，由多个领域的权威专家分别对各个因素进行两两对比判断并打分，同时也要结合本矿自身地质条件，如断层自身规较小，岩心采取率表述仍不能完全代表 RQD 等，构建得出富水性预测的模糊互补判断矩阵。由表 8.3 对准则层四个指标进行两两对比结果如表 8.10 所示。

表 8.10　承压含水层富水性因素准则层指标两两比较结果

U	U_1	U_2	U_3	U_4
U_1	0.5	0.3	0.8	0.6
U_2	0.7	0.5	0.9	0.8
U_3	0.2	0.1	0.5	0.2
U_4	0.4	0.2	0.8	0.5

3. 判断模糊互补矩阵的一致性并求解权重

求出相应指标此时的权重，结合准则层的权重得到承压水含水层富水性影响因素各个指标的最终权重，见表8.11。

表 8.11 顶板承压含水层富水性指标计算结果

准则层		权重	指标层		分权重	总权重
厚度	U_1	0.272	砂岩含水层厚度	U_{11}	1	0.272
水力特征	U_2	0.35	单位涌水量 q	U_{21}	0.7	0.245
			渗透系数 K	U_{22}	0.3	0.105
岩性特征	U_3	0.139	岩心采取率 R	U_{31}	0.3	0.0417
			顶板砂岩岩性系数	U_{32}	0.7	0.0973
构造情况	U_4	0.239	断层分布密度	U_{41}	1	0.239

4. 确定富水性评价的参考数列 X_0 以及比较数列 X_i

选择将每个孔位对应的6个因素作为参考数列，选取每个等级各自的因素无量纲化值作为比较数列，比较数列分别代表一级、二级、三级，求取每一个钻孔与这三级比较数列的关联度。

5. 初始数据无量纲化处理

顶板富水性因素中除了断层分布密度为定性因素，其余均为定量因素，前面已采用断层线密度计算将其进行了量化，所以对于各因素选择均值化算子对其进行量化。对矿区内每个钻孔因素值和等级划分值进行无量纲化（表8.12）。

表 8.12 影响因素无量纲化结果

数列类型	因素	U_1	U_{21}	U_{22}	U_{31}	U_{32}	U_4
比较数列	Ⅰ	0.5140	0.0492	2.97×10^{-4}	1.2500	0.5714	0.5
	Ⅱ	0.9836	0.4918	0.2970	1.1250	1.0000	1.0
	Ⅲ	1.4750	2.4590	2.9700	0.6250	1.4286	1.5
参考数列	检1孔	0.4165	3.25×10^{-3}	5.99×10^{-5}	1.2138	0.9139	0

（四）顶板砂岩富水性分区及等级划分

将顶板承压含水层富水性影响因素进行归一化，其中砂岩厚度、砂岩钻孔单位涌水量、砂岩渗透系数、砂岩岩性系数、断层分布密度五个因素与富水性为正相关，岩心采取率的量化采用与潜水评价的相同方法，用 $(1-A_i)$ 的形式将其进行新的归一化。最后将各因素数据归一化处理后，建立对应的单因素属性数据库，结合 GIS 建立指标层六个因素的归一化专题图（图8.10）。

由式（8.8），结合 FAHP 确定的顶板砂岩各富水因素权重，得到煤矿顶板承压含水层的富水性评价模型，将各因素图叠加并通过自然分级法对承压水富水性指数进行处理，可以得到顶板承压含水层富水性图（图8.11）。

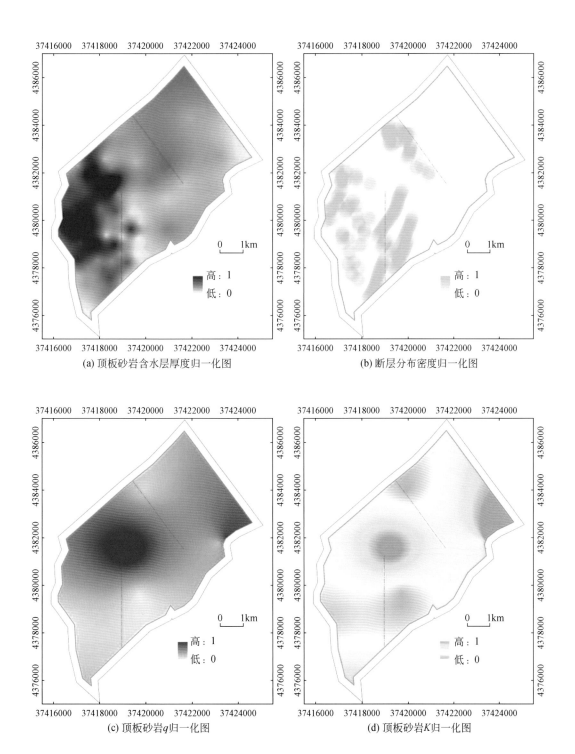

(a) 顶板砂岩含水层厚度归一化图

(b) 断层分布密度归一化图

(c) 顶板砂岩q归一化图

(d) 顶板砂岩K归一化图

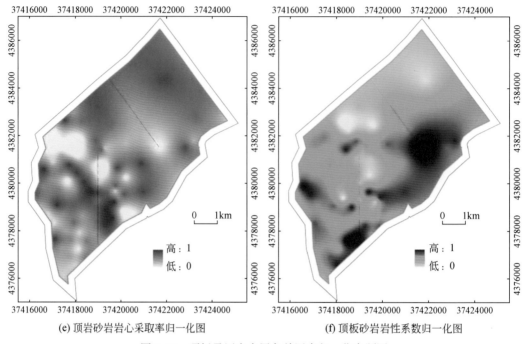

(e) 顶岩砂岩岩心采取率归一化图　　　　　(f) 顶板砂岩岩性系数归一化图

图 8.10　顶板承压含水层各单因素归一化专题图

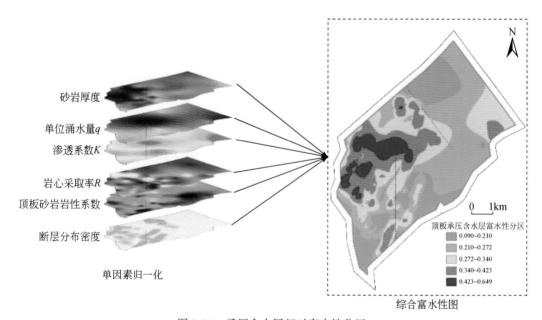

图 8.11　承压含水层相对富水性分区

对承压水的富水性等级进行客观评价并确定出强弱划分的阈值。将富水性分区进行重新划定，共分为 3 类：0.09 ~ 0.43，富水性弱为 1 级；0.43 ~ 0.54，富水性中等为 2 级；

0.54～0.65，富水性较强为 3 级。据此重新划分出矿区承压含水层相对富水性等级分区图（图 8.12）。由图 8.12 可知，富水性相对较强区域仅出现在矿区西部边界附近，且占据面积很少，富水性相对中等区域主要集中在较强区域附近及西部地段，说明该区域的顶板砂岩含水层富水性较其他区域较强，回采煤层时是应当重点关注的区域。

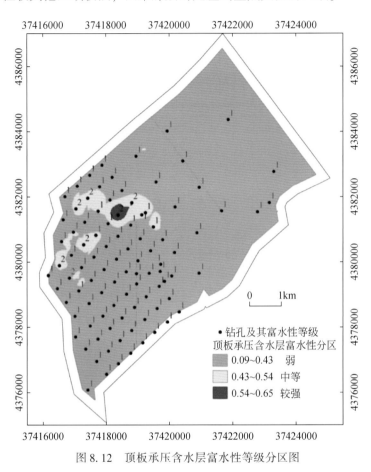

图 8.12　顶板承压含水层富水性等级分区图

第三节　工作面开采过程涌水量分段预计

一、工作面顶板富水性探放及分区

渗透系数是基于地面施工的水文地质勘探钻孔，通过抽水试验测得，但是由于水文地质钻孔施工费用昂贵，不可能在工作面范围内大量施工，往往是选用工作面内或工作面附近的一个或几个钻孔测得的渗透系数来代表工作面覆岩含水层的渗透性质。由于地质条件复杂、岩层的不均一性及各向异性，固定一点的渗透系数并不能代表整个工作面的渗透性质。以往的计算方法中含水层厚度往往选取钻孔岩性平均厚度，由于地层起伏、构造等因素导致地层不可能水平分布，同一含水层中含水层厚度往往差异巨大。

以往众多研究主要集中在涌水量预计算法的改进上（虎维岳，2005），对水文地质参数的获取方法的改进研究较少。本节内容基于采煤工作面探放水精细探查工程，获取了更为准确的水文地质参数值（渗透系数和厚度），提出一种新的采煤工作面涌水量预计方法：基于探放水工程求取的实际水文地质参数对工作面涌水量进行分段预计的方法。

石拉乌素煤矿首采面 201 工作面前后共施工 48 个放水孔，胶带顺槽施工 16 个，回风顺槽施工 32 个（图 8.13）。放水孔覆盖整个工作面，利用探放水工程获取含水层厚度值，并用放水监测资料反推的水文地质参数远比地面水文地质钻孔统计的水文地质参数更能准确反映工作面不同区域的水文地质性质。

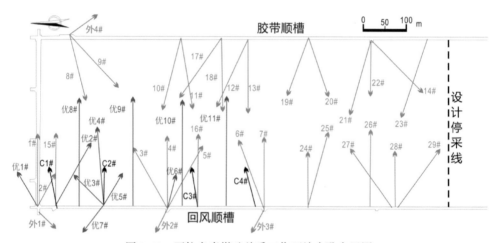

图 8.13　石拉乌素煤矿首采工作面放水孔布置图

煤层上覆含水层静储量较大，通过探放水孔将岩层中的承压水释放出来，降低含水层水压，实现疏水降压。在放水孔施工过程中记录放水孔的仰角（即放水孔与水平顶板之间的夹角）、出水点位置和终孔位置。施工完毕后放水孔低端安装有流量表和压力表，实时监测水量表与压力表的变化以及放水的时间。

利用各个放水孔的疏放水量、水压变化量、疏放的时间、出水段的垂高等数据可以反算出放水孔位置处的渗透系数、含水层厚度等，相关参数精度更高，针对区域更强，为涌水量预计提供更精细的水文地质参数。

（一）分区依据

1. 疏放水量

钻孔疏放水量是矿井水文地质性质最重要的参数之一，自第一个放水孔施工开始到工作面开始回采，各个放水孔的初始出水量和累计疏放水量记录见表 8.13。

表8.13　疏放水量记录表

孔号	初始水量 /(m³/h)	累计水量 /m³	孔号	初始水量 /(m³/h)	累计水量 /m³
1#	39	114508.8	25#	5.6	10531.2
2#	36.7	68340	26#	6.8	11371.2
3#	58.4	54424.8	27#	19	21969.6
4#	44.8	41424	28#	8.8	13288.8
5#	53.5	39587.76	29#	15.1	18938.4
6#	41.5	34696.8	C1#	31.2	24640.8
7#	31.7	24619.2	C2#	15.3	20040
8#	29.5	36014.4	C3#	35	13264.8
9#	35.6	40240.8	C4#	11.3	16125.6
10#	34.3	48470.4	优1#	14.9	21468
11#	37.9	47541.6	优2#	23.3	22449.6
12#	41.5	33590.4	优3#	15.3	18861.6
13#	35.2	32988	优4#	14.8	18356.4
14#	38.2	41956.8	优5#	17.6	20064
15#	12.8	33324	优6#	12.4	13627.2
16#	18.6	11872.8	优7#	13.4	14390.4
17#	15.6	20323.2	优8#	9.7	8973.6
18#	16.3	20040	优9#	18.4	13828.8
19#	18.5	22740	优10#	6.8	8937.6
20#	15.5	24177.6	优11#	15.8	12012.5
21#	18.5	25456.5	外1#	33.5	45626.8
22#	21.8	30470.4	外2#	15.6	21835.2
23#	12.6	29875.8	外3#	13.5	19572
24#	16.5	28819.2	外4#	15.6	22065.6

若某一区域总体出水量较大，则说明在该区域内被贯穿的含水层内的水体静储量较大，在这些存在较大静储量水体的区域内需开展采前疏水降压工作，以避免在开采期间出现涌水量突增的情况。利用各个放水孔监测的水量数据，绘制初始水量等值线图如图8.14所示，根据各个放水孔累计疏放水量绘制累计疏放水量等直线图如图8.15所示。

从放水孔初始水量等值线图中可知：在工作面中出现了三个初始水量较大的区域，分别为工作面切眼处、距切眼160~400m区域以及停采线处；其他区域初始水量较小。在累计水量等值线图中，累计水量大的区域说明该区域渗透性较大，单孔单位时间内流

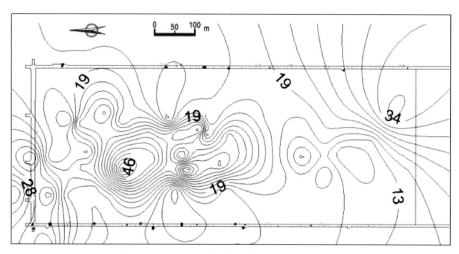

图 8.14 初始水量等值线图（单位：m^3/h）

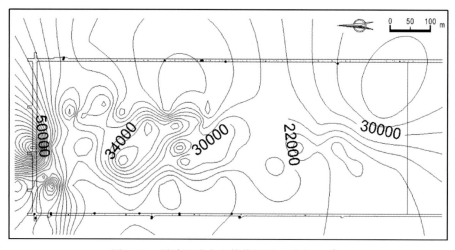

图 8.15 累计疏放水量等值线图（单位：m^3）

量较大。累计水量较大的区域有三处：切眼附近区域、距切眼 110～200m 处和停采线附近。

初始水量高峰区域与累计水量高峰区域基本上重合，说明石拉乌素煤矿首采面内不同区域渗透性质、静水储量具有明显的区域差别，按水量差异可划分为性质不同的几个区域。

2. 水压

放水孔中单孔水压低于 0.5MPa 的时候，工作面可以安全开采。在放水孔底端安装有压力表，每天观测并记录放水孔内水压变化，石拉乌素煤矿首采面内 48 个放水孔的压力情况见表 8.14。

表 8.14　水压记录表

孔号	初始水压/MPa	稳定水压/MPa	水压降/MPa	孔号	初始水压/MPa	当前水压/MPa	水压降/MPa
1#	5.2	0.4	4.8	25#	2.0	0.7	1.3
2#	4.5	0.5	2.1	26#	2.1	0.9	1.2
3#	5.5	0.2	5.3	27#	2.4	1.2	1.2
4#	4.0	0.6	3.4	28#	1.9	0.5	1.4
5#	2.0	0.3	1.7	29#	1.8	0.8	1
6#	4.0	0.7	3.3	C1#	4.6	0.6	0.5
7#	2.6	0.5	2.1	C2#	1.0	0.8	0.2
8#	3.2	0.5	2.7	C3#	1.5	0.5	1
9#	4.3	0.5	3.8	C4#	1.6	0.7	0.9
10#	4.0	0.5	3.5	优1#	2.5	0.5	2
11#	2.0	0.5	1.5	优2#	1.4	0.5	0.9
12#	2.6	0.5	2.1	优3#	1.8	0.7	1.1
13#	1.3	0.5	0.8	优4#	1.2	0.3	0.9
14#	2.5	0.5	2	优5#	1.8	0.7	1.1
15#	1.1	0.5	0.6	优6#	1.9	0.6	1.3
16#	2.0	0.4	1.6	优7#	3.0	0.6	2.4
17#	1.2	0.6	0.6	优8#	1.3	0.4	0.9
18#	1.0	0.3	0.7	优9#	1.7	0.6	1.1
19#	2.9	1.1	1.8	优10#	1.9	0.9	1
20#	2.5	0.9	1.6	优11#	2.0	0.8	1.2
21#	2.4	0.6	1.8	外1#	3.1	0.5	2.6
22#	1.6	0.5	1.1	外2#	2.5	0.5	2
23#	2.5	0.7	1.8	外3#	2.4	0.4	2
24#	1.9	0.6	1.3	外4#	1.9	0.3	1.6

　　初始水压为放水孔刚刚穿透含水层的水压，初始水压较大的区域说明该区域静水储量较大；降压是指经过一段时间的放水，放水孔内水压的下降值，降压较大的区域说明该区域水位下降得多。经过一定时间的疏放，含水层中承压水转化为非承压水，工作面内的水位应保持一致，也就是说，降压的数值起伏应与初始水压的数值保持一致。利用放水孔水压记录表中的数据绘制成初始水压和降压的等值线图（图 8.16，图 8.17）。

　　从初始水压等值线图中我们可以明显看到：工作面内有三处初始水压高峰区域，分别为工作面切眼附近、距切眼 100～300 m 处和 400～500 m 处。这些区域与初始水量的高峰区域基本保持一致，说明水量大的区域水压也较大。从降压等值线图中我们可以观察到压力变化与初始水压有重要的关系，两者的等值线图几乎一样。初始水压大的区域水压下降的也大，水位下降明显，渗透性好。

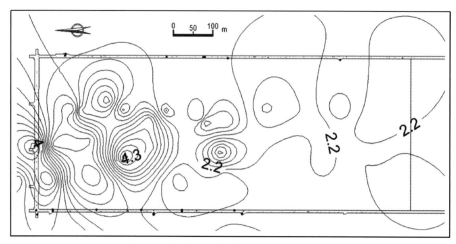

图 8.16 初始水压等值线图 (单位：MPa)

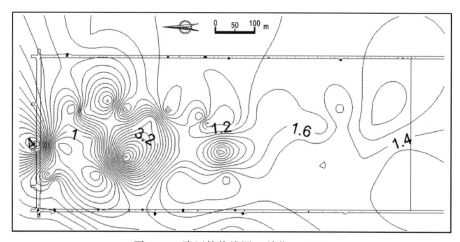

图 8.17 降压等值线图 (单位：MPa)

(二) 分区结果

从初始水量等值线图、累计水量等值线图、初始水压等值线图、降压等值线图可以明显看到几处峰值区域，而且这几个区域基本重合，说明这个区域水文地质性质相似，我们将石拉乌素煤矿首采面划分为水文地质性质不同的五个区段，具体区段划分结果如图 8.18 所示。

根据各个放水孔的出水量、水压大小，将首采面顶板充水含水层划分为五个不同富水区段，分别为区段 I、II、III、IV、V。

区段 I：从切眼开始至 50m 处。放水量 Q 一般在 $30 \sim 40 \mathrm{m}^3/\mathrm{h}$，个别达到 $60 \sim 70 \mathrm{m}^3/\mathrm{h}$，累计放水量最大，初始水压在 $3.0 \sim 5.0 \mathrm{MPa}$，水压下降在 $2.5 \sim 4.5 \mathrm{MPa}$。说明该区段富水强，已有物探资料也圈出该区段内有富水较强的含水层。

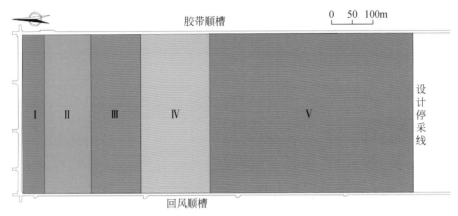

图 8.18　首采面水文地质性质分段图

区段Ⅱ：距切眼 50~150m。该区靠近回风巷道一侧 Q 一般在 10~20m³/h；靠近运输巷道一侧 Q 偏大，约 30m³/h，与区段Ⅰ的涌水量相近。水压在 2.0~4.0MPa。区段Ⅱ整体富水相对较差。

区段Ⅲ：距切眼 150~250m。有的放水孔水量在 20m³/h，有的放水孔水量能达到 38 m³/h，水压值也差别较大，在 1.8~5.5MPa 均有分布，水文地质性质差异较大。富水性比区段Ⅱ要强，区段Ⅲ整体富水性较强。

区段Ⅳ：距切眼 250~400m。该区域面积较大，放水孔较多，水量与水压普遍较大，是首采工作面另一个强富水区（与区段Ⅰ相近）。物探资料也圈定该区段有大面积富水性强的含水层。

区段Ⅴ：距切眼 400~830m。水压值基本都在 1.0~2.0MPa，流量为 5~15m³/h，个别孔甚至出现无水现象，该区段富水性相对较弱。

二、工作面水文地质参数分段确定

（一）含水层厚度的确定

西北地区煤矿主采侏罗纪煤层，含水层往往是中砂岩、细砂岩。一般在计算矿井涌水量时，含水层厚度都取砂岩层厚度。但是由于构造作用、沉积间断、分化剥蚀等作用造成含水层在不同区域厚度不均一，这样取的厚度值与实际含水层厚不一定相符。由于含水层的实际厚度无法直接获取，往往利用物探手段或者钻孔资料来推测含水层厚度。这里根据煤矿开采前所实施的探放水工程来确定含水层厚度，放水孔在岩层中的贯穿情况如图 8.19 所示。

初始出水深度（A 点）代表含水层的底界面，终孔深度（B 点）放水段顶部位置，仰角（a）为放水孔与水平岩层的夹角。A、B 两点间的垂高即为含水层放水段的厚度，其计算公式如式（8.9）所示。各个放水孔初始出水深度、终孔深度、仰角、放水段厚度情况见表 8.15。

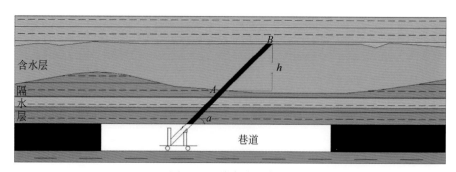

图 8.19 放水孔示意图

表 8.15 放水孔统计表

孔号	初始出水深度/m	终孔深度/m	仰角/(°)	垂高/m	孔号	初始出水深度/m	终孔深度/m	仰角/(°)	垂高/m
1#	35	200	45	116.7	25#	30	151	16	33.3
2#	41	105	45	45.5	26#	80	151	16	19.5
3#	65	196	45	92.9	27#	26	183	41	102.95
4#	62	203	45	99.7	28#	85	165	47	57.8
5#	65	200	45	95.4	29#	90	183	41	61.0
6#	66	200	45	94.7	C1#	108	156	60	41.5
7#	150	200	45	35.3	C2#	70	156	60	75.0
8#	48	179	45	92.7	C3#	75	156	60	70.0
9#	43	195.5	45	107.8	C4#	80	156	60	66.0
10#	63	200	45	96.9	优1#	30	120	50	54.1
11#	63	200	45	96.9	优2#	48	198	45	106.1
12#	60	202	45	100.4	优3#	48	110	50	50.4
13#	61	200	45	98.3	优4#	50	200	40	96.5
14#	63	200	45	96.9	优5#	30	110	60	58.5
15#	100	200	45	70.7	优6#	45	140	60	82.3
16#	65	200	45	95.4	优7#	70	103	45	23.3
17#	63	200	45	96.9	优8#	35	228	15	49.9
18#	60	200	45	99	优9#	22	228	15	53.3
19#	50	170	45	84.9	优10#	35	228	15	49.9
20#	65	170	45	74.2	优11#	22	228	15	53.3
21#	62	153	16	25.2	外1#	40	90	60	43.3
22#	115	162.5	48	23.3	外2#	50	103	45	37.8
23#	110	170	16	16.5	外3#	40	100	50	56.6
24#	80	165	47	61.5	外4#	50	90	40	31.6

$$h = L \times \sin a \tag{8.9}$$

式中，h 为含水层厚度，m；L 为放水段长度，m；a 为放水孔仰角，(°)。

根据前面划分的几个富水性区段，分别统计不同区域内放水孔的放水段含水层厚度，如表 8.16 所示。含水层厚度是矿井水文地质性质重要指标，厚度大的区域一般富水性较好，统计各区段厚度值见图 8.20。

表 8.16　不同区段含水层厚度统计表

区段	孔号	厚度/m	平均厚度/m
区段 I	1#	116.7	68.6
	2#	45.5	
	15#	70.7	
	C1#	41.5	
区段 II	优2#	106.1	82.6
	优3#	50.4	
	优4#	96.5	
	8#	92.7	
	9#	107.8	
	优8#	49.9	
	C2#	75.0	
区段 III	优5#	58.5	68.2
	优9#	53.3	
	3#	92.9	
区段 IV	4#	99.7	86.3
	5#	95.4	
	6#	94.7	
	C3#	70.0	
	C4#	66.0	
	优6#	82.3	
	10#	96.9	
	11#	96.9	
	12#	100.4	
	13#	98.3	
	17#	96.9	
	18#	99.0	
	优10#	49.9	
	优11#	53.3	

续表

区段	孔号	厚度/m	平均厚度/m
区段Ⅴ	14#	96.9	71.6
	19#	84.9	
	20#	74.2	
	24#	61.5	
	25#	33.3	
	27#	102.95	
	28#	57.8	

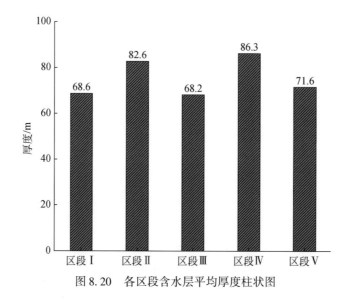

图 8.20　各区段含水层平均厚度柱状图

从图 8.20 可知，石拉乌素煤矿首采面内含水层的厚度呈现"不均匀"的性质，距切眼 50m（区段Ⅰ）平均厚度为 68.6m；距切眼 50~150m 的区域内（区段Ⅱ）含水层厚度较大，平均为 82.6m；切眼 150~250m 区域（区段Ⅲ）内含水层厚度与区段Ⅰ相似，平均厚度为 68.2m；区段Ⅳ是工作面内平均厚度最大的区域，约为 86.3m；区段Ⅴ内含水层平均厚度为 71.6m；首采工作面内含水层平均厚度约位 75.46m，与工作面内探勘孔揭露的含水层厚度基本吻合。

（二）渗透系数的确定方法

假设含水介质为各向同性，渗透系数的大小是指水力坡降为 1 时的渗透速度，渗透系数表征透水介质渗透性的强弱。渗透系数常用的测试方法分为实验室内测定和野外现场测定，试验室方法无法准确反映实际岩层的渗透特性，现场往往采用压水试验或者抽水试验。本研究基于探放水工程，利用"大井法"原理，利用放水孔观测的资料中降深和放水量的关系反推渗透系数，从而得到各个放水孔的渗透系数。渗透系数表达式为

$$K = 0.366 \frac{Q}{MS} \lg \frac{R_0}{r} \quad (8.10)$$

式中，Q 为放水孔流量，m^3/h；M 为放水孔放水段厚度，m；S 为放水孔水位下降量，m；R_0 为影响半径，m；r 为放水孔半径，m；

由于不同水文地质条件下，影响半径不同。在一个特定地质环境下确定影响半径需要一系列观测孔，在抽水井进行抽水时，观测距离不同观测孔中的水位降深，从而确定影响半径的大小，本研究采用经验公式（8.11）来确定影响半径的大小。

$$R_0 = 10S\sqrt{K} \quad (8.11)$$

式中，S 为放水孔水位下降量，m；R_0 为影响半径，m；K 为渗透系数，m/d。

将式（8.11）代入式（8.10）可得

$$K = 0.366 \frac{Q}{MS} \lg \frac{10S\sqrt{K}}{r} \quad (8.12)$$

令 $\alpha = 0.366 \frac{Q}{MS}$，$\beta = \frac{10S}{r}$，可得

$$K - \alpha \lg \sqrt{K} = \alpha \lg \beta \quad (8.13)$$

用迭代法求解方程（8.13），利用表 8.13、表 8.14、表 8.16 中的数据得到各个放水孔的渗透系数，计算结果见表 8.17。

表 8.17　各放水孔渗透系数计算结果

区段	孔号	厚度/m	平均厚度/m
区段Ⅰ	1#	0.153	0.149
	2#	0.135	
	15#	0.144	
	C1#	0.167	
区段Ⅱ	优2#	0.135	0.112
	优3#	0.118	
	优4#	0.099	
	8#	0.108	
	9#	0.115	
	优8#	0.094	
	C2#	0.117	
区段Ⅲ	优5#	0.178	0.185
	优9#	0.183	
	3#	0.194	
区段Ⅳ	4#	0.201	0.219
	5#	0.219	
	6#	0.228	
	C3#	0.239	

区段	孔号	厚度/m	平均厚度/m
区段Ⅳ	C4#	0.216	0.219
	优6#	0.241	
	10#	0.202	
	11#	0.218	
	12#	0.234	
	13#	0.228	
	17#	0.209	
	18#	0.218	
	优10#	0.221	
	优11#	0.224	
	16#	0.198	
区段Ⅴ	14#	0.108	0.095
	19#	0.112	
	20#	0.091	
	24#	0.079	
	25#	0.082	
	27#	0.076	
	28#	0.104	
	29#	0.108	

根据各个区段平均渗透系数值绘制成柱状图（图 8.21），我们可以明显地看出各个区段渗透系数值高低：区段Ⅰ内含水层的渗透系数较大，平均为 0.149 m/d；区段Ⅱ岩层渗

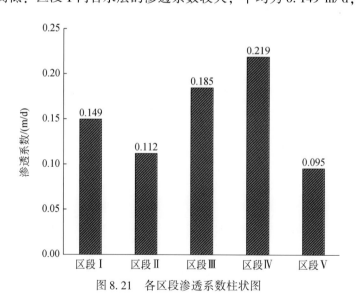

图 8.21　各区段渗透系数柱状图

透性较差，平均渗透系数为 0.112 m/d；区段Ⅲ、区段Ⅳ区域渗透性好，平均渗透系数分别为 0.185 m/d、0.219 m/d；区段Ⅴ平均渗透系数约为 0.095 m/d。各区段渗透性差异明显，与水压、水量呈现相似的区段特征，水压高、水量大的区域渗透系数也较大，水压低、水量小的区域渗透系数也较小。

三、工作面开采分段涌水量预计

煤矿的开采厚度及排水系统设计是否科学取决于采空区涌水量预计值与实际值是否一致，在工作面开采前必须对涌水量进行理论或数值预计。由于采空区涌水量受多种因素影响，在进行涌水量预计时必须充分周密的考虑各种因素的贡献度。综合之前学者的研究成果，煤矿采空区涌水量的常见影响主要有 3 个方面，分别为采空区水体补给条件、覆岩的空间分布特征及水理性质、采矿方式。

采空区水体补给条件：采空区水的补给范围、面积和补给边界性质。大气降水、地表潜水、基岩风化带及构造破碎带的水都有可能涌入采空区，成为采空区充水来源。这些含水介质的性质、补给条件往往都影响采空区涌水量的大小。

覆岩的空间分布特征及水理性质：地表潜水或承压水通过煤层上覆岩层流入采空区，覆岩的空间分布特征及水理性质控制着渗流场的特征。岩层的空隙大小、结构面的产状及贯通性、岩石的物质组成、渗透性、各向异性等都对地下水的渗流方向、大小产生影响。

采矿方式：不同的采矿方式会产生不同涌水条件，如综采条件下导水裂隙带发育高度大于综放，波及更多的含水层。

石拉乌素煤矿首采面中煤层顶板砂岩含水层的地质特点明显与东部不同，显著呈现"高承压、低渗透"的特点，矿井涌水量主要是来自砂岩含水层的"静储量"和"动补给"。从施工第一个放水孔开始到煤层开始推采，煤层顶板含水层中承压水疏放效果明显，静储量的水基本疏放完毕。开采后工作面中的涌水量主要来自周边补给，根据工作面的开采和地下水补给特点，采取"给水廊道法"预测工作面涌水量，计算公式如下：

$$Q = LK \frac{(2H - M)M}{R_0} \tag{8.14}$$

$$R_0 = r_0 + 10S\sqrt{K} \tag{8.15}$$

$$r_0 = \eta \times \frac{a+b}{4} \tag{8.16}$$

式中，Q 为涌水量，$\mathrm{m^3/h}$；L 为给水长度，即工作面区段补水边界长，m；K 为渗透系数，m/d；H 为水头高度，m；M 为含水层厚度，m；R_0 为影响半径，m；r_0 为抽水井引用半径，m；a 为矩形抽水井长度，m；b 为矩形抽水井宽度，m；η 为与 b/a 有关的概化系数，可通过查表获取。

区段Ⅰ是采空区四面补给水，区段Ⅱ、Ⅲ、Ⅳ、Ⅴ是工作面三侧补给水，工作面总涌水量是五个区段涌水量累计和。

区段Ⅰ：距切眼 50m，因此，长度 $a=330\mathrm{m}$，宽度 $b=50\mathrm{m}$，$b/a=0.15$，$\eta=1.09$，$K=0.149\mathrm{m/d}$，$M=68.6\mathrm{m}$，$H=606.78\mathrm{m}$，计算得 $Q=75.7\mathrm{m^3/h}$。

区段Ⅱ：距切眼 50～150m，因此，长度 $a=330m$，宽度 $b=100m$，$b/a=0.303$，$\eta=1.1303$，$K=0.112m/d$，$M=82.6m$，$H=606.78m$，计算得 $Q=87.1m^3/h$。

区段Ⅲ：距切眼 150～250m，因此，长度 $a=330m$，宽度 $b=100m$，$b/a=0.303$，$\eta=1.1303$，$K=0.185m/d$，$M=68.2m$，$H=606.78m$，计算得 $Q=95.8m^3/h$。

区段Ⅳ：距切眼 250～400m，因此，长度 $a=330m$，宽度 $b=150m$，$b/a=0.455$，$\eta=1.145$，$K=0.219m/d$，$M=86.3m$，$H=606.78m$，计算得 $Q=143.1m^3/h$。

区段Ⅴ：距切眼 400～830m，因此，长度 $a=430m$，宽度 $b=330m$，$b/a=0.767$，$\eta=1.18$，$K=0.095m/d$，$M=71.6m$，$H=606.78m$，计算得 $Q=82.6m^3/h$。

通过以上的计算得到各个区段的涌水量，采空区随工作面向前推进总涌水量就是各个区段涌水量的累计和，各段区域涌水量见表 8.18。

表 8.18　工作面涌水量预计值

区段	距切眼距离/m	区段涌水量/(m³/h)
Ⅰ	0～50	75.7
Ⅱ	50～150	87.1
Ⅲ	150～250	95.8
Ⅳ	250～400	143.1
Ⅴ	400～830	82.6

同属侏罗系煤田的巴彦高勒煤矿首采工作面涌水量也有一定的借鉴意义，如图 8.22 所示巴彦高勒煤矿涌水量随工作面推进呈阶梯状变化。

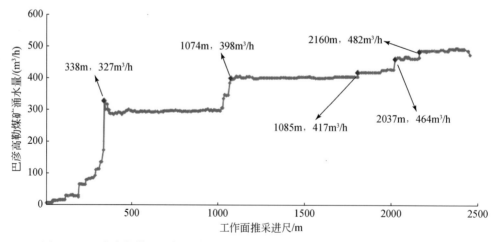

图 8.22　巴彦高勒煤矿涌水量随首采工作面（311101 工作面）推采进尺变化趋势

巴彦高勒煤矿首采面宽度为 260m，比石拉乌素煤矿首采面宽度稍窄，巴彦高勒煤矿首采面煤层开始推采后，采空区内涌水量随推采面向前推进不断增大，整体呈现台阶状变大。巴彦高勒煤矿首采面顶板岩层初次性垮落位置发生在距切眼 40m 处，岩层周期性垮落出现在距切眼 70m 的位置，煤层顶板覆岩充分垮落的位置距切眼 338m，此时采空区涌水量达到最大 327m³/h，之后采空区涌水量逐渐稳定在 300m³/h，呈轻微上下波动变化。

工作面涌水量增大的过程实质上是随采空区逐渐增大、周边含水层补给的进水长度逐渐增大的过程。在矿压的作用下，工作面顶板垮塌的位置，会突然出现涌水量突然增大的现象。在富水性强的区段，涌水量突增的幅度大；在富水性弱的区段，涌水量突增的幅度小。

石拉乌素煤矿地质条件与巴彦高勒煤矿地质条件相似，石拉乌素煤矿顶板岩层初次来压位置预计在距切眼 50m 处，覆层周期来压发生在距切眼 150m、250m 的位置，煤层上部覆岩充分垮落时，周围含水层向采空区补给的面积最大，工作面涌水量达到最大值，之后采空区涌水量在最大值附近随工作面向前推进呈上下波动变化。石拉乌素煤矿首采面开采过程中涌水量预计值见表 8.19，涌水量预计变化趋势如图 8.23。

表 8.19　石拉乌素煤矿首采面开采过程中涌水量预计值

推采距离/m	涌水量/(m³/h)	推采距离/m	涌水量/(m³/h)
0	0.0	250	258.6
30	30.0	350	350.0
50	75.7	400	401.7
100	75.0	400	484.3
150	75.0	450	474.3
150	162.8	500	474.3
200	170.0	550	470.0
250	170.0	600	475.0

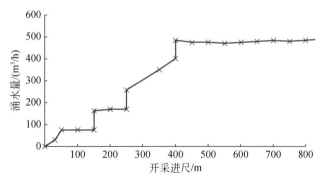

图 8.23　石拉乌素煤矿首采面涌水量预计变化趋势图

石拉乌素煤矿北翼首采面自 2016 年 9 月 28 日开始回采，2017 年 5 月 10 日回采结束，开采期间工作面实测涌水量变化趋势如图 8.24 所示。由于回采前，已经进行长时间的放水工作，在回采前 40m 时还没有达到顶板岩层的极限承载力，顶板泥岩还没有垮落，上部含水层中的承压水没有涌入工作面中。在距切眼 40m 处顶板岩层初次来压，覆岩中开始采动裂隙出现，含水层中的承压水开始涌入工作面，水量在 30m³/h 左右。周期来压发生在距切眼 150m、250m 处，在这些位置涌水量突增，在 450m 处涌水量达到最大，水量达到

$500m^3/h$，之后水量围绕 $480m^3/h$ 上下波动。

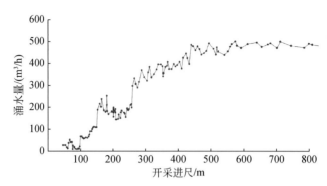

图 8.24　石拉乌素煤矿首采面开采期间实测涌水量变化趋势图

我们将工作面实际监测值与预计值进行对比，预测值与实测值无论是在数值大小还是变化趋势方面都基本吻合（图 8.25），说明基于探放水工程反演的水文地质参数能真实地反映工作面的水文地质性质，基于探放水工程能更加准确的预计工作面涌水量变化情况，为排水系统的设计与施工提供更加准确的依据，保证煤矿的安全开采。

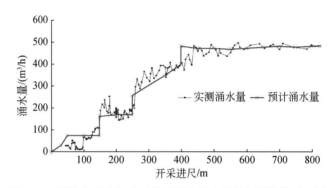

图 8.25　石拉乌素矿首采工作面涌水量实测值与预计值对比图

第四节　水害防治技术

石拉乌素煤矿 $2^{-2上}$ 煤层 201 工作面为首采工作面，位于 222 盘区西南侧，东西宽330m，南北长 825.8m。$2^{-2上}$ 煤层埋深为 662.6 ~ 693.7m，煤厚 4.4 ~ 6.5m，平均煤厚约5.4m，开采面积约 $0.27km^2$。工作面回采直接充水含水层为 J_2y 顶 ~ $2^{-2上}$ 煤间承压水含水层、侏罗系中统直罗组承压水含水层。由于直接充水含水层埋深大导致水压大（5 ~ 6MPa），而志丹群离层距离导水裂隙带距离很远（150 ~ 200m），所以首采面开采过程中水害类型为"高承压基岩水害模式+渗漏型志丹群离层水害模式"，由于渗漏型志丹群离层水害模式防治难度小，只需加大排水能力即可，这里重点介绍高承压基岩水害模式的防治方案。

高承压基岩水害模式的防治思路是"采前疏水降压+开采过程中强排水"（崔芳鹏等，

2018)，具体内容包括探放水孔的布置方式、工作面涌水量的预计、合理设计排水设施。

一、合理设计采前探放水方案

在设计探放水孔时，探放水孔终孔垂高应不低于导水裂隙带高度，相邻探放水孔终孔位置间距不超过 80m 为宜。在有物探成果可用时，应仔细分析顶板富水区分布位置、范围（图 8.26），并有针对性的在富水区加密布孔。

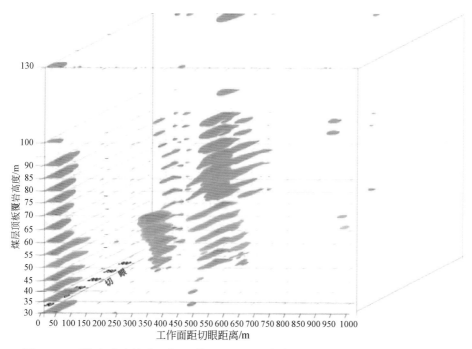

图 8.26 石拉乌素矿首采工作面顶板以上 130m 高度内相对低阻异常区空间分布形态

二、准确预计工作面涌水量

除了常规的工作面正常涌水量预计、最大涌水量预计之外，应尽可能地利用探放水工程获得的水文地质参数对工作面富水区进行分区，对不同区段的涌水量进行分段预计，具体流程见本章第三节相关内容。

三、合理设计排水设施

排水设施包括工作面排水设施、巷道排水设施，应结合工作面底板起伏情况，设计若干水窝，便于汇集工作面积水。巷道内架设的排水管应具备要求的排水能力。

第九章 巨厚白垩系离层水害模式及防治技术

采动覆岩离层水形成、涌突的过程，是典型的"采动工程地质环境演化与灾变"过程。自 2005 年 5 月 21 日淮北海孜煤矿发生覆岩离层水特大突水事故以来（瞬时最大突水量 3887m³/h，造成 5 人死亡），全国发生离层突水的矿井多达 30 余对，遍布安徽、山东、陕西、内蒙古、辽宁、重庆等 13 个省、自治区和直辖市。2016 年 4 月 25 日，陕西铜川照金煤矿发生特大型离层水涌突（瞬时突水量 2000m³/h，突泥量 1680m³），是造成 11 人死亡的重大安全事故，再次震惊整个煤炭行业。随着我国煤矿开采强度和深度的不断增加，采动覆岩离层水害事故有增加的趋势。

本章以鄂尔多斯盆地南部的永陇矿区崔木煤矿及北部的东胜矿区石拉乌素煤矿为例，研究巨厚白垩系覆盖侏罗系煤层开采离层水害形成条件，建立离层及离层水形成的工程地质模型，首次提出离层动态发育三角形离层域阶梯组合梁理论模型，揭示了离层发育、破断演化过程机理，给出煤层开采过程离层发育位置判别、离层水平破断距预计公式；提出了离层突水危险性预测评价方法，建立了离层水地面直通式导流孔等防治技术方法，并得到了推广应用。

第一节 背景条件

永陇矿区崔木煤矿、东胜矿区石拉乌素煤矿分别位于鄂尔多斯盆地南、北缘，地层沉积环境相似，且均沉积有巨厚的白垩系砂岩（图 9.1）。主采煤层均为侏罗系煤层，可采煤层厚度大（5～16m），开采深度大（500～700m），开采条件相似。两个矿在开采过程中均面临严峻的白垩系离层水突水威胁。

本次研究选取这两个矿为典型代表，重点研究崔木煤矿南翼 21301 工作面、21302 工作面（图 9.2）以及石拉乌素煤矿南翼 103A 工作面（图 9.3）的白垩系离层水害特征，深入分析水害形成机理。

一、地层及构造

如第八章第一节所述，石拉乌素煤矿地层自老至新为三叠系上统延长组（T_3y）、侏罗系中下统延安组（$J_{1-2}y$）、侏罗系中统直罗组（J_2z）、侏罗系中统安定组（J_2a）、白垩系下统志丹群（K_1zh）和第四系（Q），含煤地层为延安组（表 8.1）。白垩系下统志丹群（K_1zh）在本区仅沉积了洛河组地层，地层厚度为 332～414m，平均为 373m，主要由泥岩、细砂岩、中砂岩、粗砂岩等组成（图 9.4）。

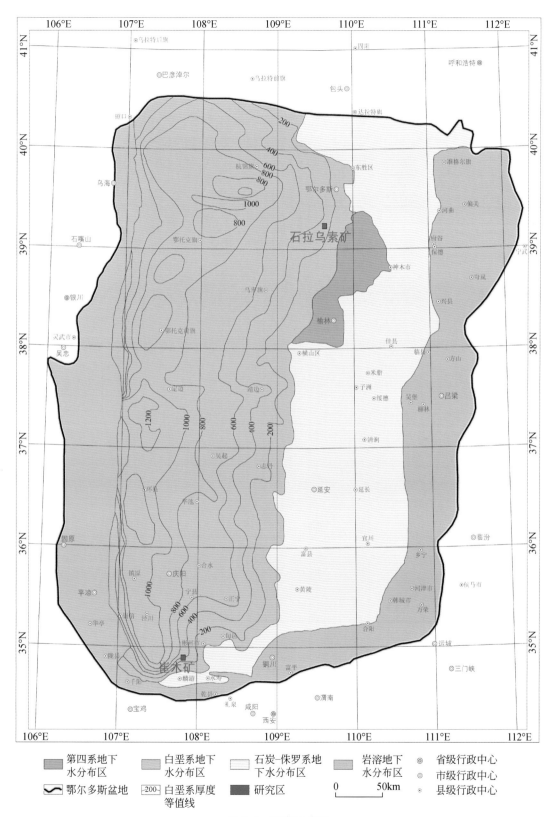

图 9.1　研究区位置

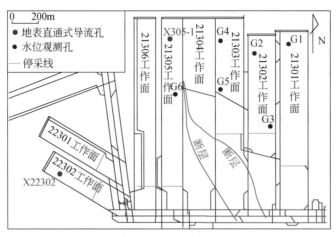

图 9.2　崔木煤矿南翼工作面布置情况

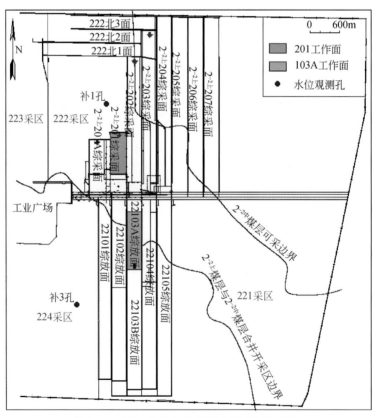

图 9.3　石拉乌素煤矿南翼工作面布置情况

崔木煤矿的地层与石拉乌素煤矿的地层沉积特征相似，尤其是洛河组地层均具有厚度大、中粗砂岩占比大的特点。两个矿的地层差异主要在于个别钻孔揭露出崔木煤矿洛河组底部沉积有少量的宜君组砾岩。崔木煤矿井田内含煤地层为侏罗系中统延安组（J_2y），主

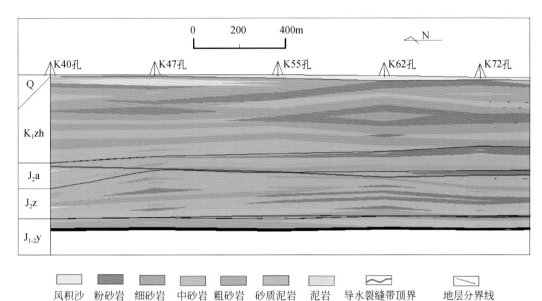

图9.4　石拉乌素煤矿典型岩性剖面图

要及次要可采煤层的稳定性如下：2^{-1} 煤层为不稳定煤层，$2^{-2上}$、$2^{-2中}$、3^{-1}、4^{-1}、$4^{-2上}$、$4^{-2中}$、5^{-1}、5^{-2} 和 6^{-2} 煤层为较稳定煤层。北翼的 222 盘区为主采 $2^{-2上}$ 煤层。在南翼，$2^{-2上}$ 煤层与 $2^{-2中}$ 煤层距离较近，煤层间仅夹有 0.2 ~ 1.5m 的泥岩或砂质泥岩，因此在南翼的 221 盘区内采用综放开采的方式将 $2^{-2上}$ 与 $2^{-2中}$ 煤层合并开采。3^{-1} 煤层在永陇矿区崔木煤矿的揭露厚度超过 10m，是崔木煤矿的主采煤层。采区地质构造简单，首采面煤层起伏变化较小，基本表现为平缓的单斜构造形态。未发现断层及裂隙带。

二、水文地质条件

石拉乌素煤矿井田水文地质条件已在第八章进行过详细描述，这里不做赘述，仅将崔木煤矿含水层情况做简要叙述。

根据勘探及矿井生产资料，综合分析地层、含水性、结构和富水性特征，由新至老将崔木煤矿所在区域含水层划分为以下 8 个层。

（一）第四系全新统冲 ~ 洪积层孔隙潜水含水层 （Ⅰ）

该层呈条带状展布于合阳沟、任家沟及常家河河谷中，厚 0 ~ 8m。具典型的二元结构特征，上部以砂质黏土、黏土及粉砂为主，下部为含水的砂及砂卵砾石层。地下水水位埋深为 1 ~ 4m，含水层厚度为 3 ~ 4m。泉流量为 0.427L/s。水质类型为 HCO_3-Ca·Mg 型，矿化度为 0.50g/L，水温为 13℃。

（二）第四系中上更新统黄土孔隙 ~ 裂隙潜水含水层 （Ⅱ）

该层分布广泛，厚度因地而异，南部梁峁区 5 ~ 10m，北部残塬区厚度大于 150m。主要由黄土、砂黄土、古土壤组成，底部有一层厚度变化较大的砂砾层，属孔隙–裂隙含水层。于沟谷地带普遍出露，泉流量最大为 0.26L/s。川道区水位埋深一般小于 12m，含水层厚 0.5~3.0m；梁峁残塬区水位埋深为 15~75m，一般为 20~30m，含水层厚 1.0~20m，一般为 2~4m。水质类型为 HCO_3-Ca 型和 HCO_3-Ca·Mg 型，矿化度为 0.415~0.737g/L，水温为 12~16℃。

（三）新近系砂卵砾含水层（Ⅲ）

该层断续分布于红土层底部，于沟谷中零星出露，一般厚度为 3~5m。岩性以浅棕色–浅灰褐色半固结状中粗碎屑堆积物为主，形成弱的含水层。当底部有隔水层时，在沟谷中以泉的形式排泄于地表，据详查资料：泉流量为 0.014~0.033L/s，水质类型为 HCO_3-Ca·Mg 型，矿化度为 0.521g/L，水温为 14℃。

（四）白垩系下统洛河砂岩孔隙~裂隙含水层（Ⅳ）

该层零星出露于合阳沟、常家河等较大河谷中，厚度分布规律总体呈西北薄而东南厚。由各粒级砂岩、砂砾岩组成，以中–粗粒砂岩为主要含水层段。其厚度由东南的 329.3m 至西北减少为 103.05m，砾岩百分含量由 62.04% 减少至 23.85%，砂岩百分含量由 37.96% 增至 76.85%。钻孔揭露的洛河砂岩含水层厚度为 12.80~251.77m，总的厚度变化规律表现为中部厚度为 100~200m，四周薄，厚度不足 100m。单位涌水量为 0.00948~0.2007L/(s·m)，渗透系数为 0.002446~0.1425m/d，属富水性弱–中等的含水层。水质类型为 HCO_3-Mg·Na·Ca 型和 HCO_3-Na·Mg 型，矿化度为 0.512~1.055g/L，水温为 14~18℃。

（五）白垩系下统宜君组砾岩裂隙含水层（Ⅴ）

该层煤矿区内无出露，厚度不稳定。岩性为紫杂色块状砾岩，砾石成分以花岗岩、石英岩、燧石为主，砾径为 3~7cm。砾石多为浑圆状，砂泥质充填，钙、铁质胶结。据邻区大佛寺井田钻孔抽水试验：单位涌水量为 0.0088L/(s·m)，渗透系数为 0.020m/d，属富水性不均一的弱含水层。水质类型为 Cl·SO_4-Na 型和 SO_4-Na 型，矿化度为 2.59~5.39g/L，水温为 15~18℃。

（六）侏罗系中统直罗组砂岩裂隙含水层（Ⅵ）

该层煤矿区内无出露，钻探揭露岩性上部为灰绿色、暗红色、紫灰色泥岩、砂质泥岩、粉砂岩与中粗粒砂岩互层，下部为灰绿色中粗粒砂岩与砂质泥岩、粉砂岩互层，底部有一层巨厚层状黄绿色含砾粗粒砂岩。含水层由各粒级砂岩构成，煤矿西部厚度一般为 10~20m，局部达 20m 以上；东北部局部地段厚度大于 30m，东南部厚度为零。单位涌水量为 0.004578L/(s·m)，渗透系数为 0.003348m/d，属富水性弱的含水层。水质类型为 SO_4-Na 型，矿化度为 20.45g/L，水温为 17℃。

（七）侏罗系中统延安组煤层及其顶板砂岩含水层（Ⅶ）

该层煤矿区内无出露，钻探揭露含水层主要为 3 煤层及其老顶中粗粒砂岩、砂砾岩。

厚度为 0~92.07m，中西部厚为 50~60m，北部为 20~50m，其余地区小于 20m。本次钻孔抽水试验成果如表 5-3 所示：钻孔单位涌水量为 0.000633~0.003431L/(s·m)，渗透系数为 0.000401~0.0066m/d，属富水性弱含水层。水质类型为 Cl-Na 型，矿化度为 3.674 g/L，水温为 19℃。

（八）三叠系中统铜川组砂岩裂隙含水层（Ⅷ）

该层地表未见出露，钻孔最大厚度为 104.15m（未见底）。岩性上部为紫色泥岩、浅紫色粉-细砂岩，灰白色细粒砂岩与中粒砂岩互层，中夹灰绿色中-粗粒砂岩。据区域资料为富水性微弱的含水层。

三、涌突水情况

永陇矿区崔木煤矿、东胜矿区石拉乌素煤矿在开采期间多次出现顶板异常出水情况，其中大部分为离层水突水，且突水水量较大的几次突水往往伴随着志丹群洛河组水位的下降，说明志丹群洛河组离层水是突水的主体。目前在黄陇矿区的铜川玉华煤矿也出现该类水害，彬长矿区的火石咀矿存在类似工作面涌水特征。该类水害瞬时流量大，对矿井安全威胁较大，因此对该类水害应给予高度重视和重点防范。

（一）崔木煤矿异常出水记录

崔木煤矿南翼 21 盘区的 21301、21302 工作面的直接充水含水层为侏罗系延安组煤系裂隙含水层和直罗组砂岩裂隙含水层，间接充水含水层为白垩系洛河组砂岩含水层，其富水性中等，对煤层开采构成较大威胁。崔木煤矿 21 盘区 21301 工作面累计突水 12 次、21302 工作面突水 6 次，最大突水量高达 1300m³/h，顶板水害威胁严重。

1. 崔木煤矿 21301 工作面

崔木煤矿 21301 工作面为该矿首采面，工作面长 968m，宽 196m，开采侏罗系延安组 3 号煤组，平均采厚为 12m，煤层倾角为 3°~6°，属于近水平煤层开采。工作面开采期间正常涌水量较小，平均为 20~40m³/h，但顶板异常出水情况较多。21301 工作面开采期间共发生 12 次突水事故，其中涌水量超过 500m³/h 的突水有 6 次，集中出现在工作面进尺为 345m（1 次）、495m（3 次）、785m（1 次）、841m（1 次）的四个位置（表 9.1，图 9.5）。

表 9.1　崔木煤矿 21301 工作面异常出水情况记录

日期	进尺 /m	最大涌水量 /(m³/h)	突水体积 /m³	来压情况	备注
2012 年 6 月 13 日	180	64	4320	—	工作面老塘出水
2012 年 6 月 22 日	210	57	4608	—	工作面老塘出水
2012 年 6 月 28 日	220	70	3072	—	工作面老塘出水

日期	进尺/m	最大涌水量/(m³/h)	突水体积/m³	来压情况	备注
2012 年 7 月 17 日	300	110	7920	—	工作面老塘出水
2012 年 7 月 21 日	315	110	4780	—	工作面老塘出水
2012 年 7 月 28 日	345	1300	10800	冒顶	有洛河组水参与；含泥量高
2012 年 9 月 30 日	495	>1000	5000	顶板压力增大；片帮	有洛河组水参与
2012 年 10 月 3 日	495	>1000	8000	片帮严重；压架	工作面老塘出水
2012 年 10 月 27 日	495	>500	60059	来压；瓦斯超限	有洛河组水参与
2012 年 12 月 18 日	590	150	15727	—	有洛河组水参与；含泥量高
2013 年 3 月 2 日	785	1100	17710	矿压增大；片帮	洛河组离层水
2013 年 3 月 17 日	841	>545.4	22363	工作面来压；压架	有洛河组水参与

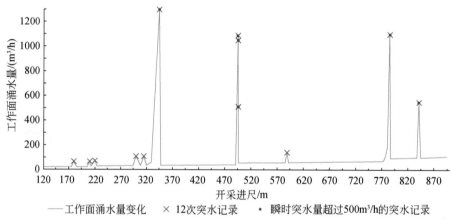

——工作面涌水量变化　×12次突水记录　•瞬时突水量超过500m³/h的突水记录

图 9.5　崔木煤矿 21301 工作面涌水量随进尺变化情况

1）异常出水记录

崔木煤矿 21301 工作面异常出水情况记录见表 9.1。

2）突水分析

A. 矿压与涌水量

根据现场记录涌突水特征（表 9.1）可以看出，12 次涌突水中，突水水量大于 500m³/h 的涌突水情况有 6 次，其余 6 次涌突水水量均小于等于 150m³/h，其中突水水量大于 500m³/h 的涌突水事故中，全部伴随着冒顶、抽顶、煤壁片帮、支架压死等现象，说明涌突水水量较大时往往伴随着矿压显著增大，涌水量较大的涌突水事故与矿压关系密切。

预计的该工作面的导水裂隙带最高点可发育至洛河组底界面，煤层顶板安定组和直罗组岩层的钻孔单位涌水量 $q = 0.004578\text{L}/(\text{s} \cdot \text{m})$、延安组岩层的钻孔单位涌水量 $q =$

0.000633～0.003431L/（s·m），都属于弱富水含水层，所以导水裂隙带范围内的含水层的正常涌水量达不到这样的级别，由此推断出工作面涌突水中应有离层水体的参与。另外，洛河组底部、安定组顶部以及洛河–安定交界段的软硬岩层界面之间易发育离层，在煤层顶板覆岩岩性、岩石力学性质、含隔水层等特殊组合情况下，可出现顶板砂岩离层水害。离层上、下位岩层的失稳破断一方面会使离层水体下泄，另一方面也使矿压增大。

B. 水化学分析

白垩系下统志丹群洛河组砂岩孔隙–裂隙含水层的水质类型为 HCO_3-Mg·Na·Ca 型、HCO_3-Na·Mg 型，矿化度为 512～1055mg/L，水温为 14～18℃。白垩系下统宜君组砾岩裂隙含水层水质类型为 Cl·SO_4-Na 型、SO_4-Na 型，矿化度为 2590～5390mg/L，水温为 15～18℃。侏罗系中统直罗组砂岩裂隙含水层水质类型为 SO_4-Na 型，矿化度为 20450mg/L，水温为 17℃。侏罗系中统延安组煤层及其顶板砂岩含水层水质类型为 Cl-Na 型，矿化度为 3674mg/L，水温为 19℃。分别对 2012 年 7 月 24 日突水水样、2012 年 10 月 27 日涌水水样和 2012 年 12 月 18 日涌水水样进行了水化学分析。

2012 年 7 月 26 日取水样水质分析结果显示涌水水质类型为 Cl·HCO_3-Na 型，矿化度为 4178mg/L，7 月 24 日涌水过程中最大涌水量约为 1300m³/h，为之前出水量最大，此次出水应为导水裂隙带范围内大量水涌入工作面，从水质类型和矿化度看，涌突水中有洛河组水的参与，矿化度较大，说明直罗组和延安组的水参与较多。

2012 年 10 月 30 日取水样水质分析结果显示涌水水质类型为 Cl·HCO_3-Na 型，矿化度为 1355mg/L；2012 年 11 月 5 日取水样水质分析结果显示涌水水质类型为 Cl·HCO_3-Na 型，矿化度为 1798mg/L；2012 年 11 月 6 日取水样水质分析结果显示涌水水质类型为 Cl·HCO_3-Na型，矿化度为 2087mg/L；2012 年 12 月 25 日取水样水质分析结果显示涌水水质类型为 HCO_3·Cl-Na 型，矿化度为 3086mg/L；从水质类型和矿化度看，涌突水中主要为洛河组的水，但矿化度逐渐增高，说明洛河组水参与水量逐渐减少。

C. 白垩系含水层水位变化

以 2013 年 3 月 2 日突水为例。2013 年 3 月 2 日涌突水过程中的洛河组水位变化（据 G1 钻孔）见图 9.6。从 2013 年 2 月 14 日到 2013 年 3 月 3 日的洛河组水位变化规律看，2 月 14 日到 2 月 23 日，洛河组水位持续上升，说明洛河组水位处于"自然水位恢复"阶段，但 2 月 23 日开始洛河组水位下降，一直到 2 月 26 日，工作面并没有明显涌水现象，说明 2 月 23 日到 2 月 26 日为离层形成后的充水过程，但是离层积水并未进入工作面，2 月 26 日开始工作面有明显涌水，但是水量不大，说明离层积水进入工作面的通道并未完全打开，这个阶段洛河组水位持续下降说明了洛河组水仍在向离层空间充水。一直到 3 月 2 日夜班 1 时 30 分，水量突然增大，离层积水沿着下部导水裂隙带涌突到开采面，造成工作面瞬时水量最大达到 1100m³/h，且涌突水过程中伴随出现了岩层断裂、矿压增大、频繁压架的现象。离层积水在短时间内涌突结束后，随着覆岩断裂带内应力重新调整，涌水通道封闭、离层闭合，3 月 3 日之后，洛河组水位随即上升。

2. 崔木煤矿 21302 工作面

1）突水记录

崔木煤矿 21302 工作面异常出水情况记录见表 9.2。

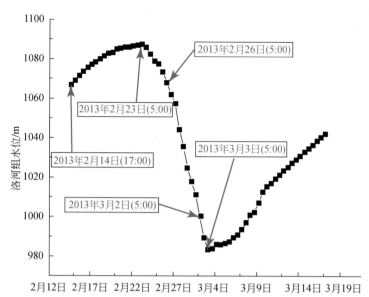

图 9.6 崔木煤矿 21301 工作面 2013 年 3 月 2 日涌突水前后洛河组水位变化（2013 年）

表 9.2 崔木煤矿 21302 工作面异常出水情况记录

日期	进尺 /m	最大涌水量 /(m³/h)	突水体积 /m³	来压情况	备注
2013 年 5 月 18 日	219	220	5300	出现压架	水质含泥量高
2013 年 5 月 25 日	—	>200	3500	架前漏顶	—
2013 年 5 月 31 日	228	120	6700	矿压增大	离层水；水质浑浊
2013 年 6 月 18 日	232	500	40000	矿压明显	离层水；含泥量高
2013 年 10 月 18 日	422	250	19391	矿压增大；片帮；压架	洛河组水为主
2014 年 1 月 24 日	590	60	5300	—	水质含泥量高

2）突水分析

A. 矿压与涌水量

根据现场记录涌突水特征（表 9.2）可以看出，有记录的 6 次涌突水中，突水水量大于 100m³/h 的涌突水情况有 5 次，全部伴随着冒顶、抽顶、煤壁片帮、支架压死等现象，说明涌水量较大的涌突水事故与矿压关系密切。

B. 水化学分析

洛河组砂岩孔隙-裂隙含水层水质类型为 HCO_3-Mg·Na·Ca 型、HCO_3-Na·Mg 型，矿化度为 512 ~ 1055mg/L。宜君组砾岩裂隙含水层水质类型为 Cl·SO_4-Na 型、SO_4-Na 型，矿化度为 2590 ~ 5390mg/L。直罗组砂岩裂隙含水层水质类型为 SO_4-Na 型，矿化度为 20450mg/L。延安组煤层及其顶板砂岩含水层水质类型为 Cl-Na 型，矿化度为 3674mg/L。

分别对 2013 年 10 月 20 日（302 工作面 103 架顶板水）、10 月 21 日（302 工作面机头8 号架顶板水）、10 月 23 日（302 机尾 108 号架顶板水）、10 月 24 日（302 机尾 108 号架顶板水）突水后的水样进行了水化学分析。结果显示 10 月 20 日取的涌水水样的水质类型为 Cl-Mg 型，矿化度为 1936.5mg/L；10 月 21 日取的涌水水样的水质类型为 $HCO_3 \cdot$ Cl-Mg 型，矿化度为 1836.91mg/L；10 月 23 日取的涌水水样的水质类型为 Cl·HCO_3-Mg 型，矿化度为 1060.36mg/L；10 月 24 日取的涌水水样的水质类型为 Cl·HCO_3-Mg 型，矿化度为 1265.57mg/L。从水质类型和矿化度上看，2013 年 10 月 18 日之后的涌水中大部分为洛河组的砂岩水。

C. 白垩系含水层水位变化

以 2013 年 5 月突水为例。2013 年 5 月 18 日、5 月 25 日和 5 月 31 日涌水过程中的洛河组水位变化（据 G3 钻孔）见图 9.7。2013 年 4 月 1 日到 4 月 22 日的洛河组水位持续上升，表明洛河组水位受前期涌突水影响后处于"自然水位恢复状态"。4 月 22 日的洛河组含水层水位为 1107m，而 5 月 18 日涌水之前的水位为 1088m，表明在此阶段虽然工作面没有明显涌水现象，但洛河组水位仍累计下降了 9m，此阶段应为洛河组含水层的水正进入离层空间的充水阶段。5 月 25 日发生涌水时洛河组含水层水位为 1081m、5 月 31 日发生涌水时洛河组含水层水位为 1079m，从 5 月 18 日、5 月 25 日和 5 月 31 日发生的 3 次涌水时洛河组含水层水位变化看，此阶段的离层空间处于持续充水并闭合阶段。

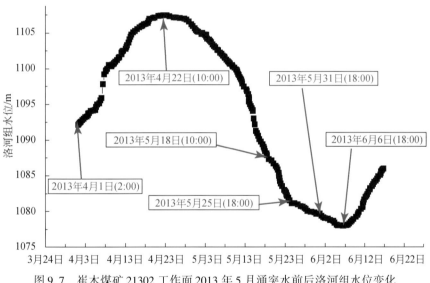

图 9.7 崔木煤矿 21302 工作面 2013 年 5 月涌突水前后洛河组水位变化

由以上涌突水实例发生前后的洛河组水位变化分析可以得出：洛河组水位变化可以明显反应离层充水过程（水位自然波动或恢复过程中突然下降）、涌突水过程（离层空间充水导致洛河组水位下降后的某时间段）和导水裂隙闭合（洛河组水位上升）三个阶段，这些现象分析进一步印证了离层积水的存在。同时，可以根据洛河组水位在水位自然波动或恢复过程中的突然下降现象对井下涌突水进行预警。

（二）石拉乌素煤矿异常出水记录

石拉乌素煤矿南翼首采面（即 103A 工作面）回采期间涌水量、洛河组水位变化情况见图 9.8。由图 9.8 可以看出，103A 面开采期间有多处涌水量突增点，其中 2018 年 1 月 6 日，进尺为 554m 时，涌水量由 374.1m³/h 突增至 646m³/h，不久后超过 900m³/h，由于矿井排水能力充足、排水设施安装到位，积水很快被排空而未出现安全事故。经防治水专家组调查、讨论后一致认为石拉乌素煤矿 103A 工作面发生于 2018 年 1 月 6 日的异常出水为离层水突水所致。

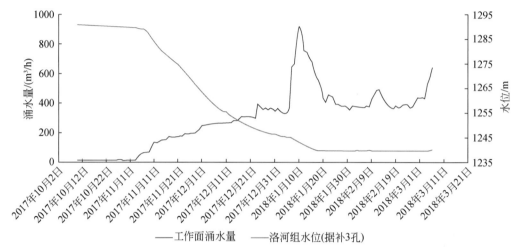

图 9.8　石拉乌素煤矿 103A 工作面回采期间涌水量、洛河组水位变化情况

由于 103A 工作面内并无洛河组水位观测孔，最近的洛河组水位观测孔位于 103A 工作面西南侧 1.53km 处，所以观测到的洛河组水位并不能及时、直接地反映 103A 工作面上方的洛河组水位波动情况，但可以反映 103A 面周围的洛河组水位整体变化趋势。由图 9.8 可知，103A 工作面煤层开采期间，洛河组水位缓慢下降，说明 103A 面的开采过程中，有洛河组水下泄到采空区中。由于 1 月 6 日的突水属于洛河组离层水突水，可以断定，1 月 6 日之后的大型异常突水也与洛河组水有关。

第二节　区域上白垩系离层水害特征

永陇矿区崔木煤矿、东胜矿区石拉乌素煤矿开采期间多次发生的白垩系洛河组离层水突水事件，说明白垩系离层水害的客观存在。本章从白垩系地层沉积特征、白垩系巨厚砂岩离层水形成可能性分析、白垩系离层水害特征三方面入手，全面分析白垩系离层水害问题，以期对白垩系离层水害问题有更深入认识，形成白垩系离层水害系统理论。

一、白垩系地层沉积特征

鄂尔多斯盆地存在一套巨厚的白垩系砂岩沉积，由两个沉积旋回组成，地层自下而上依次为宜君组（部分地段缺失）、洛河组、环河（华池）组、罗汉洞组、泾川组（表 9.3）。

表9.3　鄂尔多斯盆地白垩系地层沉积特征

地层单元	层段	层厚/m	岩相古地理特征			沉积旋回
			岩性	沉积相	气候	
泾川组	全段	0~260	杂色砂泥岩	残留湖相	潮湿	上旋回
罗汉洞组	上段	0~180	中、细砂岩	风成沙漠相	干旱	
	下段	0~35	含砾细砂岩	河流相	半干旱	
环河组	上段	0~500	粉、细砂岩，泥岩	湖泊、三角洲相	潮湿	下旋回
	下段	0~460				
洛河组	上段	110~430	细、中砂岩	风成沙漠相	干旱	
	下段	0~46	含砾砂岩、砾岩	冲积扇、辫状河流相	半干旱	
宜君组	全段	0~302	杂色砾岩	冲积扇、辫状河流相	半干旱	

由于崔木煤矿和石拉乌素煤矿的白垩系地层只沉积有洛河组、宜君组两个地层层位，且宜君组仅在崔木煤矿个别钻孔有揭露，厚度较小（5.25~6.22m），所以接下来重点研究洛河组沉积特征。

洛河组为一套冲积扇-辫状河-沙漠相沉积组合（图9.9），厚度为100~500m（图9.10）。洛河组沙漠相沉积约占同期沉积的2/3，厚度一般在200~350m。其沉积中心厚度普遍大于400m。以风成沙丘砂岩夹丘间细粉砂岩、泥质岩组合为主。沙丘砂岩是洛河组沙漠沉积主体，以砖红色、棕红色、紫红色块状中-细粒长石石英砂岩、长石砂岩为主，少量含砾砂岩、粗砂岩、粉细砂岩，以发育巨型交错层理、板状层理为特征。岩石结构成熟度和成分成熟度较高，结构疏松、孔隙发育、连通性好。丘间细粉砂岩、泥质岩分布范围有限，厚度较小，不连续。砂岩占比高（90%以上）、延伸稳定、规模巨大、结构疏松，是鄂尔多斯盆地的主要含水层。冲积扇及辫状河沉积是洛河组另一主要物质。盆地北部在该组底部常见由杂色砾岩、砂砾岩、含砾砂岩及砂岩组成的冲积扇沉积，其厚度为64~170m，砾石大小混杂，其中不乏大于50cm的漂砾，磨圆较差，泥砂质充填，基底式胶结。辫状河沉积在盆地北部和西部边缘广泛分布，以岩屑长石砂岩、长石砂岩、长石石英砂岩及含砾砂岩为主，夹粉砂质泥岩、泥质粉砂岩和泥岩薄层，局部含石膏。砂岩多具不等粒结构，分选、磨圆中等-较差，为厚度不等的透镜状产出。

由图9.9可知，石拉乌素煤矿所在位置的洛河组地层属于沙漠相沉积，岩性以红褐色中、细砂岩为主［图9.11（a）］；崔木煤矿所在位置的洛河组地层属于冲积扇-辫状河流沉积，岩性以砾岩［图9.11（b）］、含砾砂岩［图9.11（c）］、中-粗砂岩为主［图9.11（d）］。

二、白垩系巨厚砂岩离层水形成可能性分析

离层水的形成前提是存在充水水源且充水通道良好、存在可积水离层空间，存在充水水源是一切水害发生的物质条件，存在离层空间是离层水害区别于其他类型顶板水害的标志。下面从离层充水条件、离层空间赋存形式两方面进行分析。

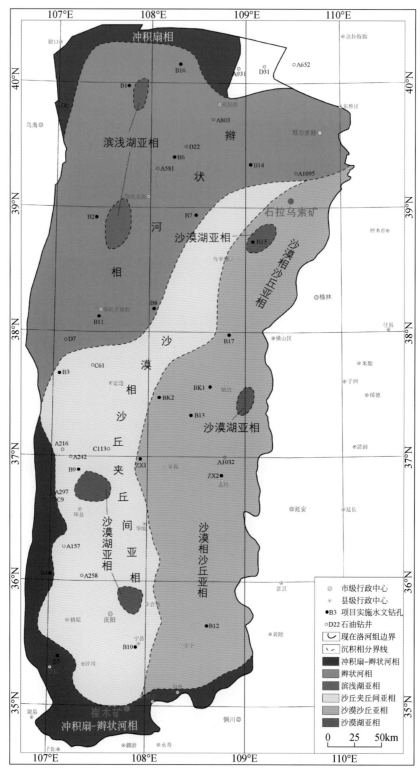

图 9.9 早白垩世洛河期岩相古地理图 (侯光才，2008)

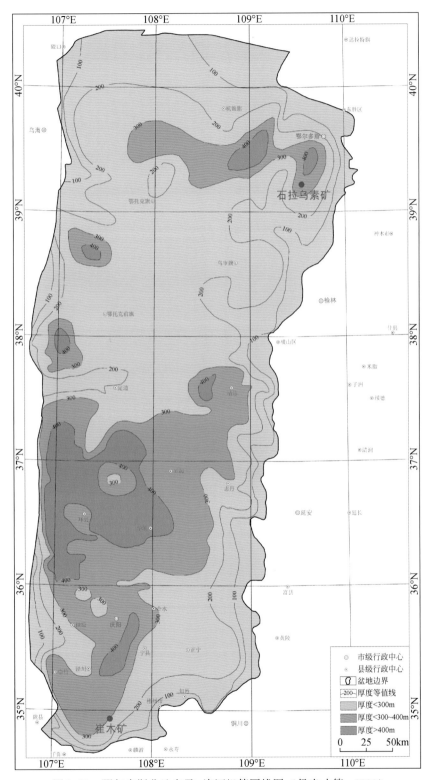

图 9.10 鄂尔多斯盆地宜君-洛河组等厚线图（侯光才等，2008）

(a) 石拉乌素煤矿洛河组岩心(SKY3孔)

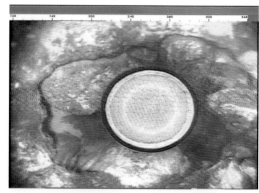
(b) 崔木洛河组钻孔电视图(G1孔，深206m)

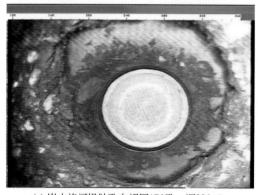
(c) 崔木洛河组钻孔电视图(G1孔，深230m)

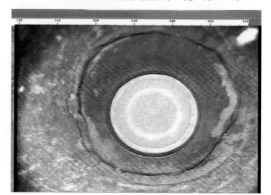
(d) 崔木洛河组钻孔电视图(G1孔，深280m)

图 9.11　钻孔揭露研究区洛河组岩层照片

（一）白垩系离层充水条件分析

整体上，鄂尔多斯盆地白垩系地层为一个大型的向斜蓄水沉积（图 9.12）。由本章第一节分析可知，白垩系洛河组岩层以砖红色中-粗砂岩为主，局部含砂砾岩，厚度大、展布稳定，结构疏松、孔隙发育、连通性好，具备良好的渗透性和储水条件。据石拉乌素煤矿 B3 孔抽水试验资料，测得的白垩系洛河组砂岩渗透系数 0.436m/d，单位涌水量为 0.248 L/(s·m)，富水性中等。所以白垩系砂岩底部的离层空腔周边存在巨厚的砂岩孔隙裂隙水补给水源，且渗透能力较强，具备良好的离层充水条件。

（二）白垩系离层水赋存形式分析

白垩系离层水的赋存与其下部岩层的隔水性息息相关，因此，在研究白垩系离层水时，有必要对白垩系下部的侏罗系岩层隔水性做分析。

1. 侏罗系覆岩内存在突水通道闭合带

因本章研究对象属于侏罗系煤层开采案例，这里说的突水通道闭合带指的是侏罗系煤层开采过程中，煤层覆岩裂隙带内的突水通道闭合带。

侏罗系地层中的安定组、直罗组以及煤层顶部延安组是阻挡白垩系砂岩水下泄的保护

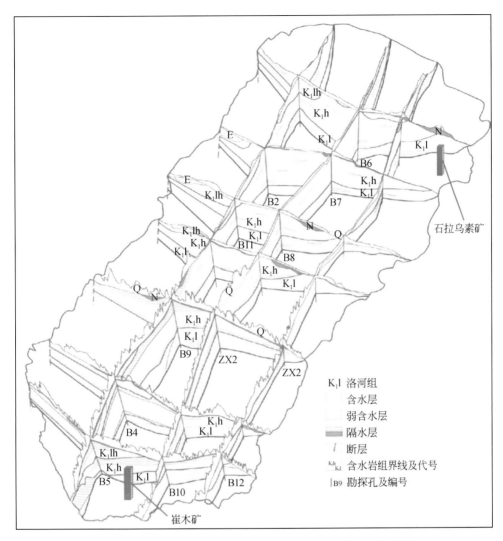

图 9.12　鄂尔多斯盆地白垩系地层水文地质结构立体示意图（侯光才，2008）

层，崔木煤矿目前开采 3 号煤组，本次重点分析了工作面顶部及周边 3 号煤组顶板覆岩特征。根据 G1、G2、G3 孔钻孔数据，可知 3 号煤组顶板至洛河组底界的保护层平均厚度为170.94m，其中安定组平均厚度为 104.9m，直罗组平均厚度为 23.17m，延安组煤层顶部平均厚度为 42.43m；保护层中泥岩所占比例较大，泥岩平均厚度为 108.49m，占比 63%，其中安定组中泥岩平均厚度为 72.38m，占比 69%，直罗组中泥岩平均厚度为 9.88m，占比 43%，延安组顶部泥岩平均厚度为 25.79m，占比 61%（图 9.13）。泥岩遇水易泥化、膨胀，所以泥岩中的裂隙在水流作用下具有较强自愈效应，侏罗系覆岩中大量泥岩的存在为覆岩中突水通道的闭合提供了物质基础。

从 G1、G2、G3 孔钻孔岩心里共选取 45 组岩样进行物理力学性质测试，含洛河组 22组、安定组 19 组、直罗组 2 组、延安组 1 组，其中侏罗系泥岩-砂质泥岩部分测试成果见表 9.4。

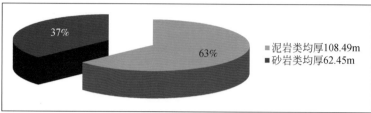

(a) 整个侏罗系覆岩段不同岩性占比统计

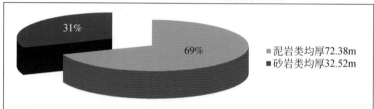

(b) 侏罗系安定组覆岩段不同岩性占比统计

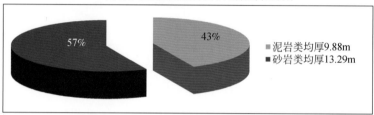

(c) 侏罗系直罗组覆岩段不同岩性占比统计

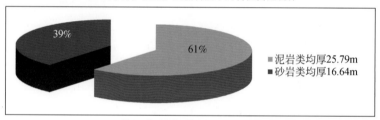

(d) 侏罗系延安组覆岩段不同岩性占比统计

图 9.13　崔木煤矿 3 号煤组侏罗系覆岩岩性特征

表 9.4　侏罗系泥岩-砂质泥岩岩石物理力学性质测试成果

天然容重 /(g/cm³)	干燥抗压强度 /MPa	饱和抗压强度 /MPa	抗拉强度 /MPa	黏聚力 /MPa	软化系数	弹性模量 /×10⁴MPa
$\dfrac{2.29\sim2.54}{2.42\,(13)}$	$\dfrac{2.08\sim27.68}{12.27\,(13)}$	$\dfrac{0.52\sim13.64}{4.57\,(13)}$	$\dfrac{0.12\sim1.18}{0.58\,(13)}$	$\dfrac{0.69\sim4.73}{2.68\,(13)}$	$\dfrac{0.23\sim0.49}{0.34\,(13)}$	$\dfrac{0.849\sim1.21}{1.06\,(13)}$

注：分子为极值，分母为均值，括号内为统计频数

　　自表 9.4 中可看出，3 号煤组顶板侏罗系泥岩具备强度低（饱和单轴抗压强度 ≤ 10MPa 时）、易软化塑变（软化系数 ≤ 0.75MPa 时）的特点，顶板隔水层遇水易软化变形。

　　此外，由崔木煤矿 B1-2 孔、B1-4 孔揭露的安定组岩心（图 9.14）可以看出，安定组泥岩-砂质泥岩段厚度大、强度低、遇水易软化崩解。另外，在有洛河组（离层）水参与的突水中，突入工作面的顶板水多水质浑浊、含泥量高（表 9.1，表 9.2），说明洛河组

（离层）水的在下泄过程中冲刷带走了一部分泥化崩解的介质。这些情况一方面突水通道闭合带的存在，另一方面也说明虽然突水通道闭合带内的岩石的隔水性在后期能够恢复，但强度的下降是不可逆的。

图 9.14　安定组泥岩岩心（B1-2 孔）

确定了突水通道闭合带存在的事实，接下来需要确定突水通道闭合带的位置和范围。根据上面相关分析可知，突水通道闭合带顶界极有可能位于安定组所在范围，依据如下：

（1）洛河组岩性以中-粗砂岩、砂砾岩、砾岩为主，泥岩含量极少，不具备形成突水通道闭合带的物质条件，所以突水通道闭合带只能在泥岩含量较高的侏罗系岩层中存在；

（2）研究区侏罗系地层中，安定组泥岩易崩解泥化、直罗组泥岩含量相对少、延安组泥岩硬度大，所以安定组泥岩破断后产生的裂隙相对容易闭合；

（3）安定组是研究区侏罗系地层最上部的地层，所以安定组中的裂隙开度整体比下部的直罗组、延安组中的裂隙的开度要小，因此安定组中的裂隙闭合难度相对最小，最易形成突水通道闭合带。

所以，研究区煤层开采过程中覆岩中存在突水通道闭合带，且突水通道闭合带的范围至少包含安定组巨厚泥岩-砂泥岩段的一部分或全部。裂隙带、预计的导水裂隙带、突水通道闭合带的相对位置见图 9.15。

2. 突水通道闭合带拓展了可积水离层种类

由前面分析可知，可积水离层空间的存在不应仅局限在离层本身，或者构成离层的上、下位岩层。只要有离层空间存在、离层空间能获得水源补给、整体上离层空间积水不会下泄，则该离层就是可积水离层，离层空间里的水就是离层积水。基于此，结合侏罗系覆岩内存在突水通道闭合带的事实，提出了十种能够形成可积水离层的岩层组合形式（图 9.16），其名称及分类见表 9.5。

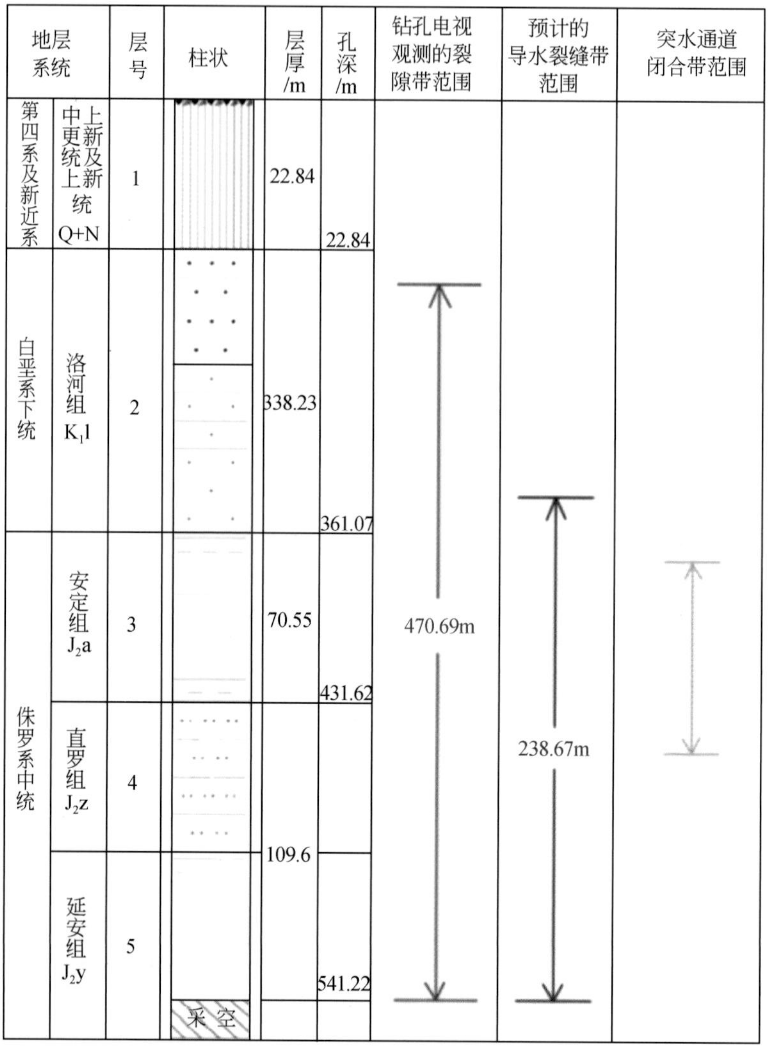

地层系统		层号	柱状	层厚/m	孔深/m	钻孔电视观测的裂隙带范围	预计的导水裂缝带范围	突水通道闭合带范围
第四系及新近系	中更新统及上新统 Q+N	1		22.84	22.84			
白垩系下统	洛河组 K₁l	2		338.23	361.07	470.69m	238.67m	
侏罗系中统	安定组 J₂a	3		70.55	431.62			
	直罗组 J₂z	4		109.6				
	延安组 J₂y	5	采空		541.22			

图 9.15　裂隙带、预计的导水裂隙带、突水通道闭合带的相对位置（据崔木煤矿 G1 孔）

表 9.5　十种可积水离层的名称及分类

离层类型		组合形式
大类	小类	
含–离–阻	含–离–隔	类型①
	含+离–（隔）	类型②
含–离–含–阻	含–离–含–隔	类型③
	含–离–含–（隔）	类型④
含–离–［含］–阻	含–离–［含］–隔	类型⑤
	含–离–［含］–（隔）	类型⑥
隔–离–含–阻	隔–离–含–隔	类型⑦
	隔–离–含–（隔）	类型⑧

续表

离层类型		组合形式
大类	小类	
隔-离-［含］-阻	隔-离-［含］-隔	类型⑨
	隔-离-［含］-（隔）	类型⑩

注：表格中"含"表示完整含水层；"［含］"表示已破断的含水层；"隔"表示完整隔水层；"（隔）"表示已发生破断，但导水通道易闭合、一段时间后仍具隔水能力的隔水层组，也指突水通道闭合带；"阻"表示阻水岩层、岩组，包括隔水层和突水通道闭合带两类；"离"表示离层

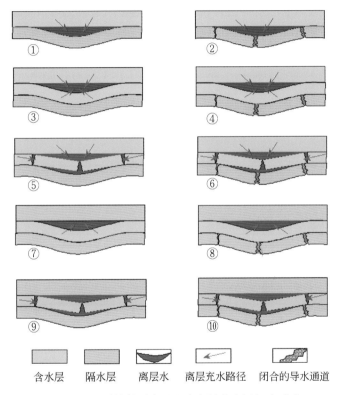

图9.16　十种能够形成可积水离层的岩层组合形式

如图9.16所示，"类型②""类型④""类型⑥""类型⑧""类型⑩"中的可积水离层就是位于突水通道闭合带的上方的离层。突水通道闭合带的存在拓宽了可积水离层的范围，使原本不具备积水条件的离层空腔逐渐积聚了离层水，形成离层水害隐患。崔木煤矿、石拉乌素煤矿的一些离层突水案例就是由这类位于突水通道闭合带上方的积水离层引发的。

3. 白垩系积水离层赋存形式

由上面分析可知，研究区侏罗系覆岩内存在突水通道闭合带，理论上，突水通道闭合带对其上部水体具有阻隔作用，导致突水通道闭合带之上的所有离层空腔内均可以积存离层水。

三、白垩系离层水害特征

由前述分析可知，研究区侏罗系覆岩中泥岩含量高（尤其是安定组地层中泥岩平均厚度为 72.38m，占比高达 69%）、泥岩强度低、遇水易崩解，导致侏罗系覆岩中的裂隙在水流作用下容易闭合，形成突水通道闭合带，且突水通道闭合带的范围至少包含安定组巨厚泥岩–砂泥岩段的一部分或全部。突水通道闭合带虽然具备隔水能力，但隔水性岩层在之前的破断中所造成的强度的下降是不可逆的（周翠英等，2005；Fabre and Pellet，2006；贾善坡，2009），在较大的水流冲击作用下，突水通道闭合带仍可以被水流击穿。

白垩系离层水害模式的沉积特征自上而下可被概括为"积水离层带+突水通道闭合带+突水通道未闭合带"，突水通道闭合带的阻水性是上覆离层存在积水的主要原因，突水通道闭合带的周期性短暂打开是白垩系离层水涌入工作面的直接原因（贺江辉，2018）。

第三节　采动覆岩离层及动态演化分析

本节拟通过对离层域形态进行简化，然后通过力学计算在简化后的离层域里构建离层动态演化分析计算模型，最后结合具体案例对该模型的使用步骤及使用效果进行介绍。

一、离层域及其形态的简化

有些学者在判别离层位置时默认计算范围之内的各个岩层的跨度是相同的，有些学者在计算离层上位岩层破断距离时默认离层上位岩层所承受的载荷为上位岩层之上的所有岩层的重量，还有些学者在计算离层规模时默认离层展布范围是整个工作面的范围……仔细推敲发现，由于忽略了覆岩内压力平衡拱的存在，这些思路都是过于主观且不严谨的。实际上，竖向上并不是整个覆岩内都可以形成离层的，水平方向上同一位置的离层的跨度也不是固定不变的，不同进尺条件下离层上位岩层所承受的载荷也不是固定不变的，这是因为在某一进尺条件下，离层只能存在于覆岩内一个特定的区域里，这个区域称为离层域。所以在进行离层位置判别和离层破断距离计算前，应先确定该进尺条件下覆岩内的离层域的范围和形态。

（一）覆岩离层时空分布特征

对于任一离层，均存在一个有起始、发展、稳定至破断消失的动态过程：当工作面推进到某一距离时，某相邻岩层之间出现离层；随着工作面推进，该离层空腔的长度增加；而当离层空腔下位岩层（或上位岩层）的悬露长度达到其极限跨距时，离层空腔体积发育到最大值；继续推进，则离层空腔下位岩层（或上位岩层）发生断裂，整体下沉，离层空腔被破坏，离层消失。

对于任一尺寸采空区，其上方覆岩内均存在一个压力平衡拱，平衡拱之外的岩层的载荷被平衡拱传递至拱脚而不会对平衡拱内的岩层产生影响，平衡拱内的岩层由于失去支撑作用会在自重作用下产生弯曲下沉，相邻岩层下沉不均衡时会在岩层接触面分离而形成离层。所以平衡拱内的区域才是形成离层的区域，称之为离层域。随着采空区面积的不断扩大，旧的、小的平衡拱被破坏，新的、大的平衡拱会产生。表现在拱的前脚随着开采进尺的增大而不断前移，拱的范围也不断扩大。随着这一过程的进行，离层域也在不断扩大，采场顶板离层也在工作面的横向和纵向上呈动态发育（图9.17）。

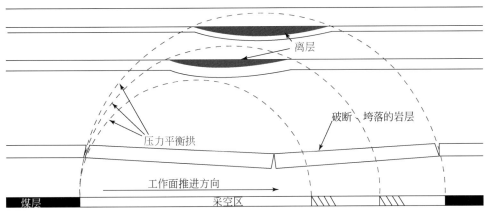

图9.17　产生覆岩离层的力学结构

所以，煤层实际开采过程中，采空区上方覆岩内可发育离层的位置不是固定的。随着煤层开采，采空区面积增大，在横向上离层跨度增大，离层最大值（离层空腔内最低洼处）不断向前移动，在竖向上离层的位置不断抬高，上部离层逐渐发育而下部离层则逐渐闭合，离层时空分布特征大致呈"梯形"（图9.18）。

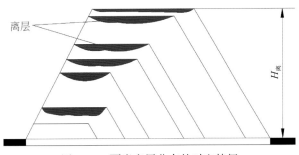

图9.18　覆岩离层分布的时空特征

（二）三角形离层域

由上面分析可知离层只存在于压力平衡拱内，所以可将压力平衡拱内部的区域称为离层域。所以，在计算某一开采尺寸下顶板覆岩内离层发育情况时，应先确定离层域的范围和形态。

受埋深、采厚、岩性等多种因素影响，平衡拱的形态方程很复杂，不便于应用。结合一些学者的相似材料模拟实验和数值模拟试验观测结果（于涛，2007；周丹坤，2015；Wang et al.，2015；师修昌，2016；Jiang and Xu，2017）（图9.19），发现只有处在两条岩层破裂线（图9.19中红色斜线）之间的岩层会由于失去支撑作用而发生下沉、产生离层。基于此，这里提出可以近似用两条岩层破裂线与煤层顶板所圈闭的三角形区域作为离层域（即图9.19中两条红色斜线与一条绿色横条所圈闭的范围）。这样既兼顾了离层域存在的事实及离层域的大体形态特征，也降低了计算难度，增强了可操作性。

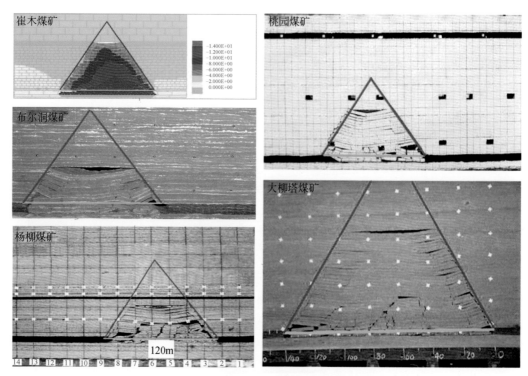

图9.19　几个模拟覆岩变形破坏过程的实验

二、离层位置判别

（一）传统判别方法

1. 传统方法的由来

这里的传统方法指的是传统的具有系统解析计算过程的离层位置判别方法。传统离层位置判别方法是基于组合梁原理提出的，能够发生同步弯曲变形的若干个岩层组成的岩层整体称为组合梁。因大型可积水离层存在于岩层悬空部分的正中间，所以这里对岩层悬空部分的正中间位置进行变形分析。如无特别说明，下面所指的曲率仅为岩层悬跨部分正中间位置的曲率。

假设采空区上方有 m 层岩层，各岩层的厚度、重度、弹性模量、截面惯性矩、自重均布载荷分别为 h_i、γ_i、E_i、I_i、q_i（$i=1$，2，3，…，n，…，m）。在由 n 层岩层组成的组合梁中，第 i（$i=1$，2，3，…，n）层岩层中间所承受的弯矩为 $(M_n)_i$，该弯矩使岩层在岩层中间处产生弯曲变形，且该弯曲变形的曲率为 $(C_n)_i$。二者关系可表示如下：

$$(C_n)_i = \frac{(M_n)_i}{E_i I_i} \tag{9.1}$$

由于 n 层岩层同步弯曲，所以组合梁内的各岩层曲率相同，即

$$(C_n)_1 = (C_n)_2 \cdots = (C_n)_i \cdots = (C_n)_n \tag{9.2}$$

由式 (9.1) 和式 (9.2) 可得

$$\frac{(M_n)_1}{E_1 I_1} = \frac{(M_n)_2}{E_2 I_2} = \cdots = \frac{(M_n)_n}{E_n I_n} \tag{9.3}$$

由式 (9.3) 我们可以推导出如下等式：

$$\frac{(M_n)_1}{(M_n)_2} = \frac{E_1 I_1}{E_2 I_2}, \frac{(M_n)_1}{(M_n)_3} = \frac{E_1 I_1}{E_3 I_3}, \cdots, \frac{(M_n)_1}{(M_n)_n} = \frac{E_1 I_1}{E_n I_n} \tag{9.4}$$

由式 (9.4) 我们可以推导出如下等式：

$$(M_n)_2 = \frac{E_2 I_2}{E_1 I_1}(M_n)_1, (M_n)_3 = \frac{E_3 I_3}{E_1 I_1}(M_n)_1, \cdots, (M_n)_n = \frac{E_n I_n}{E_1 I_1}(M_n)_1 \tag{9.5}$$

根据组合梁原理，组合梁整体在其正中间处大截面上的弯矩 (M_n)、剪切力 (Q_n)、载荷 (q_n) 由组合梁内的各岩层在同一截面上各自的弯矩 $(M_n)_i$、剪力 $(Q_n)_i$、载荷 $(q_n)_i$ 负担 $(i=1, 2, 3, \cdots, n)$，它们之间的计算关系如下：

$$(M_n) = (M_n)_1 + (M_n)_2 + \cdots + (M_n)_n \tag{9.6}$$

$$(Q_n) = (Q_n)_1 + (Q_n)_2 + \cdots + (Q_n)_n \tag{9.7}$$

$$(q_n) = (q_n)_1 + (q_n)_2 + \cdots + (q_n)_n \tag{9.8}$$

由式 (9.5) 和式 (9.6) 可得

$$(M_n) = (M_n)_1 \left(1 + \frac{E_2 I_2 + E_3 I_3 + \cdots + E_n I_n}{E_1 I_1} \right) \tag{9.9}$$

式 (9.9) 可被转化成下列形式：

$$(M_n)_1 = \frac{E_1 I_1}{E_1 I_1 + E_2 I_2 + E_3 I_3 + \cdots + E_n I_n}(M_n) \tag{9.10}$$

弯矩与剪切力存在如下对应关系：

$$\frac{\mathrm{d}(M_n)_i}{\mathrm{d}x} = (Q_n)_i, \frac{\mathrm{d}(M_n)}{\mathrm{d}x} = (Q_n) \tag{9.11}$$

因此，结合式 (9.11)，对式 (9.10) 两边同时对位移求导，可得

$$(Q_n)_1 = \frac{E_1 I_1}{E_1 I_1 + E_2 I_2 + E_3 I_3 + \cdots + E_n I_n}(Q_n) \tag{9.12}$$

剪切力与荷载存在如下对应关系：

$$\frac{\mathrm{d}(Q_n)_i}{\mathrm{d}x} = (q_n)_i, \frac{\mathrm{d}(Q_n)}{\mathrm{d}x} = (q_n) \tag{9.13}$$

因此，结合式 (9.13)，对式 (9.12) 两边同时对位移求导，可得

$$(q_n)_1 = \frac{E_1 I_1}{E_1 I_1 + E_2 I_2 + E_3 I_3 + \cdots + E_n I_n}(q_n) \tag{9.14}$$

其中，(q_n) 的数值大小可用式 (9.15) 计算，但在组合梁只受重力作用下，其大小也等于各岩层自重载荷 $q_i(i = 1, 2, 3, \cdots, n)$ 之和，即

$$(q_n) = \sum_{i=1}^{n} q_i \tag{9.15}$$

q_i 的计算公式如下：

$$q_i = \gamma_i h_i, (i = 1, 2, 3, \cdots, n) \tag{9.16}$$

这里值得注意的是由于组合梁中各岩层之间存在接触、挤压，载荷重新进行了分配，所以组合梁中 $(q_n)_i \neq q_i$。

由式（9.14）~式（9.16）可得

$$(q_n)_1 = \frac{E_1 I_1 (\gamma_1 h_1 + \gamma_2 h_2 + \cdots + \gamma_n h_n)}{E_1 I_1 + E_2 I_2 + E_3 I_3 + \cdots + E_n I_n} \tag{9.17}$$

各岩层厚度为 h_i、宽度均为 b，因各岩层的截面为一矩形，其截面惯性矩 I_i 可表示如下：

$$I_i = \frac{b h_i^3}{12}, (i = 1, 2, \cdots, n) \tag{9.18}$$

联立式（9.17）~式（9.18），解得

$$(q_n)_1 = \frac{E_1 h_1^3 (\gamma_1 h_1 + \gamma_2 h_2 + \cdots + \gamma_n h_n)}{E_1 h_1^3 + E_2 h_2^3 + \cdots + E_n h_n^3} \tag{9.19}$$

式（9.19）即为 n 层岩层组成的组合梁发生同步变形、下沉过程中，载荷重新分配后，最底层（即第 1 层）岩层实际承受的载荷 $(q_n)_1$ 的计算公式。对于 m 层岩层（$n<m$），代入式（9.19）计算得

$$(q_{n+1})_1 < (q_n)_1 \tag{9.20}$$

则认为第 n 层与第 $n+1$ 层岩层之间产生了离层。

式（9.19）和式（9.20）即为传统离层位置判别公式，其原理可解释为当第 $n+1$ 层岩层在其自重载荷作用下的实际沉降幅度小于前 n 层岩层的沉降幅度时，实际不会形成 $n+1$ 层组合梁。但运用式（9.19）计算 $(q_{n+1})_1$ 的前提条件是第 $n+1$ 层岩层必须与前 n 层岩层发生同步弯曲形成 $n+1$ 层组合梁。为满足这一条件，第 $n+1$ 层岩层会对前 n 层岩层产生一个向上的悬吊力 $F_{悬吊}$，这就导致出现 $(q_{n+1})_1 < (q_n)_1$ 的结果。实际上岩层之间的接触面是一个弱结构面，相邻上下岩层之间的黏聚力很小、可忽略，即 $F_{悬吊} \approx 0$。所以实际上第 $n+1$ 层岩层不会通过悬吊力 $F_{悬吊}$ 的作用而与前 n 层岩层同步变形，也就是说第 $n+1$ 层与第 n 层岩层之间实际上是不接触的，而是产生了离层空腔（图 9.20）。

2. 传统方法的局限性

式（9.19）和式（9.20）的计算方式为在旧的组合梁顶部增加一个岩层，然后假设新增加的岩层与下部的岩层可以同步变形，计算新的组合梁中最底层岩层的载荷 $(q_n)_1$，最后对比分析 $(q_n)_1$ 的变化来判断新增加岩层的下部是否存在离层。所以，传统方法的缺点如下。

（1）忽略了计算范围之外的岩层对计算范围之内的岩层的影响，没有从整体上将覆岩内所有岩层之间的相互作用都考虑进去（Fan et al., 2019）。例如，当计算范围是第 1 ~ n 层岩层时，运用式（9.19）计算得 $(q_n)_1 < (q_{n-1})_1$ 的结果，就可以认为第 n 层与第 $n-1$ 层岩层之间产生了离层。假设计算范围之外的第 $n+1$ 层岩层是一个容易变形下沉的软岩层，则第 $n+1$ 层岩层在自重作用下会对第 n 层岩层产生一个向下的挤压作用。这个挤压作

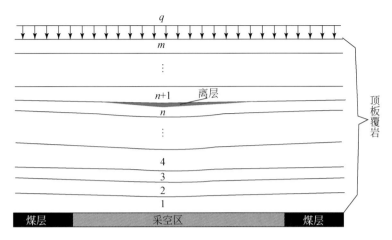

图 9.20　用于描述离层的相关定义

用会让第 n 层岩层的变形、下沉幅度增大，并与第 $n-1$ 层岩层接触，最终导致第 n 层岩层下方的离层闭合、消失。这样，第 n 层与 $n-1$ 层之间实际并不会出现离层，导致式（9.19）和式（9.20）的判别结果不符合实际。

（2）在运用组合梁原理进行计算时，并没有提前进行组合梁的准确划分，即没有提前判断哪些岩层可以发生同步弯曲、下沉而作为一个组合梁。

（二）改进的离层位置判别方法

针对传统方法存在的不足之处，改进的离层位置判别方法首先要解决的问题是如何将覆岩内所有岩层的相互作用都考虑进去。其次要解决的问题是判断哪些岩层可以同步变形、下沉并被划分为一个组合梁，以便进行离层位置的确定。我们将这种改进的离层位置判别方法称为逐级对比合并法（He et al., 2018）。在不考虑离层跨度在纵向上的差异时，下面默认计算过程中各岩层悬空长度一样，以便于对逐级对比合并法的应用原理进行介绍。

1. 判别原理

逐级对比合并法通过比较同一级状态内的相邻岩梁（或组合梁）之间的曲率大小，将具有"上部岩梁曲率比下部岩梁曲率大"的特征的相邻岩梁（或组合梁）合并为一个大的组合梁，能够从局部到整体、一级一级地准确的进行组合梁的划分。具体操作形式如下。

将覆岩内所有岩梁单独拿出来，且各岩梁仅在自重载荷作用下产生弯曲变形的状态称为第Ⅰ级；通过比较第Ⅰ级内的相邻岩梁之间的曲率大小，将具有"上部岩梁曲率比下部岩梁曲率大"的特征的相邻岩梁合并为一个组合梁，将第一次合并后的各组合梁只在自重载荷作用下产生弯曲变形的状态称为第Ⅱ级；通过比较第Ⅱ级内的相邻组合梁之间的曲率大小，将具有"上部组合梁曲率比下部组合梁曲率大"的特征的相邻组合梁合并为一个更大的组合梁，由第二次合并后的各个组合梁只在自重载荷作用下产生弯曲变形的状态称为第Ⅲ级……按照这种合并方法逐级进行合并，直到最后无法合并为止。最后一级里的岩梁组合状态才是最符合实际的岩梁组合状态，并认为最后一级里出现"上部组合梁曲率比下部组合梁曲率小"的特征的相邻组合梁之间存在离层。

2. 相关计算公式的推导

1）岩梁曲率的计算

由式（9.1）可知，对于一个由 n 层岩梁组成的组合梁而言，在计算组合梁中第 i 层岩梁的曲率 $(C_n)_i$ 时需先获得这个岩梁的弯矩 $(M_n)_i$。假设计算单元里的各个岩梁的长度均为 l，宽度均为 b，则组合梁中每一个岩梁都可以看成是承受均布载荷 $(q_n)_i$ 的固支梁（图9.21）。

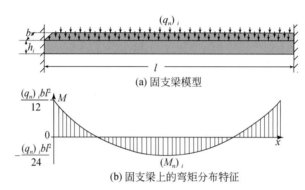

图 9.21　均布载荷作用下固支梁模型弯矩分布特征

由图9.21可知，$(M_n)_i$ 的计算公式可被表述如下：

$$(M_n)_i = \frac{(q_n)_i\, b l^2}{24} \tag{9.21}$$

由式（9.1）、式（9.2）和式（9.21）可得

$$(C_n)_i = (C_n)_1 = \frac{(M_n)_1}{E_1 I_1} = \frac{(q_n)_1 b\, l^2}{24 E_1 I_1} \tag{9.22}$$

由式（9.18）、式（9.19）和式（9.22）可得

$$(C_n)_i = \frac{(\gamma_1 h_1 + \gamma_2 h_2 + \cdots + \gamma_n h_n)\, l^2}{2(E_1 h_1^3 + E_2 h_2^3 + \cdots + E_n h_n^3)} \tag{9.23}$$

当 $n=1$ 时，组合梁就变成一个单个的岩梁，此时式（9.23）仍然是适用的。

2）组合梁曲率的取值范围

不难理解，在每一个合并级里边，对于能够实现同步弯曲的 n 层岩梁，若将各个岩梁单独拿出来、不考虑相邻岩梁间的相互作用时，各岩梁仅在各自自重载荷作用下产生的曲率 $C_i(i = 1, 2, \cdots, n)$ 一定存在如下关系：

$$C_1 < C_2 < C_3 < \cdots < C_{n-1} < C_n \tag{9.24}$$

只有存在这样的曲率大小关系，任一岩梁才会在下沉过程中被其下部相邻的岩梁托住，最终与其下部相邻岩梁实现同步变形、下沉，组成 n 层岩层组合梁，组合梁曲率 (C_n) 的取值范围如下：

$$C_1 = C_i \mid_{\min} < (C_n) = (C_n)_1 = (C_n)_2 = \cdots = (C_n)_n < C_i \mid_{\max} = C_n \tag{9.25}$$

3. 计算示例

为了展示逐级对比合并法的使用原理，同时也为了对比逐级对比合并法与传统方法的判别结果的准确性，这里选取某一覆岩组，分别用两种方法对该覆岩组内的离层分布情况

进行判别。

假设煤层上方有 6 层岩层,即图 9.20 中 $m=6$ 的情况。各岩层的岩性、重度、厚度、弹性模量、抗拉强度等参数见表 9.6。

表9.6　岩石物理力学参数

序号 i	岩性	重度 γ_i /(kN/m³)	厚度 h_i /m	弹性模量 E_i /GPa	泊松比 μ_i	体积模量 K_i /GPa	剪切模量 G_i /GPa	抗拉强度 σ_{si} /MPa	内摩擦角 φ_i /(°)
6	中砂岩	23	2.7	24	0.1	10.000	10.91	7.0	35
5	泥岩	25	2.2	10	0.25	6.677	4.00	2.0	38
4	细砂岩	25	3.1	20	0.15	9.530	8.69	5.0	36
3	砂质泥岩	26	3.5	15	0.20	8.330	6.25	2.5	37
2	泥岩	25	2.0	11	0.25	7.330	4.40	2.0	38
1	中砂岩	23	3.0	25	0.10	10.420	11.36	8.0	35
—	煤层	14	5.0	8	0.30	6.670	3.08	1.0	30
—	粉砂岩	26	6.0	18	0.23	11.110	7.32	4.0	38

当采空区形成后,运用传统方法判别得设定的 6 层岩层内部存在 3 个离层,分别为第二层与第三层岩层之间的"离层①"、第三层与第四层之间的"离层②"、第五层与第六层之间的"离层③"。运用逐级对比合并法时,原来的 6 层岩层在经过三次合并后,实际形成两个岩层组(自下而上依次为"岩组Ⅳ-A""岩组Ⅳ-B")和 1 个离层("离层Ⅳ-①"),合并过程见图 9.22。不同方法判别结果对比见图 9.23。

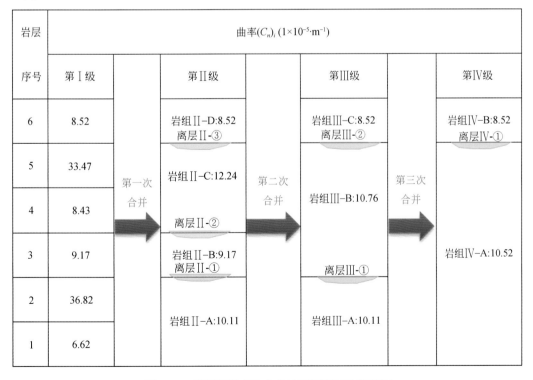

图9.22　运用逐级对比合并法判别离层位置流程

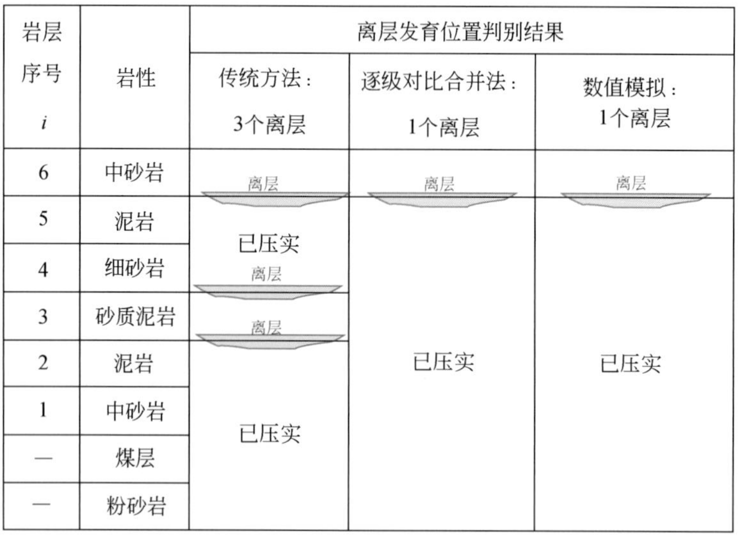

岩层序号 i	岩性	离层发育位置判别结果		
		传统方法：3个离层	逐级对比合并法：1个离层	数值模拟：1个离层
6	中砂岩	离层	离层	离层
5	泥岩	已压实		
4	细砂岩			
3	砂质泥岩	离层		
2	泥岩	离层	已压实	已压实
1	中砂岩	已压实		
—	煤层			
—	粉砂岩			

图 9.23　不同方法判别结果

三、离层动态演化分析计算模型

在本章第三节第一小节里，我们已经确定了离层域的范围和形态，在本章第三节第二小节中我们也提出了用于判别岩层接触状态的逐级对比合并法，在本节中，我们将把三角形离层域与逐级对比合并法结合起来使用。

具体思路为运用逐级对比合并法对离层域内的岩层的接触状态进行判别，获得离层域内的离层分布情况；根据离层分布情况确定离层域内各岩层实际承受载荷；根据离层域内各岩层实际承受的载荷、实际跨度判断各岩层是否达到极限破断状态，根据离层上下位岩层破断状态确定离层闭合信息。这个过程需要借助合适的计算模型来实现，由此，总结前面研究成果，提出了用于进行离层动态演化分析的计算模型——阶梯状组合梁计算模型（He et al.，2020）。

本节将重点讨论该模型的建立过程和使用原理，最后结合崔木煤矿、石拉乌素煤矿离层突水实例对该模型的实际应用效果进行检验。

（一）计算模型的提出和建立

1. 计算模型的提出及使用说明

在确定了某一进尺条件下覆岩内离层域的范围和形态之后，需要对离层域内的岩体的变形进行分析。为了便于计算和分析，需要对离层域内的岩层进行建模。总结前面研究成果，可以确定该模型的一些特点：

（1）计算范围为三角形离层域，计算对象应仅包含离层域内的岩层；

（2）计算对象间的接触状态判别用逐级对比合并法来实现；

（3）各计算对象实际承受的载荷以逐级对比合并法判别的接触状态为基础进行确定，相互接触的两个岩层的实际承受的载荷均需重新计算；

（4）由于岩层的抗拉强度远小于抗压强度及抗剪强度，判断岩层是否达到极限破断状态的标准就是检查岩层所承受的最大拉应力是否达到其抗拉强度，当岩层中最大拉应力超过其抗拉强度时，则认为该岩层已发生破断。

与本章第三节第二小节里所述的逐级对比合并法的判别过程不同，在该模型内运用逐级对比合并法时应注意以下一些区别：

（1）参与计算、对比、合并的岩层并不是覆岩内所有岩层，而只是某一开采进度对应的离层域内的岩层；

（2）参与计算、对比、合并的各个岩层的悬跨长度均不相同，离层域内各岩层跨度由下向上依次减小；

（3）计算过程必须在离层域内各岩层均没有发生破断的前提下进行，因为岩层的破断是由下向上发展的，一般只需保证最底层岩层没有发生破断即可。若离层域内的下部岩层已发生破断，则计算对象只包括离层域内的上部的未发生破裂的岩层。

2. 计算模型的建立

这里，以6层岩层为例对计算模型的建立过程进行介绍，具体创建流程见图9.24。

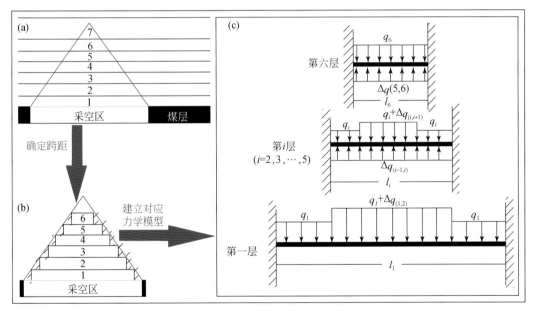

图9.24　计算模型的创建流程

如图9.24（a）所示，尽管第一～七层岩层都被三角形离层域波及，但只有第一～六层岩层的全部厚度都在离层域内，而第七层岩层不能自由下沉，所以第七层岩层的弯曲可以忽略不计，即计算对象只包括第一～六层岩层。为了进一步简化计算模型，计算对象只包括图9.24（b）中的梯形组合梁，第 i 层的跨度为 l_i，均布自重载荷为 q_i。当这些岩层能够同时弯曲和下沉时，组合梁内的任意两个相邻的岩层就会接触、挤压，产生等大反向的接触载荷。将第 i 层与第 $i+1$ 层之间的接触载荷命名为 $\Delta q_{(i,i+1)}$，则图 9.24（b）中的计算模型可以简化为图 9.24（c）中的 6 个固支梁。由此，用于对三角形离层域内的岩层进行变形破坏分析的阶梯状组合梁计算模型就被建立起来了。

（二）相关计算公式的推导

1. 相邻岩层接触状态判别

三角形离层域内，相邻岩层间的接触状态判别仍然通过使用逐级对比合并法来实现。与本章第三节第二小节中的相关计算的区别在于，这里参与计算的各岩层不再默认为是等跨度的，各岩层实际跨度由岩层厚度及岩层在离层域内的高度共同决定。核心问题还是计算各岩层在其正中间位置的曲率（或弯矩），但由于各岩层为非等跨度，导致各岩层实际承受的载荷的范围会有变化，相关计算公式会有一些调整。

根据各岩层在阶梯状组合梁中所处的位置，在组合梁上部［图 9.25（a）］、中部［图 9.25（b）］、底部［图 9.25（c）］的岩层的载荷形式是存在差异的，所以，应分别对这三个位置的岩层进行分析和计算。根据弯矩叠加定理（图 9.25）及结构静力计算相关定理，可分别推导出这三个位置的岩层的正中间处的弯矩 $(M_n)_1$，$(M_n)_i (2 \leqslant i \leqslant n-1)$ 和 $(M_n)_n$ 的计算公式：

$$(M_n)_i = \begin{cases} \dfrac{l_1^2}{24}\{q_1 + [1 + (\alpha_{(1,2)} - 1)^3]\Delta q_{(1,2)}\}, & (i = 1) \\[2mm] \dfrac{l_i^2}{24}\{(q_i - \Delta q_{(i-1,i)}) + [1 + (\alpha_{(i,i+1)} - 1)^3]\Delta q_{(i,i+1)}\}, & (2 \leqslant i \leqslant n-1) \\[2mm] \dfrac{l_n^2}{24}(q_n - \Delta q_{(n-1,n)}), & (i = n) \end{cases}$$

$$(9.26)$$

其中，$\alpha_{(i, i+1)}$ 为接触载荷 $\Delta q_{(i, i+1)}$ 与第 i 层岩梁的自重载荷 q_i 在第 i 层岩梁上的作用长度之比，其计算公式如下：

$$\alpha_{(i,i+1)} = \frac{l_{i+1}}{l_i} \tag{9.27}$$

需要注意的是，当 $n=1$ 或 2 时，式（9.26）仍然适用。特别是当 $n=1$ 时，组合梁实际上已经成为一个单个的岩梁，对应的 $\Delta q_{(1, 2)} = 0$。

在运用逐级对比合并法判别非等跨度岩层间的接触状态时，只需按照式（9.26）、（9.27）计算出各岩梁正中间位置的弯矩，然后再根据公式（9.1）即可求得各岩梁中间位置的曲率，最后按照逐级对比合并法的基本原理对比分析各岩层弯曲程度、判别出各岩层实际接触状态。

2. 岩层破断进尺计算

上述计算过程只有在第 i 层岩梁实际承受的最大拉应力 $\sigma_{\mathrm{max}i}$ 与其抗拉强度 σ_{si} 满足 $\sigma_{\mathrm{max}i} \leqslant \sigma_{si}$ 时才是正确的。一旦出现 $\sigma_{\mathrm{max}i} > \sigma_{si}$ 的情况，则第 i 层岩层就会发生破断。最大拉应力出现的位置也是弯矩最大的位置，最大拉应力的计算公式如下：

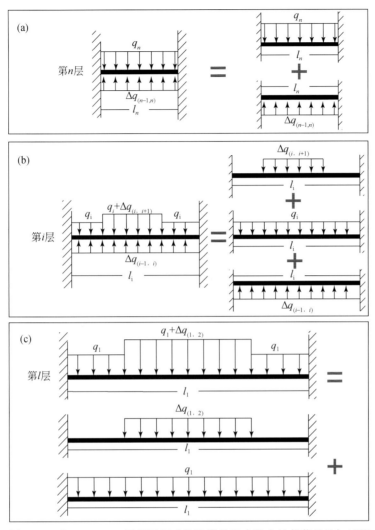

图 9.25　由 $n(n \geqslant 3)$ 层岩层组成的阶梯状组合梁内的载荷的叠加过程

$$\sigma_{\max i} = \frac{6(M_n)'_i}{h_i^2}, (i = 1, 2, \cdots, n) \tag{9.28}$$

式中，$(M_n)'_i$ 为第 i 层岩梁两端的弯矩大小，根据弯矩叠加定理（图 9.25）及结构静力计算相关定理，推导出其计算公式如下：

$$(M_n)'_i = \begin{cases} \dfrac{l_1^2}{24}\left[2q_1 + (3\,\alpha_{(1,2)} - \alpha_{(1,2)}^3)\Delta q_{(1,2)}\right], & (i = 1) \\[3mm] \dfrac{l_i^2}{24}\left[2(q_i - \Delta q_{(i-1,i)}) + (3\,\alpha_{(i,i+1)} - \alpha_{(i,i+1)}^3)\Delta q_{(i,i+1)}\right], & (2 \leqslant i \leqslant n-1) \\[3mm] \dfrac{l_n^2}{12}(q_n - \Delta q_{(n-1,n)}), & (i = n) \end{cases}$$

$$\tag{9.29}$$

由图 9.26 可知，当第 i 层岩层的跨度 l_i 确定时，相应的开采进尺 L_i 也可以求得，L_i 的计算公式如下：

$$L_i = l_i + 2 H_i \cot\theta \tag{9.30}$$

式中，H_i 为第 i 层岩层上表面的高度（图 9.26），其计算公式如下：

$$H_i = \sum_{k=1}^{i} h_k \tag{9.31}$$

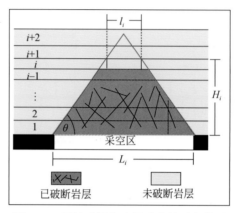

图 9.26　开挖进尺与岩层跨度的对应关系

四、案例分析

本节将对崔木煤矿 21301 工作面异常出水（含离层突水）原因进行详细分析。期间，基于突水通道闭合带客观存在的事实，运用阶梯状组合梁计算模型对工作面异常出水原因进行了分析，并计算了异常出水对应的进尺。最后，将计算结果与实测结果进行对比，发现计算结果误差较小，说明阶梯状组合梁计算模型能够对顶板异常出水进尺进行准确预测。

崔木煤矿 21301 工作面为该矿首采面，工作面长 968m，宽 196m，开采侏罗系延安组 3 号煤组，平均采厚为 12m，煤层倾角为 3°～6°，属于近水平煤层开采。工作面开采期间正常涌水量较小，平均为 20～40m³/h（据《崔木煤矿地质类型划分报告》《崔木煤矿 21301、21302 工作面 3 煤层综放开采导水裂隙带发育高度研究报告》），但顶板异常出水情况较多。21301 工作面开采期间共发生 12 次突水事故，其中涌水量超过 500m³/h 的突水有 6 次，集中出现在工作面进尺为 345m（1 次）、495m（3 次）、785m（1 次）、841m（1 次）的四个位置（图 9.5，表 9.1）。

根据 G1 孔揭露的 21301 工作面岩层组合情况建立了 21301 工作面覆岩破坏分析计算模型，相关参数见表 9.7。

表 9.7　崔木煤矿 21301 工作面覆岩力学参数表

地层层位	序号 i	岩性	重度 γ_i /（kN/m³）	厚度 h_i /m	弹性模量 E_i /GPa	抗拉强度 σ_{si} /kPa
第四系（Q）	10	黄土	14.5	22.84	—	—
白垩系洛河组（K₁l）	9	中砂岩	22.5	52.77	12	1120
	8	含砾粗砂岩	21	40.65	22	1450
	7	粗砾岩	20	154.3	12	1350
	6	中砂岩	24.5	84.29	13	1150
	5	粗砾岩	20	6.22	17	1120
侏罗系安定组（J₂a）	4	砂质泥岩	20.5	4.73	12	1210
	3	粗砂岩	21.5	58.92	13	1280
	2	砂质泥岩	21.0	6.9	12	1230
侏罗系直罗组（J₂z） 侏罗系延安组（J₂y）	1	该段为 G1 钻孔未钻进的剩余岩层，区间为安定组底部至 3 煤顶板，厚度 109.58 m
	煤	采空区

　　由于 G1 孔的钻进深度只有 431.62m，其终孔位置为安定组底部。为便于描述，这里将剩下的未钻进的、厚度为 109.58m 的覆岩作为一个整体，命名为第一层。由于第一层包含多个岩层，且各岩层的厚度、强度参数等都未知，所以第一层的破断进尺未知，但可以确定的是由于覆岩的变形破坏由下向上进行，正常情况下，第二层岩层破断时，下部的第一层也已经破断。所以这里不再计算第一层全部破断时对应的进尺，而从第二层岩层开始分析。

（一）当第二层岩层达到其临界破断状态时

　　借助阶梯状组合梁计算模型计算发现，当推进到 204.01m 时，刚好出现 $\sigma_{max2} = 1230.06\text{kPa} \approx 1230\text{kPa} = \sigma_{s2}$ 的情况，说明此时第二层岩层的悬跨长度已经达到临界破断长度，继续推进，则第二层岩层将发生破断。也说明，在进尺达到 204.01m 之前，第一层岩层组也都已经破断。由第九章第二节分析可知，侏罗系地层内存在突水通道闭合带。所以第一层岩层组破断之后，其内的突水通道闭合带可能已经形成。第一层的岩层已经破断，会有一定的下沉，而第二层岩层在破断之前是完整岩层，下沉量会小于下部已破断的第一层岩层组，所以此时在第一层与第二层之间会有一个离层，但由于该离层上下位岩层都为隔水层，所以该离层不具备形成积水离层的条件。另外，在第二层岩层达到临界破断距离时，第三层岩层不全在离层域内，使得第三层岩层不产生变形或者只会产生很小的变形，则由于第二层岩层的弯曲下沉作用导致第二层与第三层岩层之间也有离层。对于第二层与第三层之间的离层，由于第三层为含水层，可以为该离层充水，而第二层为隔水层，能够保证该离层具备良好的积水条件，所以第二层与第三层之间的离层具备形成积水离层的条件，形成的积水离层属于本章第二节中定义的"类型①"

积水离层。

第二层与第三层之间的离层的封闭性的破坏是由下位的第二层岩层的破断造成的，属于导水裂隙带贯穿突水。而第二层属于易变形的黏土岩，且厚度较小，其在破断之前已经有一定的弯曲变形导致其发生破断后对下部的岩层的冲击作用很小。所以当第二层岩层破断后，离层水对下部的突水道闭合带的冲击作用的动力几乎只来自离层水本身的静水重力，所以这次离层突水过程中突水通道闭合带打开的程度较小，造成的突水规模也小。

综上分析可知，当进尺为 204.01m 时，覆岩内只有一个积水离层，其位于第二层与第三层之间，且该积水离层属于表 9.5 中定义的 "类型①" 积水离层。当进尺刚刚超过 204.01m 时，只有第二层岩层会发生破断，且在进尺为 204.01m 左右时，工作面涌水量会有增加，但增幅不大。而实测资料也已证实，进尺为 210m 时，工作面确实有一次小型突水 (图 9.5，表 9.1)。

(二) 当第三层岩层达到其临界破断状态时

借助阶梯状组合梁计算模型计算发现，当推进到 341.86m 时，第三～五层呈两两接触状态，能够实现同步弯曲变形，且刚好出现 $\sigma_{max3} = 1280.19kPa \approx 1280kPa = \sigma_{s3}$ 的情况，说明此时第三层岩层的悬跨长度已经达到临界破断长度，继续推进，则第三层岩层将破断。继续计算发现，在第三层岩层破断后，失去支撑的第四层、第五层也会随之破断。所以当进尺超过 341.86m 时，第三～五层岩层会同时发生破断。实际上，由于进尺达到 341.86m 之前第二层已经破断，且其在破断之后会有一定的下沉，而第三层在破断之前由于是完整的脆性的砂岩含水层而弯曲变形很小，所以在第二层与第三层之间会存在离层。其次，由于第三层为含水层，能够作为该离层的充水水源。最后，由于第二层为黏土岩类，在地下水冲蚀作用下，破断后的第二层岩层内的裂隙极易闭合，所以此时突水通道闭合带已经向上扩展至第二层的高度。由于突水通道闭合带的存在，第二层与第三层之间的离层具备形成积水离层的条件，能够形成积水离层，且属于第九章第二节中定义的 "类型②" 积水离层。另外，此时第六层岩层不全在离层域内，第六层岩层不产生变形或者只会产生很小的变形，则第五层岩层的弯曲下沉作用导致第五层与第六层岩层之间也有离层，且该离层的上下位岩层都是含水层，使得该离层的充水条件很好。本来，第六层与第五层都是含水层会导致这个离层不会积聚离层水，但由于第四层岩层是隔水层，所以这个离层也具备积水条件，能够形成积水离层，且属于第九章二节中定义的 "类型③" 积水离层。

在第三～五层岩层的破断过程中，第二层与第三层之间的离层的封闭性的破坏是上位岩层 (第三层) 的破断冲击造成的，属于动水压突水。因为动水压突水过程中，上位岩层的破断对离层水造成的冲击作用很大，离层积水水压能在短时间内达到原来的 3.5 倍以上 (图 9.27)，以至于离层水能轻松突破下部强度已经发生了不可逆性减弱的突水通道闭合带，形成离层突水事故。而第五层与第六层之间的离层的封闭性破坏是下位的第五层岩层失去支撑而发生破断造成的，属于导水裂缝带贯穿突水。由于两处离层突水同时发生，且突水中包含有来自破裂后的砂岩含水层里的水，最终会使这次突水水量巨大。

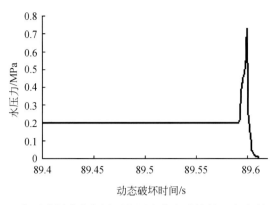

图 9.27 岩石破断冲击作用下水压变化实验结果（李小琴，2011）

综上分析可知，当进尺为 341.86m 时，覆岩内一共存在两处可积水离层，分别是位于第二层与第三层之间的"类型②"积水离层和位于第五层与第六层之间的"类型③"积水离层［图 9.28（a）］。当进尺刚刚超过 341.86m 时，第三～五层岩层会同时发生破断，造成上述两处积水离层同时突水，加上来自破裂后的砂岩含水层里的水，最终会导致进尺为 341.86m 左右时，工作面涌水量会有大幅增加［图 9.28（b）］。而实测资料也已证实，当进尺为 345m 时，工作面确实有一次大型突水，最大瞬时突水量达到 1300m³/h（图 9.5，表 9.1）。

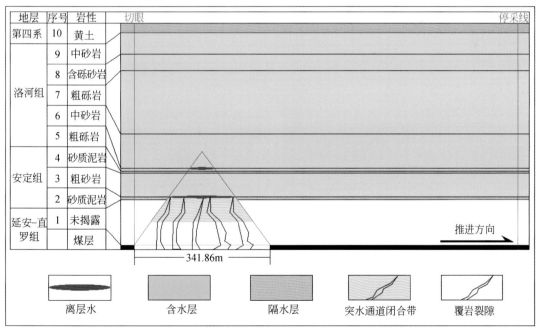

(a)进尺为341.86m时覆岩内离层分布情况

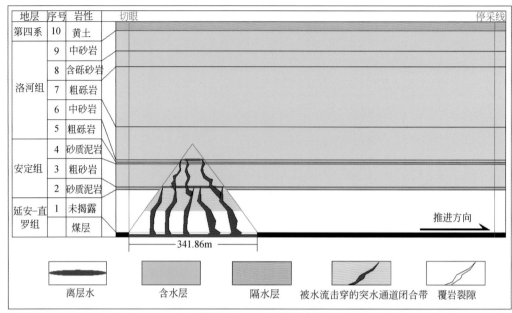

(b) 进尺为341.86m时顶板突水情况

图9.28　进尺为341.86m时的离层分布情况及随后的突水过程示意图

　　类似地，可计算出当进尺为496.87m、777.28m、841m左右时均会有相应的积水离层受矿压扰动而闭合、突水，预计结果见图9.29。

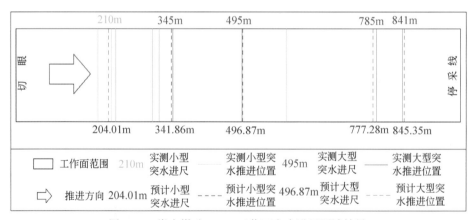

图9.29　崔木煤矿21301工作面突水进尺预计结果

　　基于侏罗系岩层破裂后容易形成突水通道闭合带的事实，借助阶梯状组合梁计算模型能够获得不同开采进尺条件下覆岩内离层分布特征及离层积水情况，并对离层突水进尺进行了预计。预计结果显示，崔木煤矿21301工作面进尺在341.86~845.35m区间时，顶板水害以离层水为主，突水方式以动压力突水为主，瞬时突水量大；进尺在845.35m~停采线阶段，顶板水害以砂岩裂隙水为主。与实测结果对比后发现，预计结果精度较高，尤其是在对大型离层突水对应进尺的预计中误差很小（图9.29）。这说明阶梯状组合梁计算模型能够用来分析离层动态演化过程，同时说明突水通道闭合带的存在扩大了积水离层的范围，使原本不可能存在离层水的位置积聚了离层水，是导致崔木煤矿 21301 工作面致发生大型离层水动水压力突水的主要原因。

第四节　离层水害防治技术及应用

离层水害的主要防治思路为破坏形成积水离层的条件，包括截断离层水充水通道、破坏离层空腔封闭性两个方面（乔伟等，2021）。

一、截断离层水充水通道

最常用也最易实现的截断离层水充水通道的方式为施工离层水截流孔，具体操作要求是在预计的离层空腔的四周施工探放水孔，使离层充水水源的水提前沿着离层水截流孔排泄掉而不再向离层空腔汇集。

二、破坏离层空腔封闭性

通过施工离层水导流孔，可直接将离层空腔的封闭性破坏。按照导流孔布孔方式的不同，离层水导流孔又分为井下离层水导流孔、地面直通式离层水导流孔。施工两种导流孔的技术要求详述如下。

（一）井下离层水导流孔

目前，井下离层水导流孔的钻进方法及工艺都已很成熟，其施工方式与普通顶板探放水孔施工方式一样，现场施工时应按照《煤矿安全规程》、《煤矿防治水细则》、矿方提供的地质资料、矿方制定的井下钻探注意事项等文件执行。与普通顶板探放水孔相比，离层水导流孔的指向性更强，即钻孔末端须贯穿离层空腔。为避免煤层开采过程中覆岩移动对钻孔产生破坏，钻孔末端要下花管。布孔方式如图 9.30 所示。由于顶板离层发育于采空区上方，且顶板离层空腔充水需要一定时间，所以积水里层的位置滞后于开采推进位置，所以常将导流孔指向采空区布置［图 9.30（a）］。若受到邻近工作面开采影响而导致采场前方已有积水离层，则应将离层积水超前疏放，钻孔指向开采方向前方［图 9.30（b）］。

（二）地表直通式离层水导流孔

即针对预计的积水离层分布区域，由地表向工作面施工一个或多个贯穿离层空腔的钻孔，以起到破坏离层空腔封闭性、提前疏排离层积水的作用。乔伟等（2017）在崔木煤矿 21305 工作面离层水害防治工作中首次采用地面直通式导流孔（G6 孔、X305-1 孔）取得了很好的防治效果，201305 工作面开采期间再未出现类似 21301、21302、21303 工作面那样的大型离层水突水情况。崔木煤矿施工的洛河组离层水地表直通式导流孔钻孔结构见图 9.31。

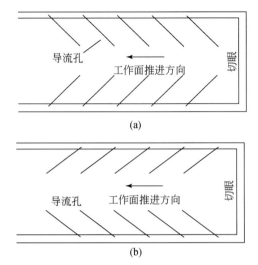

图 9.30　井下离层水导流孔布置平面图

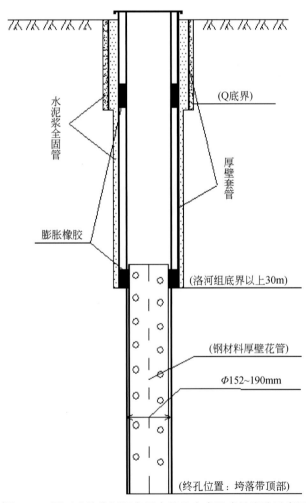

图 9.31　用于疏放洛河组离层水的地表直通式导流孔示意图

　　直通式导流孔施工结束后，在工作面开采过程中覆岩移动变形会破坏导流孔的钻孔结构，造成导流孔变形、堵塞，进而影响导流孔的泄水能力，开采期间需多次透孔，透孔时机可根据孔口气流变化决定。因离层积水沿导流孔正常下泄过程中，水流对孔内气体的抽吸作用，会使得导流孔孔口出现吸风现象，当吸风现象停止时，说明导流孔内不再有水流动，即导流孔已被堵塞，为使导流孔继续发挥导流作用，此时需要对导流孔进行透孔。为便于透孔，结合实践经验，常将地表直通式导流孔内的部分层段或全段设计为裸孔结构。

第十章 煤炭开采涌突水对浅表层水及生态环境影响

榆神矿区属于典型的干旱-半干旱生态环境脆弱区，区域地质条件复杂，生态环境及地质环境对自然因素以及人为因素的胁迫和干扰较敏感，且由于其自身特殊的地理位置和多重生态过渡性作用的复杂性，决定了该区生态地质环境所具有的独特性。另外，在干旱-半干旱区域，天然植被对地下水依存度很高，地下水埋深控制着植被种群的分布格局和稳定；煤炭开采涌突水对浅表层水资源的影响显著（彭苏萍等，2019）。

本章以榆神矿区为例，以第四系砂层潜水水位为主线，研究潜水位与生态环境的关系，发现不同生态地质环境区增强型植被指数 EVI 分布特征差异性，建立了 EVI 与地下水位埋深关系模型；模拟试验及原位监测煤炭开采涌突水对浅表层砂层潜水水位的影响过程，建立采动沉降砂层潜水变化预计理论模型，揭示土层采动破坏砂层潜水漏失、水位变化特征规律。

第一节 潜水位与生态环境的关系

本节通过研究宏观尺度地下水埋深空间分布特征，分析研究区内不同生态地质环境类型下的植被生态发育随地下水位埋深变化的分带特征，建立不同生态地质环境下地表植被生态发育状况与地下水埋深之间的耦合关系，在此基础上开展基于地下水埋深的植被生态敏感性分区，为开展后面的煤炭资源开采引起的地下水埋深的变化条件下的植被未来发育风险评价预测奠定基础（Yang et al.，2019b）。

一、植被发育的遥感指数分析

由于植被指数（NDVI）存在一些缺点，如在植被覆盖度比较高的区域其数值容易达到饱和状态从而会造成误差，没有考虑树冠背景对植被指数的影响，比较容易受到大气干扰和土壤背景的干扰，最终合成的遥感数据产品仍具有较多噪声等。为了弥补 NDVI 的不足，Liu 和 Huete（1995）发现了大气和土壤会相互影响并提出了增强型植被指数 EVI 的概念。增强型植被指数（enhanced vegetation index，EVI），是对 NDVI 进一步改善和发展，通过对植被指数和合成算法的进一步改善，有着其他植被指数无法比拟的优势。它根据大气校正所包含的影像因子大气分子、气溶胶、薄云、水汽和臭氧等因素进行全面的大气校正。EVI 大气校正分三步，第一步是去云处理；第二步是大气校正处理，校正内容除了 NDVI 已有的瑞利散射和臭氧外，还包括大气分子、气溶胶、水汽等；第三步是进一步处理残留气溶胶影响，方法是借助蓝光和红光通过气溶胶的差异（蒲莉莉和刘斌，2015）。由于输入的 NIR、Red、Blue 都经过比较严格的大气校正，所以在设计植被指数算式时，无须为了消除乘法性噪声而采用基于 NIR/Red 的植被指数，因此也就解决了由此引起的 NDVI 植被指数容易饱和以及与实际植被覆盖缺乏线性关系的问题（冯海霞，2008）。EVI 时间序列相较于 NDVI 时间序列季节性更明显，能够更好地反映高植被覆盖区的季节性变化特征，并且很少有突降现象，时间序列曲线较平滑。

　　EVI 不仅能够在一定程度上克服由于饱和而产生的缺点，而且通过抗大气植被指数和土壤调节植被指数的引入，大大减少气溶胶和土壤背景的限制（李红军等，2007），因此，通过融合以上两种植被指数，开发出利用背景调节参数 L 和大气修订参数 C_1、C_2 同时减少大气和土壤背景影响（韩波，2015），计算如式（10.1）所示。

$$EVI = G \frac{\rho_{NIR} - \rho_R}{\rho_{NIR} + C_1 \times \rho_R - C_2 \times \rho_B + L} \tag{10.1}$$

式中，ρ_{NIR}、ρ_R 和 ρ_B 分别为经过大气校正后的近红外波段、红光波段和蓝光波段的反射值；G 为增益系数；L 为土壤调节系数。参数 C_1、C_2 分别用于通过蓝光波段来修正大气对红光波段的影响，在计算 EVI 时，通常取 $L=1$，$C_1=6$，$C_2=7.5$，$G=2.5$（齐蕊，2017；Huete et al.，2002）。

　　EVI 随季节变化较大，由于研究区冬季寒冷，土壤发生冻结，植被不能生长，而每年 8 月植被生长最为茂盛，植被覆盖度也为最大，最大值一般在 8 月中旬获得，并且最大值表示地表植被覆盖所获得的最大覆盖度（雷倩等，2019）。这一时期的 EVI 可以代表地表植被覆盖度特征。本次研究利用 2012 年 8 月~2017 年 8 月的时间分辨率为 16d，空间分辨率为 250m 的 MODIS EVI 栅格数据计算研究区植被的平均 EVI 分布情况，如图 10.1 所示。

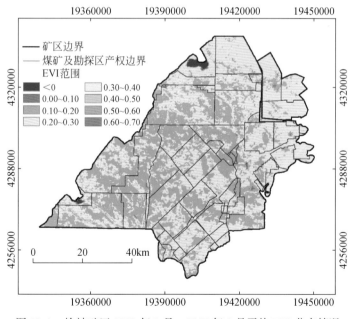

图 10.1　榆神矿区 2012 年 8 月~2017 年 8 月平均 EVI 分布情况

　　研究区 EVI 在 −0.069~0.703 变化，全区平均 EVI 为 0.228，中部及西南部有大片区域 EVI 低于 0.2，EVI 高于 0.4 的区域在研究区中呈现条带状及零星分布，研究区东部及南部区域大部 EVI 大于 0.2,那些 EVI 小于 0 的区域一般表示为地表水体,EVI 在 0 ~ 0.1 一般表示为植被稀疏甚至裸露的地面或沙丘,EVI>0.5 的地区多为灌溉耕地或茂密林地,并不是所有 EVI 高值的区域均属于耕地或林地,在地下水埋深较浅的区域,灌草丛植被生长发育茂盛而呈现 EVI 偏高的现象,尤其是河谷和浅滩,其 EVI 普遍优于其他地区。分别统计三种不同类型生态地质环境的像元 EVI 大小。通过绘制间隔为 0.05 的 EVI 分布频率柱状图来分析不同生态地质环境类型的分布情况,如图 10.2 所示。

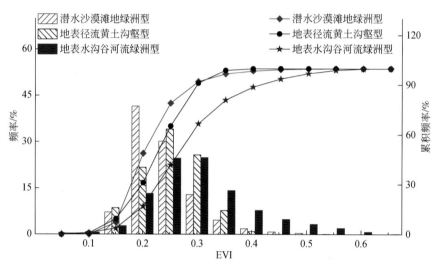

图 10.2　不同生态地质环境类型 EVI 分布情况

　　三种不同生态地质环境类型 EVI 统计上均不符合标准正态分布,比较符合偏正态分布特征,均具有比较明显的拖尾现象,其中地表径流黄土沟壑型占研究区的比例最小,EVI 分布在 0.02 ~ 0.432,主要集中在 0.2 ~ 0.3,所占比例达到该类型的 81.74%,该类型平均 EVI 为 0.227。地表水沟谷河流绿洲型约占整个研究区域的 16.09%,其植被指数总体较高,EVI 在 -0.07 ~ 0.703 变化,主要分布在 0.2 ~ 0.35,约占该类型比例的 77.14%,该类型平均 EVI 约为 0.281。潜水沙漠滩地绿洲型占研究区比例最大,EVI 分布在 0 ~ 0.617,主要处于 0.2 ~ 0.25,所占比例达到该类型的 71.83%,平均 EVI 为 0.214。所以总体来看,地表水沟谷河流绿洲型 EVI 相对较高,植被生长发育状况相对较好,整体覆盖状况也相对较好,地表径流黄土沟壑型 EVI 更接近于全区的平均 EVI,但植被类型相对单一,多以耐旱草本植被为主,潜水沙漠滩地绿洲型 EVI 相对较小,说明该类型下植被覆盖状况较差,在一些地下水埋深较浅区域,植被发育状况相对良好。

二、EVI 与地下水埋深相互关系分析

　　为了进一步研究研究区不同生态地质环境植被生长发育对地下水的依赖程度,通过定量描述 EVI 与地下水埋深之间的相互关系,根据数据样本的分布情况,取埋深间隔为 1m 进行统计,当数据点样本数量大于 1000 时,就按照间隔为 1m 进行统计,当数据点样本数量不足 1000 时,则将某些地下水埋深进行合并统计,以确保每个统计区间的数据点大于

1000个。

(一) 地下水埋深影响 EVI 特征的定量分析

不同生态地质环境下的地下水埋深及其相匹配的 EVI 可用来绘制反映植被指数随机特征和地下水埋深对植被指数影响的散点图。为了定量分析地下水埋深趋势和 EVI 之间的相互关系，我们采用了设定统计特征值的方法。在这里，假如 p 是一个 EVI 小于某一特定数值的概率，$p=50\%$ 则表示在 EVI 统计区间内的中位数，用 $EVI_{(p=50\%)}$ 表示。由于它受地下水埋深变化的影响，$EVI_{(p=50\%)}$ 可以作为一个反映区域地下水埋深统计区间内的植被中等发育程度植被指数变化的指标。此外，$p=98\%$ 的植被指数的 EVI，也就是 $EVI_{(p=98\%)}$ 可以作为一个反映区域地下水埋深统计区间内的植被较高发育程度植被指数变化的指标。

1. 地表径流黄土沟壑生态地质环境

在地表径流黄土沟壑生态地质环境中，如图 10.3 所示，在地下水埋深 1~10m 的区间内分布了大量分散的数据点。在地下水埋深约 8m 处，$EVI_{(p=50\%)}$ 达到最大值 0.245，在地下水埋深约 10m 处，$EVI_{(p=98\%)}$ 达到最大值 0.335。$EVI_{(p=50\%)}$ 与 $EVI_{(p=98\%)}$ 的趋势基本一致，都随地下水埋深增大表现出先增大后减小，具有非线性的趋势。$EVI_{(p=50\%)}$ 开始在地下水埋深处于 1~8m 内，呈现出增大趋势，然后在 8~16m 内呈现出下降的趋势，当地下水埋深超过 16m 时，EVI 虽略微有所下降但趋于稳定，此时地表植被发育基本不受地下水埋深的影响。$EVI_{(p=98\%)}$ 开始在地下水埋深处于 1~10m 内波动增大，然后在 10~24m 内呈现出下降的趋势。但总体上，随着地下水埋深的下降，$EVI_{(p=50\%)}$ 和 $EVI_{(p=98\%)}$ 变化不大。这意味着地表植被的发育与地表径流黄土沟壑区地下水埋深关系不大，植被发育状况基本保持不变。

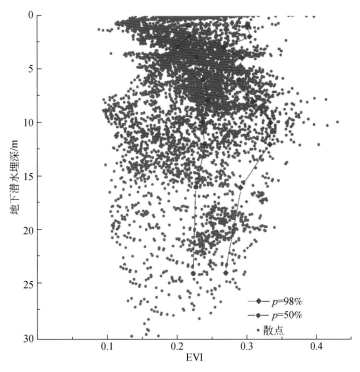

图 10.3 地表径流黄土沟壑型 EVI 与地下水埋深变化关系

　　根据上述的统计结果,地表径流黄土沟壑型生态地质环境中 $EVI_{(p=50\%)}$ 的非线性变化趋势可近似的描述为下列表达式,如式(10.2)所示:

$$EVI_{(p=50\%)} = \begin{cases} \lambda_1 x^2 + \lambda_2 x + 0.2116 & 0m \leqslant x < 8m \\ 0.254e^{\lambda_3 x} & 8m \leqslant x < 16m \\ 0.225 & x \geqslant 16m \end{cases} \quad (10.2)$$

式中, x 为地下水埋深,m; $\lambda_1 = 0.0222$ 和 $\lambda_2 = 0.0006$ 为 $EVI_{(p=50\%)}$ 的增益系数,m^{-1}; $\lambda_3 = -0.006$ 为 $EVI_{(p=50\%)}$ 的衰减系数,m^{-1}。λ_1、λ_2 和 λ_3 均由拟合计算所得,这一非线性公式拟合的平均相关系数 $R^2 = 0.7882$。

　　相对于 $EVI_{(p=50\%)}$ 来说, $EVI_{(p=98\%)}$ 的随地下水埋深的变化更加明显, $EVI_{(p=98\%)}$ 的非线性变化过程可近似的描述为式(10.3):

$$EVI_{(p=98\%)} = \begin{cases} \lambda_1 x^2 + \lambda_2 x + 0.3144 & 0m \leqslant x < 10m \\ 0.3942e^{\lambda_3 x} & 10m \leqslant x < 24m \end{cases} \quad (10.3)$$

式中, $\lambda_1 = 0.0016$ 为 $EVI_{(p=98\%)}$ 的增益系数,m^{-1}; $\lambda_2 = -0.0135$ 和 $\lambda_3 = -0.016$ 为 $EVI_{(p=98\%)}$ 的衰减系数,m^{-1}。λ_1、λ_2 和 λ_3 均由拟合计算所得,这一非线性公式拟合的平均相关系数 $R^2 = 0.8357$。

　　比较 $EVI_{(p=50\%)}$ 和 $EVI_{(p=98\%)}$ 的变化过程,可以发现 EVI 的变化存在一个临界地下水埋深 $x = 10m$。当地下水埋深小于 10m 时,EVI 随着地下水埋深增大而增大,这说明该区域地表植被类型以耐旱类的草本植被为主,过小的地下水埋深造成的土壤包气带含水量过大反而不利于植被的生长。相对而言,当地下水埋深超过 10m 但不超过 16m 时,EVI 的统计特征值随埋深的增大近似满足指数衰减趋势。当地下水埋深超过 16m 时, $EVI_{(p=50\%)}$ 和 $EVI_{(p=98\%)}$ 衰减逐渐趋于稳定,地下水埋深的增大不再明显地影响 EVI 的变化。但总体来看,地表径流黄土沟壑型生态地质环境中地下水埋深的变化对植被生长发育影响比较有限。

2. 地表水沟谷河流绿洲型生态地质环境

　　在地表水沟谷河流绿洲型生态地质环境中,EVI 总体较大,如图 10.4 所示,与地表径流黄土沟壑环境型相比,该类型下地表植被覆盖情况要优于地表径流黄土沟壑环境型。在地下水埋深在 1~19m 的区间内分布了大量分散的数据点, $EVI_{(p=50\%)}$ 在地下水埋深 3m 时达到最大值 0.294,在埋深 19m 时达到最小值 0.209,当地下水埋深大于 19m 时,其值逐渐趋于稳定在 0.211 左右。$EVI_{(p=98\%)}$ 呈先上升后下降然后逐渐趋于稳定的趋势,在地下水埋深 5m 时, $EVI_{(p=98\%)}$ 逐渐增加到最大值 0.51,在地下水埋深 5~19m 范围内, $EVI_{(p=98\%)}$ 减小到 0.341,当地下水埋深超过 19m 时, $EVI_{(p=98\%)}$ 逐渐稳定在 0.342 左右, $EVI_{(p=50\%)}$ 和 $EVI_{(p=98\%)}$ 的总体变化趋势相似。因此,认为地下水埋深在 0~19m 范围内是地表水沟谷河流绿洲型 EVI 的敏感区间,当地下水埋深超过 19m 时, $EVI_{(p=50\%)}$ 和 $EVI_{(p=98\%)}$ 均已达到各自的最小值并逐步趋于稳定,且 EVI 不再受地下水埋深变化的影响。

　　根据上述的统计结果,地表水沟谷河流绿洲型生态地质环境中 $EVI_{(p=50\%)}$ 的非线性变化趋势可近似的描述为下列表达式,如式(10.4)所示:

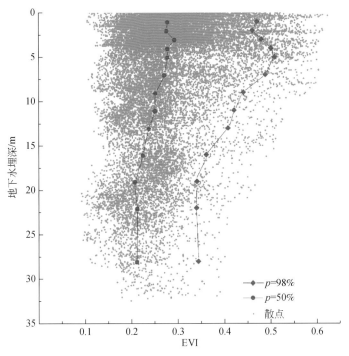

图 10.4 地表水沟谷河流绿洲型 EVI 与地下水埋深变化关系

$$\mathrm{EVI}_{(p=50\%)} = \begin{cases} \lambda_1 x^2 + \lambda_2 x + 0.3004 & 0\mathrm{m} \leqslant x < 3\mathrm{m} \\ 0.308 \mathrm{e}^{\lambda_3 x} & 3\mathrm{m} \leqslant x < 19\mathrm{m} \\ 0.211 & x \geqslant 19\mathrm{m} \end{cases} \quad (10.4)$$

式中，λ_1、λ_2 以及 λ_3 均为拟合计算所得系数，其中，$\lambda_1 = 0.0098\mathrm{m}^{-1}$、$\lambda_2 = -0.0315$ 和 $\lambda_3 = -0.02$；其余符号意义同前。这一非线性公式拟合的平均相关系数 $R^2 = 0.9942$。

相对于 $\mathrm{EVI}_{(p=50\%)}$ 来说，$\mathrm{EVI}_{(p=98\%)}$ 的随地下水埋深的变化更加明显，$\mathrm{EVI}_{(p=98\%)}$ 的非线性变化过程可近似的描述为下列表达式，如式（10.5）所示：

$$\mathrm{EVI}_{(p=98\%)} = \begin{cases} \lambda_1 x^2 + \lambda_2 x + 0.4685 & 0\mathrm{m} \leqslant x < 5\mathrm{m} \\ 0.5893 \mathrm{e}^{\lambda_3 x} & 5\mathrm{m} \leqslant x < 19\mathrm{m} \\ 0.342 & x \geqslant 19\mathrm{m} \end{cases} \quad (10.5)$$

式中，$\lambda_1 = 0.0026$、$\lambda_2 = -0.004$ 和 $\lambda_3 = -0.029$ 为 $\mathrm{EVI}_{(p=98\%)}$ 的拟合系数，m^{-1}；其余符号意义同前。这一非线性拟合公式的平均相关系数 $R^2 = 0.9378$。

比较 $\mathrm{EVI}_{(p=50\%)}$ 和 $\mathrm{EVI}_{(p=98\%)}$ 的变化过程，可以发现 EVI 的变化存在一个临界地下水埋深 $x = 3\mathrm{m}$。当地下水埋深小于 3m 时，EVI 总体随着地下水埋深增大而增大，主要由于该类型区域地表植被类型以喜湿的地下水依赖型植被种类为主，过小的地下水埋深造成的土壤包气带含水量过高不利于植被根系的呼吸作用从而抑制其生长发育，地下水位的适当降低，土壤包气带含水率下降在保证植被能够汲取到正常生长发育所需的水分的同时促进了根系的呼吸作用，利于植被生长。相对而言，当地下水埋深超过 3m 但不超过 19m 时，EVI 的统计特征值随埋深的增大近似满足指数衰减趋势，此时，地下水依赖型植被不能汲取到充足的水分从而抑制其生长。当地下水埋深超过19m时，$EVI_{(p=50\%)}$和$EVI_{(p=98\%)}$衰减逐渐趋于稳定，地下水埋深的增大不再明显地影响EVI的变化，此时地表植被则以非地下水依赖型植被种类为主，植被生长主要受到天气因素的影响。但总体来看，地表水沟谷河流绿洲型生态地质环境中地下水埋深的变化对植被生长发育影响较大。

3. 潜水沙漠滩地绿洲型生态地质环境

如图10.5所示，在潜水沙漠滩地绿洲区，地下水埋深一般小于10m，在这一区间内分布有大量分散的数据点，当地下水埋深小于2m时，$EVI_{(p=50\%)}$变化不大，$EVI_{(p=50\%)}$为0.217~0.225略有上升趋势。在地下水埋深处于2~10m内，$EVI_{(p=50\%)}$呈现出下降趋势，当地下水深度超过10m时，$EVI_{(p=50\%)}$在约0.196的恒定值附近略有波动并逐渐趋于稳定。由此，我们得出$EVI_{(p=50\%)}$在地下水埋深小于10m的范围内对地下水变化敏感，当地下水埋深超过10m时$EVI_{(p=50\%)}$与地下水位埋深变化无关。对于较高的植被覆盖度区域，在地下水埋深小于2m范围内，$EVI_{(p=98\%)}$的变化幅度略小于$EVI_{(p=50\%)}$，并达到其最大值为0.366，说明地表植被覆盖良好。当地下水埋深大于13m时，$EVI_{(p=98\%)}$减小至0.281，随后在0.283左右略有波动并逐渐趋于稳定。其结果表明，当地下水埋深大于13m时，$EVI_{(p=98\%)}$基本不再随地下水埋深发生变化。综上所述，$EVI_{(p=50\%)}$和$EVI_{(p=98\%)}$随地下水埋深变化过程基本一致，当地下水埋深小于2m时，植被覆盖度变化不甚明显，当地下水埋深大于2m时，EVI开始随地下水埋深呈指数衰减，地下水埋深2m作为保持地表植被足够的盖度保证植被对地下水的吸收和利用的关键水位，地下水埋深在2~13m时，随着地下水埋深的减小，EVI呈指数衰减。地下水埋深在13m及以上时，EVI不再受地下水埋深的影响。结果表明，在潜水沙漠滩地绿洲区，地表植被生长发育状况对地下水埋深2~13m比较敏感。

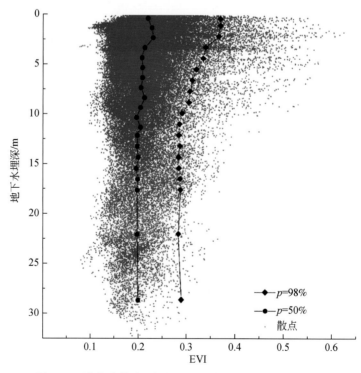

图10.5 潜水沙漠滩地绿洲型EVI与地下水埋深变化关系

根据上述的统计结果,潜水沙漠滩地绿洲型生态地质环境中$EVI_{(p=50\%)}$的非线性变化趋势可近似的描述为下列表达式,如式(10.6)所示:

$$EVI_{(p=50\%)} = \begin{cases} \lambda_1 x^2 + \lambda_2 x + 0.2045 & 0m \leq x < 2m \\ 0.2225 e^{\lambda_3 x} & 2m \leq x < 10m \\ 0.196 & x \geq 10m \end{cases} \quad (10.6)$$

式中,$\lambda_1 = -0.0089$、$\lambda_2 = 0.0294$ 和 $\lambda_3 = -0.012$ 为 $EVI_{(p=50\%)}$ 的拟合系数,m^{-1};其余符号意义同前。这一非线性公式拟合的平均相关系数 $R^2 = 0.798$。

相对于 $EVI_{(p=50\%)}$ 来说,$EVI_{(p=98\%)}$ 随地下水埋深的变化更加明显,$EVI_{(p=98\%)}$ 的非线性变化过程可近似的描述为下列表达式,如式(10.7)所示:

$$EVI_{(p=98\%)} = \begin{cases} 0.365 & 0m \leq x < 2m \\ 0.3604 e^{\lambda x} & 2m \leq x < 13m \\ 0.283 & x \geq 13m \end{cases} \quad (10.7)$$

式中,$\lambda = -0.022$ 为 $EVI_{(p=98\%)}$ 的拟合系数,m^{-1};其余符号意义同前。这一非线性公式拟合的平均相关系数 $R^2 = 0.9469$。

比较 $EVI_{(p=50\%)}$ 和 $EVI_{(p=98\%)}$ 的变化过程,可以发现 EVI 的变化存在一个临界地下水埋深 $x = 2m$。当地下水埋深小于 2m 时,EVI 总体随着地下水埋深增大而略有上升,主要由于地下水埋深较小时,地表为浅滩湿地,植被以水生的苔草类为主,水位过高不利于地下水依赖型植被根系的呼吸作用,水位略有下降,更有利于地下水依赖型植被生长,同时乔木、乌柳和沙柳等乔灌木也可存活。相对而言,当地下水埋深超过 2m 但不超过 13m 时,EVI 的统计特征值随埋深的增大近似满足指数衰减趋势,此时,地下水依赖型植被能够汲取到水分逐渐减小从而抑制其生长。当地下水埋深超过 13m 时,$EVI_{(p=50\%)}$ 和 $EVI_{(p=98\%)}$ 衰减逐渐趋于稳定,地下水埋深的变化对 EVI 基本不产生作用,此时地表植被则以非地下水依赖的旱生沙生植被种类为主,植被生长主要受到天气等因素的影响。但总体来看,潜水沙漠滩地绿洲型生态地质环境中地下水埋深的变化对植被生长发育影响相较于地表径流黄土沟壑型要大,但相比于地表水沟谷河流绿洲型要小。

总的来看,由于地下水依赖型植被和非地下水依赖型植被在大范围区域内都较为常见,因此 EVI 的分布范围也较为宽广,但随着地下水埋深的增加,EVI 的分布范围也逐渐变窄,说明地下水依赖型植被的出现的频率逐渐降低,非地下水依赖型的植被成为地下水埋深大区域内的主要植被类型。不同生态地质环境中植被类型分布有所不同,不同植被类型所占比例也不同,植被根系长度不同,导致不同生态地质环境中植被敏感水位也不尽相同。因此,地下水埋深对地表水沟谷河流绿洲型及潜水沙漠滩地绿洲型生态地质环境植被发育控制较为有效,对地表径流黄土沟壑型生态地质环境植被发育控制相对有限。

(二)基于地下水埋深的植被敏感性区划

通过分析不同生态地质环境类型的地下水埋深对反映植被生长发育的增强型植被指数影响程度的变化,确定了不同生态地质环境类型下植被生长发育对地下水埋深的敏感性区间不完全一致。

潜水沙漠滩地绿洲型生态地质环境中植被覆盖情况总体偏差,存在有大量裸地,地表植被多以沙蒿、沙柳和柠条等旱生草本灌木类植被为主。旱生植被的生长发育与地下水埋深的关系比较微弱，其主要受天气因素的影响，水生及喜湿植被多在地下水埋深较小的潜水滩地区分布。随着地下水埋深的下降，水生及喜湿植被生长发育开始衰退，旱生植被逐渐开始发育，原本植被发育茂密的浅滩湿地逐步向低植被覆盖度甚至裸露的沙地过渡。地下水埋深继续下降，EVI 逐渐减小，此时原水生及喜湿植被基本被旱生植被代替，EVI 最终趋于稳定。

在地表径流黄土沟壑型生态地质环境中，地表植被为旱生类草本植被所控制，这一区域地表岩性以裸露的 Q₂l 黄土为主，Q₂l 黄土基质包气带对水分的保持能力优于潜水沙漠滩地绿洲区中沙基土壤，这种地表岩性有利于沙柳和其他灌木植被的生长，从而产生了一些 EVI 高值区。然而，地下水埋深对该类生态地质环境 EVI 总体上的影响较小。

由于地表水沟谷河流绿洲区地表水资源十分丰富，地下水可得到河流水的充分补给，在地下水埋深较浅区域，地表植被主要由芦苇、芨芨草等喜水植物群落和类似植物组成。旱柳、小叶杨、榆树和其他一些依赖地下水的乔木植被非常适合在地下水埋深为 2~8m 的地方生长，且发育良好。该类生态地质环境中，EVI 总体较高，一旦地下水埋深发生下降，EVI 减小最为明显，植被类型也逐渐由水生及喜湿这一类地下水依赖型植物群落向耐旱植物群落逐渐演替。

因此，就三种生态地质环境中植被发育对地下水埋深变化敏感水位而言，潜水沙漠滩地绿洲型植被生长发育对地下水埋深的变化最为敏感，其次为地表水沟谷河流绿洲型，地表径流黄土沟壑型对地下水埋深变化最不敏感。就三种生态地质环境中植被发育 EVI 变化范围而言，地表水沟谷河流绿洲型植被生长发育对地下水埋深的变化最为敏感，其次为潜水沙漠滩地绿洲型，地表径流黄土沟壑型对地下水埋深变化最不敏感。

然而，该区域煤炭资源的开采最容易引起地下水埋深的变化，基于三种生态地质环境植被发育敏感水位，将榆神矿区不同生态地质环境下植被发育对地下水埋深变化的敏感性分为三类，如图 10.6 所示。

Ⅰ类敏感区，约占矿区总面积的 30.1%，在这些区域内，总体上 EVI 随地下水埋深的下降而增大。由于地下水埋深较浅，植被根系可以很容易地从土壤基质中吸收水分。湿生植被向旱生植被转化程度及土壤盐碱化程度降低。因此，植被生长总体发育良好。地表植被类型在不同生态地质环境下不尽相同，导致不同生态地质环境下Ⅰ类敏感区地下水临界埋深也不尽相同。在地表径流黄土沟壑型中地下水临界埋深约 8m，Ⅰ类敏感区约占整个矿区总面积的 3.6%。3m 是地表水沟谷河流绿洲地下水临界埋深，Ⅰ类敏感区约占整个矿区的 9.7%。潜水沙漠滩地绿洲型中地下水临界埋深约 2m，Ⅰ类敏感区占矿区总面积的 16.8%。这类敏感区，地下水埋深的减小对地表植被的生长发育起到较为积极的促进作用。因此，在潜水沙漠滩地绿洲型和地表径流黄土沟壑型中，通过控制煤炭资源开发的方式和强度，保持地下水埋深在土壤毛细水上升最大高度以上，对于保持地表植被正常生长，降低土壤盐碱化程度是十分有利的。由于地表径流黄土沟壑型比其他两种生态地质环境具有更广泛的地下水埋深区间范围，这意味着该类生态地质环境类型地表植被对煤矿开采引起的地下水埋深变化具有更强的耐受性。

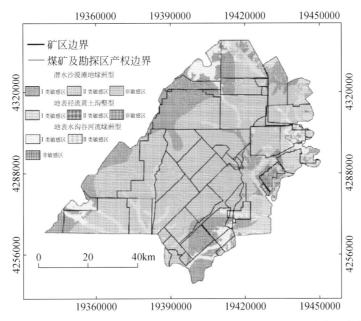

图 10.6　不同生态地质环境类型植被发育对地下水埋深变化敏感性分类

　　Ⅱ类敏感区，约占研究区总面积的 52.1%。在这些地区，随着地下水埋深的增加，EVI 呈指数衰减，植被类型开始逐步由湿生植被转化为旱生植被，植被生长对地下水的依赖性呈逐渐减弱的趋势，湿生植被生长发育受到抑制，旱生植被开始发育。Ⅱ类敏感区地下水埋深范围在三种生态地质环境类型中同样存在差异。在地表径流黄土沟壑型Ⅱ类敏感区地下水埋深变化范围为 8~16m，约占矿区的 1.6%。在地表植被在地下水埋深 3~19m 范围内，地表水沟谷河流绿洲型植被逐步恶化，约占矿区总面积的 10.5%。在潜水沙漠滩地绿洲型，Ⅱ类敏感区地下水埋深变化范围为 2~10m，约占整个矿区的 40%。通过对三种生态地质环境类型下Ⅱ类敏感区的生态环境变化的比较，发现地表水沟谷河流绿洲环境中的 EVI 变化最大，地表径流黄土沟壑型中 EVI 变化最小。

　　非敏感区，占研究区总面积的 17.8%。该区域内地表植被生长发育与地下水埋深变化关系不大，EVI 保持相对稳定，地表植被类型则是以旱生植被为主，气候和土壤成为决定植被发育的主要影响因素。地表径流黄土沟壑类型区地下水埋深大于 16m，地表水沟谷河流绿洲类型区地下水埋深大于 19m，潜水沙漠滩地绿洲类型区地下水埋深大于 10m 时，EVI 变化相对稳定，植被生长发育状况基本保持不变。三种生态地质环境中的非敏感区分别占研究区的 0.4%、2.3% 和 15.1%。这意味着地下煤矿开采一旦引起地下水埋深下降对地表植被生长发育影响不大。

　　总体来说，潜水沙漠滩地绿洲型在地下水埋深下降至 2m 时，地表植被生长发育即开始发生衰败，地表水沟谷河流绿洲型在地下水埋深下降至 3m 时，其地表植被开始发生退化，地表径流黄土沟壑型地表植被的生长发育对地下水埋深变化保持相对稳定，由此，潜水沙漠滩地绿洲型植被对地下水埋深变化最为敏感。

第二节 采动对潜水位影响理论分析

一、采动潜水位影响物理模拟分析

本物理相似模拟的实质是利用与地质原型物理力学、水理性质等相似的各类人工配比的材料按照一定的相似比制成模型，并依照采矿工程进行开挖模拟，在模拟过程中观测分析上覆岩土层的变形、位移、破坏及砂层潜水层的水位动态演化现象。一般情况下，模拟煤层回采的采矿工程常常选用二维平面应变模型，该类模型试验具有直观性，对煤层上覆岩土层的位移和破断全过程能够较好地反映。

（一）地质原型概况

本次模拟以陕北神南矿区典型的砂土基工作面为原型，进行物理相似模拟试验。陕北神南矿区毛乌素沙漠边缘地区砂层（萨拉乌苏组+第四系风积沙）受大气降水补给充沛，是矿区最好的地下水水源地。其下伏隔水黏土层（离石组黄土+保德组红土）较厚，是良好的天然隔水层。该区域首采煤层上覆基岩层厚相对较大，首采煤层埋深约180m（浅埋煤层埋深一般小于150m），煤层厚度为5m。依据第五章的研究结果，预测导水裂隙带不会切穿基岩，隔水黏土层处于下沉带，可以保持整体稳定性。模型原型的地层如表10.1所示。

表10.1 模拟原型的地层条件

地层	厚度/m	备注
砂层（含水层）	40	萨拉乌苏组（河湖相沉积），粉细砂、亚砂土、砂质黏土
黄土	20	第四系离石组，亚黏土、亚砂土
红土	30	新近系保德组，黏土或砂质黏土
基岩	90	预测导高70m
煤	5	综采
基岩（底板）	10	相邻煤层间距40m左右
总计	195	

（二）模型的材料及配比设计

本次模型为固液两相模型，为实现固相（煤层、基岩及土层）的强度和变形相似，液相（含水砂层）的流场相似，需要对模型的基岩层（含煤层）、隔水土层及含水砂层分别确定模拟材料和配比。

1. 模型材料的选取

（1）基岩的材料可以选取常规的干细沙为骨料，以石膏和碳酸钙为胶结材料，大量实践证明这些材料在一定的配比下能够很好地模拟基岩弹性力学性质。

（2）土层的材料选取区别于基岩，主要是由于土体为弹塑性地质体，在其受力过程中变形很大程度上是塑性变形，因此不能选用常规的模拟材料，需要进行相似材料的正交实验分析。依照前人的研究成果可以确定土层的塑性模拟所需要的骨料可以选用砂土混合体，且土体所占的比例越大，塑性变形越明显，因此本次土层的模拟直接选用黏性土作为骨料；油作为胶结剂则对模型的低强度及大变形有显著的影响效果，因此选取油作为土层模拟的胶结剂。

（3）砂层的材料选取依据是参考材料的水理性质，本次选取与原型同一级配（萨拉乌苏组的颗粒分析如表 10.2 所示）的沙体作为材料进行模拟。

表 10.2　砂样颗粒分析试验结果

粒径/mm	>2	0.5~2	0.25~0.5	0.075~0.25	<0.075
颗粒百分比/%	1.0	15.0	10.0	53.0	21.0

2. 相似条件

相似条件即地质原型与模型的缩放比例的依据。本次试验首先依据模型的尺寸确定的是基岩（含煤层）、土层及砂层的几何比均为 150∶1，容重比为 1∶1，然后分别依据不同的相似条件，分别确定其他物理力学及水理性质参数的相似比。

（1）基岩（含煤层）部分主要是模拟煤层回采产生的附加应力场以及应变场，则有式（10.8）及式（10.9），因此基岩（含煤层）相似比如下：弹性模量相似比为 150∶1；强度相似比为 150∶1；黏聚力相似比为 150∶1；内摩擦角相似比为 1∶1；应力相似比为 150∶1；应变相似比为 1∶1；泊松比为 1∶1。

$$\alpha_\sigma = \alpha_R = \alpha_E = \alpha_C = \alpha_l \alpha_\gamma \tag{10.8}$$

$$\alpha_\varphi = \alpha_\mu = \alpha_\varepsilon = 1 \tag{10.9}$$

式中，α_σ 为应力相似比；α_R 为强度相似比；α_E 为弹性模量相似比；α_C 为黏聚力相似比；α_l 为几何相似比；α_γ 为容重相似比；α_φ 为内摩擦角相似比；α_μ 为泊松比相似比；α_ε 为应变相似比。

（2）土层部分主要是模拟黏土层在附加应力下的塑性变形，即土层模型在加载及卸载路径下应力应变曲线与黏土层原型相似，则有式（10.10）：

$$\alpha_{E塑} = \alpha_\sigma \tag{10.10}$$

式中，$\alpha_{E塑}$ 为土层的塑性应力的相似比，本次模拟取 150∶1；其余参数与基岩部分相同。

（3）砂层部分主要是模拟煤层采动砂层潜水的流场，根据以上材料配比有砂层几何比和水头比均为 150∶1，室内试验测定砂层渗透系数比为 1∶1，有效孔隙率比为 1∶1，根据式（10.11）得到渗流时间比为 150∶1。

$$\alpha_k = \alpha_v = \frac{v_n}{v_m} = n_n \frac{\mathrm{d}l_n}{\mathrm{d}t_n} \Big/ \left(n_m \frac{\mathrm{d}l_m}{\mathrm{d}t_m} \right) = \frac{\alpha_n \alpha_l}{\alpha_t} \tag{10.11}$$

式中，α_k、α_v、α_n、α_l、α_t 分别为渗透系数比、渗透速度比、有效孔隙率比、几何比及渗流时间比；v_n 为原型渗透速度，m/d；v_m 为模型渗透速度，m/d；n_n 为原型有效孔隙率，

m；n_m 为模型有效孔隙率，m；l_n 为原型长度，m；l_m 为模型长度，m；t_n 为原型渗流时间，d；t_m 为模型渗流时间，d。

3. 模型配比设计

在确定了模型材料和相似比例，模型的材料配比直接决定了物理模拟的效果。表 10.3 为地质原型的主要物理力学参数测试成果，表 10.4 为依照相似比例计算得到的模型的物理力学参数。依据表 10.4 可以确定模型材料的配比，配比结果见表 10.5，其中模型黏土层的三轴原始应力加载、卸载应力-应变曲线如图 10.7 及图 10.8 所示，可以看出黏性土和油在一定配比条件下原型与模型土层在某一应变条件下，其应力比值约为 150 : 1，即模型对土层的模拟效果较好。

表 10.3 地质原型的物理力学参数

岩性	容重 /(kN/m³)	弹性模量 /MPa	黏聚力 /kPa	内摩擦角 /(°)	泊松比	单轴抗压强度 /kPa	峰值应变 /%
黄土	15.6	13.3	66	30.8	0.34	240	11
红土	17.5	21.3	82	30.6	0.36	160	17
泥岩	24.2	4300	1440	39.5	0.21	18020	—
砂质泥岩	25.1	4600	1810	32.3	0.25	24000	—
粉砂岩	24.0	5100	2600	36.4	0.22	41010	—
细砂岩	23.2	4800	2350	35.5	0.21	38400	—
中砂岩	23.7	4900	1850	34.2	0.23	34100	—
煤层	11.3	1205	1900	38.5	0.28	14896	—

表 10.4 按相似比例计算得到的模型的物理力学参数

岩性	容重 /(kN/m³)	弹性模量 /MPa	黏聚力 /kPa	内摩擦角 /(°)	泊松比	单轴抗压强度 /kPa	峰值应变 /%
黄土	15.6	0.089	0.44	30.8	0.34	1.60	11
红土	17.5	0.142	0.55	30.6	0.36	1.07	17
泥岩	24.2	28.670	9.60	39.5	0.21	120.13	—
砂质泥岩	25.1	30.670	12.07	32.3	0.25	160.00	—
粉砂岩	24.0	34.000	17.33	36.4	0.22	273.40	—
细砂岩	23.2	32.000	15.67	35.5	0.21	256.00	—
中砂岩	23.7	32.670	12.33	34.2	0.23	227.33	—
煤层	11.3	8.030	12.67	38.5	0.28	99.30	—

表 10.5 物理模型材料配比

岩性	各种材料所占比例					
	干沙	石膏	碳酸钙	水	黏性土	油
黄土	—	—	—	—	3.9	1

续表

岩性	各种材料所占比例					
	干沙	石膏	碳酸钙	水	黏性土	油
红土	—	—	—	—	4.1	1
泥岩	6.86	0.35	0.80	1	—	—
砂质泥岩	6.68	0.40	0.95	1	—	—
粉砂岩	5.24	0.88	0.88	1	—	—
细砂岩	5.25	0.87	0.87	1	—	—
中砂岩	5.65	0.72	0.72	1	—	—
煤层	5.24	0.40	0.40	1	—	—

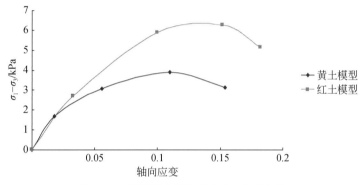

图 10.7　模型黏土层加载应力-应变曲线

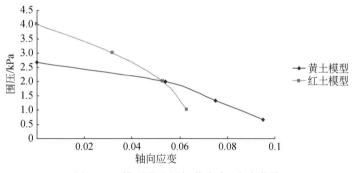

图 10.8　模型黏土层卸载应力-应变曲线

（三）模型的建立及试验方案

1. 模型建立

依据上述模型材料及配比，确定模型的尺寸为长 250cm×高 130cm。模型煤层一次采厚为 3.3cm，为避免边界效应，煤层两边各留设 30cm 的煤柱，模型其他岩土层厚度为砂层 23.3cm、离石黄土 13.3cm、保德红土 20cm、上覆基岩层 53.3cm、底板基岩 6.7cm。为防止模型含水层中的水破坏模型基岩部分，对模型含水层采用聚乙烯与模型下半部分隔水。为保持工作面以外的含水层水位，在模型砂层的边界处连接原始水头的供水系统，试验原始模型如图 10.9 所示。

图 10.9　物理模拟试验原始模型

2. 试验方案

模型煤层从左向右逐步开挖，基岩与含水层渗流的时间比不一致，而基岩的变形、破断及位移受时间影响较小，因此，对模型的煤层采取逐步快速回采。在回采的过程中对导水裂隙带发育高度、离层发育情况及关键隔水黏土层下沉量、潜水位下降量及煤层回采后潜水层恢复过程进行观测。

1）导高、离层的观测

随着煤层的逐步回采，在每次来压后直接对煤层上覆基岩的导水裂隙带及离层的发育情况进行观测，并通过卷尺对其发育高度进行测量。

2）土层的沉降的观测

本次试验于隔水土层的顶界面每隔 10cm 布置一个测点，在开采的 190cm 区域上共计布置 20 个测点，其测点布置如图 10.10 所示。随着煤层的逐步回采，对每个测点采用全站仪观测获得相对坐标位置，依据相对坐标位置求得土层的下沉量。

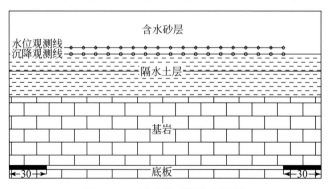

图 10.10　试验模型测点布置图

3）潜水位动态的观测

本次试验于含水层内每隔 10cm 布置一个水位观测点，在开采的 190cm 区域中共计布置 20 个测点，其测点布置如图 10.10 所示。于每个测点内置一个加有滤网的塑料测管，为易于观测在每隔测管内均加入了离子色。所有测管均穿过包裹含水砂层的聚乙烯膜，并固定在标有刻度的有机玻璃板上，为防止漏水，在测管穿过处采用橡胶圆环夹紧测管，并通过 AB 胶等与聚乙烯膜黏贴，如图 10.11 所示。随着煤层的逐步回采对潜水位进行观测，并在停止回采的 2d 时间内对潜水位进行多次观测。

图 10.11　试验模型观测管

3. 物理相似模拟结果及分析

1）模型来压特征

模型工作面自开切眼推进至 13.3cm 时，煤层直接顶垮落；继续推进至 30cm 时，煤层直接顶二次垮落；继续推进至 40cm 时，工作面老顶初次来压，初次来压步距为 40cm，如图 10.12 所示；继续推进至 51cm 时，工作面老顶第一次周期来压，来压步距为 11cm，如图 10.13（a）所示；继续推进至 67cm 时，工作面老顶第二次周期来压，来压步距为

图 10.12　模型初次来压照片

16cm，如图 10.13（b）所示；此后随着工作面的继续推进，发生了多次周期来压，来压步距为 14~18cm 不等，存在大小周期来压现象，模型整体矿压显现规律如图 10.14 所示。依据工作面现场实际观测结果，初次来压步距为 56.3m，周期来压步距为 15.6~25.4m，模拟情况与现场实际观测的结果基本吻合。

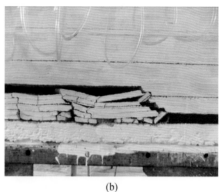

(a)　　　　　　　　　　　　　　　　(b)

图 10.13　模型周期来压照片

图 10.14　模型整体矿压显现规律

2）模型基岩导高及离层发育特征

由图 10.14 可以看出，煤层充分回采后导水裂隙带发育高度在关键隔水土层以下，这与模型开采前的预测是相符的。随着工作面的逐步推进，导水裂隙带发育高度如图 10.15 所示，回采 190cm 时导水裂隙带发育高度已经趋于平稳，此时的导高为 46.7cm。同时对离层的观测有工作面推进至 40cm 以前，离层发育不明显；推进到 40cm 时，伴随着初次来压离层发育至距煤层顶板 25cm 处；推进至 67cm 时，离层向上发展至距煤层顶板 51cm 处；推进至 87cm 时，离层继续向上发展至距煤层顶板 56cm 处；推进至 190cm 时，模型岩土界面处出现离层，但停采后伴随着水位恢复过程离层逐渐趋于闭合。

3）模型土层沉降特征

随着工作面快速推进，处于弯曲带的隔水黏土层及含水砂层随着基岩产生沉降，布置在黏土层顶部 20 个测点位移的变化如图 10.16 所示。

由模型离层、导水裂隙带高度及沉降的观测结果可见模型基岩破坏及隔水黏土层整体下沉的过程，即随着煤层的回采，基岩中亚关键层的依次弯曲、产生离层并最终破断，而

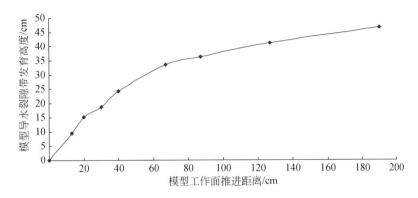

图 10.15　模型工作面推进过程中导水裂隙带发育高度

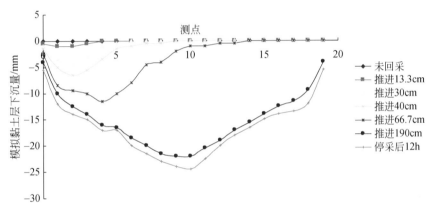

图 10.16　模型黏土层下沉量与工作面推进关系

隔水黏土层伴随着基岩的破断、垮落保持了稳定性并逐步形成下沉盆地。同时由于模型上覆土体为有较强流动、补给性的水砂混合体，离层产生后随着时间推移逐渐呈现闭合状态，这使得黏土层下沉盆地进一步发育。

4）模型潜水位变化特征

模型砂层潜水位的动态变化可分为采动和停采后恢复两个过程，对这两个过程分别进行了观测。

A. 煤层回采过程中潜水位动态变化特征

随工作面的推进各测点获取的数据如图 10.17 所示，从图 10.17 中可以看出伴随着工作面的逐步推进砂层潜水位在每次来压后均发生周期性下降，每次水位降深最大的点是在回采区域的中心位置，而工作面开切眼及收作线附近的水位降深最小，近零降深。

B. 停采后潜水位恢复特征

煤层停采后继续对砂层潜水位观测 2d，各测点水位恢复情况如图 10.18 所示。图 10.18 中可以看出在煤层停采后，起初潜水位恢复很快，后期恢复速度变慢，最终 2d 时间水位恢复了停采时水位降深的 95%。

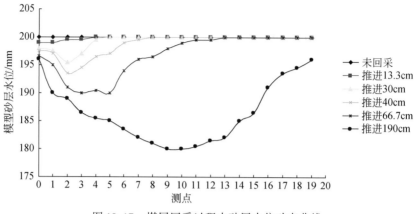

图 10.17　煤层回采过程中砂层水位动态曲线

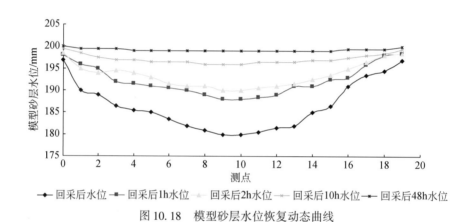

图 10.18　模型砂层水位恢复动态曲线

C. 试验现象分析

图 10.17 中的水位动态曲线明显区别于煤层开采含隔水层破坏时的水位动态曲线（含隔水层破坏时含水层主要是通过开切眼及收作线附近的拉张裂隙大量进入矿井，即水位降深最大发生在工作面两端，而非工作面的中心），而更接近于煤层回采黏土层下沉曲线。对比图 10.16 和图 10.17 可以得出，随着黏土层下沉盆地的产生，含水层底板边界发生不均匀连续沉降使得潜水位发生周期性骤降。由图 10.16 和图 10.18 可知，工作面回采完成后黏土层下沉盆地进一步缓慢发育而周围尚未开采区域潜水位保持天然水位，两者水位落差的存在使得采空区上覆砂层潜水位逐渐恢复。模型潜水位在初始时间内恢复较快，但随着恢复百分比的增加，所需恢复时间呈现指数级增加。

二、水资源波动区潜水位恢复泰斯模型分析

物理相似模拟试验显示水资源波动区潜水位的下降主要是由下伏隔水黏土层不均匀沉降造成，而潜水位恢复所需要的时间对表生生态环境会产生直接的影响。因此，在物理相似模拟结果的基础上，建立水资源波动区潜水位恢复的地下水动力学模型，并对数学模型

进行解析解分析。

(一) 基本不漏失型泰斯模型的建立

1. 停采时潜水位曲线特征

停采时模型黏土层与模型潜水位降深曲线如图 10.19 所示，由于潜水位主要受黏土沉降控制，而黏土沉降的最大值在模型中心位置，向两边逐渐减小至边界水位降深趋于 0，即煤层采动造成的潜水位曲线均近似于单井抽水的"降落漏斗"状。

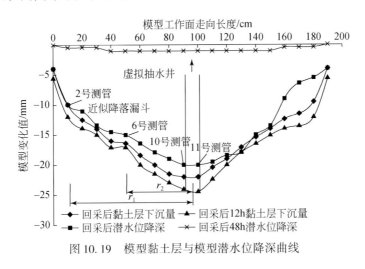

图 10.19　模型黏土层与模型潜水位降深曲线

2. 单井模型的建立

为求得潜水位在煤层停止回采后水位恢复所需要的时间，基于停采时潜水位曲线特征，建立单井数学模型如下。将煤层停止回采后的瞬时水位看作以黏土下沉盆地中心的一口虚拟抽水井（图 10.19 中的 10、11 号测管等效为虚拟抽水井），以定流量 Q 在 t_p 时间内抽水造成的潜水位降落漏斗（数学模型的建立如图 10.19 所示）；而潜水位恢复的过程则为停止虚拟抽水后潜水位的恢复过程，因此潜水位下降值 s' 与时间 t 的关系如图 10.20 所示，图中 t' 为水位恢复的时间，S'_r 为水位恢复期的修正剩余降深。

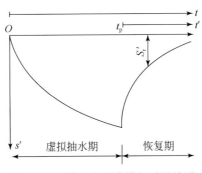

图 10.20　潜水位下降值与时间关系

（二）基本不漏失型泰斯模型的求解

模型水位恢复的过程是潜水（水位下降小于 0.1 倍含水层厚度时，可采用修正降深值利用承压水 Theis 公式计算）在均质各向同性、近等厚、近无限（煤层回采瞬时两边煤柱附近水位接近原水位）含水层的非稳定流，近似的满足 Theis 假设条件。满足 Theis 假设的单井定流量的完整井流公式 [式（10.12）]：

$$\begin{cases} \dfrac{\partial^2 s'}{\partial r^2} + \dfrac{1}{r}\dfrac{\partial s'}{\partial r} = \dfrac{\mu}{T}\dfrac{\partial s'}{\partial t} & t > 0, 0 < r < \infty \\[2mm] s'(r,0) = 0, & 0 < r < \infty \\[2mm] s'(\infty, t) = 0, \dfrac{\partial s'}{\partial r}\Big|_{r \to \infty} = 0 & t > 0 \\[2mm] \lim\limits_{r \to 0} r\dfrac{\partial s'}{\partial r} = -\dfrac{Q}{2\pi T} \end{cases} \tag{10.12}$$

式中，s' 为虚拟抽水井的修正降深，m；r 为计算点到虚拟抽水井的距离，m；μ 为含水层的给水度；T 为含水层导水系数，m^2/d；t 为虚拟抽水开始到计算时刻的时间，d；Q 为虚拟抽水井的定流量，m^3/d。

式（10.12）通过 Hankel 变换可以得到定流量 Theis 公式：

$$s' = \frac{Q}{4\pi T}W(u) \tag{10.13}$$

其中，

$$W(u) = \int_u^\infty \frac{e^{-y}}{y}dy \tag{10.14}$$

$$u = \frac{r^2\mu}{4Tt} \tag{10.15}$$

$$s' = s - \frac{s^2}{2M} \tag{10.16}$$

式中，$W(u)$ 为井函数；y 为积分变量；s 为实际观测水位降深，m；M 为模型初始含水砂层厚度，m。

首先依据已有的含水层参数还原虚拟抽水的过程，将模型非对称的任意两点的观测水位代入式（10.16），然后代入式（10.13）得到式（10.17），式（10.17）则有式（10.18），即可以求出 Q 值，再把求出的 Q 值代入式（10.13），将式（10.14）展开成级数形式求近似的虚拟抽水进行的时间 t_p。

$$\begin{cases} s'_1 = \dfrac{Q}{4\pi T}W(u_1) \\[2mm] s'_2 = \dfrac{Q}{4\pi T}W(u_2) \end{cases} \tag{10.17}$$

$$K = \frac{0.3183Q(\ln r_2 - \ln r_1)}{(2M - s'_1 - s'_2)(s'_1 - s'_2)} \tag{10.18}$$

式中，K 为含水层的渗透系数，m/d；r_1 为模型某一水位观测管距离虚拟抽水井中心的水平距离（图 10.19），m；s'_1 为模型某一水位观测管煤层回采后修正的瞬时水位，m；r_2 为模型另一水位观测管距离虚拟抽水井中心的水平距离（图 10.19），m；s_2'为模型另一水位观测管煤层回采后修正的瞬时水位，m。

泰斯井函数式（10.14）可以利用式（10.19）级数表示：

$$W(u) = -0.577216 - \ln u + u - \sum_{n=2}^{\infty} (-1)^n \frac{u^n}{n \cdot n!} \tag{10.19}$$

依据式（10.19）对 Theis 公式简化时，必须有 $u<0.05$，则可省略级数的第三项及后面各项，有式（10.16）：

$$W(u) = \ln \frac{2.25Tt}{r^2\mu} \tag{10.20}$$

抽水井的时间为 $t'+t_p$，则此时的 $u_{抽}$ 容易满足 Theis 的简化条件，因此，抽水井函数可以利用式（10.20）简化，得到式（10.21）：

$$s'_{抽} = \frac{Q}{4\pi T} \ln \frac{2.25T(t'+t_p)}{r^2\mu} \tag{10.21}$$

式中，$s'_{抽}$ 为虚拟抽水井的降深，m。

但虚拟注水井的时间为 t' 相对于抽水井的时间较短，不容易满足简化条件，因此需要保留式（10.19）中前 3 项，即

$$s'_{注} = -\frac{Q}{4\pi T} \left[\ln \frac{2.25Tt'}{r^2\mu} + u_{注} \right] \tag{10.22}$$

式中，$s'_{注}$ 为虚拟注水井的降深，m。

根据计算出的 Q 和 t_p 代入恢复期的 Thies 公式，其等价于同流量的虚拟抽水和虚拟注水的叠加，并带入任意降深可以求出对应的恢复所用时间。

$$s'_r = s'' + s''' = \frac{Q}{4\pi T} \left[\ln \frac{t'+t_p}{t'} - \frac{r^2\mu}{4Tt'} \right] \tag{10.23}$$

式中，s'_r 为虚拟抽水停止后影响范围内，任一点 t_p+t' 时刻修正的水位降深，m；s''为 t_p+t' 时刻虚拟抽水产生降深的修正值，m；s'''为 t' 时刻虚拟注水产生的修正水位上升值，m；t' 为水位回升时间，d。

由式（10.23）可知，当煤层一次性采厚 m 越大时，含水层的初始沉降量 s 越大，其恢复所需的时间越长；而当沉降量 s 为一个定值时，随着砂层含水层的厚度 M 和渗透系数 K 值的增大，砂层潜水恢复到同一个降深所需要的时间越短，即导水系数 T 越大水位恢复的越快，而松散砂层含水层厚度较小的区域水位恢复较慢，不利于生态环境。

（三）基本不漏失型泰斯模型的算例

利用上述方法以及物理相似模拟试验的相关参数计算潜水位恢复 95% 降深需要的时间过程如下：

模型砂层渗透系数 $K=4.32\text{m/d}$，含水层厚度 $M=0.2\text{m}$，导水系数 $T=KM=0.864\text{m}^2/\text{d}$，给水度 $\mu=0.04$。

在不考虑含水层的延迟给水，弹性贮量以及水流的垂直分量的二维流情况下，以 2 号（虚拟第一观测孔）、6 号（虚拟第二观测孔）测管在虚拟抽水后的观测水位降深以及其距离虚拟井的水平距离 $s_1=0.01\text{m}$、$s_2=0.015\text{m}$、$r_1=0.85\text{m}$、$r_2=0.45\text{m}$ 为观测数据代入式

（10.16）和式（10.18）计算得出虚拟抽水井的流量 $Q = 0.038\text{m}^3/\text{d}$。

对于抽水阶段有 Jacob 公式：

$$s' = \frac{0.183Q}{T} \lg \frac{2.25Tt}{r^2\mu} \tag{10.24}$$

停止虚拟抽水时的已知数据代入式（10.24）得第一阶段虚拟抽水总进行的时间 $t_\text{p} = 0.2417\text{d}$，且有此时 $u \leqslant 0.05$。即物理模型的停止回采后的瞬时水位等效为以 $0.038\text{m}^3/\text{d}$ 定流量抽水 0.2417d 的潜水位过程，两者的曲线对比如图 10.21 所示，可见除降深较小的边界外主要计算区域两者能够较好地吻合，说明数学模型求解结果误差不大，主要误差区域为水位降水较小的工作面两端。

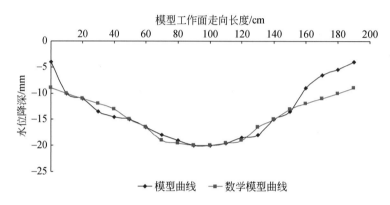

图 10.21　模型曲线与数学模型曲线对比关系

根据物理相似模拟试验可知虚拟一号观测孔 $s_\text{r} = 0.0005\text{m}$（虚拟一号观测孔恢复95%），并将虚拟抽水过程求得的 Q 以及 t_p 代入式（10.23）则有式（10.25）：

$$0.1425 = \ln\left(1 + \frac{0.241}{t'}\right) - \frac{0.00836}{t'} \tag{10.25}$$

令 $x = \dfrac{0.241}{t'}$，则可得式（10.26）：

$$0.1425 = \ln(1 + x) - \frac{0.00836}{0.241}x \tag{10.26}$$

由于式（10.26）为超越方程，所以只能求其近似解。其中，$\ln(1+x)$ 展开成级数形式得式（10.27）：

$$\ln(1 + x) = x - \frac{x^2}{2} + \frac{x^3}{3} + \sum_{n=3}^{\infty} (-1)^n \frac{x^{n+1}}{n+1} \tag{10.27}$$

式（10.27）为交错级数，取其前两项作为近似值，则式（10.23）有解 $t_1' = 0.136\text{d}$（舍去，此时 $u \geqslant 0.05$），$t_2' = 1.5\text{d}$（此时 $u < 0.05$）。

由式（10.26）我们可以看出，该工作面所在区域在不考虑入渗补给以及越流补给的情况下煤层停止回采后，起初一段时间里水位恢复比较快，但恢复到 95% 大约需要实际 $1.5 \times 150 = 225\text{d}$ 的时间，即随着恢复的百分比增加需要的时间呈现剧烈增大。

（四）基本不漏失型泰斯模型误差分析及模型修正

物理相似模型试验与泰斯模型计算所得结果有一定的差距，以恢复 95% 做对比，试验所得恢复时间（300d，其水位恢复形态如图 10.19 所示）比基于修正的 Theis 公式计算所得的恢复时间（225d）略长。

1. 误差分析

1）计算误差

计算的误差主要是井函数的近似值选取所产生的。若抽水井函数和注水井函数均取其前两位，那么有式（10.28）：

$$s'_r = s'' + s''' = \frac{Q}{4\pi T}\ln\frac{t' + t_p}{t'} \tag{10.28}$$

代入算例的参数，可以计算出恢复时间为 1.57d，与算例的计算结果 1.5d 没有太大差别，说明在计算后期恢复时间时可以直接采用井函数的前两位做近似解；但当计算恢复初期时，特别是当 r 取值较大时，井函数取前两位则会有较大误差。因而抽水井函数取前两位，注水井函数取前三位，既保证了计算效率又避免了大量的误差。

2）建模误差

除去计算和试验误差外，数学模型的建立忽略了水位恢复过程中岩土层的不连续塌陷。

一个方面由于砂层的流动性使得水位恢复的过程中离层发生闭合，离层的闭合产生新的潜水位骤降是误差的一个来源，该过程主要发生在水位恢复的前期（模型潜水位在前期恢复较快），工作面离层空间高度较小因此影响相对有限；另一个方面，由于采空区岩土体在重力作用下逐渐压密，不断产生新的沉降，该过程持续时间较长一般持续到停采后75d 左右，且沉降量较大，对解析解影响较大。模型试验也表明煤层停止开采 12h 后黏土层仍会出现新的下沉量如图 10.19 所示。

2. 模型的修正

为尽量消除模型建立的误差，将物理模型水位恢复的过程等效为如下过程。

（1）利用模型含水层参数反推出以定流量 Q_1 在 t_1 时间内虚拟抽水产生的水位曲线代替煤层停采时的瞬时水位曲线，此时有潜水位降深函数式（10.29）：

$$s'_1 = s'(Q_1, t_1, r) \tag{10.29}$$

（2）计算以同一定流量 Q_1 的抽水、注水井在模型沉降稳定时间 t_2 内水位恢复的曲线，此时有潜水位降深函数式（10.30）：

$$s'_2 = s'(Q_1, t_1 + t_2, r) - s'(Q_1, t_2, r) \tag{10.30}$$

（3）利用模型含水层参数反推以定流量 Q_2 在 t_3 时间内虚拟抽水产生的水位曲线代替煤层停采至沉降稳定时产生的新增降深曲线，此时有降深函数式（10.31）：

$$s'_3 = s'(Q_2, t_3, r) \tag{10.31}$$

（4）将式（10.30）与式（10.31）相加即为模型隔水黏土层沉降稳定时的潜水位降深函数，将其化为以定流量 Q_3 在 t_4 时间抽水的 Theis 公式（10.32）：

$$s'_4 = s'(Q_3, t_4, r) = s'(Q_1, t_1 + t_2, r) - s'(Q_1, t_2, r) + s'(Q_2, t_3, r) \qquad (10.32)$$

（5）开采沉陷稳定后，水位恢复的过程等效为以同一定流量 Q_3 的抽水、注水产生的水位恢复过程，潜水降深如式（10.33）所示，代入潜水位恢复目标值 s_5' 即可求出这一阶段所需的时间 t_5，$t_5 + t_2$ 即为潜水恢复到目标值所需至煤炭停采时所需要的时间。

$$s'_5 = s'(Q_3, t_4 + t_5, r) - s'(Q_3, t_5, r) \qquad (10.33)$$

将前面相关参数代入修正的模型，可得水位恢复到 95% 大约需要 285d，与物理模拟结果较好吻合。

（五）轻微漏失型泰斯模型分析

前述对基本不漏失情况下砂层潜水的水位恢复过程进行了解析，然而煤层回采多数情况下会造成砂层潜水下伏有效隔水黄土层厚度减小，并对黄土层下伏风化基岩含水层有一定的疏放作用，此时砂层潜水会通过弱透水黄土层对风化基岩含水层进行越流补给。因此，轻微漏失型砂层潜水位恢复的过程始终伴随着对风化基岩的越流补给。即砂层水资源轻微漏失情况下，砂层潜水位只能恢复一部分，其水位曲线最终趋于越流引起的稳定流砂层水位曲线。

1. 泰斯模型的建立

如图 10.22 所示的三层结构越流模型，图中第一层为砂层潜水，第二层为弱透水黄土层，第三层为风化基岩含水层，三层在煤炭开采前存在着水力联系，水位近似一致。由于黄土层的渗透系数较另外两含水层小 1~2 个数量级，则可以认为地下水在两含水层中为水平二维流动，而在黄土层中为垂直一维流动。在该越流系统中，第一层为潜水，另外两层为承压水，则其渗透系数、含水层厚度、导水系数、贮水系数（或给水度）及压力传导

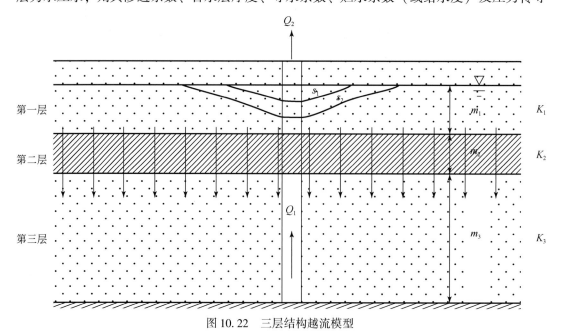

图 10.22　三层结构越流模型

系数分别为：K_1、m_1、T_1、μ_1、a_1；K_2、m_2、T_2、μ_2、a_2；K_3、m_3、T_3、μ_3、a_3。煤层开采后砂层潜水的水位降深源于两部分，一部分是煤炭开采隔水黄土层沉降所产生 s_4，该部分可以参照基本不漏失情况下虚拟抽水井来模拟其水文过程；另外一部分是砂层越流补给风化基岩含水层所产生 s_1，该部分则可以等效为以风化基岩含水层为目的层的定流量抽水井来模拟砂层潜水相应的水文过程。煤炭开采造成的风化基岩含水层水位下降幅度较砂层潜水位下降幅度大很多倍，因此可以认为越流主要跟风化基岩水位下降相关，而不受潜水位下降影响，即可以忽略引起砂层潜水位降深的两个组成部分的相互影响而直接叠加。

2. 模型的解析

依据上述泰斯模型的建立，模型的解析如下。

在考虑弱透水层释水的情况下，以第三层顶板为 0 点，各层地下水非稳定流基本方程式（10.34）为

$$\begin{cases} T_1\left(\dfrac{\partial^2 h_1}{\partial r^2} + \dfrac{1}{r}\dfrac{\partial h_1}{\partial r}\right) - K_2\left(\dfrac{\partial h_2}{\partial z}\right)_{z=m_2} = \mu_1 \dfrac{\partial h_1}{\partial t} \\[3mm] T_2 \dfrac{\partial^2 h_2}{\partial z^2} = \mu_2 \dfrac{\partial h_2}{\partial t} \\[3mm] T_3\left(\dfrac{\partial^2 h_3}{\partial r^2} + \dfrac{1}{r}\dfrac{\partial h_3}{\partial r}\right) + K_2\left(\dfrac{\partial h^2}{\partial z}\right)_{z=0} = \mu_3 \dfrac{\partial h_3}{\partial t} \end{cases} \quad (10.34)$$

式中，h_1、h_2、h_3 分别为第一、二、三层地下水位，m。

其初始及边界条件为

$$\begin{cases} h_1(r,0) = h_2(r,z,0) = h_3(r,0) = h_0 \\[2mm] \lim\limits_{r\to 0}\dfrac{\partial h_1}{\partial r} = 0 \\[2mm] \lim\limits_{r\to 0} r\dfrac{\partial h_3}{\partial r} = \dfrac{Q}{2\pi T_3} \\[2mm] h_1(\infty,t) = h_3(\infty,t) = h_0 \\[2mm] h_2(r,0,t) = h_3(r,t) \\[2mm] h_2(r,m_2,t) = h_1(r,t) \end{cases} \quad (10.35)$$

将各含水层降深 $s_1 = h_0 - h_1$、$s_2 = h_0 - h_2$、$s_3 = h_0 - h_3$ 代入（10.34）式、（10.35）式，可以得到式（10.36）、式（10.37）：

$$\begin{cases} T_1\left(\dfrac{\partial^2 s_1}{\partial r^2} + \dfrac{1}{r}\dfrac{\partial s_1}{\partial r}\right) - K_2\left(\dfrac{\partial s_2}{\partial z}\right)_{z=m_2} = \mu_1 \dfrac{\partial s_1}{\partial t} \\[3mm] T_2 \dfrac{\partial^2 s_2}{\partial z^2} = \mu_2 \dfrac{\partial s_2}{\partial t} \\[3mm] T_3\left(\dfrac{\partial^2 s_3}{\partial r^2} + \dfrac{1}{r}\dfrac{\partial s_3}{\partial r}\right) + K_2\left(\dfrac{\partial s^2}{\partial z}\right)_{z=0} = \mu_3 \dfrac{\partial s_3}{\partial t} \end{cases} \quad (10.36)$$

$$
\begin{cases}
s_1(r,0) = s_2(r,z,0) = s_3(r,0) = 0 \\
\lim\limits_{r \to 0} \dfrac{\partial s_1}{\partial r} = 0 \\
\lim\limits_{r \to 0} r \dfrac{\partial s_3}{\partial r} = -\dfrac{Q}{2\pi T_3} \\
s_1(\infty,t) = s_3(\infty,t) = 0 \\
s_2(r,0,t) = s_3(r,t) \\
s_2(r,m_2,t) = s_1(r,t)
\end{cases}
\tag{10.37}
$$

引入拉氏变换有

$$
\begin{cases}
\overline{s_1}(r,p) = \displaystyle\int_0^\infty s_1(r,t)\,\mathrm{e}^{-pt}\mathrm{d}t \\[2mm]
\overline{s_2}(r,p) = \displaystyle\int_0^\infty s_2(r,t)\,\mathrm{e}^{-pt}\mathrm{d}t \\[2mm]
\overline{s_3}(r,p) = \displaystyle\int_0^\infty s_3(r,t)\,\mathrm{e}^{-pt}\mathrm{d}t
\end{cases}
\tag{10.38}
$$

式中，p 为实部为正值的复变量，其大小使得相应的积分收敛。

对式（10.36）和式（10.37）各项分别进行拉氏变换后再进行 Hakel 变换及逆变换，可以求出式（10.39）：

$$
\begin{cases}
\overline{s_1}(r,p) = \dfrac{\dfrac{Q}{2\pi T_3 p}\dfrac{\varepsilon^*}{T_1}\dfrac{\sigma m_2}{\mathrm{sh}\sigma m_2}}{M}\left[K_0(\zeta_1 r) - K_0(\zeta_2 r)\right] \\[6mm]
\overline{s_3}(r,p) = \dfrac{\dfrac{Q}{2\pi T_3 p}\left[\dfrac{p}{2}\left(\dfrac{1}{a_1}-\dfrac{1}{a_3}\right) + \dfrac{\varepsilon^*}{2}\left(\dfrac{1}{T_1}-\dfrac{1}{T_3}\right)\sigma m_2 \mathrm{cth}m_2 + \dfrac{1}{2}M\right]}{M}K_0(\zeta_1 r) \\[6mm]
\qquad - \dfrac{\dfrac{Q}{2\pi T_3 p}\left[\dfrac{p}{2}\left(\dfrac{1}{a_1}-\dfrac{1}{a_3}\right) + \dfrac{\varepsilon^*}{2}\left(\dfrac{1}{T_1}-\dfrac{1}{T_3}\right)\sigma m_2 \mathrm{cth}m_2 + \dfrac{1}{2}M\right]}{M}K_0(\zeta_2 r)
\end{cases}
\tag{10.39}
$$

其中，$K_0(\zeta_1 r)$ 为零阶第二类虚宗量 Bessel 函数：

$$
\varepsilon^* = \frac{K_2}{m_2}
\tag{10.40}
$$

$$
\sigma = \sqrt{\frac{p}{a_2}}
\tag{10.41}
$$

$$
M^2 = 4\frac{\varepsilon^*}{T_1}\frac{\sigma m_2}{\mathrm{sh}\sigma m_2}\frac{\varepsilon^*}{T_3}\frac{\sigma m_2}{\mathrm{sh}\sigma m_2} + \left[p\left(\frac{1}{a_1}-\frac{1}{a_3}\right) + \left(\frac{\varepsilon^*}{T_1}-\frac{\varepsilon^*}{T_3}\right)\sigma m_2 \mathrm{cth}\sigma m_2\right]^2
\tag{10.42}
$$

$$
\zeta_1^2 = \frac{1}{2}\left[p\left(\frac{1}{a_1}+\frac{1}{a_3}\right) + \left(\frac{\varepsilon^*}{T_1}+\frac{\varepsilon^*}{T_3}\right)\sigma m_2 \mathrm{cth}\sigma m_2 - M\right]
\tag{10.43}
$$

$$
\zeta_2^2 = \frac{1}{2}\left[p\left(\frac{1}{a_1}+\frac{1}{a_3}\right) + \left(\frac{\varepsilon^*}{T_1}+\frac{\varepsilon^*}{T_3}\right)\sigma m_2 \mathrm{cth}\sigma m_2 + M\right]
\tag{10.44}
$$

由于研究区范围内工作面走向长度较大，即工作面完全回采所需时间较长，此时容易

满足 $t > 10\dfrac{\mu_1}{\varepsilon^*}$ ，那么有以下简化：

$$M = \varepsilon^*\left(\frac{1}{T_1} + \frac{1}{T_2}\right) \tag{10.45}$$

$$\zeta_1 = \sqrt{\frac{p}{2}\left(\frac{1}{a_1} + \frac{1}{a_3}\right)} \tag{10.46}$$

$$\zeta_2 = \sqrt{\frac{p}{2}\left(\frac{1}{a_1} + \frac{1}{a_3}\right) + \varepsilon^*\left(\frac{1}{T_1} + \frac{1}{T_3}\right)} \tag{10.47}$$

$$\overline{s_3}(r,p) = \frac{Q}{2\pi(T_1 + T_3)p}\left\{K_0\left[r\sqrt{\frac{p}{2}\left(\frac{1}{a_1} + \frac{1}{a_3}\right)}\right]\right.$$
$$\left. + \lambda K_0\left[r\sqrt{\frac{p}{2}\left(\frac{1}{a_1} + \frac{1}{a_3}\right) + \varepsilon^*\left(\frac{1}{T_1} + \frac{1}{T_3}\right)}\right]\right\} \tag{10.48}$$

对式（10.48）进行拉氏逆变换有

$$s_3(r,t) = \frac{Q}{4\pi(T_1 + T_3)}\left[W(u) + \lambda W\left(u,\frac{r}{B}\right)\right] \tag{10.49}$$

其中，

$$W(u) = \int_u^\infty \frac{e^{-y}}{y}dy \tag{10.50}$$

$$W\left(u,\frac{r}{B}\right) = \int_u^\infty \frac{e^{-y-\frac{r^2}{4B^2y}}}{y}dy \tag{10.51}$$

$$u = \frac{r^2}{4\bar{a}t} \tag{10.52}$$

$$\frac{1}{\bar{a}} = \frac{1}{2}\left(\frac{1}{a_1} + \frac{1}{a_3}\right),\ \frac{1}{a_1} = \frac{\mu_1 + \frac{1}{3}\mu_2}{T_1},\ \frac{1}{a_3} = \frac{\mu_3 + \frac{1}{3}\mu_2}{T_3} \tag{10.53}$$

$$\frac{1}{B^2} = \frac{K_2}{m_2}\left(\frac{1}{T_1} + \frac{1}{T_3}\right) \tag{10.54}$$

$$\lambda = \frac{T_1}{T_3} \tag{10.55}$$

式中，B 为越流因素，m；其余符号意义同前。

同样将式（10.46）及式（10.47）代入式（10.39）中的 $\overline{s_1}(r,\ p)$ ，则有

$$\overline{s_1}(r,p) = \frac{Q}{2\pi T_3 p}\frac{1}{1+\lambda}\left\{K_0\left[r\sqrt{\frac{p}{2}\left(\frac{1}{a_1} + \frac{1}{a_3}\right)}\right]\right.$$
$$\left. - K_0\left[r\sqrt{\frac{p}{2}\left(\frac{1}{a_1} + \frac{1}{a_3}\right) + \varepsilon^*\left(\frac{1}{T_1} + \frac{1}{T_3}\right)}\right]\right\} \tag{10.56}$$

对式（10.56）进行拉氏逆变换有

$$s_1(r,t) = \frac{Q}{4\pi(T_1 + T_3)}\left[W(u) - W\left(u,\frac{r}{B}\right)\right] \tag{10.57}$$

式（10.57）中的 Q 是风化基岩含水层的疏放量，其值可按下式计算：

$$Q = Q_涌 - Q_它 \tag{10.58}$$

式中，$Q_涌$ 为工作面的总涌水量，$\mathrm{m^3/d}$；$Q_它$ 为工作面除风化基岩含水层外其他含水层的总涌水量，$\mathrm{m^3/d}$。因为其他含水层更靠近于煤层且富水性弱，煤层回采后易被疏干，所以其他基岩中含水层的涌水量可按式（10.59）计算：

$$Q_它 = \sum_{i=1}^{k} \frac{1.366 K_i (2H_i - M_i) M_i}{\lg R_i - \lg r_0} \tag{10.59}$$

式中，k 为其他含水层个数；K_i 为第 i 个含水层的渗透系数，$\mathrm{m/d}$；H_i 为第 i 个含水层的静水头标高与煤层底板标高之差，m；M_i 为第 i 个含水层的厚度，m；R_i 为第 i 个含水层引用影响半径，m，可按式（10.60）计算；r_0 为引用井田半径，m，可按式（10.61）计算。

$$R_i = R_{0i} + r_0 = 10 H_i \sqrt{K_i} + r_0 \tag{10.60}$$

$$r_0 = 1.15 \frac{a+b}{4} \tag{10.61}$$

式中，R_{0i} 为第 i 个含水层引用半径，m；a 为工作面走向长，m；b 为工作面倾向长，m。

将煤层回采至停采的时间 t_{p1} 和风化基岩的涌水量 Q_1 代入式（10.57）可以求出越流引起的砂层潜水在停采后任一时刻非稳定流降深 $s_1(r, t_{p1} + t)$，如 t_{p1} 时刻的越流引起的潜水位降深：

$$s_1(r, t_{p1}) = \frac{Q_1}{4\pi(T_1 + T_3)} \left[W\left(\frac{r^2}{4\bar{a}t_{p1}}\right) - W\left(\frac{r^2}{4\bar{a}t_{p1}}, \frac{r}{B}\right) \right] \tag{10.62}$$

依据煤层停采时观测到的瞬时砂层潜水位减掉 $s_1(r, t_{p1})$ 后，再参照基本不漏失型泰斯模型将沉降引起的降深等效为以定流量 Q_2 的虚拟抽水井引起的降深，其恢复过程的降深有式（10.63）：

$$s_4(r, t_{p2} + t) = \frac{Q_2}{4\pi T_1} \left[W\left(\frac{r^2 \mu_1}{4 T_1 (t + t_{p2})}\right) - W\left(\frac{r^2 \mu_1}{4 T_1 t}\right) \right] \tag{10.63}$$

将 $s_1(r, t_{p1} + t)$ 和 $s_4(r, t_{p2} + t)$ 进行叠加有轻微漏失型泰斯模型，如式（10.64）所示：

$$\begin{aligned}
s(r,t) &= s_1(r, t_{p1} + t) + s_4(r, t_{p2} + t) \\
&= \frac{Q_1}{4\pi(T_1 + T_3)} \left[W\left(\frac{r^2}{4\bar{a}(t_{p1} + t)}\right) - W\left(\frac{r^2}{4\bar{a}(t_{p1} + t)}, \frac{r}{B}\right) \right] \\
&\quad + \frac{Q_2}{4\pi T_1} \left[W\left(\frac{r^2 \mu_1}{4 T_1 (t + t_{p2})}\right) - W\left(\frac{r^2 \mu_1}{4 T_1 t}\right) \right]
\end{aligned} \tag{10.64}$$

式中，$s_4(r, t_{p2} + t)$ 是沉降产生的降深有关时间 t 的函数。

3. 模型的分析

由式（10.64）可以看出轻微漏失型水位恢复的过程有以下特征。

（1）轻微漏失型较基本不漏失型的初始水位降深大，两者的差值为越流产生的降深 $s_1(r, t_{p1})$，且随着隔水土层的剩余有效隔水厚度 m_2 的减小及风化基岩含水层的矿井涌水量 Q_1 的增大，轻微漏失型比基本不漏失型的降深大得越多。

（2）轻微漏失型水位恢复的过程相比基本不漏失型要复杂得多，其越流产生的降深量是随着时间 t 逐渐增大且其降深速度不是单调的，而水位的恢复量是随着时间 t 在逐渐减小的且其降深速度也不是单调的，因此综合以上可知轻微漏失型水位恢复的过程中水位会有恢复阶段也会有继续下降阶段。

（3）当时间 t 趋于无穷大时，$s_4(r, \infty) \to 0$，表示沉降产生的降深是可以恢复的，而 $s_1(r, \infty)$ 有式（10.65）：

$$s_1(r, \infty) = \frac{Q_1}{2\pi(T_1 + T_3)}\left[\ln\left(\frac{R}{r_w}\right) - K_0\left(\frac{r}{B}\right)\right] \tag{10.65}$$

式中，R 为影响半径，m；r_w 为虚拟抽水井半径，m；其余符号意义同前。

说明越流产生的降深不能恢复，轻微漏失型的最终水位将趋于 $s_1(r, \infty)$，越流产生的沉降主要跟开采强度有关。可见开采强度越大时，矿井涌水量越大、关键隔水黄土层剩余厚度越小，生态破坏面积越大。

第三节　采动引起潜水位动态变化监测

通过第五章对金鸡滩煤矿一盘区不同采厚开采区导水裂隙带最大高度的现场实测与预计分析，虽然导水裂隙带在矿区范围内基本不会直接进入地表砂层潜水含水层，但采空区顶板覆岩弯曲带岩层向下弯曲变形，受到拉张作用的影响，其土层相对隔水层渗透性会发生变化，导致上部砂层潜水含水层向下渗透增强。为确定在煤层采动期间地下潜水埋深的变化情况，在采厚 5.5m 的分层大采高开采区 103 工作面附近、采厚 8m 的超大采高一次采全高开采区 108 工作面附近及采厚 11m 的综合放顶煤开采区附近布设地下潜水埋深监测孔，以监测工作面开采期间顶板覆岩变形破坏引起的地下潜水位动态变化，如图 10.23 所示。通过监测分析不同开采条件下采动-采后地下潜水埋深变化，为潜水沙漠滩地绿洲型生态水位及地表植被生态演变趋势预测，提供现场实测数据和科学理论依据。

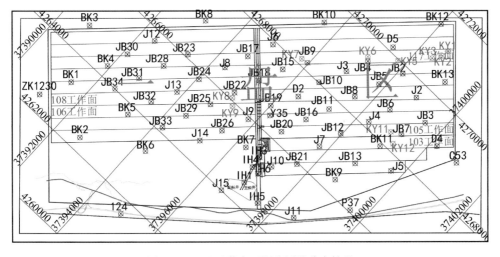

图 10.23　地下潜水埋深监测孔分布情况

一、监测仪器及原理

（一）监测仪器

本次地下水位监测所使用的设备为北京沃特兰德科技有限公司代理的地下水自动监测系统，本系统要求监测点将数据通过无线传输系统传输到数据监测中心，通过中心的监测管理软件实现数据的远程收集、远程实时监测，并在中心完成数据的本地管理。该系统由硬件上的数据传输系统和数据中心的软件系统两部分组成。硬件上的数据传输系统由传感器和无线数据终端组成，该设备在恶劣条件下具有较强的耐腐蚀能力，并保证在极端的压力和温度下读数的稳定性，如图 10.24 所示[①]。

(a) 发射终端　　　　(b) 传测线缆　　　　(c) 测量探头　　　　(d) 监控中心

图 10.24　地下水位自动监测系统

地下水位自动监测系统主要由以下部分组成。

（1）监控中心：由软硬件组成，包括服务器、显示器、客户端、移动数据专线或 GPRS 数据传输网络、操作系统软件、数据库软件、地下水水位监测系统软件及防火墙软件（王炯辉等，2015）；

（2）通信网络：中国移动公司 GPRS 网络、中国联通 GPRS 网络和中国电信 GPRS 网络；

（3）终端设备：RTU-9100 液晶显示发射器；

（4）测量设备：levellogger 地下水水位、温度自动记录仪；

（5）水位传感器：哈斯特合金式压阻硅传感器等。

监测精度为 ±0.05% 全量程，分辨率为 24bit，测量单位包括 m、cm、foot、kPa、mBar、℃、F 等，采用自动温度补偿，温度补偿范围为 0～50℃。

数据发射终端包括自动无线传输模块及供电电源，由于监测点所处位置相对较为偏

---

① 北京沃特兰德科技有限公司. Levelogger Edge 水位自动记录仪 http://www.waterland.com.cn/cn/pro_info.php?id=512&pid=［2022.4.15］.

僻，附近并不存在可以直接利用的民用电源，所以采用锂电池供电的模式对数据传输模块进行供电。在一个专有的 IP68 防护等级的盒子中放置无线模块，同时有两块锂电池为无线模块供电（雍极，2017）。

（二）监测原理

该地下水位监测系统是通过下段的水压力传感器测量孔内探头以上的水柱的压力，并利用传测线缆的长度换算出地下水水位的埋深，其测量精度高，此地下水位监测系统以及安装如图 10.25 所示。

图 10.25　地下水位标高测量原理

由水位计工作原理介绍可知地下水遥测水位系统主要由水位传感器、传输线缆、数据收集及传输系统组成。水位传感器可以感测出孔内传感器以上水柱压力变化并换算出相应的水柱高度 F，原始孔口标高 H_0 及传测线缆长度 L 可安装时进行测量并输入监测系统，水位计所显示监测的水位标高 H，如式（10.66）所示：

$$H = H_0 - L + F \tag{10.66}$$

然而由于煤层开采，采空区顶板覆岩弯曲变形造成工作面上方地表发生沉降，孔口标高 H_0 随地面沉降而发生变化，但是孔口标高 H_0 和传输线缆长度 L 是预先在监控中心系统中设定完成的，不能随地面沉降自动发生变化，并未在监控中心系统中发生改变，因此可知由于发生地面沉降，此时监测系统中所显示的地下水位标高 H 并非实际水位标高值，需要通过校正孔口标高 H_1 以确定此时地下水实际水位标高 H'，如式（10.67）所示。

$$H' = H_1 - L + F \tag{10.67}$$

而当去除孔口标高的影响，只考虑地下水埋深时，地下水埋深 h 则可以通过传测线缆长度 L 和水位传感器感测出的孔内传感器以上水柱高度 F 计算所得，如式（10.68）所示。由此可知此时监测系统所显示的地下水位标高变化过程即为地下水埋深变化过程。

$$h = H_1 - H' = L - F \qquad (10.68)$$

对于煤层开采造成的地表沉降，相应的实际校正孔口标高 H_1 通过人员使用实时动态测量（real-time kinematic survey）现场进行实际精确测量的方法获取，直至孔口标高保持基本稳定为止。

二、金鸡滩煤矿一盘区 103 工作面采动地下水位变化监测

为确定采厚 5.5m 分层大采高开采区在开采期间地下潜水埋深的动态变化情况，在 103 工作面及相邻的 105 工作面布设地下水位监测孔 KY12 孔及 KY11 孔，如图 10.26 所示，由于受地形限制及考虑可能采后地面沉降的原因，将发射终端安置在地面沙丘顶部以避免沉陷区积水导致发射终端被地面积水所掩埋。地下水自动监测系统于 2017 年 11 月 1 日安装完毕，开始监测，经过前期调试自 2017 年 11 月 3 日起开始传输数据，每 4h 监测一组数据，根据观测数据并配以相应的实测校正孔口标高 H_1 值绘制地下水位动态变化曲线。

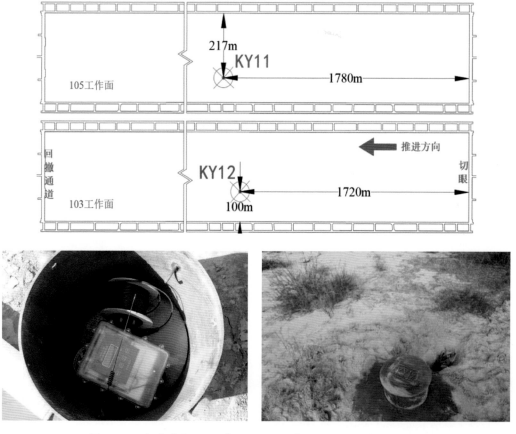

图 10.26　金鸡滩矿 103 工作面及 105 工作面附近监测孔分布情况

　　KY11 孔水位动态监测结果见图 10.27 所示。由于 KY11 孔位于 105 工作面，其并未进行开采，认为地表孔口标高保持固定，所显示监测的水位标高 H 即为地下水实际水位标高 H'，同时也显示了地下水埋深的动态变化。由图 10.27 可知，自 2017 年 11 月 3 日起地下水标高 1254.52m，至 2018 年 7 月 19 日地下水标高降至最低值 1252.84m，下降幅度 1.68m，然后水位开始回升，经过一年补给，至 2018 年 11 月 6 日水位标高 1254.09m，回升幅度 1.25m，下降幅度 0.43m，随后又开始逐步下降，截至 2019 年 2 月 19 日，水位标高 1253.74m，总体降幅 0.78m，地下水埋深由 2.97m 下降至 3.75m，同样水位埋深下降 0.78m。

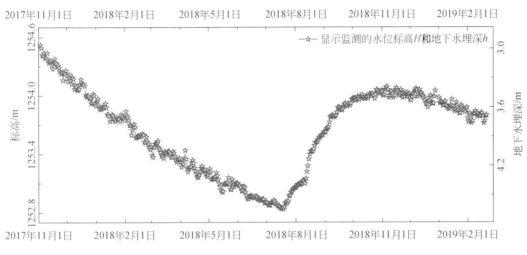

图 10.27　金鸡滩矿 KY11 监测孔地下水位动态变化

　　KY11 孔水位动态监测结果见图 10.28。KY12 孔位于 103 工作面内，孔口标高会随采动引起的地表沉降而发生变化，由于安装地下水监测系统时，工作面已推过监测孔正下

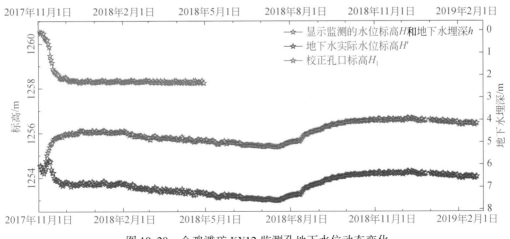

图 10.28　金鸡滩矿 KY12 监测孔地下水位动态变化

方，地表变形沉降较大且沉降速度较快，孔口标高由 1260.52m 沉降至 2017 年 12 月 26 日的 1258.21m 后基本保持稳定，下沉幅度为 2.31m。所显示监测的水位标高 H 由 1254.56m 下降至 1254.40m，之后于 2017 年 12 月 19 日较快的回升至 1256.11m 保持基本稳定至 2018 年 2 月 2 日，随后逐步下降至 2018 年 7 月 17 日的 1255.37m，至 2018 年 12 月 11 日，水位标高缓慢回升至 1256.68m，截至 2019 年 2 月 19 日，水位标高又缓慢下降至 1256.39m，即地下水埋深总体上升了 1.83m，由 6.03m 上升至 4.2m。消除孔口标高变化的影响，得到地下水位实际标高 H'，由图 10.28 可知，地下水位实际标高由 1254.56m 经过短暂上升后又逐渐下降至 1252.98m，随之于 2018 年 12 月 11 日缓慢上升至 1254.29m，截至 2019 年 2 月 19 日，地下水位实际标高为 1254.08m，总体上降低了 0.48m。

三、金鸡滩煤矿一盘区 108 工作面采动地下水位变化监测

为确定采厚 8m 超大采高一次采全高开采区在开采期间地下潜水埋深的动态变化情况，在 108 工作面及相邻的 106 工作面附近布设地下水位监测孔 KY8 及 KY9 孔，受当时 108 工作面已接近开采完毕及地形因素的限制，KY8 及 KY9 布置在工作面回撤通道（停采线）附近，KY8 设置在 108 工作面内，KY9 设置在相邻 106 工作面内，如图 10.29 所示。

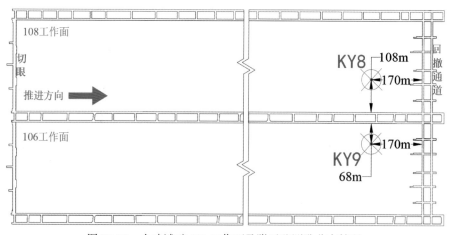

图 10.29　金鸡滩矿 108 工作面及附近监测孔分布情况

KY8 孔监测到的地下水位动态变化如图 10.30 所示。KY8 孔孔口沉降开始于 2017 年 12 月 5 日，标高为 1226.77m，至 2017 年 12 月 23 日标高为 1226.65m，下降缓慢，主要是由于工作面未推进至监测孔正下方，顶板覆岩未发生变形破坏，但后方采空区上方覆岩垮落引起的地面沉降对前方地层的牵拉作用导致的地面轻微变形。至 2018 年 1 月 11 日孔口标高 1224.46m，这一阶段孔口标高下降速度较快，主要是顶板覆岩变形导致的地表快速沉降。随后孔口标高下降速度逐渐变缓，最终趋于稳定在 1224.01m 左右，下沉量达 2.76m。显示监测的水位标高 H 由最初的 1225.80m 开始下降，下降速度较快，至 2017 年 12 月 27 日的 1224.49m，下降约 1.31m，之后进入快速上升阶段，至 2018 年 2 月 3 日，其标高达到 1226.28m，之后水位呈现波动状缓慢降低，至 2018 年 7 月 5 日显示标高

1225.83m，随后又开始回升最终趋于稳定，截至 2019 年 2 月 19 日显示标高稳定在 1226.33m 左右，显示标高的变化实际为地下水埋深的变化，由此可知，开采前后，经过一年补给，地下水埋深总体由 0.97m 上升至 0.44m，上升了 0.53m。消除孔口标高变化的影响，得到地下水位实际标高 H'，由图 10.30 可知，地下水实际标高 H' 自 2017 年 11 月 3 日至 2018 年 7 月 5 日，始终保持在下降状态，由 1225.80m 下降至 1223.02m，下降速度先增大后逐渐减小，之后水位开始逐步回升，截至 2019 年 2 月 19 日地下水实际标高稳定在 1223.57m，总体上地下水实际标高降低了 2.23m。

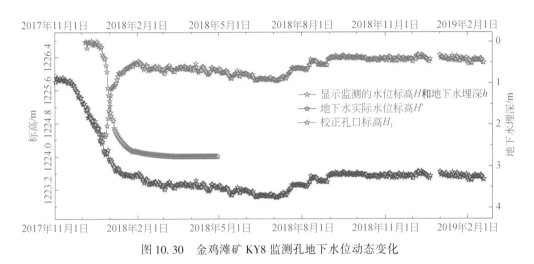

图 10.30　金鸡滩矿 KY8 监测孔地下水位动态变化

由于 KY9 孔位于 106 工作面，虽然 106 工作面已初步进行开采，但距离监测孔尚有相当长的一段距离，采煤推进不会对监测孔位置产生影响，同样认为监测孔孔口标高保持不变，所显示监测的水位标高 H 即为地下水实际水位标高 H'，同时也显示了地下水埋深的动态变化。由图 10.31 可知，地下水位标高自 1225.61m 逐渐下降至 2018 年 2 月 1 日的 1224.40m，下降了 1.21m，之后回升至 2018 年 4 月 5 日的 1224.51m，上升了 0.11m，至 2018 年 7 月 16 日又下降至 1223.76m，随后水位标高快速上升至 2018 年 9 月 7 日的 1225.25m，期间呈现波动式上升的形态，随后进入缓慢下降阶段，截至 2019 年 2 月 19 日，地下水位标高为 1224.42m。地下水埋深总体由 0.99m 下降至 2.18m，下降幅度 1.19m。

四、金鸡滩煤矿一盘区 117 工作面地下水位变化监测

为确定采厚 11m 综合放顶煤开采区在开采期间地下潜水埋深的动态变化情况，在 117 工作面上方布设地下水位监测孔 KY1、KY2、KY3、KY5、KY6 及 KY7 共计六个孔，于 2018 年 3 月 ~4 月间安装调试完毕，鉴于 103 工作面及 108 工作面的监测实践，此次六个监测孔全部设置在工作面内部，117 工作面内在切眼沿推进方向 1500m 内煤层厚度大，因此在这一范围内布置 KY1、KY2、KY3、KY5 四个观测孔，KY6 设置在工作面中部区域，KY7 设置在靠近回撤通道（停采线）附近，如图 10.32 所示。

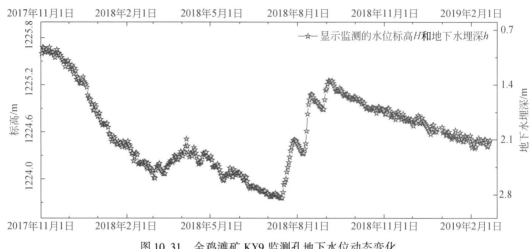

图 10.31　金鸡滩矿 KY9 监测孔地下水位动态变化

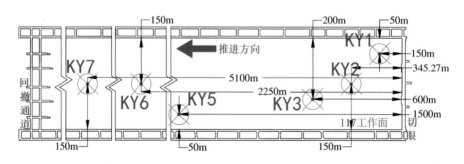

图 10.32　金鸡滩矿 117 工作面监测孔分布情况

由于 117 工作面未进入实际开采阶段，监测孔所监测地下水位标高数据近似为天然条件下未受采矿活动干扰的地下水位变化情况。由于天气、所处区域偏僻以及仪器自身的原因造成部分时间段数据缺失，但是不影响对地下水位变化特征及趋势的判读，地下水位监测数据如图 10.33 所示。

总体来说，六个监测孔地下水位动态变化规律大体一致。自 2018 年 4 月 10 日起，地下水位表现出下降的趋势，至 2018 年 7 月中旬左右，地下水位标高达到最小值，随后表现出总体回升的趋势，至 2018 年 9 月中下旬左右，地下水位标高达到最大值，这一期间的上升趋势呈现较为明显的波动上升，之后又开始表现出逐渐下降的趋势。

截至 2019 年 2 月 19 日，在这一段监测时间内，其中 KY1 孔水位标高总体由 1258.44m 上升至 1258.84m，地下水埋深上升了 0.40m；KY2 孔水位标高总体由 1258.03m 上升至 1258.49m，地下水埋深上升了 0.46m；KY3 孔水位标高总体由 1256.78m 上升至 1257.61m，地下水埋深上升了 0.83m；KY5 孔水位标高总体由 1252.47m 上升至 1253.04m，地下水埋深上升了 0.57m；KY6 孔水位标高总体由 1249.82m 上升至 1249.96m，地下水埋深上升了 0.14m；KY7 孔水位标高总体由 1238.06m 上升至 1238.27m，地下水埋深上升了 0.21m，由此可以看出，117 工作面水位平均上升了 0.44m，其中 KY1 至 KY5 孔地下水埋深上升幅度较大，KY6 及 KY7 孔地下水埋深上升幅度较小。

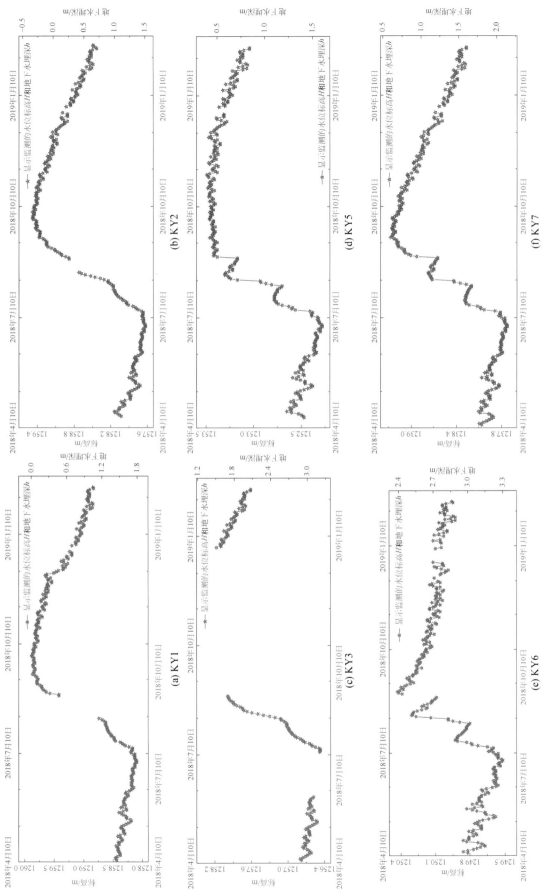

图10.33 金鸡滩矿117工作面内监测孔地下水位动态变化

五、采动前后地下水位动态变化机理分析

结合前面对采厚 8m 超大采高一次采全高开采区导水裂隙带高度的分析研究及 108 工作面采动前后地下水位动态变化实测数据，以 KY8 监测孔为例分析采动前后地下水动态变化的原因。

108 工作面于 2017 年 12 月 5 日推进至 KY8 孔正下方附近，在此之前，其顶板覆岩未发生明显弯曲变形，但后方采空区顶板覆岩弯曲带导致对前方岩土层的牵拉作用引起的地面标高的轻微波动，土层相对隔水层渗透性有所增大，且后方采空区上方覆岩弯曲变形已趋于稳定，地面沉陷区已形成，地下潜水以向沉陷区形成侧向补给为主，导致地下水位标高下降速度逐渐增大。

至 2017 年 12 月 22 日已推过 KY8 孔约 60m，在这一过程中，此时顶板覆岩因自重应力的影响，岩土层开始向下弯曲变形移动，但这一过程比较缓慢，导致地表沉降缓慢，岩土层开始受水平拉张应力的作用，土层相对隔水层孔裂隙逐渐增多，渗透性进一步增大，此时，地下潜水仍以侧向补给为主，但在垂向上其下渗补给有所增大，地下水位标高进一步降低。

自 2017 年 12 月 22 日至 2018 年 1 月 3 日，在这一时间段内，工作面并未继续向前推进，顶板覆岩弯曲变形逐渐加速导致地表快速下沉，导水裂隙带也达到最大高度，由前面分析可知，108 工作面开采所引起的导水裂隙带最大高度不会直接发育进入土层相对隔水层，其渗透性增大至最大值并保持稳定是由于其进一步受到水平拉张作用的影响，此时，KY8 孔位置上方沉陷区已经初步形成，地下水向此处形成侧向补给。但同时由于土层渗透性的增大，地下水在垂向上的下渗也在增大，补给与下渗基本达到平衡，地下水埋深保持相对稳定，但地下水位标高的下降主要是由覆岩弯曲带变形导致的地表沉降所引起的。

2018 年 1 月 3 日至 2018 年 1 月 18 日，随着工作面继续向前推采，推进距离大约 140m，开采位置也趋近于停采伐，KY8 孔位置顶板覆岩弯曲变形逐渐趋于稳定，变形速度逐渐减慢，地表下沉速度也在逐渐降低，沉陷区也在逐渐区域稳定，地下水侧向补给进一步增大，补给量大于在垂向上向下部隔水土层的渗漏量，地下水埋深开始快速回升，但由于岩土层向下弯曲变形量较大，虽然地下水埋深有所升高，但其水位标高仍旧显示在下降。

2018 年 1 月 18 日至 2018 年 2 月 5 日，由于此时 108 工作面已开采完毕，顶板覆岩处于应力恢复期，然而隔水土层具有自修复的特性，随着时间的推移，其由于拉张作用所产生的拉张裂隙会逐渐的闭合，其渗透性也会逐渐的减小。

2018 年 2 月 5 日至 2019 年 2 月 19 日，地面沉降已经基本稳定，土层相对隔水层渗透性也已恢复到与采前大致相同，同时由于沉降因素的影响恢复水位埋深相比于采前水位埋深略小，说明采后恢复水位埋深有所升高，更有利于地表植被对地下水的汲取利用。这一阶段，地下水位的动态变化过程与 KY9、KY11 以及 KY1 至 KY7 相比较，具有相同的变化趋势，说明地下水位动态变化主要受当地气候因素的影响，具体变化过程已在第五章第一节天然条件下地下水动态变化特征中做出详细阐述，在此亦不做赘述。

对于 103 工作面上方 KY12 孔所监测的地下水位变化，由于布设时间及开采进度的影响，未能实现对采动前后地下水位动态变化全过程的监测，其采后地下水埋深恢复及后续变化过程与 KY8 孔监测到的采后变化过程趋势基本相同，可以推断 KY12 孔地下水位采动前后变化过程应与 KY8 孔所监测的采动前后变化过程基本相一致。

关于隔水土层渗透性在采动前后的变化情况，在 108 工作面中，布设 JKY3 孔以便安装光栅光纤渗压计，用以监测分析煤层推采过程中顶板不同岩土层渗透性变化状况，如图 10.34（a）所示。一共将四个光纤渗压计分别布设在砂层潜水含水层的底部位置、黄土相对隔水层中部位置、红土相对隔水层中部位置以及侏罗系基岩段中位置，通过对不同岩层中水压值的变化监测，对比分析煤层开采过程中，土层相对隔水层的渗透性变化情况，如图 10.34（b）所示。在煤层开采期间，所布设的四个光纤渗压计所监测的不同层位中水压值的动态变化情况，如图 10.34（c）所示。图中所示的工作面推采位置小于 0 时，表明当前工作面开采尚未推进至监测孔 JKY3 的位置，相反则表示工作面已经推过监测孔。

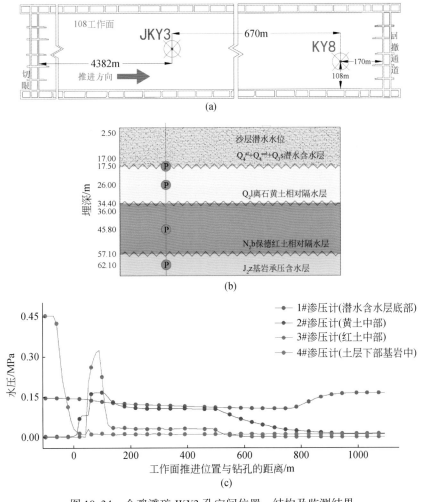

图 10.34　金鸡滩矿 JKY3 孔空间位置、结构及监测结果

由图 10.34 可知，工作面尚未推至钻孔时，2#渗压计测出水压值为 0.002MPa，而 3#渗压计测出的初始水压值为 0，说明天然状态下黄土与砂层潜水含水层有较为微弱的水力联系，而红土隔水性能较好，与上部潜水含水层基本没有水力联系，在工作面推过钻孔约 56m 处，黄土水压突然增加至 0.165MPa，随后保持相对平稳，红土相对隔水层中监测到的水压值突然增大至 0.220MPa，伴随着工作面不断向前开采，水压值在快速增大，在工作面推过监测孔约 120m 时，保德红土相对隔水层中所监测到的水压值明显减小，离石黄土相对隔水层中的水压值同样有所减小，说明此时黄土相对隔水层中前期由于沉降原因导致产生的拉张裂隙开始有所闭合，其隔水能力开始有所恢复，当工作面推过钻孔约 777m 时，砂层潜水含水层水压值逐渐开始有所回升，表明黄土相对隔水层的渗透性开始逐渐减小，且黄土相对隔水层中的水压值呈现出不断减小的趋势，一直到工作面推过监测孔大约 945m 的位置时，其值才逐渐稳定在大约 0.012MPa 附近，说明此时离石黄土相对隔水层的渗透性已经基本恢复至原状。从恢复的时间效应上看，土层相对隔水层渗透性恢复时间约需 80d，从恢复的尺度效应上看，土层相对隔水层渗透性恢复自工作面向前推进 1000m。

第四节　采动引起潜水位变化数值模拟预计

为了更为准确地分析研究井田内砂层地下潜水动态变化过程，预测金鸡滩煤矿不同开采条件下潜水地下水流场分布状态及变化趋势，分析煤矿开采对其上覆砂层潜水含水层系统的影响。本节旨在建立研究区三维水文地质概念模型，利用 FEFLOW 有限元软件完成模型识别和地下水系统均衡分析，确定一盘区各开采工作面土层相对隔水层水文地质参数，分析其渗透系数受采动影响动态变化规律，预测将一盘区开采完毕后研究区范围内地下水位分布状况，为后面分析地下水位变化对地表植被的影响预测奠定基础。

一、水文地质概念模型

水文地质概念模型主要是在基于实际地层分布规律、地下水渗流运动规律、各地层水力特性等条件将含水层实际的边界性质、结构状况、渗透性大小、补径排条件等简化为可以用于分析地下水变化分布特征并可以进行数学计算的基本模式（金晓文等，2014）。

（一）含（隔）水层概化

所要建立的模型为三维地下水流数值模型，通过建立模型用以预测一盘区开采完毕后整个井田范围内地下潜水位的变化状况，地下水位的变化主要是由于土层相对隔水层渗透性发生变化引起的。由于主要研究地下潜水位及下伏土层相对隔水层渗透性的变化状况，根据在第六章第一节中阐述的金鸡滩井田内岩性分布状况、含（隔）水层相互结构及其渗透性相对大小和含水层之间的是否存在相互水力联系等，在垂向上将地表至风化基岩顶界间的含（隔）水层概化为两层（陈维池，2018），即 Q_4^{eol}、Q_4^{al} 及 Q_3s 组成的潜水含水层、Q_2l 和 N_2b 组成的土层相对隔水层，如图 10.35 所示。

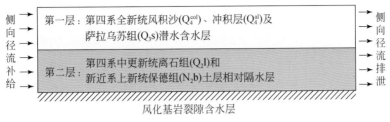

图 10.35　水文地质概念模型

(二) 模型范围的确定

金鸡滩井田处于典型潜水沙漠滩地绿洲型生态地质环境中，地表被第四系冲积层、风积沙与萨拉乌苏组砂层松散层所覆盖，含水层介质相对较为均匀，根据模拟的目的，由于收集到的相关资料都位于井田区域内，故选择井田边界并适当向外延伸作为模型的边界。

(三) 边界条件概化

模拟区第一层为砂层潜水含水层，下部为土层相对隔水层，形成砂层潜水含水层底界。模拟区东北及东南部区域潜水位标高值大，西北、西南及南部潜水位标高相对较小，地下水由东北及东南部向西北、西南及南部三个方向流动，因此将模型东北边界视为补给边界，井田西南部视为排泄边界，其余设置为零流量边界。在垂向上将砂层地下潜水面作为所建模型的上边界，由于开采活动引起的地下潜水下渗透过下部土层相对隔水层，故土层相对隔水层可视为相对隔水边界。

二、地下水系统数学模型

将前面已经概化的均质各向异性三维非稳定流水文地质概念模型建立为如下式 (10.69) 所示的地下水流数学模型。

$$
\begin{cases}
K_1\left(\dfrac{\partial^2 H_1}{\partial x^2} + \dfrac{\partial^2 H_1}{\partial y^2} + \dfrac{\partial^2 H_1}{\partial z^2}\right) + v = S_{y_1}\dfrac{\partial H_1}{\partial t} \\[2mm]
K_2\left(\dfrac{\partial^2 H_1}{\partial x^2} + \dfrac{\partial^2 H_1}{\partial y^2} + \dfrac{\partial^2 H_1}{\partial z^2}\right) + v = S_{y_2}\dfrac{\partial H_2}{\partial t} \\[2mm]
v = K_2\dfrac{H_1 - H_2}{M} \\[2mm]
H_1(x,y,z,t)\,\big|_{(t=0)} = H_{1,0}(x,y,z) \\[2mm]
H_2(x,y,z,t)\,\big|_{(t=0)} = H_{2,0}(x,y,z) \\[2mm]
T\dfrac{\partial H}{\partial n}\bigg|_{\Gamma_1} = q(x,y,t) \quad (x,y)\in\Gamma_1,\, t \geqslant 0 \\[2mm]
T\dfrac{\partial H}{\partial n}\bigg|_{\Gamma_2} = 0 \qquad\qquad (x,y)\in\Gamma_2,\, t \geqslant 0
\end{cases}
\tag{10.69}
$$

式中，K_1 为砂层含水层的渗透系数，m/d；K_2 为土层相对隔水层的渗透系数，m/d；$H_{1,0}$ 为砂层含水层初始水位标高，m；$H_{2,0}$ 为土层相对隔水层含水层初始水位标高，m；S_{y1} 为砂层含水层给水度；S_{y2} 为土层相对隔水层给水度；v 为工作面开采过程中潜水渗透黄土水量漏失速度；M 为潜水含水层厚度，m；t 为时间，d；Γ_1 为流量边界；Γ_2 为隔水边界；H_1 为砂层含水层的边界水头；H_2 为土层相对隔水层边界水头；T 为边界面法向量方向的渗透系数。

三、地下水系统数值模型

基于 FEFLOW7.1 地下水模拟软件对前面所构建的地下水流数学模型求解，实施对所构造水文地质模型识别与检验。根据软件求解步骤，按前面所构建的模型范围及含水层、隔水层数，对模拟区域范围实施三角单元网格划分，并对盘区内所要开采的区域进行三角单元网格加密，最终将模型构建成为包括两层（砂层含水层及土层相对隔水层）、3 个层面，平面上剖分共计 65554 个三角单元网格，49296 个网格结点，如图 10.36 所示。

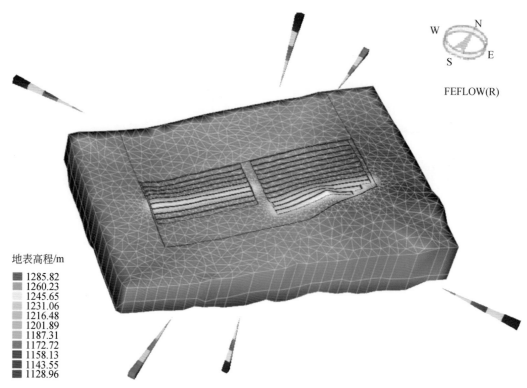

图 10.36　三维水文地质结构可视化模型

根据勘探结果显示，潜水含水层水文地质条件差异较小，将其概化为均匀介质，根据上述土层隔水层在开采前后渗透性的变化情况，对一盘区开采区域土层相对隔水层的渗透系数进行初始赋值，并通过不断调整渗透系数值的大小，反演计算出土层相对隔水层渗透系数值具体数值，使得模型进行验证时模拟水位与实际观测水位最为贴近，从而确定不同开采厚度条件下土层相对隔水层渗透系数变化规律。

如图 10.37 所示，对于采厚 5.5m 分层大采高开采条件下，KY12 孔显示的模拟水位变化与实际水位变化大致一致，拟合效果较好，通过模拟可以看出，开采前 KY12 孔位置地下水位埋深稳定在 4.15m 左右，开采后地下水位稳定在 4.53m 左右，地下水位恢复耗时约 94d。通过勘探，KY12 孔显示离石黄土厚度为 1.2m，保德红土厚度为 12.3m，故初始渗透系数的设置参考保德红土渗透系数取值范围，经过反演，土层相对隔水层渗透系数由初始的 0.0012m/d 缓慢增大到 0.0187m/d，其后迅速增大到 0.8485m/d，后由于土层的自修复特性，其渗透系数又逐渐减小并逐渐稳定在 0.01884m/d，最终直至基本恢复采前大小，渗透系数由 0.0187m/d 恢复至 0.01884m/d 所需的时间约为 91d，相比于地下水位恢复时间具有一定的滞后性。

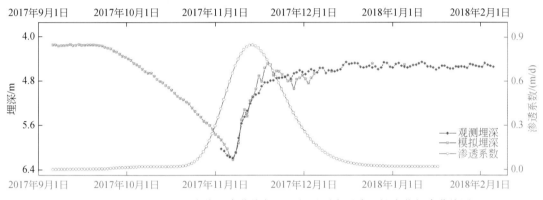

图 10.37　KY12 监测孔水位拟合曲线与土层相对隔水层渗透性变化拟合曲线图

如图 10.38 所示，对于采厚 8m 超大采高一次采全高开采条件下，KY8 孔显示的模拟水位变化与实际水位变化大致一致，拟合效果也相对较好，通过模拟可以看出，开采前观测水位与模拟水位大致相同，开采前 KY8 孔位置地下水位埋深稳定在 0.97m 左右，开采后地下水位稳定在 0.53m 左右，地下水位恢复耗时约 85d。通过勘探，KY8 孔显示离石黄土厚度为 17m，无保德红土赋存，故初始渗透系数的设置参考离石黄土渗透系数取值范

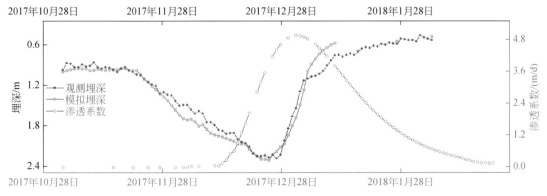

图 10.38　KY8 监测孔水位拟合曲线与土层相对隔水层渗透性变化拟合曲线图

围，经过反演，土层相对隔水层渗透系数大致由初始的 0.011m/d 缓慢增大到 0.0823m/d，其后迅速增大到 4.9526m/d，后由于土层的自修复特性，其渗透系数又逐渐减小并逐渐稳定在 0.0842m/d，渗透系数由 0.0823m/d 恢复至 0.0842m/d 所需时间约 82d，相比于地下水位恢复时间具有一定的滞后性。

　　对比 KY12 及 KY8 孔的变化过程，两者具有一定的相似性，在两种采厚条件下，开采过后的地下水位基本能恢复到采前水位，甚至由于采厚越大，地表沉降越大，导致采后水位甚至高于采前水位，土层相对隔水层由于拉张作用渗透性增大，渗透性恢复相对于地下水位的恢复具有一定的滞后性。两者之间同样存在一定的差异，两孔勘探所显示隔水土层的组成不同，KY12 孔土层主要由保德红土组成而 KY8 孔土层仅由离石黄土组成，抽水试验结果显示其渗透性大小相差接近十倍，导致受到拉张作用后，红土层渗透系数由 0.0187m/d 增大到最大值 0.8426 m/d，约增大了 45 倍，而黄土层渗透系数由 0.0823 m/d 增大到最大值 4.9526m/d，约增大了 60 倍。从地下水位开始明显波动至采后水位大致恢复稳定，KY12 所需时间约为 90d，其渗透性恢复时间大致同样需要约 90d，而 KY8 恢复水位稳定所需时间约 80d，其渗透性恢复时间大致同样需要约 80d。黄土相比于红土其渗透性的增大更容易，同样渗透性的恢复也更迅速一些。

　　根据实际开采工况，利用识别并验证后的模型模拟工作面开采后地下水位的变化情况，由于工作面开采会导致工作面上方地表下沉，根据实际观测资料，103 工作面最大下沉量为 3.059m，108 工作面最大下沉量为 3.378m，为了计算方便，故在模型中统一设置开采后工作面下沉量为 3m（图 10.39），土层相对隔水层渗透系数赋值按照上述渗透系数变化情况进行赋值，首先模拟 123 工作面、101 工作面、103 工作面及 108 工作面开采完毕后井田内地下水位稳定后分布状况（图 10.40），相比于初始地下水水位标高在井田内的分布状况，地下水流场趋势整体上没有发生较大的变化，地下水依旧呈现出由东北向西南降低的流场变化将一盘区开采区域土层相对隔水层的趋势，主要是受金鸡滩井田内地形分布的影响，如图 10.41 所示。

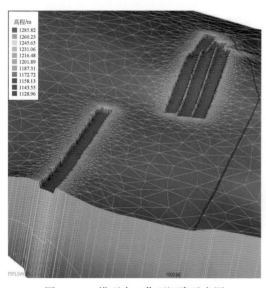

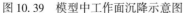

图 10.39　模型中工作面沉降示意图

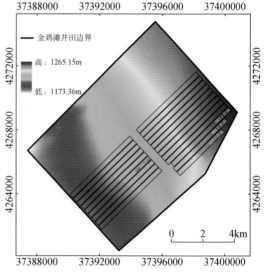

图 10.40　四个工作面采后地下水标高等值线图

通过比较初始水位与四个工作面开采后的水位变化情况，如图 10.42 所示，地下水标高总体下降不大，未开采区域水位下降多小于 0.22m，其中存在有大面积水位未波及区域，仅在开采工作面周围出现较为明显的水位下降，开采后地下水位标高下降最大值一般位于工作面中心位置区域，下降最大值 2.37m，考虑到工作面地表设置沉降 3m，工作面内部地下水位埋深所有上升，且地下水位埋深较浅，开采后可能溢出地表，在地表部分区域形成积水区。

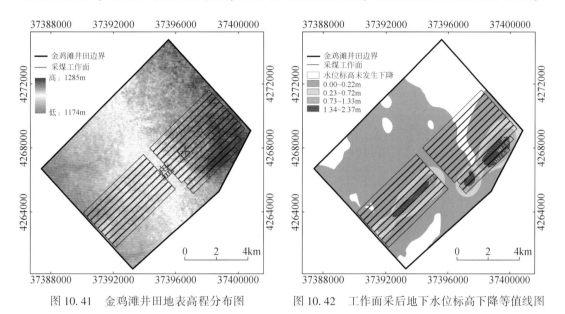

图 10.41　金鸡滩井田地表高程分布图　　　　图 10.42　工作面采后地下水位标高下降等值线图

进一步对整个一盘区开采完毕稳定后井田内地下水位的分布状况模拟，如图 10.43 和图 10.44 所示，由于采厚 11m 综合放顶煤开采区并未进行开采，无法确定土层相对隔水层的

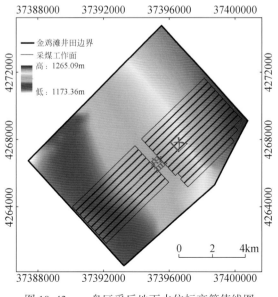

图 10.43　一盘区采后地下水位标高等值线图

渗透系数变化情况，故按照 KY8 孔所反演出的渗透系数变化规律进行赋值，可以发现一盘区开采完毕后对地下水流场并未产生明显的改变，井田内地下水位标高最大值由 1265.15m 下降至 1265.09m，通过比较初始水位与一盘区开采后水位标高变化情况，未开采区域水位下降多处于 0～0.5m，开采后地下水位标高下降最大值位于一盘区中心区域，下降最大值为 4.95m。

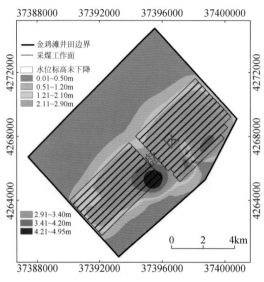

图 10.44　一盘区采后地下水位标高下降等值线图

第五节　采动潜水位变化对生态环境影响

通过对前面的分析可知，土层相对隔水层的渗透性在开采期间由于弯曲变形的拉张作用会增大，但是土层的自修复性会使其增大的渗透性逐渐大致恢复原状，加上周围地下水的侧向补给致使地下水埋深得以回升，通过对 103 工作面及 108 工作面的开采期间地下水埋深变化的监测，地下水埋深恢复基本稳定大致需要约 90d 的时间，并且通过一年内的降水及侧向补给，地下水埋深基本能够恢复至采前埋深，甚至高于采前埋深，加之工作面上方的地表沉降，地下水埋深分布状况受到很大的影响。根据前面对四个工作面开采后井田内地下水标高以及地面标高计算出开采后地下水稳定埋深分布状况，同时根据第五章第三节中对不同生态地质环境类型下地表植被对地下水埋深敏感性分区阈值：潜水沙漠滩地绿洲型生态地质环境地下水埋深为 0～2m，属于 Ⅰ 类敏感区；2～10m 属于 Ⅱ 类敏感区；大于 10m 属于非敏感区。对金鸡滩井田内植被敏感性进行分区，如图 10.45 所示。

经过统计，井田内地表积水区面积约为 0.53km²，主要积水区集中在 108 工作面中部区域，其回撤通道上方也有部分积水区，103 工作面切眼位置上方附近也产生少量积水区，其余积水区零星分布在井田内，积水区主要是由于煤层开采导致地面沉陷后逐渐形成的，其余属于井田内形成的天然水泊，面积不大。经过实地勘测，108 工作面塌陷区大面积积水，主要分布在工作面中部和回撤通道上方位置，最大积水深度约 2.0m，103 工作面塌陷区积水主要分布在切眼上方附近，积水最大深度约 1.4m，如图 10.46 所示。

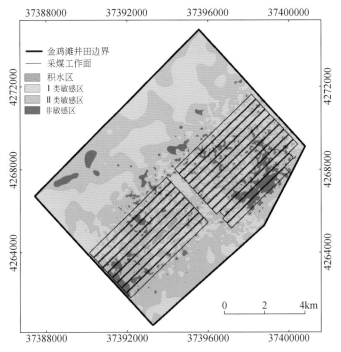

图 10.45　四个工作面采后植被敏感性分区

(a) 108工作面中部上方

(b) 103工作面切眼上方　　　　　　　　(c) 现场实测积水深度

图 10.46　103 工作面切眼和 108 工作面中部上方积水区现场实景

　　Ⅰ类敏感区面积约为 37.72km², 这一区域地下水埋深基本小于 2m, 植被通常容易吸收利用地下水, 但由于地下水埋深较小, 土壤包气带相对较大不利于植被根系的呼吸作用, 反而抑制了植被的生长发育, 煤矿开采引起地下水侧向补给造成水位下降, 适当降低了包气带的含水率, 在保证正常生长发育需水的同时有利于植被根系的呼吸作用, 能够促进植被的生长, 如图 10.47 所示。Ⅱ类敏感区面积约为 53.13km², 所占面积比例最大, 这一区域地下水埋深已相对较大, 同时地表植被多为灌草类植被, 根系长度通常较杨树等高大乔木短, 无法直接吸收利用地下水, 只有通过吸收土壤包气带水及大气水保持生长发育, 随着地下水位下降, 相应的土壤包气带最大高度也在下降, 根系逐渐无法吸收土壤包气带水, 生长发育状况逐渐衰败, 仅旱生类植被可以继续存活。非敏感区面积约为 7.14km², 这一区域多分布高大的沙丘, 高度可达十几米甚至几十米, 植被分布稀少, 由于地下水埋深过大, 地下水依赖型植被根本无法存活, 多为非地下水依赖型耐旱植被, 植被生长发育与地下水基本无关, 如图 10.48 所示。从回采工作面塌陷区的植被生长情况来看, 沙松、沙柳以及大型树木均生长良好, 未出现植被大量死亡情况, 说明煤炭开采未对地表生态造成严重的影响。

图 10.47　金鸡滩井田Ⅰ类敏感区

图 10.48　金鸡滩井田Ⅱ类敏感区与非敏感区

　　一盘区开采完毕后, 根据模拟计算出来的地下水埋深划分植被敏感性分区, 如图 10.49 所示, 由于一盘区开采完毕, 地面沉陷区已经形成, 积水区基本分布在一盘区, 且主要分布在一盘区采厚 8m 超大采高一次采全高开采区, 面积约为 3.92km², 相比于四个工作面开采后积水区面积增大了 3.39km²; Ⅰ类敏感区分布面积大约为 35.58km², 相比于之前面积有所减小, 主要集中在二盘区未开采部分, 地下水侧向补给, 水位下降, 导致Ⅰ类敏感区转化为Ⅱ类敏感区, 还有一盘区部分Ⅰ类敏感区转化为积水区, 导致面积缩减, 但缩小比例不大, 缩减面积 2.14km²; Ⅱ类敏感区分布面积大约为 50.31km², 其中一盘区开采沉陷导致地下水埋深相对减小, 未开采区域地下水侧向补给, 水位下降, 其面积增大, 但总的来说, Ⅱ类敏感区面积减小了 2.82km²; 非敏感区面积约为 8.71km², 一盘区内所占面积相对减小, 未开采部分非敏感区面积相对增多, 总体增加了约 1.57km²。整体来说, 井田内地表水域面积相对增加明显, 一盘区开采后地下水相对上升有利于地表植被的生长发育, 潜水沙漠滩地绿洲型生态地质环境向湿地生态地质环境转化，未开采区虽水位有所下降，但下降幅度不大，但对地表影响不大，预计一盘区内地表植被生长状况将有所改善。

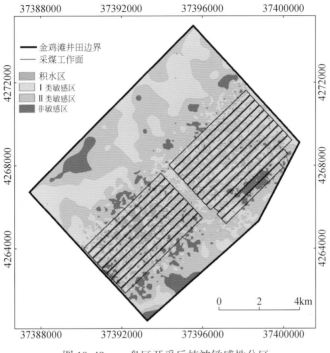

图 10.49　一盘区开采后植被敏感性分区

采煤引起的地面沉降减小了地下水埋深，有利于植被对地下水的吸收利用，大面积稳定的积水丰富了地表水资源的赋存，有利于局部小气候的调节改善生态环境，对于稳定风沙、抑制陕北沙漠化进程起到积极的促进作用，同时方便了当地居民利用地表水对农业灌溉，促进农业生产（Yang et al., 2019c）。另外，采煤沉陷形成的大面积积水能够在一定程度上为满足周围居民对水亲近的心理需求奠定必要的基础条件，利用这一积水区，并对其进行适当的改造，使之成为环境优美、绿水环绕的生态休闲场所，这无疑也是一种利于周边居民生活娱乐，促进当地经济发展的新思路，如图 10.50 所示。

(a)　　　　　　　　　　　　　　　　　(b)

(c)   (d)

图 10.50   108 工作面回撤通道上方积水区及改造的生态休闲场所

第十一章　采动水害的链生生态环境效应

鄂尔多斯盆地煤炭开采水害不仅影响安全生产，同时会改变地下水流场、影响水循环，对浅表层水资源及生态环境产生重要影响，甚至导致地表生态环境灾变。如何深化水资源保护性采煤（保水采煤），使之更好的付诸工程实践，是西北生态脆弱区煤炭开发规划和生产亟须解决的问题。

基于水害防治和水资源、生态环境保护一体化理念，以"采动工程地质环境演化与灾变"理论为指导，提出煤炭开采对水及生态环境扰动破坏的四种环境工程地质模式，即环境灾变型、环境渐变恶化型、环境渐变恢复型、环境友好型，建立了环境工程地质模式划分原则和方法，给出了榆神府矿区模式类型区划结果；基于环境工程地质模式与浅表层水资源分布相结合，首次提出"保水采煤矿井等级类型"及其确定方法，以及相对应的水资源及生态环境保护地质工程技术。

第一节　环境工程地质模式类型及特征

工程地质模式可定义为工程地质条件之综合（工程地质模型）与工程地质问题相结合的表现方式（徐兵，1997）。环境工程地质模式即工程地质环境条件之综合与环境问题相结合的表现方式。保水采煤环境工程地质模式是采矿扰动覆岩土影响浅表层水系统进而诱发浅表层生态地质环境变化的方式，是一矿井（区）环境工程地质条件与采动环境工程地质问题的结合表现形式，是条件和问题结合的模式。研究保水采煤环境工程地质模式是确定保水采煤矿井等级（类型）的重要基础和前提。

根据煤层开采对生态层及浅表层水（保水目的含水层）的影响程度，结合实际调查理论分析，提出四种保水采煤环境工程地质模式（伍艳丽，2017；刘士亮，2019）（图11.1）。

(1) 环境友好型：煤层开采后，导水裂隙带在基岩内发育或发育到隔水黏土层（红土、黄土），且基岩或隔水黏土层较厚的区域，浅表层水基本不受煤层采动的影响，地表生态环境基本不受影响［图11.1（a）］。

(2) 环境渐变恢复型：煤层开采后，导水裂隙带在基岩内发育或发育到隔水黏土层（红土、黄土），基岩或隔水黏土层相对较薄的区域，由于受煤层采动的影响，浅表层水会通过较薄的隔水层发生轻微渗漏，水位恢复缓慢，地表生态环境受到轻微影响［图11.1（b）］。

(3) 环境渐变恶化型：煤层开采后，导水裂隙带在基岩内发育或发育到隔水黏土层（红土、黄土），基岩或隔水黏土层相对较薄的区域，隔水层尚有一定的有效隔水性，但砂层潜水会出现较大量漏失，砂层潜水水位持续缓慢下降，地表生态环境缓慢持续恶化［图11.1（c）］。

（4）环境灾变型：煤层开采后，导水裂隙带导穿基岩或隔水黏土层（红土、黄土），波及砂层潜水含水层，砂层潜水完全漏失，地下水位迅速下降，地表生态环境短期内发生明显恶化［图11.1（d）］。

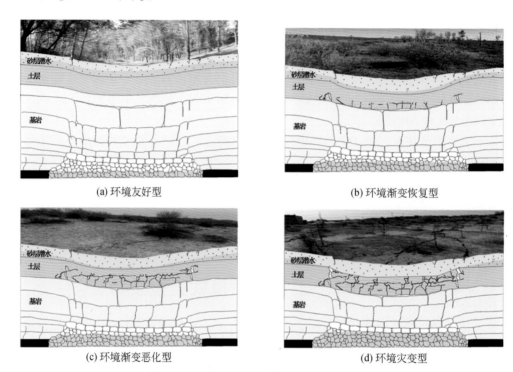

(a) 环境友好型　　　　　　　　　　　　　　(b) 环境渐变恢复型

(c) 环境渐变恶化型　　　　　　　　　　　　(d) 环境灾变型

图 11.1　环境工程地质模式典型剖面示意图

第二节　环境工程地质模式确定方法

根据四种环境工程地质模式类型及其特征，首先，确定环境工程地质模式的关键指标，探明四种环境工程地质模式类型之间保护层阈值；然后，分析复合保护层之间厚度组合定量关系，进而建立环境工程地质模式划分标准；最后，基于保护层阈值和分区标准，确定环境工程地质模式类型。

一、环境工程地质模式分区阈值

根据浅表层水漏失量，补给量及水位变化的关系，分别确定环境友好型与环境渐变恢复型、环境渐变恢复型与环境渐变恶化型、环境渐变恶化型与环境灾变型之间残余黄土、红土或者基岩厚度的临界值（Liu and Li，2019）。

（一）环境友好型与环境渐变恢复型之间阈值

根据上述环境友好型和环境渐变恢复型的定义及特征，浅表层水漏失量与沉降引起的

侧向补给增加流量的关系被用来确定环境友好型与环境渐变恢复型之间的阈值，需要满足的条件为

$$Q_{漏} = Q_{侧补}　　　　　　　　　　　　　　(11.1)$$

式中，$Q_{漏}$ 为潜水漏失量，m^3；$Q_{侧补}$ 为沉降引起的侧向补给增加的流量，m^3。

根据达西定律（Domenico and Schwartz，1998）：

$$Q_{漏} = K_{保} \frac{\Delta H}{M_c} Ft　　　　　　　　　　　(11.2)$$

式中，$K_{保}$ 为残余黄土、红土或基岩的渗透系数，m/d；ΔH 为残余隔水层顶底界面水头差（渗透水压力差），m；M_c 为残余黄土、红土或基岩的厚度，m；F 为潜水的漏失面积，计算时，取工作面长度和宽度相等，即 $F = L_{宽}^2$，$L_{宽}$ 为工作面的宽度（长度），m；t 为潜水漏失时间。

对于侧向补给增加流量，工作面上方潜水含水层沉降后，工作面四周均有潜水补给，所以，侧向补给增加流量表示如下：

$$Q_{侧补} = K_{潜} IAt　　　　　　　　　　　　(11.3)$$

式中，$K_{潜}$ 为潜水含水层的渗透系数，m/d；I 为水力梯度，根据采煤引起地表的沉陷规律（何国清，1991；杨泽元等，2006），一般取 $I = (0.7H_{煤厚}) / (l_{宽}/2)$；$H_{煤厚}$ 为煤层开采厚度，m；A 为潜水补给的增量面积，m^2，即 $A = 2.8L_{宽}H_{煤厚}$；t 为潜水漏失时间所对应的侧向补给时间。

联立式（11.2）、式（11.2）和式（11.3），可得残余隔水层中黄土、红土或基岩的厚度：

$$M_c = \frac{K_{保} \Delta H L_{宽}^2}{3.92 K_{潜} H_{煤厚}^2}　　　　　　　　(11.4)$$

式中，M_c 为残余黄土、红土或基岩的厚度，m；其他参数含义与上述相同。

（二）环境渐变恢复型与环境渐变恶化型之间阈值

根据环境渐变恢复型与环境渐变恶化型的定义，浅表层水漏失量与一个水文年浅表层水补给量的关系被用来确定环境渐变恢复型与环境渐变恶化型之间的阈值，需要满足的条件为

$$Q_{漏} = Q_{水补}　　　　　　　　　　　　　(11.5)$$

式中，$Q_{水补}$ 为一个水文年潜水的补给量，m^3。

根据达西定律（Domenico and Schwartz，1998）：

$$Q_{漏} = K_{保} \frac{\Delta H}{M_c} Ft_2　　　　　　　　　(11.6)$$

式中，$K_{保}$、ΔH、M_c、F，代表含义与式（11.2）相同；t_2 为一个水文年时间段，取 365d。

根据地下水储存量，定义一个水文年潜水补给量：

$$Q_{水补} = F\Delta S \mu_g　　　　　　　　　　　(11.7)$$

式中，F 为工作面上方潜水含水层的分布面积，与潜水漏失面积相同，m^2；ΔS 为一水文年中区域的丰水期与枯水期水位差，m；μ_g 为含水介质的给水度。

根据式（11.5）、式（11.6）和式（11.7），可得

$$M_c = \frac{K_{保} \Delta H t_2}{\partial \Delta S \mu_g} \tag{11.8}$$

（三）环境渐变恶化型与环境灾变型之间阈值

在环境渐变恶化型与环境灾变型中，残余隔水层不存在或者极其薄，均不能有效阻止潜水漏失，造成生态地质环境恶化。煤层开采后，导水裂隙带发育高度演化规律为先增大，后减小，最后趋于稳定。不管在实测、理论计算或者模拟中，导水裂隙带发育高度均会存在误差值，但是其仍能为矿井安全开采提供重要的理论依据。考虑到计算或者实测导水裂隙带高度可能存在的误差值，并将其作为确定环境渐变恶化型与环境灾变型的阈值。

二、环境工程地质模式分区标准

（一）残余黄土、红土和基岩之间厚度组合关系

上述环境工程地质模式之间的阈值计算均是针对单个因素而计算，而没有考虑任意两者或三者的组合厚度关系。实际上，残余隔水层厚度往往是两者或三者的组合厚度。如果两者或三者组合，残余隔水层组合厚度会如何变化？为此，要确定环境工程地质模式的分区标准，研究黄土、红土或基岩之间的组合厚度关系显得尤为必要。

残余隔水层中，黄土、红土、基岩组合或其中任意两者组合的垂直等效渗透系数为（潘宏雨，1954）

$$K_{保} = \frac{\sum M_i}{\sum \frac{M_i}{K_i}} \tag{11.9}$$

结合式（11.1）~式（11.8），得出当 $Q_{漏} = Q_{侧补}$ 时，任意两者之间的厚度组合关系为

$$\frac{\Delta H F}{K_{潜} A I} K_1 K_2 = K_2 m_1 + K_1 m_2 \tag{11.10}$$

三者之间的厚度组合关系为

$$\frac{\Delta H F}{K_{潜} A I} K_1 K_2 K_3 = K_2 K_3 m_1 + K_1 K_3 m_2 + K_1 K_2 m_3 \tag{11.11}$$

当 $Q_{漏} = Q_{水补}$ 时，任意两者之间的厚度组合关系为

$$\frac{\Delta H}{\Delta S \mu} K_1 K_2 = K_2 m_1 + K_1 m_2 \tag{11.12}$$

三者之间的厚度组合关系为

$$\frac{\Delta H}{\Delta S \mu} K_1 K_2 K_3 = K_2 K_3 m_1 + K_1 K_3 m_2 + K_1 K_2 m_3 \tag{11.13}$$

显然的，两者或三者之间的厚度组合关系，呈线性变化规律。

(二) 分区标准

在分析环境工程地质模式阈值和残余隔水层厚度组合线性变化规律的基础上，确定环境工程地质模式分区标准。确定方法如下：首先，将残余红土、黄土和基岩的厚度阈值 (A、B、C、D、E、F、G、H、I) 分别标注在三维坐标系 x、y、z 轴中；然后，基于厚度组合的线性关系，直线连接不同坐标轴上相应的标注点，即可得到三维空间坐标系中 3 个面，3 个面即为不同环境工程地质模式之间的分界面，见图 11.2。

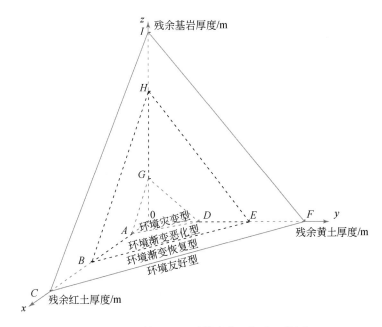

图 11.2　环境工程地质模式分区标准立体图

为了更好将分区标准立体图应用于工程实践，确定环境工程地质模式分区标准方程如下：

(1) 环境灾变型判别方程。

$$\frac{x}{A} + \frac{y}{D} + \frac{z}{G} - 1 \leqslant 0 \tag{11.14}$$

式中，x 为残余红土厚度，m；y 为残余黄土厚度，m；z 为残余基岩厚度，m。

(2) 环境渐变恶化型判别方程。

$$\begin{cases} \dfrac{x}{A} + \dfrac{y}{D} + \dfrac{z}{G} - 1 > 0 \\[2mm] \dfrac{x}{B} + \dfrac{y}{E} + \dfrac{z}{H} - 1 < 0 \end{cases} \tag{11.15}$$

式中，x 为残余红土厚度，m；y 为残余黄土厚度，m；z 为残余基岩厚度，m。

（3）环境渐变恢复型判别方程。

$$\begin{cases} \dfrac{x}{B} + \dfrac{y}{E} + \dfrac{z}{H} - 1 > 0 \\ \dfrac{x}{C} + \dfrac{y}{F} + \dfrac{z}{I} - 1 < 0 \end{cases} \tag{11.16}$$

式中，x 为残余红土厚度，m；y 为残余黄土厚度，m；z 为残余基岩厚度，m。

（4）环境友好型判别方程。

$$\frac{x}{22} + \frac{y}{36} + \frac{z}{120} - 1 \geqslant 0 \tag{11.17}$$

式中，x 为残余红土厚度，m；y 为残余黄土厚度，m；z 为残余基岩厚度，m。

第三节　榆神府矿区环境工程地质模式区划

根据上述环境工程地质模式确定理论方法，区划榆神府环境工程地质模式（图 11.3），为煤炭资源合理开发和生态地质环境保护提供理论依据。

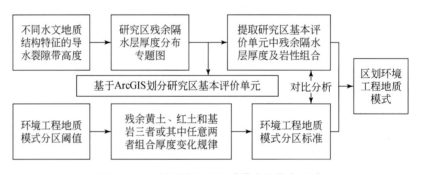

图 11.3　区划环境工程地质模式的技术思路

一、残余隔水层厚度分布规律

导水裂隙带发育高度是计算残余隔水层厚度的基础。不同的导水裂隙带发育高度条件下，形成不同的残余隔水层厚度以及残余隔水层的不同岩性组合，导致不同的环境工程地质模式（图 11.4）。

残余隔水层的厚度等于首采煤层的埋深减去导水裂隙带发育高度，再减去风积沙和萨拉乌苏组含水层厚度。绘制残余隔水层厚度分布专题图的具体步骤如下：

（1）统计研究区中 203 个钻孔，整理出首采煤层厚度、煤层埋深、风积沙及萨拉乌苏组含水层厚度数据；

（2）基于 ArcGIS 空间分析功能，生成煤层厚度、煤层埋深、风积沙及萨拉乌苏组含水层厚度专题图，见图 11.5；

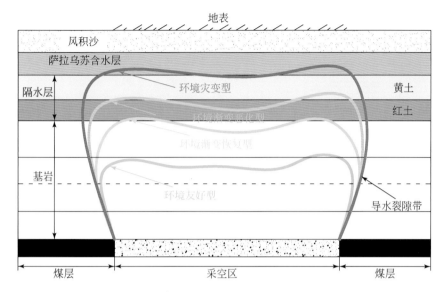

图 11.4　不同残余隔水层厚度的环境工程地质模式示意图

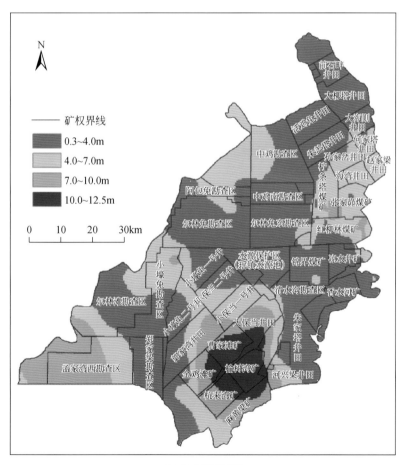

(a) 首采煤层厚度

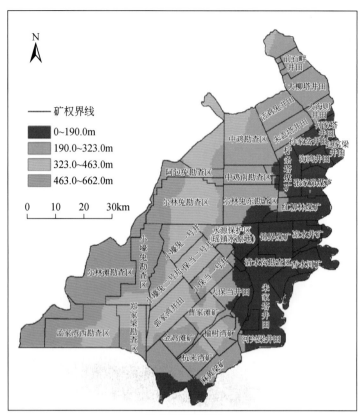

(b) 首采煤层埋深

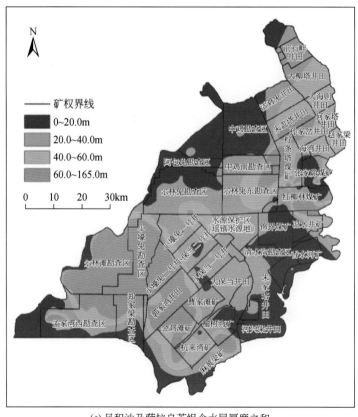

(c) 风积沙及萨拉乌苏组含水层厚度之和

图 11.5 榆神府矿区煤层厚度、煤层埋深、风积沙及萨拉乌苏组含水层厚度专题图

（3）结合不同水文地质结构类型的导水裂隙带发育高度专题图（刘士亮，2019）和步骤（2）中专题图，得出残余隔水层厚度专题图（图11.6）。

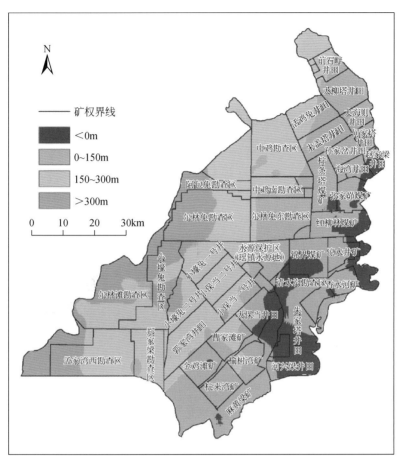

图 11.6　榆神府矿区残余隔水层厚度专题图

在图 11.5（b）中，首采煤层埋深从东向西逐渐增大，首采煤层最大埋深可达 662m。在图 11.6 中，残余隔水层厚度从东向西逐渐增大，残余隔水层最大厚度可达 300m 之多。考虑到残余隔水层厚度分布规律，推测研究区的西部区域极有可能出现环境工程地质模式中的友好型。残余隔水层厚度小于 0，说明导水裂隙带高度发育至地表，显然地，在这种情况下，环境工程地质模式为环境灾变型；如果导水裂隙带高度发育至基岩或者黏土层中，需要进一步确定残余隔水层厚度及其岩性组合，进而判断环境工程地质模式。

在图 11.6 中，确定了残余隔水层的厚度，但是没有判断残余隔水层的岩性组合（红土、黄土、基岩，或其中两者或三者的任意组合）。另外，研究区域面积为 6334km²，钻孔数量为 203 个，也就是说，每个钻孔所能表达的面积区域约为 31.2km²，显然地，钻孔在研究区的密度太小。为确定残余隔水层厚度岩性组合和提高计算精度，基于 ArcGIS 空间分析功能中的正方形规则网格生成方法，研究区被划分为基本评价单元，每个基本评价单元的面积为 300m×300m。为了获取基本评价单元中残余黄土、红土或者基岩厚度，首先，提取基本评价单元中开采前未被破坏地层中的黄土、红土或基岩厚度；然后，在确定导水裂隙带顶界面位置的基础上，分别计算每个基本评价单元中残余黄土、红土或者基岩厚度。

二、榆神府矿区环境工程地质模式分区阈值

（一）环境友好型与环境渐变恢复型之间阈值

根据式（11.4）和榆神矿区勘测资料，取 $\Delta H = 3\text{m}$，$K_{潜} = 3.73\text{m/d}$，$L_{宽} = 350\text{m}$，$H_{煤厚} = 5\text{m}$，可得残余隔水层中黄土、红土或基岩的厚度：

$$M_c = 7189.3637K_{保} \tag{11.18}$$

式中，M_c 为残余黄土、红土或基岩的厚度，m；$K_{保}$ 为残余黄土、红土或基岩的渗透系数，m/d。

为计算残余隔水层中残余黄土、红土或基岩厚度，残余黄土、红土或基岩的渗透系数 $K_{保}$，确定方法如下。

根据四种环境工程地质模式的定义，在环境友好型中，残余隔水层的渗透系数可以被认为基本不受采矿活动扰动。在环境渐变恢复型中，残余隔水层的渗透系数会受到轻微扰动。为保证计算的残余隔水层厚度的有效性、准确性，取环境渐变恢复型下残余隔水层的渗透系数作为环境友好型与环境渐变恢复型阈值的渗透系数。

1. 环境渐变恢复型模式下残余红土或黄土的渗透系数

为分别确定环境渐变恢复型模式下残余黄土和红土的渗透系数，在环境渐变恢复型的工作面中分别选取残余隔水层仅有黄土和仅有红土的地质条件，采用现场压水试验测试环境渐变恢复型模式下残余红土或黄土的渗透系数。

根据多次采前、采后野外调研，柠条塔煤矿 N1114 面和金鸡滩煤矿 103 面为环境渐变恢复型。在柠条塔煤矿 N1114 面中，保德组红土层出露，2^{-2} 煤层开采后，导水裂隙带高度发育至红土层，且残余隔水层仅有红土。煤层开采后，在 N1 和 N2 两个钻孔中，采取现场压水试验测试环境渐变恢复型下残余红土的渗透系数，测试结果如表 11.1 所示。在金鸡滩煤矿 103 面中，一部分黄土出露，一部分红土出露。在黄土出露的部分，残余隔水层仅有黄土，在钻孔 J1、J2 通过现场压水试验测试环境渐变恢复型下残余黄土的渗透系数，测试结果如表 11.1 所示。在红土出露的部分，残余隔水层仅有红土，在钻孔 J3 通过现场压水试验测试环境渐变恢复型下残余红土的渗透系数，测试结果如表 11.1 所示。

表 11.1 环境渐变恢复型下不同钻孔残余隔水层的渗透系数

钻孔号	残余黄土		残余红土		
	J1	J2	N1	N2	J3
渗透系数/（m/d）	0.004874	0.005011	0.003064	0.002926	0.003119
厚度阈值/m	35.0411	36.0259	22.0282	21.0361	22.4236
厚度阈值平均值/m	35.5334		21.8293		

将测试得到的渗透系数，分别代入式（11.18），得到红土和黄土厚度阈值，取其平均值。在工程实践中，取环境友好型与环境渐变恢复型之间残余黄土、红土厚度阈值分别为36m、22m。

2. 残余基岩的渗透系数

在本研究区中，由于基岩出露在河谷或沟谷附近，且工作面开采后，不存在仅基岩残余隔水层情况的开采实践工作面。假设存在工作面开采后残余隔水层仅有基岩的情况，煤层开采后，残余基岩内会受到不同程度的扰动损伤，为此，根据刘瑜（2018）提出的非贯通裂隙带中的渗透性演化规律来分别确定残余基岩隔水层的渗透系数。其中，非贯通裂隙带属于弯曲下沉带的一部分，是导高顶界面之上保持原有层状结构的岩层，且变形与移动具有似连续性的那部分岩层，但岩层内部有裂隙但彼此不贯通。根据实验结果（刘瑜，2018），确定出残余基岩的渗透系数为0.016658m/d。

通过式（11.18），计算的残余基岩的厚度为119.760，工程实践中取残余基岩厚度120m，即环境友好型与环境渐变恢复型之间残余基岩的厚度阈值为120m。

综上所述，环境友好型与环境渐变恢复型之间残余黄土、红土、基岩厚度阈值分别取为36m、22m、120m。

（二）环境渐变恢复型与环境渐变恶化型之间阈值

根据式（11.8）可知，在榆神府矿区中，根据常年区域水位观测结果，一水文年中区域的丰水期与枯水期水位差为1.2～1.6m，取 $\Delta S = 1.4$m；由于潜水含水层岩性为粉砂岩（潘宏雨，1954），取 $\mu_\mathrm{g} = 0.20$，可得

$$M_\mathrm{c} = 5214.4 K_保 \qquad (11.19)$$

式中，M_c 为残余黄土、红土或基岩的厚度，m；$K_保$ 为残余黄土、红土或基岩的渗透系数，m/d。

为计算环境渐变恢复型与环境渐变恶化型之间阈值，只需要确定残余隔水层黄土、红土或基岩的渗透系数。在残余隔水层岩性相同的情况下，与环境渐变恢复型下的残余隔水层渗透系数对比，环境渐变恶化型下的残余渗透系数受扰动的程度更大。为保证计算出阈值的有效性和准确性，取环境渐变恶化型下残余隔水层黄土、红土或基岩的渗透系数作为环境渐变恢复型与环境渐变恶化型阈值的渗透系数。

1. 环境渐变恶化型模式下残余红土或黄土的渗透系数

为分别确定环境渐变恶化型模式下残余黄土和红土的渗透系数，在环境渐变恶化型的工作面中分别选取残余隔水层仅有黄土和仅有红土的地质条件，采用现场压水试验测试环境渐变恶化型模式下残余红土或黄土的渗透系数。

根据多次采前、采后野外调研，香水河煤矿10103面和红柳林煤矿15212面为环境渐变恶化型。在香水河煤矿10103面中，黄土出露，残余隔水层仅有黄土，在钻孔X1和X2中，通过现场压水试验测试环境渐变恶化型下残余黄土的渗透系数，测试结果如表11.2所示。在红柳林煤矿15212面中，红土出露，残余隔水层仅有红土，在钻孔H1、H2中，通过现场压水试验测试环境渐变恶化型下残余红土的渗透系数，测试结果如表11.2所示。

表 11.2　环境渐变恶化型下不同钻孔残余隔水层的渗透系数

钻孔号	残余黄土		残余红土	
	X1	X2	H1	H2
渗透系数/(m/d)	0.004981	0.005015	0.003105	0.003019
厚度阈值/m	25.9729	26.1502	16.1907	15.7423
厚度阈值平均值/m	26.0616		15.9665	

将测试得到的渗透系数，分别代入式（11.19），得到红土和黄土厚度阈值，取其平均值。在工程实践中，取环境渐变恢复型与环境渐变恶化型之间残余黄土、红土厚度阈值分别为27m、16m。

2. 残余基岩的渗透系数

根据确定出的残余基岩的渗透系数0.016658m/d，通过式（11.19），计算残余基岩的厚度为86.82m，工程实践中取87m，即环境渐变恢复型与环境渐变恶化型之间残余基岩的厚度阈值为87m。

综上，环境渐变恢复型与环境渐变恶化型之间残余黄土、红土、基岩厚度阈值分别取为27m、16m、87m。

（三）环境渐变恶化型与环境灾变型之间阈值

在榆神府矿区煤层开采导水裂隙带发育高度工程实践和理论计算的基础上，取红土厚度5m，黄土厚度10m，基岩厚度15m，作为榆神府矿区环境渐变恶化型与环境灾变型之间阈值。

三、榆神府矿区环境工程地质模式分区标准

根据环境工程地质模式确定理论方法中分区标准方法，建立榆神府矿区环境工程地质模式分区标准立体图（图11.7），并确定环境工程地质模式分区标准方程。

（1）环境灾变型判别方程。

$$\frac{x}{5} + \frac{y}{10} + \frac{z}{15} - 1 \leqslant 0 \tag{11.20}$$

式中，x 为残余红土厚度，m；y 为残余黄土厚度，m；z 为残余基岩厚度，m。

（2）环境渐变恶化型判别方程。

$$\begin{cases} \dfrac{x}{5} + \dfrac{y}{10} + \dfrac{z}{15} - 1 > 0 \\ \dfrac{x}{16} + \dfrac{y}{27} + \dfrac{z}{87} - 1 < 0 \end{cases} \tag{11.21}$$

式中，x 为残余红土厚度，m；y 为残余黄土厚度，m；z 为残余基岩厚度，m。

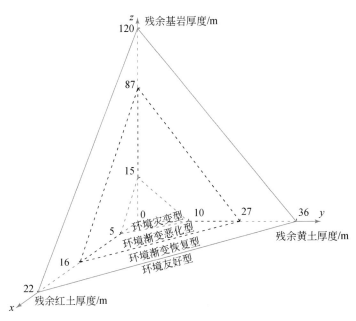

图 11.7 环境工程地质模式分区标准立体图

（3）环境渐变恢复型判别方程。

$$
\begin{cases}
\dfrac{x}{16} + \dfrac{y}{27} + \dfrac{z}{87} - 1 > 0 \\[2mm]
\dfrac{x}{22} + \dfrac{y}{36} + \dfrac{z}{120} - 1 < 0
\end{cases}
\tag{11.22}
$$

式中，x 为残余红土厚度，m；y 为残余黄土厚度，m；z 为残余基岩厚度，m。

（4）环境友好型判别方程。

$$
\dfrac{x}{22} + \dfrac{y}{36} + \dfrac{z}{120} - 1 \geqslant 0
\tag{11.23}
$$

式中，x 为残余红土厚度，m；y 为残余黄土厚度，m；z 为残余基岩厚度，m。

四、榆神府矿区环境工程地质模式分区

基于上述的分析，研究区环境工程地质模式分区如下：首先，结合环境工程地质模式分区标准判别方程，在 MATLAB 平台上对比研究区每个基本评价单元中残余黄土、红土或者基岩厚度，得出每个基本评价单元的环境工程地质模式；然后，基于 ArcGIS 空间分析功能，对环境工程地质模式进行分区。此外，考虑到导水裂隙带发育高度贯穿地表的情况，进一步精化，最终得到榆神府矿区的环境工程地质模式区划图（图 11.8）。

在图 11.8 中，环境灾变型主要分布在 1#规划区的东北部，2#规划区的西南部和东部、神府矿区的东南部，即麻黄梁煤矿的南部、金鸡滩煤矿的东北部、河兴梁井田、朱家塔井田、大保当井田的东北部、清水沟勘查区、凉水井的东部、香水河的南部和北部、红柳林的东部、柠条塔的中部、张家峁的东部、海湾井田的东部、赵家梁井田的北部。环境渐变

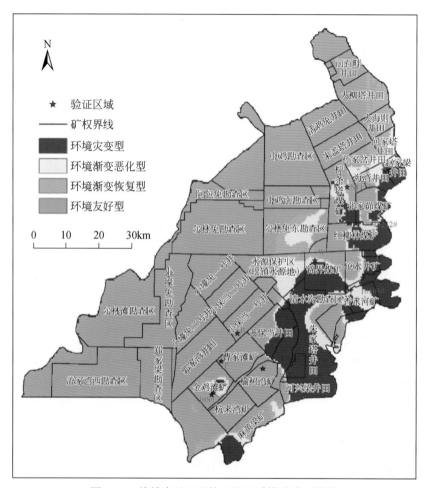

图 11.8　榆神府矿区环境工程地质模式分区结果

恶化型主要分布在环境灾变型的外围。环境渐变恢复型主要分布在环境渐变恶化型的外围。环境友好型主要分布在 3#、4#规划区，1#规划区的西南部，2#规划区的中部，神府矿区的西北部。进一步的，基于 ArcGIS 空间分析功能，四种环境工程地质模式的基本评价单元数目、面积和面积所占研究区的百分比被统计，如表 11.3 所示。环境友好型、环境灾变型、环境渐变恶化型和环境渐变恢复型所占面积百分比分别为 72.25%、14.28%、6.86% 和 6.61%。

表 11.3　环境工程地质模式基本评价单元数目、面积和面积所占百分比

环境工程地质模式类型	基本评价单元数目/个	面积/km²	面积占比/%
环境灾变型	1012155	910.94	14.28
环境渐变恶化型	486524	437.87	6.86
环境渐变恢复型	468613	421.75	6.61
环境友好型	5121332	4609.20	72.25

第四节　模式区划验证

根据环境工程地质模式类型的定义可知，主要从地表植被生态环境变化和浅地表水水位变化两个方面表征不同环境工程地质模式。因此，从地表植被生态环境变化、萨拉乌苏组砂层潜水水位变化和分区标准方法三个方面对研究区的环境工程地质模式分区结果进行验证。

一、地表植被生态环境

上述实测残余隔水层中黄土和红土渗透系数的工作面（柠条塔煤矿 N1114 工作面、金鸡滩煤矿 103 工作面、香水河煤矿 10103 工作面和红柳林煤矿 15212 工作面）的环境工程地质模式已通过开采前后地表植被生态环境变化证实。现将四个工作面的位置坐标标注于环境工程地质模式分区结果中（图 11.8），可以看出，四个工作面的环境工程地质模式与分区结果一致。

为了更进一步的验证环境工程地质模式分区结果，选取凉水井煤矿 42112 工作面（其标注于分区结果中，字母 U 表示）、柠条塔煤矿北翼 N1201 工作面（字母 V 表示）、柠条塔煤矿南翼 N1210 工作面（字母 X 表示）、锦界煤矿 31112 工作面（字母 W 表示）、小保当煤矿 112201 工作面（字母 R 表示）、金鸡滩煤矿 108 工作面（字母 S 表示）、榆树湾 20119 工作面（字母 T 表示）、曹家滩煤矿 122106 工作面（字母 P 表示）八个工作面做进一步分析。在采煤之前八个采煤工作面所对应的地表植被生态环境均为良好。煤层开采后，通过野外调研地表植被生态环境的变化，可知八个采煤工作面的环境工程地质模式类型，见表 11.4。图 11.9 为四种环境工程地质模式类型中基于野外调研的地表植被生态环境变化的典型图。将八个采煤工作面的位置标注于环境工程地质模式分区结果中（图 11.8），可知，地表生态环境变化类型与分区结果一致。

表 11.4　八个工作面环境工程地质模式类型

工作面	U	V	X	W	R	S	T	P
环境工程地质模式类型	环境灾变型	环境渐变恢复型	环境友好型	环境渐变恶化型	环境友好型	环境友好型	环境友好型	环境友好型

二、萨拉乌苏组潜水水位

萨拉乌苏组潜水水位变化最能直接辨析出不同的环境工程地质模式。采用地下水位监测系统监测金鸡滩煤矿 108 工作面萨拉乌苏组潜水水位变化情况，辨析环境工程地质模式的类型，并与 108 工作面的野外调研结果相互验证。108 工作面监测孔 KY8 的布设、监测结果详见第十章三节。

监测结果显示，工作面开采前后潜水位变化范围为 0.4～2.5m，仍然在生态安全水位

(a) 环境灾变型(凉水井矿42112面)　　　　　(b) 环境渐变恶化型(锦界矿31112面)

(c) 环境友好型(柠条塔矿N1210面)　　　　　(d) 环境渐变恢复型(柠条塔矿N1201面)

图 11.9　四种环境工程地质模式野外调研地表植被生态环境变化典型图

范围内（杨泽元等，2006）。总体上，108 工作面所对应的环境工程地质模式为环境友好型。

三、环境工程地质模式分区标准方程验证

环境工程地质模式分区标准方程是根据残余黄土、红土和基岩的厚度对环境工程地质模式类型做出判断。为此，计算金鸡滩煤矿 108 工作面中残余黄土、红土和基岩的厚度，根据分区标准方程判断 108 工作面的环境工程地质模式类型。在金鸡滩煤矿 108 工作面中布置钻孔 JKY1 和 JKY2，监测孔的布置位置、钻孔柱状图详见图 5.32 和图 5.23。根据监测结果及柱状图分析，得出残余基岩和黄土的厚度分别为 9.26m 和 39.7m；在钻孔 JKY2 中，得出残余基岩、红土和黄土的厚度分别为 19.16m、19.5m 和 7.3m。分别将 JKY1 和 JKY2 钻孔的残余黄土、红土和基岩的厚度代入环境工程地质模式分区标准方程中，能够满足环境友好型判别方程。因此，金鸡滩煤矿 108 工作面的环境工程地质模式为环境友好型。

第五节　水资源及生态保护性采矿防治措施

在西北生态地质环境脆弱性的矿区开展保水采煤工程实践过程中，不仅要考虑煤层开采对浅表层水的影响程度，还要分析浅表层水资源量的分布，将两者结合才能更直观的指导矿井规划设计。因此，在分析环境工程地质模式的基础上，结合浅表层水资源量分布规律（Liu and Li，2019），提出矿井保水（生态）采煤矿井等级及其划分方法；提出水资源及生态保护性采矿防治措施。

一、保水（生态）采煤矿井等级划分方法

为了更进一步地深化、推广环境工程地质模式的含义、应用，在环境工程地质模式区划结果的基础上，结合研究区浅表层水资源分布规律，提出环境工程地质模式的应用：保水（生态）采煤矿井等级分区。

保水采煤思想，主要针对陕北侏罗系煤层开采过程中，导致的萨拉乌苏组地下水水位下降，地表水流量急剧减小、甚至干涸，植被枯萎和沙漠化加剧等生态地质环境恶化现象而提出的（钱鸣高和许家林，2011；张茂省等，2014；范立民，2017；马雄德等，2019）。保水采煤提出已二十多年，得到广泛应用，其中有科学采矿、绿色开采和保水采煤技术等。但其并没有提出保水采煤等级的思路，更没有对保水采煤做出明确的等级划分。为此，在陕北生态地质环境脆弱性的榆神府矿区，在环境工程地质模式区划的基础上，同时考虑煤层开采对浅表层水的影响程度和浅表层水资源量分布规律两个方面，对研究区进行保水（生态）采煤矿井等级分区。

（一）浅表层水资源量分布

浅表层水资源主要是指地表水系（河流和水库）和萨拉乌苏组砂层孔隙潜水，其是工农业生产用水和生态植被需要等直接的供水水源，具有重要的生态意义。而中生界碎屑岩类含水层埋深较大，不具有直接供水的意义。为此，根据地表水动态监测点数据和钻孔揭露的含水层资料对地表水系和萨拉乌苏组砂层潜水的单位面积总储存量进行统计分析。榆神矿区浅表层水资源分布详见第三章第四节。

（二）研究区保水采煤等级分区

保水采煤等级是在环境工程地质模式分区和浅表层水资源分布规律的基础上对保水采煤区域的进一步划分，其更能够深化保水采煤思想的内涵、更具有工程应用的便捷性。研究区保水采煤等级区划步骤如下。

（1）根据四种类型的环境工程地质模式特点，考虑到在环境渐变恢复型和环境友好型区域中，煤层开采后，潜水水位和地表植被生态能够逐渐恢复或者不受扰动，将环境渐变恢复型和环境友好型划为正常开采区。在正常开采区，不需要采取额外采煤措施进行保水采煤，只需要做好矿井防治水工作即可。

（2）在环境灾变型和环境渐变恶化型区域中，受采矿活动影响的潜水水位和地表植被生态具有不可恢复性，将其两者划为保水采煤区。进一步的，结合浅地表水资源分布规律，基于 ArcGIS 软件空间分析功能将其划分为一级、二级和三级保水采煤区。一级保水采煤区是指在保水采煤区域，且浅地表水资源丰富的区域；二级保水采煤区是指在保水采煤区域，且浅地表水资源中等的区域；三级保水采煤区是指在保水采煤区域，且浅地表水资源贫乏的区域。由此，将研究区的保水采煤等级划分为四个等级：正常开采区、一级、二级和三级保水采煤区（图 11.10）。

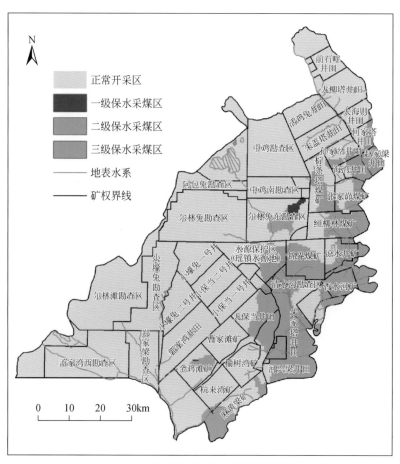

图 11.10　榆神府矿区保水采煤等级分区

　　保水采煤等级的区划，使得矿井"科学产能"（钱鸣高和许家林，2011；钱鸣高等，2018）的规划设计成为可能。对于矿井的正常开采区域，可以主要按煤炭资源储量大小等，规划设计产能。对于矿井的不同保水采煤等级区域，应根据其煤炭资源量和保水采煤矿井等级类型，确定不同的科学产能。一级保水采煤区域，必须强制采取充填开采、条带开采或充填和条带开采结合等保水采煤方法，限定其产能规模（资源储量条件相同时，科学产能小于正常开采矿井）；二级保水采煤区域，应采取限高开采、分层开采或部分充填开采等保水采煤方法，限定其产能规模（科学产能大于一级保水采煤矿井，小于正常开采矿井）；三级保水采煤区域，由于浅表层水资源量贫乏，天然生态环境差（主要为黄土沟壑区），在确保实施采后生态环境修复、采空区储水等措施后，可以按正常开采矿井，规划较大的科学产能。

二、水资源及生态保护性采矿防治措施

（一）含（隔）水层原位保护技术

煤层开采后导水裂隙带可能直接沟通维系地表生态的萨拉乌苏组含水层。为了降低导水裂隙带发育高度，最常采用的办法是改变开采方式，如采用条带式开采、充填式开采、房柱式开采等办法。

1. 条带式开采

条带开采是将要开采的煤层区域划分为比较正规的条带形状，采一条、留一条，使留下的条带煤柱能够支撑上覆岩层的载荷，使地表只发生轻微的、均匀的移动和变形，达到既回收一部分煤炭资源，又能控制地表沉陷的目的。理论和实践已表明，条带开采能有效地控制上覆岩层和地表沉陷，保护地面建筑物和生态环境，有利于安全生产，不需要增加或较少增加生产成本，因而在我国煤矿区被广泛采用，目前已成为我国村庄下、重要建筑物下及不宜搬迁建筑物下等压煤开采的有效技术途径。

2. 充填式开采

所谓充填式采煤，是指将粉煤灰、风积沙等硅质材料配以速凝剂、固化剂和膨胀剂等辅料，按照一定比例制成高水膨胀材料作为充填物，通过地面钻孔，输送管路从地面充填站输入井下，从而实现以填充材料换取煤炭达到突破开采禁区的采煤方式。这种技术突破村庄下等建筑物、水体、道路、铁路下，这些采煤禁区内有煤也能开采。此项采煤方式具有运行成本低、煤炭回收率高、地表无明显沉降等诸多优势。

3. 房柱式开采

柱式体系采煤法的实质是在煤层内开掘一系列宽为 5~7m 左右的煤房，煤房间用联络巷相连，形成近似于长条形或块状的煤柱，煤柱宽度由数米至二十多米不等。采煤在煤房中进行。煤柱可根据条件留下不采，或在煤房采完后，再将煤柱按要求尽可能采出。留下煤柱不采称为房式采煤法，既采煤房又采煤柱称为房柱式采煤法。采用房柱式采煤法采煤，当顶板稳定、坚硬时，采出率可达 50%~60%。房式采煤方法的特点是只采煤房不回收煤柱，用房间煤柱支承上覆岩层。

4. 限高开采

在保水开采中，煤层的上方覆盖层厚度不能保证处于弯曲下沉带的隔水层保持隔水稳定性时，采用限高开采。限高开采指由于受到隔水层层位的限制，为了实现含水层下煤层的安全开采，通过采用限制开采高度的方式，以保证导水裂隙带高度不能发展到隔水层的临界高度。这种开采方法能够有效地保水，但由于采高的限制，损失了一部分煤炭资源，故采出率较低。

5. 分层开采

按是否将煤层全厚进行一次开采，可分为整层采煤法和分层采煤法。薄煤层、厚度小于 3m 的中厚煤层常采用整层采煤法；厚度较大的中厚煤层、厚煤层即可采用整层也可采用分层采煤法。

榆神矿区 2^{-2} 厚度大于 10m 的煤层可采范围较广，厚煤层开采主要有放顶法和分层开采两种方法。放顶法尽管生产效率高，但覆岩破坏严重，压力显现剧烈。实践表明，减小初次开采厚度，增大重复开采厚度，可以有效降低导水裂隙带的发育高度，降低生产成本。合理设计初采厚度，重复分层开采可以避免一次采全高破坏上覆含水层隔水层的隔水性。

6. 其他方法

对于部分矿井，其保水采煤矿井等级为三级，即水资源储存量贫乏的区域，这种矿井类型不需要采取措施即可开采，但需要采取一定的水资源保护方法。可采用地下水库即采空区储水等办法。

矿井水可分为矿井涌水与采空区储水，矿井涌水在人工排水作用下又参与到水循环中，而采空区储水部分则由于采空区回采后的相对密封性，其中的水资源呆滞于地下，保水采煤三级区域内的煤矿可主动利用这部分水资源量。

煤矿地下水库是利用煤炭开采形成的采空区岩体空隙储孔，将安全煤柱用人工坝体连接形成水库坝体，同时建设矿井水入库设施和取水设施，充分利用采空区岩体对矿井水的自然净化作用，建设煤矿地下水库工程。保水采煤三级区域内经费充分，地质条件、工程条件适宜的矿井也可考虑建设煤矿地下水库。

榆神矿区内存在大量烧变岩富水区，这些富水区往往与含水层沟通，富水性较强，部分区域甚至直接与地表水源沟通。煤矿开采时如果工作面有可能与烧变岩富水区沟通，则需要采取相应的工程措施，帷幕注浆技术就是一种有效的办法。通过帷幕注浆，在保证煤矿安全生产的同时，实现保水采煤。

（二）水资源及生态保护性采矿实例

1. 煤矿地下水库（采空区储水及利用）实例

榆神矿区暂时没有采用该技术的矿井，因此以地质条件相似的神东大柳塔矿为例[①]（顾大钊，2015），大柳塔煤矿的水资源主要包括矿井下生产用水、抽上地面的部分矿井水、生活污水和生活直饮水等。抽至地面的部分矿井水都集中于地面矿井水处理厂处理，水质达标后进行回用与排放；同样，生活污水由生活污水处理厂后排放。自 2011 年起，大柳塔矿区直饮水项目启动，该项目以现有生活饮用水为水源，经过深度处理后加工为优质饮用水。直饮水处理站设计处理能力为 $48m^3/h$，采用"臭氧消毒+机械过滤+活性炭过滤+纳滤+消毒"的水处理工艺，处理工艺进水为考考赖净水厂的出水。矿区周围建有大

---

① 顾大钊. 2012. 煤矿分布式地下水库技术及其应用//中国工程院，国家能源局. 北京：第二届中国工程院/国家能源局能源论坛：70-76.

柳塔热电厂以及大柳塔洗煤厂。

大柳塔矿井水井下资源化利用现状大柳塔煤矿提出了煤矿分布式地下水库的技术原理，创建涵盖设计、建设和运行的煤矿分布式地下水库技术体系；在采空区储水技术的基础上，于 2009 年建成了充分利用采空区空间储水、采空区矸石对水体的过滤净化、自然压差输水的"节能型、循环型、智能型、环保型、效益型"的煤矿分布式地下水库，具有井下供水、井下排水、矿井水处理、水灾防治、环境保护和节能减排六大功能和优势，为大柳塔井分布式地下水库系统水循环利用工艺流程图。大柳塔煤矿分布式地下水库储水约 $210 \times 10^4 m^3$，经地下水库矸石吸附过滤后供井下生产和地面生产生活使用。大柳塔煤矿总涌水量中，2011 年之前只有少量作为井下生产用水，因此，矿方对该部分水量未做专门统计。

2. 榆阳煤矿充填开采实例

榆阳煤矿处于矿井保水采煤一级区域，属于环境灾变型矿井。

由于榆阳煤矿与榆林新的城市规划重叠，为了保证城市规划的实施，榆阳煤矿开采过程中必须保护好萨拉乌苏组含水层和地质环境，为此推行充填开采。榆阳煤矿以风积沙为骨料的膏体充填材料，实现了保水采煤。该方法主要是由风积沙、水泥、粉煤灰、专用辅料及水按一定配比混合而成，其中水占 35% 以下（似膏体）。2301 连采工作面充填 50 条支巷，充填 $5.2 \times 10^4 m^3$，充填体强度 28d 时达到 5.30MPa。充填率为 50% ~ 70%，地面下沉量减少了 50% 以上。

充填保水开采是实现保水采煤的重要途径，但成本较高。榆阳煤矿的充填成本超过了 100 元/t，这给该技术的推广应用带来了一定的困难。

另外，榆神矿区十余处地方煤矿采用"采 12 留 8"的保水采煤方法，与原房柱式采煤方法比较，煤炭资源采出率提高 20% 以上，单井产量可提高到 100×10^4 ~ 300×10^4 t。窄条带保水采煤技术由于煤炭采出率低，只是一种限于特定地质条件下的开采法，未来如何回收留滞的"条带煤"以及采空区安全隐患防范是一个重大难题（范立民等，2015）。

3. 榆卜界煤矿"窄条带"保水采煤实例

"窄条带"采煤方法的主要技术特征是矿井的开采系统仍按照长壁开采系统布置，在原设计的回采工作面，平行于原开切眼划分若干个开采条带每个开采条带开采时，先开通由区段运输平巷到区段回风平巷的开掘工作面，形成较为规范的全负压通风系统后采用后退扩巷回采。

"窄条带"采煤方法是针对榆神矿区地方煤矿开采区采矿权边界不规则而提出的一种保水采煤方法。通过对榆卜界等矿井"保水采煤"设计研究，确定了"窄条带"开采技术参数确定的原则和方法：①确保煤层上覆富含水层不受破坏的原则上，计算开采条带的最大宽度；②保证煤柱长期稳定性原则基础上，计算条带煤柱的最小尺寸；③提出条带开采方案，通过数值模拟试验进行"围岩—煤柱群"整体力学模型计算。

邵小平等（2009）采用相似模拟实验对"采 12 留 8"条带开采中 8m 条带煤柱及煤柱削减至 6m 及 4m 后的煤柱稳定性进行了对比模拟研究。研究结果表明，条带工作面条带煤柱及边界大煤柱构成承担覆岩荷载的整体结构，主体条带煤柱尺寸减小首先造成采空区域中部煤柱产生塑性变形，其承受的荷载向其他煤柱转移 4m 条带煤柱造成采空区中部局部条带煤柱首先失稳，进而导致覆岩的瞬间大范围垮落。8m 条带煤柱可保证煤柱长期的稳定性，达到保水开采的目的。

4. 榆树湾煤矿分层开采保水采煤实例

榆神府矿区 2^{-2} 煤层厚度大于 10m 的可采范围较广，厚煤层开采主要有放顶法和分层开采两种方法。放顶法尽管生产效率高，但覆岩破坏严重，压力显现剧烈。实践表明，减小初次开采厚度，增大重复开采厚度，可以有效降低导水裂隙带的发育高度，降低生产成本。分层开采可以有效降低导水裂隙带的发育高度。合理设计初采厚度，重复分层开采可以避免一次采全高破坏上覆含水层隔水层的隔水性。

榆树湾煤矿延安组含煤 5 层，其中 2^{-2} 煤层是最上部可采煤层，煤层厚度为 11m。萨拉乌苏组含水层厚 14.20～15.85m，黄土及红土层隔水层厚 83.75～95.80m，煤层上覆基岩厚 115～160m（其中直罗组裂隙含水层厚度 82.9～20.7m，基岩顶面风化含水层厚 23.64～11.60m，延安组弱或极弱含水层厚 77.39～94.73m）。不同采高产生的导水裂隙带高度不同，造成的萨拉乌苏组地下水漏失程度也有差异。若上分层采用一次采全厚（≥7m）全部垮落法管理顶板时，45% 以上区域的萨拉乌苏组地下水将漏失，而上分层采高 5m 左右可以实现大部分区域的保水开采。因此，榆树湾煤矿设计上分层采高 5.50m，目前已完成数个综采工作面的回采，采空区发现的独立下行裂缝明显小于其他工作面，钻孔探测导水裂隙带未发育到萨拉乌苏组含水层，实现了保水采煤目标。

限高（分层）保水采煤技术在榆神府矿区无疑是一种适宜的技术，但上分层开采后，下分层何时回采以及回采对含水层结构的影响，将是面临的科学技术难题。

5. 张家峁煤矿侧向防渗漏帷幕注浆实例

张家峁煤矿处于矿井保水采煤三级区域，属于环境渐变型矿井。

张家峁煤矿烧变岩发育，井田的南部、西部、东部均有 5^{-2} 煤层、4^{-2} 煤层、3^{-1} 煤层及 2^{-2} 煤层的烧变岩露头，烧变岩水害对矿井安全和正常生产的威胁较大，长期以来，烧变岩水害一直是张家峁煤矿防治水工作的一个重点。

张家峁矿 15206 工作面在掘进过程中发现涌水现象。水源为烧变岩水且与常家沟水库水有联系，出水的通道为 5^{-2} 煤层顶部和 4^{-2} 煤层烧变岩裂隙。

张家峁煤矿对烧变岩水问题非常重视，在 15207 工作面和 15208 工作面南侧建造一个"一"字形的帷幕挡水墙，将 15207 工作面、15208 工作面顶部外侧 4^{-2} 煤层烧变岩与工作面顶部内侧烧变岩隔离，阻止水库水进入到 15207 工作面、15208 工作面顶部 4^{-2} 煤层烧变岩区，对已隔离的工作面顶部 4^{-2} 煤层烧变岩静储量水进行疏放后，15207 工作面、15208 工作面可安全回采。

帷幕工程实施后，15207 工作面采前钻孔疏放水中，水量衰减较大。累计放水 7d 后，总水量从最初 502.4m³/h 衰减至 50m³/h；累计放水 9d 后，总水量为 20m³/h；累计放水 10d 后，总水量为 16m³/h。目前 15207 工作面已基本采完，工作面涌水量 <20m³/h，实现了常家沟水库旁的保水采煤。

参 考 文 献

《中国地层典》编委会 . 1999. 中国地层典//郑家坚，何希贤，邱铸鼎，等 . 第三系 . 北京：地质出版社 .

白福青，刘斯宏，袁骄 . 2011. 滤纸总吸力吸湿曲线的率定试验 . 岩土力学，32（8）：2336-2340.

蔡海兵，程桦 . 2012. 基于 FDAHP 理论的深部岩体分级方法 . 水文地质工程地质，(6)：43-49.

曹立军 . 2006. 分布式光纤温度测量及数据处理技术研究 . 合肥：合肥工业大学 .

柴敬，袁强，李毅，等 . 2016. 采场覆岩变形的分布式光纤检测试验研究 . 岩石力学与工程学报，35（S2）：3589-3596.

常金源，李文平，李涛，等 . 2014. 干旱矿区水资源迁移与"保水采煤"思路探讨 . 采矿与安全工程学报，31（1）：72-77.

常鑫 . 2018. 基于德尔菲调查法的电动汽车前沿技术评测系统设计与实现 . 济南：山东大学 .

陈崇希，林敏 . 1998. 地下水动力学 . 武汉：中国地质大学出版社 .

陈景，唐茂颖，罗强 . 2008. 坡高对高边坡变形影响的离心模型研究 . 路基工程，(6)：105-106.

陈明华，黄炎和 . 1995. 坡度和坡长对土壤侵蚀的影响 . 水土保持学报，(1)：31-36.

陈维池 . 2018. 大型注浆帷幕隔水有效性数值分析与评价 . 徐州：中国矿业大学 .

陈伟 . 2015. 陕北黄土沟壑径流下采动水害机理与防控技术研究 . 徐州：中国矿业大学 .

陈卫忠，于洪丹，王晓全，等 . 2009. 双联动软岩渗流–应力耦合流变仪的研制 . 岩石力学与工程学报，28（11）：2176-2183.

程刚 . 2016. 煤层采动覆岩变形分布式光纤监测关键技术及应用研究 . 南京：南京大学 .

程金茹，沈珍瑶，李满喜 . 2002. 滤纸吸力率定曲线的研究 . 岩土力学，23（6）：800-802.

崔邦军，王西泉，蒋泽泉 . 2011. 榆神府矿区萨拉乌苏组的水文地质条件分析 . 地下水，33（4）：93-95.

崔芳鹏，武强，林元惠，等 . 2018. 中国煤矿水害综合防治技术与方法研究 . 矿业科学学报，3（3）：219-228.

崔颖，缪林昌 . 2011. 非饱和压实膨胀土渗透特性的试验研究 . 岩土力学，32（7）：2008-2012.

第三普查勘探大队 . 1977. 汾渭盆地石油普查阶段地质成果报告 . 1-112.

董书宁，张群 . 2014. 煤炭安全高效开采地质保障技术及应用 . 北京：煤炭工业出版社 .

杜芳鹏 . 2019. 鄂尔多斯盆地延安组煤岩学及煤元素地球化学特征 . 兰州：西北大学 .

杜中宁，党学亚，卢娜 . 2008. 陕北能源化工基地烧变岩的分布特征 . 地质通报，27（8）：1168-1172.

范立民 . 2005. 论保水采煤问题 . 煤田地质与勘探，33（5）：50-53.

范立民 . 2017. 保水采煤的科学内涵 . 煤炭学报，42（1）：27-35.

范立民，马雄德，等 . 2019. 保水采煤的理论与实践 . 北京：科学出版社 .

范立民，马雄德，冀瑞君 . 2015. 西部生态脆弱矿区保水采煤研究与实践进展 . 煤炭学报，40（8）：1711-1717.

范贤儒 . 1985. 试论农业生态系统的物质循环和能量转化 . 赣江经济，(12)：37-40.

封建民，董桂芳，郭玲霞，等 . 2014. 榆神府矿区景观格局演变及其生态响应 . 干旱区研究，31（6）：1141-1146.

冯海霞 . 2008. 基于 3S 技术的山东省森林调节温度的生态服务功能研究 . 北京：北京林业大学 .

冯洁, 侯恩科, 王苏健, 等. 2021. 陕北侏罗系沉积控水规律与沉积控水模式研究. 煤炭学报, 46 (5): 1614-1629.

冯俊文. 2006. 模糊德尔菲层次分析法及其应用. 数学的实践与认识, 36 (9): 44-48.

冯少杰, 孙世国, 段伟国, 等. 2009. 边坡稳定性模糊数学评价方法的应用. 煤矿安全, 40 (2): 53-55.

弗雷德隆德 DG, 拉哈尔佐 H. 1997. 非饱和土土力学. 北京: 中国建筑工业出版社.

甘肃省地质矿产局. 1989. 甘肃省区域地质志. 北京: 地质出版社.

高阳, 高甲荣, 温存, 等. 2006. 宁夏盐池沙地土壤水分条件与植被分布格局. 西北林学院学报, 21 (6): 1-4.

顾大钊, 等. 2015. 晋陕蒙接壤区大型煤炭基地地下水保护利用与生态修复. 北京: 科学出版社.

顾大钊, 等. 2019. 西部生态脆弱区现代开采对地下水与地表生态影响规律研究. 北京: 科学出版社.

顾大钊, 张建民. 2012. 西部矿区现代煤炭开采对地下水赋存环境的影响. 煤炭科学技术, 40 (12): 114-117.

顾大钊. 2015. 煤矿地下水库理论框架和技术体系. 煤炭学报, 40 (2): 239-246.

郭顺, 丁超, 曲建山, 等. 2021. 延长油区探明未动用地质储量开发动用对策. 中国石油勘探, 26 (2): 1-7.

韩波. 2015. 三江源区高寒草地地上生物量遥感反演模型的建立. 淮南: 安徽理工大学.

何国清. 1991. 矿山开采沉陷学. 徐州: 中国矿业大学出版社.

何永彬, 徐娟. 2018. 雨季期间不同耕作形式旱坡地的土壤侵蚀动态特征. 云南地理环境研究, 30 (5): 19-25.

贺国平, 邵景力, 崔亚莉, 等. 2003. FEFLOW 在地下水流模拟方面的应用. 成都理工大学学报: 自然科学版, 30 (4): 356-361.

贺江辉. 2018. 煤层开采过程中覆岩离层动态演化研究及离层水害评价. 徐州: 中国矿业大学.

贺鹏. 2013. 基于 GIS 的西藏札达地区滑坡灾害危险性评价研究. 北京: 中国地质大学 (北京).

侯恩科, 黄庆享, 毕银丽, 等. 2020. 浅埋煤层开采地面塌陷及其防治. 北京: 科学出版社.

侯光才, 张茂省, 刘方, 等. 2008. 鄂尔多斯盆地地下水勘查研究. 北京: 地质出版社.

侯光才. 2008. 鄂尔多斯白垩系盆地地下水系统及其水循环模式研究. 吉林: 吉林大学.

胡小娟, 李文平, 曹丁涛, 等. 2012. 综采导水裂隙带多因素影响指标研究与高度预计. 煤炭学报, 37 (4): 613-620.

虎维岳. 2005. 矿山水害防治理论与方法. 北京: 煤炭工业出版社.

黄金廷, 侯光才, 尹立河, 等. 2011. 干旱半干旱区天然植被的地下水水文生态响应研究. 干旱区地理, 34 (5): 788-793.

黄克智. 1987. 板壳理论. 北京: 清华大学出版社.

黄庆享. 2009. 浅埋煤层保水开采隔水层稳定性的模拟研究. 岩石力学与工程学报, 28 (5): 987-992.

黄庆享, 杜君武, 侯恩科, 等. 2019. 浅埋煤层群覆岩与地表裂隙发育规律和形成机理研究. 采矿与安全工程学报, 36 (1): 7-15.

黄镇国, 张伟强, 陈俊鸿. 1999. 中国红土与自然地带变迁. 地理学报, 54 (3): 193-203.

贾兰坡, 张玉萍, 黄万波, 等. 1966. 陕西蓝田新生界//中国科学院古脊椎动物与古人类研究所. 陕西蓝田新生界现场会议论文集. 北京: 科学出版社.

贾瑞亮, 周金龙, 周殷竹, 等. 2016. 干旱区高盐度潜水蒸发条件下土壤积盐规律分析. 水利学报, 47 (2): 150-157.

贾善坡. 2009. Boom Clay 泥岩渗流应力损伤耦合流变模型、参数反演与工程应用. 北京: 中国科学院研究生院.

贾善坡，陈卫忠，于洪丹，等．2011．泥岩渗流–应力耦合蠕变损伤模型研究（Ⅱ）：数值仿真和参数反演．岩土力学，32（10）：3163-3170．

贾文玉．2000．成像测井技术与应用．北京：石油工业出版社．

江东，王乃斌，杨小唤，等．2001．植被指数–地面温度特征空间的生态学内涵及其应用．地理科学进展，20（2）：146-152．

蒋刚，王钊，邱金营．2000．国产滤纸吸力–含水量关系率定曲线的研究．岩土力学，21（1）：72-75．

焦养泉，王双明，范立民，等．2020．鄂尔多斯盆地侏罗纪含煤岩系地下水系统关键要素与格架模型．煤炭学报，45（7）：2411-2422．

金晓媚，张强，杨春杰．2013．海流兔河流域植被分布与地形地貌及地下水位关系研究．地学前缘，20（3）：227-233．

金晓文，曾斌，刘建国，等．2014．地下水环境影响评价中数值模拟的关键问题讨论．水电能源科学，（5）：23-28．

雷倩，章新平，王学界，等．2019．基于 MODIS-EVI 和 CI 的洞庭湖流域植被指数对气象干旱的响应．长江流域资源与环境，28（4）：981-993．

冷佩，宋小宁，李新辉．2010．坡度的尺度效应及其对径流模拟的影响研究．地理与地理信息科学，26（6）：60-62．

李滨，吴树仁，石菊松，等．2013．陕西宝鸡市三趾马红土工程地质特性及灾害效应．地质通报，32（12）：1918-1924．

李红军，郑力，雷玉平，等．2007．基于 EOS/MODIS 数据的 NDVI 与 EVI 比较研究．地理科学进展，26（1）：26-32．

李建星．2006．鄂尔多斯盆地红黏土分布特征与新构造运动研究．西安：西北大学．

李建星．2009．吕梁山及其邻区新生代构造–沉积演化．西安：西北大学．

李杰，旺罗，裴云鹏，等．2005．甘肃西峰 6.2～2.4 Ma B.P. 红黏土中孢粉记录及古植被演化．第四纪研究，25（4）：467-473．

李涛．2012．陕北煤炭大规模开采含隔水层结构变异及水资源动态研究．徐州：中国矿业大学．

李涛，李文平，常金源，等．2011a．陕北近浅埋煤层开采潜水位动态相似模型试验．煤炭学报，36（5）：722-726．

李涛，李文平，常金源，等．2011b．陕北浅埋煤层开采隔水土层渗透性变化特征．采矿与安全工程学报，28（1）：127-131．

李涛，李文平，孙亚军．2011c．半干旱矿区近浅埋煤层开采潜水位恢复预测．中国矿业大学学报，40（6）：894-900．

李伟，程新明，李文平，等．2009．采煤工作面顶板离层水体防治方法，ZL200710302587.1．

李文平，叶贵钧，张莱，等．2000a．陕北榆神府矿区保水采煤工程地质条件研究．煤炭学报，（5）：449-454．

李文平，段中会，华解明，等．2000b．陕北榆神府矿区地质环境现状及采煤效应影响预测．工程地质学报，（3）：324-333．

李文平，李涛，陈伟，等．2014．采空区储水——干旱区保水采煤新途径．工程地质学报，22（5）：1003-1007．

李文平，王启庆，李小琴．2017．隔水层再造——西北保水采煤关键隔水层 N2 红土工程地质研究．煤炭学报，42（1）：88-97．

李文平，陈维池，杨志，等．2018a．一种浅埋煤层开采潜水漏失致灾程度的划分方法，ZL201810901441.7．

李文平，王启庆，范开放，等. 2018b. 一种保水采煤矿井/矿区等级划分方法，ZL201810090301.6.

李文平，王启庆，范开放，等. 2018c. 一种煤矿工作面顶板过程涌水量的预测方法，ZL201810489992.7.

李文平，王启庆，刘士亮，等. 2019a. 生态脆弱区保水采煤矿井（区）等级类型. 煤炭学报，44（3）：718-726.

李文平，陈维池，贺江辉，等. 2019b. 一种监测钻孔内含水层阻隔器及多层水位变化监测方法，ZL201911174604.7.

李文平，陈维池，王启庆，等. 2021a. 一种覆岩采动离层动态发育监测方法，ZL202110253757.1.

李文平，陈维池，秦伟，等. 2021b. 一种岩层沉降磁感应监测装置及其操作方法，ZL202110253756.7.

李文平，陈维池，杨志，等. 2021c. Method for classifying phreatic leakage disaster level in shallow coal seam mining, US20200378258.

李文平，刘士亮，王启庆，等. 2021d. 一种导水裂缝带发育高度预计方法，ZL201810460816.0.

李文平，杨志，王启庆，等. 2021e. 一种基于煤炭资源开发的生态地质环境类型划分方法，ZL201810089353.1.

李文平，范开放，王启庆，等. 2021f. 一种采动覆岩可积水离层位置判别方法，ZL201811383151.4.

李文平，范开放，王启庆，等. 2021g. 一种采区覆岩离层水水害危险性评价法，ZL201810583414.X.

李小琴. 2011. 坚硬覆岩下重复采动离层水涌突机理研究. 徐州：中国矿业大学.

李琰庆. 2007. 导水裂缝带高度预计方法研究及应用. 西安：西安科技大学.

李燕婷，朱海莉，陈少华. 2016. 层次分析法的黄河上游滑坡易发性评价. 测绘科学，41（8）：67-70.

李永红，刘海南，范立民，等. 2016. 陕西榆神府生态环境脆弱区地质灾害分布规律. 中国地质灾害与防治学报，27（3），116-121.

李永乐，刘翠然，刘海宁，等. 2004. 非饱和土的渗透特性试验研究. 岩石力学和工程学报，23（22）：3861-3865.

李哲哲. 2017. 基于BOTDR的分布式光纤应变检测系统. 太原：太原理工大学.

李智超，李文厚，李永项，等. 2015. 渭河盆地新生代沉积相研究. 古地理学报，17（4）：529-540.

梁梅. 2018. 自然之景与山水之境—中国传统居住环境设计美学. 艺术百家，（2）：184-189.

刘闯，葛成辉. 2000. 美国对地观测系统（EOS）中分辨率成像光谱仪（MODIS）遥感数据的特点与应用. 遥感信息，（3）：45-48.

刘东生，丁梦麟，高福清. 1960. 西安蓝田间新生界地层剖面. 地质科学，（4）：199-208.

刘少伟. 2018. 离石黄土覆盖下综放首采面采动覆岩破坏规律与水害分区研究. 徐州：中国矿业大学.

刘士亮. 2019. 陕北侏罗系煤田开采环境工程地质模式研究. 徐州：中国矿业大学.

刘小文，常立君，胡小荣. 2009. 非饱和红土基质吸力与含水率及密度关系试验研究. 岩土力学，30（11）：3302-3306.

刘瑜. 2018. 陕北侏罗系煤层开采导水裂隙带动态演化规律研究与应用. 徐州：中国矿业大学.

马雄德，范立民，张晓团，等. 2015a. 陕西省榆林市榆神府矿区土地荒漠化及其景观格局动态变化. 灾害学，（4）：126-129.

马雄德，范立民，张晓团，等. 2015b. 榆神府矿区水体湿地演化驱动力分析. 煤炭学报，40（5）：1126-1133.

马雄德，黄金廷，李吉祥，等. 2019. 面向生态的矿区地下水位阈限研究. 煤炭学报，44（3）：675-680.

马玉贞，吴福莉，方小敏，等. 2005. 黄土高原陇东盆地朝那红黏土8.1~2.6Ma的孢粉记录. 科学通报，50（15）：1627-1635.

煤炭科学研究院北京开采研究所. 1981. 煤矿地表移动与覆岩破坏规律及其应用. 北京：煤炭工业出版社.

孟杰，卜崇峰，张兴昌，等.2011.移除和沙埋对沙土生物结皮土壤蒸发的影响.水土保持通报，31（1）：58-62.

缪协兴，陈荣华，白海波.2007.保水开采隔水关键层的基本概念及力学分析.煤炭学报，32（6）：561-564.

缪协兴，浦海，白海波.2008.隔水关键层原理及其在保水采煤中的应用研究.中国矿业大学学报，37（1）：1-4.

缪协兴，王安，孙亚军，等.2009.干旱半干旱矿区水资源保护性采煤基础与应用研究.岩石力学与工程报，28（2）：217-227.

牛云飞.2018.深部岩溶构造控水机制及底板突水非线性预测研究.徐州：中国矿业大学.

潘宏雨.1954.普通水文地质学.北京：煤炭工业出版社.

裴亚兵.2017.陕北榆神府矿区保水采煤生态地质环境类型研究.徐州：中国矿业大学.

彭建兵，王启耀，门玉明，等.2019.黄土高原滑坡灾害.北京.科学出版社.

彭建兵，王启耀，庄建琦，等.2020.黄土高原滑坡灾害形成动力学机制.地质力学学报，26（5）：106-122.

彭建兵，吴迪，段钊等.2016.典型人类工程活动诱发黄土滑坡灾害特征与致灾机理.西南交通大学学报，51（5）：971-980.

彭捷，李成，向茂西，等.2018.榆神府区采动对潜水含水层的影响及其环境效应.煤炭科学技术，46（2）：156-162.

彭苏萍，毕银丽.2020.黄河流域煤矿区生态环境修复关键技术与战略思考.煤炭学报，45（4）：1211-1221.

彭苏萍，张博，王佟，等.2015.煤炭资源可持续发展战略研究.北京：煤炭工业出版社.

彭苏萍，等.2019.西部煤炭资源清洁高效利用发展战略研究.北京：科学出版社.

彭映成，钱海，鲁辉，等.2013.基于BOTDA的分布式光纤传感技术新进展.激光与光电子学进展，50（10）：40-44.

蒲莉莉，刘斌.2015.结合光谱响应函数的landsat-8影像大气校正研究.遥感信息，2（2）：116-121.

蒲娉璠.2016.重庆市滑坡灾害时空分布特征与易发性评价研究.上海：华东师范大学.

齐蕊.2017.鄂尔多斯高原生态水文指数与地下水的关系研究.北京：中国地质大学（北京）.

钱鸣高.2003.岩层控制的关键层理论.北京：中国矿业大学出版社.

钱鸣高，许家林.2011.科学采矿的理念与技术框架.中国矿业大学学报（社会科学版），13（3）：1-7.

钱鸣高，许家林，王家臣.2018.再论煤炭的科学开采.煤炭学报，43（1）：1-13.

钱宁，万兆惠.2003.泥沙运动力学.北京：科学出版社.

钱者东，蒋明康，刘鲁君，等.2011.陕北榆神矿区景观变化及其驱动力分析.水土保持研究，18（2）：90-93.

乔伟，雷利剑，李文平，等.2017.矿用高位离层水疏放的直通式导流泄水孔及其施工方法，ZL201611145322.0.

乔伟，李文平，李小琴.2011.采场顶板离层水"静水压涌突水"机理及防治.采矿与安全工程学报，28（1）：96-104.

乔伟，牛云飞，李文平，等.2017.一种N2红土相似材料及其制备方法，ZL201710774641.6.

乔伟，王志文，李文平，等.2021.煤矿顶板离层水害形成机制、致灾机理及防治技术.煤炭学报，46（2）：507-522.

秦坤，彭小亚，李波.2015.采空区导气裂隙带瓦斯渗流规律研究.煤矿安全，（9）：18-20，24.

邱梅，施龙青，滕超，等.2016.基于灰色关联-FDAHP法与物探成果相结合的奥灰富水性评价.岩石力学与工程学报，（A01）：3203-3213.

山西省地质矿产局. 1989. 山西省区域地质志. 北京：地质出版社.

邵小平，石平五，王怀贤. 2009. 陕北中小煤矿条带保水开采煤柱稳定性研究. 煤炭技术，28（12）：58-61.

邵学军，王兴奎. 2012. 河流动力学概论. 北京：清华大学出版社.

沈珍瑶，程金茹. 2001. 滤纸吸力率定的初步研究. 工程勘察，（4）：9-14.

师修昌. 2016. 煤炭开采上覆岩层变形破坏及其渗透性评价研究. 北京：中国矿业大学（北京）.

施斌，徐洪钟，张丹，等. 2004. BOTDR应变监测技术应用在大型基础工程健康诊断中的可行性研究. 岩石力学与工程学报，23（3）：493-499.

宋牟平，范胜利，陈好，等. 2005. 基于光相干外差检测的布里渊散射DOFS的研究. 光子学报，34（2）：233-236.

隋旺华，董青红. 2008. 近松散层开采孔隙水压力变化及其对水砂突涌的前兆意义. 岩石力学与工程学报，27（9）：1908-1916.

孙大松，刘鹏，夏小和，等. 2004. 非饱和土的渗透系数. 水利学报，（3）：71-75.

孙亚军，徐智敏，董青红. 2009. 小浪底水库下采煤导水裂隙发育监测与模拟研究. 岩石力学与工程学报，28（2）：238-245.

谭春. 2013. 基于3S技术的岩桑树水电站近坝区滑坡敏感性评价. 长春：吉林大学.

谭学术，鲜学福. 1994. 复合岩体力学理论及其应用. 北京：煤炭工业出版社.

唐伟. 2012. 干旱与半干旱地区侵蚀与植被相互作用模型的研究. 北京：华北电力大学.

汪民，殷跃平，文冬光. 2012. 水文地质手册. 第2版. 北京：科学出版社.

王斌，郑洪波，王平，等. 2013. 渭河盆地新生代地层与沉积演化研究：现状和问题. 地球科学进展，28（10）：1126-1135.

王凤娟，丁福波. 2015. 植物群落物种多样性研究综述. 现代园艺，（8）：155.

王辉. 2017. 中厚多软弱夹层复合顶板巷道围岩破坏机理及支护研究. 太原：太原理工大学.

王建文，王宏科，陈菲. 2012. 浅埋煤层穿越河道采煤的实践与研究. 煤炭科学技术，40（1）：118-121.

王静，杨持，刘美玲，等. 2002. 保护冷蒿草原对防止沙质草原沙漠化作用的分析. 内蒙古大学学报（自然版），33（5）：558-562.

王炯辉，张喜，陈道贵，等. 2015. 南方离子型稀土矿开采对地下水的影响及其监控. 科技导报，33（18）：23-27.

王琦，全占军，韩煜，等. 2014. 采煤塌陷区不同地貌类型植物群落多样性变化及其与土壤理化性质的关系. 西北植物学报，34（8）：1642-1651.

王启庆. 2017. 西北沟壑下垫层N_2红土采动破坏灾害演化机理研究. 徐州：中国矿业大学.

王启庆，李文平，李涛. 2014. 陕北生态脆弱区保水采煤地质条件分区类型研究. 工程地质学报，22（3）：515-521.

王启庆，李文平，陈伟，等. 2019a. 西北黄土沟壑径流下采动水害机理及防控技术. 徐州：中国矿业大学出版社.

王启庆，李文平，裴亚兵，等. 2019b. 采动破裂N_2红土渗透性试验研究. 西南交通大学学报，54（1）：91-96.

王启庆，李文平，李小琴，等. 2021. 一种干旱-半干旱区煤炭开采生态环境破坏等级划分方法，ZL201710927210.9.

王庆雄，宋立兵，温욱华，等. 2012. 薄基岩浅埋煤层过沟安全开采技术. 煤矿安全，43（9）：83-85.

王守玉. 2017. 陕北地区N_2红土岩石学特征及其工程地质意义. 徐州：中国矿业大学.

王双明.2017.鄂尔多斯盆地叠合演化及构造对成煤作用的控制.地学前缘,24(2):54-63.

王双明,等.1996.鄂尔多斯盆地聚煤规律及煤炭资源评价.北京:煤炭工业出版社.

王双明,黄庆,范立民,等.2010.生态脆弱区煤炭开发与生态水位保护.北京:科学出版社.

王铁行,卢靖,张建锋.2008.考虑干密度影响的人工压实非饱和黄土渗透系数的试验研究.岩土力学,29(1):1-5.

王秀彦,吴斌,何存富,等.2004.光纤传感技术在检测中的应用与展望.北京工业大学学报,(4):406-411.

王旭升,陈占清.2006.岩石渗透试验瞬态法的水动力学分析.岩石力学与工程学报,(S1):3098-3103.

王洋,武强,丁湘,等.2019.深埋侏罗系煤层顶板水害源头防控关键技术.煤炭学报,44(8):2449-2459.

王钊,杨金鑫,况娟娟,等.2003.滤纸法在现场基质吸力量测中的应用.岩土工程学报,25(4):405-408.

王钊,邹维列,李侠.2004.非饱和土吸力量测及应用.四川大学学报(工程科学版),36(2):1-6.

王振康.2020.超大采高综放开采覆岩–土复合结构动态响应及水害预警.徐州:中国矿业大学.

魏可忠.1991.矿井水文地质.北京:煤炭工业出版社.

魏伟,石培基,赵军,等.2012.石羊河流域海拔、植被覆盖与景观类型空间关系研究.干旱区地理,35(1):91-98.

温永福,高鹏,程兴民,等.2017.黄土高原丘陵沟壑区梯田边坡侵蚀过程对雨强的响应.泥沙研究,42(6):46-51.

吴文圣.2000.地层微电阻率成像测井的地质应用.中国海上油气,14(6):438-441.

伍艳丽.2017.陕北榆神矿区开采环境工程地质模式区划.徐州:中国矿业大学.

武强,徐建芳,董东林,等.2001.基于GIS的地质灾害和水资源研究理论与方法.北京:地质出版社.

武强,刘伏昌,李锋,等.2005.矿山环境研究理论与实践.北京:地质出版社.

武强,樊振丽,刘守强,等.2011.基于GIS的信息融合型含水层富水性评价方法——富水性指数法.煤炭学报,36(7):1124-1128.

武强,许珂,张维.2016.再论煤层顶板涌(突)水危险性预测评价的"三图–双预测法".煤炭学报,41(6):1341-1347.

武强,李慎举,刘守强,等.2017a.AHP法确定煤层底板突水主控因素权重及系统研发.煤炭科学技术,45(1):154-159.

武强,王洋,赵德康,等.2017b.基于沉积特征的松散含水层富水性评价方法与应用.中国矿业大学学报,46(3):460-466.

武永峰,李茂松,刘布春,等.2008.基于NOAA NDVI的中国植被绿度始期变化.地理科学进展,27(6):32-40.

解瑞军.2017.功率解调的高灵敏度光纤布拉格光栅位移传感器的研究.吉林:吉林大学.

邢茂林.2016.沙漠滩地矿区综放开采水害及潜水位影响研究.徐州:中国矿业大学.

熊承仁,刘宝琛,张家生.2005.重塑黏性土的基质吸力与土水分及密度状态的关系.岩石力学与工程学报,24(2):322-327.

徐乐昌.2002.地下水模拟常用软件介绍.铀矿冶,21(1):33-38.

徐永福,叶翠明,赵书权,等.2004.压应力对非饱和土渗透系数的影响.上海交通大学学报,38(6):982-986.

徐芝纶.1982.弹性理论.北京:人民教育出版社.

许兵.1997.论工程地质模型——涵义,意义,建模与应用.工程地质学报,5(3):199-204.

薛禹群 . 2004. 多尺度有限元法在地下水模拟中的应用 . 水利学报，(7)：7-13.

闫振东 . 2013. 新型机械化采掘装备及工艺创新与实践 . 北京：煤炭工业出版社 .

严冰，董凤忠，张晓磊，等 . 2013. 基于后向相干瑞利散射的分布式光纤传感在管道安全实时监测中的应
　　用研究 . 量子电子学报，30 (3)：341-347.

杨浩 . 2017. 大采高综放工作面覆岩结构与支架载荷研究 . 西安：西安科技大学 .

杨伟峰，隋旺华，吉育兵，等 . 2012. 薄基岩采动裂缝水砂流运移过程的模拟试验 . 煤炭学报，37 (1)：
　　141-146.

杨玉茹，李文平，王启庆 . 2020. 上新世红土微观结构参数与渗透系数的变化关系研究 . 水文地质工程地
　　质，47 (2)：153-160.

杨泽元，王文科，黄金廷，等 . 2006. 陕北风沙滩地区生态安全地下水位埋深研究 . 西北农林科技大学学
　　报（自然科学版），34 (8)：67-74.

杨志 . 2019. 陕北榆神矿区生态地质环境特征及煤炭开采影响机理研究 . 徐州：中国矿业大学 .

姚文艺，等 . 2014. 土壤侵蚀模型及工程应用 . 北京：科学出版社 .

姚向荣，朱云辉 . 2012. 煤矿钻探工艺与安全 . 北京：冶金工业出版社 .

叶贵钧，张莱，李文平，等 . 2000. 陕北榆神府矿区煤炭资源开发主要水工环问题及防治对策 . 工程地质
　　学报，(4)：446-455.

叶瑶，全占军，肖能文，等 . 2015. 采煤塌陷对地表植物群落特征的影响 . 环境科学研究，28 (5)：
　　736-744.

雍极 . 2017. 基于 MODHMS 的神南矿区地表水与地下水耦合研究 . 徐州：中国矿业大学 .

于涛 . 2007. 覆岩离层注浆固化作用的数值模拟研究 . 阜新：辽宁工程技术大学 .

袁景 . 2005. 谢桥煤矿 1201 (3) 工作面覆岩导水裂缝带高度预测 . 阜新：辽宁工程技术大学 .

袁强 . 2017. 采动覆岩变形的分布式光纤检测与表征模拟试验研究 . 西安：西安科技大学 .

云影 . 2013. 美国地球观测卫星 landsat-8. 卫星应用，(2)：76.

曾一凡，武强，杜鑫，等 . 2020. 再论含水层富水性评价的"富水性指数法" . 煤炭学报，45 (7)：
　　2423-2431.

张丛志，张佳宝，赵炳梓，等 . 2007. 作物对水分胁迫的响应及水分利用效率的研究进展 . 节水灌溉，
　　(5)：1-6.

张东升，李文平，来兴平，等 . 2017. 我国西北煤炭开采中的水资源保护基础理论研究进展 . 煤炭学报，
　　42 (1)：36-43.

张发旺 . 2006. 干旱地区采煤条件下浅埋煤层顶板含水层再造与地下水资源保护 . 北京：地质出版社 .

张光辉，费宇红，申建梅，等 . 2007. 降水补给地下水过程中包气带变化对入渗的影响 . 水利学报，
　　38 (5)：611-615.

张泓，等 . 1998. 中国西北侏罗纪含煤地层与聚煤规律 . 北京：地质出版社 .

张茂省，党学亚，等 . 2014. 干旱半干旱地区水资源及其环境问题 . 北京：科学出版社 .

张树京 . 2003. 时间序列分析简明教程 . 北京：清华大学出版社 .

张伟 . 2016. 光纤布拉格光栅应变传感系统可靠性的关键技术研究 . 重庆：重庆大学 .

张毅 . 2016. 基于 BOTDR 的分布式温度和应变传感系统的研究 . 重庆：重庆大学 .

张月，肖彧，常晶晶，等 . 2015. 大气校正对基于遥感指数提取藻华信息的影响 . 国土资源遥感，
　　27 (3)：7-12.

张运刚，张树文，陈冬勤 . 2010. 通化市高程梯度变化与土地利用景观格局分异研究 . 农业系统科学与综
　　合研究，26 (3)：271-276.

兆千 . 1987. 美宇航局发射海洋大气局新的第三代气象卫星 NOAA-G. 全球科技经济瞭望，(2)：15-16.

赵兵超.2009.浅埋煤层条件下基于概率积分法的保水开采识别模式研究.西安:西安科技大学.

赵团芝,李文平,李小琴,等.2009.叠加开采应力及覆岩离层动态变化数值模拟.采矿与安全工程学报,26 (1):118-122.

赵威,李亚鸽,王艳杰.2016.植物补偿性光合作用的发生模式及生理机制分析.植物生理学报,52 (12):1811-1818.

赵伟.2011.地形地貌对豫东平原浅层高氟地下水分布的控制.湖南生态科学学报,17 (2):22-25.

中国地质调查局,《地层学杂志》编辑部.2005.国际地层表专集.地层学杂志.

中国煤田地质总局.1996.鄂尔多斯盆地聚煤规律及煤炭资源评价.北京:煤炭工业出版社.

中华人民共和国国家标准编写组.2012.GB 50007—2011 建筑地基基础设计规范.北京:中国建筑工业出版社.

中华人民共和国行业标准编写组.2002.岩土工程勘察规范 GB50021—2001 (2009 年版).北京:中国建筑工业出版社.

中华人民共和国水利电力部.2008.水利水电工程地质勘察规范 (GB60487—2008).北京:中国计划出版社.

周翠英,邓毅梅,谭祥韶,等.2005.饱水软岩力学性质软化的试验研究与应用.岩石力学与工程学报,24 (1):33-38.

周丹坤.2015.崔木煤矿顶板离层水涌突机制及防治措施研究.徐州:中国矿业大学.

周振方.2014.基于 FEFLOW 的张掖盆地地下水数值模拟研究.兰州:兰州大学.

朱大岗,孟宪刚,邵兆刚,等.2008.山西保德—静乐地区新近纪地层时代讨论.地质通报,(4):510-516.

朱丽,徐贵青,李彦,等.2017.物种多样性及生物量与地下水位的关系—以海流兔河流域为例.生态学报,37 (6):1912-1921.

邹卓阳,杨武年,陈颖.2010.高光谱遥感技术在植被信息提取中的应用.测绘,33 (2):55-57.

Beatriz M,María A G. 2009. Vegetation dynamics from NDVI time series analysis using the wavelet transform. Remote Sensing of Environment,113 (9):1823-18421.

Bellingham P J,Tanner E V J. 2000. The influence of topography on tree growth,mortality,and recruitment in a tropical montane forest. Biotropica,32 (3):378-384.

Bezdek J C. 1981. Pattern Recognition with Fuzzy Objective Function Algorithms. New York:Plenum Press.

Cheng G,Shi B,Zhu H H,et al. 2015. A field study on distributed fiber optic deformation monitoring of overlying strata during coal mining. Journal of Civil Structural Health Monitoring,5 (5):553-562.

Defries R S,Field C B,Fung I,et al. 1995. Mapping the land surface for global atmosphere-biosphere models:Toward continuous distributions of vegetation's functional properties. Journal of Geophysical Research-Atmospheres,100 (D10):20867-20882.

Detsch F,et al. 2016. Seasonal and long-term vegetation dynamics from 1-km GIMMS-based NDVI time series at Mt. Kilimanjaro,Tanzania. Remote Sensing of Environment,178:70-83.

Domenico P A,Schwartz F W. 1998. Physical and Chemical Hydrogeology (2nd ed.). New York,Chichester,Weinbein,Brisbane,Toronto,Singapo:JohnWiley & Sons Inc.

Fabre G,Pellet F. 2006. Creep and time-dependent damage in argillaceous rocks. International Journal of Rock Mechanics and Mining Sciences,43:950-960.

Fan K,Li W,Wang Q,et al. 2019. Formation mechanism and prediction method of water inrush from separated layers within coal seam mining:a case study in the Shilawusu mining area,China. Engineering Failure Analysis,103:158-172.

Han A R, Lee S K, Suh G U, et al. 2012. Wind and topography influence the crown growth of picea jezoensis in a subalpine forest on Mt. Deogyu, Korea. Agricultural & Forest Meteorology, (166-167): 207-214.

Hao Y, Ye Q, Pan Z. 2013. Effects of modulated pulse format on spontaneous Brillouin scattering spectrum and BOTDR sensing system. Optics and Laser Technology, 46: 37-41.

Hayaty M, Tavakoli Mohammadi M R, Rezaei A, et al. 2014. Risk assessment and ranking of metals using FDAHP and TOPSIS. Mine Water & the Environment, 33 (2): 157-164.

He J H, Li W P, Liu Y, et al. 2018. An improved method for determining the position of overlying separated strata in mining. Engineering Failure Analysis, 83: 17-29.

He J H, Li W P, Qiao W. 2020. A rock mechanics calculation model for identifying bed separation position and analyzing overburden breakage in mining. Arabian Journal of Geosciences, 13 (18): 920.

Hsu Y L, Lee C H, Kreng V B. 2010. The application of fuzzy delphi method and fuzzy AHP in lubricant regenerative technology selection. Expert Systems with Applications, 37 (1): 419-425.

Huang S Y. 1994. Evaluation and laboratory measurement of the coefficient of permeability indeformable unsaturated soils. Saskatoon: University of Saskatchewan.

Huete A, Didan K, Miura T, et al. 2002. Overview of the radiometric and biophysical performance of the MODIS vegetation indices. Remote Sensing of Environment, 83 (1): 195-213.

Jiang J Q, Xu B. 2017. Study on the development laws of bed-separation under the hard-thick magmatic rock and its fracture disaster-causing mechanism. Geotechnical & Geological Engineering, 36: 1525-1543.

Kaufmann P R. 2016. Integrating factor analysis and the Delphi method in scenario development: a case study of Dalmatia, Croatia. Applied Geography, 71: 56-68.

Kharat M G, Raut R D, Kamble S S, et al. 2016. The application of Delphi and AHP method in environmentally conscious solid waste treatment and disposal technology selection. Management of Environmental Quality An International Journal, 27 (4): 427-440.

Li W, Liu S, Pei Y, et al. 2018a. Zoning for eco-geological environment before mining in Yushenfu mining area, northern Shaanxi, China. Environmental Monitoring and Assessment, 190 (10): 619.

Li W, Wang Q, Liu S, et al. 2018b. Study on the creep permeability of mining-cracked N_2 lateriteasthe key aquifuge for preserving water resources in northwestern China. International Journal of loal Science & Technology, 5: 315-327

Liu H Q, Huete A. 1995. A Feedback Based Modification of the NDVI to Minimize Canopy Background and Atmospheric Noise. IEEE Transactions on Geoscience and Remote Sensing, 33 (2): 457-465.

Liu S L, Li W P. 2019. Zoning and management for phreatic water resources conservation impacted by underground coal mining: A case study in the arid and semiarid area. Journal of Cleaner Production, 224: 677-685.

Liu S L, Li W P, Qiao W, et al. 2019. Zoning for mining-induced environmental engineering geological patterns: A case study in the Yushenfu mining area, northern Shaanxi, China. Journal of Hydrology, 579: 124020.

Liu S, Li W, Qiao W, et al. 2019. Effect of natural conditions and mining activities on vegetation variations in arid and semiarid mining regions. Ecological Indicators, 103: 331-345.

Liu S, Li W, Wang Q. 2018a. Height of the water-flowing fractured zone of the Jurassic coal seam in northwestern China. Mine Water and the Environment, 37 (2): 312-321.

Liu S, Li W, Wang Q. 2018b. Zoning method for environmental engineering geological patterns in underground coal mining areas. Science of the Total Environment, 634: 1064-1076.

Liu Y, Li W, He J, et al. 2018. Application of Brillouin optical time domain reflectometry to dynamic monitoring of overburden deformation and failure caused by underground mining. International Journal of Rock Mechanics and Mining Sciences, 106: 133-143.

Lu N, Likos W J. 2012. 非饱和土力学. 北京: 高等教育出版社.

Ma L Q, Jin Z Y, Liang J M, et al. 2015. Simulation of water resource loss in short-distance coal seams disturbed by repeated mining. Environmental Earth Sciences, 74 (7): 5653-5662.

Pei H F, Teng J, Yin J H, et al. 2014. A review of previous studies on the applications of optical fiber sensors in geotechnical health monitoring. Measurement, 58: 207-214.

Piao C, Shi B, Gao L. 2011. Characteristics and application of botdr in distributed detection of pile foundation. Advanced Materials Research, 1067 (163): 2657-2665.

Qiao W, Li W, Li T, et al. 2017. Effects of coal mining on shallow water resources in semiarid regions: A case study in the Shennan mining area, Shaanxi, China. Mine Water and the Environment, 36 (1): 104-113.

Saaty T L. 2000. A scaling method for priorities in hierarchical structures. Journal of Mathematical Psychology, 15 (3): 234-281.

Sabtan A A. 2005. Geotechnical properties of expansive clay shale in Tabuk, Saudi Arabia. Journal of Asian Earth Sciences, 25 (5): 747-757.

Sambasivan M, Fei N Y. 2008. Evaluation of critical success factors of implementation of ISO 14001 using analytic hierarchy process (AHP): A case study from Malaysia. Journal of Cleaner Production, 16 (13): 1424-1433.

Shields A. 1936. Anwedung der aehnlichkeits mechanik und der turbulenzforschung auf diegeschiebebewegung. Berlin: Mitteilungen der Preussischen Versuchsanstalt furWasserbau und Schiffbau.

Sun A, Semenova Y, Farrell G, et al. 2010. Botdr integrated with FBG sensor array for distributed strain measurement. Electronics Letters, 46 (1): 66-68.

Tseng M L, Lin Y H, Chiu A S F. 2009. Fuzzy AHP-based study of cleaner production implementation in Taiwan PWB manufacturer. Journal of Cleaner Production, 17 (14): 1249-1256.

Wang C, Zhang N C, Han Y F, et al. 2015. Experiment research on overburden mining- induced fracture evolution and its fractal characteristics in ascending mining. Arabian Journal of Geosciences, 8: 13-21.

Wang Q Q, Li W P, Guo Y H, et al. 2019. Geological and geotechnical characteristics of N_2 laterite in northwestern China. Quaternary International, 519: 263-273.

Wang Q, Li W, Li T, et al. 2018. Goaf water storage and utilization in arid regions of northwest China: a case study of Shennan coal mine district. Journal of Cleaner Production, 202: 33-44.

Williams AA B. 1980. Severe heaving of a block of flats near Kimberley//Andoh M B, Farrington P, Ola S A, et al.Proceedings Seventh Regional Conference for Africa on Soil Mechanics and Foundation Engineering, Accra, vol. 1, pp. 301-309.

Xie P, Li W, Yang D, et al. 2018. Hydrogeological model for groundwater prediction in the Shennan mining area, China. Mine Water and the Environment, 37 (3): 505-517.

Xu P, Yang S. 2016. Permeability evolution of sandstone under short- term and long- term triaxial compression. International Journal of Rock Mechanics and Mining Sciences, 85: 152-164.

Xue S, Liu Y, Liu S, et al. 2018. Numerical simulation for groundwater distribution after mining in Zhuanlongwan mining area based on visual modflow. Environmental Earth Sciences, 77 (11): 400.

Yang Z, Li W P, He J H, et al. 2019a. An assessment of water yield properties for weathered bedrock zone in northern Shaanxi Jurassic coalfield: A case study in Jinjitan coal mine, western China. Arabian Journal of Geosciences, 12 (23): 720.

Yang Z, Li W P, Li X Q, et al. 2019b. Quantitative analysis of the relationship between vegetation and groundwater buried depth: A case study of a coal mine district in western China. Ecological Indicators, 102:

770-782.

Yang Z, Li W, Li X, et al. 2019c. Assessment of eco- geo- environment quality using multivariate data: A case study in a coal mining area of western China. Ecological Indicators, 107: 105651.

Yang Z, Li W, Pei Y, et al. 2018. Classification of the type of eco-geological environment of a coal mine district: A case study of an ecologically fragile region in western China. Journal of Cleaner Production, 174: 1513-1526.

Zdansky O. 1930. Die Alttertiaren Saugetiere Chinas nebst Stratigraphischen Bemekungen. Palaeont. Sinica, New Series C, 6 (2): 1- 87.

Zhu T, Li W, Wang Q, et al. 2020. Study on the height of the mining- induced water- conducting fracture zone under the $Q_2 l$ loess cover of the jurassic coal seam in northern Shaanxi, China. Mine Water and the Environment, 39 (1): 57-67.